Lecture Notes in Mathematics

Edited by A. Dold and B. Eckmann

795

Séminaire d'Algèbre Paul Dubreil et Marie-Paule Malliavin

Proceedings, Paris 1979
(32ème Année)

Edité par M. P. Malliavin

Springer-Verlag
Berlin Heidelberg New York 1980

Editeur

Marie-Paule Malliavin
Université Pierre et Marie Curie –
Mathématiques
10, rue Saint Louis en l'Ile
75004 Paris
France

AMS Subject Classifications (1980): 06B15, 13B10, 13D25, 13F15, 16A04, 16A05, 16A39, 17B30, 17B35, 20C20, 20C30, 20C99, 20E99, 20G10, 20G15, 20G99, 22E47

ISBN 3-540-09980-8 Springer-Verlag Berlin Heidelberg New York
ISBN 0-387-09980-8 Springer-Verlag New York Heidelberg Berlin

CIP-Kurztitelaufnahme der Deutschen Bibliothek. Séminaire d'Algèbre Paul Dubreil et Marie-Paule Malliavin <32, 1979, Paris>:
Proceedings / Séminaire d'Algèbre Paul Dubreil et Marie-Paule Malliavin: Paris 1979 (32. année) / éd. par M. P. Malliavin. – Berlin, Heidelberg, New York: Springer, 1980.
(Lecture notes in mathematics; Vol. 795) Forts. von: Séminaire d'Algèbre Paul Dubreil <31, 1977–1978, Paris>: Proceedings.
ISBN 3-540-09980-8 (Berlin, Heidelberg, New York)
ISBN 0-387-09980-8 (New York, Heidelberg, Berlin)
NE: Malliavin, Marie-P. [Hrsg.]

Printing and binding: Beltz Offsetdruck, Hemsbach/Bergstr.
2141/3140-543210

Liste des auteurs

*

TABLE DES MATIERES

publié avec le concours de:

l'Université Pierre et Marie Curie,
la Première Section de l'Ecole Pratique des Hautes Etudes
et du Centre National de la Recherche Scientifique.

*

* *

PREVIOUS VOLUMES OF THE "SÉMINAIRE PAUL DUBREIL" WERE PUBLISHED IN THE LECTURES NOTES, VOLUMES 586 (1976), 641 (1977) AND 740 (1978).

RECIPROCITY THEOREMS FOR REPRESENTATIONS IN CHARACTERISTIC p

Gert Almkvist

1. Introduction. Decomposition

By a <u>reciprocity theorem</u> we mean a functional equation of the following type :

$$f(1/t) = (-1)^d \, t^r \, f(t)$$

where $f(t)$ is a rational function with integer coefficients. We extend this by allowing $f(t)$ to be a certain formal power series with coefficients in a commutative ring.

Let G be a group with p elements and k a field of characteristic p (where p is a prime). Then there are exactly p indecomposable $k[G]$-modules $V_1, V_2, \ldots, V_p$ where :

$$V_n = k[X]/(X-1)^n \ .$$

Here V_p is $k[G]$ itself and hence it is free. In order to study the G-invariants of the polynomial ring $k[X_0, X_1, \ldots, X_n]$ it is useful to consider the symmetric powers of V_n (over k)

$$S^r \, V_{n+1} = \bigoplus_{j=1}^{p} c_j \, (r,n) \, V_j$$

where the integer $c_j(r,n)$ is the number of times V_j occurs. This decomposition is closely related to that of the exterior power $\Lambda^r V_n$.

In order to compute $c_j(r,n)$ we need some notation. Let

$A(m,r,n)$ = the number of partitions of m into at most r parts all of size $\leq$

and

$$V(m,r,n) = A(m,r,n) - A(m-1,r,n)$$

(this is the notation of the wonderful book Faa de Bruno : Formes binaires, Torino 1876). In R. Fossum's talk last year in this seminar it was proved that $V(m,r,n) \geq 0$ for $m \leq \frac{nr}{2}$ (see [1] Corollary III.1.7).

Proposition 1 - *Let* $n, r < p$. *Then* :

$$c_j(r,n) = \sum_{\nu \in \mathbb{Z}} V\left(\frac{rn+1-j}{2} + \nu p\right).$$

(We put $A(m,r,n) = 0$ if $m < 0$ or $m > nr$ or if m is not an integer).

A similar formula for the decomposition of $\Lambda^r V_n$ is obtained by observing that $\Lambda^r V_{n+r} \simeq S^r V_{n+1}$. For proofs, see [4].

2. Reciprocity Theorems.

Let R_G be the representation ring of G. As an abelian group it is free on the generators $V_1 = 1, V_2, \ldots, V_p$ and multiplication is induced by the tensor product over k. There are relations :

$$V_2 V_n = V_n + V_{n-1} \quad \text{for } n = 2, \ldots, p-1$$

and :

$$V_2 V_p = 2V_p .$$

Define

$$\lambda_t(V_n) = \sum_{r=0}^{n} \Lambda^r V_n \, t^r ,$$

an element of $R_G[t]$. Then we have :

<u>Trivial Reciprocity Theorem</u> : <u>We have</u> :

$$\lambda_{1/t}(V_n) = t^{-n}\lambda_t(V_n) \quad \underline{\text{in}} \quad R_G[t,t^{-1}].$$

The proof uses the trick of extending R_G by μ where $V_2 = \mu + \mu^{-1}$. Then it is shown in [1] that :

$$\lambda_t(V_n) = \sum_{\nu=o}^{n} (1 + \mu^{n-2\nu} t)$$

and the theorem is equivalent to that :

$$\Lambda^r V_n \cong \Lambda^{n-r} V_n$$

Fossum observed that if one disregards the free part then the number of components of $S^r V_{n+1}$ satisfies certain symmetry properties (see [2]). We divide out by the ideal generated by V_p and define :

$$\tilde{R}_G = R_G/(V_p) \ .$$

Denote the image of $S^r V_{n+1}$ in $\tilde{R}_G$ by $\widetilde{S^r V_{n+1}}$ and define :

$$\sigma_t(V_{n+1}) = \sum_{r=o}^{\infty} \widetilde{S^r V_{n+1}}\, t^r$$

in the formal power series ring $\tilde{R}_G[[t]]$.

<u>Theorem</u> 2 - <u>In</u> $\tilde{R}_G[\mu][[t]]$ <u>we have</u> :

$$\sigma_t(V_{n+1}) = \begin{cases} \prod_{j=o}^{n} (1 - \mu^{n-2j}\, t)^{-1} & \underline{\text{if}} \ n \ \underline{\text{is even}} \\ \dfrac{1 - \mu^p t^p}{1-t^p} \prod_{j=o}^{n} (1 - \mu^{n-2j}\, t)^{-1} & \underline{\text{if}} \ n \ \underline{\text{is odd}} \end{cases}$$

For the proof see [4].

Now we come to the main result of this talk.

<u>The Reciprocity Theorem</u> : <u>In</u> $\tilde{R}_G[[t,t^{-1}]]$ <u>we have</u>

$$\sigma_{1/t}(V_{n+1}) = \begin{cases} -t^{n+1}\ \sigma_t(V_{n+1}) & \underline{\text{if}}\ n\ \underline{\text{is even}} \\ -t^{n+1}\ V_{p-1}\,\sigma_t(V_{n+1}) & \underline{\text{if}}\ n\ \underline{\text{is odd}}\ . \end{cases}$$

Proof for odd n : (if n is even the result follows immediately from theorem 2).

By theorem 2 we get :

$$\sigma_{1/t}(V_{n+1}) = \frac{1-\mu^p t^{-p}}{1-t^{-p}} \prod_{j=o}^{n} (1-\mu^{n-2j}\, t^{-1})^{-1}$$

$$= (-t)^{n+1}\ \mu^p\ \sigma_t(V_{n+1})\ .$$

Here we used the fact that in $\tilde{R}_G$:

$$V_p = \frac{\mu^p - \mu^{-p}}{\mu - \mu^{-1}} = 0$$

and hence $\mu^{2p} = 1$. But $V_p = \mu^{p-1} + \mu^{p-3} + \ldots + \mu^{-p+1} = 0$ gives after multiplication by μ :

$$\mu^p = -(\mu^{p-2} + \mu^{p-4} + \ldots + \mu^{-p+2}) = -V_{p-1}$$

and the result follows

Q.E.D.

Corollary 1 - In $\tilde{R}_G$ we have when $r+n < p$:

(a) $\widetilde{S^r V_{n+1}} = \widetilde{S^{p-n-r-1}}\ V_{n+1}$ if n is even ;

(b) if n is odd and $\widetilde{S^r V_{n+1}} = \sum_{1}^{p-1} c_j\, V_j$, then

$$\widetilde{S^{p-n-r-1}}\ V_{n+1} = \sum_{j=1}^{p-1} c_j\ V_{p-j}\ .$$

Corollary 2. $\widetilde{\Lambda^n}\ V_{n+r} = \widetilde{\Lambda^n}\ V_{p-r-1}$ if n is even (we don't state the analogous result for n odd).

Let $e_{n,r} = \sum_{j=1}^{p-1} c_j(r,n)$ denote the number of non-free components of

S^rV_{n+1} . Then it follows immediately that :

$$e_{n,r} = e_{n,p-n-r-1}$$

This means that if for a given p the $e_{n,r}$:s are arranged in an equilateral triangle then this is symmetric in three ways (see [2]). Let $\eta_n(t) = \sum_{r=o}^{\infty} e_{n,r} t^r$. Then we have :

Reciprocity Theorem of the Triangles.

$$\eta_n(1/t) = (-t)^{n+1} \eta_n(t)$$

3. Cyclotomics Fields

If we put $\mu^p = 1$ in the formula for $\sigma_t(V_n)$ then the even and odd cases agree (Theorem 2). But this is the same as setting $V_{p-1} = -1$ in $\tilde{R}_G$.

Definition : $\approx{R}_G = R_G/(V_p, V_{p-1}+1)$. Then $V_{p-n} = -V_n$ and $\approx{R}_G$ is generated (as an abelian group) by : $V_1, V_2, \ldots, V_{\frac{p-1}{2}}$.

Proposition 3 - $\approx{R}_G[\mu] \cong Z[\zeta]$ where $\zeta = e^{2\pi i/p}$ and $\approx{R}_G \cong Z[\zeta] \cap \mathbb{R}$.

This result allows us to use results from cyclotomic number theory (see [5]).

Proposition 4 - In $\approx{R}_G[[t]]$ we have

$$\lambda_{-t}(V_n)\,\sigma_t(V_n) = 1 \; .$$

Fortunately very little is lost when going from R_G to $\approx{R}_G$. E.g. the decomposition of S^rV_{n+1} can be computed in $\approx{R}_G$ and the result be interpreted in R_G (see [4], Example 3.6).

We now consider the units $\approx{R}_G^*$ of the ring $\approx{R}_G$.

Proposition 5 - (a) V_n is a unit in $\tilde{\tilde{R}}_G$ for $n=1,2,\ldots,p-1$

(b) $\Lambda^r V_n$ is a unit for $r \leq n$ and $S^r V_n$ is a unit for $r+n < p$.

Theorem 6 - The group $\tilde{\tilde{R}}^*_{G+}$ of positive units in $\tilde{\tilde{R}}_G$ is a free abelian group of rank $(p-3)/2$ (here we view $\tilde{\tilde{R}}_G$ as a subring of the reals by proposition 3).

Observe that $V_n = \sin \frac{n\,2\pi}{p} / \sin 2\pi/p$ is a positive unit for $n = 1,2,\ldots, \frac{p-1}{2}$.

Proposition 7 - Let R^*_o be the subgroup of $\tilde{\tilde{R}}^*_{G+}$ generated by $V_2, V_3, \ldots, V_{\frac{p-1}{2}}$. Then the index $[\tilde{\tilde{R}}^*_{G+} \; R^*_o] = h_o$ where h_o is the first factor of the class number of the cyclotomic field $R[\zeta]$.

Remark - If $p < 23$ then $h_o = 1$ and hence :

$$R^*_o = \tilde{\tilde{R}}^*_{G+} .$$

4. Invariants and Covariants

Definition - A homogenous polynomial f in $k[x_o,x_1,\ldots,x_n]$ of degree r is G-invariant if :

$$f(x_o,x_1+x_o,x_2+2x_1+x_o,\ldots,x_n+\binom{n}{1}x_{n-1}+\ldots+x_o) = f(x_o,x_1,\ldots,x_n) .$$

The set of all these invariants can be identified with $S^r V^G_{n+1}$ = the set of G-invariant elements of $S^r V_{n+1}$. Then we put

$$a_{n,r} = \dim_k S^r V^G_{n+1} = \sum_{j=1}^{p} c_j(r,n)$$

and define

$$\phi_n(t) = \sum_{r=o}^{\infty} a_{n,r} t^r$$

Theorem 8 - If n is even then :

$$\phi_n(t) = p^{-1} \sum_{\gamma \in \mu_p} (1 - \gamma^{n-2j} t)^{-1}$$

where μ_p is the group of pth roots of unity.

This result was first proved using Fourier series and limits of certain integrals in [1] but now a much simpler proof is obtained by "averaging over μ_p" (or taking the trace) (see [4]).

Reciprocity Theorems for Invariants.

If n is even then

$$\phi_n(1/t) = (-t)^{n+1} \phi_n(t)$$

Remark : There is no reciprocity theorem where n is odd.

Let $p \longrightarrow \infty$ in the formula :

$$\phi_n(t) = p^{-1} \sum_{\nu=0}^{p-1} \prod_{j=0}^{n} (1 - e^{(n-2j)\nu\pi/p} t)^{-1} .$$

Then we get a Riemann sum for an integral

$$\psi_n(t) = \lim_{p \to \infty} \phi_n(t) = \frac{1}{2\pi} \int_{-\pi}^{\pi} (1 + \cos \theta) \prod_{j=0}^{n} (1 - e^{(n-2j)\theta} t)^{-1} d\theta$$

(we insert $1 + \cos \theta$ to make the formula valid also for odd n).

It can be shown that if :

$b_{n,r}$ = the number of linearly independant covariants (in characteristic zero) with leading term of degree r of a binary form of degree n, then :

$$\psi_n(t) = \sum_{r=0}^{\infty} b_{n,r} t^r .$$

(see [3] for proofs and details).

Reciprocity Theorem for covariants. (characteristic zero)

$$\psi_n(1/t) = (-1)^n t^{n+1} \psi_n(t)$$

The sign is the opposite of what is expected. This result was also proved by R.P. Stanley and probably already by Sylvester.

5. Adams Operations and Chebyshev Polynomials.

Define in $R_G[[t]]$ the Adams operations by

$$\psi_t(V_n) = \sum_{r=o}^{\infty} \psi^r V_n t^r$$

where

$$\psi_{-t}(V_n) = t \frac{d}{dt} \log \lambda_t(V_n).$$

Then we have

Reciprocity Theorem for Adams Operations

$$\psi_{1/t}(V_n) + \psi_t(V_n) = -n$$

Proposition 9 - If $rn \equiv 1 \pmod p$ then

$$\psi^n V_r = V_n^{-1} \text{ in } \tilde{\tilde{R}}_G$$

Definition : $T_n(\cos \theta) = \cos n\theta$ and

$$U_n(\cos \theta) = \frac{\sin (n+1)\theta}{\sin \theta}$$

define the Chebyshev polynomials of first and second kind respectively.

Theorem 10 -

(a) The ring R_G is generated by V_2 over $\mathbb{Z}$

(b) $V_{n+1} = U_n(V_2/2)$.

(c) $R_G = \mathbb{Z}[x]/(x-2)\, U_{p-1}(x/2)$

(d) $\psi^r V_n = U_{r-1}(T_n(V_2/2))$

<u>Remark</u> - The polynomials $2T_n(x/2)$ and $U_n(x/2)$ have integer coefficients.

<u>Final Remark</u> - Let me tell you how I got into all of this. Some years ago R. Fossum asked me to compute the decomposition of $S^r V_{n+1}$. I succeeded doing this assuming that R_G is a λ-ring. It is <u>not</u> a λ-ring. Fossum saved the proof any way.

Assuming that $\tilde{\tilde{R}}_G$ is a λ-ring there is a simple "proof" of Fermat's last theorem. Unfortunately $\tilde{\tilde{R}}_G$ is <u>not</u> a λ-ring and furthermore the "proof" works as well for $p=2$.

References

1. G. Almkvist - R. Fossum : Decompositions of exterior and symmetric powers..., Seminaire d'Algèbre, Paul Dubreil 1976-1977, Springer Lecture Notes of Mathematics n° 641.

2. G. Almkvist : The number of non-free components in the decomposition of symmetric powers in characteristic p, Pac. J. Math. 77 (1978), 293-301.

3. G. Almkvist : Invariants, mostly old ones, to appear in Pac. J. Math.

4. G. Almkvist : Representations of $\mathbb{Z}/p\mathbb{Z}$ in characteristic p and reciprocity theorems, to appear.

5. Z.I. Borevich - I.E. Shafarevich : Number Theory Acad. Press., N.Y. 1966.

6 F. Faa de Bruno : Théorie des formes binaires Turin 1876.

University of Lund

LUND

STRUCTURE DES TREILLIS LINEAIRES LIBRES

par Vlastimil Dlab

(d'après I.M. GELFAND et V.A. PONOMAREV [7,8])

1.

Les principaux résultats sont groupés dans le THÉORÈME et l'ADDENDUM (pages 8 et 9).

On notera D^r le treillis modulaire libre sur r générateurs $e_1, e_2, \ldots, e_r$. On sait que D^r est fini pour $r \leq 3$ et infini pour $r \geq 4$. R. DEDEKIND [3] a été le premier à décrire la structure de D^3 (voir FIG. 1); en fait, si l'on applique à plusieurs reprises la condition de modularité

$$a \wedge [b \vee (a \wedge c)] = (a \wedge b) \vee (a \wedge c)$$

sa description est assez facile. La structure de D^r pour $r \geq 4$ est beaucoup plus compliquée.

Les éléments suivants de D^r semblent avoir une importance particulière. Pour tout $\ell \geq 1$, on notera $A(r,\ell)$ l'ensemble de toutes les suites de longueur ℓ

$$\alpha = i_1 i_2 \ldots i_\ell$$

telles que $1 \leq i_k \leq r$, et $i_k \neq i_{k+1}$ pour $1 \leq k \leq \ell-1$. Ainsi $A(r,1) = \{1,2,\ldots,r\}$. Pour chaque t, $1 \leq t \leq r$, on notera $A_t(r,\ell)$ le sous-ensemble de $A(r,\ell)$ formé de toutes les suites telles que $i_\ell = t$. En outre, pour un $\alpha = i_1 i_2 \ldots i_\ell \in A(r,\ell)$, $\ell \geq 2$ donné, on notera Γ_α le sous-ensemble de $A(r,\ell-1)$ formé des suites $\beta = j_1 j_2 \ldots j_{\ell-1}$ telles que $j_k \notin \{i_k, i_{k+1}\}$, $1 \leq k \leq \ell-1$. Cela dit, pour $1 \leq t \leq r$ et $\ell \geq 1$, on pose

$$e_t(\ell) = \bigvee_{\alpha \in A_t(r,\ell)} e_\alpha \quad \text{et} \quad h_t(\ell) = \bigvee_{\alpha \in A(r,\ell) \setminus A_t(r,\ell)} e_\alpha ,$$

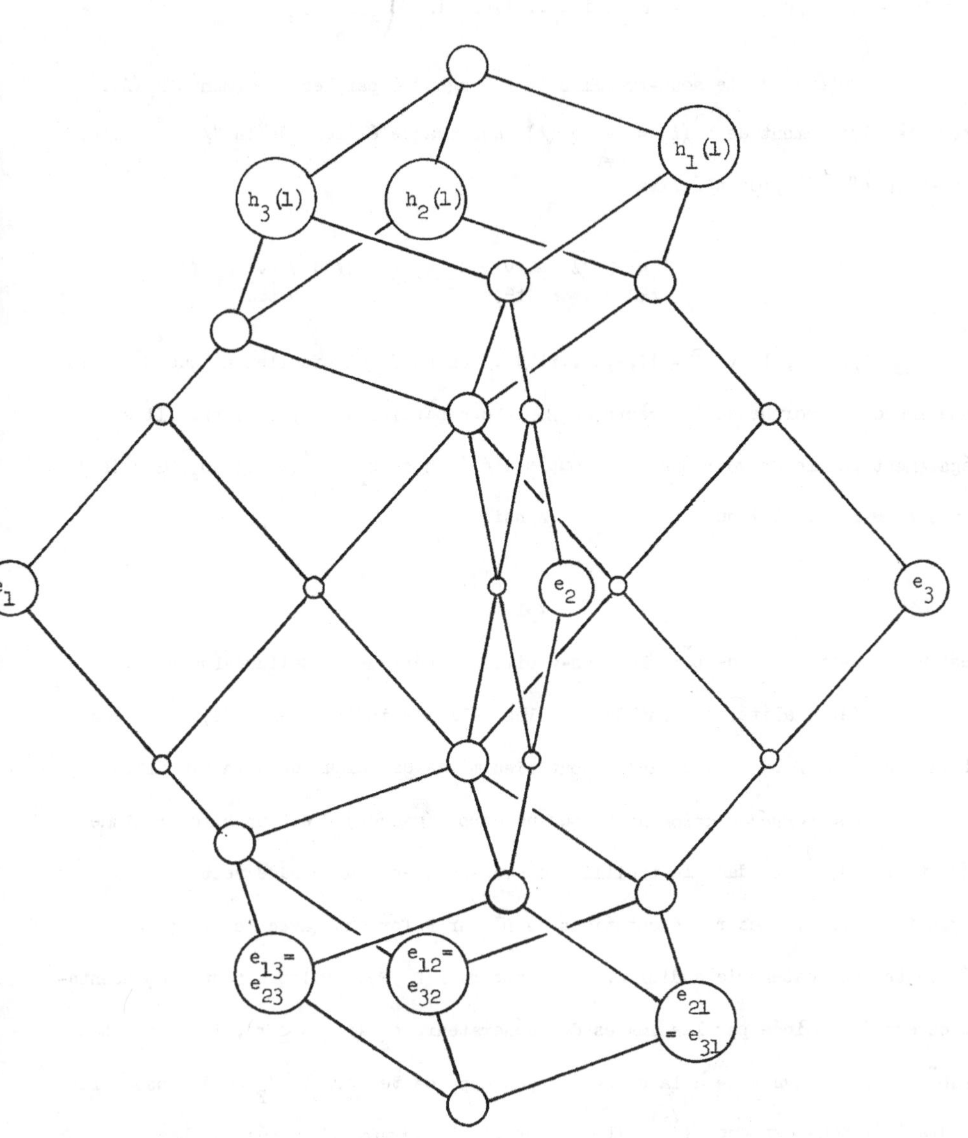

FIG. 1. TREILLIS MODULAIRE LIBRE D^3 (AVEC GENERATEURS e_1, e_2, e_3)

ou

$$e_\alpha = e_{i_1 i_2 \dots i_\ell} = e_{i_1} \wedge \left(\bigvee_{\beta \in \Gamma_\alpha} e_\beta \right).$$

Soit $B^+(\ell)$ le sous-treillis de D^r engendré par les r éléments $h_t(\ell)$. Il résulte directement de $h_t(\ell) = \bigvee_{s \neq t} e_s(\ell)$ que chaque élément de la "$\ell^{\text{ième}}$ cellule supérieure" $B^+(\ell)$ peut s'écrire

$$\bigwedge_{t \in J} h_t(\ell) = \bigvee_{t \in J} (h_t(\ell) \wedge e_t(\ell)) \vee \bigvee_{t \in \bar{J}} e_t(\ell)$$

où $J \subseteq \{1,2,\dots,r\}$ et $\bar{J} = \{1,2,\dots,r\} \setminus J$. On en déduit facilement que $B^+(\ell)$ est une image homomorphe de l'algèbre de Boole des parties de $\{1,2,\dots,r\}$. Il est également facile de voir que tout couple d'éléments $b_\ell \in B^+(\ell)$ et $b_{\ell'} \in B^+(\ell')$ avec $\ell' < \ell$ est tel que $b_{\ell'} \geq b_\ell$. Ainsi

$$B^+ = \bigcup_{\ell \geq 1} B^+(\ell)$$

est un sous-treillis de D^r: le sous-treillis supérieur de Gelfand-Ponomarev.

Par dualité, on peut définir les cellules inférieures $B^-(\ell)$ et le sous-treillis B^- de D^r. (Ces cellules sont bien mises en valeur dans la FIG. 1).

Une *représentation* de D^r sur un corps (gauche) F est un homomorphisme (de treillis) de D^r dans le treillis de sous-espaces d'un espace vectoriel X_F de type fini sur F. Les représentations de D^r sur F forment (avec les morphismes évidents) une catégorie additive, qu'on notera $\mathcal{L}(D^r,F)$. Puisque toute représentation est déterminée par les images des générateurs e_s $(1 \leq s \leq r)$, il s'ensuit que $\mathcal{L}(D^r,F)$ est équivalente à la catégorie des espaces vectoriels X_F de dimension finie munis de r sous-espaces $X^{(s)}$ $(1 \leq s \leq r)$. C'est pourquoi on désigne les éléments de $\mathcal{L}(D^r,F)$ simplement par

$$\underline{X} = (X;\, X^{(s)})$$

et on considère la catégorie $\mathcal{L}(D^r,F)$ comme immergée dans la catégorie abélienne

$\mathcal{L}(Q_r,F)$ de toutes les représentations $X = (X;\ X^{(s)} \xrightarrow{\varkappa^{(s)}} X)$ du carquois Q_r

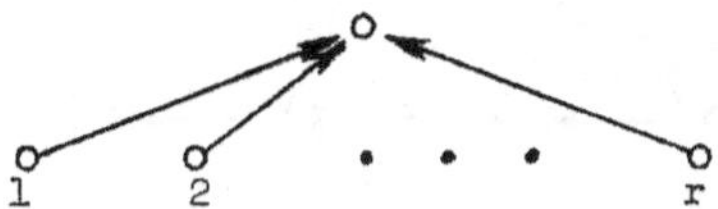

sur F: la catégorie $\mathcal{L}(D^r,F)$ est identifiée à la sous-catégorie pleine de $\mathcal{L}(Q_r,F)$ formée de toutes les représentations $\underline{X}$ où les $\varkappa^{(s)}$ $(1 \leq s \leq r)$ sont des monomorphismes. La valeur de $\underline{X}$ au point $a = a(e_s) \in D^r$, qui est un "polynôme" en e_s pour les opérations inf et sup, sera notée a $[\underline{X}]$. Enfin, le vecteur-dimension de $\underline{X}$

$$\begin{pmatrix} & \dim X & \\ \dim X^{(1)} & \dim X^{(2)} \ldots & \dim X^{(r)} \end{pmatrix} \in Q^{r+1}$$

sera noté $\underline{\dim}\ \underline{X}$.

La représentation $X = (X;\ X^{(s)})$ est indécomposable si toute décomposition de l'espace vectoriel $X = X_1 \oplus X_2$ telle que

$$X^{(s)} = (X_1 \cap X^{(s)}) \oplus (X_2 \cap X^{(s)})$$

pour tout $1 \leq s \leq r$ est triviale, c'est à dire telle que $X_1 = 0$ ou $X_2 = 0$. Toute représentation est (à un isomorphisme près) une somme directe d'indécomposables. Les représentations indécomposables de $\mathcal{L}(D^r,F)$ peuvent être caractérisées comme étant les représentations indécomposables $\underline{X} \in \mathcal{L}(Q_r,F)$ telles que $X \neq 0$. On sait que les nombres de représentations indécomposables de D^r et Q_r sont finis pour $r = 1,2,3$ (ils valent en fait 2 et 3, 4 et 6, 9 et 12 respectivement) et infinis pour $r \geq 4$. Pour $r = 4$, toutes les représentations indécomposables sont bien connues [6]; pour $r \geq 5$ on sait que la catégorie $\mathcal{L}(Q_r,F)$ est non-classifiable ("wild") en ce sens que toute F-algèbre de dimension finie peut s'écrire comme algèbre des endomorphismes d'une représentation convenable.

On rappelle la définition des endofoncteurs C^+ et C^- de $\mathcal{L}(Q_r,F)$ (voir [2] ou [4]). Etant donnée $\underline{X} = (X; X^{(s)} \xrightarrow{\varkappa^{(s)}} X)$ on considère le diagramme

$$\mathrm{Ker}\,\lambda_s\lambda \xrightarrow{\mu^{(s)}} \mathrm{Ker}\,\varkappa \xrightarrow{\lambda} R = \bigoplus_{1\leq s\leq r} X^{(s)} \xrightarrow{\varkappa} X ,$$

où $\varkappa$ est le morphisme somme des $\varkappa^{(s)}$ $(1 \leq s \leq r)$, λ le morphisme noyau de $\varkappa$, $\mu^{(s)}$ le morphisme noyau de $\lambda_s\lambda$ (où λ_s est la projection canonique $R \to X^{(s)}$). Alors

$$C^+\underline{X} = (\mathrm{Ker}\,\varkappa;\ \mathrm{Ker}\,\lambda_s\lambda \xrightarrow{\mu^{(s)}} \mathrm{Ker}\,\varkappa).$$

Ainsi, si $\underline{X} = (X; X^{(s)}) \in \mathcal{L}(D^r,F)$, $C^+\underline{X} \in \mathcal{L}(D^r,F)$ peut être écrit $\underline{Y} = (Y; Y^{(s)})$ avec

$$Y^{(s)} = \{(x_1,x_2,\ldots,x_r) \in R \mid \sum_{1\leq t\leq r} x_t = 0 \text{ et } x_s = 0\}$$

$$\subseteq Y = \{(x_1,x_2,\ldots,x_r) \in R \mid \sum_{1\leq t\leq r} x_t = 0\} \subseteq R .$$

Le foncteur C^- est défini par dualité.

On note $\underline{P}_{t,1}$ $(0 \leq t \leq r)$ les représentations projectives indécomposables de Q_r (en fait, de D^r):

$$P_{t,1} = F_F \text{ pour tout } 0 \leq t \leq r,\quad P_{0,1}^{(s)} = 0 \text{ pour tout } s ,$$

$$P_{t,1}^{(t)} = F_F \text{ pour } 1 \leq t \leq r \text{ et } P_{t,1}^{(s)} = 0 \text{ pour } s \neq t .$$

De même, on note $\underline{I}_{t,1}$ $(0 \leq t \leq r)$ les représentations injectives indécomposables de Q_r (seulement $\underline{I}_{0,1}$ appartient à $\mathcal{L}(D^r,F)$):

$$I_{0,1} = I_{0,1}^{(s)} = F_F \text{ pour tout } s ,$$

et $I_{t,1}^{(t)} = F_F$ et $I_{t,1} = I_{t,1}^{(s)} = 0$ pour $1 \leq t \leq r$, $s \neq t$. On voit facilement que $C^+\underline{P}_{t,1} = C^-\underline{I}_{t,1} = \underline{0}$ pour tout $0 \leq t \leq r$. On rappelle ici quelques propriétés fondamentales de C^+ et C^- (voir [2] ou [4]):

(a) Pour tout $k \geq 1$ et toute représentation X,

$$C^{+(k-1)}\underline{X} = \underline{X}_k' \oplus \underline{P}_k ,$$

où $\underline{P}_k$ est projectif (c'est à dire est somme directe de représentations $\underline{P}_{t,1}$), et où $C^+\underline{X}_k' = C^{+k}\underline{X}$ et $\underline{X}_k' = C^-C^+\underline{X}_k'$ n'ont pas de facteur direct projectif. On en déduit

$$\underline{X}_k' = C^-X_{k+1}' \oplus C^-\underline{P}_{k+1}$$

et, par récurrence,

$$\underline{X} = C^{-(k-1)}\underline{X}_k' \oplus C^{-(k-1)}\underline{P}_k \oplus C^{-(k-2)}\underline{P}_{k-1} \oplus \ldots \oplus C^-\underline{P}_2 \oplus \underline{P}_1 ,$$

où tous les $\underline{P}_1, \underline{P}_2, \ldots, \underline{P}_k$ sont projectifs et $\underline{X}_k' = C^-C^{+k}\underline{X}$, n'a pas de facteur direct projectif.

(b) Si $\underline{X}$ est une représentation indécomposable non-projective, alors End $C^+\underline{X} \approx$ End $\underline{X}$ (donc $C^+\underline{X}$ est encore indécomposable) et

$$\underline{\underline{\dim}}\, C^+\underline{X} = c\, \underline{\underline{\dim}}\, \underline{X} ,$$

où c est la transformation de Coxeter de Q^{r+1} définie par

$$c\begin{pmatrix} & d_0 & \\ d_1 & d_2 \ldots & d_r \end{pmatrix} = \begin{pmatrix} & d-d_0 & \\ d-d_0-d_1 & d-d_0-d_2 \ldots & d-d_0-d_r \end{pmatrix} \text{ avec } d = \sum_{1 \leq s \leq r} d_s .$$

De même, si $\underline{X}$ est une représentation indécomposable non-injective, alors End $C^-\underline{X} \approx$ End $\underline{X}$ (donc $C^-\underline{X}$ est indécomposable) et

$$\underline{\underline{\dim}}\, C^-\underline{X} = c^{-1}(\underline{\underline{\dim}}\, \underline{X}) .$$

Par conséquent, si l'on définit les représentations (indécomposables) *pré-projectives* $\underline{P}_{t,k}$ et les représentations (indécomposables) *pré-injectives* $\underline{I}_{t,k}$ $(0 \leq t \leq r,\ k \geq 1)$ par

$$\underline{P}_{t,k} = C^{-(k-1)}\underline{P}_{t,1} \quad \text{et} \quad \underline{I}_{t,k} = C^{+(k-1)}\underline{I}_{t,1} .$$

on montre facilement que pour $r \geq 4$, toutes ces représentations sont non-isomorphes et que toute représentation $\underline{X} \in \mathcal{L}\,(Q_r, F)$ se décompose en somme directe

$$\underline{X} = \underline{P} \oplus \underline{I} \oplus \underline{R}\ ,$$

où $\underline{P}$ est pré-projectif (c'est à dire somme directe de $\underline{P}_{t,k}$), $\underline{I}$ est pré-injectif (somme directe de $\underline{I}_{t,k}$) et $\underline{R}$ est somme directe de représentations indécomposables *régulières* $\underline{Y}$ caractérisées par la propriété que $C^{+k}\underline{Y} \neq \underline{0}$ et $C^{-k}\underline{Y} \neq \underline{0}$ pour tout entier naturel k. [Pour $r \leq 3$, toute représentation est à la fois pré-projective et pré-injective.]

On note que $\underline{X} \in \mathcal{L}\,(D^r, F)$ si et seulement si, dans la décomposition précédente, aucun $\underline{I}_{t,0}$ $(1 \leq t \leq r)$ n'intervient (comme facteur direct de $\underline{I}$). On remarque également que, pour chaque représentation $\underline{X} = (X;\, X^{(s)})$ de D^r, on peut definir une représentation duale $\underline{X}^* = (X^*;\, X^{(s)})$ et que

$$\underline{P}^*_{0,k} \approx I_{0,k} \quad \text{et} \quad P^*_{t,k} \approx I_{t,k+1} \quad (1 \leq t \leq k)\ .$$

Bien sûr, la dualité correspond à la dualité dans D^r: si a^* est l'élément dual de a dans D^r, alors

$$a^*[\underline{X}] = a[\underline{X}^*]\ .$$

Deux éléments a, a' de D^r sont dits *p-linéairement équivalents* si

$$a[\underline{X}] = a'[\underline{X}]$$

pour toutes les représentations $\underline{X}$ de D^r sur tout corps de caractéristique p. Cela équivaut (voir [5]) à l'égalité $a[\underline{X}] = a'[\underline{X}]$ pour toutes les représentations $\underline{X}$ de D^r sur un corps (fixe) F et ses extensions. Appelons *treillis p-linéaire libre* et notons D^r_p le treillis quotient correspondant. Un élément $b \in D^r_p$ est *parfait* si, pour toute représentation indécomposable $\underline{X} = (X;\, X^{(s)})$ sur un corps de caractéristique p, on a

$$b[\underline{X}] = 0 \quad \text{ou} \quad b[\underline{X}] = X .$$

Evidemment, tout élément d'un sous-treillis engendré par des éléments parfaits est parfait.

Dans ce qui suit, on notera simplement $B^+(\ell)$ etc. le sous-treillis de D_p^r correspondant à $B^+(\ell)$ etc.

<u>THEOREME</u>. *Soit* D_p^r *le treillis p-linéaire libre,* $r \geq 4$. *Alors*

(i) Chaque $B^+(\ell)$ *(respectivement* $B^-(\ell)$*) est une algèbre de Boole à* 2^r *éléments.*

(ii) Si $b_q \in B^+(\ell_q)$ *(respectivement* $B^-(\ell_q)$*),* $q = 1,2$, *alors* $\ell_1 < \ell_2$ *implique* $b_1 > b_2$ *(respectivement* $b_1 < b_2$*).*

(iii) Si $b^+ \in B^+$ *et* $b^- \in B^-$, *alors* $b^- < b^+$.

(iv) Tous les éléments du treillis $B = B^- \cup B^+$ *sont parfaits.*

Nous énonçons ce théorème de manière plus détaillée pour le sous-treillis supérieur de Gelfand-Ponomarev.

<u>ADDENDUM</u>. *Il y a une bijection entre les représentations indécomposables* $\underline{P}_{s,k}$ *et les générateurs* $h_t(\ell)$ *de* $B^+(\ell)$ $(1 \leq s,\ t \leq r,\ k \geq 1,\ \ell \geq 1)$ *donnée par*

$$h_t(\ell)[\underline{P}_{s,k}] = \begin{cases} P_{s,k} & \textit{pour } k > \ell \textit{ et } k = \ell \textit{ avec } s \neq t , \\ 0 & \textit{pour } k < \ell \textit{ et } k = \ell \textit{ avec } s = t . \end{cases}$$

De même, les $P_{0,k}$ *sont caractérisés comme étant les représentations indécomposables satisfaisant*

$$h_t(\ell)[P_{0,k}] = \begin{cases} P_{0,k} & \textit{pour } k > \ell , \\ 0 & \textit{pour } k \leq \ell . \end{cases}$$

En fait, pour chaque couple (t,ℓ), $0 \leq t \leq r$ *et* $\ell \geq 1$, *une représentation donnée* $\underline{X}$ *de* D^r *se décompose en* $\underline{X} = \underline{X}_0 \oplus \underline{X}_1$ *avec* $h_t(\ell)[\underline{X}_0] = 0$ *et* $h_t(\ell)[\underline{X}_1] = X_1$; *ici,* $\underline{X}_0$ *est somme directe de tous les facteurs directs isomorphes à* $\underline{P}_{s,k}$ *et tels que* $k < \ell$ *ou* $k = \ell$ *avec* $s = t$ *ou* $s = 0$.

Autrement dit, il y a une bijection entre les éléments de B^+ *et les sous-ensembles*

$$\mathcal{V}_{J,\ell} = \{\underline{P}_{s,k} \mid k < \ell \text{ ou } k = \ell \text{ et } s \in J \text{ ou } s = 0\}$$

$(J \subseteq I = \{1,2,\ldots,r\},\ \ell \geq 1)$ *definie comme suit:*

Pour toute représentation indécomposable $\underline{X}$ *de* D^r *et tout* $b \in B^+$ *on a:*

$b = b_{J,\ell} = \bigwedge_{t\in J} h_t(\ell)$ *(par convention* $b_{\emptyset,\ell} = \bigvee_{t\in I} h_t(\ell)$)

$$b_{J,\ell}[\underline{X}] = \begin{cases} X & \text{pour } \underline{X} \notin \mathcal{V}_{J,\ell}, \\ 0 & \text{pour } \underline{X} \in \mathcal{V}_{J,\ell}; \end{cases}$$

en d'autres termes,

$$\underline{X} \in \mathcal{V}_{J,\ell} \quad \text{si et seulement si} \quad b_{J,\ell}[\underline{X}] = 0 \ .$$

Par conséquent on obtient la caractérisation suivantedes représentations pré-projectives, pré-injectives et régulières:

(p) $\underline{X}$ *est pré-projectif si et seulement s'il existe* $\ell \geq 1$ *tel que*

$$h_t(k)[\underline{X}] = 0 \quad \text{pour tout } t \text{ et } k \geq \ell \ .$$

(i) $\underline{X}$ *est pré-injectif si et seulement s'il existe* $\ell \geq 1$ *tel que la valeur de* $\underline{X}$ *pour le dual* $h_t^*(k)$ *de* $h_t(k)$ *satisfait*

$$h_t^*(k)[\underline{X}] = X \quad \text{pour tout } t \text{ et } k \geq \ell \ .$$

(r) $\underline{X}$ *est régulier si et seulement si, pour tout* $0 \leq t \leq r$ *et* $\ell \geq 1$,

$$h_t(\ell)[\underline{X}] = X \text{ et } h_t^*(\ell)[\underline{X}] = 0 \ .$$

Le tableau suivant (FIG. 2) illustre la bijection précédente et donne les dimensions des représentations indécomposables pré-projectives. De ces formules, on peut déduire facilement les relations suivantes:

Pour $0 \leq t \leq r$, on a

$$\dim P_{t,\ell+1} = (r-2)\dim P_{t,\ell} - \dim P_{t,\ell-1} ;$$

pour $1 \leq t \leq r$,

$$\dim P_{t,\ell}^{(s)} = \frac{1}{r}\left[\dim P_{t,\ell+1} + \dim P_{t,\ell} + (-1)^{\ell+1}\right]$$

pour $s \neq t$, et pour $s = t$,

$$\dim P_{t,\ell}^{(t)} = \frac{1}{r}\left[\dim P_{t,\ell+1} + \dim P_{t,\ell} + (-1)^{\ell+1}\right] + (-1)^{\ell} ;$$

et

$$\dim P_{0,\ell+1}^{(s)} = \frac{1}{r}\left[\dim P_{0,\ell+1} + \dim P_{0,\ell}\right].$$

Aussi, pour $\ell = 2$, on a $d_0 = r-1$ et $d = 1$.

Les flèches du diagramme indiquent les morphismes irréductibles entre les représentations indécomposables pré-projectives (voir [1]).

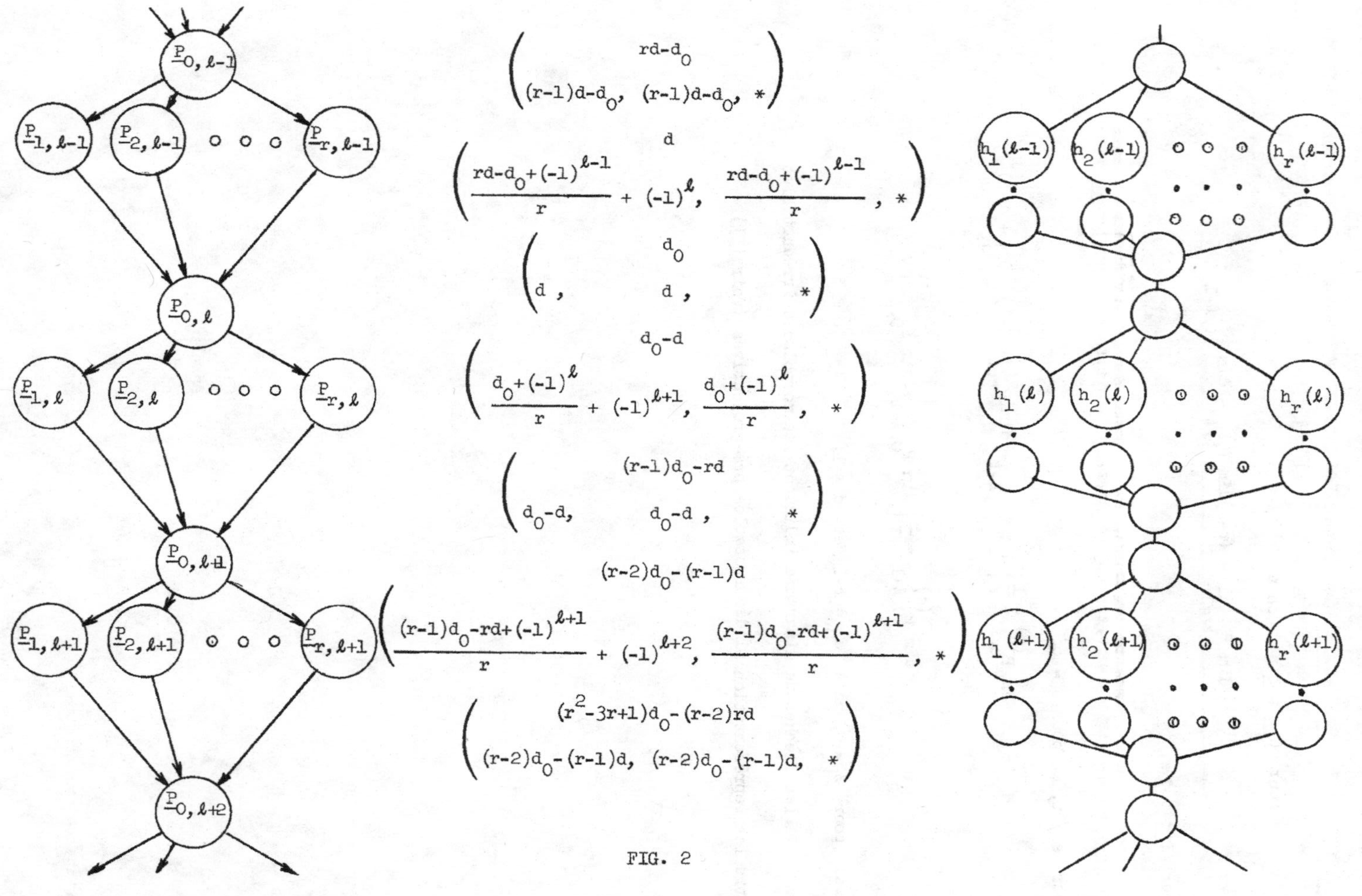
$\underline{P}_{0,\ell-1}$
$\underline{P}_{1,\ell-1}$
$\underline{P}_{2,\ell-1}$
$\underline{P}_{r,\ell-1}$
$\underline{P}_{0,\ell}$
$\underline{P}_{1,\ell}$
$\underline{P}_{2,\ell}$
$\underline{P}_{r,\ell}$
$\underline{P}_{0,\ell+1}$
$\underline{P}_{1,\ell+1}$
$\underline{P}_{2,\ell+1}$
$\underline{P}_{r,\ell+1}$
$\underline{P}_{0,\ell+2}$
$rd-d_0$
$\left((r-1)d-d_0,\ (r-1)d-d_0,\ *\right)$
d
$\left(\frac{rd-d_0+(-1)^{\ell-1}}{r}+(-1)^{\ell},\ \frac{rd-d_0+(-1)^{\ell-1}}{r},\ *\right)$
d_0
$\left(d,\ d,\ *\right)$
d_0-d
$\left(\frac{d_0+(-1)^{\ell}}{r}+(-1)^{\ell+1},\ \frac{d_0+(-1)^{\ell}}{r},\ *\right)$
$(r-1)d_0-rd$
$\left(d_0-d,\ d_0-d,\ *\right)$
$(r-2)d_0-(r-1)d$
$\left(\frac{(r-1)d_0-rd+(-1)^{\ell+1}}{r}+(-1)^{\ell+2},\ \frac{(r-1)d_0-rd+(-1)^{\ell+1}}{r},\ *\right)$
$(r^2-3r+1)d_0-(r-2)rd$
$\left((r-2)d_0-(r-1)d,\ (r-2)d_0-(r-1)d,\ *\right)$
$h_1(\ell-1)$
$h_2(\ell-1)$
$h_r(\ell-1)$
$h_1(\ell)$
$h_2(\ell)$
$h_r(\ell)$
$h_1(\ell+1)$
$h_2(\ell+1)$
$h_r(\ell+1)$

FIG. 2

Dans cette section, on supposera toujours que $r \geq 4$; F représente un corps (gauche) fixe. La démonstration du théorème repose sur un lemme. Avant de le formuler on considère, pour une représentation indécomposable non-projective donnée $\underline{X} = (X; X^{(s)} \xrightarrow{\varkappa^{(s)}} X) \in \mathcal{L}(D^r, F)$ et $\underline{Y} = C^+\underline{X} = (Y; Y^{(s)} \xrightarrow{\mu^{(s)}} Y)$, le diagramme commutatif suivant

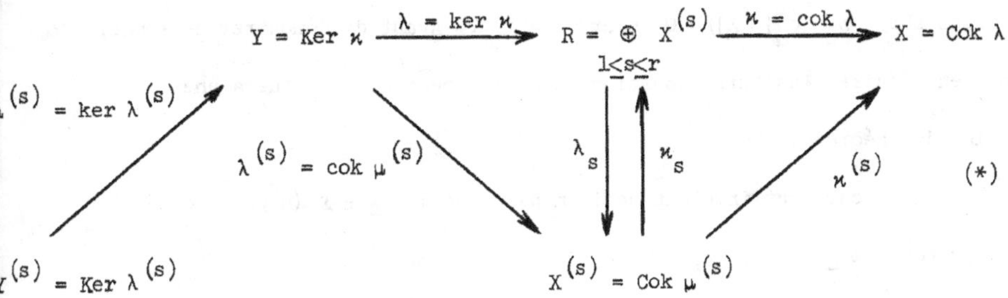

où $\lambda_s: R \to X^{(s)}$, $\varkappa_s: X^{(s)} \to R$ sont les applications canoniques, et $\varkappa\varkappa_s = \varkappa^{(s)}$, $\lambda_s\lambda = \lambda^{(s)}$. Pour tout s $(1 \leq s \leq r)$, on définit les applications F-linéaires $\varphi_s: Y \to X$ par

$$\varphi_s = \varkappa\,\varkappa_s\,\lambda_s\,\lambda \qquad (= \varkappa^{(s)}\,\lambda^{(s)}) \quad .$$

On remarque que les φ_s induisent des applications préservant les suprema entre les treillis de sous-espaces de X et Y. Evidemment

$$\operatorname{Ker} \varphi_s = \operatorname{Ker} \lambda^{(s)} = Y^{(s)} ,$$

et (puisque $\underline{X}$ est non-projectif)

$$\operatorname{Im} \varphi_s = \varkappa^{(s)}X^{(s)} \cap \Big(\sum_{t \neq s} \varkappa^{(t)}X^{(t)}\Big) = \varkappa^{(s)}X^{(s)} .$$

Plus généralement, pour $E \subseteq Y$,

$$\varphi_s E = \varkappa\Big[\varkappa_s X^{(s)} \cap \Big(\sum_{t \neq s} \varkappa_t X^{(t)} + \lambda E\Big)\Big] .$$

On observe que les relations $\operatorname{Im}\varphi_s = \varkappa^{(s)}X^{(s)}$ entraînent que les éléments $h_t(1)$ et donc tous les éléments de $B^+(1)$ sont parfaits.

<u>LEMME</u>. *Soit* $\underline{X}$ *une représentation indécomposable non-projective de* D^r. *Alors, pour* $\alpha = i_1 i_2 \ldots i_\ell$ *et* $s \neq i_1$

$$\varphi_s(e_\alpha[C^+\underline{X}]) = e_{s\alpha}[\underline{X}] \quad .$$

Bien sûr, $\varphi_s(e_\alpha[C^+\underline{X}]) = 0$ pour $s = i_1$. Avant de démontrer ce lemme, nous allons en déduire plusieurs assertions dont l'ensemble constituera une démonstration du théorème.

D'abord, pour tout indécomposable non-projectif $\underline{X} \in \mathfrak{L}(D^r, F)$, tout $1 \leq t \leq r$, et tout $\ell \geq 1$,

$$h_t(\ell+1)[\underline{X}] = \sum_{1\leq s\leq r} \varphi_s(h_t(\ell)[C^+\underline{X}]) \ .$$

En effet, le lemme entraîne que

$$\sum_{s=1}^{r} \varphi_s(h_t(\ell)[C^+\underline{X}]) = \sum_{s=1}^{r} \varphi_s\Big(\sum_{\alpha\in A(r,\ell)\setminus A_t(r,\ell)} e_\alpha[C^+\underline{X}]\Big)$$

$$\sum_{s=1}^{r} \sum_{\alpha\in A(r,\ell)\setminus A_t(r,\ell)} \varphi_s(e_\alpha[C^+\underline{X}]) = \sum_{s\alpha\in A(r,\ell+1)\setminus A_t(r,\ell+1)} e_{s\alpha}[\underline{X}] = h_t(\ell+1)[\underline{X}]$$

D'où il suit immédiatement que pour toute représentation indécomposable non-projective $\underline{X}$ de D^r,

$$h_t(\ell+1)[\underline{X}] = 0 \quad \text{ou} \quad X \quad \text{si et seulement si} \quad h_t(\ell)[\underline{Y}] = 0 \quad \text{ou} \quad \underline{Y} = C^+\underline{X} \ ,$$

respectivement. Ainsi, puisque les r éléments $h_t(1)$ sont parfaits, tous les $h_t(\ell)$ et par conséquent tous les éléments de B^+, sont parfaits. En outre, puisque pour $1 \leq t \leq r$, $0 \leq s \leq r$,

$$h_t(1)[\underline{P}_{s,1}] = \begin{cases} P_{s,1} & \text{pour } t \neq s \quad \text{et} \\ 0 & \text{pour } t = s , \end{cases}$$

on a

$$h_t(\ell)[\underline{P}_{s,\ell}] = \begin{cases} P_{s,\ell} & \text{pour } t \neq s \quad \text{et} \\ 0 & \text{pour } t = s \end{cases}$$

pour tout ℓ . La démonstration du théorème et de l'addendum peut être aisément achevée .

Retournant à la démonstration du lemme, considérons le diagramme (*) et définissons les deux représentations $\underline{X}_0$ et $\underline{Y}_0$ de D^r dans R comme suit: si on écrit simplement Y, $X^{(s)}$ et $\widetilde{X}^{(s)}$ au lieu de λY, $\varkappa_s X^{(s)}$ et

$$\sum_{t\neq s} \varkappa_t X^{(t)} ,$$

respectivement, alors

$$\underline{X}_0 = (X_0 = R;\ X_0^{(s)} = Y + X^{(s)})$$

et

$$\underline{Y}_0 = (Y_0 = R;\ Y_0^{(s)} = Y \cap \widetilde{X}^{(s)}) .$$

Evidemment, la suite exacte courte

$$\underline{0} \to \underline{K} \to \underline{X}_0 \overset{\underline{\varkappa}}{\to} \underline{X} \to \underline{0}$$

(avec $\underline{\varkappa}$ induite par $\varkappa$) est scindée car $\underline{K} = (K = Y;\ K^{(s)} = Y)$ est somme directe de copies de la représentation injective $\underline{I}_{0,1}$. De même, la suite exacte courte

$$\underline{0} \to \underline{Y} = C^+\underline{X} \overset{\underline{\lambda}}{\to} \underline{Y}_0 \to \underline{C} \to \underline{0}$$

(avec $\underline{\lambda}$ induite par λ) est scindée car $\underline{C} = (C = X;\ C^{(s)} = 0)$ est somme directe de copies de la représentation projective $\underline{P}_{0,1}$.

Maintenant, si pour un $\alpha = i_1 i_2 \ldots i_\ell$ donné et $s \neq i_1$

$$(+) \qquad Y + X^{(s)} \cap (\tilde{X}^{(s)} + e_\alpha[\underline{Y}_0]) = e_{s\alpha}[\underline{X}_0]$$

le lemme s'ensuit. En effet, puisque

$$\lambda e_\alpha[C^+\underline{X}] = e_\alpha[\underline{Y}_0] \quad \text{et} \quad \varkappa e_{s\alpha}[\underline{X}_0] = e_{s\alpha}[\underline{X}] \;,$$

on obtient, d'après (a) ,

$$\begin{aligned}
\varphi_s(e_\alpha[C^+\underline{X}]) &= \varkappa\{\varkappa_s X^{(s)} \cap (\Sigma\, \varkappa_t X^{(t)} + \lambda e_\alpha[C^+\underline{X}])\} \\
&= \varkappa\{X^{(s)} \cap (\tilde{X}^{(s)} + e_\alpha[\underline{Y}_0])\} \\
&= \varkappa\{Y + X^{(s)} \cap (\tilde{X}^{(s)} + e_\alpha[\underline{Y}_0])\} \\
&= \varkappa\; e_{s\alpha}[\underline{X}_0] = e_{s\alpha}[\underline{X}] \;.
\end{aligned}$$

La démonstration de (+) se fait par récurrence. Pour $\ell = 1$, c'est à dire $\alpha = i$, on note que $X^{(s)} \subseteq \tilde{X}^{(i)}$ et (+) suit immédiatement:

$$\begin{aligned}
Y + X^{(s)} \cap (\tilde{X}^{(s)} + Y \cap \tilde{X}^{(i)}) &= Y + X^{(s)} \cap \tilde{X}^{(i)} \cap (\tilde{X}^{(s)} + Y \cap \tilde{X}^{(i)}) \\
&= Y + X^{(s)} \cap [\tilde{X}^{(i)} \cap \tilde{X}^{(s)} + Y \cap \tilde{X}^{(i)}] \\
&= Y + \tilde{X}^{(s)} \cap [\tilde{X}^{(i)} \cap \tilde{X}^{(s)} + Y] \\
&= (Y + X^{(s)}) \cap \sum_{j \neq s,i} (Y + X^{(j)}) = e_{si}[\underline{X}_0] \;.
\end{aligned}$$

Avant d'aller plus loin, on démontre (encore une fois on n'utilise que la modularité du treillis) que

$$(0) \quad \left|\; \begin{array}{l} \text{pour tout sous-espace } U \subseteq R \text{ et pour trois indices distincts } s, i_1, t \\ X^{(s)} \cap (\tilde{X}^{(s)} + \tilde{X}^{(i_1)} \cap U) = X^{(s)} \cap \Big[\sum_{j \neq s, i_1, t} X^{(j)} \cap (\tilde{X}^{(j)} + U) + X^{(t)} + U \Big] . \end{array} \right.$$

En effet, comme plus haut,

$$X^{(s)} \cap (\tilde{X}^{(s)} + \tilde{X}^{(i_1)} \cap U) = X^{(s)} \cap \sum_{j \neq s, i_1} (X^{(j)} + U) \;,$$

Et ceci est égal, pour $t \notin \{s, i_1\}$, à

$$X^{(s)} \cap \Big(\sum_{j \neq s, i_1} X^{(j)} + U + \widetilde{X}^{(t)} \cap U \Big) = X^{(s)} \cap \Big[\Big(\sum_{j \neq s, i_1} X^{(j)} + U \Big) \cap \widetilde{X}^{(t)} + U \Big]$$

$$= X^{(s)} \cap \Big[\Big(\sum_{j \neq s, i_1, t} X^{(j)} + X^{(t)} + U \Big) \cap \widetilde{X}^{(t)} + U \Big]$$

$$= X^{(s)} \cap \Big[\sum_{j \neq s, i_1, t} X^{(j)} + (X^{(t)} + U) \cap \widetilde{X}^{(t)} + U \Big]$$

$$= X^{(s)} \cap \Big[\sum_{j \neq s, i_1, t} X^{(j)} + (X^{(t)} + U) \cap (\widetilde{X}^{(t)} + U) \Big]$$

$$= X^{(s)} \cap \Big[\sum_{j \neq s, i_1, t} X^{(j)} + X^{(t)} \cap (\widetilde{X}^{(t)} + U) + U \Big]$$

$$= X^{(s)} \cap \Big[\sum_{j \neq s, i_1, t} X^{(j)} \cap (\widetilde{X}^{(t)} + U) + X^{(t)} + U \Big] .$$

On a, par définition,

$$e_\alpha[\underline{Y}_0] = Y \cap \widetilde{X}^{(i_1)} \cap V \qquad \text{avec} \qquad V = \sum_{\beta \in \Gamma_\alpha} e_\beta[\underline{Y}_0] \quad ;$$

Évidemment, $V \subseteq Y$ et ainsi

$$e_\alpha[\underline{Y}_0] = \widetilde{X}^{(i_1)} \cap V .$$

Supposons que pour tout $t \notin \{i_1, i_2\}$,

$$e_\alpha[\underline{Y}_0] = e_{i_1}[\underline{Y}_0] \cap \Big(e_t[\underline{Y}_0] + \sum_{\beta \in \Gamma_\alpha} e_\beta[\underline{Y}_0] \Big)$$

$$= \widetilde{X}^{(i_1)} \cap W \quad \text{avec} \quad W = V + Y \cap \widetilde{X}^{(t)} .$$

C'est certainement le cas pour $\ell = 2$; on montre par récurrence, que cette relation est toujours vraie pour une longueur $\ell + 1$ (et une représentation arbitraire).

Maintenant, si on applique (O) à $U = V$ et $U = W$ et on compare, on obtient

$$Y + X^{(s)} \cap (\tilde{X}^{(s)} + e_\alpha [\underline{Y}_0]) = Y + X^{(s)} \cap (\tilde{X}^{(s)} + \tilde{X}^{(i)} \cap V)$$

$$= Y + X^{(s)} \cap (\tilde{X}^{(s)} + \tilde{X}^{(i)} \cap W)$$

$$= Y + X^{(s)} \cap \Big[\sum_{j \neq s, i_1, t} X^{(j)} \cap (\tilde{X}^{(j)} + V) + X^{(t)} + V + Y \cap \tilde{X}^{(t)} \Big].$$

En outre, puisque

$$\tilde{X}^{(t)} \supseteq X^{(s)} \quad \text{et} \quad \tilde{X}^{(t)} \supseteq \sum_{j \neq s, i_1, t} X^{(j)} \cap (\tilde{X}^{(j)} + V) ,$$

la dernière expression peut être modifiée en

$$Y + X^{(s)} \cap \Big\{ Y + \tilde{X}^{(t)} \cap \Big[\sum_{j \neq s, i_1, t} X^{(j)} \cap (\tilde{X}^{(j)} + V) + X^{(t)} + V \Big] \Big\}$$

$$= Y + X^{(s)} \cap \Big[Y + \sum_{j \neq s, i_1, t} X^{(j)} \cap (\tilde{X}^{(j)} + V) + (X^{(t)} + V) \cap (\tilde{X}^{(t)} + V) \Big]$$

$$= Y + X^{(s)} \cap \Big[Y + \sum_{j \neq s, i_1} X^{(j)} \cap (\tilde{X}^{(j)} + V) \Big]$$

$$= (Y + X^{(s)}) \cap \sum_{j \neq s, i_1} \sum_{\beta \in \Gamma_\alpha} \Big[Y + X^{(j)} \cap (\tilde{X}^{(j)} + e_\beta [\underline{Y}_0]) \Big]$$

et, en utilisant l'hypothèse de récurrence, on obtient

$$(Y + X^{(s)}) \cap \sum_{j \neq s, i_1, j_1} \sum_{\beta = j_1 j_2 \cdots j_{\ell-1} \in \Gamma_\alpha} e_{j\beta} [\underline{X}_0]$$

$$= e_s [\underline{X}_0] \cap \sum_{j \in \Gamma_{s\alpha}} e_j [\underline{X}_0] = e_{s\alpha} [\underline{X}_0] ,$$

ce qui est bien le résultat cherché.

Les représentations $\underline{P}_{t,\ell}$ admettent une interprétation en termes de représentations de D^r dans l'algèbre sur F suivante (avec unité ϵ)

$$A = A^r = F < z_0, z_1, \dots, z_r > / I ,$$

où l'idéal I est engendré par les $2(r+1)$ polynômes

$$z_0^2 - z_0,\ z_1^2,\ z_2^2, \dots, z_r^2,\ z_0 z_1 - z_1,\ z_0 z_2 - z_2, \dots, z_0 z_r - z_r,\ \sum_{1 \le t \le r} z_r z_0 .$$

On dénote $V_\ell \subseteq A$ le sous-ensemble de tous les polynômes homogènes de degré ℓ, c'est à dire le F-sous-espace de A engendré par les monômes

$$z_{i_1} z_{i_2} \dots z_{i_\ell} \quad \text{et} \quad z_{i_1} z_{i_2} \dots z_{i_\ell} z_0 ,$$

où $1 \le i_t \le t$ et $i_t \ne i_{t+1}$ pour $1 \le t \le \ell-1$. On considère aussi, pour chaque $1 \le t \le r$, l'application F-linéaire $\xi_s : A \to A$ définie par $x \mapsto z_s x$.

Maintenant, pour chaque $1 \le t \le r$ et tout $\ell \ge 1$, on définit la représentation $\underline{V}_{t,\ell}$ par

$$\underline{V}_{t,\ell} = \left(V_{t,\ell} = A z_t \cap V_\ell ;\ V_{t,\ell}^{(s)} = z_s A \cap V_{t,\ell} \right) .$$

Evidemment, pour tout $1 \le t \le r$,

$$\underline{V}_{t,1} = \left(z_t F ;\ V_t^{(t)} = z_t F,\ V_t^{(s)} = 0 \ \text{pour} \ s \ne t \right) \approx \underline{P}_{t,1} .$$

En outre, on définit pour tout $\ell \ge 1$,

$$\underline{V}_{0,\ell} = \left(V_{0,\ell} = A z_0 \cap V_{\ell-1} ;\ V_{0,\ell}^{(s)} = z_s A \cap V_{0,\ell} \right) .$$

Il est clair que

$$\underline{V}_{0,1} \approx \underline{P}_{0,1} .$$

En fait,

$$\underline{V}_{t,\ell} \approx \underline{P}_{t,\ell} \quad \text{pour tous} \quad 0 \le t \le r \quad \text{et} \quad \ell \ge 1.$$

Cela suit immediatement, par récurrence, du fait que

Pour achever la démonstration, il reste à vérifier que pour toute représentation $\underline{X}$ de D^r, toute suite $s\alpha = si_1 i_2 \dots i_\ell$ de longueur $\ell + 1$ et tout $t' \notin \{s, i_1\}$,

$$e_{s\alpha}[\underline{X}] = e_s[\underline{X}] \cap \Big(e_{t'}[\underline{X}] + \sum_{j \in \Gamma_{s\alpha}} e_j[\underline{X}]\Big) .$$

On note que

$$e_{s\alpha}[\underline{X}_0] = Y + X^{(s)} \cap \Big[\Sigma\, X^{(j)} \cap (\widetilde{X}^{(j)} + V) + X^{(t)} + V + Y \cap \widetilde{X}^{(t)}\Big]$$

peut être immédiatement transformé (en utilisant la modularité comme dans (0)) en

$$Y + X^{(s)} \cap \Big[\sum_{j \neq s, i_1, t, t'} X^{(j)} \cap (\widetilde{X}^{(j)} + V) + X^{(t)} + X^{(t')} + V + Y \cap \widetilde{X}^{(t)}\Big]$$

$$= Y + X^{(s)} \cap \Big[Y + \widetilde{X}^{(t)} \cap \Big[\sum_{j \neq s, i_1, t, t'} X^{(j)} \cap (\widetilde{X}^{(j)} + V) + X^{(t')} + X^{(t)} + V\Big]\Big]$$

$$= Y + X^{(s)} \cap \Big[Y + \sum_{j \neq s, i_1, t, t'} X^{(j)} \cap (\widetilde{X}^{(j)} + V) + X^{(t')} + \widetilde{X}^{(t)} \cap (X^{(t)} + V)\Big]$$

$$= Y + X^{(s)} \cap \Big[Y + \sum_{j \neq s, i_1, t'} X^{(j)} \cap (\widetilde{X}^{(j)} + V) + X^{(t')}\Big] ,$$

et alors en

$$(Y + X^{(s)}) \cap \Big[(Y + X^{(t')}) + \sum_{j \neq s, i_1} Y + X^{(j)} \cap (\widetilde{X}^{(j)} + V)\Big]$$

$$= e_s[\underline{X}_0] \cap \Big(e_{t'}[\underline{X}_0] + \sum_{j \in \Gamma_{s\alpha}} e_j[\underline{X}_0]\Big)$$

comme plus haut. Finalement, on applique l'épimorphisme $\underline{\kappa}: \underline{X}_0 \to \underline{X}$, achevant ainsi la démonstration du lemme.

$$C^{-}\underline{V}_{t,\ell-1} \approx \underline{V}_{t,\ell}\,, \quad \ell \geq 2\,.$$

our montrer l'isomorphisme précédent, on dénote

$$\underline{V}_{t,\ell-1} = \left(V_{t,\ell-1};\ V_{t,\ell-1}^{(s)} \xrightarrow{\lambda^{(s)}} V_{t,\ell-1}\right)\,,$$

n observe que

$$\begin{aligned}\operatorname{Cok} \lambda^{(s)} &= \langle z_k z_{i_2} \cdots z_{i_{\ell-2}} z_t \mid k \neq s \rangle_F \\ &= \sum_{\substack{k\neq s \\ i_2,\dots,i_{\ell-2}}} z_k z_{i_2} \cdots z_{i_{\ell-2}} z_t F \approx \xi_s V_{t,\ell-1} \hookrightarrow V_{t,\ell}\,,\end{aligned}$$

ıe la suite

$$V_{t,\ell-1} \xrightarrow{\lambda} \oplus\ \xi_s V_{t,\ell-1} \xrightarrow{\varkappa} V_{t,\ell}\,,$$

où

$$\lambda :\ v \mapsto (\xi_1 v,\ \xi_2 v, \dots, \xi_r v)$$

t

$$\varkappa : (\xi_1 v_1,\ \xi_2 v_2, \dots, \xi_r v_r) \mapsto \sum_{s=1}^{r} \xi_s v_s)$$

st exacte et que $V_{t,\ell} = \operatorname{Cok} \lambda$.

Comparant la situation présente avec le diagramme (*) (dans lequel $= \underline{V}_{t,\ell-1}$ et $\underline{X} = \left(V_{t,\ell};\ \xi_s V_{t,\ell-1} \xrightarrow{\varkappa\varkappa_s} V_{t,\ell}\right))$, on voit que l'application ξ_s orrespond à φ_s .

Donc on peut utiliser le lemme pour calculer $e_\alpha[\underline{V}_{t,\ell}]$ pour chaque $= i_1 i_2 \dots i_\ell$. D'abord,

$$e_\alpha[\underline{V}_{t,\ell}] = 0 \quad \text{pour} \quad k < \ell\,.$$

our $k = \ell$, on obtient (par récurrence)

$$e_\alpha[\underline{V}_{t,\ell}] = z_{i_1} z_{i_2} \cdots z_{i_{\ell-1}} e_{i_\ell}[\underline{V}_{t,1}] ;$$

ainsi

$$e_\alpha[\underline{V}_{t,\ell}] = z_{i_1} z_{i_2} \cdots z_{i_\ell} F \quad \text{pour} \quad i_\ell = t \quad \text{et}$$

$$e_\alpha[\underline{V}_{t,\ell}] = 0 \quad \text{pour} \quad i_\ell \neq t \quad (\text{y compris} \quad t = 0).$$

Finalement, pour $k > \ell$,

$$e_\alpha[\underline{V}_{t,k}] = z_{i_1} z_{i_2} \cdots z_{i_{\ell-1}} e_{i_\ell}[\underline{V}_{t,k-\ell+1}]$$

$$= z_{i_1} z_{i_2} \cdots z_{i_{\ell-1}} z_{i_\ell} V_{t,k-\ell} .$$

Si on considère la représentation $\underline{V} = (A;\ z_s A)$ de D^r dans le treillis des idéaux à droite de A, on observe immédiatement que

$$\underline{V} = (\epsilon F;\ 0) \oplus \bigoplus_{\substack{1\le t\le r \\ 1\le \ell}} \underline{V}_{t,\ell} \quad ;$$

bien sûr,

$$\underline{V}_\epsilon = (\epsilon F;\ 0) \approx \underline{V}_{0,1} .$$

On déduit des calculs précédents que

$$e_\alpha[\underline{V}] = z_{i_1} z_{i_2} \cdots z_{i_\ell} \left[\epsilon F \oplus \bigoplus_{\substack{m\ge 1 \\ 0\le t\le r}} V_{t,m}\right] = z_{i_1} z_{i_2} \cdots z_{i_\ell} A \quad .$$

Avec une légère modification, on peut déduire la même formule dans le cas $i_\ell = 0$.

En conclusion, on remarque que les représentations $\underline{V}_{t,\ell}$ peuvent être décrites "combinatoriellement": on définit

$$W_{t,\ell} = \bigoplus_{\alpha\in A_t(r,\ell)} w_\alpha F \qquad \text{avec} \qquad A_0(r,\ell) = A(r,\ell-1) .$$

i $Z_{t,\ell}$ dénote le sous-espace engendré par tous les éléments de la forme

$$z_{\alpha_k} = \sum_{*} w_{i_1 i_2 \cdots i_{k-1} * \, i_{k+1} \cdots i_{\ell-1} t}$$

où la somme se fait pour tous les $\alpha \in A_t(r,\ell)$ avec $i_1, i_2, \ldots, i_{k-1}, i_{k+1}, \ldots, i_{\ell-1}$

ixes); alors, posons

$$\overline{V}_{t,\ell} = W_{t,\ell}/Z_{t,\ell}$$

t

$$\overline{V}^{(s)}_{t,\ell} = \langle\, w_\alpha \bmod Z_{t,\ell} \,|\, \alpha = s i_2 i_3 \cdots i_{\ell-1} t \,\rangle \,.$$

n voit de suite que

$$\underline{\overline{V}}_{t,\ell} \approx \underline{V}_{t,\ell} \,.$$

n a

$$\dim W_{0,1} = 1 \,,$$

$$\dim W_{0,\ell} = r(r-1)^{\ell-2} \quad \text{pour} \quad \ell \geq 2 \quad \text{et, pour} \quad t \neq 0 \,,$$

$$\dim W_{t,\ell} = (r-1)^{\ell-1} \,,$$

onc les dimensions des sous-espaces $Z_{t,\ell}$ croissent rapidement. Par exemple,

our $r = 5$,

$$\underline{\dim}\, \underline{V}_{0,10} = \begin{pmatrix} & & 9349 & & \\ 2584 & 2584 & 2584 & 2584 & 2584 \end{pmatrix} ,$$

im $W_{0,10} = 327680$ et $\dim Z_{0,10} = 318331$.

<u>Exemple</u>:

$$A_1(5,3) = \{121,\ 131,\ 141,\ 151,\ 231,\ 241,\ 251,\ 321,\ 341,\ 351,\ 421,\ 431,\ 451,\ 521,\ 531,\ 541\} ;$$

ainsi, $\dim W_{1,3} = 16$. Le sous-espace $Z_{1,3}$ est engendré par les cinq relations de rangée

$$w_{121} + w_{131} + w_{141} + w_{151} ,$$

$$w_{231} + w_{241} + w_{251} ,$$

*
*
*

et les trois relations de colonne

$$w_{121} + w_{321} + w_{421} + w_{521} ,$$

*
*
*

(la relation $w_{151} + w_{251} + w_{351} + w_{451}$ est combinaison linéaire des relations précédentes); donc $\dim Z_{1,3} = 8$. Par conséquent, $\dim V_{1,3} = 8$. En outre, $\dim V_{1,3}^{(1)} = 3$ et $\dim V_{1,3}^{(2)} = \dim V_{1,3}^{(3)} = \dim V_{1,3}^{(4)} = \dim V_{1,3}^{(5)} = 2$.

En ce qui concerne les éléments parfaits, Gelfand et Ponomarev ont conjecturé que les éléments du sous-treillis de Gelfand-Ponomarev B de D^r sont les seuls éléments parfaits de D^r. Cette conjecture s'appuie sur le résultat suivant de [5] .

__THÉORÈME__. *(i) Si* $r = 4$, *il y a au plus* 16 *éléments parfaits de* D_p^r *qui n'appartiennent pas à* B .

(ii) Si $r \geq 5$, *il y a au plus* 2 *éléments parfaits de* D_p^r *qui n'appartiennent pas à* B .

La démonstration du théorème (i) utilise la structure de la sous-catégorie des représentations régulières de D_p^4 et le critère suivant:

Si $\underline{X}$ *et* $\underline{Y}$ *sont deux représentations indécomposables de* D_p^r *telles qu'il y ait un morphisme non-nul de* $\underline{X}$ *à* $\underline{Y}$, *alors pour tout élément parfait* $b \in D_p^r$,

$$b[\underline{Y}] = 0 \quad \textit{entraîne} \quad b[\underline{X}] = 0 .$$

Le résultat pour $r \geq 5$ (théorème (ii)) résulte d'un théorème sur les représentations de D_p^r (voir [5]):

Pour toute paire de représentations indécomposables régulières $\underline{X}$ *et* $\underline{Y}$ *de* D_p^r $(r \geq 5)$, *il existe des représentations indécomposables régulières*

$$\underline{X} = \underline{X}_0, \underline{X}_1, \ldots, \underline{X}_{i-1}, \underline{X}_i, \ldots, X_t = \underline{Y}$$

telles que $\mathrm{Hom}(\underline{X}_{i-1}, \underline{X}_i) \neq 0$ *pour tout* $1 \leq i \leq t$.

BIBLIOGRAPHIE

[1] AUSLANDER M., REITEN I.: Representation theory of artin algebras III, IV. Comm. Algebra 3, 239-294 (1975) and 5, 443-518 (1977).

[2] BERSTEJN I.N., GELFAND I.M., PONOMAREV V.A.: Coxeter functors and a theorem of Gabriel. Uspechi Mat. Nauk 28, 19-33 (1973); traduit en anglais dans Russian Math. Surveys 28, 17-32 (1973).

[3] DEDEKIND R.: Über die von drei Moduln erzeugte Dualgruppe. Math. Ann. 53, 371-403 (1900).

[4] DLAB V., RINGEL C.M.: Representations of graphs and algebras. Mem. Amer. Math. Soc. No. 173 (1976).

[5] DLAB V., RINGEL C.M.: Perfect elements in the free modular lattices. A paraître.

[6] GELFAND I.M., PONOMAREV V.A.: Problems of linear algebra and classification of quadruples in a finite dimensional vector space. Coll. Math. Soc. Bolyai 5, Tihany (Hungary), 163-237 (1970).

[7] GELFAND I.M., PONOMAREV V.A.: Free modular lattices and their representations. Uspechi Mat. Nauk 29, 3-58 (1974); traduit en anglais dans Russian Math. Surveys 29, 1-56 (1974).

[8] GELFAND I.M., PONOMAREV V.A.: Lattices, representations and algebras connected with them I, II. Uspechi mat. nauk 31, 71-88 (1976) et 32, 85-106 (1977); traduit en anglais dans Russian Math. Surveys 31, 67-85 (1976) et 32, 91-114 (1977).

Vlastimil DLAB
Mathématiques
Université de Poitiers
86000 Poitiers
France

CENTRAL DIFFERENTIAL OPERATORS ON SPLIT SEMI-SIMPLE GROUPS OVER FIELDS OF POSITIVE CHARACTERISTIC*

by W.J. HABOUSH

INTRODUCTION - In recent years a great deal of effort has been devoted to the problem of understanding the decomposition behaviour of Weyl modules of semi-simple groups over fields of positive characteristic. A great many interesting phenomena have been discovered, especially by such authors as Kac Weisfeiler, Humphreys, Jantzen and Carter and Lusztig. Among these results, the various linking principles, the "translation principle" of Jantzen and the notion of "generic patterns" immediately come to mund.

This work was originally concieved of as an attempt to find a unifying concept for these various phenomena. The two conjectures 9.5 and 9.6 suggest what was sought. I remain convinced that there is a "generalized Weyl group" which would describe much of the fine structure theory of Weyl modules and I think that describing it should receive a certain priority.

---

* This research was carried out at the Institute for Advanced Study and the University of California, Los Angeles and was supported in part by NSF grant # p.810192

Section 1 is devoted to preliminaries concerning the ring of differential operators .Section 2 is devoted to the differential operators on the torus and the associated formal weights over any base. Sections 3, 4 and 5 are devoted to the construction and study of "generalized Verma modules", that is modules induced by a formal character on the differential operators of a Borel subgroup. It is shown that there is an infinite Steinberg tensor product theorem for the irreductible associated to a formal character. In section 6 Hopf-algebra theory is used to examine the subring of differential operators dual to the kernel of the ν'th order Frobenius. What Sweedler calls the integral and what is referred to as the norm form here is computed. Sections 7 and 8 are devoted to constructing central differential operators and the corresponding Harish-Chandra map. Section 9 contains a theorem which shows how to apply the constructions of section 8. It also contains the two conjectures which are almost surely false as stated but rather suggestive.

In doing this work, conversations with B. Weisfeiler were helpful. I would also like to thank Professor R. Steinberg for his interest, and Professor J. Tits for a rather difficult proof which was quite helpful, though it is not included.

1. NOTATION AND CONVENTIONS -

Let R be a ring and let M = Spec A be an affine group scheme over R. Let $e_M : A \longrightarrow R$ be the identity section of M and let $I_M = \ker e_M$. Then the following technical assumption is essential.

1.1. DEFINITION - M <u>is said to be infinitesimally smooth over</u> R <u>if</u> A/I_M^n <u>is a finitely generated projective</u> R-<u>module for each</u> n.

All group-schemes discussed in this paper will be infinitesimally smooth over the base. This property is preserved under base extension.

We recall the definition of Dieudonné's hyperalgebra associated to M. Let $\mu_M : A \longrightarrow A \otimes A$ be the co-multiplication and let $s_M : A \longrightarrow A$ be the antipode. Then let $D_{M/k}$ be the set of elements in the linear dual of A, $\mathrm{Hom}_R(A,R)$, which vanish on a power of I. If $\partial \in D_{M/R}$, $a \in A$, write $\langle \partial, a \rangle$ for the value of ∂ on a. Then if ∂, $\bar{\partial} \in D_{M/R}$ let $\partial\bar{\partial} = \partial \otimes \bar{\partial} \circ \mu_M$. Under this definition $D_{M/R}$ becomes an algebra with unit e_M. If $s_M^v(\partial) = \partial \circ s_M$, s^v is an anti-involution of $D_{M/R}$. Also, if $\varepsilon_M(\partial) = \langle \partial, 1 \rangle$, ε_M is an augmentation. If $\langle \partial, I^n \rangle = 0$ we way define $m_M^v(\partial) \in D_{M/R} \otimes D_{M/R}$ as follows. Define $u(\partial)$ in the linear dual of $A \otimes_R A$ by $u(\partial)(a \otimes b) = \langle \partial, ab \rangle$. Then $u(\partial)$ vanishes on $\sum_{r=0}^{n} I^r \otimes I^{n-r}$ and hence may be regarded as an element of the linear dual of $A/I^n \otimes A/I^n$. By infinitesimal smoothness this may be identified with $\mathrm{Hom}_R(A/I^n,R) \otimes_R \mathrm{Hom}(A/I^n,R)$ and so $u(\partial)$ can be identified with a unique element of $D_{M/R} \otimes_R D_{M/R}$. This element is $m_M^v(\partial)$. Now observe that $D_{M/R}$ is a Hopf algebra with antipode with these structural data. Moreover its elements may be regarded as elements of the linear dual of the I-adic completion of A, $\hat{A}$ which vanish on $I^n\hat{A}$ for some n. We shall refer to $D_{M/R}$ as the Dieudonné algebra of M. It is discussed at length in [3].

Let $\hat{\mu}_M\ \hat{A} \longrightarrow \hat{A} \hat{\otimes}_R \hat{A}$ be the completed comultiplication. Then let $\partial * a = 1 \otimes \partial \circ \hat{\mu}(a)$. In this way $\hat{A}$ is a unitary $D_{M/R}$ module. Let $\partial a \in D_{M/R}$ be defined by $\langle \partial a, b \rangle = \langle \partial, ab \rangle$. Under this structure $D_{M/R}$ is an A-module. The following lemma will be exploited at length.

1.2. LEMMA - Let M be a group scheme over R and let P, Q be two subgroup schemes. Let $u : P \times Q \longrightarrow M$ be the morphism induced by multiplication. Suppose that u is an isomorphism on an open set containing the identity section. Then

(i) u induces an isomorphism :

$$u^0 : \hat{A}_M \longrightarrow \hat{A}_P \hat{\otimes} \hat{A}_Q$$

(ii) Suppose that $\partial \in D_{P/R}$, $\bar{\partial} \in D_{Q/R}$. Then if $a = u^0(c)$,

$$\langle \partial\bar{\partial}, a \rangle = \partial \otimes \bar{\partial} \circ u^0(c).$$

This lemma is too obvious for proof, but it allows us to identify $\hat{A}_M$ with $\hat{A}_P \otimes \hat{A}_Q$ and $D_{M/R}$ with $D_{P/R} \otimes D_{Q/R}$. We also note that the associated isomorphism $D_{M/R} \cong D_{P/R} \otimes D_{Q/R}$ is an isomorphism of co-algebras, but not an isomorphism of algebras unless P and Q commute.

We further observe that if $\alpha : V \longrightarrow V \otimes A_M$ is a co-module over A_M, then V is a $D_{M/R}$ module under $\partial \cdot v = 1 \otimes \partial \circ \alpha(v)$.

We now consider a split, semi-simple, simply connected group G defined over $\mathbb{Z}$ fixed once and for all for the remainder of this paper. Let B^+ and B^- be a pair of opposite Borel subgroups of G, let U^+ and U^- be their unipotent radicals and let $B^+ \cap B^- = T$ be the maximal torus contained in them. Let Φ be the set of roots with respect to T, let Φ^+ be the roots positive with respect to B^+, let R be the root lattice and let P be the weights. Let W be the Weyl group of G. For $\alpha, \beta \in P$ let $(\alpha \mid \beta)$ denote the W invariant form. Let $\alpha^\vee$ be the co-root associated to $\alpha \in \Phi$. That is $\alpha^\vee(\beta) = 2(\alpha \mid \beta)/(\alpha \mid \alpha)$. Let $\beta_1, \ldots, \beta_\ell$ be a set of positive simple roots and let $\omega_1, \ldots, \omega_\ell$ be the corresponding fundamental weights.

Let $\mathfrak{g}$ be the $\mathbb{Z}$-Lie algebra of G. Then let a Chevalley basis for $\mathfrak{g}$ be $\{X_\alpha\}_{\alpha \in \Phi} \cup \{H_i\}_{i=1}^{\ell}$ where $H_i = [X_{\beta_i}, X_{-\beta_i}]$. Write Y_α for $X_{-\alpha}$, $\alpha \in \Phi^+$. Let $\mathfrak{D}_G$ denote the Kostant $\mathbb{Z}$-form of $\mathfrak{g}$. Recall that it is the $\mathbb{Z}$-algebra generated by the $X_\alpha^n/n!$ and the $\binom{H_i}{n}$ for all n, α, i. See [7] or [11] for details.

We now wish to show that $\mathfrak{D}_G$ may be identified with $D_{G/\mathbb{Z}}$ and that for a suitable description of the completion of G along the identity section, elements of $\mathfrak{D}_G$ may be evaluated at functions in a particularly direct fashion.

First consider the additive group $M = G_{a,\mathbb{Z}}$. Then $M = \operatorname{Spec} \mathbb{Z}[x]$, $\mu_M(x) = x \otimes 1 + 1 \otimes x$, $e_M(x) = 0$, $s_M(x) = -x$. We see that $M_{G/\mathbb{Z}}$ is generated by elements X_n defined by $\langle X_n, x^r \rangle = \delta_{n,r}$. Now the Lie algebra of M is generated by d/dx, and we find that $X_n * f(x) = \frac{1}{n!} \frac{d^n}{dx^n} f(x)$, and

and $\langle X_n, f\rangle = \left(\frac{1}{n!}\frac{d^n f}{dx^n}\right)(0)$. Thus $X_1 = d/dx$ and $X_n = X_1^n/n!$. It is very easy to check that the Hopf algebra $D_{M/\mathbb{Z}}$ is isomorphic to the algebra generated over $\mathbb{Z}$ by the operators $(1/n!)(d^n/dx^n)$ together with the Hopf algebra structure they possess as a subalgebra of the universal envelope of the one dimensional Lie algebra over $\mathbb{Q}$.

Now consider the multiplicative group $G_{m,\mathbb{Z}} = P$. Then $G_{m,\mathbb{Z}} = \mathbb{Z}[t,t^{-1}]$. The local ring at the identity is generated by $z = t-1$. Let $H = t.d/dt$. Then $\binom{H}{r}$ operates on z^n by $\binom{H}{r}z^n = \binom{n}{r}(1+z)^r z^{n-r}$. Hence $\binom{H}{r} z^n\big|_{z=0} = \delta_{n,r}$ (Kronecker delta). The completion of $G_{m,\mathbb{Z}}$ along the identity section is $\mathbb{Z}[[z]]$. We see that as a linear space $D_{P/\mathbb{Z}}$ is generated by elements h_n such that $\langle h_n, z^r\rangle = \delta_{n,r}$. The comultiplication is $\hat{\mu}_P(z) = z \otimes 1 + 1 \otimes z + z \otimes z$, and it is elementary to check that again $D_{P/\mathbb{Z}}$ is isomorphic as a Hopf algebra with the $\mathbb{Z}$-algebra generated by the $\binom{H}{n}$ together with the Hopf algebra structure they inherit as a sub-algebra of the universal envelope of the one dimensional Lie algebra over Q. (Here given by $m_P^\vee(\binom{H}{n}) = \sum_{r+q=n} \binom{H}{r} \otimes \binom{H}{q}$.)

Now choose an ordering on the roots of G, $\alpha_m, \ldots, \alpha_1$, $\alpha_{-1}, \alpha_{-2}, \ldots, \alpha_{-m}$ where α_i is positive or negative according to whether i is. Choose functions $t_1, \ldots, t_\ell$ on G as follows. For every positive weight ξ, there is a unique function f_ξ which is a semi-invariant of weight ξ for right translation by B^+ and a semi-invariant of weight $-\xi$ for left translation by B^-. Let $t_i = f_{\omega_i}$, and let $z_i = t_i - 1$. Write t^ξ for $t_1^{\langle\alpha_1^\vee,\xi\rangle} t_2^{\langle\alpha_2^\vee,\xi\rangle} \ldots t_\ell^{\langle\alpha_\ell^\vee,\xi\rangle}$. Observe that the restriction of t^ξ to the maximal torus T is actually the character function corresponding to ξ. By abuse of language write t_i and t^ξ for the restrictions of f_{ω_i} and f_ξ to T as well as for the functions on G. Write z_i for $t_i - 1$.

Write $U_\alpha = \operatorname{Spec} \mathbb{Z}[x_\alpha]$ and write y_α for $x_{-\alpha}$ when $\alpha \in \Phi^+$. Now consider the morphism $b : U_{\alpha_{-m}} \times U_{\alpha_{-m+1}} \times \ldots \times U_{\alpha_{-1}} \times T \times U_{\alpha_1} \times \ldots \times U_{\alpha_m} \longrightarrow G$. By the Bruhat decomposition this is an isomorphism on an open neighborhood of the identity section. Hence it induces an isomorphism, by lemma 1.2,

$$\hat{b} : \hat{A}_G \longrightarrow \mathbb{Z}[[x_{\alpha_{-m}},\dots,x_{\alpha_{-1}},z_1,\dots,z_\ell,x_{\alpha_1},\dots x_{\alpha_m}]].$$

Further by lemma 1.2 it induces an isomorphism of $D_{-m} \otimes D_{-m+1} \otimes \dots \otimes D_{-1} \otimes D_{T/\mathbb{Z}} \otimes D_1 \otimes \dots \otimes D_m$ with $D_{G/\mathbb{Z}}$ where D_i is $D_{U_i/\mathbb{Z}}$. Moreover the isomorphism identifies $\partial_1 \otimes \dots \otimes \partial_{2m+\ell}$ on $Z[[x_{\alpha_{-m}} \dots x_{\alpha_{-1}}, z_\ell, x_{\alpha_1} \dots x_{\alpha_m}]]$ with the product $\partial_1 \dots \partial_{2m+\ell}$. Now the Lie algebra of U_α is just X_α. Hence the image of $D_{U_\alpha/\mathbb{Z}}$ in $D_{G/\mathbb{Z}}$ is just the algebra generated over $\mathbb{Z}$ by the $X_\alpha^m/m!$. Similarly we can see that the image of $D_{T/\mathbb{Z}}$ in $D_{G/\mathbb{Z}}$ is the algebra generated by the $\binom{H_i}{n}$ for all i, n. Now what is most interesting is that under this isomorphism,

$$\frac{Y_{\alpha_m}^{r_m}}{r_n!}\frac{Y_{\alpha_{m-1}}^{r_{m-1}}}{r_{n-1}!}\cdots\frac{Y_{\alpha_1}^{r_1}}{r_1!}\binom{H_1}{n_1}\cdots\binom{H_\ell}{n_\ell}\frac{X_{\alpha_1}^{s_1}}{s_1!}\cdots\frac{X_{\alpha_m}^{s_m}}{s_m!}$$

becomes the element of the linear dual of $\mathbb{Z}[[x_{\alpha_{-m}} \dots x_{\alpha_{-1}}, z_1 \dots z_\ell, x_{\alpha_1} \dots x_{\alpha_m}]]$ whose value on $\prod_{i=-m}^{1} x_{\alpha_i}^{r_i} \cdot \prod_{i=1}^{\ell} z_i^{n_i} \cdot \prod_{i=1}^{n} x_{\alpha_i}^{s_i}$ is one and whose value on every other monomial is zero. Notice that <u>this is dependent on the ordering of the roots chosen</u>. In order that a monomial in the $\mathbb{Z}$-form be dual to the corresponding monomial in $\mathbb{Z}[[x_{\alpha_{-m}} \dots x_{\alpha_{-1}}, z_1,\dots,z_\ell, x_{\alpha_1},\dots,x_{\alpha_m}]]$ it is necessary that the x_i and the z_i be determined by a decomposition of a big cell in which the root subgroups and the maximal torus are multiplied together in the same order as the corresponding factors in the monomials of the $\mathbb{Z}$-form. We may summarize :

1.3. THEOREM - <u>Let</u> G <u>be semi-simple connected and simply connected over</u> Z. <u>Let</u> $\alpha_{-m},\dots,\alpha_{-1},\alpha_1,\dots,\alpha_m$ <u>be an ordering of the roots with</u> $\alpha_1,\dots,\alpha_m$ <u>a positive system. Let</u> $U_i = U_{\alpha_i} = \operatorname{Spec} \mathbb{Z}[x_i]$, <u>let</u> $T = \operatorname{Spec} \mathbb{Z}[t_1,\dots,t_\ell, t_1^{-1},\dots,t_\ell^{-1}]$ <u>where</u> t_i <u>is the character function of the character</u> ω_i, <u>and let</u> $z_i = t_i - 1$. <u>Let</u> $b : U_{-m} \times \dots \times U_{-1} \times T \times U_1 \times \dots \times U_m \longrightarrow G$ <u>be the morphism defined by multiplication. Then</u> b <u>induces isomorphisms</u> :

$$\hat{b} : \hat{A}_G \longrightarrow \mathbb{Z}[[x_{-m} \dots x_{-1}, z_1,\dots,z_\ell, x_1 \dots x_m]]$$

and

$$b^{v} : \mathcal{D}_G \longrightarrow D_{G/\mathbb{Z}}$$

so that for all $f \in \hat{A}_G$

(4) $$\hat{b}(f) = \sum \left\langle b^{v}\left(\frac{X_{-m}^{r_m}}{r_1!}\cdots\frac{X_{-1}^{r_1}}{r_1!}\binom{H_1}{n_1}\cdots\binom{H_l}{n}\frac{X_1^{s_1}}{s_1!}\cdots\frac{X_m^{s_m}}{s_m!}\right), f\right\rangle x_{-m}^{r_m}\cdots x_{-1}^{r_1} z_1^{n_1}\cdots z_{\ell}^{n_{\ell}} x_1^{s_1}\cdots x_m^{s_m}$$

For the remainder of this paper, we shall omit the b^{v} and the $\hat{b}$ from our calculations. Moreover we will adapt the following conventions. Having chosen an ordering for Φ^{+}, say $\alpha_1,\ldots,\alpha_m$, we shall, unless otherwise specified, take $\alpha_{-i} = -\alpha_i$. We shall write Y_i for $X_{-\alpha_i}$ and X_i for X_{α_i}. Small roman bold-face letters, $\underline{a},\underline{b},\underline{c}$, etc. will denote m or ℓ-tuples of integers $\underline{a} = (a_1,\ldots,a_m)$. Underlined integers $\underline{1}$, $\underline{2}$, etc., will denote m or ℓ-tuples with the constant entry 1, 2, etc The number of entries will always be clear from context. Then $Y(\underline{a})$ will mean $Y_m^{a_m}/a_m!\ldots Y_1^{a_1}/a_1!$, $X(\underline{a})$ will mean $X_1^{a_1}/a_1!\ldots X_m^{a_m}/a_m!$ and $\binom{H}{\underline{n}}$ will mean $\binom{H_1}{n_1}\cdots\binom{H_{\ell}}{n_{\ell}}$. For χ a weight, $\chi(\underline{H})$ will denote the ℓ-tuple $(\beta_1^{v}(\chi),\beta_2^{v}(\chi),\ldots,\beta_{\ell}^{v}(\chi))$. (Here $\beta_i^{v}(\xi) = 2(\beta_i|\xi)/(\beta_i|\beta_i)$.) Moreover $\binom{\underline{r}}{\underline{n}} = \binom{r_1}{n_1}\binom{r_2}{n_2}\cdots\binom{r_{\ell}}{n_{\ell}}$ and $\binom{\underline{H}+\underline{r}}{\underline{n}} = \binom{H_1+r_1}{n_1}\cdots\binom{H_{\ell}+r_{\ell}}{n_{\ell}}$. For a fixed ℓ-tuple $\underline{n}$, a sum $\sum_{\underline{r}<\underline{n}}$ will denote a sum extended over all ℓ-tuples $\underline{r}$ such that $0 \le r_i \le n_i$. Moreover $y^{\underline{a}}$ will mean $y_1^{a_1},\ldots,y_m^{a_m}$, $x^{\underline{a}}$ will mean $x_1^{a_1},\ldots,x_m^{a_m}$, $z^{\underline{r}}$ will mean $z_1^{r_1},\ldots,z_{\ell}^{r_{\ell}}$ and $(1+z)^{\underline{n}}$ will mean $(1+z_1)^{n_1}\ldots(1+z_{\ell})^{n_{\ell}} = \sum_{\underline{r}<\underline{n}}\binom{\underline{n}}{\underline{r}}z^{\underline{r}}$. Under these conventions, 1 , (4) becomes :

$$f = \sum_{\underline{o}<\underline{a},\underline{r},\underline{b}} \langle Y(\underline{a})\binom{H}{\underline{r}}X(\underline{b}),f\rangle\, y^{\underline{a}}z^{\underline{r}}x^{\underline{b}}.$$

Also, we may write,

$$t^{\xi} = (1+z)^{\xi(\underline{H})} .$$

We further remark that these calculations and conventions remain valid after base change by a ring. We shall not alter the notation after base change.

2. THE TORUS; GENERALIZED WEIGHTS -

Let R be a commutative ring with unit and let $\hat{A} = R[[z]]$ denote the coordinate ring of the completion of the multiplicative group over R. Let $D_{T/R}$ denote the Dieudonné hyperalgebra of T over R.

2.1. PROPOSITION - The following sets are in bijective correspondence :

i) The set of isomorphism classes of $D_{T/R}$-modules which are free rank one R-modules.

ii) The set of elements $u \in \hat{A}$ such that $\hat{\mu}(u) = u \otimes u$.

iii) The set of endomorphisms of T as a formal group.

Moreover, regarding these sets as functors in R, these bijections are isomorphisms of functors.

PROOF - Observe that the endomorphisms of T are just the formal characters of T. Then the proposition is just Cartier duality. We shall however prove the proposition introducing notation and conventions that will be used later.

2.2. DEFINITION - $C_{T/R}$ denotes the set of endomorphisms of T as a formal group, written additively.

Write $D_{T/R}(R)$ for the set of R-algebra morphisms from $D_{T/R}$ to R. This is evidently identical to the set of isomorphism classes of $D_{T/R}$ modules R-isomorphic to R. Write $\mathfrak{X}(T)$ for the set $\{u \in \hat{A} : \hat{\mu}(u) = u \otimes u\}$. If γ, $\delta \in C_{T/R}$, write $\gamma\delta$ for the composition of the two endomorphisms γ and δ. Then $C_{T/R}$ is a ring.

As a ring, $D_{T/R}$ is the R-algebra generated by the symbols $\binom{h}{n}$, $n \in \mathbb{Z}$, $n \geq 0$ subject to the relations :

(1) $$(n+1)\binom{h}{n+1} = \left(\binom{h}{1} - n\right)\binom{h}{n}.$$

Here $\binom{h}{n}$ is defined by $\langle \binom{h}{n}, z^r \rangle = \delta_{n,r}$ (Kronecker delta).

2.4. DEFINITION - For $\alpha \in C_{T/R}$,

i) $(1+z)^{\alpha} = \alpha(1+z)$

ii) $\binom{\alpha}{n} \in R$ is the coefficient of z^n in $(1+z)^{\alpha}$. That is $\binom{\alpha}{n}$ is defined by the equation :

$$(1+z)^{\alpha} = \sum_{n \geq 0} \binom{\alpha}{n} . z^n .$$

iii) If $\partial \in D_{T/R}$, $\alpha \in C_{T/R}$, set

$$\partial(\alpha) = \langle \partial, (1+z)^{\alpha} \rangle .$$

We now proceed with a proof of 2.1. Suppose $u \in \mathfrak{X}(T)$. Then, since $\hat{\mu}(u) = u \hat{\otimes} u$ one sees that $u-1 \in z\hat{A}$. Thus one may define a homomorphism $\alpha : \hat{A} \longrightarrow \hat{A}$, by $\alpha(z) = u-1$. Since $\hat{\mu}(u) = u \hat{\otimes} u$ one verifies immediately that $\hat{\mu} \circ \alpha = \alpha \hat{\otimes} \alpha \circ \hat{\mu}$. Conversely, given any $\alpha \in C_{T/R}$, let $\alpha(1+z) = u$. Then trivially $\hat{\mu}(u) = u \hat{\otimes} u$. This establishes the correspondence between $\mathfrak{X}(T)$ and $C_{T/R}$.

Now suppose $\phi \in D_{T/R}(R)$. Then, as an element of the linear dual of $D_{T/R}$, $\phi \in \hat{A}$. Recalling that the algebra structure on $D_{T/R}$ is defined by

$$\langle \partial . \bar{\partial} , x \rangle = \langle \partial \hat{\otimes} \bar{\partial}, \hat{\mu}(x) \rangle ,$$

the fact that ϕ is an algebra morphism is then expressed by the equation $\hat{\mu}(\phi) = \phi \hat{\otimes} \phi$. This gives the remaining correspondence.

Thus every $u \in \mathfrak{X}(T)$ is of the form $(1+z)^{\alpha}$, $\alpha \in C_{T/R}$. We shall routinely write elements of $\mathfrak{X}(T)$ in this form. If α, $\beta \in C_{T/R}$, by definition :

$$\alpha+\beta = \hat{m} \circ \alpha \hat{\otimes} \beta \circ \hat{\mu} .$$

(Here $\hat{m}$ is the completion of the multiplication map $m(a \otimes b) = ab$). It immediateley follows that $(1+z)^{\alpha+\beta} = (1+z)^{\alpha} . (1+z)^{\beta}$. For the product $\alpha\beta$ a convention is required.

2.5. CONVENTION - *If* $u \in z\, R[[z]]$, *and* $\alpha \in C_{T/R}$, *let*

$$(1+u)^{\alpha} = \sum_{n \geq 0} \binom{\alpha}{n} u^n .$$

Apply this convention to form the expression :

$$((1+z)^{\alpha})^{\beta} = (1+((1+z)^{\alpha}-1))^{\beta} .$$

Then it is not at all difficult to verify that $(1+z)^{\alpha\beta} = \alpha((1+z)^{\beta}) = ((1+z)^{\alpha})^{\beta}$

Write 1 for the identity endomorphism, then $(1+z)^{n.1} = (1+z)^n$ (n'th power) and $\binom{n.1}{r} = \binom{n}{r}$ (conventional binomial coefficient). Since $(1+z)^n \neq (1+z)$, we obtain an injection $\mathbb{Z} \subset C_{T/R}$ for any R.

2.6. LEMMA - *The ring* $C_{T/R}$ *is commutative for all* R.

PROOF - Observe that

$$((1+z)^{\alpha})^{\beta} = \sum_{\nu \geq 0} \binom{\beta}{\nu} ((1+z)^{\alpha}-1)^{\nu}$$

$$(*) = \sum_{\nu \geq 0} \sum_{q=0}^{\nu} (-1)^{\nu-q} \binom{\nu}{q} \binom{\beta}{\nu} (1+z)^{q\alpha} .$$

Now, write

$$(1+z)^{q\alpha} = \sum_{r=0}^{\infty} \binom{\alpha}{r} ((1+z)^q-1)^r$$

$$(**) \qquad = \sum_{r=0}^{\infty} \sum_{s=0}^{r} \sum_{q=0}^{sq} (-1)^{r-s} \binom{\alpha}{r} \binom{r}{s} \binom{sq}{t} z^t$$

substitute in (*) to obtain

$$((1+z)^{\alpha})^{\beta} = \sum_{\nu=0}^{\infty} \sum_{q=0}^{\nu} \sum_{t=0}^{\infty} \left(\sum_{r=0}^{t} \sum_{s=0}^{r} (-1)^{r-s}(-1)^{\nu-q}\binom{\nu}{q}\binom{r}{s}\binom{sq}{t}\binom{\alpha}{r}\binom{\beta}{\nu}\right) z^t$$

Observing that the ν' th term in the first sum always begins with z^{ν}, one can rearrange to obtain :

$$((1+z)^{\alpha})^{\beta} = \sum_{t=0}^{\infty} \left[\sum_{\nu=0}^{t} \sum_{q=0}^{\nu} \sum_{r=0}^{t} \sum_{s=0}^{r} (-1)^{r-s}(-1)^{\nu-q}\binom{\nu}{q}\binom{r}{s}\binom{sq}{t}\binom{\alpha}{r}\binom{\beta}{\nu}\right] z^t$$

This expression is symmetric in α and β and hence $\alpha\beta = \beta\alpha$. Q.E.D. (REMARK : For α, $\beta \in \mathbb{Z}$, or indeed $\mathbb{Q}$, the expression for $\binom{\alpha\beta}{t}$ in the last sum could have beer obtained by Lagrange interpolation).

Actually we have shown that $D_{T/R}$ is a ring scheme. In this context the expression at the end of the proof of the lemma can be interpreted as the co-morphism corresponding to multiplication. That is, there are maps, $a^*, q^* : D_{T/R} \longrightarrow D_{T/R} \otimes D_{T/R}$, which define the addition and multiplication respectively .They are given by :

$$a^*(\binom{h}{r}) = \sum_{s=0}^{r} \binom{h}{s} \otimes \binom{h}{r-s}$$

$$q^*(\binom{h}{n}) = \sum_{j=0}^{n} \sum_{i=0}^{n} \sum_{q=0}^{\infty} \sum_{s=0}^{\infty} (-1)^{i+j-(s+q)} \binom{j}{q}\binom{i}{s}\binom{sq}{n}\binom{h}{i} \otimes \binom{h}{j}$$

Now consider a split torus of rank ℓ over R, $M = \operatorname{Spec} R[t_1,t_1^{-1}\ldots t_\ell\, t_\ell^{-1}]$. Let $\hat{M}$ denote the completion of M along its identity section. Then $\hat{M} = \operatorname{Spf} R[[z_1,\ldots,z_\ell]]$ where $z_i = t_i - 1$. Then $D_{M/R}$ is the ring generated by the symbols $\binom{H_i}{r}$ $i = 1,\ldots,\ell$, and where the $\binom{H_i}{r}$ satisfy the relation (2.3) and $\langle \binom{H_1}{r_1}\binom{H_2}{r_2}\ldots\binom{H_\ell}{r_\ell}, z^{q_1}\ldots z^{q_\ell}\rangle = \delta_{r_1q_1}\,\delta_{r_2q_2}\ldots\delta_{r_\ell q_\ell}$. We wish to describe the R-algebra homomorphisms $\varphi : D_{M/R} \longrightarrow R$. Reasoning exactly as above each of these corresponds bijectively to a power series $u \in R[[z_1,\ldots,z_\ell]]$ such that $\hat{\mu}(u) = u \otimes u$, and hence to a formal group morphism $\hat{M} \longrightarrow T$.

Thus they form a group $P_R(M)$ which we write additively. If $\alpha \in C_{T/R}$ composition with α gives $P_R(M)$ the structure of a $C_{T/R}$-module. Moreover since $D_{\hat{M}/R} = D_{\hat{M}_1/R} \otimes \ldots \otimes D_{\hat{M}_\ell/R}$ where $M_i = \mathrm{Spf}\, k[[z_i]]$, we see that $P_R(M)$ is a free $C_{T/R}$ module of rank ℓ.

2.7. DEFINITION - <u>The free</u> $C_{T/R}$<u>-module</u> $P_R(M)$ <u>is called the module of generalized weights of</u> M <u>over</u> R.

In a natural sense, the choice of a basis for the characters of M gives a basis for $\hat{M}$. Namely, a generalized weight $\alpha \in P_R(M)$ is a morphism $\hat{M} \longrightarrow T$, and hence a morphism of topological Hopf algebras, $R[[z]] \xrightarrow{\alpha} R[[z_1 \ldots z_\ell]]$. Write $\alpha(1+z) = (1+z)^\alpha$. Then write e_i for the morphisms defined by $z \longrightarrow z_i$. Then any morphism may be written in the form $\lambda_1 e_1 + \ldots + \lambda_\ell e_\ell$, $\lambda_i \in C_{T/R}$, and if $\lambda = \lambda_1 e_1 + \ldots + \lambda_\ell e_\ell$, $(1+z)^\lambda = \prod_{i=1}^{\ell} (1+z_i)^{\lambda_i}$ where $(1+z_i)^{\lambda_i} = \sum_{n \geq 0} \binom{\lambda_i}{n} z_i^n$. Then the e_i are just a basis for $P_R(M)$ over $C_{T/R}$. We give some examples.

2.8. EXAMPLE - Let R be a field of characteristic 0. Then $D_{T/R}$ is evidently just polynomials in h, whence one sees immediately that $C_{T/R} \cong R$.

2.9. EXAMPLE - If $R = \mathbb{Z}$, the integers, we see that $D_{T/R} \subset \mathbb{Q}[h]$ is the set of polynomials in h which take integer values on each integer. Now any homomorphism from $D_{T/R}$ to $\mathbb{Z}$ extends uniquely to a homomorphism from $\mathbb{Q}[h]$ to $\mathbb{Q}$ and hence is given by evaluation at a rational. Thus it is evident that $D_{T/R}(\mathbb{Z})$ can be identified with $\{q \in Q ; \binom{q}{n} \in \mathbb{Z} \ \forall n\}$. This is clearly $\mathbb{Z}$. That is $C_{T/\mathbb{Z}} = \mathbb{Z}$.

2.10. EXAMPLE - Suppose that $\mathcal{O}$ is the ring of integers in an algebraic number field. Then, clearly, $D_{T/\mathcal{O}}(\mathcal{O}) = \{\alpha \in \mathcal{O} : \binom{\alpha}{n} \in \mathcal{O} \ \forall n\}$. Choose such an α. Let $L = \mathbb{Q}[\alpha]$, $\mathcal{O}' = \mathcal{O} \cap L$. Then clearly $\binom{\alpha}{p} \in \mathcal{O} \cap L$ for all p prime, or alternatively, $\alpha(\alpha-1)\dots(\alpha-p+1)\in p!\,\mathcal{O}'$. It follows that the residue class field degree of any prime in $\mathcal{O}'$ over $\mathbb{Z}$ is one. This is impossible unless $\mathcal{O}' = \mathbb{Z}$. Thus $D_{T/\mathcal{O}}(\mathcal{O}) = \mathbb{Z}$.

2.11. EXAMPLE - Let $\hat{\mathbb{Z}}_p$ be the complete p-adic integers and let $\hat{\mathbb{Q}}_p$ be the quotient field of $\hat{\mathbb{Z}}_p$. Then as in 2.9, $C_{T/\hat{\mathbb{Z}}_p} = D_{T/\hat{\mathbb{Z}}_p}(\hat{\mathbb{Z}}_p) = \{\alpha\in\hat{\mathbb{Q}}_p : \binom{\alpha}{n}\in\hat{\mathbb{Z}}_p \ \forall n\in\mathbb{Z}\}$. Since $\binom{\alpha}{1} = \alpha$, $C_{T/\hat{\mathbb{Z}}_p}\subset\hat{\mathbb{Z}}_p$. On the other hand, since $\binom{h}{n}\in\hat{\mathbb{Q}}_p[h]$, it gives a continuous function from $\hat{\mathbb{Q}}_p$ to $\hat{\mathbb{Q}}_p$. Since $\binom{r}{n}\in\mathbb{Z}$ for all $r\in\mathbb{Z}$, the function $\binom{h}{n}$ takes integers to integers. Since $\mathbb{Z}$ is dense in $\hat{\mathbb{Z}}_p$, we see that $\binom{r}{n}\in\hat{\mathbb{Z}}_p$ whenever $r\in\hat{\mathbb{Z}}_p$. Thus $D_{T/\hat{\mathbb{Z}}_p}(\hat{\mathbb{Z}}_p) = C_{T/\hat{\mathbb{Z}}_p} = \hat{\mathbb{Z}}_p$.

2.12. EXAMPLE - Let k be any field of characteristic $p>0$. Then $C_{T/k} = D_{T/k}(k)$. That is it is the set of homomorphims from $k\otimes_{\mathbb{Z}} D_{T/\mathbb{Z}}$ into k. Let $D^{\nu}_{T/k}$ be the vector subspace of $D_{T/k}$ generated by $\binom{h}{1}\dots\binom{h}{p^{\nu}-1}$. By definition $(D^{\nu}_{T/k})^{\perp} = z^{p^{\nu}}k[[z]]$. Thus $D^{\nu}_{T/k}$ is the dual of $k[[z]]/z^{p^{\nu}}k[[z]]$. But this is the affine ring of an infinitesimal sub-group scheme of T over k of the form Spec $k[\mathbb{Z}/p^{\nu}\mathbb{Z}]$, where the generator of $\mathbb{Z}/p^{\nu}\mathbb{Z}$ is identified with $(1+z)$. Hence $D^{\nu}_{T/k}$ is the ring of functions on $\mathbb{Z}/p^{\nu}\mathbb{Z}$ under pointwise multiplication. Then $D_{T/k}(k) = \operatorname{Spec} D_{T/k} = \operatorname{Spec}\varinjlim D^{\nu}_{T/k} = \varprojlim \operatorname{Spec} D^{\nu}_{T/k}$ $\varprojlim \mathbb{Z}/p^{\nu}\mathbb{Z} = \hat{\mathbb{Z}}_p$. For convenience we give the identification of $D^{\nu}_{T/k}$ with functions on $\mathbb{Z}/p^{\nu}\mathbb{Z}$. The characteristic function of $\{\bar{r}\}\in\mathbb{Z}/p^{\nu}\mathbb{Z}$, is the operator which is one on the class of $(1+z)^r$ and zero on all other elements $(1+z)^q$, $0\le q\le p^{\nu}-1$, $q\ne r$. Explicitly it is :

$$\Delta_r = \sum_{j=0}^{p^{\nu}-1} (-1)^j \binom{h-r}{j}. \tag{2.13}$$

This is meant in the sense that

$$\binom{h-r}{j} = \sum_{s=0}^{j}\binom{h}{s}\binom{-r}{s-j}.$$

Then it is a simple matter to verify that

$$\langle \Delta_r , (1-z)^{\nu} \rangle = \delta_{r,\nu}$$

We take this opportunity to remark that this identification of $C_{T/k}$ with $\hat{\mathbb{Z}}_p$ is canonical. The formula

$$(1+z)^{\nu} = \sum_{j=0}^{\infty} \binom{\nu}{j} z^{\nu}$$

is true in the sense that $\binom{\nu}{j}$ coincide with its mod p value computed as an element of $\hat{\mathbb{Z}}_p$ when $\binom{h}{j}$ is viewed a polynomial. Thus these conventions are entirely consistent with the notation and conventions of § 1.

For all R, $D_{T/R}$ operates on $R[[z]]$ according to certain simple rules. In particular the following formulae remain valid over any ring :

$$\text{(2.12)} \qquad \begin{aligned} &\binom{h}{r} * z^n = (1+z)^r \binom{n}{r} z^{n-r} \\ &\binom{h}{r} * (1+z)^{\nu} = \binom{\nu}{r}(1+z)^{\nu} \qquad (\nu \in C_{T/R}) \end{aligned}$$

These formulae may be extended to a torus of rank ℓ as follows. Having chosen a basis , $e_1 \ldots e_\ell$, $(1+z)^{e_i} = (1+z_i)$ for $P_R(M)$, take $\binom{H_i}{r}$ to be the element of $D_{\hat{M}/R}$, defined by $\langle\binom{H_i}{r}, z_1^{q_1} \ldots z_\ell^{q_\ell}\rangle = \delta_{q_{1,0}} \ldots \delta_{q_{i,r}} \ldots \delta_{q_\ell, o}$. Then for an ℓ-tuple $r = (r_1 \ldots r_\ell)$, set $\binom{H}{\underline{r}} = \binom{H_1}{r_1} \ldots \binom{H_\ell}{r_\ell}$, and set $z^{\underline{r}} = z_1^{r_1} \ldots z_\ell^{r_\ell}$. Identity $(r_1 \ldots r_\ell)$ with $r_1e_1 + \ldots + r_\ell e_\ell$. Then for any elements, $\underline{n} \in \mathbb{Z}^+ \times \ldots \times \mathbb{Z}^+$ (ℓ times) and $\alpha \in P_R(M)$ we have

$$\text{(2.12)'} \qquad \begin{aligned} &\binom{H}{\underline{r}} * z^{\underline{n}} = (1+z)^{\underline{r}} \binom{\underline{n}}{\underline{r}} z^{\underline{n}-\underline{r}} \\ &\binom{H}{\underline{r}} * (1+z)^{\alpha} = \binom{\alpha}{\underline{r}}(1+z)^{\alpha} \ . \end{aligned}$$

3. GENERALIZED VERMA MODULES, IRREDUCIBLES -

In this section R remains an arbitrary commutative ring with unit. Moreover G will be a semi-simple, simply connected, connected group over $\mathbb{Z}$ and the conventions and notation introduced after Theorem 1.3 shall be in force. Let $B \subset G$ be the positive Borel subgroup defined over $\mathbb{Z}$. Then $D_{B/R}$ is the subalgebra of $D_{G/R}$ spanned by all monomials of the form

$$\binom{H}{\underline{r}} X(\underline{b})$$

where $\underline{r}$ and $\underline{b}$ range respectively over all ℓ-tuples and m-tuples.

If T is the maximal torus, let $\pi : B \longrightarrow T$ be the natural morphism. This induces a homomorphism $\bar{\pi} : D_{B/R} \longrightarrow D_{T/R}$ whose kernel is the two sided ideal in $D_{B/R}$ generated by the monomials of the form $X(\underline{b})$. Then for any $\lambda \in P_R(T)$, $\lambda \circ \bar{\pi} : D_{B/R} \longrightarrow R$ is a homomorphism, which we shall, by abuse of language, denote by the same letter λ. Thus it defines a $D_{B/R}$-module structure on R. The ring R, with this left module structure will be written R_λ.

3.1. DEFINITION - <u>Let $\lambda \in P_R(T)$. Then the generalized Verma module associated to λ is the left $D_{G/R}$-module</u>,

$$V_R(\lambda) = D_{G/R} \otimes_{D_{B/R}} R_\lambda .$$

3.2. DEFINITION - <u>Let N be a $D_{G/R}$ module. Then N will be called admissible if and only if</u> :

i) N <u>is finitely generated over</u> $D_{G/R}$

ii) <u>There is an index set I and a set $\{\lambda_i : i \in I\}$ with $\lambda_i \in P_R(T)$ so that the restriction of N to $D_{T/R}$ is isomorphic to</u>

$$\oplus_{i \in I} R_{\lambda_i} .$$

If N is an admissible module, we shall write $\Pi(N)$ for $\{\lambda : \exists i \in I \ni \lambda_i = \lambda\}$. We may impose a partial order on $P_R(T)$ by saying that $\lambda_1 \geq \lambda_2$ if and only if $\lambda_1 - \lambda_2$ is a positive integral linear combination of simple roots. In this sense we may speak of a "highest weight".

What can be said about Verma modules at this level of generality is not especially deep. They do however behave as one would like them to :

3.3. PROPOSITION - Let $\lambda \in P_R(T)$ be a generalized weight of T over R and let

$$V_R(\lambda) = D_{G/R} \otimes_{D_{B/R}} R_\lambda$$

be the generalized Verma module associated to λ. Then,

i) $V_R(\lambda)$ is admissible, it is generated by $1 \otimes 1$ as a $D_{G/R}$-module and it is indecomposable.

ii) $D_{T/R}$ acts on $1 \otimes 1$ with weight λ and if $\gamma \in \Pi(V_R(\lambda))$, $\gamma \leq \lambda$; $1 \otimes 1$ is the only vector in $V_R(\lambda)$ with weight λ.

iii) If M is any $D_{G/R}$-module and if $j : R_\lambda \longrightarrow M$ is a $D_{B/R}$-morphism, there exists a unique $D_{G/R}$-morphism, $\tilde{j} : V_R(\lambda) \longrightarrow M$ such that $\tilde{j}|R.1 \otimes 1 = j$. If N' is any $D_{G/R}$-module containing a $D_{B/R}$ module isomorphic to R_λ with this property, $N' \cong V_R(\lambda)$ as a $D_{G/R}$-module)

iv) If U^- denotes the unipotent radical of a Borel subgroup of G opposite to B, then $V_R(\lambda)$ is a free rank one $D_{U^-/R}$-module generated by $1 \otimes 1$.

PROOF - It is clear that $V_R(\lambda)$ is generated by $1 \otimes 1$. Moreover iii) is just a statement of the universal mapping property of extension of scalars applied to $D_{B/R} \subset D_{G/R}$. To demonstrate iv), note that by 1.2, $D_{G/R} \cong D_{U^-/R} \otimes D_{B/R}$ as a right $D_{B/R}$-module. Property iv) is an immediate consequence. In the notation of section 1, if $\underline{a} = (a_1 \ldots a_m)$ let $\underline{a}.\underline{\alpha} = a_1\alpha_1 + a_2\alpha_2 + \ldots + a_m\alpha_m$. Then the standard commutation relation for the H_i and the Y_{α_i} may be generalized to

$$\binom{\underline{H}}{\underline{r}} \underline{Y}(\underline{a}) = \underline{Y}(\underline{a}) \binom{\underline{H} - \underline{a}.\underline{\alpha}(\underline{H})}{\underline{r}} .$$

Thus $\binom{\underline{H}}{\underline{r}} . \underline{Y}(\underline{a}) \otimes 1 = \binom{(\lambda - \underline{a}.\underline{\alpha})(\underline{H})}{\underline{r}} . \underline{Y}(\underline{a}) \otimes 1$.

Since the $\underline{Y}(\underline{a}) \otimes 1$ are a basis for $V_R(\lambda)$ over R, this establishes the remaining statements. Q.E.D.

4. POSITIVE CHARACTERISTIC -

From this point on k will be a field of positive characteristic $p > 0$. Moreover q_ν will denote $p^\nu - 1$, and for any integer j, $(j)_s$ will denote the s-tuple whose value is j in each coordinate. Moreover G will denote the base extension of a $\mathbb{Z}$-group to k. First consider $D_{G/R}$. In section one we saw that it is generated over k by elements $\underline{Y}(\underline{a})\binom{H}{\underline{r}}X(\underline{b})$ and that each such element is dual to the monomial $y^{\underline{a}} z^{\underline{r}} x^{\underline{b}}$ in $\hat{A}_G$. Now given this description it is utterly trivial to see that the elements in $D_{G/R}$ which vanish on the ideal in $k[[y_1 \ldots y_m, z_1 \ldots z_\ell, x_1 \ldots x_m]]$ generated by $y_1^{p^\nu}, \ldots y_m^{p^\nu}, z_1^{p^\nu} \ldots, z_\ell^{p^\nu} x_1^{p^\nu}, \ldots, x_m^{p^\nu}$ are just simply the monomials $\underline{Y}(\underline{a})\binom{H}{\underline{r}}X(\underline{b})$ where each of the indices $\underline{a}$, $\underline{r}$, $\underline{b}$ is coordinate wise strictly less than p^ν.

On the other hand, p^ν-th power defines an algebraic morphism of algebraic groups F^ν from ${}^\nu G$ to G where ${}^\nu G$ is the base extension of G by k under the morphism $\varphi_\nu : k \longrightarrow k$, $\varphi_\nu(a) = a^{p^\nu}$. The ideal defined above is the completion of the ideal of the fibre of F^ν over the identity. That is, the kernel of F^ν is just the spectrum of $k[[y_1 \ldots y_m, z_1 \ldots z_\ell, x_1 \ldots x_m]]/I_{(\nu)}$ where $I_{(\nu)}$ is the ideal generated by the $x_i^{p^\nu}$ the $y_i^{p^\nu}$ and the $z_i^{p^\nu}$. We write $A_G^{(\nu)}$ for this quotient and write $G^{(\nu)}$ for $\mathrm{spec}(A_G^{(\nu)})$. Write $D_{G/k}^{(\nu)}$ for $D_{G^{(\nu)}/k}$. Then we have established the following.

4.1. PROPOSITION - Let $F^{(\nu)} : {}^{(\nu)}G \longrightarrow G$ be the ν' th power of the Frobenius homomorphism. Let $G^{(\nu)} = \ker F^{(\nu)}$ and let $D^{(\nu)}_{G/k} = D_{G^{(\nu)}/k}$. Then $D^{(\nu)}_{G/k}$ is the sub-algebra of $D_{G/k}$ generated by all monomials of the form

$$Y(\underline{a}) \binom{H}{\underline{r}} X(\underline{b})$$

with $\underline{a} < (q_\nu)_m$ $\underline{r} < (q_\nu)_\ell$, $\underline{b} < (q_\nu)_m$.

Moreover $D^{(\nu)}_{G/k}$ is a co-commutative Hopf algebra with antipode and augmentation.

Thus $D^{(\nu)}_{G/k}$ is the algebra considered by Steinberg in [11] or [12] and by Humphreys, Jantzen and others ([6],[8]). It is usually written as $\underline{U}_\nu$, but we shall adhere to the notation $D^{(\nu)}_{G/k}$. The most complete treatment is Steinberg [11].

Observe that since $D_{G/k}$ as well as each of the $D^{(\nu)}_{G/k}$ are Hopf algebras, there is a natural notion of the tensor product of two representations. Namely, if $m^\nu : D_{G/k} \longrightarrow D_{G/k} \otimes D_{G/k}$ (respectively: $m^\nu_{(\nu)} : D^{(\nu)}_{G/k} \longrightarrow D^{(\nu)}_{G/k} \otimes D^{(\nu)}_{G/k}$) is the co-multiplication and M and N are $D_{G/k}$ (respectively $D^{(\nu)}_{G/k}$) modules, then let $D_{G/k}$ (respectively $D^{(\nu)}_{G/k}$) act on $M \otimes N$ via m^ν (respectively $m^\nu_{(\nu)}$).

Twisting by Frobenius also has a natural interpretation in terms of $D_{G/k}$. Namely $D^{(\nu)}_{G/k}$ is a normal sub-Hopf algebra of $D_{G/k}$. That is, if $\partial \in D_{G/k}$ and $u \in D^{(\nu)}_{G/k}$ and $m^*(\partial) = \Sigma_i \partial_i' \otimes \partial_i''$, then $\Sigma_i \partial_i' \, u \, s^\nu(\partial_i'') \in D^{(\nu)}_{G/k}$. (For the definition and the attendant details see Sweedler [10]) Consequently if $D^{(\nu)+}_{G/k}$ denotes the augmentation ideal, then $D^{(\nu)+}_{G/k} \cdot D_{G/k} = H_\nu$ is a two sided ideal and $D_{G/k}/H_\nu \simeq D_{G/k}$ in the following way. Since $D^{(\nu)}_{G/k}$ is the dual of the kernel of Frobenius, the projection $F^\vee_\nu : D_{G/k} \longrightarrow D_{G/k}$, given by

$$\langle F^\vee_\nu(\partial), f \rangle^{p^\nu} = \langle \partial, f^{p^\nu} \rangle$$

is a morphism from $D_{G/k}$ to $D_{G/k}$ whose kernel is H_ν. We have writter the morphism down without base extension. In this form one must assume that k is perfect. But by a Frobenius base extension the p^{ν}-th power on the left can be eliminated. In any case given any module M, $M^{[p^{\nu}]}$ may be defined by $\partial.m = F_{\nu}^{\vee}(\partial)m$. With all this in mind, we recall two results of Steinberg.

Let $S(\nu)$ denote the set of dominant weights of G which can be written in the form $\lambda = a_1\omega_1+a_2\omega_2+\ldots+a_{\ell}\omega_{\ell}$ where the ω_i are the fundamental dominant weights and the a_i are integers such that $0 \leq a_i \leq p^{\nu}-1$. If $\lambda \in S(\nu)$, then $\lambda = \lambda_0+p\lambda_1+p^2\lambda_2+\ldots+p^{\nu-1}\lambda_{\nu-1}$ with $\lambda_i \in S(1)$.

4.2. THEOREM - (Steinberg) <u>Let</u> I_{λ} <u>denote the irreducible</u> G <u>module with highest weight</u> λ. <u>Then</u>:

i) <u>The irreducible</u> $D_{G/k}^{(\nu)}$ <u>-modules are precisely the modules</u> I_{λ} <u>restricted to</u> $G^{(\nu)}$ <u>for</u> $\lambda \in S(\nu)$.

ii) <u>If</u> $\lambda \in S(\nu)$ <u>and</u> $\lambda = \lambda_0+p\lambda_1+\ldots+p^{\nu-1}\lambda_{\nu-1}$, <u>with</u> $\lambda_i \in S(1)$, <u>then</u>

$$I_{\lambda} \cong I_{\lambda_0} \otimes I_{\lambda_1}^{[p]} \otimes \ldots \otimes I_{\lambda_{\nu-1}}^{[p^{\nu-1}]}.$$

4.3. THEOREM - (Steinberg) <u>Let</u> $\sigma_{\nu} = (p^{\nu}-1).\rho$ <u>where</u> $\rho = \omega_1+\ldots+\omega_{\ell} = \frac{1}{2}\sum_{\alpha>0}\alpha$. <u>Let</u> $v \in I_{\sigma_{\nu}}$ <u>be the unique vector of weight</u> σ_{ν} <u>for the action of</u> B <u>on</u> $I_{\sigma_{\nu}}$. <u>Then</u>

i) $\dim_k I_{\sigma_{\nu}} = p^{\nu m}$

ii) <u>The vectors of the form</u>

$$Y(\underline{a}).v_0 \qquad \underline{a} < (q_{\nu})_m$$

<u>are a basis for</u> $I_{\sigma_{\nu}}$.

These theorems are both proven in Steinberg [12]. They are not stated in precisely the form above but these statemens follow easely from the results of [12] .

We may now return to Verma modules. As R is now replaced by k and will no longer be variable, we may use V_λ to denote $V_\lambda(k)$ for $\lambda \in P_k(T)$. We recall that by example 2.12 $P_k(T) = \hat{\mathbb{Z}}_p \otimes P$ and we shall write this module $\hat{P}$.

4.4. PROPOSITION - Let $\lambda \in \hat{P}$ be any generalized weight of T over k. Then V_λ contains a unique maximal proper submodule. If M_λ denotes the unique maximal sub-module of V_λ, V_λ / M_λ is irreducible and is generated by a unique vector v_o such that $\partial v_o = \lambda(\partial).v_o$ for all $\partial \in D_{B/k}$.

PROOF - First observe that since V_λ is generated by $1 \otimes 1 = v$, any submodule containing v is equal to V_λ. Since V_λ is semi-simple over $D_{T/k}$, and since v is the unique vector of weight λ in V_λ, if v is contained in a sum of submodules it must be contained in one of then. Thus the sum of all proper submodules of V_λ cannot contain v and it is a maximal proper submodule, M_λ. Then V_λ / M_λ is evidently irreducible and the image of v in V_λ / M_λ is the unique vector of weight λ in V_λ / M_λ.

Q.E.D.

4.5. DEFINITION - Let $\lambda \in \hat{P}$ be a generalized weight over k. Then I_λ will denote V_λ / M_λ and I_λ will be called the irreducible of highest weight λ.

By a pointed vector space we shall mean a pair (V,v) with $0 \neq v \in V$ and V a k-vector space. A morphism of pointed vector spaces $f : (V,v) \longrightarrow (V',v')$ is a linear map such that $f(v) = v'$. Now suppose given an infinite set $\{(V_i, v_i)\}_{i \in \mathbb{Z}^+}$ of pointed vector spaces. Then the infinite tensor product $\otimes_{i \in \mathbb{Z}^+} V_i$ shall mean the following. Let $M_r = V_1 \otimes \ldots \otimes V_r$. If $r < s$ define $\varphi_{r,s} : M_r \longrightarrow M_s$ by $\varphi_{rs}(u) = u \otimes v_{r+1} \otimes \ldots \otimes v_s$. Then.

4.6. DEFINITION - *If* (V_i, v_i) $i \in \mathbb{Z}^+$ *is a system of pointed vector spaces, then the infinite tensor product,* $\otimes_{i \in \mathbb{Z}^+} V_i$ *is the k-vector space*

$$\varinjlim_{r} M_r .$$

That is $\otimes_{i \in \mathbb{Z}^+} V_i$ *is the inductive limit of the system* $\{M_r, \varphi_{rs}\}$ *described above. The natural base vector of* $\otimes_{i \in \mathbb{Z}^+} V_i$, *will mean the common image of the vectors* $v_1 \otimes \ldots \otimes v_n$.

Now suppose that a system of weights λ_i, $i \geq 0$, $\lambda_i \in S(1)$ is given. Choose $v_i \in I_{\lambda_i}$, a highest weight vector. Now consider the system of pointed vector spaces $\{(I_{\lambda_i}^{[p^i]} v_i)\}_{i \geq 0}$. We may form the infinite tensor product $\otimes_{i \geq 0} I_{\lambda}^{[p^i]}$. We shall refer to this vector space as $T(\lambda)$.

Let $\lambda^s = \lambda_0 + p\lambda_1 + \ldots + p^s\lambda_s$. Then by the construction of $T(\lambda)$ there are natural inclusions :

$$\varphi^s : I_{\lambda_0} \otimes I_{\lambda_1}^{[p]} \ldots \otimes I_{\lambda_s}^{[p^s]} \longrightarrow T(\lambda).$$

4.7. LEMMA - *There is a unique* $D_{G/k}$*-module structure on* $T(\lambda)$ *so that* φ^{s-1} *is a* $D_{G/k}^{(s)}$*-module map into the restriction of* $T(\lambda)$ *to* $D_{G/k}^{(s)}$.

Proof - If such a module structure exists it is clearly unique since each φ^s is an injection and $T(\lambda) = \bigcup_s \mathrm{Im}(\varphi^s)$. Thus if $m \in T(\lambda)$ $\partial \in D_{G/k}$, choose $s \gg o$ so that $\partial \in D_{G/k}^{(s)}$, $m \in \mathrm{Im}\, \varphi^{s-1}$. Then if $m = \varphi^{(s-1)}(m')$ one must have $\partial . m = \varphi^{(s-1)}(\partial . m')$. One may hence define the module structure on $T(\lambda)$ in this way and so, to establish the lemma one need only show that the structure is well defined. But in view of the definition of the infinite tensor product, this is the same as saying that

$$\varphi_{r-1,s-1} : I_{\lambda_0} \otimes \ldots \otimes I_{\lambda_{r-1}}^{[p^{r-1}]} \longrightarrow I_{\lambda_0} \otimes \ldots \otimes I_{\lambda_{s-1}}^{[p^{s-1}]}$$

is a $D_{G/k}^{(r)}$-module map. This however is an easy consequence of the fact that $D_{G/k}^{[r]}$ operates trivially on $I_{\lambda_r}^{[p^r]} \otimes \ldots \otimes I_{\lambda_{s-1}}^{[p^s]}$. Q.E.D.

4.8. LEMMA - Under its natural $D_{G/k}$-module structure, $T(\lambda)$ is irreducible over $D_{G/k}$; it is admissible and it is generated by a vector v, such that $D_{B/k}$ fixes $k.v$ and acts with weight λ.

PROOF - Take v equal to the natural base vector of $T(\lambda)$ (see 4.6). Then clearly, kv is $D_{B/k}$-stable and $D_{B/k}$ acts on v with weight λ.

We show that for any vector $u \in T(\lambda)$, $v \in D_{G/k}.u$. Observe that $u = \varphi^{(s-1)}(u')$ for some $u' \in I_{\lambda_o} \otimes I_{\lambda_1}^{[p]} \otimes \ldots \otimes I_{\lambda_{s-1}}^{[p^{s-1}]}$. But by Steinberg [12] this module is irreducible over $D_{G/k}^{(s)}$ and so

$$v_o \otimes \ldots \otimes v_{s-1} = \partial.u' \quad \text{for some} \quad \partial \in D_{G/k}^{(s)}.$$

Hence $v = \varphi^{(s-1)}(v_o \otimes \ldots \otimes v_{s-1}) = \varphi^{(s-1)}(\partial.u') = \partial u$ for some $\partial \in D_{G/k}^{(s)}$. Moreover $D_{G/k}.v = \varphi^{(s-1)}(D_{G/k}^{(s)} v_o \otimes \ldots \otimes v_{s-1}) = \varphi^{(s-1)}(I_{\lambda_o} \otimes \ldots \otimes I_{\lambda_{s-1}}^{[p^{s-1}]}$ follows that $D_{G/k}^{(s)}.v \supset \varphi^{(s-1)}(I_{\lambda_o} \otimes \ldots \otimes I_{\lambda_{s-1}}^{[p^{s-1}]}$ for every s, whence $D_{G/k}.v = T(\lambda)$ Since $v \in D_{G/k}.u$ for every u, $T(\lambda)$ is irreducible, and we have shown that it is generated by v. Since v is of weight λ over $D_{B/k}$, there is a surjective map $V(\lambda) \longrightarrow T(\lambda) \longrightarrow 0$, whence it follows that $T(\lambda)$ is admissible. Q.E.D.

4.9. THEOREM - (Generalized Steinberg tensor product theorem) Let k be a field of characteristic $p > 0$ and let G be a semi-simple simply connected, connected split group over k.

i) Let M be any irreducible $D_{G/k}$ module containing a vector of highest weight. Then if λ is the highest weight, M is $D_{G/k}$-isomorphic to I_λ.

ii) If $\lambda \in \hat{P}$, and $\lambda = \sum_{i=o}^{\infty} \lambda_i p^i$ with $\lambda_i \in S(1)$, then

$$I_\lambda \simeq \otimes_{i \geq o} I_{\lambda_i}^{[p^i]}$$

where I_{λ_i} is the finite irreducible $D_{G/k}^{(1)}$-module of highest weight λ_i.

PROOF - Suppose $v \in M$ is the highest weight vector. Then $X(\underline{a}).v$ is of weight strictly higher than λ. Hence $X(\underline{a}).v = 0$ for all m-tuples $\underline{a}$. Thus

v is a $D_{B/k}$ weight. Hence there is, by 4, a surjective morphism $V(\lambda) \longrightarrow M \longrightarrow 0$. It follows that $M \cong I_\lambda$ (by 4).

By the construction of I_λ, and by 4.8, I_λ is generated by a vector v of weight λ which is, moreover a $D_{B/k}$ - weight. Hence there is a surjective morphism $V(\lambda) \longrightarrow \otimes_{i\geq 0} I_{\lambda_i}^{[p^i]}$ and since the infinite tensor product is irreducible by 4.8, it follows that it is isomorphic to I_λ.

Q.E.D.

4.10. COROLLARY - _Let_ $\lambda \in \hat{P}$ _be a generalized weight over_ k _and suppose that_ $\lambda = \lambda' + p^n \lambda''$ _with_ λ' _integral and_ $0 \leq \alpha_i^\vee(\lambda') \leq p^n - 1$ _for all positive simple co-roots_ $\alpha_i^\vee$. _Then_

$$I_\lambda = I_{\lambda'} \otimes I_{\lambda''}^{[p^n]} .$$

PROOF - The proof of this is implicit in the construction of the infinite tensor product.

4.11. COROLLARY - $V(-\rho) = I_{-\rho}$. _That is_ $V(-\rho)$ _is irreducible_.

PROOF - Observe that p-adically

$$(-1) = \sum_{j\geq 0} (p-1).p^j .$$

and that

$$\sum_{j=0}^{n-1} (p-1)\, p^j = p^n - 1 .$$

From this one concludes that

$$(1) \quad I_{-\rho} = I_{(p^\nu - 1)\rho} \otimes I_{-\rho}^{[p^\nu]}$$

for all ν.

To prove the corollary, one must show that if u is the highest weight vector in $I_{-\rho}$, and if $Y(\underline{a}_1)\ldots Y(\underline{a}_t)$ is any set of monomials in the $Y_i^{[r]}$, then, the vectors

$$Y(\underline{a}_1).u,\ldots,Y(\underline{a}_t).u .$$

are linearly independent. To prove this choose ν sufficiently large so that

$Y(\underline{a}_i) \in D^{(\nu)}_{G/k}$, $i = 1 \ldots t$. Then apply (1). Let $\bar{u}$ denote the highest weight vector of $I^{[p^\nu]}_{-\rho}$ and let u_o be a highest weight vector of $I_{(p^\nu-1)\rho}$. Clearly $u = u_\nu \otimes \bar{u}$ and hence the vectors $Y(\underline{a}_i).u \in T_{(p^\nu-1)\rho} \otimes \bar{u}$. But this vector subspace of $I_{-\rho}$ is a $D^{(\nu)}_{G/k}$-submodule isomorphic to I_{σ_ν} , the finite generalized Steinberg module and hence the statement that the $Y(\underline{a}_i).u$ are linearly independent would follow from a similar statement for the vectors $Y(\underline{a}_i).u_\nu$ in I_{σ_ν} . But this is nothing but 4.3, the celebrated result of Steinberg. The result follows at once.

5. COMPOSITION FACTORS -

Our aim in this section is to describe the most accessible composition factors of $V(\lambda)$. This requires establishing certain rather basic identities. The most elementary is :

5.1. IDENTITY - Let $\nu = \sum_{i \geq o} \nu_i p^i$ be a p-adic integer and suppose that $\nu_i \in \mathbb{Z}$, $0 \leq \nu_i \leq p-1$. Let r be an integer and suppose that $r = \sum_{i \geq o} r_i p^i$ with $r_i \in \mathbb{Z}$, $o \leq r_i \leq p-1$, $r_i = 0$ for $i \gg 0$. Then

$$\binom{\nu}{r} \equiv \prod_{i \geq o} \binom{\nu_i}{r_i} \mod p.$$

This should require no proof, but the proof amuses. Consider the formal power series in one variable $k[[z]]$. Regard it as the formal torus over k. Then $(1+z)^\nu$ is well defined (as in §.2) and

$$(1+z)^\nu = \sum_{i \geq o} \binom{\nu}{i} z^i$$

But $(1+z)^\nu = (1+z)^{\sum_{j \geq o} \nu_j p^j} = \prod_j (1+z^{p^j})^{\nu_j} = \prod_j \left(\sum_s \binom{\nu_j}{s} z^{s \cdot p^j} \right)$.

The result follows.

5.2. IDENTITY - (COMMUTATION FORMULA). For any root $\alpha \in \Phi$,

$$X_\alpha^{[s]} . Y_\alpha^{[r]} = \sum_{j=0}^{s} (-1)^j \binom{-H_\alpha - r+s+j-1}{j} Y_\alpha^{[r-j]} X_\alpha^{[s-j]}$$

For a proof, the reader may consult Humphreys [6] .

5.3. PROPOSITION - Choose $\lambda \in \hat{P}$. Write $\lambda + \rho = \sum_{i=1}^{\ell} n_i \omega_i$, $n_i \in \hat{\mathbb{Z}}_p$. Let $v_\lambda \in V(\lambda)$ be the unique highest weight vector. Choose a simple root, β_{i_0} and suppose that $\beta_{i_0} = \alpha_j$. Then

$$Y_j^{[r]} . v_\lambda$$

is a $D_{B/k}$-weight if and only if

$$n_{i_0} = \sum_{q=0}^{\infty} \nu_q p^q \qquad (0 \leq \nu_q \leq p-1)$$

and

$$r = \sum_{q=0}^{a} \nu_q p^q$$

for some a such that $\nu_a \neq 0$

PROOF - If α_i is simple, $Y_j^{[r]}$ commutes with $X_i^{[s]}$ for all s. Hence $X_i^{[s]} . Y_j^{[r]} . v_\lambda = 0$ for all s and all i such that α_i is simple and $\alpha_i \neq \beta_{i_0}$. If U^+ is the unipotent radical of the positive Borel subgroup $D_{U^+/k}$ is generated by all the $X_i^{[s]}$ such that α_i is simple (all s). Thus it suffices to prove that

(1) $\qquad X_j^{[s]} . Y_j^{[r]} . v_\lambda = 0$ for all s.

This is clearly true if $s > r$, hence one need only consider the case $s \leq r$. Apply identity 5.2 and observe that $X_j^{[s]} . v_\lambda = 0$ for all $s > 0$. We obtain :

(2) $\qquad X_j^{[s]} . Y_j^{[r]} . v_\lambda = (-1)^s \binom{-H_{i_0} - r+2s-1}{s} Y_j^{[r-s]} . v_\lambda$.

Now for all $f \in D_{G/k}$, one has

$$f(H_j) . X_j^{[q]} = Y_j^{[q]} f(H_{i_0} - 2q) .$$

Thus (2) becomes :

$$X_j^{[s]}.Y_j^{[r]}\ v_\lambda = (-1)^s\ Y_j^{[r-s]}\binom{-H_{i_o}+r-1}{s}.\ v_\lambda$$

$$= (-1)^s \binom{-\lambda(H_{i_o})-1+r}{s} Y_j^{[r-s]}\ v_\lambda .$$

But $\lambda(H_{i_o}) + 1 = n_{i_o}$, whence .

$X_j^{[s]}\ Y_j^{[r]}.v_\lambda = 0 \quad (s \leq r)$ if and only if

$$(3) \qquad \binom{-n_{i_o}+r}{s} \equiv 0 \mod p$$

for all $s \leq r$.

To see what (3) implies, expand $-n_{i_o}+r$ p-adically. Write $-n_{i_o}+r = \sum_{t=o}^{\infty} a_t p^t$ with $0 \leq a_t \leq p-1$ and apply (3), taking $s=p^t$ for all t such that $p^t \leq r$. Then, by identity 5.1,

$$\binom{-n_{i_o}+r}{p^t} = a_t \equiv 0 \quad (\mathrm{mod}\ p)$$

That is $a_t = 0$ identically (recall $0 \leq a_t \leq p-1$) for all t such that $p^t \leq r$. Thus, if $p^t \leq r < p^{t+1}$,

$$-n_{i_o} + r \equiv 0 \qquad \mathrm{mod}\ p^{t+1}$$

Hence $p^t \leq r < p^{t+1}$ and $r \equiv n_{i_o} \mod p^{t+1}$, which implies that

$$r = \sum_{q=o}^{a} \nu_q\ p^q$$

as in the statement of the proposition.

On the other hand when this condition holds,

$$\binom{-n_{i_o}+r}{r} = 0 \quad \text{for} \quad s < p^{t+1} ,$$

whence $X_j^{[s]}.\ Y_j^{[r]}.v_\lambda = 0$ for all $s \leq r$.

Q.E.D.

5.4. INTERPRETATION - 5.3. says that $V(\lambda)$ has composition factors of weight $\lambda - r\alpha_j$ where r and j are as in the statement. We explain this. The usual statement (characteristic 0) is that $V(\lambda)$ has composition factors of weight $S_{\alpha_j}(\lambda+\rho)-\rho$. Writing this explicitly, let $\lambda = \sum_{i=1}^{\ell} n_i \omega_i$ and let $\alpha_j = \beta_{i_o}$. Then $S_{\alpha_j}(\lambda+\rho)-\rho = \lambda-(n_j+1)\alpha$. Then 5.3. says that one may replace n_j+1 by any finite p-adic truncation of it in this expression ($S_{\alpha_j}(\lambda+\rho)-\rho$ will not occur as a weight in $V(\lambda)$ unless n_j+1 is positive integral).

We wish now to study the decomposition behaviour of $V(\lambda)$. For this a definition is necessary.

5.5. DEFINITION - <u>Let</u> λ_1 <u>and</u> λ_2 <u>be two generalized weights. Then say that</u> λ_1 <u>and</u> λ_2 <u>are directly linked if there is a generalized Verma module</u> $V(\lambda)$ <u>such that</u> $I(\lambda_1)$ <u>and</u> $I(\lambda_2)$ <u>occur as sub-quotients of</u> $V(\lambda)$. <u>Write this</u> $\lambda_1 \S \lambda_2$. <u>We shall say that the weights</u> λ <u>and</u> λ' <u>are finitely linked if and only if there is a finite sequence of pairs,</u> $\lambda = \lambda_o, \lambda_1 \dots \lambda_n = \lambda'$ <u>such that</u> $\lambda_o \S \lambda_1, \lambda_1 \S \lambda_2 \dots \lambda_{n-1} \S \lambda_n$. <u>We shall say that</u> λ <u>and</u> λ' <u>are linked if the pair</u> (λ, λ') <u>is in the closure of</u> $\{(\lambda, \gamma) : \lambda$ <u>is finitely linked to</u> $\gamma\}$ <u>in</u> $\hat{P} \times \hat{P}$.

We wish to explore the linking relation defined above.

5.6. LEMMA - λ <u>is linked to</u> $S_{\alpha_j}(\lambda+\rho)-\rho$ <u>for every fundamental reflection.</u>

PROOF - Write $\lambda = \sum_{j=1}^{\ell} n_j \omega_j$. What we must show is that λ is linked to $\lambda-(n_{i_o}+1)\alpha_j$ where $\beta_{i_o} = \alpha_j$ (see 5). But if $n_{i_o}+1 = \sum_{j=o}^{\infty} \nu_j p^j$ $(0 \leq \nu_j \leq p-1)$, and $a_s = \sum_{j=o}^{s} \nu_j p^j$ $(0 \leq \nu_j \leq p-1 \quad \nu_s \neq 0)$ λ is linked to $\lambda - a_s\alpha_j$. Since the a_s converge to $n_{i_o}+1$, λ is linked to $S_{\alpha_j}(\lambda+\rho)-\rho$ Q.E.D.

5.7. LEMMA - Suppose that $\lambda = n_1\omega_1+\ldots+n_\ell\omega_\ell$ and that $n_{i_o}+1 = \sum_{j=o}^{\infty} \nu_j p^j$ with $\nu_t \neq 0$. Then λ is linked to $\lambda - p^{t+1}\alpha_j$ where $\alpha_j = \beta_{i_o}$.

PROOF - Write $n_{i_o}+1 = u_1+p^{t+1}u_2$ with $p^t \leq u_1 < p^{t+1}$. One can do this if and only if the hypothesis $\nu_t \neq 0$ holds. Then by proposition 5, λ is linked to $\lambda - u_1\beta_{i_o}$. Then the coefficient of ω_{i_o} in this expression is $n_{i_o}-2u_1$ $= u_1-1+p^{t+1}u_2-2u_1 = -(u_1+1)+p^{t+1}.u_2$. Then in $(\lambda - u_1\beta_{i_o}+\rho)$ the coefficient of ω_{i_o} is $-u_1+p^{t+1}u_2 = (p^{t+1}-u_1)+p^{t+1}(u_2-1)$. But proposition 5.3 says that $\lambda - u_1\beta_{i_o}$ is linked to $\lambda - u_1\beta_{i_o} - (p^{t+1}-u_1)\beta_{i_o} = \lambda - p^{t+1}\beta_{i_o}$.

Q.E.D.

Lemmas 5.6. and 5.7. will be used to deduce that central differential operators are constant on rather large classes of weights. In the next section we turn to the problem of constructing operators which separate weights.

6. COMPLEMENTS FROM HOPF ALGEBRA THEORY -

Let Λ be a finite dimensional augmented Hopf algebra over k with antipode. Let $\Lambda^{\vee}$ be its dual and let $\langle\,,\rangle$ denote the natural pairing. Then one may consider the "transpose module structure" on $\Lambda^{\vee}$. Namely if $\partial \in \Lambda^{\vee}$ and $h \in \Lambda$, define ∂h by the equation

(1) $$\langle \partial h, h' \rangle = \langle \partial, hh' \rangle \quad .$$

Then $\Lambda^{\vee}$ becomes a right Λ-module.

Consider $D^{(\nu)}_{G/k}$ is an $A^{(\nu)}_G$-module (see section 4). Under this structure, 1.3 immediately yields :

(2) $$Y(\underline{a})\binom{H}{\underline{r}}X(\underline{b}).y^{\underline{a}'}z^{\underline{r}'}x^{\underline{b}'} = Y(\underline{a}-\underline{a}')\binom{H}{\underline{r}-\underline{r}'}X(\underline{b}-\underline{b}')$$

The expression on the right hand side is zero whenever an index is negative.

Indeed $D_{G/k}$ is an A_G-module under the action defined by (1), even when k is neither a field, nor of characteristic p, and in fact the action of A_G on $D_{G/k}$ is given by (2). We shall use this additional structure only in our normal situation, that is when k is a field of positive characteristic.

We recall several results and a definition concerning finite dimensional Hopf algebras.

6.1. DEFINITION - *Let* Λ *be a finite dimensional Hopf algebra over* k. *An element* $\omega \in \Lambda$ *is called a right norm form if for each* $\lambda \in \Lambda^+$ *(the augmentation ideal)* $\lambda . \omega = 0$. *It will be called a left norm form if* $\omega . \lambda = 0$ *and a two sided norm form if it is both a left and right norm form.*

6.2. THEOREM (Sweedler-Larson). *Let* Λ *be a finite dimensional Hopf algebra over* k. *Then*

i) $\Lambda^{\vee}$ *contains a right norm form* ω_Λ , *and any other right norm form is a constant multiple of* ω_Λ .

ii) $\Lambda^{\vee}$ *is a free rank one* Λ *module under the transpose module structure with* ω_Λ *as basis.*

This theorem is a summary of the results of Sweedler [10], where detailed proofs are presented. (Sweedler calls the norm form an *integral*)

Our purpose in what follows is to compute the right norm for $D^{(\nu)}_{G/k}$. In general we may consider the right norm form of $D^{(\nu)}_{M/k}$ for any algebraic group M. To determine that for G, we first determine it for M = T, for M a T-stable unipotent subgroup of G and for M = B.

First we consider T. Then $D^{(\nu)}_{T/k}$ is the algebra generated over k by the elements $\left\{ \binom{\underline{H}}{\underline{r}} : \underline{r} < \underline{q}_\nu \right\}$. In general let $|\underline{r}|$ denote $r_1 + \ldots + r_\ell$.

6.3. LEMMA - <u>The norm for</u> $D^{(\nu)}_{T/k}$ <u>is</u>

$$\Delta^{(\nu)}_T = \sum_{\underline{r} < \underline{q}_\nu} (-1)^{|\underline{r}|}\overline{\binom{H}{\underline{r}}}.$$

PROOF - Let $T = \operatorname{Spec} k[t_1,\dots,t_\ell, t_1^{-1},\dots,t_\ell^{-1}]$ as in 2.12 with $z_i = t_i - 1$ and $\langle\overline{\binom{H}{\underline{r}}}, z^{\underline{s}}\rangle = \delta_{\underline{r},\underline{s}}$ (Kronecker delta). Then $D^{(\nu)}_{T/k}$ is the linear dual of $k[t_1,\dots,t_\ell, t_1^{-1},\dots,t_\ell^{-1}]/((t_1-1)^{p^\nu}\dots(t_\ell-1)^{p^\nu}) = A^{(\nu)}_T$ and $\mu_T(t_i) = t_i \otimes t_i$. Hence $A^{(\nu)}_T$ is isomorphic, as a Hopf algebra, to $k[(Z/p^\nu Z)^{\oplus\ell}]$ where the group element $\underline{n} = (\bar{n}_1\dots\bar{n}_\ell) \in (Z/p^\nu Z)^{\oplus\ell}$ is identified with $\overline{t^{\underline{n}}} = (1+z)^{\underline{n}}$. Hence $D^{(\nu)}_{T/k}$ is just the algebra of functions on $(Z/p^\nu Z)^{\oplus\ell}$ with its natural Hopf algebra structure. The augmentation ideal is just the ideal of functions vanishing at the neutral element of $(Z/p^\nu Z)^{\oplus\ell}$ and so a norm is any non-zero multiple of the function whose value at the neutral element is one and whose value at every other element is 0. Hence we must show that the value of $\Delta^{(\nu)}_T$ regarded as a function on $(Z/p^\nu Z)^{\oplus\ell}$ is 0 on all elements except $(0,\dots,0)$ and one there. That is we must show that

$$\langle\Delta^{(\nu)}_T, (1+z)^{\underline{n}}\rangle = 0$$

for all $\underline{n} \neq \underline{0}$, $\underline{n} < \underline{q}_\nu$ and that

$$\langle\Delta^{(\nu)}_T, (1+z)^{\underline{0}}\rangle = 1 .$$

But $\langle\Delta^{(\nu)}_T, (1+z)^{\underline{n}}\rangle = \langle\Delta^{(\nu)}_T, \sum_{\underline{r}<\underline{n}} \binom{\underline{n}}{\underline{s}} z^{\underline{s}}\rangle = \sum_{\underline{s}<\underline{n}} (-1)^{|\underline{s}|}\binom{\underline{n}}{\underline{s}}$. Now this may be written $(1-1)^{n_1}(1-1)^{n_2}\dots(1-1)^{n_\ell}$. It is 0 if $\underline{n}\neq\underline{0}$ and it is clearly 1 if $\underline{n} = 0$.

6.4. COROLLARY - <u>Let</u> $\Delta^{(\nu)}_{T,\chi} = \sum_{\underline{r}<\underline{q}_\nu} (-1)^{|\underline{r}|}\overline{\binom{H-\chi(H)}{\underline{r}}}$. <u>Then</u> :

i) $\binom{H}{\underline{s}}.\Delta^{(\nu)}_{T,\chi} = \binom{\chi(H)}{\underline{s}}.\Delta^{(\nu)}_{T,\chi}$ <u>for any weight</u> χ .

ii) $X_\alpha^{[n]} \cdot \Delta_{T,\chi}^{(\nu)} = \Delta_{T,\chi+n\alpha}^{(\nu)} \cdot X_\alpha^{[n]}$ <u>for all</u> $\alpha \in \Phi$.

PROOF - First we prove (i) for $\chi = 0$.

The augmentation is given by $\varepsilon(\overline{(\frac{H}{r})}) = \langle \overline{(\frac{H}{r})}, 1\rangle = 0$ for $\underline{r} > \underline{0}$. Hence $\overline{(\frac{H}{r})} \cdot \Delta_T^{(\nu)} = 0$. Now observe that the map $\overline{(\frac{H}{r})} \longrightarrow (\frac{H - \chi(H)}{r})$ is an isomorphism of algebras on $D_{T/k}^{(\nu)}$. (Not Hopf algebras). Hence

$$\left(\frac{H - \chi(H)}{r}\right) \Delta_{T,\chi}^{(\nu)} = 0 \quad \text{for } \underline{r} > 0.$$

Writing $(\frac{H}{r}) = (\frac{H - \chi(H) + \chi(H)}{r}) = \sum_{s+q=r} (\frac{H - \chi(H)}{s})(\frac{\chi(H)}{q})$, (i) follows immediately. (ii) is just a standard identity written in terms of the $\Delta_{T,\chi}^{(\nu)}$ notation. (See Steinberg [12] for example).

6.5. LEMMA - <u>Let</u> M <u>be a linear algebraic group over</u> k. <u>Then if</u> $u \in D_{M/k}$, u is <u>in the center of</u> $D_{M/k}$ <u>if and only if</u> u <u>is invariant under the representation of</u> M <u>on</u> $D_{M/k}$ <u>induced by conjugation</u> :

PROOF. For $g \in M(k)$, let φ_g denote the automorphism $\varphi_g(x) = g x g^{-1}$. Then $g \longrightarrow \varphi_{g^{-1}}$ gives the conjugating representation i_g on A_G and its contragredient ad(g) is the action of M on $D_{M/k}$. Associated with this rational action on $D_{M/k}$, is a $D_{M/k}$-module structure of $D_{M/k}$ on itself. The $D_{M/k}$ module action induced by conjugation is gotten as follows. If $\partial \in D_{M/k}$ let $\check{m}_M(\partial) = \sum_i \partial_i' \otimes \partial_i''$. Then for $u \in D_{M/k}$, $\partial \circ u = \sum_i \partial_i' u \check{s}_M(\partial_i'')$.

For any representation of M on a vector space V, $v \in V$ is an invariant if and only if $\partial . v = \langle \partial, 1\rangle v$ for all $\partial \in D_{M/k}$ under the natural $D_{M/k}$-module structure on V. Hence, $u \in D_{M/k}$ is invariant if and only if

$$(*) \quad \sum_i \partial_i' u \check{s}_M(\partial_i'') = \langle \partial, 1\rangle u$$

for all $\partial \in D_{M/k}$. Let ∂ be arbitrary and let

$m_M^\vee \otimes id \circ m_M^\vee(\partial) = \Sigma_i \partial_i' \otimes \partial_i'' \otimes \partial_i'''$.

Then :

$$\partial u = \Sigma_i \; \partial_i' \langle \partial_i'', 1 \rangle \, u$$

$$= \Sigma_i \; \partial_i' \, u \, s_M^\vee (\partial_i'') . \partial_i'''$$

$$= \Sigma_i \; (\partial_i' \circ u) . \partial_i'' \; .$$

Thus if u is invariant under conjugation

$$u = \Sigma_i \; (\partial_i' \circ u) \partial_i'' = \Sigma_i \langle \partial_i', 1 \rangle \, u \, \partial_i''$$

$= u\partial$. The converse is obvious.

6.6. LEMMA - Suppose that M is a normal subgroup of P and that P has no characters. Suppose $\mathcal{N}_M^{(\nu)}$ is a right norm form for $D_{M/k}^{(\nu)}$. Then $\mathcal{N}_M^{(\nu)}$ is a central differential operator in $D_{P/k}$.

PROOF - Let P operate on M by conjugation. This gives a conjugating representation of P on $D_{M/k}$. Since conjugation is a group automorphism, P acts on $D_{M/k}$ by Hopf algebra automorphisms and it preserves $D_{M/k}^{(\nu)}$. Thus conjugation preserves $(D_{M/k}^{(\nu)})^+$ and so also its right annihilator. This is the space of right norm forms which is one dimensional. Since P has no characters $\mathcal{N}_M^{(\nu)}$ is invariant under P. By 6.5. it is central.

Let $S \subset \Phi$ be a closed system. Choose an ordering of S, $\alpha_r, \alpha_{r-1}, \ldots, \alpha_1$ so that $U_{\alpha_r} \ldots U_{\alpha_{s+1}}$ is normal in $U_{\alpha_r} . U_{\alpha_{r-1}} \ldots U_{\alpha_1}$. Such an ordering will be called a standard ordering.

If $M = U_{\alpha_r} \ldots U_{\alpha_1}$, then $D_{M/k}^{(\nu)}$ is the algebra spanned over k by the monomials $X_{\alpha_r}^{[n_r]} \ldots X_{\alpha_1}^{[n_1]}$ for $0 \leq n_i \leq q_\nu$.

6.7. PROPOSITION - Let S be a closed system in Φ, and let $\alpha_r, \ldots, \alpha_1$

<u>be a standard ordering on</u> S. <u>Then</u> $X_{\alpha_r}^{[q_\nu]}.X_{\alpha_{r-1}}^{[q_\nu]}\dots X_{\alpha_1}^{[q_\nu]}$ <u>is a norm for</u> $D_{M/k}^{(\nu)}$. <u>The above product may be taken in any order.</u>

PROOF – First we prove that $X_{\alpha_r}^{[q_\nu]}\dots X_{\alpha_1}^{[q_\nu]}$ is a norm form. Let $U(q) = U_{\alpha_r}\times\dots\times U_{\alpha_q}$. Then $U(q)$ is normal in $U(1) = M$. We prove by descending induction on q that $X_{\alpha_r}^{[q_\nu]}\dots X_{\alpha_q}^{[q_\nu]}$ is the norm form for $D_{U(q)/k}^{(\nu)}$. Observe that the augmentation is $\varepsilon(X_\alpha^{[j]}) = 0$. Hence, $X_{\alpha_r}^{[q_\nu]}\dots X_{\alpha_q}^{[q_\nu]}$ is a norm in $D_{U(q)/k}^{(\nu)}$ if and only if $X_{\alpha_i}^{[j]}.X_{\alpha_r}^{[q_\nu]}\dots X_{\alpha_q}^{[q_\nu]} = 0$ for all $0 < j \leq q_\nu$. But by 6.5. and 6.6 $X_{\alpha_r}^{[q_\nu]}.X_{\alpha_{q+1}}^{[q_\nu]}$ is central and the result follows at once.

The independence of order remains to be proven. Observe that $X_{\alpha_{s+1}}^{[q_\nu]}.X_{\alpha_s}^{[q_\nu]} = X_{\alpha_s}^{[q_\nu]}X_{\alpha_{s+1}}^{[q_\nu]} + C$ where each term in C involves termes of the form $X_{a\alpha_s+b\alpha_{s+1}}^{[r]}$. Since S is a closed system we see that such terms are eventually annihilated. Hence adjacent terms may be permuted. The process can be repeated and so the result follows. (See the argument in [12], section 8).

6.8. THEOREM – <u>Let</u> $\alpha_m,\dots,\alpha_1$ <u>be some ordering for</u> Φ^+ <u>and let</u> $X_i = X_{\alpha_i}$, $Y_i = X_{-\alpha_i}$. <u>Then</u>

$$\Lambda_{G/k}^{(\nu)} = \Delta_T^{(\nu)}.X_m^{[q_\nu]}\dots X_1^{[q_\nu]}.Y_1^{[q_\nu]}\dots Y_m^{[q_\nu]}$$

<u>is a left norm for</u> $D_{G/k}^{(\nu)}$.

PROOF – The augmentation ideal in $D_{G/k}^{(\nu)}$ is generated by the $\overline{\binom{H}{r}}$, $\underline{r < q_\nu}$, the $X_i^{[n]}$ and the $Y_i^{[n]}$ for $n < q_\nu$. By 6.3 $\overline{\binom{H}{r}}.\Lambda_{G/k}^{(\nu)} = 0$. By 6.4. (ii), $X_j^{[n]}.\Lambda_{G/k}^{(\nu)} = 0$ for all j. What remains to be proven is that

$$Y_j^{[n]}.\Lambda_{G/k}^{(\nu)} = 0.$$

However if $\alpha_{i_1}\dots\alpha_{i_\ell}$ is a set of simple roots, then the algebra generated over k by the $Y_{i_r}^{[n]}$ for $r = 1,\ldots,\ell$, $n \leq q_\nu$, contains all of the $Y_j^{[n]}$ and the left ideal generated by the $Y_{i_r}^{[n]}$ for $0 < n \leq q_\nu$, $1 \leq r \leq \ell$, is the ideal generated by all of the $Y_j^{[n]}$ for $0 \leq n \leq q_\nu$. Hence we need only show that $Y_j^{[n]} \cdot \Lambda_{G/k}^{(\nu)} = 0$ for α_j simple. Hence assume this and that $\alpha_j = \beta_s$.

Now by 6.4, (ii),

$$(*)\ Y_j^{[n]} \cdot \Lambda_{G/k}^{(\nu)} = \Delta_{T,n\beta_s} \cdot Y_j^{[n]} \cdot X_m^{[q_\nu]} \ldots X_1^{[q_\nu]} \cdot Y_1^{[q_\nu]} \ldots Y_m^{[q_\nu]}.$$

We shall focus our attention on the term $Y_j^{[n]} \cdot X_m^{[q_\nu]} \ldots X_1^{[q_\nu]}$. By the independence of order statement in this may be rewritten as :

$$Y_j^{[n]}(X_m^{[q_\nu]} \ldots X_{j+1}^{[q_\nu]} \cdot X_{j-1}^{[q_\nu]} \ldots X_1^{[q_\nu]} \cdot X_j^{[q_\nu]}).$$

Now $U_{\alpha_1} \ldots U_{\alpha_m}$ and $U_{-\alpha_j}$ generate a rank one parabolic, P, whose unipotent radical is $U_{\alpha_m} \ldots U_{\alpha_{j+1}} \cdot U_{\alpha_{j-1}} \ldots U_{\alpha_1} = U'$. Then by 6.7,

$X_m^{[q_\nu]} \ldots X_{j+1}^{[q_\nu]} \cdot X_{j-1}^{[q_\nu]} \ldots X_1^{[q_\nu]}$ is a norm for $D_{U'/k}^{(\nu)}$. Hence it is central in $D_{P/k}^{(\nu)}$ (U' is normal) and so, we may continue :

$$(**) = Y_j^{[n]}\ (X_m^{[q_\nu]} \ldots X_{j+1}^{[q_\nu]} \cdot X_{j-1}^{[q_\nu]} \cdot X_j^{[q_\nu]})$$

$$= (X_m^{[q_\nu]} \ldots X_{j+1}^{[q_\nu]} \cdot X_{j-1}^{[q_\nu]} \ldots X_1^{[q_\nu]})\ Y_j^{[n]}\ X_j^{[q_\nu]}.$$

Apply 5.2 to continue.

$$(**) = X_m^{[q_\nu]} X_{j+1}^{[q_\nu]} X_{j-1}^{[q_\nu]} \ldots X_1^{[q_\nu]} \cdot \sum_{j=0}^{n} (-1)^j \binom{\overline{H_s - p^\nu + p + n + i - 1}}{i} X_j^{[p^\nu - 1 - i]}\ Y_j^{n-i}.$$

Now if $n - i \neq 0$, $Y_j^{[n-i]} Y_i^{[q_\nu]} \ldots Y_m^{[q_\nu]} = 0$, whence we write :

$$Y_j^{[n]} \cdot \Lambda_{G/k}^{(\nu)} = \Delta_{T,-n\beta_s}^{(\nu)} \cdot X_m^{[q_\nu]} \ldots X_{j+1}^{[q_\nu]} \cdot X_{j-1}^{[q_\nu]} \ldots X_1^{[q_\nu]} \binom{\overline{H_s - p^\nu + 2n}}{n} X_j^{[q_\nu]} \ldots Y_m^{[q_\nu]}$$

Since $n < p^{\nu}$,

$$\overline{\binom{H_s - p^{\nu}+2n}{n}} = \overline{\binom{H_s+2n}{n}}$$

The total weight of the term, $X_m^{[q_\nu]} \ldots X_{j+1}^{[q_\nu]} X_{j-1}^{[q_\nu]} \ldots X_1^{[q_\nu]}$ is $q_\nu(2\rho - \beta_s)$, and hence

$$Y_j^{[q_\nu]} \cdot \Omega_{G/k}^{[\nu]} = \Delta_{T,-n\beta_s}^{(\nu)} \cdot \binom{H_s+2n-q_\nu(2\rho-\beta_s)(H_s)}{n} \cdot M$$

where M is the term involving all the Y's and X's. However $(2\rho - \beta_s)(H_s) = 0$ and

$$\binom{H_s+2n-q_\nu(2\rho-\beta_s)(H_s)}{n} = \binom{H_s+n\beta_s(H_s)}{n}$$

Hence

$$Y_j^{[q_\nu]} \cdot \Omega_{G/k}^{[\nu]} = \Delta_{T,-n\beta}^{(\nu)} \overline{\binom{H_s+n\beta_s(H_s)}{n}} \cdot M = 0 \qquad \text{Q.E.D.}$$

6.9. COROLLARY - $\Omega_{G/k}^{(\nu)}$ <u>is a central differential operator in</u> $D_{G/k}$.

PROOF - Unnecessary.

6.10 COROLLARY -

i) $\Omega_{G/k}^{(\nu)} = X(\underline{q}_\nu)\Delta_{T,2q_\nu\rho}^{(\nu)} Y(\underline{q}_\nu) = Y(\underline{q}_\nu)\Delta_{T,-2q_\nu\rho}^{(\nu)} X(\underline{q}_\nu)$

ii) $\Omega_{G/k}^{(\nu)}$ <u>is a two sided norm form.</u>

PROOF - Lemma 6.4, ii) gives the first equality of i). To get the second apply the automorphism of Chevalley. This sends $X(\underline{q}_\nu)$ to $Y(\underline{q}_\nu)$ and vice versa and it replaces H by $-H$. Now replacing H by $-H$ in $\Delta_T^{(\nu)}$ leaves it unchanged. Moreover the norm forms are left fixed by group automorphisms. Hence

$$\Omega_{G/k}^{(\nu)} = \Delta_T^{(\nu)} Y(\underline{q}_\nu) X(\underline{q}_\nu) = Y(\underline{q}_\nu)\Delta_{T,-2q_\nu\rho}^{(\nu)} X(\underline{q}_\nu).$$

Finally ii) follows immediatly from i) and symmetry.

6.11. REMARK - It has been observed by several authors that the existence of a norm form implies that a Hopf algebra is Frobenius (Sweedler [8]) and that the existence of a two sided norm implies symmetry. This has been independently observed by J. Humphreys.

7. CENTRAL DIFFERENTIAL OPERATORS ; PRELIMINARIES -

Write $\mathcal{Z}_{G/k}$ for the center of $D_{G/k}$ and write $\mathcal{Z}_{G/k}^{(\nu)}$ for $\mathcal{Z}_{G/k} \cap D_{G/k}^{(\nu)}$ (Note that $\mathcal{Z}_{G/k}^{(\nu)}$ is <u>not</u> the center of $D_{G/k}^{(\nu)}$ but, by 6 , it is the set of G invariants in $D_{G/k}^{(\nu)}$ under conjugation). Suppose that I is any $D_{G/k}$-irreducible module. Schur's lemma implies that for any $z \in Z_{G/k}$, there is a constant c such that $z.m = cm$ for all $m \in I$.

7.1. DEFINITION - <u>If</u> $z \in \mathcal{Z}_{G/k}$ <u>and</u> $\lambda \in \hat{P}$, <u>let</u> $z(\lambda)$ <u>denote the unique constant such that</u> $z.m = z(\lambda).m$ <u>for all</u> $m \in I_\lambda$.

Let $\mathcal{F}(\hat{P})$ denote the ring of locally constant functions on $\hat{P}$. Then (since $z \in \mathcal{Z}_{G/k}^{(\nu)}$ for some ν) for each $z \in \mathcal{Z}_{G/k}$, the function on $\hat{P}$ whose value on λ is $z(\lambda)$ is locally constant. Thus one may define a map $\eta : \mathcal{Z}_{G/k} \longrightarrow \mathcal{F}(\hat{P})$.

7.2. DEFINITION - <u>Let</u> $\eta : \mathcal{Z}_{G/k} \longrightarrow \mathcal{F}(\hat{P})$ <u>denote the map defined by</u> $\eta(z)(\lambda) = z(\lambda)$. <u>Then</u> η <u>will be called the Harish-Chandra morphism of</u> G.

It is evident that η is a morphism of rings and that if $u \in \mathcal{Z}_{G/k}$ is nilpotent, $\eta(u) = 0$.

7.3. LEMMA - <u>Let</u> $z \in \mathcal{Z}_{G/k}$ <u>be a central differential operator. Then if</u> $\eta(z) = 0$, z <u>is nilpotent</u>.

PROOF - For some ν, $z \in D^{(\nu)}_{G/k}$. Consider $D^{(\nu)}_{G/k}.z \subset D^{(\nu)}_{G/k}$. This is a finite dimensional representation of $D^{(\nu)}_{G/k}$ and so it has a Jordan-Hölder filtration whose successive quotients are $D^{(\nu)}_{G/k}$ irreducibles. But each $D^{(\nu)}_{G/k}$ irreducible is the restriction to $D^{(\nu)}_{G/k}$ of a $D_{G/k}$ irreducible and so z must act on it trivially. Hence z has no non-zero eigenvalues on $D^{(\nu)}_{G/k}.z$ and so it must be nilpotent.

Q.E.D.

7.4. LEMMA - Let $u \in Z_{G/k}$ and let $f_\lambda = (1+z)^{\lambda(H)}$ for $\lambda \in \hat{P}$. Then $u(\lambda) = \langle u, f_\lambda \rangle$.

PROOF - First observe that $u \in D^{(\nu)}_{G/k}$ for some ν. Then $u(\lambda)$ is independent of the class of λ modulo $p^\nu \hat{P}$. Hence $u(\lambda) = u(\lambda_0)$ where $\lambda = \lambda_0 + p^\nu \lambda_1$, $\lambda_0 \in S(\nu)$. Thus it suffices to compute $u(\lambda_0)$. Let I_{λ_0} be the corresponding irreducible and let v_0 be a highest weight vector in I_{λ_0}. Then there is a B-stable subspace of I_{λ_0} so that $I_{\lambda_0} = k.v_0 \oplus V_1$. It is easy to see that for any g, $g.v_0 = f_\lambda(g).v_0 + v_1(g)$ where $v_1(g) \in V_1$. It follows that for any differential operator $\partial.v_0 - \langle \partial, f_\lambda \rangle v_0 \in V_1$. Since u operates as a constant $u.v_0 = \langle u, f_\lambda \rangle.v_0$.

Q.E.D.

We now proceed with several technical lemmas subsidiary to our main purpose, which is to accumulate as much information as possible about $\eta(z_{G/k})$.

Suppose $u \in D^{(\nu)}_{G/k}$. Then by the Sweedler-Larson theorem (6.2) there is a unique $\bar{f} \in A^{(\nu)}_G$ such that $u = \Omega^{(\nu)}_{G/k}.\bar{f}$.

7.5. LEMMA - Let $u \in \mathfrak{Z}^{(\nu)}_{G/k}$. Then if $u = \Omega^{(\nu)}_{G/k}.\bar{f}$, $\bar{f}$ is a G-invariant under conjugation in $A^{(\nu)}_G$.

PROOF - For $g \in G(k)$, let Ad(g) denote the representing transform of g on $D_{G/k}$ and let i_g denote the conjugation morphism. Then for any $\partial \in D^{(\nu)}_{G/k}$ and $h \in A^{(\nu)}_G$,

$$\langle Ad(g).\partial , h \rangle = \langle \partial, i_{g^{-1}}(h) \rangle .$$

We prove that

(1) $$Ad(g)(\partial . h) = Adg(\partial).i_g(h) .$$

The computation is :

$$\langle Ad(g)(\partial h), h'\rangle = \langle \partial h, i_{g^{-1}} h'\rangle$$

$$= \langle \partial, i_{g^{-1}}(i_g(h).h')\rangle = \langle Ad(g)(\partial).i_g(h), h'\rangle .$$

Now suppose $\Omega_G^{(\nu)}\bar{f}$ is central. Then

$$\Omega_{G/k}^{(\nu)}\bar{f} = Ad(g)(\Omega_{G/k}^{(\nu)}\bar{f}) = Ad(g)(\Omega_{G/k}^{(\nu)}).i_g(\bar{f}) = \Omega_{G/k}^{(\nu)}.i_g(\bar{f}) .$$

But by the Sweedler Larson theorem, $D_{G/k}^{(\nu)}$ is free over $A_G^{(\nu)}$ with $\Omega_{G/k}^{(\nu)}$ as a basis. Hence $i_g(\bar{f}) = \bar{f}$. Q.E.D.

7.6. DEFINITION - <u>If</u> $u \in \mathfrak{Z}_{G/k}^{(\nu)}$ <u>, and</u> $u = \Omega_{G/k}^{(\nu)}.\bar{f}$, $\bar{f}$ <u>will be called the function associated to</u> u <u>in</u> $D_{G/k}^{(\nu)}$.

7.7. LEMMA - <u>For any</u> $\lambda \in \hat{P}$, <u>let</u> $f_\lambda = (1+z)^{\lambda(\underline{H})}$. <u>Then for any</u> $\underline{a}, \underline{b}, \underline{c}$,

$$Y(\underline{a}).\binom{H}{\underline{b}} X(\underline{c}).f_\lambda = Y(\underline{a})\binom{H+\lambda(\underline{H})}{\underline{b}} X(\underline{c}) .$$

PROOF - Write $(1+z)^{\lambda(\underline{H})} = \sum_{\underline{r}>0} \binom{\lambda(\underline{H})}{\underline{r}} .z^{\underline{r}}$.

Hence by section 6, (2)

$$Y(\underline{a})\binom{H}{\underline{b}} X(\underline{c}) f_\lambda = \sum_{\underline{r}>0} \binom{\lambda(\underline{H})}{\underline{r}} Y(\underline{a}) \binom{H}{\underline{b}-\underline{r}} X(\underline{c})$$

$$= Y(\underline{a}) \binom{H+\lambda(\underline{H})}{\underline{b}} X(\underline{c})$$ Q.E.D.

7.8. LEMMA - <u>Let</u> $u \in \mathfrak{Z}_{G/k}^{(\nu)}$ <u>be a central differential operator and let</u> $\bar{h}$ <u>be the function associated to</u> u <u>in</u> $D_{G/k}^{(\nu)}$. <u>Let</u> $\lambda \in \hat{P}$ <u>be a weight and let</u> $f_\lambda = (1+z)^{\lambda(\underline{H})}$. <u>Then</u>

$$u(\lambda) = \sum_{\underline{r} < (\underline{q}_\nu)} (-1)^{|\underline{r}|} \langle Y(q_\nu)\binom{\underline{H}+\lambda(\underline{H})-2q_\nu\rho(\underline{H})}{\underline{r}} X(q_\nu), \bar{h}\rangle$$

PROOF - By 7.4 $u(\lambda) = \langle u, f_\lambda\rangle$. But

$$u = \Omega^{(\nu)}_{G/k}.\bar{h} \text{ and so } u(\lambda) = \langle \Omega^{(\nu)}_{G/k}.\bar{h}, f_\lambda\rangle$$
$$= \langle \Omega^{(\nu)}_{G/k}.f_\lambda , \bar{h}\rangle .$$

But $\Omega^{(\nu)}_{G/k} = Y(\underline{q}_\nu).\Delta_{T-2q_\nu\rho}.X(\underline{q}_\nu)$

$$= \sum_{\underline{r} < \underline{q}_\nu} (-1)^{|\underline{r}|} Y(\underline{q}_\nu)\binom{\underline{H}-2q_\nu\rho(\underline{H})}{\underline{r}} X(\underline{q}_\nu)$$

The result then follows by applying 7.7. to this latter expression, after expanding the binomial coefficients and multiplying by f_λ . Q.E.D.

One further lemma is necessary. Let λ be any dominant integral weight. Then let $\mathcal{C}_\lambda$ denote the character function associated to I_λ . That is, if $g \in G(k)$, $\mathcal{C}_\lambda$ is defined by $\mathcal{C}_\lambda(g) = \mathrm{tr}_{I_\lambda}(g)$.

7.9. LEMMA - Let λ be any dominant integral weight, and let $\partial \in D_{G/k}$ be a differential operator. Then $\langle \partial, \mathcal{C}_\lambda\rangle = \mathrm{tr}_{I_\lambda}(\partial)$.

PROOF - Let $\alpha : I_\lambda \longrightarrow I_\lambda \otimes A_G$ be the co-action on I_λ . Then for any basis $v_1 \ldots v_r$ of I_λ , we may write .

$$\alpha(v_i) = \sum_{j=1}^{r} v_j \otimes f_{ij} .$$

In particular $g.v_i = \sum_{j=1}^{r} f_{ij}(g).v_j$. Now the action of ∂ on I_λ is given by $\partial.v_i = \sum\langle\partial, f_{ij}\rangle v_j$. Hence $\mathrm{tr}_{I_\lambda}(\partial) = \sum_{i=1}^{r}\langle\partial, f_{ii}\rangle$. But $\mathcal{C}_\lambda = \sum_{i=1}^{r} f_{ii}$. Q.E.D.

8. THE PRINCIPAL CONSTRUCTION -

In what follows σ_ν will denote the weight $(p^\nu - 1)\rho$, the ν-th order Steinberg weight.

Let $u \in \mathcal{Z}_{G/k}^{(\nu-1)}$ be a central differential operator, and let $\bar{h} \in A_G^{(\nu-1)}$ be the function associated to u. By 7.5 $\bar{h}$ is an invariant in $A_G^{(\nu-1)}$. Now let $\varphi : A_G^{(\nu-1)} \longrightarrow A_G^{(\nu)}$ be the map which assigns to $\bar{f} \in A_G^{(\nu-1)}$ the residue class in $A_G^{(\nu)}$ of the p-th power of a pre-image of f in A_G. Then φ is an injection and a ring morphism. Moreover it is quite clear that φ carries conjugation invariants to conjugation invariants. Thus if $\bar{f}_1 \in A_G^{(\nu)}$ is any conjugation invariant, $\Omega_{G/k}^{(\nu)} \cdot \varphi(\bar{f}) \cdot \bar{f}_1$ is a central differential operator in $\mathcal{Z}_{G/k}^{(\nu)}$.

8.1. THEOREM - *Let* $z \in \mathcal{Z}_{G/k}^{(\nu-1)}$ *be any central differential operator in* $D_{G/k}^{(\nu-1)}$. *Let* h_z *be the function associated to* z *in* $D_{G/k}^{(\nu-1)}$. *Let* $u \in \mathcal{Z}_{G/k}^{(\nu)}$ *be the central differential operator*

$$u = \Omega_{G/k}^{(\nu)} \, \varphi(h_z) . \tau_{\sigma_1} . \tag{1}$$

Let $\lambda \in \hat{P}$ *be any weight which can be written in the form :*

$$\lambda = \sigma_1 + p\varkappa + p^\nu \varkappa_1$$

with $\varkappa \in S(\nu)$, $\varkappa_1$ *arbitrary.*
Then there is a fixed constant $c \neq 0$ *independent of* λ *such that :*

$$u(\lambda) = cz(\varkappa)^p . \tag{2}$$

PROOF - It is perfectly clear that $u \in \mathcal{Z}_{G/k}^{(\nu)}$ and so $u(\lambda)$ depends only on the class of λ modulo $p^\nu \hat{P}$. Thus $u(\lambda) = u(\sigma_1 + p\varkappa)$. Hence we need only compute $u(\sigma_1 + p\varkappa) = \langle u, f_{\sigma_1} . f_\varkappa^p \rangle$. Consider h_z.

The expression $\Omega_{G/k}^{(\nu)} . h_z^p \tau_{\sigma_1} = u$ is defined if h_z is replaced by its pre-image in A_G and it is independent of the choice of such. Thus we may regard h_z as a function in A_G and we may write :

$$u = \Omega_{G/k}^{(\nu)} . h_z^p \tau_{\sigma_1} .$$

Then :

(3) $$\langle u, f_{\sigma_1} f_{\mathfrak{X}}^p \rangle = \langle \Omega_{G/k}^{(\nu)} , (f_{\mathfrak{X}} h_z)^p f_{\sigma_1} . \tau_{\sigma_1} \rangle .$$

We begin by examining $(f_{\mathfrak{X}} h_z)^p$.

Applying 1.4,

$$h_z = \sum_{\underline{a},\underline{b},\underline{c}} \langle Y(\underline{a}) \binom{H}{\underline{b}} X(\underline{c}) , h_z \rangle y^{\underline{a}} z^{\underline{b}} x^{\underline{e}}$$

and

$$f_{\mathfrak{X}} = \sum_{\underline{r}} \binom{\mathfrak{X}(H)}{\underline{r}} z^{\underline{r}} .$$

Then,

$$f\ h_z = \sum_{\underline{a},\underline{b},\underline{c}} \Big(\sum_{\underline{r}+\underline{s}=\underline{b}} \binom{\mathfrak{X}(H)}{r} \langle Y(a) \binom{H}{\underline{s}} X(\underline{c}), h_z \rangle \Big) \ y^{\underline{a}} z^{\underline{b}} x^{\underline{c}}$$

$$= \sum_{\underline{a},\underline{b},\underline{c}} \langle Y(\underline{a}) \binom{H+\mathfrak{X}(H)}{\underline{b}} X(\underline{c}) , h_z \rangle y^{\underline{a}} z^{\underline{b}} x^{\underline{c}}$$

Hence

$$(f_{\mathfrak{X}} h_z)^p = \sum_{\underline{a},\underline{b},\underline{c}} \langle Y(\underline{a}) \binom{H+\mathfrak{X}(H)}{\underline{b}} X(\underline{c}), h_z \rangle^p \ y^{p\underline{a}} z^{p\underline{b}} x^{p\underline{c}} .$$

For convenience, write

$$A_{\underline{a}\,\underline{b}\,\underline{c}} = \langle Y(\underline{a}) \binom{H+\mathfrak{X}(H)}{\underline{b}} X(\underline{c}) , h_z \rangle^p$$

Consider, now $\tau_{\sigma_1} f_{\sigma_1}$.

By 1.4,

$$\tau_{\sigma_1} f_{\sigma_1} = \sum_{\underline{a}\,\underline{b}\,\underline{c}} \langle Y(\underline{a}) \binom{H}{\underline{b}} X(\underline{c}), f_{\sigma_1} \tau_{\sigma_1} \rangle y^{\underline{a}} z^{\underline{b}} x^{\underline{c}} .$$

But $$\langle Y(\underline{a}) \binom{H}{\underline{b}} X(\underline{c}), f_{\sigma_1} \tau_{\sigma_1} \rangle =$$

$$\langle Y(\underline{a}) \binom{H}{\underline{b}} X(\underline{c}) f_{\sigma_1} , \tau_{\sigma_1} \rangle .$$

By 7.7 $Y(\underline{a})\binom{H}{\underline{b}} X(\underline{c}).f_{\sigma_1} = Y(\underline{a})\binom{H+\sigma_1(H)}{\underline{b}} X(\underline{c})$ and by 7.9,

$$\langle Y(a)\binom{H+\sigma_1(H)}{\underline{b}} X(\underline{c}), \tau_{\sigma_1}\rangle = Tr_{I_{\sigma_1}} (Y(\underline{a})\binom{H+\sigma_1(H)}{\underline{b}} X(\underline{c})) .$$

Now set

$$B_{\underline{a}\,\underline{b}\,\underline{c}} = Tr_{I_{\sigma_1}} (Y(\underline{a})\binom{H+\sigma_1(H)}{\underline{b}} X(\underline{c})) .$$

Thus we obtain :

$$(4) \qquad \tau_{\sigma_1} f_{\sigma_1} (h_z.f_x)^p = \sum_{\underline{a},\underline{b},\underline{c}} (\sum{}^c A_{\underline{a}'\,\underline{b}'\,\underline{c}'} B_{\underline{a}''\,\underline{b}''\,\underline{c}''}) y^{\underline{a}} a^{\underline{b}} x^{\underline{c}}$$

where $\sum^c$ is used to denote the sum over all pairs $((\underline{a}',\underline{b}',\underline{c}'),(\underline{a}'',\underline{b}'',\underline{c}''))$ such that

$$(c) \qquad \begin{aligned} p\underline{a}' + \underline{a}'' &= \underline{a} \\ p\underline{b}' = \underline{b}'' &= \underline{b} \\ p\underline{c}' + \underline{c}'' &= \underline{c} \end{aligned}$$

Now write $K_{\underline{a}\,\underline{b}\,\underline{c}}$ for the coefficient in (4). That is :

$$K_{\underline{a}\,\underline{b}\,\underline{c}} = \sum{}^c A_{\underline{a}'\,\underline{b}'\,\underline{c}'} B_{\underline{a}''\,\underline{b}''\,\underline{c}''}$$

By 6.10 i),

$$\Omega^{(\nu)}_{G/k} = Y(\underline{q}_\nu)\Delta_{T,-2q_\nu\rho} X(\underline{q}_\nu)$$

$$= \sum_{\underline{r}<\underline{q}_\nu} (-1)^{|\underline{r}|} Y(\underline{q}_\nu)\binom{H-2\sigma_\nu(H)}{\underline{r}} X(\underline{q}_\nu)$$

$$= \sum_{\underline{r}<\underline{q}_\nu} \sum_{\underline{s}<\underline{r}} (-1)^{|\underline{r}|} \binom{-2\sigma_\nu(H)}{\underline{r}-\underline{s}} Y(\underline{q}_\nu)\binom{H}{\underline{s}} X(\underline{q}_\nu) .$$

Hence,

$$(5) \qquad \begin{aligned} u(\lambda) &= \langle \Omega^{(\nu)}_{G/k}, (h_z f_x)^p . \tau_{\sigma_1} f_{\sigma_1}\rangle \\ &= \sum_{\underline{r}<\underline{q}_\nu} \sum_{\underline{s}<\underline{r}} (-1)^{|r|} \binom{-2\sigma_\nu(\underline{H})}{\underline{r}-\underline{s}} K_{\underline{q}_\nu,\underline{s},\underline{q}_\nu} . \end{aligned}$$

Consider $K_{\underline{q}_\nu, \underline{s}, \underline{q}_\nu}$. This is a sum of terms $A_{\underline{a}' \underline{b}' \underline{c}'} B_{\underline{a}'' \underline{b}'' \underline{c}''}$ with $p\underline{a}' + \underline{a}'' = \underline{q}_\nu$, $p\underline{b}' + \underline{b}'' = \underline{s}$ and $p\underline{c}' + \underline{c}'' = \underline{q}_\nu$. Hence we may assume that $\underline{a}'\ \underline{b}'$, $\underline{c}' < \underline{q}_{\nu-1}$. The equations :

$$p\underline{a}' + \underline{a}'' = \underline{q}_\nu$$

$$p\underline{c}' + \underline{c}'' = \underline{q}_\nu$$

imply that

$$\underline{a}'' \equiv \underline{c}'' \equiv (\underline{q}_1) \qquad (\mathrm{mod}\ \ p).$$

Consequently if we can show that we need only consider terms with $\underline{a}''$, $\underline{c}'' < \underline{q}_1$ we may conclude that $\underline{a}'' = \underline{c}'' = \underline{q}_1$.

If $\underline{a}''$ contains an entry greater than or equal to p, $Y(\underline{a})$ contains a factor $Y_i^{[r]}$ with $r \geq p$. But then, $B_{\underline{a}'',\underline{b}'',\underline{c}''} = \mathrm{Tr}_{I_{\sigma_1}} (Y(\underline{a}'')\binom{\underline{H}+\sigma_1(\underline{H})}{\underline{b}''} X(\underline{c}''))$. If $Y(\underline{a}'')$ contains a factor $Y_i^{[r]}$ with $r \geq p$, $Y(\underline{a}'')$ annihilates I_{σ_1} and so $B_{\underline{a}''\, \underline{b}''\, \underline{c}''} = 0$. The same argument applies to $\underline{c}''$ and so we may assume that $\underline{a}''$, $\underline{c}'' < \underline{q}_1$ whence $\underline{a}'' = \underline{c}'' = \underline{q}_1$.

We conclude that :

$$\text{(6)} \qquad K_{\underline{q}_\nu\, \underline{s}\, \underline{q}_\nu} = \sum_{p\underline{b}'+\underline{b}''=\underline{s}} A_{\underline{q}_{\nu+1}\, \underline{b}'\, \underline{q}_{\nu-1}} B_{\underline{q}_1\, \underline{b}''\, \underline{q}_1}$$

We now compute $B_{\underline{q}_1\, \underline{b}''\, \underline{q}_1}$. To do this let $v_o \in I_{\sigma_1}$ be a vector of <u>lowest</u> weight. Then $X(\underline{q}_1).v_o = v_1$ is the unique highest weight vector. Now $Y(\underline{q}_1).v_1 = c\, v_o$ for a unique $c \neq 0$. Then,

$$Y(\underline{q}_1)\binom{\underline{H}+\sigma_1(\underline{H})}{\underline{b}} X(\underline{q}_1)\ .\ v_o$$

$$= Y(\underline{q}_1)\binom{\underline{H}+\sigma_1(\underline{H})}{\underline{b}}.v_1 = c\binom{2\sigma_1(\underline{H})}{\underline{b}}\ .\ v_o$$

On the other hand, if v is any T stable vector other than v_o, $X(\underline{q}_1).v = 0$.

Hence :

$$B_{\underline{q}_1\ \underline{b}''\ \underline{q}_1} = Tr_{I_{\sigma_1}}\left(Y(\underline{q}_1)\binom{\underline{H}+\sigma_1(\underline{H})}{\underline{b}''}X(\underline{q}_1)\right)$$

$$= c\binom{2\sigma_1(\underline{H})}{b''}$$

Substitute in (5) to obtain :

$$K_{\underline{q}_\nu\ \underline{s}\ \underline{q}_\nu} = \sum_{p\underline{b}'+\underline{b}''=s} c\binom{2\sigma_1(\underline{H})}{b''} A_{\underline{q}_{\nu-1}\ b'\ \underline{q}_{\nu-1}} \tag{7}$$

We substitute in (5) to obtain :

$$u(\lambda) = c\sum_{\underline{r}<\underline{q}_\nu}\ \sum_{\underline{s}<\underline{r}}\ \sum_{p\underline{b}'+\underline{b}''=\underline{s}} (-1)^{|\underline{r}|}\binom{-2\sigma_\nu(\underline{H})}{\underline{r}-\underline{s}}\binom{2\sigma_1(\underline{H})}{\underline{b}''} A_{\underline{q}_1\ \underline{b}'\ \underline{q}_1}$$

(Here, $\underline{b}' < \underline{q}_{\nu-1}$)

But $\underline{b}'$ can range freely over the ℓ-tuples below $\underline{q}_{\nu-1}$ and so this may be rewritten as :

$$u(\lambda) = c\sum_{\underline{b}'<\underline{q}_{\nu-1}}\ \sum_{\underline{r}<\underline{q}_\nu}\ \sum_{\underline{s}<\underline{r}} (-1)^{|\underline{r}|}\binom{-2\sigma_\nu(\underline{H})}{\underline{r}-\underline{s}}\binom{2\sigma_1(\underline{H})}{\underline{s}-p\underline{b}'} A_{\underline{q}_{\nu-1}\ b'\ \underline{q}_{\nu-1}} \tag{8}$$

Fix $\underline{r}$ and $\underline{b}'$. The term in this sum, with these two indices fixed is :

$$cA_{\underline{q}_{\nu-1}\ \underline{b}'\ \underline{q}_{\nu-1}}(-1)^{|\underline{r}|}\sum_{\underline{s}<\underline{r}}\binom{-2\sigma_\nu(\underline{H})}{\underline{r}-\underline{s}}\binom{2\sigma_1(\underline{H})}{\underline{s}-p\underline{b}'}$$

$$= c(-1)^{|\underline{r}|}A_{\underline{q}_{\nu-1}\ \underline{b}'\ \underline{q}_{\nu-1}}\binom{-2(\sigma_\nu-\sigma_1)(\underline{H})}{\underline{r}-p\underline{b}'}$$

Observing that $\sigma_\nu - \sigma_1 = p\sigma_{\nu-1}$, (8) can be rewritten :

$$u(\lambda) = c\sum_{\underline{b}'<\underline{q}_{\nu-1}}\ \sum_{\underline{r}<\underline{q}_\nu}(-1)^{|\underline{r}|}\binom{-2p\sigma_{\nu-1}(\underline{H})}{\underline{r}-p\underline{b}'} A_{\underline{q}_{\nu-1}\ \underline{b}'\ \underline{q}_{\nu-1}} \tag{9}$$

Now apply 5.1 to the binomial coefficient in this expression. We see that

$\binom{-2p\sigma_{\nu-1}(\underline{H})}{\underline{r}-p\underline{b}'} = 0$ unless $\underline{r} = p\underline{r}'$.

When $\underline{r} = p\underline{r}'$, 5.1 implies that

$\binom{-2p\,\sigma_{\nu-1}(\underline{H})}{p(\underline{r}'-\underline{b}')} = \binom{-2\,\sigma_{\nu-1}(\underline{H})}{\underline{r}'-\underline{b}'}^p$, where the apparently gratuitous p' th power is just an application of Fermat's theorem. Now (9) becomes.

$$u(\lambda) = c \sum_{\underline{b}'<\underline{q}_{\nu-1}} \; \sum_{\underline{r}'<\underline{q}_{\nu-1}} (-1)^{p|\underline{r}'|} \binom{-2\sigma_{\nu-1}(H)}{\underline{r}'-\underline{b}'}^p A_{\underline{q}_{\nu-1}\,\underline{b}'\,\underline{q}_{\nu-1}}$$

Replacing $A_{\underline{q}_{\nu-1}\,\underline{b}'\,\underline{q}_{\nu-1}}$ by its value,

$$\left\langle Y(\underline{q}_{\nu-1}) \binom{\underline{H}+x(\underline{H})}{\underline{b}} X(\underline{q}_{\nu-1}),\, h_z \right\rangle^p ,$$

This becomes :

$$u(\lambda) = c\Big(\sum_{\underline{b}'<\underline{q}_{\nu-1}} \; \sum_{\underline{r}'<\underline{q}_{\nu-1}} (-1)^{|\underline{r}'|} \binom{-2\sigma_{\nu-1}(\underline{H})}{\underline{r}'-\underline{b}'} \left\langle Y(\underline{q}_{\nu-1}) \binom{\underline{H}+x_o(\underline{H})}{\underline{b}'} X(\underline{q}_{\nu-1}),h_z \right\rangle \Big)^p$$

But this is just the expression in 7.8, and so

$$u(\lambda) = c\, z(\,_o)^p \qquad \text{Q.E.D.}$$

8.2. THEOREM - <u>Let</u> $E_G^{(\nu)} = \Omega_{G/k}^{(\nu)} . \tau_{\sigma_\nu}$. <u>Then there is a constant</u> $c \neq 0$ <u>so that</u> :

$$E_G^{(\nu)}(\lambda) = c\, \Delta_T^{(\nu)} \quad (\lambda)$$

<u>that is</u> ,

$$E_G^{(\nu)}(\lambda) = \begin{cases} c & \underline{\text{if}}\ \ \lambda - \sigma_\nu \in p^\nu \hat{P} \\ 0 & \underline{\text{otherwise}} \end{cases}$$

PROOF - Just apply lemma 7.8. We obtain

$$E_G^{(\nu)}(\lambda) = \sum_{\underline{r} < \underline{q}_\nu} (-1)^{|\underline{r}|} \left\langle Y(\underline{q}_\nu)\binom{\underline{H}+\lambda(\underline{H})-2\sigma_\nu(\underline{H})}{\underline{r}} X(\underline{q}_\nu), e_{\sigma_\nu}\right\rangle .$$

$$= \sum_{\underline{r} < \underline{q}_\nu} (-1)^{|\underline{r}|} \operatorname{Tr}_{I_{\sigma_\nu}} \left(Y(\underline{q}_\nu)\binom{\underline{H}+\lambda(\underline{H})-2\sigma_\nu(\underline{H})}{\underline{r}} X(\underline{q}_\nu)\right)$$

We compute the traces as in the proof of 8.1. Namely choose a base of I_{σ_ν}, $v_1,\ldots,v_{m\,q_\nu}$, so that v_i is a T weight, v_1 is the lowest weight vector and $v_{m\,q_\nu}$ is the highest weight vector. Then the weight of v_1 is $-\sigma_\nu$ and that of $v_{m\,q_\nu}$, σ_ν.

Consider $Y(\underline{q}_\nu)\binom{\underline{H}+\lambda(\underline{H})-2\sigma_\nu(\underline{H})}{\underline{r}} X(\underline{q}_\nu) = U_{\underline{r}}$. Since $X(\underline{q}_\nu)$ annihilates each v_i except v_1, we need only consider $U_{\underline{r}}.v_1$. Now $X(\underline{q}_\nu)v_1 = c'v_{m\,q_\nu}$ for some $c' \neq 0$, and

$$\binom{\underline{H}+\lambda(\underline{H})-2\sigma_\nu(\underline{H})}{\underline{r}}.v_{m\,q_\nu} = \binom{\sigma_\nu(\underline{H})+\lambda(\underline{H})-2\sigma_\nu(\underline{H})}{\underline{r}}.v_{m\,q_\nu} .$$

Since $Y(\underline{q}_\nu).v_{m\,q_\nu} = c''\,v_1$ for some $c'' \neq 0$, we obtain

$$U_{\underline{r}}.v_1 = c'c''\binom{(\lambda-\sigma_\nu)(\underline{H})}{\underline{r}} .$$

Let $c = c'c''$. We have shown that

$$E_G^{(\nu)}(\lambda) = \sum_{\underline{r} < \underline{q}_\nu} (-1)^{|\underline{r}|}\, c\binom{(\lambda-\sigma_\nu)(\underline{H})}{\underline{r}} = c\,\Delta_{T,\sigma_\nu}(\lambda) \qquad \text{Q.E.D.}$$

9. APPLICATIONS ANO SPECULATIONS -

In this section we apply the results of the previous sections and a result of Kac Weisfeiler to examine more closely the image of the Harish-Chandra morphism. We conclude with several conjectures. We begin by recalling a weakened version of a Theorem of Kac and Weisfeiler [9].

Let $\mathfrak{g}$ be the Lie algebra of G and let $U_{\mathfrak{g}}$ be its universal envelope purely as a Lie algebra (not as a restricted Lie algebra). Then G acts on $U_{\mathfrak{g}}$ be conjugation. Let $Z_{\mathfrak{g}}$ denote the set of G-invariants. There is a surjective map from $U_{\mathfrak{g}}$ to $D^{(1)}_{G/k}$ as this may be identified with the restricted universal envelope of G. (see [3] or [4]). Write $\varphi : U_{\mathfrak{g}} \longrightarrow D^{(1)}_{G/k}$ for the surjection. Then $\varphi(Z_{\mathfrak{g}}) \subset \mathfrak{Z}^{(1)}_{G/k}$ and so one may consider $\eta \circ \varphi(Z_{\mathfrak{g}})$ (η is the Harish Chandra morphism of 7.2). Recalling our standing assumption of simple connectivity, Theorem 1 of [9] p.137, has the following interpretation as an elementary consequence.

9.1. THEOREM - (Kac-Weisfeiler) $\eta \circ \varphi(Z_{\mathfrak{g}})$ _is the set of functions_ u _on_ $\hat{P}$ _such that_ $u(\lambda_1) = u(\lambda_2)$ _whenever_

$$w(\lambda_1 + \rho) - (\lambda_2 + \rho) \in p.\hat{P} ,$$

for some w _in the Weyl group of_ G.

Thus for each orbit of W in $\hat{P}/p\hat{P}$, there is an element $u \in \mathfrak{Z}^{(1)}_{G/k}$ such that the value of $\eta(u)$ is 1 on that orbit shifted by ρ and 0 on all other shifted orbits. Let L denote the set of orbits of the Weyl group in $\hat{P}/p\hat{P}$. If $\theta \in L$ denotes the orbit of a residue class of a weight in $\hat{P}/p\hat{P}$, choose an element $\delta_\theta \in \mathfrak{Z}^1_{G/k}$ such that

$\delta_\theta(\gamma) = 0$ if the residue class of $\gamma + \rho$ is not in θ

$\delta_\theta(\gamma) = 1$ if the residue class of $\gamma + \rho$ is on θ.

9.2. THEOREM - _Let_ L _denote the set of orbits of the Weyl group in_ $\hat{P}/p\hat{P}$. _Then for each integer_ $\nu \geqslant 0$ _and each_ $\theta \in L$ _there is a central differential operator,_ $\delta^{(\nu)}_\theta$ _such that_

i) $\delta^{(\nu)}_\theta(\xi) = 0$ if $\xi + \rho \notin p^\nu \hat{P}$.

ii) $\delta^{(\nu)}_\theta(\xi) = \delta_\theta\left(\frac{\xi+\rho}{p^\nu} - \rho\right)$ if $\xi + \rho \in p^\nu \hat{P}$

(i.e. _if_ $\xi = \sigma_\nu + p^\nu \xi'$, _then_ $\delta^{(\nu)}_\theta(\xi) = \delta_\theta(\xi')$).

PROOF - We prove this by induction on ν. If $\nu = 0$, δ_θ will do. When $\nu > 0$, choose an operator $\delta_\theta^{(\nu-1)}$. Now apply theorem 8.1. Let h be the function associated to $\delta_\theta^{(\nu-1)}$ in $D_{G/k}^{(\nu-1)}$ and let $\delta = (\mathcal{R}_{G/k}^{(\nu)} h^p \tau_{\sigma_1}).E_G^{(1)}$ where $E_G^{(1)}$ is the operator of theorem 8.2. Now we must calculate $\delta(\lambda)$ in general.

First $\delta(\lambda) = (\mathcal{R}_{G/k}^{(\nu)} h^p \tau_{\sigma_1})(\lambda).E_G^{(1)}(\lambda)$. Since $E_G^{(1)}(\lambda) = 0$ if $(\lambda + \rho) \notin p\hat{P}$, we need only evaluate δ on weights of the form $\sigma_1 + p\lambda' = \lambda$. But then, theorem 8.1 tells us that $(\mathcal{R}_{G/k}^{(\nu)} h^p \tau_{\sigma_1})(\lambda) = \delta_\theta^{(\nu-1)}(\lambda')^p$. Since $\delta_\theta^{(\nu-1)}$ takes only 0 and 1 as values we may write, $(\mathcal{R}_{G/k}^{(\nu)} h^p \tau_{\sigma_1})(\lambda) = \delta_\theta^{(\nu-1)}(\lambda')$. That is we have constructed an operator satisfying the conditions set forth for $\delta_\theta^{(\nu)}$. Q.E.D.

The existence of the differential operators of 8.2 and 9.2 have certain immediate consequences. First we may define a norm on $\hat{P}$.

9.3. DEFINITION - Let $\gamma \in \hat{P}$. Then let $\|\gamma\|_{\hat{P}} = \sup\{\|\alpha^*(\gamma)\|_p : \alpha^*$ is in the lattice of co-roots$\}$. Here $\|\ \|_p$ denotes the standard padic norm, $\|p\|_p = \frac{1}{p}$.

9.4. LEMMA - If λ is linked to λ', then $\|\lambda+\rho\|_{\hat{P}} = \|\lambda' + \rho\|_{\hat{P}}$.

PROOF : $\{\lambda : \|\lambda + \rho\| = p^{-n}\} = S_n = \sigma_\nu + p^n\hat{P}$. Now $E_{G/k}^{(n)}$ is 1 on S_n and 0 on $\cup_{r<n} S_n$. Similarly $E_{G/k}^{(n+1)}$ is on S_n and one on S_{n+1}. On the other hand if λ is linked to λ', all differential operators must agree on the two weights. Q.E.D.

9.5. CONJECTURE - There is a closed sub-group ϑ in $\mathrm{Aut}_{\mathbb{Z}_p}(\hat{P})$ such that $\eta(\mathcal{Z}_{G/k})$ is the set of locally constant k-valued functions, f on $\hat{P}$ such that

$$f(w(\lambda + \rho)) = f(\lambda + \rho)$$

<u>for all</u> $w \in \mathcal{W}$ <u>and all</u> $\lambda \in \hat{P}$.

Lemma 9.4. implies that $\mathcal{W}$ would have to consist entirely of p-adic isometries. But in fact one would like to use as small a group as possible for $\mathcal{W}$. Lemmas 5.6 and 5.7 and other evidence, especially the work of Jantzen [8] and of Carter and Lusztig [2] suggests a certain group to me. Namely, let $t_{n,\alpha}$ be defined by $t_{n,\alpha}(\gamma) = \gamma - p^n \alpha^\vee(\gamma).\alpha$.

9.6. CONJECTURE - *The group $\mathcal{W}$ of 9.5. is the closed subgroup of $\mathrm{Aut}_{\mathbb{Z}_p}(\hat{P})$ topologically generated by all the transformations $t_{n,\alpha}$ for $n \geq 0$, $\alpha \in \Phi$. Two weights λ and λ' are linked if and only if there is a $\sigma \in \mathcal{W}$ such that $\sigma(\lambda + \rho) = \lambda' + \rho$. Two Weyl modules W_λ and $W_{\lambda'}$ have isomorphic lattices of sub-modules whenever the stabilizers of λ and λ' in $\mathcal{W}$ are conjugate by an element of the normaliyer of $\mathcal{W}$ in $\mathrm{Aut}_{\hat{\mathbb{Z}}_p} \hat{P}$.*

This conjecture encompasses a great many of the observed features of the decomposition behavious of Weyl modules. The group is actually a rather small group in $\mathrm{Aut}_{\mathbb{Z}_p} \hat{P}$, and in fact it may be shown to be equal to the product of the Weyl group and the group of all transformations of the form $1+pM$ where $M(\hat{P}) \subset \hat{R}$ and $(M\alpha|\beta) = (\alpha|M\beta)$ for all α, $\beta \in \hat{P}$ under the canonical pairing.

Aside from these rather high flown speculations theorem 9.2 has one rather interesting consequence, the proof of which will be left to the reader. Let ξ be an integral weight, and let M_ξ be the module defined by

$$M_\xi = \{f \in A_G \text{ , } f(xb) = b^{i(\xi)} f(x)\}$$

where i is the opposition.

PROPOSITION - *Let λ be any weight such that $\alpha^\vee(\lambda) < p$ for every positive co-root $\alpha^\vee$. Let $\xi = \sigma_\nu + p^\nu \lambda$. Then M_ξ is irreducible.*

There are, of course, also a number of statements possible which express the fact that whenever λ and λ' are separated by central differential operators, $\mathrm{Ext}^n_G(I_\lambda, I_{\lambda'})$ and $\mathrm{Ext}^n_{D_{G/k}}(I_\lambda, I_{\lambda'})$ must vanish for all $n \geq 0$. We leave their formulation and proof to the interested reader.

REFERENCES

[1] A. BOREL, LINEAR ALGEBRAIC GROUPS, Benjamin, New York, 1969.

[2] R.W. CARTER, G. LUSZTIG, On the modular representations of the general linear and symmetric groups, Math. Z., 136 (1974), 193-242.

[3] M. DEMAZURE, P. GABRIEL, GROUPES ALGEBRIQUES, Tome I, North Holland Publishing co., Amsterdam 1970.

[4] M. DEMAZURE, A. GROTHENDIECK, SCHEMAS EN GROUPES I, Springer Verlag, Berlin Heidelberg. New York 1970.

[5] J. DIXMIER, ALGEBRES ENVELOPPANTES, Gauthier-Villars, Paris, Brussels Montréal 1974.

[6] J. HUMPHREYS, INTRODUCTION TO LIE ALGEBRAS AND REPRESENTATION THEORY, GRADUATE TEXTS in Math. 9, Springer Verlag, Berlin Heidelberg. New-York 1972.

[7] J. HUMPHREYS, LINEAR ALGEBRAIC GROUPS, GRADUATE TEXTS in Math 21, Springer Verlag, Berlin Heidelberg. New York 1972

[8] J.C. JANTZEN, UBER DAS DEKOMPOSITIONS VERHALTEN GEWISSER MODULARER DARSTELLUNGEN HALBEINFACHER GRUPPEN Preprint.

[9] V.I. KAC, B. WEISFEILER, Coadjointaction of a semi-simple algebraic group and the center of the enveloping algebra in characteristic p, Andag. Math. 38 (1978) 136-151.

[10] M. SWEEDLER, HOPF ALGEBRAS, Benjamin, New York, 1969.

[11] R. STEINBERG, LECTURES ON THE CHEVALLEY GROUPS. Mimeographed Notes, Yale University, 1967.

[12] R. STEINBERG, REPRESENTATIONS OF ALGEBRAIC GROUPS, Nagoya Math. J. 22 (1963) 33-56.

SOME TOPOLOGICAL METHODS IN ABSTRACT GROUP THEORY

Alex HELLER

In [4] Quillen introduced a functor, designed for the purposes of algebraic K-theory, relating groups and topological spaces. Recent work of Kan and Thurston [3] supplemented by results of Baumslag, Dyer and the author [1] has shown that the relation thus introduced is very strong indeed. In these circumstances it seems reasonable to hope for a useful flow of information between these fields. My purpose here is to describe, briefly, Quillen's functor and the relation it exhibits and to sketch a modest attempt to apply topological methods in the theory of groups.

1. The functor B^+ and the equivalence theorem

I shall write Gp for the category of groups and homomorphisms, CW_0 for the category of pointed connected CW-complexes and $\mathrm{Ho}CW_0$ for the corresponding homotopy category.

The classifying-space functor $B : Gp \longrightarrow CW_0$ is too well known to need description ; its composition, which I shall also denote by B , with the canonical functor $CW_0 \longrightarrow \mathrm{Ho}CW_0$, is characterized by the properties $\pi_1 BG=G$, $\pi_q BG=0$, $q>1$. The homology of a group G is just that of the space BG.

A group G is perfect if $H_1G=0$, or equivalently if $[G,G]=G$. The full subcategory of Gp which these determine I shall denote by P. If G^0 is a group and G^1 is a perfect normal subgroup I shall say that the pair (G^0,G^1) is a topogenic group ; the category of these is *GpP*. Quillen shows that for such a pair there is in $HoCW_0$ a map $BG^0 \longrightarrow B^+(G^0,G^1)$ universal for maps $f : GB^0 \longrightarrow X$ such that $(\pi_1 f)G^1=\{1\}$. This defines Quillen's functor $B^+ : GpP \longrightarrow HoCW_0$.

The universal map $\beta: BG^0 \longrightarrow B^+(G^0,G^1)$ also has, and is characterized by, the following properties : $\pi_1\beta$ is the projection of $\pi_1 BG^0=G^0$ on $\pi_1 B^+(G^0,G^1)=G^0/G^1$; for any local coefficient system A on $B^+(G^0,G^1)$, β induces an isomorphism $H_*(BG^0 ; \beta^*A) \approx H_*(B^+(G^0,G^1) ; A)$

It follows from Whitehead's theorem that if $f=(f^0,f^1):(G^0,G^1) \longrightarrow (K^0,K^1)$ in *GpP* then B^+f is a homotopy equivalence if and only if $f^0/f^1:G^0/G^1 \approx K^0/K^1$ and f^0 induces an isomorphism $H_*(G^0 ; A) \approx H_*(K^0 ; A)$ for any K^0/K^1 module A. I shall say that such f are weak homotopy equivalences (w.h.e.).

The close relation between group theory and topology is asserted by the following equivalence theorem (cf. [1,11.7]).

Theorem 1.1 : The functor B^+ induces an equivalence of categories between the category of fractions *GpP* [w.h.e.$^{-1}$] and $HoCW_0$.

This theorem may be amplified, using the following conventions :

(i) identify a perfect group P with the topogenic group (P,P), so that *P* becomes a full subcategory of *GpP* ;

(ii) say that a topogenic group (G^0,G^1) is geometrically finite if BG^0 has the homotopy type of a finite *CW* complex (which implies that it is finitely presented) and G^0/G^1 is finitely related ;

(iii) say that a topogenic group (G^0,G^1) is finite dimensional if BG^0 has the homotopy type of a finite dimensional *CW* complex.

Theorem 1.2 : The functor B^+ also induces equivalences between the following full subcategories :

(i) $P[\text{w.h.e.}^{-1}]$ and simply connected complexes ;

(ii) geometrically finite topogenic groups and finite CW complexes ;

(iii) finite dimensional topogenic groups and finite dimensional complexes;

(iv) countable topogenic groups and countable complexes.

2. Equations in groups

By an <u>equation</u> in a group G, in a family $\{x_1,x_2,\ldots\}$, finite or countably infinite, of <u>indeterminates</u> I mean a formula .

$$w(x_1,x_2,\ldots) = a_0x_{i_1}a_1\ldots a_{n-1}x_{i_n}a_n = 1$$

with $a_0,\ldots,a_n \in G$. The a_i are the <u>coefficients</u> of the equation. A <u>system</u> of equations is a sequence $w_1 = 1, w_2 = 1,\ldots$, finite or countably infinite, of such formulas. A <u>solution</u> of such a system is a family $\{g_1,g_2,\ldots\}$ of elements of G such that substitution of g_i for x_i gives $w_1(g_1,g_2,\ldots) = w_2(g_1,g_2,\ldots) = \ldots = 1$.

I shall employ the following more-or-less standard notation : $\langle y_1,y_2,\ldots\rangle$ is the free group generated by $\{y_1,y_2,\ldots\}$; for any group K, $\langle K,y_1,y_2,\ldots\rangle$ is the free product $K * \langle y_1,y_2,\ldots\rangle$; if $r_1,r_2,\ldots \in \langle K,y_1,y_2,\ldots\rangle$ then $\langle K,y_1,y_2,\ldots ; r_1,r_2,\ldots\rangle$ is the quotient of $\langle K,y_1,y_2,\ldots\rangle$ by the normal subgroup generated by $r_1,r_2,\ldots$.

Given a system of equations in a group G, as above, let A be the subgroup of G generated by the coefficients. Then to each $w_i(x_1,x_2,\ldots)$ corresponds an element , which I shall denote by w_i, of $\langle A,x_1,x_2,\ldots\rangle$. A solution of the system corresponds to a homomorphism $\langle A,x_1,x_2,\ldots\rangle \longrightarrow G$, extending the identity on A, such that for all i, $w_i \longmapsto 1$.

In order that there be a solution it is obviously necessary that the canonical homomorphism $A \longrightarrow \langle A,x_1,x_2,\ldots ; w_1,w_2,\ldots\rangle$ be injective. A system of equations satisfying this condition is <u>consistent</u>. Given such a consistent system we may <u>adjoin</u> a solution by constructing the free product with amalgamation $G *_A \langle A,x_1,x_2,\ldots ; w_1,w_2,\ldots\rangle$. Thus consistency is equivalent to the existence of a solution in some group containing G.

A solution is <u>independent</u> if the homomorphism $\langle A, x_1, x_2, \ldots ; w_1, w_2, \ldots \rangle \longrightarrow G$ it determines is injective.

If $z \in G$ is in the centralizer of the coefficients of a system of equations then for any solution $\{g_1, g_2, \ldots\}$ the conjugates $\{g_1^z, g_2^z, \ldots\}$ are again a solution. I shall say that two solutions so related are <u>conjugate</u>.

It is sometimes convenient to think of a consistent system of equations merely in terms of the pair of groups $A \subset X = \langle A, x_1, x_2, \ldots ; w_1, w_2, \ldots \rangle$. This loses sight of the specific indeterminates and equations, but not of the existence of solutions, nor of their conjugacy. We may even abstract further by thinking of any pair $A \subset X$ of countable groups as an <u>equation-type</u>, a system of equations then being given by an injective homomorphism $A \longrightarrow G$.

We need not except the case $A = \{1\}$: in this case a solution is just a homomorphism $X \longrightarrow G$, while an independent solution is an imbedding of X in G.

Given a set E of equation-types, i.e. of pairs $A \subset X$, we may ask of a group G that every system of equations of a type in E have a solution. A moderately easy transfinite induction proves the following result.

<u>Proposition</u> 2.1 : For any set E of equation-types and any group G_0 there is a group $G \supset G_0$, obtained by transfinitely adjoining solutions of systems of equations of types in E, such that any such system in G has an independent solution in G.

3. Equations and acyclicity

Systems of equations are prototypically algebraic in character. It is accordingly interesting to exhibit an equational condition which guarantees that a group be acyclic, i.e. that its homology vanish in positive degrees. Acyclicity of G is equivalent to the topological condition that B^+G be contractible.

A group G is <u>mitotic</u> (c.f. [1,§4]) if for any finite family $a_1,\dots,a_n$ of elements of G the finite system of equations

$$(3.1)\qquad \begin{aligned} w_{ij} &= [a_i, a_j^x] = 1 && i,j = 1,\dots,n \\ v_i &= a_i a_i^x = a_i^y && i = 1,\dots,n \end{aligned}$$

in the indeterminates x,y has a solution.

<u>Theorem</u> 3.2 : If G is mitotic then it is acyclic.

Let us observe first that the equations (3.1) are always consistent. For if A is the subgroup of G generated by $a_1,\dots,a_n$ and $X = \langle A,x,y\ ;\ w_{11},\dots,v_n\rangle$ then X is just the result of applying the HNN construction to the left, right and diagonal injections $l,r,d : A \longrightarrow A\times A$, with l interpreted as inclusion.

Thus a solution of (3.1) gives a factorization $A \xrightarrow{l} A\times A \xrightarrow{f} G$ of the inclusion $A \hookrightarrow G$ with the additional property that this inclusion, fr and fd are all conjugate and thus induce the same homomorphism of homology groups.

It is sufficient to show that if G is mitotic, k is a field and $q \geq 1$ then $H_q(G\ ;\ k) = 0$. Suppose, inductively, that $H_q(G\ ;\ k) = 0$ for $q=1,\dots,n-1$. Then any element of $H_n(G\ ;\ k)$ comes, via the inclusion, from some finitely generated subgroup $C \subset G$. But all $H_q(C\ ;\ k)$ are finite dimensional so that there is a finitely generated D between C and G with the property that the homomorphisms $H_q(C\ ;\ k) \longrightarrow H_q(D\ ;\ k)$ are trivial for $q=1,\dots,n-1$.

Suppose now that $H_n(C\ ;\ k) \ni \gamma \longmapsto \delta \in H_n(D\ ;\ k)$. We may calculate its image θ in $H_n(G\ ;\ k)$ by using any of the three compositions

$$C \xrightarrow{l,r,d} C\times C \hookrightarrow D\times D \xrightarrow{f} G.$$

By the Künneth theorem γ goes, under these three homomorphisms, to $\gamma \otimes 1$, $1 \otimes \delta$ and $\delta \otimes 1 + 1 \otimes \delta$ in $H_n(D\times D\ ;\ k)$. Thus $\theta = \theta + \theta = 0$.

The construction $A \mapsto X$ we have just used may equally well be applied to any group A. Iterating it a countable infinity of times and taking the union we will have imbedded A, functorially, in a mitotic, hence acyclic, group.

The systems of equations (3.1) are of course finite. A group is said to be algebraically closed if all finite consistent systems of equations have solutions. Thus we have as a consequence

Corollary 3.3 : Every algebraically closed group is acyclic.

The converse of 3.2 is of course false. For the record, Higman's celebrated group

$$H = \langle x,y,z,t \; ; \; x^y = x^2, y^z = y^2, z^t = z^2, t^x = t^2 \rangle$$

is acyclic but not mitotic. Indeed any mitotic group is infinite dimensional, for if A is a nontrivial (e.g. cyclic) subgroup then the union of $A \subset A \times A \subset A \times A \times A \times A \subset \ldots$ is again a subgroup. But H has dimension 2.

4. Topological criteria for the existence of solutions

Our immediate objective is to see what information about the solutions of a system of equations in a group can be extracted from topology via Quillen's functor B^+.

N.E. Steenrod used to point out that much of the activity of algebraic topology could be described as finding negative answers to questions of the type "given maps $Y \xleftarrow{y} X \xrightarrow{z} Z$ is there an $f : Y \longrightarrow Z$ such that $fy = z$?" by the following method : "Apply a functor H, with values in some algebraic category, and observe that there is no φ such that $\varphi(Hy) = Hz$."

With functors B, B^+ going in the other direction we may of course invert this procedure to get topological necessary conditions for the solution of an algebraic problem. The functor B, in fact, yields little new information since the homotopy category of classifying spaces is equivalent to the category of groups and homomorphisms. B^+, on the other hand, leads to some genuine novelty.

Let us look at the problem of solving a system of equations in a perfect group G, thus of extending the inclusion of a subgroup $A \subset G$ to some group $X \supset A$. In order to apply the functor B^+ we need topogenic groups. G, since it is perfect, is identified with the topogenic group (G,G). For A and X it is appropriate to take the trivial subgroup. Thus $B^+(X,1) \longleftarrow B^+(A,1) \longrightarrow B^+G$ and we have, as a necessary condition for the existence of a solution, that of a suitable map $B^+(X,1) \longrightarrow B^+G$.

Nothing would be gained by supplying A and X with nontrivial topogenic structures : if X^1 is a perfect normal subgroup of X then homotopy classes of maps of $B^+(X,1) = BX$ and $B^+(X,X^1)$ into B^+G coincide, in virtue of the universal property defining B^+.

We may even sharpen this analysis in the following way. Recall that B may be defined as a functor $Gp \longrightarrow CW_0$ (rether than into the homotopy category). Choose in CW_0 an inclusion $BG \hookrightarrow \tilde{B}^+G$ representing the canonical homotopy class. Then a solution of the system of equations determines, not merely a homotopy class $BX \longrightarrow B^+G$, but in fact a continuous map extending $BA \hookrightarrow BG \hookrightarrow B^+G$.

For another such choice $BG \hookrightarrow \hat{B}^+G$ there is a homotopy equivalence $\tilde{B}^+G \longrightarrow \hat{B}^+G$ extending the identity on BG and determined not just up to homotopy but up to a homotopy stationary on BG.

Assembling this information we see that a solution determines a class of maps $BX \longrightarrow B^+G$ unique up to a homotopy stationary on BA. The set $\mathrm{Ho}CW_0$ (rel A)(BX, B^+G) of such relative homotopy classes is the set of <u>virtual solutions</u> of the system of equations. Then to each solution we have associated a virtual solution.

For the proof of the following statement I refer the reader to [2, §.5].

Proposition 4.1 : If two independent solutions of a system of equations in a group are conjugate then they have the same associated virtual solution.

Thus the existence of a virtual solution is a necessary condition for the existence of a solution. But we now also have a necessary condition for the conjugacy of independent solutions, namely that of having the same associated virtual solution.

It is only too easy to see that in general these conditions are far from sufficient.

5. Perfect Kan groups

The existence of a virtual solution to a system of equations in a group does not guarantee the existence of a solution. This is in contrast to what happens in the category of *CW* complexes. The homotopy extension theorem in that case asserts that a map defined on a subcomplex which extends up to homotopy extends as a continuous map. The situation for simplicial sets is more nearly parallel. D.M. Kan has pointed out the advantages of considering, in this category, a class of objets, the "Kan complexes", characterized by the fact that homotopy extension holds for maps into them.

We shall see that something similar can be done for groups. For simplicity we restrict our attention to equations in perfect groups G. Given such a system of equations of type $A \subset X$ for which $H_* A \approx H_* X$ it follows easily from obstruction theory (since B^+G is simply connected) that there is always a virtual solution. Let us call such equation systems homotopically trivial. I shall say that a perfect group G is a perfect Kan group if all homotopically trivial system have independent solutions.

The more general notion of a topogenic Kan group is defined in [2] in a slightly different way. It is not difficult to see that for perfect groups the two definitions are equivalent.

Following Kan's lead, we must satisfy ourselves first, that there are enough Kan groups to make them interesting and second, that they indeed possess the homotopy extension properties we are looking for.

By proposition 2.1 we may, by transfinitely adjoining solutions of homotopically trivial equation systems to any perfect group, arrive at a perfect Kan group. Each such adjunction, $G \longrightarrow G *_A X$ induces, as one sees from the Mayer-Vietoris sequence, an isomorphism of homology. We thus arrive at the following conclusion.

<u>Proposition</u> 5.1 : Every perfect group G_0 may be imbedded by a weak homotopy equivalence in a perfect Kan group G.

Thus $B^+G_0 \longrightarrow B^+G$ is a homotopy equivalence and, in particular, any system of equations in G_0 has the same set of virtual solutions in G_0 and in G.

For the proof of the following homotopy extension theorem I refer the reader to [2, §.12].

<u>Theorem</u> 5.2 : If G is a perfect Kan group then for any consistent system of equations in G :

(i) every virtual solution is associated to a solution ;

(ii) two solutions have the same associated virtual solution if and only if they are conjugate.

Thus in these groups the algebraic and topological characters are very closely related. It follows that they are very large. For example for any countable acyclic group D the inclusion $\{1\} \subset D$ is a homotopically trivial equation-type. Thus D imbeds in G, any two imbeddings being conjugate. Since any countable group imbeds in a countable acyclic group, each countable group may be imbedded in G. The imbeddings obtained in this way are nullhomotopic and are thus all conjugate to one another. But in general there are also essential imbeddings not conjugate to these.

However since G is perfect, B^+G is simply connected. Thus any two elements of infinite order, that is to say any two imbeddings of $\mathbb{Z}$, are conjugate (recall that $B\mathbb{Z} \simeq S^1$). From this observation we deduce the following statement.

Proposition 5.3 : Every perfect Kan group is simple.

For if N is a proper normal subgroup all elements of infinite order must be in N or in its complement. We may exclude the first case as follows. If $a \in G-N$ generates A and D is an acyclic group with an element d of infinite order then $A \hookrightarrow G$ extends to $A \times D \hookrightarrow G$ and (a,d) goes to an element of infinite order in $G-N$. On the other hand if $a \in N$ is an element of finite order then $A \hookrightarrow G$ extends to $A * D \hookrightarrow G$. But then $[a,d]$ goes to an element of infinite order in N.

Corollary 5.4 : Every perfect group imbeds by a weak homotopy equivalence in a simple group.

It seems reasonable that there should be a more direct proof of this fact, but I do not know one. It is not difficult to see, starting with this statement, that if the original group is countable the simple group may be taken to be countable as well.

6. Homotopy, cohomology etc.

We observed (3.3) that every algebraically closed group is acyclic. On the other hand if G is acyclic then B^+G is contractible so that every consistent system of equations in G has a virtual solution. We may make, accordingly, the following observation.

Proposition 6.1 : A perfect Kan group is acyclic if and only if it is algebraically closed.

The close connection between Kan groups and homotopy may be exploited in other ways as well. It follows, for example, from the equivalence theorem that there are geometrically finite (hence finitely presented) groups $\Sigma_n \subset \Lambda_{n+1}$, n=2,3,... with $B^+\Sigma_n \simeq S^n$, the n-sphere, and Λ_n acyclic. Theorem 5.2 then implies the following statement.

Proposition 6.2 : If G is a perfect Kan group then, for $n = 2,3,\ldots, \pi_n B^+ G$ is in bijective correspondence with the set of conjugacy classes of imbeddings $\Sigma_n \subset G$.

This gives in principle an algebraic description of these homotopy groups. But also, such an imbedding belongs to the 0 element if and only if the equation system represented by $\Sigma_n \subset \Lambda_{n+1}$ has a solution. Thus for example the "Postnikov bases" of a perfect group G may be constructed by applying 2.1 to the set E containing all the homotopically trivial equation types and also $\{\Sigma_n \subset \Lambda_{n+1} \mid n \geq m\}$.

If π is an abelian group and $n = 2,3,\ldots$ we way also deduce from the equivalence theorem together with 5.1 the existence of perfect Kan groups $\Gamma(\pi,n)$ with $B^+\Gamma(\pi,n) \simeq K(\pi,n)$. Theorem 5.2 then shows that the cohomology of countable groups may thus be expressed in the following way.

<u>Proposition</u> 6.3 : If A is a countable group then $H^n(A;\pi)$, $n \geq 2$, is in bijective correspondence with the set of conjugacy classes of imbeddings $A \longrightarrow \Gamma(\pi,n)$.

We remarked above that elements of infinite order in a perfect Kan group are all conjugate. The groups $\Gamma(\mathbb{Z}/m,2n)$ are thus perfect Kan groups in which elements of order m are <u>not</u> all conjugate.

References

1 G. Baumslag, S.E. Dyer, A. Heller, The topology of discrete groups, to appear in J. Pure and Appl. Alg.

2 A. Heller, On the homotopy theory of topogenic groups and groupoids, to appear in Ill. J. Math.

3 D.M. Kan, W.P. Thurston, Every connected space has the homology of a $K(\pi,1)$. Topology 15 (1976), p.235-258.

4 D. Quillen, Cohomology of groups, Actes Congres Intern. 1970 v.2, 47-51.

28 Mai 1979

DECOMPOSABLE EXTENSIONS OF AFFINE GROUPS

Hans-Jürgen Schneider

Extensions of affine group schemes are not always given by 2-cocycles. Only those extensions with split as schemes can be described by the second Hochschild cohomology group. It is the purpose of this report to study the subgroup of decomposable extensions, to the defined below. This subgroup contains all Hochschild extensions. Decomposable extensions can be defined explicitly by pairs of 2-cocycles. Thus one has a method to construct extensions and to compute in some cases the full Ext-group.
The example in [6] (and independently [1]) of a non-trivial 2-divisible group over the integers can now be considered as a very special case of this method.
For detailed proofs of the following results see [7],[8] and [9], but here I have tried to explain the main ideas.

1. Definition and examples.

Let k be a commutative ring, $\otimes = \otimes_k$. An affine k-group is a representable functor Sp(U) = k-Alg(U,-) from commutative k-algebras to groups ([2]). Then

U is a commutative Hopf algebra over k with coproduct $\Delta : U \longrightarrow U \otimes U$, $\Delta(u) = \sum u_{(1)} \otimes u_{(2)}$, augmentation $\varepsilon : U \longrightarrow k$ and antipode $S : U \longrightarrow U$.

A sequence of affine k-groups and k-group morphisms

$$\mathcal{E} : 1 \longrightarrow M \xrightarrow{\iota} E \xrightarrow{\pi} G \longrightarrow 1 ,$$

where

$$C \xleftarrow{p} A \xleftarrow{i} B$$

is the dual sequence of Hopf algebras, is called <u>left exact</u>,

if $1 \longrightarrow M(R) \xrightarrow{\iota} E(R) \xrightarrow{\pi} G(R)$ is exact for all k-algebras R.

Then $A \otimes_B k \xrightarrow{\cong} C$ (so C can be identified with A/AB^+, B^+ = kernel of $\varepsilon : B \longrightarrow k$),

and $A \otimes_B A \xrightarrow{\cong} C \otimes A$, $x \otimes y \longmapsto \sum p(x_{(1)}) \otimes x_{(2)}y$ (since

$$M \times E \xrightarrow{\cong} E \times_G E , \ (m,x) \longmapsto (\iota(m)x,x)).$$

The sequence $\mathcal{E}$ is called <u>exact</u>, if $\mathcal{E}$ is left exact, and if π is faithfully flat. This does not mean that $E(R) \xrightarrow{\pi} G(R)$ is always surjective. But for any $g \in G(R)$ there is a faithfully flat extension $R \longrightarrow S$, such that g_S lies in the image of $E(S) \longrightarrow G(S)$, g_S = image of g in $G(S)$. If k is a field, π is faithfully flat iff i is injective [2], III, §.3, 7.2 Throughout this paper $M = Sp(C)$ will denote an abelian, affine k-group operating on the left on M such that $M(R)$ is a $G(R)$-module for all R.

An exact sequence $\mathcal{E}$ is called an <u>extension</u> of G by M, if the G-module structure on M which is defined by inner automorphisms of E, is the given one.

As for abstract groups one can form the group $Ext(G,M)$ of

equivalence classes of extensions of G by M.

In general, it is difficult to "compute" $Ext(G,M)$, because its elements are not given explicitly by 2-cocycles. $\mathcal{E}$ is called Hochschild extension [2], II, §.3, if $\pi(R)$ is surjective for all R, or equivalently, if π splits as a map of schemes, i.e. if there is an algebra map $q : A \longrightarrow B$ such that $qi = Id_B$. The subgroup $H_o^2(G,M)$ of Hochschild extensions can be described by 2-cocycles. In this paper the bigger subgroup $Ext_d(G,M)$ of decomposable extensions is studied :

$$H_o^2(G,M) \subset Ext_d(G,M) \subset Ext(G,M).$$

An extension $\mathcal{E}$ is called <u>decomposable</u>, if there is an isomorphism

$$A \cong C \otimes B$$

of B-modules and C-comodules. $C \otimes B$ is considered in the obvious way as B-module and C-comodule. The mappings $i : B \longrightarrow A$ and $p : A \longrightarrow C$ define natural B-module and C-comodule structures on A.

If i has an algebra retraction or if p has a coalgebra section, then $\mathcal{E}$ is decomposable (see section 2). Decomposable extensions can be described by pairs of 2-cocycles, one twisting the algebra and the other one twisting the coalgebra structure (see section 3).

<u>Examples</u> (n is a natural number) :

1) $1 \longrightarrow SL_n \longrightarrow GL_n \xrightarrow{\det} GL_1 \longrightarrow 1$ is an exact sequence, and there exists a group section of det (the extension is trivial).

2) Let k be a field of characteristic $p > 0$, α = additive group over k : $\alpha(R) = R$ as additive group. The sequence $0 \longrightarrow \alpha_p \xrightarrow{\iota} \alpha \xrightarrow{\pi} \alpha \longrightarrow 0$,

where $\pi(x) = x^p$, is exact. The affine algebra A of α is the polynomial ring $k[X]$, $\Delta(X) = X \otimes 1 + 1 \otimes X$, and the canonical map $p : k[X] \longrightarrow k[X]/(X^p)$ has a coalgebra section.

3) Let $\mu = GL_1$ be the multiplicative group, $\mu(R)$ = group of units of R.

$1 \longrightarrow {}_n\mu \longrightarrow \mu \xrightarrow{\pi} \mu \longrightarrow 1$, $\pi(x) = x^n$, is an exact sequence. ${}_n\mu$ is the group of n-th roots of unity. Again, $p : A = k[\mathbb{Z}] \longrightarrow C = k[\mathbb{Z}/(n)]$ splits as a coalgebra map (take a set section of the group epimorphism $\mathbb{Z} \longrightarrow \mathbb{Z}/(n)$).

4) Let D be an abstract finite group. $D = D_k$ is an affine group with affine algebra k^D,

$$D(R) = \left\{ \sum_a r_a a \in R[D] \,\middle|\, r_a r_b = 0 \text{ for all } a \neq b,\ \sum_a r_a = 1 \right\}$$

as a subgroup of the group of units of the group algebra $R[D]$. Let α be a unit of k and u an n-th root of unity. Then

$\mathcal{E}^{\alpha,u} : 1 \longrightarrow {}_n\mu \xrightarrow{\iota} E^{\alpha,\mu} \xrightarrow{\pi} \mathbb{Z}/(n) =: D \longrightarrow 1$ is exact ([8], 4.9), where

$$E^{\alpha,u}(R) = \left\{ \sum_{i=o}^{n-1} r_i \tau^i \in R[\tau] \,\middle|\, r_i r_j = 0 \text{ for all } i \neq j,\ \sum_i r_i^n (\alpha u)^i = 1 \right\}$$

as a subgroup of the group of units of $R[\tau] = R[T]/(T^n - \alpha)$, τ = image of T, $\iota(r) = r$, $r \in {}_n\mu(R)$, $\pi(\sum r_i \tau^i) = \sum r_i^n (\alpha u)^i x^i$, x = image of X in $R[X]/(X^n-1) \cong R[\mathbb{Z}/(n)]$.
$\mathcal{E}^{\alpha,u}$ is decomposable. In case $Pic(k) = 1$, $\mathcal{E}^{\alpha,u}$ is the most general central

extension of $\mathbb{Z}/(n)$ by ${}_n\mu$. One can show, that π splits as a map of schemes iff αu is an n-th power in k, and p splits as a map of coalgebras iff α is an n-th power in k.

5) Let $q = \varepsilon_1 X_1^2 + \varepsilon_2 X_2^2$, ε_1 and ε_2 units in k, be a quadratic form. The Clifford algebra of q is the quaternion algebra $(\frac{\varepsilon_1, \varepsilon_2}{k})$ with basis $1, i, j, k = ij$ and $i^2 = \varepsilon_1$, $j^2 = \varepsilon_2$, $ij = -ji$. This is a twisted group ring over $(\mathbb{Z}/(2))^2$. The sequence :

$$\mathcal{E}^q : 1 \dashrightarrow {}_2\mu \xrightarrow{\iota} E^q \xrightarrow{\pi} (\mathbb{Z}/(2))^2 \longrightarrow 1 \text{ is exact,}$$

$$E^q(R) = \Big\{ x = r_o + r_1 i + r_2 j + r_3 k \in (\frac{\varepsilon_1, \varepsilon_2}{R}) \Big| \ r_a r_b = 0 \text{ for all}$$
$$a \neq b \text{ , } x\bar{x} = r_o^2 - \varepsilon_1 r_1^2 - \varepsilon_2 r_2^2 + \varepsilon_1 \varepsilon_2 r_3^2 = 1 \Big\} ,$$

ι and π being defined as in example 4). $\mathcal{E}^q$ is decomposable and can also be defined for quadratic forms in more than 2 variables ([8], 4.7).

6) Let k be a field. If the extension $\mathcal{E}$ is decomposable, then obviously A is a free module over B.

The central extension $1 \longrightarrow GL_1 \longrightarrow GL_n \longrightarrow PGL_n \longrightarrow 1$,

$PGL_n(R)$ = automorphism group of the algebra of matrices $R^{n \times n}$, is not decomposable, but in this case A is free over B.

But for the central extension $1 \longrightarrow {}_n\mu \longrightarrow SL_n \longrightarrow PGL_n \longrightarrow 1$ and even n, A is not even free over B ([7], 4.4, 4.6).

2. Characterization of decomposable extensions (subgroups).

In this section k is supposed to be a field. M could be an arbitrary (not necessarily abelian) normal subgroup of E (or more generally, a subgroup such that E/M is affine). The following theorem is the basic characterization of decomposable subgroups.

If Y is an algebra and X a coalgebra, then the set of all k-linear maps Hom(X,Y) is an algebra with product $\star$, where :

$f \star g = \nabla(f \otimes g)\Delta$, Δ = coproduct of X, ∇ = product of Y, and unity : $X \xrightarrow{\varepsilon} k \xrightarrow{\eta} Y$. A linear map in Hom(X,Y) is called invertible, if it is $\star$-invertible. Let ra denote the set of all nilpotent elements of an algebra.

2.1. Theorem ([7], 2.5) : The following statements are equivalent :

1) $1 \longrightarrow M \longrightarrow E \longrightarrow G \longrightarrow 1$ is decomposable.

2) For every simple subcoalgebra C' of C there is an invertible C-colinear map $C' \longrightarrow A$.

3) There is an invertible, B-linear map $A \longrightarrow B/ra(B)$.

Sketch of the proof : Assume $B \subset A \xrightarrow{p} \bar{A} = A/AB^+$, p the canonical map, to be the dual sequence to $M \longrightarrow E \longrightarrow G$.

1) $\Longrightarrow$ 2), 3) : If $\phi : A \xrightarrow{\cong} \bar{A} \otimes B$ is B-linear and $\bar{A}$-colinear, define $j : \bar{A} \xrightarrow{in} \bar{A} \otimes B \xrightarrow{\phi^{-1}} A$ and $q : A \xrightarrow{\phi} \bar{A} \otimes B \xrightarrow{\varepsilon \otimes 1} B$. Then j is $\bar{A}$-colinear,

and q is B-linear. The maps $j' : \bar{A} \longrightarrow A$, $j'(\bar{x}) := \sum q(x_{(1)})S(x_{(2)})$ resp.

$q' : A \longrightarrow B$, $q'(x) := \sum S(x_{(1)})j(\bar{x}_{(2)})$ are well-defined and inverse to j

resp. q. This implies 2) and 3).

2) $\Longrightarrow$ 1) : Let $\bar{A}_o$ be the (direct) sum of all simple subcoalgebras. By assumption there is a map $j' : \bar{A}_o \longrightarrow A$ which is $\bar{A}$-colinear and invertible. By [11],[4] A is injective as $\bar{A}$-comodule . So j' can be lifted to an $\bar{A}$-colinear map $j : \bar{A} \hookrightarrow A$. By construction $j|\bar{A}_o$ is invertible, so j is also invertible.

Define $\emptyset^{-1} : \bar{A} \otimes B \longrightarrow A$ by $\emptyset^{-1}(\bar{x} \otimes b) := j(\bar{x})b$.

3) $\Longrightarrow$ 1) : Similarly to 2) $\Longrightarrow$ 1) one obtains an invertible and B-linear map $q : A \longrightarrow B$, A being projective as B-module. Then $\emptyset : A \longrightarrow \bar{A} \otimes B$ is

defined by $\emptyset(x) = \sum \bar{x}_{(1)} \otimes q(x_{(2)})$.

Theorem 2.1 supplies examples of various classes of decomposable subgroups, for instance :

2.2. <u>Theorem</u> ([7], 3.2) : <u>Let</u> k <u>be a perfect field. Let again</u> M <u>be an affine G-module. Assume</u> M <u>algebraic and</u> $\mathrm{Pic}(1 \otimes G) = 1$ <u>for all finite field extensions</u> $k \subset 1$. <u>Then</u> :

$$\mathrm{Ext}_d(G,M) = \mathrm{Ext}(G,M).$$

To prove this theorem, first note that there is a finite Galois extension $k \subset \ell$ such that $\ell \otimes M$ is trigonalizable, which means in this case that every simple subcoalgebra of $\ell \otimes C$ is 1-dimensional. Let $\mathcal{E}$ be an extension of G by M.

Define $X(\ell \otimes M) = \{\gamma \in \ell \otimes C \mid \Delta(\gamma) = \gamma \otimes \gamma, \varepsilon(\gamma) = 1\}$ and

$X'(\ell \otimes E) = \{u \mid u$ is a unit of $\ell \otimes A, \sum p(u_{(1)}) \otimes u_{(2)} = \gamma \otimes u$ for an element $\gamma \in X(\ell \otimes M)\}$. By 2.1 the extension $\ell \otimes \mathcal{E}$ is decomposable iff the group homomorphism:

$$\varphi: X'(\ell \otimes E) \longrightarrow X(\ell \otimes M), \ \varphi(u) = \gamma \ , \text{ if } \sum p(u_{(1)}) \otimes u_{(2)} = \gamma \otimes u,$$

is surjective.

One can show that the cokernel of φ is contained in the Amitsur cohomology group $H^1(\ell \otimes A/\ell \otimes B, \mu) \cong$ kernel of $\mathrm{Pic}(\ell \otimes G) \longrightarrow \mathrm{Pic}(\ell \otimes E)$. So by assumption $\mathcal{E}$ is decomposable over ℓ.

$\mathcal{E}$ itself is decomposable iff φ has a set-section which is compatible with the natural operation of the Galois group π of ℓ/k. Now use the general lemma :

Let $K' \subset K$ be π-modules, π a finite group. The canonical map $K \longrightarrow K/K'$ has a π-equivariant section (as mapping of sets), if for all subgroups $\pi' \subset \pi$, $H^1(\pi', K') = 0$.

This finishes the proof, since the kernel of φ is $\mu(\ell \otimes B)$, and

$H^1(\pi', \mu(\ell \otimes B)) \cong$ kernel of $\mathrm{Pic}(\ell' \otimes B) \longrightarrow \mathrm{Pic}(\ell \otimes B)$, where ℓ' is the

fixed field of $\pi' \subset \pi$.

In 2.2 the condition on the Picard group is satisfied if for example G is trigonalizable or if k is algebraically closed and G is solvable.

In [7] the following list of decomposable normal subgroups $M \subset E \longrightarrow G$ is given :

1) M unipotent.

2) E trigonalizable.

3) k perfect, G and $\bar{k} \otimes M$ trigonalizable.

4) $k = \bar{k}$, M trigonalizable and G solvable.

5) G finite.

6) k perfect and G unipotent.

7) $k = \bar{k}$, E connected and G solvable.

This list contains all cases in which the freeness of A over B was shown in [5],[12].

3. Decomposable extensions and 2-cocycles.

If the extension $\mathcal{E}$ is decomposable, there is a commutative diagram (up to equivalence)

$$\begin{array}{ccccc} & & & & C \\ & & & \swarrow^{j} & \| \\ B & \xrightarrow{i} & A = C \otimes B & \xrightarrow{p} & C \\ \| & \swarrow_{q} & & & \\ B & & & & \end{array}$$

where $i(b) = 1 \otimes b$, $j(c) = c \otimes 1$, $p(c \otimes b) = c\varepsilon(b)$, $q(c \otimes b) = \varepsilon(c)b$, $b \in B$ and $c \in C$.

A is equal to $C \otimes B$ as module over B and comodule over C. Product ∇_A and coproduct Δ_A of A define 2-cocycles :

$\alpha := (q \otimes q)\Delta_A j : C \longrightarrow B \otimes B$, and $\beta := q\nabla_A(j \otimes j) : C \otimes C \longrightarrow B$.

Conversely ∇_A and Δ_A can be described explicitly by means of α and β :

$$(x \otimes a)(y \otimes b) = \sum x_{(1)}y_{(1)} \otimes \beta(x_{(2)} \otimes y_{(2)})\, ab \quad \text{and}$$

$$\Delta_A(x \otimes b) = \sum (x_{(1)} \otimes \rho(x_{(2)}) \otimes 1)\alpha(x_{(3)})\Delta_B(b).$$

The algebra map $\rho : C \longrightarrow B \otimes C$ represents the G-module structure on M. This leads to an isomorphism between $\mathrm{Ext}_d(G,M)$ and equivalence classes of pairs (α, β) satisfying certain conditions (see [8], 2.1 for the precise formulation : α, β are normalized 2-cocycles satisfying a compatibility condition). This is similar to the description of "decomposable" central extensions of graded, connected bialgebras in [3].

The purpose of the following exact sequence in 3.1 is to separate the pair (α, β) : α and β appear in different groups and there is no condition involving both.

Consider the normalized standard complex of $M = \mathrm{Sp}(C)$, R a k-algebra [10] :

$$\cdots \longrightarrow \mathrm{Reg}^n_+(C,R) \xrightarrow{\partial^n} \mathrm{Reg}^{n+1}_+(C,R) \longrightarrow \cdots ,$$

where $\mathrm{Reg}^n_+(C,R)$ is the group of all invertible maps $f : \overset{n}{\otimes} C \longrightarrow R$ such that $f(x_1 \otimes \ldots \otimes x_n) = \varepsilon(x_1)\ldots\varepsilon(x_n)$, if $x_i = 1$ for one i, and ∂^n is the alternating sum of all ∂^n_i,

$$\partial^n_0(f)(x_1 \otimes \ldots \otimes x_{n+1}) = \varepsilon(x_1)f(x_2 \otimes \ldots \otimes x_{n+1}) ,$$

$$\partial^n_i(f)(x_1 \otimes \ldots \otimes x_{n+1}) = f(x_1 \otimes \ldots \otimes x_{i-1} \otimes x_i x_{i+1} \otimes x_{i+2} \otimes \ldots) ,$$

$$1 \leq i \leq n ,$$

$$\partial^n_{n+1}(f)(x_1 \otimes \ldots \otimes x_{n+1}) = f(x_1 \otimes \ldots \otimes x_n)\,\varepsilon(x_{n+1}).$$

This is a complex of $G(R)$-modules, the module structure being defined in the natural way (extending the module structure on $M(R)$).

Let $Z_s^2(C,R)$ be the symmetric elements in the kernel of ∂^2. The G-module M gives rise to the canonical exact sequence of affine G-modules ([8], 3.2) :

$$1 \longrightarrow M \xrightarrow{\iota} M_1 \xrightarrow{\pi} M_2 \longrightarrow 1,$$

where $M_1(R) = \mathrm{Reg}_+^1(C,R)$, $M_2(R) = Z_s^2(C,E)$, ι = inclusion, $\pi = \partial^1$. This sequence is decomposable, the representing map of ι having a coalgebra section

3.1. <u>Theorem</u> ([8], 3.3) : <u>The canonical sequence</u> :

$1 \to M \to M_1 \to M_2 \to 1$, <u>induces the exact sequence</u> :

$$0 \longrightarrow \mathrm{Ex}^o(G,M) \longrightarrow \mathrm{Ex}^o(G,M_1) \longrightarrow \mathrm{Ex}^o(G,M_2) \longrightarrow \mathrm{Ext}_d(G,M) \longrightarrow H_o^2(G,M_1)$$
$$\longrightarrow H_o^2(G,M_2).$$

This sequence is defined by the usual Ext-sequence, Ex^o denoting the group of crossed homomorphisms. The main point of 3.1 is, that in the long exact sequence only Hochschild extensions appear.

In theorem 3.1 the sequence $1 \to M \to M_1 \to M_2 \to 1$ can be replaced by certain other sequences such as $1 \longrightarrow {}_n\mu \longrightarrow \mu \longrightarrow \mu \longrightarrow 1$.

For central extensions there is the :

3.2. <u>Corollary</u> ([8], 3.6) : <u>Let M be a trivial G-module. Then there is an exact sequence</u> :

$$0 \longrightarrow H_s^2(C,B) \longrightarrow \mathrm{Ext}_d(G,M) \longrightarrow H_o^2(G,M_1) \longrightarrow H_o^2(G,M_2).$$

$H^2_s(C,B)$ is the second symmetric cohomology group of the sub-complex of coalgebra maps in $(\mathrm{Reg}^n_+(C,B), \partial^n)$.

3.1 and 3.2 allow to get information on $\mathrm{Ext}_d(G,M)$ from knowledge on Hochschild extensions of affine G-modules. Examples of this method will appear in the following two sections.

4. Extensions with diagonalizable kernel.

In this section $M = \mathcal{D}(\Gamma)$ is diagonalizable, i.e. C is the group algebra $k[\Gamma]$ of an abstract abelian group, $\Delta(\gamma) = \gamma \otimes \gamma$, $\varepsilon(\gamma) = 1$ for $\gamma \in \Gamma$. In this case the coalgebra cohomology group $H^2_s(C,B)$ of 3.2 is isomorphic to $\mathrm{Ext}^1_{\mathbb{Z}}(\Gamma, X(G))$, where $X(G)$ denotes the character group of G,
$X(G) = \{ b \in B \mid \Delta(b) = b \otimes b,\ \varepsilon(b) = 1 \}$.

4.1. Theorem ([8], 4.2) : Let k be a field and G algebraic, smooth and connected. Then G operates trivially on $M = \mathcal{D}(\Gamma)$ and

$$\mathrm{Ext}^1_{\mathbb{Z}}(X(M), X(G)) \xrightarrow{\cong} \mathrm{Ext}_d(G,M).$$

This is a consequence of 3.2, $H^2_o(G,M_1)$ being trivial in this case.

More generally, 4.1 can be applied to compute the full Ext-group $\mathrm{Ext}(G,\mathcal{D}(\Gamma))$: Let k be a field and $1 \longrightarrow N \longrightarrow \hat{G} \longrightarrow G \longrightarrow 1$ a central extension of affine groups. Suppose $\tilde{G}$ algebraic, smooth and connected with trivial Picard group. Then there is a long exact sequence ([8], 4.3) :

$$0 \longrightarrow \mathrm{Hom}(\Gamma, X(G)) \longrightarrow \mathrm{Hom}(\Gamma, X(\tilde{G})) \longrightarrow \mathrm{Hom}(\Gamma, X(N)) \longrightarrow$$
$$\longrightarrow \mathrm{Ext}(G, \mathcal{D}(\Gamma)) \longrightarrow \mathrm{Ext}^1_{\mathbb{Z}}(\Gamma, X(\tilde{G})).$$

For example, from $1 \longrightarrow {}_n\mu \longrightarrow SL_n \longrightarrow PGL_n \longrightarrow 1$ one gets

$$\mathrm{Hom}(\Gamma, \mathbb{Z}/(n)) \cong \mathrm{Ext}(PGL_n, \mathcal{D}(\Gamma)),$$

while $\mathrm{Ext}_d(PGL_n, \mathcal{D}(\Gamma)) = 0$ by 4.1.

Suppose now M is the group ${}_n\mu$ of n-th roots of unity. For central extensions of G by ${}_n\mu$ there is the following explicit result. The examples 4 and 5 of the first section are special cases of 4.2.

4.2. Theorem ([8], 4.8) : 1) If the Picard group of G is trivial, then :

$\mathrm{Ext}_d(G, {}_n\mu) = \mathrm{Ext}(G, {}_n\mu)$.

2) There is an exact sequence :

$$0 \longrightarrow X(G)/X(G)^n \longrightarrow \mathrm{Ext}_d(G, {}_n\mu) \longrightarrow {}_nH_o^2(G,\mu) \longrightarrow 0.$$

3) Suppose B is k-free of rank n. Then

$$H_o^2(G,\mu) \times X(G) \xrightarrow{\cong} \mathrm{Ext}_d(G, {}_n\mu).$$

(If X is an abelian group, then ${}_nX$ denotes the set of elements annihilated by n). 2) is an application of 3.1, and to prove 3) one shows (using a norm argument) that the sequence in 2) splits. This gives the isomorphism in 3) because all groups $H_o^m(G,\mu)$, $m \geqslant 1$, are annihilated by the order of G. This is a consequence of the theory in the last section and can also be shown directly.

Using the notation of example 4 of the first section, 4.2 implies :

4.3. Corollary ([8], 4.9) : Let G be the constant group $G = \mathbb{Z}/(n)$ operating *trivially on* $M = {}_n\mu$. *Suppose* k *has a trivial Picard group. Let* U *denote the group of units of* k. *Then*

$$U/U^n \times {}_nU \longrightarrow \mathrm{Ext}(\mathbb{Z}/(n), {}_n\mu), \text{ (class of } \alpha, u) \longmapsto \text{class of } \mathcal{E}^{\alpha,u}$$

is an isomorphism.

As an example take k = ring of integers and $n = 2$; $\mathrm{Ext}(\mathbb{Z}/(2), {}_2\mu)$ has 4 elements (by 4.3). In this Ext-group all non-trivial Z-groups of order 4 appear ([6], 3.2).

As another example, 4.3 leads to the construction of a non-trivial p-divisible group of height 2 :

Let α be a unit of k. Take in example 4 of the first section

τ_n = image of T in $R[T]/(T^{p^n} - \alpha)$,

$E_n^\alpha(R) = \left\{ \sum r_i \tau_n^i \mid r_i r_j = 0 \text{ for } i \neq j , \sum\limits_i r_i^{p^n} \alpha^i = 1 \right\}$.

The injection $R[\tau_n] \longrightarrow R[\tau_{n+1}]$, $\tau_n \longmapsto \tau_{n+1}^p$, defines an ascending chain

$E_1^\alpha \longrightarrow E_2^\alpha \longrightarrow E_3^\alpha \longrightarrow \ldots$, which forms a p-divisible group ([13]).

In case $k = \mathbb{Z}$, $p = 2$, $\alpha = -1$ this is the non-trivial 2-divisible $\mathbb{Z}$-group of [6], and independently [1], answering a question of Tate in [13].

5. Restriction and corestriction.

For the cohomology groups of abstract groups $H \subset G$ of finite index there is the well-known relation :

$$\text{Cor Res} = \text{multiplication by } [G : H] .$$

In [9] it is shown, that this relation also holds for the Hochschild cohomology of affine groups operating on a left exact abelian group functor M.

In particular, if the affine algebra B of G is k-free of finite rank Ord(G), then $H_0^n(G,M)$ <u>is annihilated by</u> Ord(G) <u>for all</u> $n \geq 1$. This implies the following result in [14] :

<u>Every finite free abelian</u> k-<u>group</u> M <u>is annihilated by its order</u>.

To get the same results for the group Ext(G,M) consider the canonical inclusions of G-modules :

$$M \xrightarrow{\iota} M_1 \xrightarrow{\iota_1} \underline{\mathrm{Hom}}(G,M_1) =: I ,$$

where ι is defined in section 3, $\underline{\mathrm{Hom}}(G,M_1)(R)$ = set of natural transformations from $R \otimes G$ to $R \otimes M_1$, and $\iota_1(x)(g) = gx_S$ for $x \in M_1(R)$, $g \in G(S)$ and S an R-algebra.

Define M':= sheaf quotient of I mod M. Write $H^1(k,M)$ instead of $\tilde{H}^1(k,M)$ ([2]) for the equivalence classes of "M-torseurs".

5.1. <u>Theorem</u> ([9], 2.2) : <u>Let</u> G <u>be flat over</u> k <u>and suppose</u>

1) $\mathrm{Ext}_d(G,M) = \mathrm{Ext}(G,M)$.

2) <u>The canonical map</u> $H^1(k,M) \longrightarrow \mathrm{Ext}(G,M)$ ([2], III, §6, 3.2) <u>is trivial</u>.

<u>Then</u> : $\mathrm{Ext}(G,M) \cong H_0^1(G,M')$.

This is another application of 3.1 : look at the Ex^o-Ext sequence of

$1 \longrightarrow M \longrightarrow I \longrightarrow M' \longrightarrow 1$, and note that $Ext(G,M) \longrightarrow Ext(G,I)$ is trivial by

3.1 because it factorizes over $H_o^2(G,M_1) \longrightarrow H_o^2(G,I) = 0$.

Now the functor M' preserves finite inverse limits and by the previous remark there are restriction and corestriction maps for the Hochschild cohomology of M'. Thus 5.1 implies

5.2. Corollary ([9], 2.4) : Let k be a field, G a finite k-group of order $Ord(G) = [B : k]$ and M algebraic. Suppose k is algebraically closed or G operates trivially on M. Then :

$$Ord(G)\ Ext(G,M) = 0.$$

Without the assumptions in 5.2 there are examples where $Ord(G)\ Ext(G,M) \neq 0$. The theorem of Schur-Zassenhaus does not hold for finite algebraic groups : If G and M are finite of relatively prime order, then $Ext(G,M)$ (and therefore $Ord(G)\ Ext(G,M)$) is not necessarily zero.

If k is a perfect field and π the Galois group of the algebraic closure of k over k, one can derive from 5.2 :

5.3 Corollary ([9], 3.3) : Let G be a finite k-group, M a finite affine G-module. Suppose $(Ord(G), Ord(M)) = 1$. Then $Ext(G,M)$ is isomorphic to the Galois cohomology group $H^1(\pi, M/M^G)$.

But for central extensions, the theorem of Schur-Zassenhaus is true in general :

5.4. Corollary ([9], 3.1) : Let G,M be finite, locally free affine k-groups. Suppose that the local ranks of the affine algebras of $G_{\underline{p}}$ and $M_{\underline{p}}$ are relatively prime for all $\underline{p} \in \mathrm{Spec}(R)$. Then any central extension :

$$1 \longrightarrow M \longrightarrow E \longrightarrow G \longrightarrow 1$$

splits uniquely.

In the local case, the previous theory implies $\mathrm{Ext}(G,M) = 0$ and $H_0^1(G,M) = 0$. The general case follows from the local one because of the uniqueness of the splitting.

The special case of 5.4 of étale groups over a field k is contained in [2], III, §6, 4.6.

Literature

1. V.A. Abraškin, 2-divisible groups over $\mathbb{Z}$, Mat. Zametki 19 (1976), 717-726 ; english translation in Math. Notes 19 (1976).
2. M. Demazure and P. Gabriel, Groupes Algébriques, Masson, Paris, 1970.
3. V.K.A.M. Gugenheim, On extensions of algebras, co-algebras and Hopf algebras I, Amer. J. of Math. 84 (1962), 349-382.
4. U. Oberst, Affine Quotientenschemata nach affinen, algebraischen Gruppen und induzierte Darstellungen, J. Algebra 44 (1977), 503-538.
5. D.E. Radford, Freeness (projectivity) criteria for Hopf algebras over Hopf subalgebras, J. Pure Appl. Algebra 11 (1977), 15-28.
6. H.-J. Schneider, Endliche algebraische Gruppen, Algebra-Berichte Nr. 19 (1974), Uni-Druck München.
7. H.-J. Schneider, Zerlegbare Untergruppen affiner Gruppen, to appear.
8. H.-J. Schneider, Zerlegbare Erweiterungen affiner Gruppen, to appear.
9. H.-J. Schneider, Restriktion und Corestriktion für algebraische Gruppen, to appear.

10. M.E. Sweedler, Cohomology of algebras over Hopf algebras, Trans. Amer. Math. Society 133 (1968), 205-239.

11. M. Takeuchi, A note on geometrically reductive groups, J. Fac. Sci. Univ. Tokyo 20 (1973), 387-396.

12. M. Takeuchi, Commutative Hopf algebras are projective over Hopf subalgebras, preprint 1978.

13. J. Tate, p-divisible groups, Proceedings Conference on local fields, Springer, New York, Berlin, 1967, 158-183.

14. J. Tate and F. Oort, Group schemes of prime order, Ann. Scient. Ec. Norm. Sup. 3 (1970), 1-21.

Mathematisches Institut
Universität München
Theresienstraße 39
D-8000 München 2

IDEAUX PREMIERS ET COMPLETION DANS LES ALGEBRES ENVELOPPANTES D'ALGEBRES DE LIE NILPOTENTES

par

Thierry LEVASSEUR

Les problèmes de localisation et de complétion, bien connus en algèbre commutative, se laissent beaucoup moins facilement étudier dans un cadre non commutatif. Nous allons le faire ici, essentiellement dans le but d'étudier les idéaux d'une algèbre enveloppante $U(\mathfrak{g})$ d'une algèbre de Lie nilpotente $\mathfrak{g}$ de dimension finie sur un corps commutatif, k. Ce cas présente plusieurs intérêts : les idéaux sont engendrés par une suite centralisante, ce qui implique en particulier la localisabilité des idéaux premiers, et les localisés satisfont à une définition convenable de la régularité, généralisant celle du cas commutatif. Après avoir rappelé en 0 quelques définitions et propriétés, on s'intéresse en I à des propriétés relatives à ces idéaux premiers :

- Diverses dimensions des quotients de $U(\mathfrak{g})$ et des localisés.
- Caténarité de $U(\mathfrak{g})$.
- Etude de certains idéaux premiers, introduits par P. Gabriel et Y. Nouazé.

Si R est un anneau noethérien à droite et $\mathfrak{J}$ un idéal engendré par un système centralisant, le II étudie le complété $\hat{R} = \varprojlim \frac{R}{\mathfrak{J}^r}$; puis lorsque $R = U(\mathfrak{g})$ on montre qu'il existe un ouvert de Spec $U(\mathfrak{g})$ sur lequel les complétés des localisés de $U(\mathfrak{g})$ possèdent un corps de coefficients (au sens de Cohen), ce qui permet de décrire ces anneaux. En prenant pour $\mathfrak{J}$ l'idéal d'augmentation de $U(\mathfrak{g})$, on obtient une description de l'enveloppe injective de k en tant que $U(\mathfrak{g})$ et $\widehat{U(\mathfrak{g})}$ module.

Enfin le III, généralisant un résultat commutatif dû à D. Eisenbud et E.G. Evans Jr., donne une écriture des racines des idéaux de $U(\mathfrak{g})$, (i.e. d'intersection finie d'idéaux premiers). Ces résultats reprennent et développent, ceux parus en [19], [20], [21], [22], [23].

0 : Définitions et rappels

Nous allons rappeler quelques définitions et propriétés qui nous seront constamment utiles. Dans les chapitres suivants nous garderons les notations qui vont être données ici.

Définition 1 ([24]). Soit R un anneau ; nous dirons que les éléments $x_1,\dots,x_n$ de R forment un système normalisant (resp. centralisant) si :

(i) x_1 est normalisant : $x_1R = Rx_1$ (resp. x_1 est central dans R).

(ii) $x_i + (x_1,\dots,x_{i-1})$ est normalisant (resp. central) dans $\frac{R}{(x_1,\dots x_{i-1})}$ pour $2 \leqslant i \leqslant n$.

Le système normalisant ou centralisant sera dit régulier (ou forme une R-suite) si :

(i) x_1 est régulier (non diviseur de 0 à droite et à gauche).

(ii) $x_i + (x_1,\dots,x_{i-1})$ est régulier dans $\frac{R}{(x_1,\dots,x_{i-1})}$.

Si I est un idéal d'un anneau R nous noterons :

$$\mathcal{C}(I) = \left\{ c \in R/[c+I] \text{ est régulier dans } \frac{R}{I} \right\}.$$

Définition 2 : Un idéal I sera dit localisable à droite (resp. à gauche) si $\mathcal{C}(I)$ forme un système de Ore à droite (resp. à gauche) c'est à dire : quels que soient $r \in R$ et $c \in \mathcal{C}(I)$ il existe $r_1 \in R$, $c_1 \in \mathcal{C}(I)$ tels que $r.c_1 = c.r_1$ (resp. $r_1c = c_1r$).
On peut dans ce cas former un anneau de fractions R_I.
Rappelons la proposition ([42] corollaire 1 page 45).

Proposition 3 : Soit R un anneau noethérien à droite et P un idéal premier engendré par un système centralisant d'éléments alors P est localisable à droite.

Définition 4 ([45]) : (i) Nous dirons qu'un anneau R est local s'il est noethérien à droite et si les éléments non inversibles de R forment un idéal $\mathfrak{m}$. En particulier $\mathfrak{m}$ est le radical de Jacobson de R et $\frac{R}{\mathfrak{m}}$ est un corps.
(ii) Un anneau local $(R,\mathfrak{m})$ sera dit régulier de dimension n si son idéal maximal possède un système normalisant régulier de générateurs comportant n éléments.

Définition 5 : Si R est un anneau noethérien à droite nous noterons :

- K dim M, la dimension de Krull au sens de Gabriel Rentschler d'un R module à droite M.

- K(R) la dimension de Krull classique de R : le supremum des longueurs de chaines d'idéaux premiers $P_o \subset \ldots \subset P_n$. Si P est un idéal premier de R, htP sera le supremum des longueurs de chaines : $P_o \subset \ldots \subset P_n = P$.

- rgldim R : la dimension homologique globale à droite de R.

- $dh_R M$ la dimension homologique d'un R module à droite M.

Remarquons que si R est un anneau local régulier de dimension n, alors R est intègre et Kdim R = K(R) = $dh_R \frac{R}{\mathfrak{m}}$ = rgldim R = n, ([45] théorème 2.7).
Nos principales applications proviennent des deux résultats suivants :

Théorème 6 ([45] théroème 3.3). Si A est l'algèbre enveloppante d'une algèbre de Lie nilpotente de dimension finie sur un corps commutatif k, alors :

(i) Tout idéal de A est engendré par un système centralisant d'éléments.

(ii) Si P est un idéal premier de A et si k est de caractéristique nulle, P est complètement premier et A_P le localisé de A est un anneau local noethérien à droite et à gauche.

Théorème 7 ([43] théorème A). En gardant les hypothèses du (ii) du théorème 6 ; pour tout P de A, A_P est un anneau local régulier dont l'idéal maximal PA_P est engendré par une suite régulière centralisante comportant ht P éléments.

Nous aurons également besoin de :

Définition 7 : Soit k un corps commutatif et A une algèbre. Nous noterons GK dim A la dimension de Gelfand Kirillov de A (cf. [4] définition 1.2).

I : Anneaux réguliers non commutatifs et applications

§.1. Comparaison des dimensions dans les quotients des anneaux locaux réguliers.

Proposition 1.1 : Si R est un anneau local régulier et si P est un idéal premier de R alors :

$$K(\frac{R}{P}) = K \dim_R \frac{R}{P} .$$

Preuve : Soit $\mathfrak{M} = (Z_1,\ldots,Z_n)$ l'idéal maximal de R. Procédons par récurrence sur $n = \dim R$, le cas $n=1$ étant évident car $P = (0)$ ou $\mathfrak{M}$. Supposons donc que la proposition soit vraie pour tout anneau local régulier de dimension inférieure ou égale à $n-1$.

Soit donc R un anneau local régulier de dimension n, posons $\bar{R} = \frac{R}{Z_1 R}$, $\bar{R}$ est un anneau local régulier de dimension $n-1$. Soit P un idéal premier de R, ou bien :

(i) $Z_1 \in P$ auquel cas la récurrence s'applique à $\bar{R}$ et $\bar{P}$ image de P dans $\bar{R}$ ce qui donne :

$$K(\frac{\bar{R}}{\bar{P}}) = K(\frac{R}{P}) = K\dim_{\bar{R}} \frac{\bar{R}}{\bar{P}} = K\dim_R \frac{R}{P}.$$

(ii) $Z_1 \notin P$. Alors il existe un idéal premier minimal, Q, sur $P + Z_1 R$ tel que : $K\dim \frac{R}{Q} = K\dim \frac{R}{P+(Z_1)}$ ([37] prop. 1, chap. 7 §.3). Puisque $Q \supseteq (Z_1)$ nous aurons par récurrence comme dans (i) :

$$K(\frac{R}{Q}) = K\dim \frac{R}{Q}.$$

De plus il est clair que :

$$K(\frac{R}{Q}) \leq K(\frac{R}{P+(Z_1)}) \text{ et comme}$$

$$K(\frac{R}{P+(Z_1)}) \leq K\dim\left[\frac{R}{P+(Z_1)}\right] \quad \text{(cf. [37] th.8 chap. 7 §.2)}$$

Il résulte :

$$K\left[\frac{R}{P+(Z_1)}\right] \leq K\dim \frac{R}{P+(Z_1)} = K\dim \frac{R}{Q} = K(\frac{R}{Q}) \leq K(\frac{R}{P+(Z_1)})$$

ce qui donne : $K(\frac{R}{P+(Z_1)}) = K\dim \frac{R}{P+(Z_1)}$.

En outre Z_1 étant normalisant dans R, sa classe $\bar{Z}_1$ n'est pas diviseur de 0 dans $\frac{R}{P}$ et le corollaire 1.9 de [45] appliqué à $\frac{R}{P}$ et $\bar{Z}_1 \frac{R}{P}$ nous fournit l'égalité :

$$K\dim \frac{R}{P+(Z_1)} = K\dim \frac{R}{P} - 1.$$

En outre P étant premier :

$$K\left[\frac{R}{P+(Z_1)}\right] \leq K(\frac{R}{P}) - 1 \text{, d'où :}$$

$$K(\frac{R}{P+(Z_1)}) = K\dim \frac{R}{P+(Z_1)} = K\dim \frac{R}{P} - 1 \leq K(\frac{R}{P}) - 1.$$

Donc $K\dim \frac{R}{P} \leq K(\frac{R}{P})$, l'inégalité inverse étant toujours vraie nous avons l'égalité.

<u>Corollaire 1.2</u> : <u>Soit</u> R <u>un anneau local régulier, et</u> I <u>un idéal bilatère de</u> R <u>alors</u> :

$$K(\frac{R}{I}) = K\dim\frac{R}{I}.$$

<u>Preuve</u> : Soit P un idéal premier minimal sur I tel que $K\dim\frac{R}{P} = K\dim\frac{R}{I}$ (cf. [37] chap. 7, prop. 1, §.3). Nous aurons $K\dim\frac{R}{P} = K(\frac{R}{P}) = K\dim\frac{R}{I} \geqslant K(\frac{R}{I})$ Mais il est clair, puisque $I \subsetneq P$ que : $K(\frac{R}{P}) \leqslant K(\frac{R}{I})$; d'où $K\dim\frac{R}{I} = K(\frac{R}{I})$.

<u>Corollaire 1.3</u> : <u>Soit</u> $(R,\mathfrak{M})$ <u>un anneau local régulier, tel que tout idéal premier soit localisable, à droite. Alors pour tout idéal</u> I <u>de</u> R <u>et toute suite normalisante régulière</u> $(x_1,\dots,x_q)$ <u>de</u> $\tilde{R} = \frac{R}{I}$ <u>contenue dans</u> $\tilde{\mathfrak{M}} = \frac{\mathfrak{M}}{I}$ <u>on a</u> :

$$K(\frac{\tilde{R}}{(x_1,\dots,x_q)}) = K(\tilde{R}) - q.$$

<u>Preuve</u> : D'après le corollaire 1.2 nous avons $K\dim\tilde{R} = K(\tilde{R})$ et par [45] corollaire 1.9 :

$$K\dim\frac{\tilde{R}}{(x_1,\dots,x_q)} = K\dim\tilde{R} - q = K(\tilde{R}) - q$$

Mais : $K\left[\frac{\tilde{R}}{(x_1,\dots,x_q)}\right] \leqslant K\dim\frac{\tilde{R}}{(x_1,\dots,x_q)} = K(\tilde{R}) - q$ (*).

D'autre part, par [42] Th. 4.5 appliqué à $\tilde{R}$ et $\tilde{\mathfrak{M}}$:

$$\operatorname{ht}\mathfrak{M} = K(\tilde{R}) \leqslant \operatorname{ht}\left[\frac{\tilde{\mathfrak{M}}}{(x_1,\dots,x_q)}\right] + q = K\left[\frac{\tilde{R}}{(x_1,\dots,x_q)}\right] + q \qquad (**)$$

En rassemblant les inégalités (*) et (**) il vient :

$$K(\tilde{R}) - q \leqslant K(\frac{\tilde{R}}{(x_1,\dots,x_q)}) \leqslant K(\tilde{R}) - q .$$

Ce qui démontre le résultat.

§.2. Caténarité

Nous allons donner une démonstration différente de celles données en [28] de la caténarité d'une algèbre enveloppante d'une algèbre de Lie nilpotente de dimension finie sur un corps de caractéristique 0.
Rappelons qu'un anneau R est caténaire si lorsque $\mathfrak{p} \subset \mathfrak{q}$, où $\mathfrak{p}$ et $\mathfrak{q}$ sont deux idéaux premiers tels que $\operatorname{ht}\frac{\mathfrak{q}}{\mathfrak{p}} = 1$ alors $\operatorname{ht}\mathfrak{q} = \operatorname{ht}\mathfrak{p} + 1$. Dans tout ce paragraphe (bien que cela soit souvent superflu) tous les anneaux seront noethériens à droite et à gauche. Rappelons les résultats suivants :

<u>Lemme 2.1</u> : <u>Soit</u> $(R,\mathfrak{M})$ <u>un anneau local et</u> M <u>en</u> R <u>module de type fini</u>

(à gauche) si f est un élément de $\mathfrak{m}$ central dans R, et si f est M-régulier, et R-régulier :

1) $\mathrm{Tor}_n^R(\frac{R}{fR}, M) = 0$ si $n \geqslant 1$.

2) $\mathrm{Ext}^n_{R/fR}(\frac{M}{fM}, -) \simeq \mathrm{Ext}^n_R(M, -)$ si $n \geqslant 0$

3) $\mathrm{Ext}^n_{R/fR}(-, \frac{M}{fM}) \simeq \mathrm{Ext}^{n+1}_R(-, M)$ si $n \geqslant 0$.

Preuve :

1) cf [26] Proposition 1.

2) On a la suite spectrale (cf. [7], p.348)

$$\mathrm{Ext}^q_{R/fR}(\mathrm{Tor}_p^R(\frac{R}{fR}, M), -) \underset{q}{\Longrightarrow} \mathrm{Ext}^n_R(M, -)$$

où $-$ est un $\frac{R}{fR}$ module à gauche.

Compte tenu de 1), on obtient $\mathrm{Ext}^n_{R/fR}(\frac{M}{fM}, -) \simeq \mathrm{Ext}^n_R(M, -)$.

3) Remarquons (cf [26] proposition 2), qu'il exsite un R isomorphisme : $\frac{M}{fM} \simeq \mathrm{Tor}_o^R(\frac{R}{fR}, M) \simeq \mathrm{Ext}^1_R(\frac{R}{fR}, M)$, qui est en fait un $\frac{R}{fR}$ isomorphisme de modules à gauche.

Nous avons d'autre part la suite spectrale (cf. [7] page 345) :

$$\mathrm{Ext}^p_{R/fR}(-, \mathrm{Ext}^q_R(\frac{R}{fR}, M)) \Longrightarrow \mathrm{Ext}^n_R(-, M), \text{ avec } - \frac{R}{fR} \text{ module}.$$

et $\mathrm{Ext}^q_R(\frac{R}{fR}, M) = 0$ si $q > 1$, donc :

$$\mathrm{Ext}^n_{R/fR}(-, \mathrm{Ext}^1_R(\frac{R}{fR}, M)) \simeq \mathrm{Ext}^{n+1}_R(-, M)$$

d'après ce qui précède : $\mathrm{Ext}^n_{R/fR}(-, \frac{M}{fM}) \simeq \mathrm{Ext}^{n+1}_R(-, M)$

Dans toute la suite nous allons faire les hypothèses suivantes :

Soit R un anneau local régulier tel que de plus :

(i) Tout idéal est engendré par un système <u>centralisant</u> d'éléments et l'idéal maximal $\mathfrak{m}$ de R est engendré par une suite <u>centralisante régulière</u>.

(ii) Tout idéal premier $\mathfrak{p}$ est complètement premier, $R_{\mathfrak{p}}$ est local régulier et $\mathfrak{p}R_{\mathfrak{p}}$ est engendré par une suite centralisante régulière de $R_{\mathfrak{p}}$.

On sait alors que si $n = \dim R$:

(1) $\mathrm{Ext}^i_R(\frac{R}{\mathfrak{m}}, R) \simeq \frac{R}{\mathfrak{m}}$ si $n = i$.

$\mathrm{Ext}^i_R(\frac{R}{\mathfrak{m}}, R) = 0$ si $i \neq n$.

(2) Pour tout R module à gauche de type fini on a :

$dh_R\, M = \mathrm{Sup}\left\{\mathrm{Ext}^i_R(M\ ,\ R) \neq 0\right\}$ et si $\mathrm{prof}_R\, M = \inf\left\{i/\mathrm{Ext}^i_R(\frac{R}{\mathfrak{m}}\ ,\ M) \neq 0\right\}$ $dh_R\, M + \mathrm{prof}_R\, M = n$, (cf. [3]).

Si M est un R module, on dit qu'un idéal premier $\mathfrak{p}$ de R est associé à M s'il existe un sous module non nul N de M tel que $\mathfrak{p}$ soit l'annulateur de tout sous module non nul de N. Nous noterons $\mathrm{Ass}_R\, M$ les associés de M, (cf. [37]).

Lemme 2.2 : Soit $\underline{b}$ un idéal bilatère de R, alors il existe un $\mathfrak{p}$ dans $\mathrm{Ass}_R \frac{R}{\underline{b}}$ (en tant que R module à gauche) et un idéal bilatère $\underline{c} \supsetneq \underline{b}$ tel que $\frac{R}{\mathfrak{p}}$ soit isomorphe à $\frac{\underline{c}}{\underline{b}}$ (en tant que R modules à gauche).

Preuve : Posons $M = \frac{R}{\underline{b}}$ et $\mathcal{F} = \left\{0^{\cdot}.\, N\ ,\ 0 \neq N \subseteq M\right\}$ où $0^{\cdot}.\, N = \left\{x \in R,\ xN = 0\right\}$. On peut considérer un élément maximal, $\mathfrak{p}$, dans $\mathcal{F}$ et on sait que $\mathfrak{p}$ est associé à M ([37] page 69).

Puisque $M = \frac{R}{\underline{b}}$, il existe un idéal à gauche I de R, contenant strictement $\underline{b}$ tel que $\mathfrak{p} = 0^{\cdot}.\, \frac{I}{\underline{b}} = \left\{x \in R/xI \subseteq \underline{b}\right\}$. Soit (I) l'idéal bilatère engendré par I, alors $\mathfrak{p}.(I) \subseteq \underline{b}$. En effet si $\sum \alpha_i\, b_i \in (I)$ avec $\alpha_i \in I$, $b_i \in R$ et si $x \in \mathfrak{p}$ on a : $x.\sum \alpha_i\, b_i = \sum x\alpha_i . b_i \subseteq \sum \underline{b}.b_i \subseteq \underline{b}$, car $\underline{b}$ idéal bilatère. Par conséquent $\mathfrak{p} \subseteq 0^{\cdot}.\, \frac{(I)}{\underline{b}}$, d'où $\mathfrak{p} = 0^{\cdot}.\, \frac{(I)}{\underline{b}}$ par le choix de $\mathfrak{p}$. De plus $\mathfrak{p}$ est l'annulateur de tous les sous modules de $\frac{(I)}{\underline{b}}$. Mais (I) étant un idéal bilatère il existe un $Z \in (I)$ tel que $\bar{Z}$ soit non nul et central dans $\frac{R}{\underline{b}}$, considérons le sous module $R.\bar{Z}$ de $\frac{R}{\underline{b}}$, nous avons l'homomorphisme surjectif des R modules à gauche :

$$\begin{cases} R \longrightarrow R\bar{Z} \\ r \longmapsto r\bar{Z} \end{cases}$$

Remarquons que si $x \in R$ et $x.\bar{Z} = 0$

alors $x.Z \in \underline{b}$ et si $r \in R$ on a : $xrz - xzr \in \underline{b}$ donc $xrz \in \underline{b}$ et $xr.\bar{Z} = 0$, donc x annule $R\bar{Z}$ et par suite $x \in \mathfrak{p}$. Réciproquement il est clair que par sa définition $\mathfrak{p}$ annule $R.\bar{Z}$. Si l'on pose donc $\underline{c} = \underline{b} + R\, Z$, c'est un idéal bilatère de R et $\frac{\underline{c}}{\underline{b}} \simeq R.\bar{Z} \simeq \frac{R}{\mathfrak{p}}$ avec $\underline{c} \supsetneq \underline{b}$.

Si $\underline{a}$ est un idéal bilatère de R nous noterons $\dim \frac{R}{\underline{a}}$ la dimension de Krull de $\frac{R}{\underline{a}}$, qui est aussi sa dimension de Krull classique (cf. corollaire 1.2).

Si M est un R module à gauche nous noterons :

$$\mathrm{grade}_R\, M = \inf\left\{\, i/\mathrm{Ext}^i_R(M\ ,\ R) \neq 0\right\} \leqslant dh_R\, M \leqslant n = \dim R.$$

<u>Lemme 2.3</u> : <u>En gardant les mêmes notations, pour tout idéal bilatère</u> $\underline{a}$ <u>de</u> R <u>on a</u> :

$$\text{grade}_R \frac{R}{\underline{a}} + \dim \frac{R}{\underline{a}} \geq n.$$

<u>Plus précisément si</u> $r = \dim \frac{R}{\underline{a}}$:

(*) <u>quel que soit</u> i <u>tel que</u> $i > n$ <u>et</u> $i < n-r$ <u>alors</u> $\text{Ext}^i_R(\frac{R}{\underline{a}}, R) = 0$.
($\frac{R}{\underline{a}}$ <u>est considéré comme un</u> R <u>module à gauche</u>).

<u>Preuve</u> : Remarquons que $\text{Ext}^i_R(\frac{R}{\underline{a}}, R) = 0$ pour $i > n$ est une évidence. Pour la deuxième partie faisons une récurrence sur n.

Si $n = 0$ c'est clair.

Dans le cas général si (*) est faux, choisissons $\underline{b}$ idéal qui soit maximal dans la famille des idéaux qui ne satisfont pas (*). Montrons que $\underline{b}$ est un idéal premier.

Le lemme 2.2 nous fournit $\mathfrak{p} \in \text{Ass}_R \frac{R}{\underline{b}}$, tel que la suite de R modules à gauche suivante soit exacte :

$$0 \longrightarrow \frac{R}{\mathfrak{p}} \longrightarrow \frac{R}{\underline{b}} \longrightarrow \frac{R}{\underline{c}} \longrightarrow 0 \text{ , avec } \frac{\underline{c}}{\underline{b}} \simeq \frac{R}{\mathfrak{p}} \text{ , } \underline{c} \supsetneq \underline{b} \text{ .}$$

on en déduit quel que soit $i \geq 0$:

$$\ldots \longrightarrow \text{Ext}^i_R(\frac{R}{\underline{c}}, R) \longrightarrow \text{Ext}^i_R(\frac{R}{\underline{b}}, R) \longrightarrow \text{Ext}^i_R(\frac{R}{\mathfrak{p}}, R) \longrightarrow \ldots$$

Si $\mathfrak{p} \supsetneq \underline{b}$ (on sait que $\mathfrak{p} \supseteq \underline{b}$ car $\underline{b}$ est un idéal bilatère) nous avons par maximalité de $\underline{b}$:

Si $i < \inf(n - \dim \frac{R}{\mathfrak{p}}, n - \dim \frac{R}{\underline{c}})$, $\text{Ext}^i_R(\frac{R}{\mathfrak{p}}, R) = 0$ et $\text{Ext}^i_R(\frac{R}{\underline{c}}, R) = 0$;
comme $n - \dim \frac{R}{\underline{b}} \leq \inf(n - \dim \frac{R}{\mathfrak{p}}, n - \dim \frac{R}{\underline{c}})$ nous obtenons : si,
$i < n - \dim \frac{R}{\underline{b}}$, $\text{Ext}^i_R(\frac{R}{\underline{b}}, R) = 0$ ce qui est impossible par suite $\mathfrak{p} = \underline{b}$ et $\underline{b}$ est premier.

Si $\mathfrak{m} = (Z_1, \ldots, Z_n)$ est l'idéal maximal de R deux cas sont alors possibles :

(i) $Z_1 \in \underline{b}$, $\frac{R}{\underline{b}}$ est un $\frac{R}{Z_1 R}$ module et puisque Z_1 est central régulier dans R :

pour tout $i \geq 0$ $\text{Ext}^i_{R/Z_1R}(\frac{R}{\underline{b}}, \frac{R}{Z_1R}) \simeq \text{Ext}^{i+1}_R(\frac{R}{\underline{b}}, R)$ (lemme 2.1),

par récurrence puisque $\dim \frac{R}{Z_1R} = \dim R - 1$, ceci est nul dès que $i < n-1-\dim \frac{R}{\underline{b}}$ c'est-à-dire $i+1 < n-\dim \frac{R}{\underline{b}}$ ce qui contredit le choix de $\underline{b}$.

(ii) $Z_1 \notin \underline{b}$, Z_1 étant central dans R et non diviseur de 0 dans $\frac{R}{\underline{b}}$ car $\underline{b}$ est premier on a la suite exacte de R modules à gauche :

$$0 \longrightarrow \frac{R}{\underline{b}} \overset{Z_1}{\longrightarrow} \frac{R}{\underline{b}} \longrightarrow \frac{R}{\underline{b} + RZ_1} \longrightarrow 0 \quad \text{avec}$$

$\dim \frac{R}{\underline{b}+RZ_1} = \dim \frac{R}{\underline{b}} - 1$ (corollaire 1.3), ce qui induit :

$$\text{pour tout } i \geqslant 0 \quad \ldots \to \mathrm{Ext}^i_R(\frac{R}{\underline{b}}, R) \xrightarrow{Z_1} \mathrm{Ext}^i_R(\frac{R}{\underline{b}}, R) \to \mathrm{Ext}^{i+1}_R(\frac{R}{\underline{b}+RZ_1}, R) \to \ldots$$

Par maximalité de $\underline{b}$ si $i+1 < n - \dim \frac{R}{\underline{b}} + 1$ on a :

$\mathrm{Ext}^i_R(\frac{R}{\underline{b}+RZ_1}, R) = 0$, et ainsi on obtient dans ce cas la relation entre les deux R-modules à droite de type fini :

$\mathrm{Ext}^i_R(\frac{R}{\underline{b}}, R) = Z_1 \cdot \mathrm{Ext}^i_R(\frac{R}{\underline{b}}, R)$, le lemme de Nakayama donne $\mathrm{Ext}^i_R(\frac{R}{\underline{b}}, R) = 0$ si $i < n - \dim \frac{R}{\underline{b}}$, ce qui est impossible. D'où le lemme 2.3.

<u>Théorème 2.4</u> : <u>Gardons les mêmes hypothèses soit</u> $\mathfrak{p} \subsetneqq \mathfrak{q}$ <u>avec</u> $\mathrm{ht}\, \mathfrak{q}/\mathfrak{p} = 1$, <u>où</u> $\mathfrak{p}$ <u>et</u> $\mathfrak{q}$ <u>sont deux idéaux premiers de</u> R. <u>Alors</u> :

$$\mathrm{ht}\, \mathfrak{q} = \mathrm{ht}\, \mathfrak{p} + 1.$$

<u>Preuve</u> : Après localisation on est ramené au cas où $\mathfrak{q}$ est maximal dans R et $n = \dim R = \mathrm{ht}\, \mathfrak{q}$. La situation sera donc la suivante : $(R, \mathfrak{m})$ anneau local régulier vérifiant les hypothèses du théorème, $\mathfrak{p}$ un idéal premier de R tel que $\dim \frac{R}{\mathfrak{p}} = 1$, $n = \dim R$ et il faut montrer que $\mathrm{ht}\, \mathfrak{p} = n-1$.
Montrons que dans ce cas on a $\mathrm{prof}_R \frac{R}{\mathfrak{p}} = 1$, remarquons que l'on sait déjà $\mathrm{prof}_R \frac{R}{\mathfrak{p}} \leqslant \dim \frac{R}{\mathfrak{p}}$ ([3] corollaire 5.11). Mais on ne peut avoir $\mathrm{prof}_R \frac{R}{\mathfrak{p}} = 0$.
En effet cela signifie :

$$\mathrm{Hom}_R(\frac{R}{\mathfrak{m}}, \frac{R}{\mathfrak{p}}) \simeq \{\bar{a} \in \frac{R}{\mathfrak{p}} / \mathfrak{m} a \subseteq \mathfrak{p}\} \neq 0 .$$

D'où il devrait exister un $a \in R \setminus \mathfrak{p}$ tel que $\mathfrak{m}.a \subseteq \mathfrak{p}$, puisque $\mathfrak{p}$ est complètement premier cela implique $\mathfrak{m} \subseteq \mathfrak{p}$ ce qui est impossible puisque $\dim \frac{R}{\mathfrak{p}} = 1$.
Par conséquent $\dim_R \frac{R}{\mathfrak{p}} = \mathrm{prof} \frac{R}{\mathfrak{p}} = 1$.
Le lemme 2.3 donne :

$$\mathrm{dh}_R \frac{R}{\mathfrak{p}} + \mathrm{prof} \frac{R}{\mathfrak{p}} \geqslant \mathrm{grade} \frac{R}{\mathfrak{p}} + \dim \frac{R}{\mathfrak{p}} \geqslant n$$

et par hypothèse sur R $\mathrm{dh}_R \frac{R}{\mathfrak{p}} + \mathrm{prof}_R \frac{R}{\mathfrak{p}} = n$, donc $n-1$ est égal à $\mathrm{grade}_R \frac{R}{\mathfrak{p}} = \mathrm{dh}_R \frac{R}{\mathfrak{p}}$, et ainsi $n-1$ est l'unique entier pour lequel $\mathrm{Ext}^i_R(\frac{R}{\mathfrak{p}}, R) \neq 0$. Mais $\mathrm{Ext}^i_R(\frac{R}{\mathfrak{p}}, R) \otimes R_{\mathfrak{p}} \simeq \mathrm{Ext}^i_{R_{\mathfrak{p}}}(\frac{R_{\mathfrak{p}}}{\mathfrak{p}R_{\mathfrak{p}}}, R_{\mathfrak{p}})$ donc $\mathrm{Ext}^i_{R_{\mathfrak{p}}}(\frac{R_{\mathfrak{p}}}{\mathfrak{p}R_{\mathfrak{p}}}, R_{\mathfrak{p}}) = 0$ si $i \neq n-1$. Puisque $R_{\mathfrak{p}}$ est un anneau local régulier de dimension égale à $\mathrm{ht}\,\mathfrak{p}$ nous savons qu'il existe un unique entier $j = \mathrm{ht}\,\mathfrak{p}$ pour lequel :

$$\mathrm{Ext}^j_{R_{\mathfrak{p}}}(\frac{R_{\mathfrak{p}}}{\mathfrak{p}R_{\mathfrak{p}}}, R_{\mathfrak{p}}) \neq 0 \quad \text{, donc ce ne peut être que } n-1 ,$$

et nous obtenons $\dim R - 1 = \mathrm{ht}\, \mathfrak{p}$.

Corollaire 2.5 : Si $\mathfrak{g}$ est une algèbre de Lie nilpotente de dimension finie sur un corps de caractéristique 0, son algèbre enveloppante est un anneau caténaire.

Preuve : Les localisés de $U(\mathfrak{g})$ vérifient les hypothèses du théorème 2.5 (cf. O. Théorèmes 6 et 7).

Remarque : L'idée de cette preuve se trouve dans [40] , où elle est utilisée dans un cadre commutatif plus large.

§.3. Applications aux algèbres enveloppantes d'algèbres de Lie nilpotentes.

Il résulte de O , que les résultats du §.1. s'appliquent dans le cas où R est $A_{\mathfrak{p}}$, le localisé d'une algèbre enveloppante $A = U(\mathfrak{g})$, d'une algèbre de Lie nilpotente, $\mathfrak{g}$, de dimension finie sur un corps de caractéristique zéro, et P un idéal premier de A.

Nous allons donner dans ce cadre quelques conséquences du §.1.

Proposition 3.1 : Avec les notations précédentes si $(x_1,\ldots,x_q)$ est une suite centralisante régulière d'éléments de $\frac{A}{Q}$ où Q est un idéal premier de A et si $\bar{P}$ est un idéal premier de $\frac{A}{Q}$ contenant $(x_1,\ldots,x_q)$ on a :

$$\mathrm{ht}\,\frac{\bar{p}}{(x_1,\ldots,x_q)} = \mathrm{ht}\,\bar{p} - q.$$

En particulier si $\bar{p}$ est minimal sur $(x_1,\ldots,x_q)$ nous avons $\mathrm{ht}\,\bar{p} = q$.

Preuve : Il est connu que si P est l'idéal premier d'image $\bar{p}$:

$$\left(\frac{A}{Q}\right)_{\bar{p}} \simeq \frac{A_P}{QA_P} .$$

Puisque $(x_1,\ldots,x_q)$ est une $\left(\frac{A}{Q}\right)_{\bar{p}}$ suite centralisante (cf. [45] preuve du lemme 3.6), il suffit d'appliquer le corollaire 1.3 à $\tilde{R} = \frac{A_P}{QA_P}$.

Nous allons démontrer une amélioration du corollaire 2 de [22] , qui repose sur le fait que A est un anneau caténaire, (cf. [28] et le paragraphe 2).

Corollaire 3.2 : Soit Q idéal premier de A et $\tilde{A} = \frac{A}{Q}$, si $(a_1,\ldots,a_q)$ est une $\tilde{A}$ suite centralisante alors :

$$\mathrm{GK}\dim \frac{\tilde{A}}{(a_1,\ldots,a_q)} = \mathrm{GK}\dim \tilde{A} - q.$$

Preuve : Procédons par récurrence sur q.

Si q = 1, soit $\bar{P}$ un idéal premier minimal sur (a_1), alors $\mathrm{ht}\,\bar{p} = 1$ (cf. [42] Th. 4.5) et $\mathrm{GK}\dim \frac{\tilde{A}}{\bar{p}} \leq \mathrm{GK}\dim \frac{\tilde{A}}{(a_1)}$ (cf. [4] 3.1.d).

Mais $\mathrm{GK}\dim \frac{\tilde{A}}{(a_1)} \leq \mathrm{GK}\dim \tilde{A} - 1$ ([4] 3.4) et GK dim $\frac{\tilde{A}}{\bar{P}}$ = GK dim $\frac{A}{Q}$ - ht $\bar{P}$ = GK dim $\tilde{A}$ - 1

(cf.[28] prop. 9). Par suite : GK dim $\frac{\tilde{A}}{(a_1)}$ = GK dim $\tilde{A}$ - 1. Supposons la propriété vraie jusqu'à q-1 et soit $(a_1,\ldots,a_q)$ une $\tilde{A}$ suite centralisante, si $\tilde{P}$ est un idéal premier minimal sur $(a_1,\ldots,a_q)$ nous avons vu qu'alors ht $\tilde{P}$ = q (prop. 3.1). Posons :

$$\bar{A} = \frac{\tilde{A}}{(a_1,\ldots,a_{q-1})} \quad \text{et} \quad \bar{P} = \frac{\tilde{P}}{(a_1,\ldots,a_{q-1})}, \quad \bar{a}_q = [a_q + (a_1,\ldots,a_{q-1})] .$$

Nous aurons :

(i) GK dim $\frac{\bar{A}}{\bar{P}}$ = GK dim $\frac{A}{P} \leq$ GK dim $\frac{\bar{A}}{\bar{a}_q}$ ([4] 3.1.d)

(ii) GK dim $\frac{\bar{A}}{(\bar{a}_q)} \leq$ GK dim $\bar{A}$ - 1 ([4] 3.4)

(iii) GK dim $\frac{\bar{A}}{\bar{P}}$ = GK dim $\frac{\tilde{A}}{\tilde{P}}$ = GK dim $\tilde{A}$ - ht $\tilde{P}$ = GK dim $\tilde{A}$ - q (cf. [28] prop. 9).

En utilisant l'hypothèse de récurrence : GK dim $\bar{A}$ = GK dim $\tilde{A}$ - (q-1) ; grâce à (i), (ii), (iii) il vient :

$$\text{GK dim } \tilde{A} - q \leq \text{GK dim } \frac{\tilde{A}}{(a_1,\ldots,a_q)} \leq \text{GK dim } \tilde{A} - (q-1) - 1 ;$$

d'où l'égalité :

$$\text{GK dim } \frac{\tilde{A}}{(a_1,\ldots,a_q)} = \text{GK dim } \tilde{A} - q$$

Comme il est noté en [28] , il serait intéressant de pouvoir démontrer le résultat suivant : si R est un anneau local régulier dont tout idéal premier est complètement premier et localisable, alors, pour tout idéal premier $\mathfrak{p}$, l'anneau local $R_{\mathfrak{p}}$ est aussi régulier. Nous allons démontrer (cf. [23]) un résultat qui va dans ce sens lorsque R = $\frac{A_P}{x_1 A_P}$ où P est un idéal premier de A et $PA_P = (x_1,\ldots,x_p)$ (cf. O Th. 7.), cette suite étant centralisante régulière dans A_P. Commençons par décrire la construction de cette suite (cf. [43] lemme 1.3 et preuve du théorème A). Puisque A = U($\mathfrak{g}$), si nous posons n = $\dim_k \mathfrak{g}$ alors A = $k[X_1,\ldots,X_n]$, et nous pouvons définir $A_o = k$, $A_j = k[X_1,\ldots,X_j]$ pour $1 \leq j \leq n$. Considérons la chaine d'idéaux de A :

(*) $P = P_0 \supseteq P_1 \supseteq \ldots \supseteq P_n = (0)$, où $P_i = A(P \cap A_{n-i})$.

Si i est tel que $P_i \supsetneq P_{i+1}$ alors $P \cap A_{n-i} \neq A_{n-i}(P \cap A_{n-i-1})$; nous savons, (cf. [43] lemme 1.3) qu'il existe alors un élément Z dans $A_{n-i} \cap P \setminus A_{n-i}(P \quad A_{n-i-1})$ tel que $Z + P_{i+1}$ soit central et régulier dans $\frac{A}{P_{i+1}}$. De plus nous savons ([43] (iii) du lemme 1.3) :

- Soit $\frac{P_i}{P_{i+1}} = (Z + P_{i+1}) \frac{A}{P_{i+1}}$.

- Soit, pour tout $q \in P_i$ il existe $c \in \mathcal{C}(P) = A \setminus P$ tel que :

$$q.c \in P_{i+1} + A.Z.$$

Et dans les deux cas après localisation par P , $\frac{P_i A_P}{P_{i+1} A_P}$ sera engendré par l'élément central régulier Z de $\frac{A_P}{P_{i+1} A_P}$. Ainsi à partir de la suite (*) on peut construire une suite $\{x_1,\ldots,x_p\}$ dans A_P qui engendre PA_P. En particulier si i est le premier indice tel que $P \cap A_i \neq (0)$ le raisonnement précédent montre que x_1 est choisi dans $P \cap A_i$, qu'il est central dans A et que pour tout $q \in P \cap A_i$, il existe $c \in \mathcal{C}(P)$ tel que $q.c \in A_i.x_1$.

<u>Proposition 3.3</u> : <u>Soit</u> P <u>un idéal premier de</u> A <u>et</u> $PA_P = (x_1,\ldots,x_p)$ <u>comme ci-dessus</u>. <u>Dans l'anneau local régulier</u> $\frac{A_P}{x_1 A_P}$. <u>Soit</u> $\bar{q}$ <u>un idéal premier</u>. <u>Alors</u> $(\frac{A_P}{x_1 A_P})_{\bar{q}}$ <u>est un anneau local régulier</u>.

<u>Preuve</u> : Soit q l'idéal premier de A_P dont l'image est $\bar{q}$, q s'écrit QA_P avec Q premier dans A , $Q \subseteq P$ et $x_1 \in Q$. En prenant les notations précédentes si i est le premier indice tel que $P \cap A_i \neq (0)$, $x_1 \in P \cap A_i$, et c'est aussi le premier indice tel que $Q \cap A_i \neq (0)$ puisque $x_1 \in Q \cap A_i$. D'autre part A_Q est un anneau local régulier et QA_Q est engendré par une suite centralisante régulière dans A_Q dont le premier élément x peut être choisi comme précédemment c'est-à-dire :
$x \in Q \cap A_i$, x central dans A, et tel que pour tout $q \in Q \cap A_i$ il existe $c \in \mathcal{C}(Q)$ tel que $q.c \in A_i.x$.
Mais ces propriétés sont, de manière évidente, vérifiées par x_1, ainsi on peut prendre $x = x_1$ et faire commencer la suite centralisante régulière engendrant QA_Q par x_1 , et dans ce cas $\frac{A_Q}{x_1 A_Q}$ est un anneau local régulier.

Il est clair que $\bar{q}$ est localisable dans $\frac{A_P}{x_1 A_P}$ et l'on a :

$$(\frac{A_P}{x_1 A_P})_{\bar{q}} \simeq \frac{(A_P)_q}{(x_1 A_P)_q} \qquad \text{(cf [11] 3.6.15)}$$

Mais $(A_P)_q \simeq A_Q$ et $(x_1 A_P)_q \simeq x_1 A_Q$, donc $(\frac{A_P}{x_1 A_P})_{\bar{q}}$ est isomorphe à $\frac{A_Q}{x_1 A_Q}$ et par suite est un anneau local régulier.

Remarque : Cette démonstration devient beaucoup plus difficile lorsque l'on veut regarder $\frac{A_P}{(x_1,x_2)A_P}$ par exemple car le choix du x_2 n'est pas aussi simple que celui du x_1.

§.4. Nous allons maintenant examiner plus en détail la structure des anneaux A_P lorsque la hauteur de P est égale à 1, où A est toujours $U(\mathfrak{g})$ comme dans 2).

Rappelons que A (et aussi A_P, pour P premier) n'est pas un anneau factoriel (cf. [4] ex. 3.10), mais la question se pose de savoir quel est le rapport entre A et $\bigcap_{ht\, P=1} A_P$, c'est-à-dire de voir si A n'a pas des propriétés semblables aux anneaux de Krull dans le cas commutatif.

Donc dans la suite $A = U(\mathfrak{g})$, et nous noterons $Z(\mathfrak{g})$ le centre de A, $K(\mathfrak{g})$ le corps des fractions de A, $C(\mathfrak{g})$ le centre de $K(\mathfrak{g})$, qui est aussi le corps des fractions de $Z(\mathfrak{g})$ (cf. [11] 4.7.1). Nous désignerons par $X'(A)$ l'ensemble des idéaux premiers de hauteur 1 de A, et par S la partie multiplicative $Z(\mathfrak{g})\setminus\{0\}$.

<u>Proposition 4.1</u> : <u>Avec les notations précédentes nous avons</u> :

$$A = \bigcap_{\mathfrak{p}\in X'(A)} A_{\mathfrak{p}} \cap A_S .$$

<u>Preuve</u> : Elle résultera de la proposition plus générale suivante :

<u>Proposition 4.2.</u> : <u>Soit</u> B <u>un anneau intègre noethérien à droite et à gauche</u>, <u>et</u> $X'(B)$ <u>l'ensemble des idéaux premiers de</u> B <u>de hauteur</u> 1. <u>Supposons</u> :

(i) <u>Le centre</u>, $Z(B)$, <u>de</u> B <u>factoriel</u>

(ii) <u>Tout élément de</u> $X'(B)$ <u>est complètement premier et engendré par un élément (irréductible de</u> $Z(B)$).

(iii) <u>Chaque élément irréductible de</u> $Z(B)$ <u>engendre un idéal premier de hauteur</u> 1 <u>de</u> B.

<u>Alors</u> $B = \bigcap_{\mathfrak{p}\in X'(B)} B_{\mathfrak{p}} \cap S^{-1}B$ où $S = Z(B)\setminus\{0\}$.

<u>Preuve</u> : Remarquons que si $\mathfrak{p}\in X'(B)$, $B_{\mathfrak{p}}$ existe car $\mathfrak{p}$ est engendré par un élément central, $\mathfrak{p} = \pi.B$.

D'autre part $B_{\mathfrak{p}}$ est un anneau de valuation discrète (non commutatif), (cf. [39] pour la définition). Nous noterons $\bar{V}_{\pi}$ la valuation ainsi définie dans FrB le corps des fractions de B, et V_{π} la valuation que π définit dans $FrZ(B)$. Remarquons que si $f\in B$ $\bar{V}_{\pi}(f) = \mathrm{Sup}\,\{n/f\in\pi^n B\}$ et que si $f \in Z(B)$ $\bar{V}_{\pi}(f) = V_{\pi}(f)$, car si $f = \pi^{n}.a$ nécéssairement $a \in Z(B)$. Il est clair que $B \subseteq \bigcap_{\mathfrak{p} \in X'(B)} B_{\mathfrak{p}} \cap S^{-1}B$.

Réciproquement soit $f \in S^{-1}B$, alors $f = a.S^{-1}$ avec $S \in Z(B) \setminus \{0\}$ et $a \in B$. Ecrivons $S = u\pi_1^{m_1} \ldots \pi_k^{m_k}$, les π_i étant irréductibles dans $Z(B)$, u inversible dans $Z(B)$ (donc dans B), et $m_i = V_{\pi_i}(S)$, cette écriture étant unique à une unité près.

Considérons $\bar{V}_{\pi_1}(f) = \bar{V}_{\pi_1}(a.S^{-1}) = \bar{V}_{\pi_1}(a) + \bar{V}_{\pi_1}(S^{-1}) = \bar{V}_{\pi_1}(a) - \bar{V}_{\pi_1}(S)$.

$$= \bar{V}_{\pi_1}(a) - m_1 .$$

Puisque $f \in \bigcap_{\mathfrak{p} \in X'(B)} B_{\mathfrak{p}}$, nous aurons $\bar{V}_{\pi_1}(f) \geqslant 0$, donc $f = a = \pi_1^{\bar{V}_{\pi_1}(a)} - a_1$ avec $a_1 \notin \pi_1 B$ et $\bar{V}_{\pi_1}(a) \geqslant m_1$, par suite $f = \pi_1^{\bar{V}_{\pi_1}(a)} a_1 (\pi_2^{m_2} \ldots \pi_k^{m_k})^{-1}$. Si l'on recommence le procédé pour $\bar{V}_{\pi_2}$ on trouve $\bar{V}_{\pi_2}(f) = \bar{V}_{\pi_2}(a_1) - m_2 \geqslant 0$, d'où $f = \pi_1^{\bar{V}_{\pi_1}(a)-m_1} \pi_2^{\bar{V}_{\pi_2}(a_1)-m_2} a_2 (\pi_3^{m_3} \ldots \pi_k^{m_k})^{-1}$ avec $a \in B \setminus \pi_2 B$. On obtient ainsi : $f = \pi_1^{\bar{V}_{\pi_1}(a)-m_1} \ldots \pi_k^{\bar{V}_{\pi_k}(a_{k-1})-m_k} a_k$, avec a_k dans $B \setminus \pi_k B$ et $\bar{V}_{\pi_i}(a_{i-1}) - m_i \geqslant 0$, pour $0 \leqslant i \leqslant k$, par conséquent $f \in B$.

Remarquons que la proposition 4.2 s'applique bien à $A = U(\mathfrak{g})$ car : $Z(\mathfrak{g})$ est un anneau factoriel et il existe une bijection entre $X'(A)$ et l'ensemble des éléments irréductibles de $Z(\mathfrak{g})$, car tout $\mathfrak{p} \in X'(A)$ est un idéal principal engendré par un élément π irréductible central dans $U(\mathfrak{g})$, (cf. [32] IV, proposition 4).

Remarques : (i) $S^{-1}A$ est une algèbre de Weyl car :

$$S^{-1}A = A_S \simeq A \otimes_{Z(\mathfrak{g})} C(\mathfrak{g}) \simeq A_r(C(\mathfrak{g})) \quad \text{où} \quad n \in \mathbb{N} ;$$

(cf. [11] 4.7.17) en particulier A_S est simple.

(ii) Il est facile de trouver des éléments qui soient dans $\bigcap_{\mathfrak{p} \in X'(A)} A_{\mathfrak{p}}$ mais non dans A. Si par exemple $A = k[x,y,Z]$ avec k corps algébriquement clos de caractéristique 0 et $[x,y] = Z$. Alors $X'(A) = \{(Z-\alpha)A, \alpha \in k\}$ et x^{-1} est dans $\bigcap_{\mathfrak{p} \in X'(A)} A_{\mathfrak{p}}$ mais n'est pas dans A, car $x \notin \mathfrak{p}$, pour $\mathfrak{p} \in X'(A)$.

(iii) Cette écriture de A nous fait retrouver une définition de A. Marubayashi (cf. [29]) d'un anneau de Krull non commutatif.

§.5. <u>Idéaux réguliers dans l'algèbre enveloppante d'une algèbre de Lie nilpotente</u>

Nous allons rappeler, sans démonstrations, divers résultats et définitions figurant dans [13], 6.1.
Dans toute la suite $\mathfrak{g}$ sera une algèbre de Lie nilpotente de dimension finie sur un corps k de caractéristique 0. Nous noterons comme dans le §.5), $U(\mathfrak{g})$ son algèbre enveloppante, $K(\mathfrak{g})$ son corps des fractions, $Z(\mathfrak{g})$ le centre de $U(\mathfrak{g})$ et $C(\mathfrak{g})$ le centre de $K(\mathfrak{g})$. De plus si $\mathfrak{p}$ est un idéal premier de $U(\mathfrak{g})$ non nul, $Z(\mathfrak{g};\mathfrak{p})$ désignera le centre de $\frac{U(\mathfrak{g})}{\mathfrak{p}}$ et $C(\mathfrak{g};\mathfrak{p})$ le corps des fractions de $Z(\mathfrak{g};\mathfrak{p})$.

<u>Définition 5.1</u> : On appelle régulier tout idéal premier Q du centre $Z(\mathfrak{g})$ tel que $Z(\mathfrak{g})_Q \otimes_{Z(\mathfrak{g})} U(\mathfrak{g}) = U(\mathfrak{g})_Q$ soit isomorphe à l'algèbre $A_n(Z(\mathfrak{g})_Q) = Z(\mathfrak{g}) \otimes_k A_n(k)$ où $A_n(k)$ désigne l'algèbre de Weyl à 2n générateurs et $n \in \mathbb{N}$.

<u>Proposition 5.2</u> : <u>Si</u> Q <u>est un idéal régulier de</u> $Z(\mathfrak{g})$ <u>il existe un élément</u> f <u>dans</u> $Z(\mathfrak{g}) \setminus Q$ <u>tel que</u> :

$$U(\mathfrak{g})_f = \left\{\frac{u}{f^n},\ n \geq 0,\ u \in U(\mathfrak{g})\right\} = A_n(Z(\mathfrak{g})_f) .$$

<u>Preuve</u> : cf. [35] proposition 2.1

On déduit ainsi que les idéaux réguliers forment un ouvert $O(\mathfrak{g})$ de Spec $Z(\mathfrak{g})$, qui est non vide puisque (0) est régulier (cf. [13] 2.5)

<u>Remarque 5.3</u> : Soit Q un idéal régulier de $Z(\mathfrak{g})$, puisque $U(\mathfrak{g})_Q$ est isomorphe à $Z(\mathfrak{g})_Q \otimes A_n(k)$ il y a bijection entre Spec $U(\mathfrak{g})_Q$ et Spec $Z(\mathfrak{g})_Q$, ([11] 4.5.1), en particulier $U(\mathfrak{g})_Q$ ne possède qu'un seul idéal bilatère maximal qui est de la forme $QZ(\mathfrak{g})_Q \otimes A_n(k)$.
Soit $S = Z(\mathfrak{g}) \setminus Q$, si $\tilde{\mathcal{P}}$ (rep. $\mathcal{P}$) est l'ensemble des idéaux premiers de $U(\mathfrak{g})$ (resp. $Z(\mathfrak{g})$) qui ne rencontrent pas S, il existe une bijection entre Spec $U(\mathfrak{g})_Q$ (resp. $Z(\mathfrak{g})_Q$) et $\tilde{\mathcal{P}}$ (resp. $\mathcal{P}$). Donc si Q est régulier il y a bijection entre $\mathcal{P}$ et $\tilde{\mathcal{P}}$. Remarquons que toutes les bijections précédentes préservent les inclusions, et qu'à un idéal I de $\tilde{\mathcal{P}}$ on fait correspondre $I \cap Z(\mathfrak{g})$ dans $\mathcal{P}$. En particulier ce qui précède montre qu'il exsite un idéal premier $\mathfrak{q}$ et un seul de $U(\mathfrak{g})$ tel que $Q = \mathfrak{q} \cap Z(\mathfrak{g})$ si Q est régulier, d'où :

<u>Définition 5.4</u> : Soit Q dans $O(\mathfrak{g})$ et $\mathfrak{q}$ l'idéal premier de $U(\mathfrak{g})$ tel que $\mathfrak{q} \cap Z(\mathfrak{g}) = Q$, nous dirons que $\mathfrak{q}$ est un <u>idéal régulier</u> de $U(\mathfrak{g})$.

Remarques 5.5 : (i) Si $\mathfrak{G}$ est un idéal régulier de $U(\mathfrak{g})$, $C(\mathfrak{g};\mathfrak{G})$ est isomorphe au corps des fractions de $\frac{Z(\mathfrak{g})}{Q}$, où $Q = Z(\mathfrak{g}) \cap \mathfrak{G}$. (Nous verrons en 6) que l'on peut dire plus).

(ii) Soient $\mathfrak{G}$ et $\mathfrak{G}'$ deux idéaux premiers de $U(\mathfrak{g})$, Q et Q' leurs intersections avec $Z(\mathfrak{g})$, si $\mathfrak{G}$ est régulier l'inclusion $\mathfrak{G} \supsetneq \mathfrak{G}'$ équivaut à $Q \supsetneq Q$ ([13] 6.1) et $\mathfrak{G}'$ est régulier :
En effet si $A = (Z(\mathfrak{g})_{Q'} \otimes_{Z(\mathfrak{g})} Z(\mathfrak{g})_Q) \otimes_{Z(\mathfrak{g})} U(\mathfrak{g})$, donc
$A \simeq Z(\mathfrak{g})_{Q'} \otimes_{Z(\mathfrak{g})} U(\mathfrak{g})$ et $A \simeq Z(\mathfrak{g})_{Q'} \otimes_{Z(\mathfrak{g})} Z(\mathfrak{g})_Q \otimes_k A_n(k) \simeq A_n(Z(\mathfrak{g})_{Q'})$
Ce qui prouve la régularité de $\mathfrak{G}'$.

(iii) Si Q est dans $O(\mathfrak{g})$ la hauteur de Q est finie et égale à $\mathrm{ht}\,\mathfrak{G}$ où $\mathfrak{G}$ est l'idéal régulier de $U(\mathfrak{g})$ au-dessus de Q.

(iv) Les idéaux réguliers de $U(\mathfrak{g})$ forment un ouvert de $\mathrm{Spec}\, U(\mathfrak{g})$ (cf. prop. 5.2).

Proposition 5.6 : Pour tout élément P de $O(\mathfrak{g})$ l'anneau local $Z(\mathfrak{g})_P$ est régulier c'est-à-dire noethérien et de dimension homologique globale finie.

Preuve : Remarquons que $U(\mathfrak{g})$ est de dimension homologique globale finie à droite et à gauche, égale à la dimension de $\mathfrak{g}$ (cf. [7] théorème 8.2). Si M est un $U(\mathfrak{g})_P$ module à gauche, M est aussi un $U(\mathfrak{g})$ module à gauche. Soit donc une résolution de M par des $U(\mathfrak{g})$ modules projectifs :

$$0 \longrightarrow X_m \longrightarrow \cdots \longrightarrow X_0 \longrightarrow M \longrightarrow 0 \quad \text{avec} \quad m \leq \dim_k \mathfrak{g}.$$

Puisque le foncteur $U(\mathfrak{g})_P \otimes_{U(\mathfrak{g})}$ est exact et commute aux sommes directes nous aurons la résolution :

$$0 \longrightarrow U(\mathfrak{g})_P \otimes_{U(\mathfrak{g})} X_n \longrightarrow \cdots \longrightarrow U(\mathfrak{g})_P \otimes_{U(\mathfrak{g})} X_0 \longrightarrow U(\mathfrak{g})_P \otimes_{U(\mathfrak{g})} M \longrightarrow 0$$

composée de $U(\mathfrak{g})_P$ modules projectifs. Mais $U(\mathfrak{g})_P \otimes_{U(\mathfrak{g})} M \simeq M$, par conséquent $\mathrm{gl\,dim}\, U(\mathfrak{g})_P \leq \mathrm{gl\,dim}\, U(\mathfrak{g})$, où l'on note par gl dim la dimension homologique globale. D'autre part, comme $U(\mathfrak{g})_P$ est isomorphe à $A_n(Z(\mathfrak{g})_P)$ par hypothèses il résulte de [38] théorème 2.6 que $\mathrm{gl\,dim}\, U(\mathfrak{g})_P$ est finie si et seulement si : $\mathrm{gl\,dim}\, Z(\mathfrak{g})_P$ l'est. De plus pour tout P dans $O(\mathfrak{g})$ l'anneau $U(\mathfrak{g})_P$ est noethérien à droite et à gauche donc compte tenu de l'isomorphisme entre $U(\mathfrak{g})_P$ et $Z(\mathfrak{g})_P \otimes_k A_n(k)$ et de [11] 4.5.1, il est clair que $Z(\mathfrak{g})_P$ est noethérien.
Il existe donc un ouvert de $\mathrm{Spec}\, Z(\mathfrak{g})$ sur lequel tous les localisés de $Z(\mathfrak{g})$ sont des anneaux réguliers.

§.6. Une question de P. Gabriel et Y. Nouazé

Nous gardons les notations du §.5, rappelons la proposition suivante : [11] 4.7.17.

Proposition 6.1 : Soit $\mathfrak{p}$ un idéal premier de $U(\mathfrak{g})$, il existe un entier m tel que :

$$\frac{U(\mathfrak{g})}{\mathfrak{p}} \otimes_{Z(\mathfrak{g};\mathfrak{p})} C(\mathfrak{g};\mathfrak{p}) \simeq A_m(C(\mathfrak{g};\mathfrak{p})) .$$

Nous noterons m = poids $\mathfrak{p}$.

Soit $\mathfrak{p}$ un idéal premier régulier de $U(\mathfrak{g})$, alors $U(\mathfrak{g})_P \simeq A_n(Z(\mathfrak{g})_P)$ avec $P = \mathfrak{p} \cap Z(\mathfrak{g})$ et $\frac{U(\mathfrak{g})_P}{\mathfrak{p}\, U(\mathfrak{g})_P} \simeq A_n\ (\frac{Z(\mathfrak{g})_P}{PZ(\mathfrak{g})_P})$ par conséquent il est clair que ce n est égal au poids de $\mathfrak{p}$ et qu'il est aussi égal au poids de l'idéal (0).
P. Gabriel et Y. Nouazé ont posé la question :
"Est ce que l'égalité poids $\mathfrak{p}$ = poids (0) caractérise les idéaux réguliers $\mathfrak{p}$ de $U(\mathfrak{g})$?".
Remarquons que ce problème peut se formuler autrement :
"Est ce que l'égalité ht $\mathfrak{p} = \mathrm{trdeg}_k\ C(\mathfrak{g}) - \mathrm{trdeg}_k\ C(\mathfrak{g};\mathfrak{p})$ caractérise les idéaux réguliers de $U(\mathfrak{g})$?". Ici trdeg_k désigne le degré de transcendance sur k. En effet nous avons la proposition :

Proposition 6.2 : Soit $\mathfrak{p}$ un idéal premier de $U(\mathfrak{g})$, si n est le poids de $\mathfrak{p}$ on a :

$$\dim_k \mathfrak{g} = \mathrm{ht}\,\mathfrak{p} + 2n + \mathrm{trdeg}_k\ C(\mathfrak{g};\mathfrak{p}).$$

Preuve : En effet nous savons que (cf. [4] 6.1) :

$$\mathrm{GK}\dim \frac{U(\mathfrak{g})}{\mathfrak{p}} = \mathrm{GK}\dim C(\mathfrak{g};\mathfrak{p}) \otimes_{Z(\mathfrak{g};\mathfrak{p})} \frac{U(\mathfrak{g})}{\mathfrak{p}} = \mathrm{GK}\dim A_n(C(\mathfrak{g};\mathfrak{p})).$$

Mais $\mathrm{GK}\dim \frac{U(\mathfrak{g})}{\mathfrak{p}} = \mathrm{GK}\dim U(\mathfrak{g}) - \mathrm{ht}\,\mathfrak{p}$, (cf. [27] corollaire 2 de la proposition 3). On en déduit ainsi :

$$\dim_k \mathfrak{g} = \mathrm{GK}\dim U(\mathfrak{g}) = \mathrm{ht}\,\mathfrak{p} + 2n + \mathrm{trdeg}_k\ C(\mathfrak{g};\mathfrak{p}).$$

Corollaire 6.3 : Un idéal premier $\mathfrak{p}$ de $U(\mathfrak{g})$ a le même poids que (0) si et seulement si ht $\mathfrak{p} = \mathrm{trdeg}_k\ C(\mathfrak{g}) - \mathrm{trdeg}_k\ C(\mathfrak{g};\mathfrak{p})$.
Preuve : Nous avons un isomorphisme : $C(\mathfrak{g}) \otimes_{Z(\mathfrak{g})} U(\mathfrak{g}) \simeq A_m(C(\mathfrak{g}))$, où m est le poids de (0), donc $\dim_k \mathfrak{g} = \mathrm{GK}\dim C(\mathfrak{g}) \otimes_{Z(\mathfrak{g})} U(\mathfrak{g}) = 2m + \mathrm{trdeg}_k\ C(\mathfrak{g})$ il découle alors de la proposition 6.2 que m=n si et seulement si

$$\mathrm{ht}\,\mathfrak{p} = \mathrm{trdeg}_k\ C(\mathfrak{g}) - \mathrm{trdeg}_k\ C(\mathfrak{g};\mathfrak{p}).$$

Nous allons répondre par la négative à la question posée. Commençons par préciser la remarque 5.5 (i). (cf. [35] corollaire 2). Soit $\mathfrak{p}$ un idéal premier de $U(\mathfrak{g})$ et $P = \mathfrak{p} \cap Z(\mathfrak{g})$, il est possible de considérer plusieurs injections :

$$\lambda : \frac{Z(\mathfrak{g})}{P} \longrightarrow \frac{Z(\mathfrak{g})_P}{PZ(\mathfrak{g})_P} \quad \text{avec} \quad \lambda([a+P]) = [a+PZ(\mathfrak{g})_P]$$

pour tout a dans $Z(\mathfrak{g})$.

$$\rho : \frac{Z(\mathfrak{g})_P}{PZ(\mathfrak{g})_P} \longrightarrow \frac{U(\mathfrak{g})_P}{U(\mathfrak{g})_P} \; ; \; \rho([a+PZ(\mathfrak{g})_P]) = [a+\mathfrak{p}\,U(\mathfrak{g})_P]$$

pour tout a dans $Z(\mathfrak{g})_P$. Il est clair que si l'on définit φ de $\frac{Z(\mathfrak{g})}{P}$ dans $\frac{U(\mathfrak{g})_P}{U(\mathfrak{g})_P}$ par $\varphi([a+P]) = [a+\mathfrak{p}\,U(\mathfrak{g})_P]$ pour tout a dans $Z(\mathfrak{g})$, on a : $\varphi = \rho \circ \lambda$.

D'autre part considérons : $\nu : \frac{Z(\mathfrak{g})}{P} \longrightarrow \frac{U(\mathfrak{g})}{\mathfrak{p}}$ définie par : $\nu([a+P]) = [a+\mathfrak{p}]$ pour tout a dans $Z(\mathfrak{g})$, et $\gamma : \frac{U(\mathfrak{g})}{\mathfrak{p}} \longrightarrow \frac{U(\mathfrak{g})_P}{U(\mathfrak{g})_P}$ définie par $\gamma([a+\mathfrak{p}]) = [a+\mathfrak{p}\,U(\mathfrak{g})_P]$ pour tout a dans $U(\mathfrak{g})$. Alors ν et γ sont des injections et $\varphi = \gamma \circ \nu$. Remarquons que, puisque γ est un homomorphisme injectif on a :

$$\gamma\left(\text{Centre } \frac{U(\mathfrak{g})}{\mathfrak{p}}\right) = \text{Centre } \gamma\left(\frac{U(\mathfrak{g})}{\mathfrak{p}}\right) \text{, et que } \varphi\left(\frac{Z(\mathfrak{g})}{P}\right)$$

est contenu dans le centre de $\gamma\left(\frac{U(\mathfrak{g})}{\mathfrak{p}}\right)$.

Nous noterons Fr - le corps des fractions d'un anneau - , lorsqu'il existe.

<u>Proposition 6.4</u> : <u>Soit</u> $\mathfrak{p}$ <u>un idéal premier régulier de</u> $U(\mathfrak{g})$ <u>et</u> $P = \mathfrak{p} \cap Z(\mathfrak{g})$ <u>alors avec les notations précédentes on a</u>:

$$\rho\left(\frac{Z(\mathfrak{g})_P}{PZ(\mathfrak{g})_P}\right) = \text{Fr}\,\varphi\left(\frac{Z(\mathfrak{g})}{P}\right) = \text{Fr}\left[\text{Centre } \gamma\left(\frac{U(\mathfrak{g})}{\mathfrak{p}}\right)\right] .$$

<u>Preuve</u> : a) Il existe un isomorphisme $\psi : U(\mathfrak{g})_P \xrightarrow{\sim} Z(\mathfrak{g})_P \otimes_k A_m(k)$; si $p_i, q_i, i \in \{1,\dots,m\}$, sont les générateurs de $A_m(k)$ on a :

$p_i = \psi(a_i\, s_i^{-1})$; $q_i = \psi(b_i\, t_i^{-1})$ $a_i, b_i \in U(\mathfrak{g})$; si, $t_i \in Z(\mathfrak{g}) \setminus P$.

Remarquons que le centre de $U(\mathfrak{g})_P$ est égal à $Z(\mathfrak{g})_P$ donc $\psi^{-1}(Z(\mathfrak{g})_P) = Z(\mathfrak{g})_P$. Nous pouvons décrire ψ^{-1}.

Si $x = \sum \alpha_{i,j}\, p^i q^j \in A_m(Z(\mathfrak{g})_P)$ où $p^i q^j = p_1^{i_1} \dots p_m^{i_m} q_i^{j_i} \dots q_m^{j_m}$, et $\alpha_{ij} \in Z(\mathfrak{g})_P$, nous savons que $\alpha_{i,j} = \psi(\beta_{i,j})$ avec $\beta_{i,j} \in Z(\mathfrak{g})_P$.

D'où $\psi^{-1}(x) = \psi^{-1}\left[\sum \psi(\beta_{ij}) \psi(as^{-1})^i \psi(bt^{-1})^j\right]$ où

$$\psi(as^{-1})^i \psi(bt^{-1})^j = \psi(a_1 s_1^{-1})^{i_1} \dots \psi(a_m s_m)^{-1}\, \psi(b_1 t_1^{-1})^{j_1} \dots \psi(b_n t_m^{-1})^{j_n}$$

Donc $\psi^{-1}(x) = \sum \beta_{ij}(aS^{-1})^i\ (bt^{-1})^j$ avec des notations analogues. D'autre par ψ induit un isomorphisme $\bar{\psi}$ de $\frac{U(\mathcal{G})_P}{\mathfrak{p}U(\mathcal{G})_P}$ sur $A_m\ (\frac{Z(\mathcal{G})_P}{PZ(\mathcal{G})_P})$ défini par (avec des notations identiques) :

$$\bar{\psi}([aS^{-1} + \mathfrak{p}\, U(\mathcal{G})_P]) = \sum_{i,j} [\alpha_{ij} + PZ(\mathcal{G})_P]\ p^i\ q^j \quad \text{si} \quad \psi(aS^{-1}) = \sum_{i,j} \alpha_{ij}\ p^i\ q^j$$

et $\bar{p}_\rho = [p_\rho + A_m(PZ(\mathcal{G})_P)]$ $\bar{q}_\rho = [q_\rho + A_m(PZ(\mathcal{G})_P]$. pour tout $\ell \in \{1,\dots,m\}$.

De même $\psi^{-1}(\sum_{i,j} [\alpha_{ij} + PZ(\mathcal{G})_P]\bar{p}^i\bar{q}^j) = \sum \overline{\beta_{ij}}\ (\overline{aS}^{-1})^i(\overline{bt}^{-1})^j$ où

$\psi(\beta_{ij}) = \alpha_{ij}$, $\overline{\beta_{ij}} = [\beta_{ij} + \mathfrak{p}\ U(\mathcal{G})_P]$,

$(\overline{aS}^{-1})^i = [a_1\ S_1^{-1} + \mathfrak{p}\ U(\mathcal{G})_P]^{i_1} \dots [a_m\ S_m^{-1} + \mathfrak{p}\ U(\mathcal{G})_P]^{i_m}$

$(\overline{bt}^{-1})^j = [b_1\ t_1^{-1} + \mathfrak{p}U(\mathcal{G})_P]^{j_1} \dots [b_m\ t_m^{-1} + \mathfrak{p}\ U(\mathcal{G})_P]^{j_m}$.

Remarquons que $\overline{\beta_{ij}} \in \rho\,(\frac{Z(\mathcal{G})_P}{PZ(\mathcal{G})_P})$, donc ψ^{-1} envoie $\frac{Z(\mathcal{G})_P}{PZ(\mathcal{G})}$ sur $\rho\,(\frac{Z(\mathcal{G})_P}{PZ(\mathcal{G})_P})$. Comme $\psi^{-1}(\frac{Z(\mathcal{G})_P}{PZ(\mathcal{G})_P})$ est égal au centre de $\frac{U(\mathcal{G})_P}{\mathfrak{p}U(\mathcal{G})_P}$ on en déduit que ce centre est égal à $\rho\,(\frac{Z(\mathcal{G})_P}{PZ(\mathcal{G})_P})$.

b) Montrons que Centre $\gamma\,(\frac{U(\mathcal{G})}{\mathfrak{p}}) = \gamma(\text{Centre}\ \frac{U(\mathcal{G})}{\mathfrak{p}}) \subset \text{Centre}\ \frac{U(\mathcal{G})_P}{\mathfrak{p}U(\mathcal{G})_P}$.

Soit $[c + \mathfrak{p}U(\mathcal{G})_P]$ dans le centre de $\gamma(\frac{U(\mathcal{G})}{\mathfrak{p}})$, donc $c \in \text{Centre}\ \frac{U(\mathcal{G})}{\mathfrak{p}}$.

Si $[a.S^{-1} + \mathfrak{p}\ U(\mathcal{G})_P] \in \frac{U(\mathcal{G})_P}{\mathfrak{p}U(\mathcal{G})_P}$, $a \in U(\mathcal{G})$, $s \in Z(\mathcal{G}) \setminus P$.

$$\begin{aligned}[][a + \mathfrak{p}\ U(\mathcal{G})_P][c + \mathfrak{p}\ U(\mathcal{G})_P &= \gamma([a + \mathfrak{p}]\ [c + \mathfrak{p}]) \\ &= \gamma([c + \mathfrak{p}][a + \mathfrak{p}]) = [c + \mathfrak{p}U(\mathcal{G})_P]\ [a + \mathfrak{p}\ U(\mathcal{G})_P] .\end{aligned}$$

Comme d'autre part $[S^{-1} + \mathfrak{p}\ U(\mathcal{G})_P]$ est dans Centre $\frac{U(\mathcal{G})_P}{\mathfrak{p}\ U(\mathcal{G})_P}$ on obtient le résultat souhaité.

c) Montrons que dans $\text{Fr}\ (\frac{U(\mathcal{G})_P}{U(\mathcal{G})_P})$ on a :

$$\text{Fr}(\varphi(\frac{Z(\mathcal{G})}{P})) = \rho(\frac{Z(\mathcal{G})_P}{PZ(\mathcal{G})_P}).$$ Comme $\varphi(\frac{Z(\mathcal{G})}{P})$ est inclu dans $\rho(\frac{Z(\mathcal{G})_P}{PZ(\mathcal{G})_P})$ et que ce dernier est un corps, une des inclusions est évidente.

Si $[aS^{-1} + \mathfrak{p}\ U(\mathcal{G})_P]$, a, $s \in Z(\mathcal{G}) \setminus P$ est un élément de $\rho(\frac{Z(\mathcal{G})_P}{PZ(\mathcal{G})_P})$, non nul, il s'écrit aussi : $[a + \mathfrak{p}\ U(\mathcal{G})_P]\ [S^{-1} + \mathfrak{p}\ U(\mathcal{G})_P]$ mais dans $\frac{U(\mathcal{G})_P}{\mathfrak{p}U(\mathcal{G})_P}$,

$[S^{-1} + \mathfrak{p}\, U(\mathfrak{g})_P]$ est l'inverse de $[S + \mathfrak{p}\, U(\mathfrak{g})_P]$ donc

$[aS^{-1} + \mathfrak{p}\, U(\mathfrak{g})_P] \in \mathrm{Fr}\, \varphi(\frac{Z(\mathfrak{g})}{P})$.

d) Finalement nous avons obtenu (a) et b)) :

$$\varphi(\frac{Z(\mathfrak{g})}{P}) \subset \text{Centre}\ \gamma(\frac{U(\mathfrak{g})}{\mathfrak{p}}) \subset \rho(\frac{Z(\mathfrak{g})_P}{PZ(\mathfrak{g})_P}) = \text{Centre}\ \frac{U(\mathfrak{g})_P}{\mathfrak{p}\,U(\mathfrak{g})_P}$$

. En considérant les corps des Fractions dans $\mathrm{Fr}\ \frac{U(\mathfrak{g})_P}{\mathfrak{p}\,U(\mathfrak{g})}$ il vient à l'aide de c) :

$$\rho(\frac{Z(\mathfrak{g})_P}{PZ(\mathfrak{g})_P}) = \mathrm{Fr}\,\varphi(\frac{Z(\mathfrak{g})}{P}) \subset \mathrm{Fr}\ (\text{Centre}\ \gamma\ (\frac{U(\mathfrak{g})}{\mathfrak{p}})) \subset \rho(\frac{Z(\mathfrak{g})_P}{PZ(\mathfrak{g})_P}) .$$

Donc $\rho(\frac{Z(\mathfrak{g})_P}{PZ(\mathfrak{g})_P}) = \mathrm{Fr}\ \varphi(\frac{Z(\mathfrak{g})}{P}) = \mathrm{Fr}\ [\text{Centre}\ \gamma\ (\frac{U(\mathfrak{g})}{\mathfrak{p}})]$.

Nous pouvons maintenant répondre à la question posée :

<u>Proposition 6.5</u> : <u>Il exsite des idéaux ayant le même poids que</u> (0) <u>et qui ne sont pas réguliers</u>.

<u>Preuve</u> : Nous donnerons deux exemples, ici k désignera un corps de caractéristique 0, et nous prenons les notations de la proposition 6.4.

a) Soit $U(\mathfrak{g}) = k\,[x_1, x_2, x_3, x_4]$ avec :

$[x_1, x_2] = x_3$; $[x_1, x_3] = x_4$. Dans $U(\mathfrak{g})$ l'idéal (0) est de poids 1 et $Z(\mathfrak{g}) = k\,[x_4, 2x_2x_4 - x_3^2]$, (cf.[9]). Soit $\mathfrak{p} = (x_4)$, alors $P \cap Z(\mathfrak{g}) = x_4\, Z(\mathfrak{g})$, est aussi de poids 1 et de plus $\frac{U(\mathfrak{g})}{\mathfrak{p}} = k\,[\bar{x}_1, \bar{x}_2, \bar{x}_3]$ avec $[\bar{x}_1, \bar{x}_2] = \bar{x}_3$ où $\bar{x}_i = [x_i + \mathfrak{p}]$ pour $i = 1, 2, 3$. Donc le centre de $\frac{U(\mathfrak{g})}{\mathfrak{p}}$ est égal à $k[\bar{x}_3]$, et clairement $\bar{x}_3^2 \neq \bar{x}_3$, donc $\gamma([x_3^2 + \mathfrak{p}]) \neq \gamma([x_3 + \mathfrak{p}])$.

Si $\nu : \frac{Z(\mathfrak{g})}{P} \longrightarrow \frac{U(\mathfrak{g})}{\mathfrak{p}}$ un élément de $Z(\mathfrak{g})$ étant un polynôme en x_4 et $2x_2x_4 - x_3^2$, ν envoie la classe de cet élément modulo P sur la classe de cet élément modulo $\mathfrak{p}$, c'est-à-dire sur un polynôme en $\bar{x}_3^2$, et réciproquement tout élément de $\frac{U(\mathfrak{g})}{\mathfrak{p}}$ qui s'écrit comme un polynôme en $\bar{x}_3^2$ peut être considéré comme l'image par ν d'un élément de $\frac{Z(\mathfrak{g})}{P}$. Ainsi si $f(x_4, 2x_2x_4 - x_3^2) \in Z(\mathfrak{g})$, $\varphi([f(x_4, 2x_2x_4 - x_3^2) + P])$ est égal à $[q(x_3^2) + \mathfrak{p}\, U(\mathfrak{g})_P]$ où $q(x_3^2)$ est un polynôme en x_3^2. D'autre part puisque le centre de $\frac{U(\mathfrak{g})}{\mathfrak{p}}$ est égal à $k[\bar{x}_3]$, $\gamma(\text{Centre}\ \frac{U(\mathfrak{g})}{\mathfrak{p}})$ est l'ensemble des classes des polynômes en x_3 modulo $\mathfrak{p}\, U(\mathfrak{g})_P$.

Si $\mathfrak{p}$ était régulier $\mathrm{Fr}\,\gamma(\text{Centre}\ \frac{U(\mathfrak{g})}{\mathfrak{p}})$ devrait être égal d'après 6.4 au corps $\mathrm{Fr}\,\varphi(\frac{Z(\mathfrak{g})}{P})$, mais alors il existerait deux polynômes f. et g tels que :

$[x_3 + \mathfrak{p}\, U(\mathfrak{g})_P]\,[f\,(x_3^2) + \mathfrak{p}\, U(\mathfrak{g})_P] = [\,g(x_3^2) + \mathfrak{p}\, U(\mathfrak{g})_P]$ donc

$\gamma([x_3+\mathfrak{p}])\gamma([f(x_3^2)+\mathfrak{p}]) = \gamma([g(x_3^2)+\mathfrak{p}])$ et $[x_3+\mathfrak{p}]\in Fr(k[x_3^2+\mathfrak{p}])$, ce qui est impossible. Remarquons que l'on a tout de même :

$$C(\mathfrak{g};\mathfrak{p}) \simeq Fr\,\frac{Z(\mathfrak{g})}{P}.$$

b) Donnons un autre exemple où l'on a pas cet isomorphisme : Soit $\mathfrak{g}$ l'algèbre de Lie nilpotente de dimension 5 ayant pour base x_1, x_2, x_3, x_4, x_5 avec $[x_1, x_2] = x_3$; $[x_1, x_3] = x_4$; $[x_1, x_4] = x_5$.

Alors $Z(\mathfrak{g}) = k[x_5, 2x_3x_5 - x_4^2, 3x_2x_5^2 - 3x_3x_4x_5 + x_4^3, 9x_2^2x_5^2 - 18x_2x_3x_4x_5 + 6x_2x_4^3 + 8x_3^3x_5 - 3x_3^2x_4^2]$.

En particulier $\mathrm{trdeg}_k\ C(\mathfrak{g}) = 3$ (cf. [9] page 329).

Le poids de l'idéal (0) est $m = \dfrac{\dim_k\mathfrak{g} - \mathrm{trdeg}_k\ C(\mathfrak{g})}{2} = 1$ (cf. proposition 6.2). Considérons l'idéal engendré par x_5 et x_4 dans $U(\mathfrak{g})$: $\mathfrak{p} = (x_5, x_4)$ il est premier de hauteur 2. Donc $\mathrm{ht}\,\mathfrak{p} = \mathrm{trdeg}_k\ C(\mathfrak{g}) - \mathrm{trdeg}_k\ C(\mathfrak{g};\mathfrak{p})$ puisque $\dfrac{U(\mathfrak{g})}{\mathfrak{p}} \simeq k[\overline{x}_1, \overline{x}_2, \overline{x}_3]$ avec $[\overline{x}_1, \overline{x}_2] = \overline{x}_3$ et $C(\mathfrak{g};\mathfrak{p}) \simeq k(\overline{x}_3)$. Ainsi $\mathfrak{p}$ a le même poids que (0), supposons qu'il soit régulier. Dans ce cas nous aurions $C(\mathfrak{g};\mathfrak{p})$ isomorphe au corps des fractions de $\dfrac{Z(\mathfrak{g})}{P}$, mais ici nous avons :

$$C(\mathfrak{g};\mathfrak{p}) \simeq k(\overline{x}_3) \quad \text{et} \quad x_5\in P,\ 2x_3x_5 - x_4^2 \in P,$$

$$3x_2x_5^2 - 3x_3x_4x_5 + x_4^3 \in P,\quad 9x_2^2x_5^2 - 18x_2x_3x_4x_5 + 6x_2x_4^3 + 8x_3^3x_5 - 3x_3^2x_4 \in P,$$

donc $\dfrac{Z(\mathfrak{g})}{P} \simeq k$ et la contradiction est évidente.

Si l'on considère maintenant l'idéal $(x_5, x_4, x_3 - 1)$ il est maximal de même poids que (0) mais non régulier, sinon (x_5, x_4) le serait, par conséquent il existe des idéaux maximaux qui ont le même poids que (0) mais qui ne sont pas réguliers. Nous allons les étudier dans le paragraphe suivant, qui essaie d'expliquer le fait que P. Gabriel et Y. Nouazé ont appelé ces idéaux "réguliers".

§.7. Interprétation des idéaux ayant le même poids que (0).

Nous nous placerons dans le cas où $\mathfrak{g}$ est une algèbre de Lie nilpotente de dimension finie sur k <u>corps algébriquement clos de caractéristique</u> 0. Nous noterons $A = U(\mathfrak{g})$, Max A l'ensemble des idéaux maximaux de A. Sur Max A, nous considérerons la topologie de Zariski, qui fait de Max A un espace irréductible.

Nous savons qu'il existe dans Max A un ouvert, Oreg, d'idéaux maximaux réguliers (cf. remarque 5.5 (iv)).

Rappelons les notations de [11] chapitre 1 pour les notions relatives aux éléments de $\mathfrak{g}^*$.

Si $f\in\mathfrak{g}^*$, on note B_f la forme bilinéaire alternée $(x,y)\longrightarrow f([x,y])$ sur $\mathfrak{g}$, et $\mathfrak{g}^f$ l'orthogonal de $\mathfrak{g}$ pour B_f.
Rappelons que si G est le groupe algébrique adjoint de $\mathfrak{g}$, $G = \exp \mathrm{ad}\,\mathfrak{g}$ opère sur $\mathfrak{g}^*$ et si $f\in\mathfrak{g}^*$ la G orbite de f dans $\mathfrak{g}^*$ a pour dimension le rang de B_f qui est $\dim_k\mathfrak{g} - \dim_k\mathfrak{g}^f$. Si l'on munit $\mathfrak{g}^*$ de la topologie de Zariski, $\mathfrak{g}^*/G$ sera muni de la topologie quotient.

Notons qu'il existe un homéomorphisme $\bar{I} : \mathfrak{g}^*/G \longrightarrow \mathrm{Max}\,A$ (cf [8]) ; nous désignerons par I(f) l'image d'une orbite , G.f. Nous avons alors le lemme : [45] corollaire III.2.5 :

<u>Lemme 7.1</u> : <u>Soit</u> $f\in\mathfrak{g}^*$ <u>alors la hauteur de</u> I(f) <u>est égale à</u> $\dim_k\mathfrak{g}^f$.
<u>Preuve</u> : Sur l'orbite G.f de f le rang 2i de B_f est constant et égal au double du poids de I(f) ([11] proposition 6.2.2). Donc :
$\dim_k\mathfrak{g} - \dim_k\mathfrak{g}^f = \mathrm{rang}\, B_f = 2i = 2$ poids I(f). D'autre part nous avons :
$\frac{U(\mathfrak{g})}{I(f)} \simeq A_i(k)$ donc : $\mathrm{GK}\dim U(\mathfrak{g}) - \mathrm{ht}\, I(f) = 2i$; d'où $\mathrm{ht}\, I(f) = \dim_k\mathfrak{g}^f$.

Soit $\mathfrak{p}\in\mathrm{Spec}\,A$, $\mathfrak{q} = \beta^{-1}(\mathfrak{p})$ où β est la bijection entre $(\mathrm{Spec}\,S(\mathfrak{g}))^G$ et Spec A, (cf [8] 2.5). Nous noterons $V(\mathfrak{q})$ la variété des zéros de $\mathfrak{q}$ dans $\mathfrak{g}^*$ et $V(\mathfrak{p})$ (resp. $V\max(\mathfrak{p})$) l'ensemble $\{\mathfrak{p}'\in\mathrm{Spec}\,A$ (resp. Max A) $\mathfrak{p}'\supseteq\mathfrak{p}\}$. Alors $V(\mathfrak{q})$ est un fermé G-stable de $\mathfrak{g}^*$ et l'on a : $I(V(\mathfrak{q})) = V\max(\mathfrak{p})$. (cf. [8] corollaire 2.5) ; c'est-à-dire : $I(f)\supseteq\mathfrak{p}$ si et seulement si $f\in V(\mathfrak{q})$. Nous noterons $r_{\mathfrak{p}} = \inf_{f\in V(\mathfrak{q})} \dim\mathfrak{g}^f$ et $\mathcal{R}_{\mathfrak{p}} = \{f\in V(\mathfrak{q})\ \dim\mathfrak{g}^f = r_{\mathfrak{p}}\}$. (Pour $\mathfrak{p} = (0)$ les éléments de $\mathcal{R}_{\mathfrak{p}}$ sont les éléments réguliers de [11] chapitre 1). En remarquant que le complémentaire dans $V(\mathfrak{q})$ de $\mathcal{R}_{\mathfrak{p}}$ est égal à :
$\{f\in\mathfrak{g}^*\ \dim\mathfrak{g}^f > r_{\mathfrak{p}}\}\cap V(\mathfrak{q})$, et que $\dim\mathfrak{g}^f > r_{\mathfrak{p}}$ équivaut à dire que pour tout sous espace vectoriel W de $\mathfrak{g}$ de dimension supérieure ou égale à $\dim_k\mathfrak{g} - r_{\mathfrak{p}}$, $W\cap\mathfrak{g}^f \neq \{0\}$, on voit que $\mathcal{R}_{\mathfrak{p}}$ est ouvert dans $V(\mathfrak{q})$ (cf [11] Lemme 1.11.4).

<u>Proposition 7.2</u> : <u>Soit</u> $\pi : \mathfrak{g}^*\longrightarrow\mathfrak{g}^*/G$, <u>alors l'ensemble</u> :

$$\mathcal{M}_{\mathfrak{p}} = I(\pi(\mathcal{R}_{\mathfrak{p}})) = \{\mathfrak{m}\in V_{max}(\mathfrak{p}) / \underline{\text{poids}\,\mathfrak{m} = \text{poids}\,\mathfrak{p}}\}$$

<u>est un ouvert de</u> $V_{max}(\mathfrak{p})$.
<u>Preuve</u> : Puisque $\bar{I}$ est un homéomorphisme de $\mathfrak{g}^*/G$ sur Max A il induit un homéomorphisme de $\pi(V(\mathfrak{q}))$ sur $I(\pi(V(\mathfrak{q}))) = V_{max}(\mathfrak{p})$. Et ainsi $I(\pi(\mathcal{R}_{\mathfrak{p}}))$ est un ouvert de $V_{max}(\mathfrak{p})$. Un élément I(f) de $I(\pi(\mathcal{R}_{\mathfrak{p}}))$ est caractérisé par $\mathrm{ht}\, I(f) = r_{\mathfrak{p}}$ (cf Lemme 7.1) ou encore par :

2 poids $I(f) = n-r_{\mathfrak{p}}$. Par le lemme 6.4.5 de [11] nous savons qu'il existe $\bar{z} \in Z(\mathfrak{g};\mathfrak{p})\setminus\{0\}$ tel que :

$$\left(\frac{U(\mathfrak{g})}{\mathfrak{p}}\right)_{\bar{z}} \cong A_m(Z(\mathfrak{g};\mathfrak{p})_{\bar{z}}) \text{ , (donc } m = \text{poids } \mathfrak{p}).$$

Notons $D_{\mathfrak{p}}(Z)$ (resp. $D_{\mathfrak{p},max}(Z)$) l'ouvert de $V(\mathfrak{p})$ (resp. $V_{max}(\mathfrak{p})$) : Spec $\left(\frac{U(\mathfrak{g})}{\mathfrak{p}}\right)_{\bar{z}}$ (resp. Max$\left(\frac{U(\mathfrak{g})}{\mathfrak{p}}\right)_{\bar{z}}$). Puisque $V(\mathfrak{p})$ est irréductible nous obtenons : $D_{\mathfrak{p},max}(Z) \cap I(\pi(\mathcal{R}_{\mathfrak{p}})) \neq \emptyset$, ainsi pour caractériser les éléments de $I(\pi(\mathcal{R}_{\mathfrak{p}}))$ il suffit de connaitre le poids d'un élément de $D_{\mathfrak{p},max}(Z)$. Soit donc $\mathfrak{p}'$ un élément de $D_{\mathfrak{p}}(Z)$ posons $P' = \mathfrak{p}'/\mathfrak{p} \cap Z(\mathfrak{g};\mathfrak{p})$. Nous avons : $\left(\frac{U(\mathfrak{g})}{\mathfrak{p}}\right)_{P'} \cong A_m(Z(\mathfrak{g};\mathfrak{p})_{P'})$; d'où :

$$(*) \quad \frac{\left(\frac{U(\mathfrak{g})}{\mathfrak{p}}\right)_{P'}}{\mathfrak{p}'/\mathfrak{p}\left(\frac{U(\mathfrak{g})}{\mathfrak{p}}\right)_{P'}} \cong A_m\left(\frac{Z(\mathfrak{g};\mathfrak{p})_{P'}}{P'\,Z(\mathfrak{g};\mathfrak{p})_{P'}}\right),$$

ce qui prouve que le centre du corps des fractions de $\frac{U(\mathfrak{g})}{\mathfrak{p}'}$ est isomorphe au corps des fractions de $Z(\mathfrak{g};\mathfrak{p})/P'$, en calculant la dimension de Gelfand- Kirillov des deux membres de (*) il vient :

$$2 \text{ poids } \mathfrak{p}' + \operatorname{trdeg}_k C(\mathfrak{g};\mathfrak{p}') = 2n + \operatorname{trdeg}_k \frac{Z(\mathfrak{g};\mathfrak{p})_{P'}}{P'\,Z(\mathfrak{g};\mathfrak{p})_{P'}} \text{ , d'où}$$

$$\text{poids } \mathfrak{p}' = m = \text{poids } \mathfrak{p}.$$

Les éléments de $I(\pi(\mathcal{R}_{\mathfrak{p}}))$ sont ainsi caractérisés par l'égalité de leur poids à celui de $\mathfrak{p}$, qui est $\frac{1}{2}(n - r_{\mathfrak{p}})$.

Remarquons que si $\mathfrak{M} = I(f)$ est un élément de Max A, $f \in \mathfrak{g}^*$, et $\mathfrak{p}$ un élément de Spec A nous avons (cf proposition 6.2) :

(**) $\dim_k \mathfrak{g} = 2 \text{ poids } I(f) + \operatorname{ht} I(f)$

(***) $\dim_k \mathfrak{g} = 2 \text{ poids } \mathfrak{p} + \operatorname{ht} \mathfrak{p} + \operatorname{trdeg}_k C(\mathfrak{g};\mathfrak{p})$.

Par conséquent $\operatorname{ht} I(f) - \operatorname{ht}\mathfrak{p} = \operatorname{trdeg}_k C(\mathfrak{g};\mathfrak{p})$ si $f \in \mathcal{R}_{\mathfrak{p}}$, et ainsi $r_{\mathfrak{p}} = \operatorname{ht} I(f) = \operatorname{ht}\mathfrak{p} + \operatorname{trdeg}_k C(\mathfrak{g};\mathfrak{p})$. Notons aussi que $\operatorname{ht} I(f) - \operatorname{ht}\mathfrak{p}$ n'est autre que $\operatorname{ht}\frac{I(f)}{\mathfrak{p}}$ (cf. §.2), nous obtenons alors :

<u>Corollaire 7.3</u> : <u>Les quatre propriétés (équivalentes) suivantes sont vérifiées</u> :

(1) <u>pour tout</u> $\mathfrak{M} \in V_{max}(\mathfrak{p})$ $\operatorname{ht}\frac{\mathfrak{M}}{\mathfrak{p}} \geq \operatorname{trdeg}_k C(\mathfrak{g};\mathfrak{p})$

(2) <u>pour tout</u> $\mathfrak{p}' \in V(\mathfrak{p})$ poids $\mathfrak{p}' \leq$ poids $\mathfrak{p}$

(3) <u>un élément</u> f <u>de</u> $\mathfrak{g}^*$ <u>appartient à</u> $\mathcal{R}_{\mathfrak{p}}$ <u>si et seulement si</u> poids $I(f)$ = poids $\mathfrak{p}$.

(4) <u>les orbites de</u> G <u>dans</u> $V(\mathfrak{g})$ <u>de dimension maximale ont pour dimension</u> 2 poids $\mathfrak{p}$.

<u>Preuve</u> : La propriété (1) est en effet vraie puisque si $\mathfrak{M} \in V_{max}(\mathfrak{p})$, $\mathfrak{M} = I(f)$ avec $f \in V(\mathfrak{g})$ donc $\operatorname{ht} I(f) = \dim_k \mathfrak{g}^f \geq r_{\mathfrak{p}} = \operatorname{ht}\mathfrak{p} + \operatorname{trdeg}_k C(\mathfrak{g};\mathfrak{p})$ d'après ce qui précède.

Puisque tout idéal $\mathfrak{p}' \in V(\mathfrak{p})$ est contenu dans un idéal maximal $\mathfrak{m}$ de A qui a le même poids que lui ([11] lemme 6.4.5 appliqué à $\mathfrak{p}'$) de (**) et (***) on déduit : $\text{ht}\,\mathfrak{m} - \text{ht}\,\mathfrak{p} = 2$ poids $\mathfrak{p} - 2$ poids $\mathfrak{p}' = \text{trdeg}_k\, C(\mathfrak{g};\mathfrak{p})$, donc (1) est clairement équivalent à (2).

(2) implique (3) car d'après la preuve de la proposition 7.2 un élément f de $\mathfrak{g}^*$ appartient à $\mathcal{R}_{\mathfrak{p}}$ si et seulement si $\text{ht}\, I(f) = r_{\mathfrak{p}} = \text{trdeg}_k\, C(\mathfrak{g};\mathfrak{p}) + \text{ht}\,\mathfrak{p}$ c'est-à-dire si ht I(f) = poids $\mathfrak{p}$.

(3) implique (4) car $\dim G.f = 2$ poids I(f) pour tout $f \in \mathfrak{g}^*$.

(4) implique (2) car si $I(f) \in V_{max}(\mathfrak{p})$, $f \in \mathfrak{g}^*$, le poids de I(f) est maximal si et seulement si dim G.f est maximale donc quand poids I(f) est égal à poids $\mathfrak{p}$.

<u>Corollaire 7.4</u> : <u>Dans</u> $V(\mathfrak{p})$ <u>l'ensemble</u> $\mathcal{P}_{\mathfrak{p}}$ <u>des idéaux qui ont le même poids que</u> $\mathfrak{p}$ <u>est ouvert</u>.

<u>Preuve</u> :

a) Commençons par montrer que si $\mathfrak{p}'$ est un idéal premier de $U(\mathfrak{g})$ contenu dans un idéal maximal qui a le même poids que $\mathfrak{p}$ alors $\mathfrak{p}' \in \mathcal{P}_{\mathfrak{p}}$. Soit $\mathfrak{m}$ cet idéal maximal : $\mathfrak{p} \subseteq \mathfrak{p}' \subseteq \mathfrak{m}$; donc d'après le corollaire 7.3 appliqué deux foix : poids $\mathfrak{p}' \leq$ poids $\mathfrak{p}$ et poids $\mathfrak{m} \leq$ poids $\mathfrak{p}'$ d'où le résultat.

b) Montrons que $\mathcal{P}_{\mathfrak{p}}$ est ouvert : soit $\mathfrak{p}' \in \mathcal{P}_{\mathfrak{p}}$ trouvons Z dans A tel que (avec les notations de la preuve de la proposition 7.2) : $Z \notin \mathfrak{p}'$; $D_{\mathfrak{p}}(Z) \subset \mathcal{P}_{\mathfrak{p}}$. Soit $\mathfrak{m} \supseteq \mathfrak{p}' \supseteq \mathfrak{p}$ avec $\mathfrak{m} \in \mathcal{M}_{\mathfrak{p}}$, $\mathcal{M}_{\mathfrak{p}}$ étant ouvert dans $V_{max}(\mathfrak{p})$, il existe Z dans A tel que $D_{\mathfrak{p},max}(Z) \subset \mathcal{M}_{\mathfrak{p}}$, $\mathfrak{m} \in D_{\mathfrak{p},max}(Z)$. Alors si $\mathfrak{p}'' \in D_{\mathfrak{p}}(Z)$, $\mathfrak{p}''$ est contenu dans un idéal $\mathfrak{m}$ de $D_{\mathfrak{p},max}(Z)$ donc dans un élément de $\mathcal{M}_{\mathfrak{p}}$ et le a) nous donne le résultat.

En particulier ce paragraphe a montré que les idéaux maximaux de A qui ont le même poids que (0) forment un ouvert de Max A qui correspond aux formes régulières de $\mathfrak{g}^*$, ce qui répond à ce qui avait été annoncé au §.6.

II. - Complétion d'un anneau noethérien à droite, et applications.

§.1. Complétion.

Soit R un anneau ; nous dirons qu'un idéal bilatère I vérifie la propriété d'Artin Rees à droite si pour tout R module à droite de type fini M, pour tout sous module N de M et pour tout $n \in \mathbb{N}$ il existe $k \in \mathbb{N}$ tel que $N \cap MI^k \subseteq NI^n$.

Rappelons quelques propriétés des suites centralisantes : cf. [13].

Proposition 1.1 : Soit R un anneau noethérien à droite. Alors tout idéal admettant un système de générateurs centralisant vérifie la propriété d'Artin Rees à droite.

On a le corollaire évident suivant :

Corollaire 1.2 : Soit R un anneau noethérien à droite et I un idéal admettant un système de générateurs centralisant. Alors tout R module à droite de type fini M vérifie

$$\bigcap_{n=1}^{\infty} MI^n = \{m \in M / \exists\, i \in I \text{ tel que } m(1-i) = 0\} .$$

En particulier si I est contenu dans le radical de Jacobson de R, M est séparé pour la topologie I-adique : $\bigcap_{n=1}^{\infty} MI^n = (0)$.

Rappelons que si R est un anneau et I un idéal de R, I définit une topologie I-adique sur tout R module à droite M, dont une base de voisinages de 0 est formée de MI^n, $n \in \mathbb{N}$. Nous noterons $\hat{M} = \varprojlim_n \frac{M}{MI^n}$ le complété de M pour cette topologie.

Nous avons le résultat important suivant : cf [6] proposition 3.

Proposition 1.3 : Si R est un anneau noethérien à droite, et I un idéal vérifiant la propriété d'Artin Rees à droite, alors :

(i) $\hat{R}$ est plat en tant que R module à gauche.

(ii) Le foncteur $M \longrightarrow \hat{M}$ est exact sur la catégorie des R modules à droite de type fini, et dans ce cas $\hat{M} \simeq M \otimes_R \hat{R}$.

(iii) Si M est un R module à droite de type fini et si $j_M : M \longrightarrow \hat{M}$ est l'application canonique alors $\ker i = \bigcap_{n \geq 1} MI^n$.

Nous pouvons en déduire :

Proposition 1.4 : Soit R un anneau noethérien à droite et I un idéal bilatère de R.

(i) Si M est un R module à droite de type fini et si $j_M : M \longrightarrow \hat{M}$ est l'application canonique, $\hat{M} = j_M(M)\,\hat{R}$ en particulier $\hat{M}$ est un $\hat{R}$ module à droite de type fini. En particulier si $j_R : R \longrightarrow \hat{R}$ est l'homomorphisme canonique d'anneaux $(\hat{I})^n = \widehat{I^n} = j_R(I)^n\,\hat{R}$, pour tout $n \geq 1$.

(ii) Supposons que I soit engendré par un système centralisant d'éléments $(x_1,\ldots,x_n)$ dans R.

(a) Si $\bar{R} = \dfrac{R}{(x_1,\ldots,x_{i-1})}$; $\bar{I} = (\bar{x}_i,\ldots,\bar{x}_n)$ pour $2 \leq i \leq n$. Le complété de $\bar{R}$ pour la topologie $\bar{I}$ adique s'identifie à $\dfrac{\hat{R}}{(j_R(x_1),\ldots,j_R(x_{i-1}))\hat{R}}$.

(b) L'idéal $\hat{I}$ est engendré par le système centralisant $\{j_R(x_1),\ldots,j_R(x_n)\}$, de $\hat{R}$. De plus si la suite $\{x_1,\ldots,x_n\}$ est régulière dans R il en est de même pour $\{j_R(x_1),\ldots,j_R(x_n)\}$ dans $\hat{R}$.

Preuve : (i) cf. [5] chap. III §.2 prop. 16.

(ii) (a) Nous allons utiliser la preuve de la proposition 15 de [33] chap. 9. Posons $A = (x_1,\ldots,x_{i-1})$ et remarquons que si $j_A = A \longrightarrow \hat{A}$ est l'application canonique nous avons $\hat{A} = j_A(A)\,\hat{R} = j_R(A).\hat{R}$, grâce à la proposition 1.3 D'autre part de la suite exacte :

$$0 \longrightarrow A \longrightarrow R \longrightarrow \bar{R} \longrightarrow 0$$

Nous déduisons la suite exacte :

$$0 \longrightarrow A \otimes_R \hat{R} \longrightarrow R \otimes_R \hat{R} \longrightarrow \frac{R}{A} \otimes_R \hat{R} \longrightarrow 0$$

En particulier $\frac{R}{A} \otimes_R \hat{R}$ s'identifie à $\frac{\hat{R}}{\hat{A}}$ en tant que $\hat{R}$ module à droite, donc $\dfrac{\hat{R}}{j_R(A)\hat{R}}$ peut être vu comme la complétion I adique de $\frac{R}{A}$. Dans l'anneau $\bar{R}$, $\bar{I}$ est un idéal et $\bar{R}I^n = \overline{I^n} = \bar{I}^n$ pour tout n, donc la filtration I-adique de $\frac{R}{A}$ en tant que R module à droite est la même que sa filtration $\bar{I}$ adique. De plus $\dfrac{\hat{R}}{j_R(A)\hat{R}}$ comme I complétion de $\frac{R}{A}$ possède $j_R(I)^n\hat{R}\,\dfrac{\hat{R}}{j_R(A)\hat{R}}$ comme filtration canonique. Donc

$$j_R(I)^n\,\hat{R}\,.\,\frac{\hat{R}}{j_R(A)\hat{R}} \simeq \frac{j_R(I)^n\,\hat{R} + j_R(A)\,\hat{R}}{j_R(A)\hat{R}} \simeq \frac{(j_R(I)\hat{R} + j_R(A)\hat{R})^n}{j_R(A)\hat{R}}$$

. Donc l'anneau $\dfrac{\hat{R}}{j_R(A)\hat{R}}$ avec la filtration $\dfrac{J_R(I)\,\hat{R} + j_R(A)\,\hat{R}}{j_R(A)\hat{R}}$ -adique est la complétion de l'anneau $\frac{R}{A}$ avec la filtration $\frac{I}{A}$ -adique.

(ii) b) $j_{\bar{R}} : \bar{R} \longrightarrow \hat{\bar{R}}$ est le morphisme canonique, puisque $\bar{x}_i$ est dans le centre de $\bar{R}$, $j_{\bar{R}}(\bar{x}_i)$ est dans le centre de $\hat{\bar{R}}$ (cf [33] lemme 4 page 403). Mais d'après (ii) (a) $j_{\bar{R}}(\bar{x}_i)$ s'identifie à la classe de $j_R(x_i)$ dans

$\frac{\hat{R}}{(j_R(x_1),\dots,j_R(x_{i-1}))\hat{R}}$ d'où le résultat. De même si $\bar{x}_i$ est non diviseur de 0 dans $\bar{R}$, puisque $\hat{\bar{R}}$ est un $\bar{R}$ module plat, $j_{\bar{R}}(\bar{x}_i)$ n'est pas diviseur de 0 dans $\hat{\bar{R}}$, donc la classe de $j_R(x_i)$ n'est pas diviseur de 0 dans cet anneau.

Il est faux en général que $\hat{R}$ soit noethérien à droite si R l'est, cf. [25], mais nous allons montrer que c'est le cas lorsque l'idéal I est engendré par un système centralisant. Rappelons les résultats bien connus suivants :

<u>Lemme 1.5</u> : <u>Soit</u> R <u>un anneau et</u> J <u>un idéal de</u> R <u>engendré par une suite</u> $\{\alpha_1,\dots,\alpha_s\}$ <u>d'éléments centraux de</u> R, <u>alors le gradué de</u> R <u>pour la filtration</u> J-<u>adique</u>, $gr_J R$, <u>est égal à</u> $\frac{R}{J}[\bar{\alpha}_1,\dots,\bar{\alpha}_s]$ <u>où</u> $\bar{\alpha}_i$ <u>est l'image de</u> α_i <u>dans</u> $\frac{J}{J^2}$, <u>en particulier il est isomorphe à un quotient d'un anneau de polynômes en</u> s <u>variables à coefficients dans</u> $\frac{R}{J}$.

<u>Preuve</u> : cf [33] page 416.

<u>Lemme 1.6</u> : <u>Soit</u> R <u>un anneau filtré séparé et complet pour une filtration exhaustive, si</u> gr R <u>est noethérien à droite il en est de même de</u> R.

<u>Preuve</u> : [5] chap. III, §.2 n°9, cor. 2

<u>Théorème 1.7</u> : <u>Soit</u> R <u>un anneau noethérien à droite et</u> I <u>un idéal de</u> R <u>engendré par un système centralisant d'éléments de</u> R <u>et</u> $\hat{R}$ <u>le complété de</u> R <u>pour la topologie</u> I-<u>adique, alors</u> $\hat{R}$ <u>est un anneau noethérien à droite</u>.

<u>Preuve</u> : Si $I = (x_1,\dots,x_n)$ faisons une récurrence sur n. Nous reprenons les notations de la proposition 1.4.

Si $n = 1$, $I = x_1 R$ et $\hat{I} = j_R(x_1)\hat{R}$ d'après le lemme 1.5 $gr_I R \cong gr_{\hat{I}}\hat{R}$ est noethérien à droite puisque $\frac{R}{x_1 R}$ l'est, par suite (lemme 1.6) $\hat{R}$ est noethérien à droite.

Dans le cas général soit $I = (x_1,\dots,x_n)$ posons $\bar{R} = \frac{R}{x_1 R}$ alors $\hat{\bar{R}} \cong \frac{\hat{R}}{j_R(x_i)\hat{R}}$ est noethérien par récurrence.

Considérons sur $\hat{R}$ la topologie $j_R(x_1)$ $\hat{R}$-adique, que nous noterons $\mathcal{T}$, elle possède une base de voisinages de 0 formée des $j_R(x_1)^k.\hat{R}$, $k \in \mathbb{N}$. Ces idéaux sont fermés pour la topologie $\hat{I}$-adique, car égaux au complété de $x_1^k R$ pour la topologie I-adique (proposition 1.4 (i) et $j_R(x_1^k R)\hat{R} = j_{x_1^k R}(x_1^k R)\hat{R}$).

En outre $\mathcal{T}$ est plus fine que la topologie I-adique, par conséquent $\hat{R}$ est séparé et complet pour $\mathcal{T}$. Le gradué associé à $\mathcal{T}$ s'identifiant à un quotient d'un anneau de polynômes en une indéterminée sur $\frac{\hat{R}}{j_R(x_1)\hat{R}}$, il est noethérien à droite. Donc, $\hat{R}$ est noethérien à droite (lemme 1.6).

<u>Corollaire 1.8</u> : <u>Soit</u> $(R,\mathfrak{m})$ <u>un anneau local régulier où</u> $\mathfrak{m}$ <u>est engendré par une suite centralisante régulière, alors</u> $\hat{R} = \varprojlim_n \frac{R}{\mathfrak{m}^n}$ <u>est un anneau local régulier de même dimension.</u>

<u>Preuve</u> : En effet $\hat{\mathfrak{m}}$ est le radical de Jacobson de $\hat{R}$ ([14] lemme 1) et d'après la proposition 1.4 (ii) est engendré par la suite centralisante régulière $\{j_R(x_1),\ldots,j_R(x_n)\}$ de $\hat{R}$. Le théorème 1.7 nous donne $\hat{R}$ noethérien à droite, d'où le résultat.

<u>Remarque</u> 1.9 : J.C. Mc Connell a donné une démonstration analogue du théorème 1.7 dans [25] et a démontré que le complété $\hat{R}$ d'un anneau R pour la topologie I-adique, où I est engendré par un système centralisant, est noethérien à droite lorsque $\frac{R}{I}$ est artinien à droite. Indiquons rapidement la preuve : Si $I = (x_1,\ldots,x_n)$ et si $1 \leq j \leq n$ posons $\bar{R} = \frac{R}{x_1R+\ldots+x_jR}$ et notons $(\bar{R})^\wedge$ le complété de $\bar{R}$ pour la topologie $\bar{I}$-adique où $\bar{I}$ est $\frac{I}{x_1R+\ldots+x_jR}$. Soit $j_R = R \longrightarrow \hat{R}$ et $\pi : \hat{R} \longrightarrow (\bar{R})^\wedge$ alors $\ker\pi = \bigcap_{n=1}^{\infty} (\hat{I}^n+\hat{R}j_R(x_1)+\ldots+\hat{R}j_R(x_j))$ donc la fermeture de $\hat{R}j_R(x_1)+\ldots+\hat{R}j_R(x_j)$ dans $\hat{R}$. Puisque $\hat{R}$ est complet $\hat{I}$ est contenu dans le radical de Jacobson de $\hat{R}$, donc par le théorème d'Hinohara ([14] lemme 3) $j_R(x_1)\hat{R}+\ldots+j_R(x_j)\hat{R}$ est fermé dans $\hat{R}$ et il y a une suite exacte :

$$0 \longrightarrow j_R(x_1)\hat{R}+\ldots+j_R(x_j)\hat{R} \longrightarrow \hat{R} \xrightarrow{\pi} (\bar{R})^\wedge \longrightarrow 0.$$

La preuve se termine alors facilement par récurrence sur n.

<u>Remarque 1.10</u> : Le résultat de 1.7, dans le cas semi-local, et 1.8 ont été obtenus par J. Alev dans [2] Th. 2.7 et 3.1 en utilisant une méthode différente reposant sur la dualité de Morita.

<u>Remarque 1.11</u> : Nous pouvons remarquer que la démonstration de 1.7 a été utilisée pour la première fois en [19] lorsque I est l'idéal d'augmentation d'une algèbre enveloppante d'une algèbre de Lie nilpotente. Mais dans ce cas un résultat plus fort a été démontré ultérieurement dans [36]; cet idéal possède la propriété d'Artin-Rees à droite forte (à gauche aussi) c'est-à-dire : l'anneau de Rees $R^*(I) = \{\sum r_n X^n \text{ , } r_n \in I^n, X \text{ une indéterminée}\}$ est noethérien à droite. Donc dans ce cas le gradué $gr_I R$ est noethérien à droite.

§.2. Cas particulier et application.

Nous gardons les notations du paragraphe 1, et nous allons donner des précisions sur ces résultats lorsque l'idéal I est engendré par une suite d'éléments du centre de R.

Lemme 2.1 : Soit R un anneau noethérien à droite et $\{\alpha_1,\ldots,\alpha_s\}$ une suite régulière dont chaque élément est central et contenu dans le radical de Jacobson $J(R)$. Si $\{i_1,\ldots,i_s\}$ est une permutation de $\{1,\ldots,s\}$ alors $\{\alpha_{i_1},\ldots,\alpha_{i_s}\}$ est encore une suite régulière dans R.

Preuve : Elle est la même que celle de [33] chapitre 5 lemme 3 et th. 4. Indiquons la : commençons par montrer que si (α_1,α_2) est une suite régulière d'éléments centraux de R telle que α_1 soit dans le radical de Jacobson alors (α_2,α_1) est une suite régulière dans R. Il s'agit de montrer que α_2 est un élément régulier de R. Si $\alpha_2.x = 0$ pour $x\in R$, montrons par récurrence sur m que $x\in\alpha_1^m R$. C'est évident pour $m = 0$. Supposons que $x\in\alpha_1^s R$ pour $s\geqslant 0$, alors $x = \alpha_1^s.x'$ avec $x'\in R$ et $\alpha_2\alpha_1^s x' = 0 = \alpha_1^s\alpha_2 x'$ donc $\alpha_2 x' = 0$, d'où $\alpha_2 x'\in\alpha_1 R$ mais $\{x\in R/\alpha_2 x'\in\alpha_1 R\} = \alpha_1 R$ puisque (α_1,α_2) est une suite régulière donc $x'\in\alpha_1 R$ et $x' = \alpha_1.x''$, $x''\in R$. D'où $x = \alpha_1^{s+1}x''$ et x est dans $\alpha_1^{s+1}R$. Ainsi $x\in\bigcap_{m\geqslant 0}\alpha_1^m R$, α_1 étant central et contenu dans $J(R)$ $\bigcap_{m\geqslant 0}\alpha_1^m R = 0$ (corollaire 1.2) donc $x=0$. Démontrons le lemme 2.1. Supposons $s\geqslant 2$ et montrons que :

$$I = \{r\in R/\alpha_{s-1}r\in(\alpha_1,\ldots,\alpha_{s-2},\alpha_s)\} = (\alpha_1,\ldots,\alpha_{s-2},\alpha_s)$$

ce qui prouvera que $\{\alpha_1,\ldots,\alpha_{s-2},\alpha_s,\alpha_{s-1}\}$ est une R suite si et seulement si $\{r\in R/\alpha_s r\in(\alpha_1,\ldots,\alpha_{s-2})\} = (\alpha_1,\ldots,\alpha_{s-2})$. Soit donc $x\in I$,

$\alpha_{s-1}.x = \alpha_1 x_1+\ldots+\alpha_{s-2}x_{s-2}+\alpha_s x_s$, donc $\alpha_s x_s\in(\alpha_1,\ldots,\alpha_{s-1})$ et

$x_s\in(\alpha_1,\ldots,\alpha_{s-1})$ soit : $x = \alpha_1 x_1'+\ldots+\alpha_{s-2}x_{s-2}'+\alpha_{s-1}x_{s-1}'$ d'où

$\alpha_{s-1}x - \alpha_s\alpha_{s-1}x_{s-1}'$ est dans $(\alpha_1,\ldots,\alpha_{s-2})$, donc $x - \alpha_s x_{s-1}'\in(\alpha_1,\ldots,\alpha_{s-2})$, ce qui donne $x\in(\alpha_1,\ldots,\alpha_{s-2},\alpha_s)$. L'inclusion inverse étant évidente il reste à montrer que la suite $\{\alpha_1,\ldots,\alpha_{i-1},\alpha_{i+1},\alpha_i,\alpha_{i+2},\ldots,\alpha_s\}$ est une suite régulière dans R. D'après ce qui précède il suffit de montrer que $\{r\in R/r\alpha_{i+1}\in(\alpha_1,\ldots,\alpha_{i-1})\} = (\alpha_1,\ldots,\alpha_{i-1})$. Mais dans l'anneau $\bar{R} = \dfrac{R}{(\alpha_1,\ldots,\alpha_{i-1})}$ la suite $(\bar{\alpha}_i,\bar{\alpha}_{i+1})$ satisfait aux hypothèses qui permettent d'appliquer le début de la démonstration et on obtient : $(\bar{\alpha}_{i+1},\bar{\alpha}_i)$ suite régulière dans $\bar{R}$, d'où le résultat.

Lemme 2.2 : Soient R un anneau, $\{\alpha_1,\ldots,\alpha_s\}$ une suite régulière dont chaque élément est central dans R telle que pour toute permutation $\{i_1,\ldots,i_s\}$ de

$\{1,\ldots,s\}$, $\{\alpha_{i_1},\ldots,\alpha_{i_s}\}$ <u>soit encore une suite régulière de</u> R. <u>Posons</u> $\mathfrak{a} = (\alpha_1,\ldots,\alpha_s)$, <u>pour tout</u> $c \in R$, <u>non diviseur de</u> 0 <u>dans</u> $\frac{R}{\mathfrak{a}}$, <u>on a</u> : <u>quelque soit</u> $x \in R$ $cx \in \mathfrak{a}^{n+1}$ <u>implique</u> $x \in \mathfrak{a}^{n+1}$.

<u>Preuve</u> : (cf [46] appendice 6, lemme 5) Soit (H_n) l'hypothèse : "Si b est un idéal engendré par une suite régulière d'éléments centraux qui le reste par permutation alors pour tout $d \in R$ non diviseur de 0 dans $\frac{R}{b}$, $dx \in b^n$ implique $x \in b^n$". Il est clair que (H_1) est vraie, montrons (H_n) par récurrence. Supposons (H_n) vraie, et soient donc $\mathfrak{a}$ et c comme dans le lemme 2.2.

Si $c.x \in \mathfrak{a}^{n+1}$, alors $c.x \in \mathfrak{a}^n$ donc par (H_n) $x \in \mathfrak{a}^n$, et x s'écrit : $x = \alpha_1 x_1 + \ldots + \alpha_q x_q$ où $q \leq s$ et $x_i \in \mathfrak{a}^{n-1}$, $i \in \{1,\ldots,q\}$. Montrons que $x \in \mathfrak{a}^{n+1}$ par récurrence sur q. Si $q = 0$, $x = 0$ et c'est évident. Si $q > 0$ $x = x' + \alpha_q x_q$, considérons $b = (\alpha_1,\ldots,\alpha_{q-1},\alpha_{q+1},\ldots,\alpha_s)$ alors $\mathfrak{a} = b + R\alpha_q$ donc $\mathfrak{a}^{n+1} = b^{n+1} + \mathfrak{a}^n \alpha_q$. Puisque $c.(x' + \alpha_q x_q) \in \mathfrak{a}^{n+1}$, il existe y dans $\mathfrak{a}^n$ tel que : $cx' + cx_q\alpha_q - y\alpha_q \in b^{n+1}$, mais $x' \in b^n$ donc $\alpha_q(cx_q - y) \in b^n$ et par hypothèse sur $\mathfrak{a}$ α_q est un élément régulier dans $\frac{R}{b}$ donc par récurrence sur n, $cx_q - y \in b^n$; d'où $cx_q \in \mathfrak{a}^n$ et $x_q \in \mathfrak{a}^n$ encore par récurrence sur n. Par conséquent $x = x' + \alpha_q x_q$ implique $cx' \in \mathfrak{a}^{n+1}$ et par récurrence sur q, $x' \in \mathfrak{a}^{n+1}$ d'où $x \in \mathfrak{a}^{n+1}$. ||

<u>Proposition 2.3</u> : <u>Soit</u> $(R,\mathfrak{m})$ <u>un anneau local régulier non commutatif tel que</u> $\mathfrak{m}$ <u>soit engendré par une suite régulière d'éléments</u> $(\alpha_1,\ldots,\alpha_s)$ <u>centraux dans</u> R, <u>alors le gradué</u> $gr_{\mathfrak{m}}R = \coprod_{n \geq 0} \frac{\mathfrak{m}^n}{\mathfrak{m}^{n+1}}$ <u>est isomorphe à un anneau de polynômes</u> $\frac{R}{\mathfrak{m}}[X_1,\ldots,X_s]$.

<u>Preuve</u> : Il suffit de faire la même démonstration que dans [31] page 111. Considérons le morphisme surjectif : $\frac{R}{\mathfrak{m}}[X_1,\ldots,X_s] \longrightarrow gr_{\mathfrak{m}}R$, (lemme 1.5). Montrons qu'il est injectif. Pour cela, soit une forme de degré $\nu \geq 0$, $F(X_1,\ldots,X_s)$, à coefficients dans R telle que $F(\alpha_1,\ldots,\alpha_s) \in \mathfrak{m}^{\nu+1}$, nous devons prouver que tous les coefficients de F sont dans $\mathfrak{m}$. On fait alors une double récurrence sur ν et s. Pour $\nu = 0$ c'est évident et pour $s = 1$: si $\alpha_1^\nu x \in \alpha_1^{\nu+1}R$ on en déduit que $x \in \alpha_1 R$. L'hypothèse $F(\alpha_1,\ldots,\alpha_s) \in \mathfrak{m}^{\nu+1}$ implique $F(\alpha_1,\ldots,\alpha_s) = G(\alpha_1,\ldots,\alpha_s)$ où $G(X_1,\ldots,X_s)$ est une forme de degré ν à coefficients dans $\mathfrak{m}$, en prenant F-G on peut donc supposer $F(\alpha_1,\ldots,\alpha_s) = 0$. Soient Q et S des formes de degré $\nu-1$ et ν respectivement, telles que $F(X_1,\ldots,X_s) = X_1\, Q(X_1,\ldots,X_s) + S(X_2,\ldots,X_s)$ ainsi $0 = \alpha_1\, Q(\alpha_1,\ldots,\alpha_s) + S(\alpha_2,\ldots,\alpha_s)$ donc $\alpha_1\, Q(\alpha_1,\ldots,\alpha_s) \in K^\nu$ où $K = (\alpha_2,\ldots,\alpha_s)$ mais α_1 étant régulier dans $\frac{R}{(\alpha_2,\ldots,\alpha_s)}$ (lemme 2.1) on en déduit (lemmes 2.1 et 2.2) $Q(\alpha_1,\ldots,\alpha_s) \in K^\nu \subseteq \mathfrak{m}^\nu$, et par récurrence sur ν tous les coefficients de Q sont dans $\mathfrak{m}$. En passant dans $\frac{R}{\alpha_1 R}$ on

obtient : $\bar{S}(\bar{\alpha}_2,\dots,\bar{\alpha}_s) = 0$ donc tous les coefficients de $\bar{S}$ sont dans $(\bar{\alpha}_2,\dots,\bar{\alpha}_s)$ par récurrence sur s, et tous les coefficients de S sont dans $\mathfrak{M}$ ce qui termine la démonstration.

Nous allons donner une application de ces résultats. Considérons une algèbre de Lie $\mathfrak{g}$, nilpotente, de dimension finie sur un corps de caractéristique 0 et nous reprenons toutes les notations du I.§.5. Soit $\mathfrak{p}$ un idéal régulier de $U(\mathfrak{g})$ et $P = \mathfrak{p} \cap Z(\mathfrak{g})$, alors il existe un isomorphisme $\psi : U(\mathfrak{g})_P \longrightarrow A_m(Z(\mathfrak{g})_P)$, le centre de $U(\mathfrak{g})_P$ étant $\psi^{-1}(Z(\mathfrak{g})_P) = Z(\mathfrak{g})_P$, si $\psi(Z_1),\dots,\psi(Z_s)$ engendrent $P\,Z(\mathfrak{g})_P$ avec $Z_i \in P\,Z(\mathfrak{g})_P$ pour $i \in \{1,\dots,s\}$, $\{Z_1,\dots,Z_s\}$ engendrent $\mathfrak{p}\,U(\mathfrak{g})_P$. De plus $Z(\mathfrak{g})_P$ étant un anneau régulier (cf. I prop. 5.6) l'idéal $\mathfrak{p}\,U(\mathfrak{g})_P$ est engendré par la suite régulière $\{Z_1,\dots,Z_s\}$ dans $U(\mathfrak{g})_P$, et cette suite restant régulière par permutation dans $Z(\mathfrak{g})_P$, il est alors facile de voir qu'il en est de même dans $U(\mathfrak{g})_P = A_n(k) \otimes_k Z(\mathfrak{g})_P$. En outre comme $[U(\mathfrak{g})_P]_{\mathfrak{p}\,U(\mathfrak{g})_P} = U(\mathfrak{g})_{\mathfrak{p}}$ l'idéal $\mathfrak{p}\,U(\mathfrak{g})_{\mathfrak{p}}$ est aussi engendré par la $U(\mathfrak{g})_{\mathfrak{p}}$ suite régulière $\{Z_1,\dots,Z_s\}$. Sur $U(\mathfrak{g})_P$ (resp. $U(\mathfrak{g})_{\mathfrak{p}}$) nous pouvons mettre la topologie $\mathfrak{p}\,U(\mathfrak{g})_P$-adique (resp. $\mathfrak{p}\,U(\mathfrak{g})_{\mathfrak{p}}$-adique) et nous avons : $(\mathfrak{p}\,U(\mathfrak{g})_P)^i = \mathfrak{p}^i\,U(\mathfrak{g})_P$ (resp. $\mathfrak{p}^i\,U(\mathfrak{g})_{\mathfrak{p}} = [\mathfrak{p}\,U(\mathfrak{g})_{\mathfrak{p}}]^i$) pour tout $i \in \mathbb{N}$. Si $\mathfrak{p}$ est un idéal régulier de $U(\mathfrak{g})$ nous aurons :

<u>Lemme 2.4 : Il existe une injection du complété $\widehat{U(\mathfrak{g})_P}$ de $U(\mathfrak{g})_P$ pour la topologie $\mathfrak{p}\,U(\mathfrak{g})_P$-adique dans le complété $\widehat{U(\mathfrak{g})_{\mathfrak{p}}}$ de $U(\mathfrak{g})_{\mathfrak{p}}$ pour la topologie $\mathfrak{p}\,U(\mathfrak{g})_{\mathfrak{p}}$-adique induite par l'injection de $U(\mathfrak{g})_P$ dans $U(\mathfrak{g})_{\mathfrak{p}}$. De plus</u> $\widehat{\mathfrak{p}\,U(\mathfrak{g})_{\mathfrak{p}}} \cap \widehat{U(\mathfrak{g})_P} = \widehat{\mathfrak{p}\,U(\mathfrak{g})_P}$.

<u>Preuve</u> : En effet si $(a_n)_{n\in\mathbb{N}}$ est une suite de Cauchy (resp. tendant vers 0) de $U(\mathfrak{g})_P$ pour la topologie $\mathfrak{p}\,U(\mathfrak{g})_P$-adique elle l'est aussi pour la topologie $\mathfrak{p}\,U(\mathfrak{g})_{\mathfrak{p}}$-adique puisque $\mathfrak{p}^i U(\mathfrak{g})_P \subset \mathfrak{p}^i U(\mathfrak{g})_{\mathfrak{p}}$. En outre soit $(a_n)_{n\in\mathbb{N}}$ une suite d'éléments qui tend vers 0 pour la topologie $\mathfrak{p}\,U(\mathfrak{g})_{\mathfrak{p}}$-adique alors: pour tout $k \in \mathbb{N}$ il existe $n_o \in \mathbb{N}$ tel que $a_n \in \mathfrak{p}^k U(\mathfrak{g})_{\mathfrak{p}}$ si $n \geq n_o$. Mais $\mathfrak{p}^k U(\mathfrak{g})_{\mathfrak{p}} \cap U(\mathfrak{g})_P = \mathfrak{p}^k U(\mathfrak{g})_P$. En effet soit $x.t^{-1}$ avec $x \in \mathfrak{p}^k$ et $t \in U(\mathfrak{g}) \setminus \mathfrak{p}$ tel que $x.t^{-1} \in U(\mathfrak{g})_P$. Donc $x.t^{-1} = a.s^{-1}$ avec $a \in U(\mathfrak{g})$, $s \in Z(\mathfrak{g}) \setminus P$, d'où $x.s = a.t$, par conséquent $a.t \in \mathfrak{p}^k U(\mathfrak{g})_P$ avec t non diviseur de 0 dans $\dfrac{U(\mathfrak{g})_P}{\mathfrak{p}\,U(\mathfrak{g})_P}$. Le lemme 2.2 s'applique ici et donne $a \in \mathfrak{p}^k U(\mathfrak{g})_P$. D'où $a.s^{-1} \in \mathfrak{p}^k U(\mathfrak{g})_P$ et l'égalité cherchée. Ceci prouve que la suite $(a_n)_{n\in\mathbb{N}}$ tend vers 0 pour la topologie $\mathfrak{p}\,U(\mathfrak{g})_P$-adique, et on a ainsi une injection de $\widehat{U(\mathfrak{g})_P}$ dans $\widehat{U(\mathfrak{g})_{\mathfrak{p}}}$. Il est évident que $\widehat{\mathfrak{p}\,U(\mathfrak{g})_P} \subset \widehat{\mathfrak{p}\,U(\mathfrak{g})_{\mathfrak{p}}} \cap \widehat{U(\mathfrak{g})_P}$. Réciproquement si $(a_n)_{n\in\mathbb{N}}$ est une suite de Cauchy de $\mathfrak{p}\,U(\mathfrak{g})_{\mathfrak{p}}$ appartenant

à $\widehat{\mathfrak{p} U(\mathfrak{g})_{\mathfrak{p}}} \cap \widehat{U(\mathfrak{g})_P}$, il existe une suite de Cauchy $(b_n)_{n\in\mathbb{N}}$ de $U(\mathfrak{g})_P$ telle que $(a_n-b_n)_{n\in\mathbb{N}}$ tende vers 0 pour la topologie $\mathfrak{p} U(\mathfrak{g})_{\mathfrak{p}}$-adique. Donc si n est assez grand $a_n-b_n \in \mathfrak{p} U(\mathfrak{g})_{\mathfrak{p}}$ ce qui donne $b_n \in \mathfrak{p} U(\mathfrak{g})_{\mathfrak{p}} \cap U(\mathfrak{g})_P$ d'où $b_n \in \mathfrak{p}\, U(\mathfrak{g})_P$ et ainsi $(b_n)_{n\in\mathbb{N}} \in \mathfrak{p}\widehat{U(\mathfrak{g})_P}$ ce qui prouve l'égalité voulue.

Nous noterons $D_m(C(\mathfrak{g};\mathfrak{p}))$ le corps des fractions de $A_m(C(\mathfrak{g};\mathfrak{p}))$.
Remarquons que puisque $U(\mathfrak{g})_{\mathfrak{p}} = (U(\mathfrak{g})_P)_{\mathfrak{p} U(\mathfrak{g})_P}$, $\dfrac{U(\mathfrak{g})_{\mathfrak{p}}}{\mathfrak{p} U(\mathfrak{g})_{\mathfrak{p}}}$ n'est autre que le corps des fractions de $\dfrac{U(\mathfrak{g})_P}{\mathfrak{p} U(\mathfrak{g})_P}$ c'est-à-dire $D_m(C(\mathfrak{g};\mathfrak{p}))$.

<u>Lemme 2.5</u> : <u>Soit</u> $\mathfrak{p}$ <u>un idéal régulier de</u> $U(\mathfrak{g})$, <u>alors</u> $\widehat{U(\mathfrak{g})_{\mathfrak{p}}}$ <u>contient un corps isomorphe à</u> $D_m(C(\mathfrak{g};\mathfrak{p}))$.

<u>Preuve</u> : Il existe une injection de $A_m(\widehat{Z(\mathfrak{g})_P})$, où $\widehat{Z(\mathfrak{g})_P}$ est le complété de $Z(\mathfrak{g})_P$ pour la topologie $P\,Z(\mathfrak{g})_P$-adique, dans $\widehat{A_m(Z(\mathfrak{g})_P)}$. En effet un élément de $A_m(\widehat{Z(\mathfrak{g})_P})$ s'écrit dans la forme $\sum_{i,j} r_{i,j}\, p^i q^i$ où $p^i = p_1^{i_1}\cdots p_m^{i_m}$, $q^j = q_1^{j_1}\cdots q_m^{j_m}$ et où $r_{i,j} = (r_{i,j}^{(n)})_{n\in\mathbb{N}}$ est une suite de Cauchy dans $Z(\mathfrak{g})_P$, on lui fait alors correspondre l'élément $(\sum_{i,j} r_{i,j}^{(n)} p^i q^j)_{n\in\mathbb{N}}$. On vérifie aisément que ceci fournit une injection dans $\widehat{A_m(Z(\mathfrak{g})_P)} \simeq \widehat{U(\mathfrak{g})_P}$. Comme il est connu que $\widehat{Z(\mathfrak{g})_P}$ contient un corps C isomorphe à $C(\mathfrak{g};\mathfrak{p})$ corps résiduel de $Z(\mathfrak{g})_P$ (cf. I.§.6), on en déduit que $A_m(C)$ est contenu dans $A_m(\widehat{Z(\mathfrak{g})_P})$ et qu'ainsi $\widehat{U(\mathfrak{g})_P}$ contient un sous anneau B isomorphe à $A_m(C(\mathfrak{g};\mathfrak{p}))$. Mais il est facile de voir à l'aide de l'injection décrite ci-dessus, que :

$$A_m(\widehat{Z(\mathfrak{g})_P}) \cap \widehat{A_m(P\,Z(\mathfrak{g})_P)} = A_m(\widehat{P\,Z(\mathfrak{g})_P}) .$$

Par conséquent $B \cap [\widehat{\mathfrak{p} U(\mathfrak{g})_P} \setminus \{0\}] = \emptyset$, d'où $B \cap [\widehat{\mathfrak{p} U(\mathfrak{g})_{\mathfrak{p}}} \setminus \{0\}] = \emptyset$, (cf. lemme 2.4). Comme $\widehat{U(\mathfrak{g})_{\mathfrak{p}}}$ est un anneau local tous les éléments de $B\setminus\{0\}$ sont inversibles dans $\widehat{U(\mathfrak{g})_{\mathfrak{p}}}$ qui contient ainsi le corps des fractions de B celui-ci étant isomorphe à $D_m(C(\mathfrak{g};\mathfrak{p}))$.

<u>Théorème 2.6</u> : <u>Soit</u> $\mathfrak{p}$ <u>un idéal régulier de</u> $U(\mathfrak{g})$ <u>alors</u> : $\widehat{U(\mathfrak{g})_{\mathfrak{p}}} \simeq D_m(C(\mathfrak{g};\mathfrak{p}))\,[[X_1,\ldots,X_s]]$, <u>où les</u> X_i <u>sont des indéterminées qui commutent avec</u> $D_m(C(\mathfrak{g};\mathfrak{p}))$.

<u>Preuve</u> : Le lemme précédent montre que $\widehat{U(\mathfrak{g})_{\mathfrak{p}}}$ contient un corps D isomorphe à $D_m(C(\mathfrak{g};\mathfrak{p}))$. D'autre part nous avons vu que $\widehat{U(\mathfrak{g})_{\mathfrak{p}}}$ est un anneau régulier non commutatif et tel que de plus $\widehat{\mathfrak{p} U(\mathfrak{g})_{\mathfrak{p}}}$ soit engendré par une suite $(Z_1,\ldots,Z_s)$ d'éléments centraux réguliers dans $\widehat{U(\mathfrak{g})_{\mathfrak{p}}}$ (corollaire 1.8 et

proposition 1.7 (ii)). Comme dans le cas commutatif l'application :

$$D[X_1,\dots,X_s] \xrightarrow{u} \widehat{U(\mathfrak{g})_{\mathfrak{p}}}$$

$$X_i \longmapsto u(X_i) = Z_i \quad \text{pour } i = 1,\dots,s .$$

Se prolonge en une application, $\hat{u}$, de $D[[X_1,\dots,X_s]]$ dans $\widehat{U(\mathfrak{g})_{\mathfrak{p}}}$ puisque ce dernier est complet et que $D[[X_1,\dots,X_s]]$ est le complété de $D[X_1,\dots,X_s]$ pour la topologie $(X_1,\dots,X_s)$-adique (cf. [5] chap. III §.2 prop. 11). D'autre part le gradué de $D[[X_1,\dots,X_s]]$ pour cette filtration est $D[X_1,\dots,X_s]$ et le gradué de $\widehat{U(\mathfrak{g})_{\mathfrak{p}}}$ est $\dfrac{U(\mathfrak{g})_{\mathfrak{p}}}{\mathfrak{p}U(\mathfrak{g})_{\mathfrak{p}}}[X_1,\dots,X_s]$ (proposition 2.3), par suite ([5] chap. III §.2 n°8), $\hat{u}$ est un isomorphisme et ainsi $\widehat{U(\mathfrak{g})_{\mathfrak{p}}} \cong D_m(C(\mathfrak{g};\mathfrak{p}))[[X_1,\dots,X_s]]$.

<u>Remarque 2.7</u> : L'existence d'un corps de coefficient n'est pas vraie en général comme le montre l'exemple.

$$U(\mathfrak{g}) = k[x,y,Z] \quad , \quad \mathfrak{p} = (Z).$$

§.3. Soit $\mathfrak{g}$ une algèbre de Lie nilpotente de dimension finie sur un corps k de caractéristique quelconque. Nous nous proposons de déterminer l'enveloppe injective (à droite et à gauche) du $U(\mathfrak{g})$ bimodule $\dfrac{U(\mathfrak{g})}{\mathfrak{J}} \simeq k$ où $\mathfrak{J}$ est l'idéal d'augmentation $\mathfrak{g}U(\mathfrak{g})$. Par la suite nous noterons $A = U(\mathfrak{g})$. Remarquons que $\mathrm{Hom}_k(A,k)$ est un A-module à gauche grâce à la structure de A module à droite de A, et a une structure de A module à droite provenant de la structure de A module à gauche de A, ceci en fait un A bimodule.

<u>Proposition 3.1</u> : <u>Le</u> A <u>bimodule</u> $\mathrm{Hom}_k(A,k)$ <u>est injectif en tant que</u> A <u>module à droite et à gauche</u>.

<u>Preuve</u> : Faisons la preuve à gauche, si M est un A module à gauche il existe un isomorphisme naturel ([7] chap. II prop. 5.2) :

$$\mathrm{Hom}_A(M, \mathrm{Hom}_k(A,k)) \xrightarrow{\sim} \mathrm{Hom}_k(A \otimes_A M, k) \quad \text{d'où}$$

un isomorphisme $\mathrm{Hom}_A(M, \mathrm{Hom}_k(A,k)) \xrightarrow{\sim} \mathrm{Hom}_k(M,k)$.

Le foncteur $\mathrm{Hom}_k(-,k)$ étant exact il en est de même pour $\mathrm{Hom}_A(-,\mathrm{Hom}_k(A,k))$ donc $\mathrm{Hom}_k(A,k)$ est injectif en tant que A-module à gauche.

Si M est un A module à droite on utilise l'isomorphisme de [7] chap. II prop. 5.2') : $\mathrm{Hom}_A(M, \mathrm{Hom}_k(A,k)) \xrightarrow{\sim} \mathrm{Hom}_k(M \otimes_A A,k)$ et la même démonstration donne $\mathrm{Hom}_k(A,k)$ injectif en tant que A module à droite.

On notera $W(\mathfrak{g})$ l'ensemble des formes linéaires φ de $\mathrm{Hom}_k(A,k)$ qui s'annulent sur une puissance de l'idéal d'augmentation $\mathfrak{J}$. Alors $W(\mathfrak{g})$ est un sous A bimodule de $\mathrm{Hom}_k(A,k)$ et il contient $k \simeq \frac{A}{\mathfrak{J}}$ comme A-bimodule en identifiant $\frac{A}{\mathfrak{J}}$ aux formes linéaires qui s'annulent sur $\mathfrak{J}$: Si $\bar{\varphi} \in \frac{A}{\mathfrak{J}}$, $\bar{\varphi} \in W(\mathfrak{g})$ en posant pour tout $a \in A$ $\bar{\varphi}(a) = \overline{\varphi . a}$ où $-$ désigne la classe modulo $\mathfrak{J}$.

<u>Lemme 3.2</u> : <u>Le</u> A <u>bimodule</u> $W(\mathfrak{g})$ <u>est extension essentielle à droite et à gauche de</u> k.

<u>Preuve</u> : Montrons par exemple que si φ est non nulle dans $W(\mathfrak{g})$, il existe a dans A tel que $\varphi . a$ soit un élément non nul de k. Par hypothèse il existe un entier m tel que $\varphi(\mathfrak{J}^m) = 0$; si $m = 1$ il n'y a rien à démontrer. Supposons $m > 1$ et $\varphi(\mathfrak{J}^{m-1}) \neq 0$; soit a dans $\mathfrak{J}^{m-1}$ tel que $\varphi(a) = (\varphi . a)(1) \neq 0$, alors $(\varphi . a)(\mathfrak{J}) = \varphi(a . \mathfrak{J}) = 0$ donc $\varphi . a$ est une forme linéaire non identiquement nulle qui s'annule sur $\mathfrak{J}$, par conséquent $\varphi . a$ convient, ce qui démontre la propriété à droite, la démonstration étant analogue à gauche.

<u>Théorème 3.3</u> : <u>Le</u> A-<u>bimodule</u> $W(\mathfrak{g})$ <u>est l'enveloppe injective de</u> k <u>en tant que</u> A-<u>module à droite et à gauche</u>.

<u>Preuve</u> : Soit E(k) l'enveloppe injective de k comme A-module à droite par exemple, alors puisque k est annulé par $\mathfrak{J}$, E(k) est réunion de sous-modules annulés par $\mathfrak{J}^n$, $n \in \mathbb{N}$ (cf. [13] prop. 2.7, vraie sans restriction sur k).

De plus les injections $k \subset W(\mathfrak{g}) \subset \mathrm{Hom}_k(A,k)$ impliquent que $k \subset W(\mathfrak{g}) \subset E(W(\mathfrak{g})) \subset \mathrm{Hom}_k(A,k)$ en notant $E(W(\mathfrak{g}))$ l'enveloppe injective du A module à droite $W(\mathfrak{g})$.

Il résulte du lemme 3.2 que $E(W(\mathfrak{g}))$ est extension essentielle de k. Donc $E(k) = E(W(\mathfrak{g}))$.

Soit $\psi \in E(W(\mathfrak{g}))$, il existe donc un entier n tel que $\psi . \mathfrak{J}^n = 0$ en particulier $\psi(\mathfrak{J}^n . 1) = \psi(\mathfrak{J}^n) = 0$, donc $\psi \in W(\mathfrak{g})$, et par suite $W(\mathfrak{g}) = E(k)$.

On ferait la même démonstration à gauche.

<u>Remarque 3.4</u> : (i) Les étapes de la démonstration du théorème 3.3 sont celles de l'article de Northcott [34] où le même résultat est démontré pour une algèbre de Lie abélienne.

(ii) Si $\mathfrak{g}$ n'est pas nilpotente $W(\mathfrak{g})$ n'est pas nécessairement injectif en tant que A module à droite ou à gauche.

En effet soit $A = k[X,Y]$ avec $XY - YX = X$, algèbre enveloppante d'une algèbre de Lie résoluble de dimension 2 sur k.

Ici $\mathfrak{J} = (X,Y)$ et $XY = YX = X$ implique $X \in \mathfrak{J}^n$ pour tout $n > 0$.
Il suffit de montrer que $W(\mathfrak{g})$ n'est pas divisiblen en tant que A module à droite (par exemple) (cf [41] prop. 2.6). Si $W(\mathfrak{g})$ était divisible pour α dans $k \setminus \{0\}$ (donc dans $W(\mathfrak{g})$) il existerait φ dans $W(\mathfrak{g})$ tel que $\varphi.X = \alpha$. De plus il existe n tel que $\varphi(\mathfrak{J}^n) = 0$, par conséquent $(\varphi.X)(1) = \alpha(1) = \alpha$ implique : $\varphi(X) = \alpha = 0$ impossible.

<u>Corollaire 3.5</u> : <u>Si</u> $\mathfrak{g}$ <u>est une algèbre de Lie nilpotente de dimension finie sur un corps</u> k <u>de caractéristique quelconque on a</u> $H^p(\mathfrak{g}\,;\,W(\mathfrak{g})) = 0$ <u>pour tout</u> $p > 0$.
Ici $H^*(\mathfrak{g}, W(\mathfrak{g}))$ désigne la cohomologie de l'algèbre de Lie $\mathfrak{g}$ à valeurs dans le $\mathfrak{g}$ module $W(\mathfrak{g})$, c'est-à-dire $\mathrm{Ext}^*_A(k, W(\mathfrak{g}))$.

Le théorème 3.3 précise le théorème 6 de [18], lequel prend ici la forme du corollaire 3.5.
De plus nous pouvons former le complété $\hat{A} = \varprojlim \frac{A}{\mathfrak{J}^n}$ qui est une k-algèbre augmentée noethérienne à droite et à gauche (théorème 1.7) d'idéal d'augmentation $\hat{\mathfrak{J}}$ et $k \simeq \frac{\hat{A}}{\hat{\mathfrak{J}}}$.

<u>Lemme 3.6</u> : <u>Le</u> A <u>bimodule</u> $W(\mathfrak{g})$ <u>est naturellement muni d'une structure de</u> $\hat{A}$ <u>bimodule</u>.
<u>Preuve</u> : Si φ est dans $W(\mathfrak{g})$ il existe r entier tel que $\varphi(\mathfrak{J}^r) = 0$, donc $\varphi \in \mathrm{Hom}_k(\frac{A}{\mathfrak{J}^r}, k)$; mais $\frac{A}{\mathfrak{J}^r} \simeq \frac{\hat{A}}{\hat{\mathfrak{J}}^r}$ (cf [5] chap. III §.2 n°12 prop.15), par conséquent φ peut être considéré comme élément de $\mathrm{Hom}_k(\frac{\hat{A}}{\hat{\mathfrak{J}}^r}, k)$ qui est évidemment un $\hat{A}$ bimodule.

Nous noterons I(M) l'enveloppe injective d'un $\hat{A}$-module à droite.

<u>Lemme 3.7</u> : <u>Le</u> $\hat{A}$ <u>module à droite</u> $I(W(\mathfrak{g}))$ <u>est indécomposable.</u>
<u>Preuve</u> : Puisque $W(\mathfrak{g})$ est extension essentielle de k en tant que $\hat{A}$ module à droite $(A \subset \hat{A})$, $I(W(\mathfrak{g}))$ est encore l'enveloppe injective du $\hat{A}$-module à droite k. Par conséquent $I(W(\mathfrak{g})) = I(\frac{\hat{A}}{\hat{\mathfrak{J}}})$ mais $\hat{\mathfrak{J}}$ est irréductible donc $I(W(\mathfrak{g}))$ est indécomposable, (cf. [30] prop. 2.4).
Remarquons que l'on démontrerait de la même manière que l'enveloppe injective du $\hat{A}$ module à gauche $W(\mathfrak{g})$ est indécomposable.

Nous avons alors :

<u>Théorème 3.8</u> : <u>Le</u> $\hat{A}$ <u>bimodule</u> $W(\mathfrak{g})$ <u>est l'enveloppe injective de</u> k <u>en tant que</u> <u>$\hat{A}$-module à droite et à gauche</u>.

<u>Preuve</u> : Faisons la preuve à droite, (elle est analogue à gauche). Puisque $W(\mathfrak{g})$ est un A module à droite injectif, il existe un sous A-module à droite H de $I(k) = I(W(\mathfrak{g}))$ telque $I(W(\mathfrak{g})) = W(\mathfrak{g}) \oplus H$. Il suffit donc de montrer que dans cette somme directe de A modules à droite, H est un sous $\hat{A}$ module à droite de $I(W(\mathfrak{g}))$, car alors nous aurons $I(W(\mathfrak{g})) = W(\mathfrak{g})$ d'après le lemme 3.7.

L'idéal $\hat{\mathfrak{J}}$ annule k, la proposition 2.7 de [13] s'applique alors à $\hat{A}$, $\hat{\mathfrak{J}}$, k ; par suite I(k) est réunion de sous $\hat{A}$ modules annulés par les idéaux $\hat{\mathfrak{J}}^n$, $n > 0$; soit h dans H, il existe $n > o$ tel que $\hat{\mathfrak{J}}^n$ annule h ; ainsi si a est un élément de $\hat{A}$ limite d'une suite $(a_j)_{j \in \mathbb{N}}$ d'éléments de A, on a $a_j - a_p \in \mathfrak{J}^n$ si j et $p \geqslant n_o$. On peut alors définir h.a en posant : $h.a = h.a_j$ si $j \geqslant n_o$, car alors $h.a_j = h.a_p$ si $j,p \geqslant n_o$. Cette définition fait de H un $\hat{A}$ module à droite, ce qui termine la démonstration.

<u>Remarque</u> 3.9 : Pour des généralisations de ces résultats on pourra consulter [3] chapitre VI.

III. <u>Un théorème de Kronecker dans des algèbres universelles d'algèbres de Lie résolubles</u>.

Améliorant un résultat annoncé par Kronecker en 1882, D. Eisenbud et E. Graham Evans Jr ont montré en [12] que tout ensemble algébrique dans un espace affine de dimension n sur un corps est l'intersection de n hypersurfaces ; ce qui peut se traduire de la manière suivante ; si k est un corps et I un idéal de l'anneau $k[X_1,\ldots,X_n]$ alors il existe n éléments $g_1,\ldots,g_n$ dans I tels que $\sqrt{I} = \sqrt{(g_1,\ldots,g_n)}$. Nous allons voir ce que devient ce résultat lorsque l'on considère une algèbre enveloppante d'une algèbre de Lie résoluble, ce qui améliorera les résultats de [1].

§.1. <u>Résultats sur les extensions de Ore</u>.

Soit R un anneau nous allons étudier <u>l'extension de Ore</u> de R, $S = R[x,\partial]$ obtenue en adjoignant une indéterminée x vérifiant : $x.a = ax + \partial(a)$, pour tout a dans R et où ∂ est une dérivation de R. Dans toute la suite R sera un anneau noethérien à droite et à gauche, nous noterons $T = \mathscr{C}_R(0)$ l'ensemble des non diviseurs de 0 dans R (à droite et à gauche). Si $f(x) \in S$, deg $f(x)$ désignera le degré, par rapport à x, de $f(x)$.

Par anneau <u>simple</u> nous entendons "anneau sans idéal bilatère propre", par anneau <u>semi premier</u>, un anneau sans idéal bilatère nilpotent non nul, et un idéal bilatère, I, d'un anneau S sera dit <u>semi-premier</u> si $I \neq S$ et si $\frac{S}{I}$ est un anneau semi premier.

Les trois lemmes suivants doivent être connus :

<u>Lemme 1.1 : Supposons que</u> R <u>soit un anneau semi-premier, alors</u> T <u>est un système de Ore à droite et à gauche dans</u> S <u>et</u> $S_T = R_T[x,\bar{\partial}]$ <u>où</u> $\bar{\partial}$ <u>est l'unique dérivation prolongeant</u> ∂ à R_T.

<u>Preuve</u> : D'après le théorème de Goldie, T est un système de Ore à droite et à gauche dans R, nous pouvons donc considérer R_T.

Si $q \in R_T$ q s'écrit :

$q = as^{-1} = t^{-1}b$ avec s,t dans T et a,b dans R.

On pose alors : $\bar{\partial}(q) = \partial(a)s^{-1} - as^{-1}\partial(s)s^{-1} = t^{-1}\partial(b) - t^{-1}\partial(t)t^{-1}b$, (cf. [11] 3.6.18).

Lemme 3.1 de [17] dont la démonstration n'utilise que la propriété pour T d'être un système de Ore à droite et à gauche, permet d'écrire : si $f(x)$ et $\varphi(x)$ sont dans S et si a est le coefficient directeur de $f(x)$, supposons que $a \in T$. Alors il existe b, b' dans T, $\chi(x)$, $r(x)$, $\chi'(x)$, $r'(x)$ dans S tels que :

$$\varphi(x).b = f(x)\chi(x) + r(x) \qquad \deg r(x) < \deg f(x)$$
$$b'\varphi(x) = \chi'(x) f(x) + r'(x) \quad \deg r'(x) < \deg f(x).$$

En se limitant à $f(x) = a$ on obtient que T est un système de Ore à droite et à gauche dans S. De plus on peut définir un isomorphisme de S_T sur $R_T[x,\bar{\partial}]$ en faisant correspondre à un élément $S^{-1}(a_o + a_1x+\ldots+a_nx^n)$ de S_T l'élément $S^{-1}a_o + S^{-1}a_1x+\ldots+S^{-1}a_nx^n$ de $R_T[x,\bar{\partial}]$.

<u>Lemme 1.2 : Si</u> R <u>est un anneau simple</u>, $R[x,\partial]$ <u>est un anneau principal pour les idéaux bilatères</u>.

<u>Preuve</u> : Soit I un idéal bilatère non nul de $R[x,\partial]$ et soit $n \in \mathbb{N}$ le plus petit des degrés des éléments de $I\setminus\{0\}$ posons :

$$\tau_n(I) = \{a \in R / \exists f \in I,\ f = ax^n + a_{n-1}x^{n-1}+\ldots+a_o\} \cup \{0\}$$

L'idéal I étant bilatère et non nul dans $R[x,\partial]$ il en est de même pour $\tau_n(I)$ dans R. Par conséquent $\tau_n(I) = R$, au $1 \in \tau_n(I)$. Ainsi il existe f dans I tel que $f(x) = x^n+a_{n-1}x^{n-1}+\ldots+a_o$.

Soit $g(x) \in I$ alors $\deg g(x) = n+i$, $i \in \mathbb{N}$ montrons par récurrence sur i que $g(x) = \chi(x)\, f(x)$ pour un $\chi(x) \in S$.

Si $i=0$, $g(x) = b_n x^n + \ldots + b_o$, avec $b_n \neq 0$, l'élément $g(x) - b_n\, f(x)$ est dans I et de degré strictement inférieur à n, donc nul. Supposons que tout élément de I de degré égal à $n+k$, $0 \leq k \leq i-1$, soit dans $S.f(x)$. Alors si $g(x) \in I$ avec $g(x) = b_{n+1} x^{n+1} + \ldots + b_o$, $b_{n+i} \neq 0$, considérons l'élément $g(x) - b_{n+i} x^i f(x)$ qui est dans I et de degré strictement inférieur à $n+i$, en appliquant l'hypothèse de récurrence il existe $\varphi(x)$ dans S tel que :

$$g(x) = (b_{n+i}\, x^i + \varphi(x)) \cdot f(x)$$

Par conséquent I est principal à gauche égal à $S.f(x)$, on montrerait de même qu'il est égal à $f(x).S$.

<u>Lemme 1.3</u> : <u>Si</u> R <u>est un anneau semi-premier artinien à droite et à gauche,</u> S <u>est un anneau principal pour les idéaux bilatères</u>.

Preuve : L'anneau R étant semi-simple il est produit direct fini d'idéaux bilatères minimaux qui sont simples : $R = \prod_{i=1}^{n} e_i\, R$, les e_i, $i \in \{1, \ldots, n\}$ étant des idempotents centraux et orthogonaux de R. Posons $e_i\, R = R_i$, alors R_i est stable par ∂ et x commute avec e_i car $\partial(e_i) = 0$; en effet pour tout $i \in \{1, \ldots, n\}$ on a $e_i^2 = e_i$ donc $2e_i\, \partial(e_i) = \partial(e_i)$ d'où $e_i\, \partial(e_i) = 0$ et $\partial(e_i) = 0$. Nous pouvons ainsi considérer $R_i[x, \partial]$ et l'application ψ de $R[x, \partial]$ dans le produit direct $\prod_{i=1}^{n} R_i[x, \partial]$ définie par :

$$\psi\Big(\sum_{i=o}^{p} \big(\sum_{j=1}^{n} e_j\, a_{i,j}\big) x^i\Big) = \Big(\sum_{i=o}^{p} e_1\, a_{i,1}\, x^i, \ldots, \sum_{i=o}^{p} e_n\, a_{n,i}\, x^i\Big) .$$

Le produit des $R_i[x, \partial]$ est direct car celui des R_i l'était. L'application ψ est clairement bijective, et l'on démontre en utilisant le fait que les e_i, $i \in \{1, \ldots, n\}$, sont des idempotents centraux et orthogonaux, que ψ est un isomorphisme. Chacun des R_i étant simple le lemme 1.2 montre que $R[x, \partial]$ est un produit direct fini d'anneaux principaux pour les idéaux bilatères, d'où le résultat (cf. [15]).

Rappelons le lemme suivant : [16] proposition 1.4

<u>Lemme 1.4</u> : <u>Soit</u> S_T <u>l'anneau classique des fractions d'un anneau</u> S <u>noethérien à droite (resp. à gauche) par rapport à un système de Ore à droite</u> T, <u>(resp. à gauche), formé de non diviseurs de</u> 0 <u>dans</u> S. <u>Alors si</u> I <u>est un idéal bilatère de</u> S,

$$S_T\, I\, S_T = I\, S_T \quad (\text{resp. } S_T\, I).$$

Ce lemme s'applique en particulier à $S = R[x,\partial]$ et à T avec les notations précédentes, car il est connu que si R est noethérien à droite et à gauche il en est de même de S.

§.2. Théorème principal.

Lemme 2.1 : Soit R un sous anneau d'un anneau S. Supposons que pour tout idéal semi-premier J de S l'idéal $J \cap R$ soit semi-premier dans R. Alors cette propriété se conserve par passage au quotient c'est-à-dire : si I est un idéal bilatère de S alors on a une injection de $\frac{R}{I \cap R}$ dans $\frac{S}{I}$ et l'intersection d'un idéal semi-premier de $\frac{S}{I}$ et de $\frac{R}{I \cap R}$ est un idéal semi-premier dans $\frac{R}{I \cap R}$.

Preuve : Nous avons le diagramme commutatif suivant :

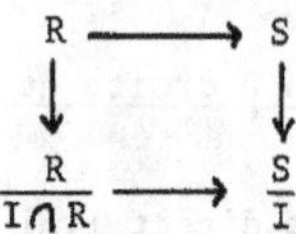

où les flèches horizontales (resp. verticales) sont les injections (resp. surjections) canoniques. Et le résultat vient de la bijection entre les idéaux semi-premiers de R qui contiennent $I \cap R$ et les idéaux semi-premiers de $\frac{R}{I \cap R}$.

Conséquence : Supposons que $S = R[x,\partial]$ et que S satisfasse à l'hypothèse du lemme 2.1.
Si I est un idéal bilatère de S, $I \cap R$ est un idéal de R stable par ∂, $(I \cap R)S$ est un idéal bilatère de S tel que $(I \cap R)S \cap R = I \cap R$ et $\frac{R}{I \cap R}[x,\partial] \simeq \frac{S}{(I \cap R)S}$ (cf. [17] lemme 1.3 et 1.4). En identifiant ces deux anneaux le lemme 2.1 montre qu'un idéal semi-premier de $\frac{S}{(I \cap R)S}$ intersecte $\frac{R}{I \cap R}$ en un idéal semi-premier.

A partir de maintenant nous supposerons que k est un corps commutatif de caractéristique quelconque. Comme dans ce qui précède GK dim A désignera la dimension de Gelfand Kirillov de A, lorsque A est une k-algèbre.
Si I est un idéal bilatère d'un anneau S nous noterons rad I le radical de I, c'est-à-dire l'intersection des idéaux premiers contenant I.

Nous pouvons énoncer :

Théorème 2.2. : Soit R un anneau noethérien à droite et à gauche qui soit une k algèbre. Posons $S = R[x,\partial]$ où ∂ est une dérivation de R.

Supposons que :

(i) le centre de S contienne k, (∂ est une k dérivation) ;

(ii) GK dim $S = n \in \mathbb{N}$ et tout quotient de R a une dimension de Gelfand Kirillov entière ;

(iii) Pour tout idéal semi-premier J de S, $J \cap R$ est semi-premier dans R ;

(iv) R est semi-premier.

Alors si I est un idéal bilatère de S engendré par un système normalisant $(x_1,\dots,x_m)$ dans S il existe n éléments de I, $g_1,\dots,g_n$ tels que :

$$\text{rad } I = \text{rad}(g_1,\dots,g_n).$$

Preuve : Rappelons que l'on a : GK dim S = GK dim $R + 1$ [4] lemme 3.1. Nous procéderons par récurrence sur n = GK dim S.

Si $n = 1$ nous avons GK dim $R = 0$. L'anneau R est donc noethérien à droite et à gauche de dimension de Gelfand-Kirillov nulle, il est alors facile de voir que R est artinien à droite et à gauche, (toute sous k-algèbre de type fini de R est de dimension finie sur k). Dans ce cas le lemme 1.3 s'applique et $I = (g_1)$.

Supposons $n > 1$ avec les notations précédentes nous avons (lemme 1.1) :

$$S_T = R_T[x,\bar{\partial}] \quad \text{où} \quad T = \mathcal{C}_R(0).$$

Puisque $S_T\, I\, S_T = I\, S_T = S_T\, I$, $S_T\, I$ est un idéal bilatère de S_T (lemme 1.4). De plus R_T est un anneau semi-simple, le lemme 1.3 s'applique donc et nous obtenons $I \subseteq I\, S_T = S_T\, I = S_T\, g_1$ avec $g_1 \in I$. Puisque I est engendré par le système normalisant $(x_1,\dots,x_m)$ pour tout $i \in \{1,\dots,m\}$ il existe e_i dans T et a_i dans S tels que : $x_i = c_i^{-1}\, a_i\, g_1$; en outre en posant $c = \prod_{i=1}^{m} c_i \in T$ on obtient ([1] prop. 3.1) : $c\, I \subseteq (g_1)$ d'où $(c) I \subseteq (g_1)$ en notant (c) et (g_1) les idéaux bilatères engendrés par c et g_1 dans S. Si $(c) = S$, $I \subseteq (g_1)$ donc $(g_1) = I$ et la démonstration est finie. Sinon nous aurons ([7] lemme 1.4) :

$$\frac{S}{(\text{rad }(c) \cap R)S} \simeq \frac{R}{\text{rad}(c) \cap R}[x,\partial]$$, où rad(c) désigne l'intersection des idéaux premiers de S contenant (c) ; c'est un idéal semi-premier de S, (iii) implique alors que $\text{rad}(c) \cap R$ est semi-premier dans R. L'anneau $\frac{R}{\text{rad}(c) \cap R}$ est donc semi-premier noethérien à droite et à gauche de dimension de Gelfand-Kirillov entière grace à (ii). De plus $\text{rad}(c) \cap R$ contient un élément régulier, à savoir c, donc :

$$\text{GK dim } \frac{R}{\text{rad}(c) \cap R} \leq \text{GK dim } R - 1 = \text{GK dim } S - 2 \qquad ([4], 3.4)$$

d'où GK dim $\frac{R}{\text{rad}(c) \cap R}[x,\partial]$ est un entier inférieur ou égal à $n-1$.

Le lemme 2.1 et sa conséquence permettent d'appliquer l'hypothèse de récurrence à l'anneau $\frac{R}{\mathrm{rad}(c)\cap R}[x,\partial]$, en notant $\bar{I}$ l'image de I dans $\bar{S} = \frac{S}{(\mathrm{rad}(c)\cap R)S}$ qui est un idéal engendré par le système normalisant $(\bar{x}_1,\ldots,\bar{x}_m)$. Il existe donc $g_2,\ldots,g_n$ dans I tels que : $\mathrm{rad}\,\bar{I} = \mathrm{rad}(\bar{g}_2,\ldots,\bar{g}_n)$.

Montrons pour finir que $\mathrm{rad}\, I = \mathrm{rad}(g_1,\ldots,g_n)$. Pour cela soit P un idéal premier de S contenant $(g_1,\ldots,g_n)$. Alors $P \supseteq (g_1) \supseteq (c)I$ d'où :

- soit $P \supseteq I$ et c'est terminé.
- soit $P \supseteq (c)$ et alors $P \supseteq \mathrm{rad}(c) \supseteq (\mathrm{rad}(c)\cap R)S$, en posant

$\bar{P} = \frac{P}{(\mathrm{rad}(c)\cap R)S}$: $\bar{P} \supseteq (\bar{g}_2,\ldots,\bar{g}_n)$ donc $\bar{P} \supseteq \bar{I}$, et alors

$P + (\mathrm{rad}(c)\cap R)S = P \supseteq I + (\mathrm{rad}(c)\cap R)S \supseteq I$, ce qui termine la démonstration.

<u>Remarque 2.3</u> : (1) La preuve du théorème 2.2 est analogue à celle de [12] théorème 1.

(2) Si k est un corps de caractéristique 0, l'hypothèse (iii) est automatiquement vérifiée.

En effet les idéaux premiers minimaux de $J\cap R$ (avec les notations du théorème) sont en nombre fini : $P_1,\ldots,P_s$. De plus ils sont stables pour ∂ donc aussi $Q = \mathrm{rad}(J\cap R) = P_1\cap\ldots\cap P_s$, (cf. [11] lemme 3.3.3). Soit

$Q[x] = \{q_n x^n+\ldots+q_o, q_i \in Q\}$ c'est un idéal bilatère de S. Comme il existe N tel que $Q^N \subseteq J\cap R$ nous aurons :

$Q[x]^N \subseteq (J\cap R)S \subseteq J$, d'où :

$Q \subseteq Q[x] \subseteq J$ puisque J est semi-premier.

Par conséquent $Q\cap R = Q \subseteq J\cap R$ et $J\cap R = Q$.

<u>Corollaire 2.4</u> : 1. <u>Soit $\mathfrak{g}$ une algèbre de Lie résoluble de dimension finie</u>, n, <u>sur un corps</u> k <u>commutatif de caractéristique</u> 0 <u>et algébriquement clos. Soit</u> $S = U(\mathfrak{g})$ <u>sont algèbre enveloppante, alors pour tout idéal bilatère</u> I <u>de</u> S <u>il existe</u> n <u>éléments</u> $g_1,\ldots,g_n$ <u>dans</u> I <u>tels que</u> :

$$\mathrm{rad}\, I = \sqrt{I} = \{x\in S / \exists\, m\in\mathbb{N}^*,\ x^m\in I\} = \sqrt{(g_1,\ldots,g_n)}$$

2. <u>Le même résultat subsiste si l'on prend pour</u> $\mathfrak{g}$ <u>une algèbre de Lie nilpotente de dimension</u> n, <u>sur un corps</u> k <u>de caractéristique</u> 0 <u>non nécessairement algébriquement clos.</u>

<u>Preuve</u> : 1) (α) soit $\mathfrak{h}$ un idéal de codimension 1 dans $\mathfrak{g}$ alors on sait que si x est un élément de $\mathfrak{g}$ n'appartenant pas à $\mathfrak{h}$ on a : $S = R[x,\partial]$ avec $R = U(\mathfrak{h})$ et $\partial(u) = xu - ux$ pour tout u dans $U(\mathfrak{h})$ ([10] lemme 1.11)

(β) R est noethérien à droite et à gauche, intègre (donc semi-premier).

(γ) Tout idéal bilatère de S est engendré par un système normalisant d'éléments et $\mathrm{rad}\, I = \sqrt{I}$ (cf. [1]).

(δ) GK dim S = n et tout quotient de R a une dimension de Gelfand-Kirillov entière ([4], 5.4).

Le théorème 2.2 et la remarque 2.3 (2) fournissent alors le résultat.

1) Si l'algèbre de Lie est nilpotente tout idéal bilatère de S est engendré par un système centralisant (donc normalisant) d'éléments (cf. $\underline{0}$ Th. 6.), de plus les résultats (α), (β), (γ) et rad I = $\sqrt{I}$ subsistent.

Le théorème 2.2 et la remarque 2.3 (2) terminent ainsi la démonstration du corollaire.

Bibliographie

[1] J. Alev : Un théorème d'Eisenbud Evans dans les algèbres enveloppantes. C.R. Acad. Sc. Paris t.282 série A (1976), p.763-765.

[2] J. Alev : Dualité dans les algèbres enveloppantes et les anneaux de groupes. C. R. Acad. Sci. Paris t.287 (1978) série A, p.387-390.

[3] G. Barou : Cohomologie Locale d'algèbres de Lie nilpotentes. Thèse de 3ème cycle. Université Pierre et Marie Curie 1978.

[4] W. Borho und H. Kraft : Über die Gelfand-Kirillov dimension. Math. Annalen 220 (1976) p. 1-24.

[5] N. Bourbaki : Algèbre Commutative, chapitre 3, Hermann (1961).

[6] K.S. Brown and E. Dror : The A.R. property and homology. Israel J. Math. 22, n°2, (1975) p.93-109.

[7] H. Cartan S. Eilenberg : Homological Algebra. University Press (1956).

[8] N. Conze : Espace des idéaux primitifs de l'algèbre enveloppante d'une algèbre de Lie nilpotente. J. of Algebra 34 (1975), p.444-450.

[9] J. Dixmier : Sur les représentations entières des groupes de Lie nilpotents III. Canadian J. Math. Vol. 10(1958) p.321-348.

[10] J. Dixmier : Représentations irréductibles des algèbres de Lie résolubles. J. Math. Pures et Appl. vol. 45 (1966) p.1-117.

[11] J. Dixmier : Algèbres enveloppantes. Gauthier Villars. Paris 1974).

[12] D. Eisenbud and E.G. Evans Jr. : Every algebraic set in n-space is the intersection of n hypersurfaces. Inv. Math. vol. 19 (1973) p.107-112.

[13] P. Gabriel et Y. Nouazé : Idéaux premiers de l'algèbre enveloppante d'une algèbre de Lie nilpotente. J. of Algebra 6. (1967), p. 77-99.

[14] Y. Hinohara : Note on non commutative semi-local rings. Noyoya Math. J. 17 (1960), p. 161-166.

[15] A.V. Jategaonkar : Left principal ideal rings. Lecture Notes n°123 Springer Verlag (1970).

[16] A.V. Jategaonkar : Injective modules and localization in non commutative noetherian rings. Trans. of the Amer. Math. Soc. vol. 190 (1974), p.109-123.

[17] D.A. Jordan : Noetherian Ore extensions and Jacobson rings. J. London Math. Soc. (2) t.10 (1975) p.281-291.

[18] J.L. Koszul : Sur les modules de représentations des algèbres de Lie résolubles. Amer. J. Math. t.76 (1954), p.535-554.

[19] T. Levasseur : Cohomologie des algèbres de Lie nilpotentes et enveloppes injectives. Bull. Sci. Math. 2ème série -100- (1976) p.377-383.

[20] T. Levasseur : Un théorèmede Kronecker dans les algèbres universelles d'algèbres de Lie résolubles. Bull. Sci. Math. 2ème série -101- (1977), p.287-293.

[21] T. Levasseur : Sur une question de caténarité. C. R. Acad. Sci. t.285 série A (1977), p.605-607

[22] T. Levasseur : Dimensions dans les anneaux réguliers non commutatifs. C. R. Acad. Sci. Paris t.285 (1977) série A, p. 657-660.

[23] T. Levasseur : Propriétés de certains idéaux premiers d'une algèbre enveloppante. C.R. Acad. Sci. t.286 (1978) série A, P.583-586.

[24] J.C. Mc Connell : Localisation in enveloping rings J. London Math. Soc. 43 (1968), p.421-428.

[25] J.C. Mc Connell : On completions of non commutative noetherian rings. Comm. in Algebra 6 (14) (1978) p.1485-1488.

[26] M.P. Malliavin : Caractéristiques d'Euler-Poincaré d'algèbres de Lie nilpotentes. Bull. Sc. Math. 100 (1976), p.269-287.

[27] M.P. Malliavin : Dimensions d'idéaux dans des algèbres universelles. Comm. in Algebra voL. 6 (1978), p.223-235.

[28] M.P. Malliavin : Caténarité et théorème d'intersection en algèbre non commutative. A paraître.

[29] H. Marubayashi : Non commutative Krull rings. Osaka J. Math. 12 (1975) p. 703-714.

[30] E. Matlis : Injective modules over noetherian rings Pacific J. Math. t.8 (1958), p. 511-528.

[31] H. Matsumura : Commutative Algebra. W.A. Benjamin Inc. (1970).

[32] C. Moeglin : Factorialité dans les algèbres enveloppantes. C. R. Acad. Sc. Paris série A, t.282 (1976), p.1269-1272.

[33] D.G. Northcott : Lessons on rings, modules and multiplicities. Cambridge at the University Press (1968).

[34] D.G. Northcott : Injective envelopes and inverse polynomials. J. London Math. Soc. t.8 (1974), p.290-296.

[35] Y. Nouazé : Remarques sur "Idéaux premiers de l'algèbre enveloppante d'une algèbre de Lie nilpotente". Bull. Sc. Math. 91 (1967), p.117-124.

[36] P.F. Pickel : Rational cohomology of nilpotent groups and Lie algebras Comm. in Algebra 6 (4) (1978), p.409-419.

[37] G. Renault : Algèbre non commutative. Gauthier Villars (1975).

[38] G. Rinehart et A. Rosenberg : Al. Topol. Category theory Collect. Pap. Honor. S. Eilengerg (1976), p.169-180.

[39] O.F. Schilling : The theory of valuations. Math. Surveys Amer. Math. Soc. n°4 (1950).

[40] R.Y. Sharp : Necessary conditions for the existence of dualizing complexes in commutative algebra. Séminaire P. Dubreil ; M.P. Malliavin (1978).

[41] D.W. Sharpe and P. Vámos : Injective modules . Cambridge at the university Press. Cambridge tracts 62 (1972)

[42] P.F. Smith : Localization and the A.R. property. Proc. London Math. Soc. (3) 22. (1971), p.39-68.

[43] P.F. Smith : On non commutative regular local rings Glasgow Math. Journal (July 1976), p. 98-102.

[44] P. Tauvel : Sur les quotients premiers de l'algèbre enveloppante d'une algèbre de Lie résoluble. Bull. Soc. Math. 106 (1978), p. 177-205.

[45] R. Walker : Local rings and normalizing sets of elements. Proc. London Math. Soc. (3) 24 (1972), p. 27-45.

[46] O. Zariski and P. Samuel : Commutative Algebra vol. II, Van Nostrand Princeton New Jersey (1960).

Thierry Levasseur
Département de Mathématiques
Université Pierre et Marie Curie
75005 Paris

SUR L'APPLICATION DE DIXMIER

POUR LES ALGEBRES DE LIE RESOLUBLES

Patrice TAUVEL

RESUME. On donne une définition fonctorielle de l'application de Dixmier pour les algèbres de Lie résolubles et des conditions nécessaires et suffisantes pour que le noyau de certaines représentations induites soit primitif.

1. NOTATIONS

Dans toute la suite, k désigne un corps commutatif algébriquement clos de caractéristique 0. Toutes les algèbres de Lie considérées sont définies sur k, de dimension finie et résolubles. On renvoie à [1], [2], [7] pour les concepts généraux utilisés.

Soient $\mathfrak{g}$ une k-algèbre de Lie résoluble, Γ son groupe adjoint algébrique ; on munit $\mathfrak{g}^*$ de la topologie de Zariski. On note $S(\mathfrak{g})$ (resp. $U(\mathfrak{g})$) l'algèbre symétrique (resp. l'algèbre enveloppante) de $\mathfrak{g}$. Soient $f \in \mathfrak{g}^*$ et $\mathfrak{a}$ un sous-espace de $\mathfrak{g}$. On notera $\mathfrak{a}^{\perp}$ l'orthogonal de $\mathfrak{a}$ dans $\mathfrak{g}^*$ et $\mathfrak{a}^f$ l'orthogonal de $\mathfrak{a}$ pour la forme bilinéaire $B_f : (x,y) \longrightarrow f([x,y])$ sur $\mathfrak{g}$. On adoptera les notations suivantes

$\mathrm{Spec}(U(\mathfrak{g}))$ (resp. $\mathrm{Prim}\, U(\mathfrak{g})$)	l'ensemble des idéaux bilatères premiers (resp. primitifs) de $U(\mathfrak{g})$. Ces deux ensembles sont munis de la topologie de Jacobson
$\mathrm{Spec}^{\mathfrak{g}}\, S(\mathfrak{g})$	l'ensemble des idéaux premiers $\mathfrak{g}$-stables de $S(\mathfrak{g})$.
$\beta_{\mathfrak{g}}$	la bijection canonique $\mathrm{Spec}\, U(\mathfrak{g}) \longrightarrow \mathrm{Spec}^{\mathfrak{g}}\, S(\mathfrak{g})$.
$P(f\,;\mathfrak{g})$	l'ensemble des polarisations de $\mathfrak{g}$ en f.
$S(f\,;\mathfrak{g})$	l'ensemble des sous-algèbres de Lie de $\mathfrak{g}$ subordonnées à f.
$I(f)$	l'idéal primitif de $U(\mathfrak{g})$ canoniquement associé à f par l'application de Dixmier
$J(f)$	l'ensemble des éléments de $S(\mathfrak{g})$ nuls sur la Γ-orbite de f.

Si en outre, $\mathfrak{h}$ est une sous-algèbre de Lie de $\mathfrak{g}$, $\lambda \in \mathfrak{h}^*$ tel que $\lambda([\mathfrak{h},\mathfrak{h}]) = 0$, I (resp. J) un idéal bilatère de $U(\mathfrak{h})$ (resp. un idéal ad $\mathfrak{h}$-stable de $S(\mathfrak{h})$), on notera

τ_λ	l'automorphisme de $U(\mathfrak{h})$ défini par $\tau_\lambda(x) = x + \lambda(x)$ pour $x \in \mathfrak{h}$.
$\theta_{\mathfrak{g},\mathfrak{h}}$	la forme linéaire sur $\mathfrak{h}$ définie par $\theta_{\mathfrak{g},\mathfrak{h}}(x) = (1/2)$ Trace $\mathrm{ad}_{\mathfrak{g}/\mathfrak{h}}(x)$ pour $x \in \mathfrak{h}$.
$\mathrm{Ind}^{\sim}_U(I\,;\mathfrak{g})$	le plus grand idéal bilatère de $U(\mathfrak{g})$ contenu dans $U(\mathfrak{g}).\tau_{\theta_{\mathfrak{g},\mathfrak{h}}}(I)$
$\mathrm{Ind}_S(J\,;\mathfrak{g})$	le plus grand idéal ad$\mathfrak{g}$-stable de $S(\mathfrak{g})$ contenu dans $S(\mathfrak{g}).J$.

2. CONSTRUCTION FONCTORIELLE DE L'APPLICATION DE DIXMIER

2.1 <u>THEOREME</u>. - <u>Soient $\mathfrak{g}$ une k-algèbre de Lie résoluble, Γ son groupe adjoint algébrique, $\mathfrak{g}_1$ une sous-algèbre de Lie de $\mathfrak{g}$ et $f \in \mathfrak{g}^*$. Alors</u> :

$$\text{(i)}\quad I(f)\cap U(\mathfrak{g}_1) = \bigcap_{\gamma\in\Gamma} I(\gamma.f|\mathfrak{g}_1)$$

$$\text{(ii)}\quad J(f)\cap U(\mathfrak{g}_1) = \bigcap_{\gamma\in\Gamma} J(\gamma.f|\mathfrak{g}_1)$$

<u>Démonstration</u>. - L'assertion (i) est démontrée dans [8]. L'assertion (ii) est facile d'après la définition de J(f).

2.2 <u>COROLLAIRE</u>. - <u>Soient $\mathfrak{g}_1$ une sous-algèbre de Lie de $\mathfrak{g}$ et</u> $P \in \mathrm{Spec}\, U(\mathfrak{g})$. <u>On a</u>

$$\beta_{\mathfrak{g}_1}(P\cap U(\mathfrak{g}_1)) = \beta_{\mathfrak{g}}(P)\cap S(\mathfrak{g}_1)$$

<u>Démonstration</u>. - Soit F le fermé irréductible de $\mathfrak{g}^*$ correspondant à $Q = \beta_{\mathfrak{g}}(P)$. Soit $F_1 = \{\gamma.f|\mathfrak{g}_1\ ;\ \gamma\in\Gamma,\ f\in F\} \subset \mathfrak{g}_1^*$. D'après [7], proposition 6.6 et le théorème 2.1, on a

$$P\cap U(\mathfrak{g}) = \bigcap_{g\in F_1} I(g)\ ;\ Q\cap S(\mathfrak{g}) = \bigcap_{g\in F_1} J(g)\ .$$

Le corollaire résulte alors d'une nouvelle application de [7], proposition 6.6 et du fait que $\bigcap_{g\in F_1} I(g) = \bigcap_{g\in \overline{F}_1} I(g)$ (continuité de l'application de Dixmier).

2.3 <u>THEOREME</u>. - <u>Soient $\mathfrak{g}$ une k-algèbre de Lie résoluble, $\mathfrak{g}_1$ une sous-algèbre de Lie de $\mathfrak{g}$, $\pi : \mathfrak{g}^* \longrightarrow \mathfrak{g}_1^*$ la surjection canonique, F_1 une partie de $\mathfrak{g}_1^*$</u>, $F = \pi^{-1}(F_1)$, $I = \bigcap_{\varphi\in F_1} I(\varphi)$, $J = \bigcap_{\varphi\in F_1} J(\varphi)$. <u>On a</u>

$$\text{(i)}\quad \mathrm{Ind}^{\sim}_U(I\,;\mathfrak{g}) = \bigcap_{f\in F} I(f)$$

(ii) $\operatorname{Ind}_S(J\,;\mathfrak{g}) = \bigcap_{f\in F} J(f)$.

Démonstration. - L'assertion (i) est démontrée dans [8]. L'idéal $\operatorname{Ind}_S(J\,;\mathfrak{g})$ est l'ensemble des éléments de $S(\mathfrak{g})$ nuls sur $\overline{\Gamma(F)}$; d'où facilement (ii).

2.4 COROLLAIRE. - Soient $\mathfrak{g}_1$ une sous-algèbre de Lie de $\mathfrak{g}$ et $P_1 \in \operatorname{Spec} U(\mathfrak{g}_1)$. On a :

$$\beta_{\mathfrak{g}}(\widetilde{\operatorname{Ind}}_U(P_1\,;\mathfrak{g})) = \operatorname{Ind}_S(\beta_{\mathfrak{g}_1}(P_1)\,;\mathfrak{g}).$$

Démonstration. - Soient $Q_1 = \beta_{\mathfrak{g}_1}(P_1)$ et F_1 la variété des zéros de Q_1 dans $\mathfrak{g}_1^*$. On a ([7], proposition 6.6), $P_1 = \bigcap_{\varphi\in F_1} I(\varphi)$, $Q_1 = \bigcap_{\varphi\in F_1} J(\varphi)$. Si $F = \pi^{-1}(F_1)$, le théorème 2.3 fournit

$$P = \widetilde{\operatorname{Ind}}_U(P_1\,;\mathfrak{g}) = \bigcap_{f\in F} \operatorname{In}(f)\ ;\ Q = \operatorname{Ind}_S(Q_1\,;\mathfrak{g}) = \bigcap_{f\in F} J(f)$$

La variété des zéros de Q dans $\mathfrak{g}^*$ est $V = \overline{\Gamma(F)}$; on a donc encore, d'après la continuité de l'application de Dixmier

$$P = \bigcap_{f\in V} I(f)\ ;\ Q = \bigcap_{f\in V} J(f).$$

D'où $Q = \beta_{\mathfrak{g}}(P)$.

2.5. - Soit L la catégorie des k-algèbres de Lie résolubles. Si $\mathfrak{g}\in L$, on note $\Gamma(\mathfrak{g})$ le groupe adjoint algébrique de $\mathfrak{g}$. On suppose donnée, pour tout $\mathfrak{g}\in L$, une application $H = H_{\mathfrak{g}}$ de $\mathfrak{g}^*$ dans l'ensemble des idéaux bilatères de $U(\mathfrak{g})$ vérifiant :

(1). - Si $\mathfrak{g}$ est commutative et si $f\in\mathfrak{g}^*$, $H(f) = I(f)$.

(2). - Soient $\mathfrak{g}\in L$, $f\in\mathfrak{g}^*$ et $\mathfrak{g}_1$ une sous-algèbre de Lie de $\mathfrak{g}$ de codimension ≤ 1. On a $H(f)\cap U(\mathfrak{g}_1) = \bigcap_{\gamma\in\Gamma(\mathfrak{g})} H(\gamma.f\,|\,\mathfrak{g}_1)$.

(3). - Soient $\mathfrak{g}\in L$, $\mathfrak{g}_1$ une sous-algèbre de Lie de $\mathfrak{g}$ de codimension 1, $\pi : \mathfrak{g}^*\longrightarrow\mathfrak{g}_1^*$ l'application de restriction et $f_1\in\mathfrak{g}_1^*$. Alors $\widetilde{\operatorname{Ind}}_U(H(f_1)\,;\mathfrak{g}) = \bigcap_{f\in\pi^{-1}(f_1)} H(f)$.

LEMME. - Soit $H = (H_{\mathfrak{g}})_{\mathfrak{g}\in L}$ une famille d'applications vérifiant les conditions (1) et (2) précédentes. Pour tous $\mathfrak{g}\in L$ et $f\in\mathfrak{g}^*$, on a :

(i) $H(\gamma.f) = H(f)$ pour tout $\gamma\in\Gamma(\mathfrak{g})$.

(ii) $H(f)\neq U(\mathfrak{g})$

(iii) Si $f([\mathfrak{g},\mathfrak{g}]) = 0$, alors $H(f) = I(f)$.

Démonstration. - (i) Cela résulte de la condition (2) en prenant $\mathfrak{g}_1 = \mathfrak{g}$.
(ii) D'après la condition (1), le résultat est vrai si $\mathfrak{g}$ est commutative.

Soient $x \in \mathfrak{g} - \{0\}$, $\mathfrak{g}_1 = kx$, $f_1 = f|\mathfrak{g}_1$. Si $H(f) = U(\mathfrak{g})$, on aura d'après (2), $H(f_1) = U(\mathfrak{g}_1)$. C'est absurde puisque $H(f_1) = I(f_1)$.

(iii) Conservons les notations de la démonstration de (ii). Si $f([\mathfrak{g},\mathfrak{g}]) = 0$, la $\Gamma(\mathfrak{g})$-orbite de f est réduite à un point. On a donc d'après (1) et (2) : $H(f) \cap U(\mathfrak{g}_1) = H(f_1) = I(f_1)$. Il en résulte que $x - f(x) \in H(f)$. On en déduit

$$I(f) = \sum_{x \in \mathfrak{g}} U(\mathfrak{g})(x - f(x)) \subset H(f) .$$

Comme $I(f)$ est maximal et $H(f) \neq U(\mathfrak{g})$ d'après (ii), on a $I(f) = H(f)$.

THEOREME. - Soit $H = (H_{\mathfrak{g}})_{\mathfrak{g} \in L}$ une famille d'applications vérifiant les conditions (1), (2), (3) précédentes. Alors, H est l'application de Dixmier.

Démonstration. - D'après le principe d'induction par étages ([2], proposition 5.2.3) et [3], lemme 3.3, la condition (3) est réalisée pour toute sous-algèbre $\mathfrak{g}_1$ de $\mathfrak{g}$.

Soient $\mathfrak{g} \in L$ et $f \in \mathfrak{g}^*$. Soient $\mathfrak{g}_1 \in P(f ; \mathfrak{g})$ vérifiant la condition de Pukanszky ([2], théorème 6.1.1 et [9], théorème). Posons $f_1 = f|\mathfrak{g}_1$. Pour tout $g \in \mathfrak{g}_1^{\perp}$, les représentations induites $\widetilde{\mathrm{Ind}}(f|\mathfrak{g}_1 ; \mathfrak{g})$ et $\widetilde{\mathrm{Ind}}(f+g|\mathfrak{g}_1 ; \mathfrak{g})$ coïncident. L'application de Dixmier étant injective, on a donc $f + \mathfrak{g}_1^{\perp} \subset \Gamma(\mathfrak{g}).f$. Il vient donc d'après les conditions (i) et (iii) du lemme précédent $\widetilde{\mathrm{Ind}}_U(I(f_1) ; \mathfrak{g}) = H(f)$. Comme $\widetilde{\mathrm{Ind}}_U(I(f_1) ; \mathfrak{g}) = I(f)$, on a le résultat.

2.6. - Soit $H = (H_{\mathfrak{g}})_{\mathfrak{g} \in L}$ une famille d'applications vérifiant les conditions

(1'). - Soient $\mathfrak{g} \in L$ et $f \in \mathfrak{g}^*$ tels que $f([\mathfrak{g},\mathfrak{g}]) = 0$. Alors, $H(f) = I(f)$.

(2'). - Soient $\mathfrak{g} \in L$; alors l'application $H_{\mathfrak{g}}$ est constante sur les $\Gamma(\mathfrak{g})$-orbites dans $\mathfrak{g}^*$.

La démonstration du théorème précédent montre que l'on a aussi le résultat suivant.

THEOREME. - Soit $H = (H_{\mathfrak{g}})_{\mathfrak{g} \in L}$ une famille d'applications vérifiant les conditions (1'), (2'), (3) précédentes. Alors, H est l'application de Dixmier.

3. PSEUDO-POLARISATIONS

3.1. - Soient $f \in \mathfrak{g}^*$ et $\mathfrak{h} \in S(f ; \mathfrak{g})$. On sait ([2], lemme 6.4.3) que $\widetilde{\mathrm{Ind}}_U(I(f|\mathfrak{h}) ; \mathfrak{g}) \subset I(f)$. On dira que $\mathfrak{h}$ est une pseudo-polarisation de $\mathfrak{g}$ en f si $\widetilde{\mathrm{Ind}}_U(I(f|\mathfrak{h}) ; \mathfrak{g}) = I(f)$. On notera $SP(f ; \mathfrak{g})$ l'ensemble des pseudo-polarisations de $\mathfrak{g}$ en f.

3.2. PROPOSITION. - <u>Soient</u> $f \in \mathfrak{g}^*$, $\mathfrak{g}_1$ <u>une sous-algèbre de Lie de</u> $\mathfrak{g}$ <u>et</u> $f_1 = f|\mathfrak{g}_1$. <u>On a</u> $\widetilde{\mathrm{Ind}}_U(I(f_1) ; \mathfrak{g}) = I(f)$ <u>si et seulement si</u> $\mathfrak{g}_1$ <u>contient une pseudo-polarisation de</u> $\mathfrak{g}$ <u>en</u> f.

<u>Démonstration</u>. - Supposons $\widetilde{\mathrm{Ind}}_U(I(f_1) ; \mathfrak{g}) = I(f)$. Soit $\mathfrak{h} \in P(f_1 ; \mathfrak{g}_1)$. On a $I(f_1) = \widetilde{\mathrm{Ind}}_U(I(f_1|\mathfrak{h}) ; \mathfrak{g}_1)$. D'après le principe d'induction par étages ([2], proposition 5.2.3), il vient donc $I(f) = \widetilde{\mathrm{Ind}}_U(I(f_1|\mathfrak{h}) ; \mathfrak{g})$, soit $\mathfrak{h} \in SP(f ; \mathfrak{g})$. Inversement, soit $\mathfrak{h} \in SP(f ; \mathfrak{g})$ contenu dans $\mathfrak{g}_1$. On a $\widetilde{\mathrm{Ind}}_U(I(f|\mathfrak{h}) ; \mathfrak{g}) \subset I(f_1)$, d'où $I(f) = \widetilde{\mathrm{Ind}}_U(I(f|\mathfrak{h}) ; \mathfrak{g}) \subset \widetilde{\mathrm{Ind}}_U(I(f_1) ; \mathfrak{g}) \subset I(f)$ (théorème 2.3). D'où le résultat.

3.3. THEOREME. - <u>Soient</u> $\mathfrak{g}$ <u>une k-algèbre de Lie résoluble,</u> Γ <u>son groupe adjoint algébrique,</u> $f \in \mathfrak{g}^*$ <u>et</u> $\mathfrak{h} \in S(f ; \mathfrak{g})$. <u>Les conditions suivantes sont équivalentes</u> :

(i) $\mathfrak{h} \in SP(f ; \mathfrak{g})$

(ii) $f + \mathfrak{h}^{\perp} \subset \overline{\Gamma . f}$

<u>Démonstration</u>. - (i) $\Longrightarrow$ (ii). Si $\mathfrak{h} \in SP(f ; \mathfrak{g})$, on a (théorème 2.3)

$$I(f) = \bigcap_{g \in f + \mathfrak{h}^{\perp}} I(g)$$

Il en résulte (théorème 2.3 et corollaire 2.4)

$$J(f) = \bigcap_{g \in f + \mathfrak{h}^{\perp}} J(g).$$

D'où $J(f) \subset J(g)$ pour tout $g \in f + \mathfrak{h}^{\perp}$, et $f + \mathfrak{h}^{\perp} \subset \overline{\Gamma . f}$.

(ii) $\Longrightarrow$ (i). Supposons $f + \mathfrak{h}^{\perp} \subset \overline{\Gamma . f}$. Il vient alors $I(f) \subset I(g)$ pour tout $g \in f + \mathfrak{h}^{\perp}$ (continuité de l'application de Dixmier). D'où, d'après le théorème 2.3, $I(f) = \widetilde{\mathrm{Ind}}_U(I(f|\mathfrak{h}) ; \mathfrak{g})$.

3.4. Le résultat suivant est démontré dans [8].

<u>LEMME</u>. - <u>Soient</u> $f \in \mathfrak{g}^*$, $\mathfrak{g}_1$ <u>une sous-algèbre de Lie de</u> $\mathfrak{g}$, Γ_1 <u>le plus petit sous-groupe algébrique de</u> Γ <u>tel que</u> $\mathrm{ad}_{\mathfrak{g}}\, \mathfrak{g}_1 \subset \mathrm{Lie}(\Gamma_1)$. <u>On suppose</u> $\mathfrak{g} = \mathfrak{g}_1 + \mathfrak{g}^f$; alors $\overline{\Gamma . f} = \overline{\Gamma_1 . f}$.

3.5. PROPOSITION. - <u>Soient</u> $f \in \mathfrak{g}^*$, $\mathfrak{h} \in SP(f ; \mathfrak{g})$, $\mathfrak{g}_1$ <u>une sous-algèbre de Lie de</u> $\mathfrak{g}$ <u>de codimension</u> 1 <u>dans</u> $\mathfrak{g}$ <u>et</u> $f_1 = f|\mathfrak{g}_1$.

(i) <u>Tout idéal de</u> $\mathfrak{g}$ <u>contenu dans</u> $\mathfrak{g}^f$ <u>est contenu dans</u> $\mathfrak{h}$.

(ii) <u>Si</u> $\mathfrak{g}^f \subset \mathfrak{g}_1$, <u>on a</u> $SP(f_1 ; \mathfrak{g}_1) \subset SP(f ; \mathfrak{g})$.

(iii) <u>Si</u> $\mathfrak{g}^f \not\subset \mathfrak{g}_1$, <u>on a</u> $\mathfrak{h} \cap \mathfrak{g}_1 \in SP(f_1 ; \mathfrak{g}_1)$.

<u>Démonstration</u>. - (i) Soit $\mathfrak{a}$ un idéal de $\mathfrak{g}$ contenu dans $\mathfrak{g}^f$. Si $x \in \mathfrak{a}$, $x - f(x) \in I(f)$. Si $g \in f + \mathfrak{h}^{\perp}$, on aura donc $x - g(x) \in I(g)$ d'où, puisque $I(f) \subset I(g)$ d'après 3.3, $g(x) = f(x)$ et donc $\mathfrak{a} \subset \mathfrak{h}$.

(ii) Si $\mathfrak{g}^f \subset \mathfrak{g}_1$, ona $P(f_1 ; \mathfrak{g}_1) \subset P(f ; \mathfrak{g})$ ([2], lemme 1.12.2), donc $I(f) = \mathrm{Ind}_U^{\sim}(I(f_1) ; \mathfrak{g})$. Il en résulte $SP(f_1 ; \mathfrak{g}_1) \subset SP(f ; \mathfrak{g})$.

(iii) Soit Γ_1 comme en 3.4. L'ensemble des restrictions à $\mathfrak{g}_1$ des éléments de Γ_1 s'identifie au groupe adjoint algébrique Γ_1' de $\mathfrak{g}_1$. Si $\pi : \mathfrak{g}^* \longrightarrow \mathfrak{g}_1^*$ est l'application de restriction, on a $\pi(\Gamma_1.f) = \Gamma_1'.(\pi(f))$. D'après 3.3 et 3.4, il vient donc $f_1 + \pi(\mathfrak{h}^{\perp}) \subset \pi(\overline{\Gamma_1.f}) \subset \overline{\pi(\Gamma_1.f)} = \overline{\Gamma_1'.\pi(f)}$. Donc, $\mathfrak{h} \cap \mathfrak{g}_1 \in SP(f_1 ; \mathfrak{g}_1)$ d'après 3.3

3.6. - Soient $\mathfrak{g}$ une k-algèbre de Lie résoluble, Γ son groupe adjoint algébrique et $\mathfrak{t}$ l'algèbre de Lie de Γ. On renvoie pour cette section à [4] et [5]. Soit $f \in \mathfrak{g}^*$; on note Φ_f la forme bilinéaire $\Phi_f : \mathfrak{t} \times \mathfrak{g} \longrightarrow k$ définie par $\Phi_f(A,x) = f(Ax)$ pour $A \in \mathfrak{t}$, $x \in \mathfrak{g}$. On désigne par $\mathfrak{g}[f]$ l'ensemble des éléments x de $\mathfrak{g}$ tels que $f(Ax) = 0$ pour tout $A \in \mathfrak{t}$; $\mathfrak{g}[f]$ est une sous-algèbre de Lie de $\mathfrak{g}$ et un idéal de $\mathfrak{g}^f$.

Si $\mathfrak{a}$ est un sous-espace de $\mathfrak{g}$, on note $\mathfrak{a}\{f\}$ l'ensemble des éléments A de $\mathfrak{t}$ tels que $f(Ax) = 0$ pour tout $x \in \mathfrak{a}$. En particulier, $\mathfrak{g}\{f\}$ est l'algèbre de Lie du stabilisateur de f dans Γ.

Soient $\{x_1,\dots,x_n\}$ une base de $\mathfrak{g}$ et $\{A_1,\dots,A_r\}$ une base de $\mathfrak{t}$. On a alors :

$$\dim \mathfrak{g}[f] = \dim \mathfrak{g} - \mathrm{rang}\,(f(A_i,x_j))_{i,j}$$

De même $\quad \dim \Gamma.f = \dim \mathfrak{t} - \dim \mathfrak{g}\{f\}$

Mais $\quad \dim \mathfrak{g}\{f\} = \dim \mathfrak{t} - \mathrm{rang}\,(f(A_i,x_j))_{i,j}$

donc $\quad \dim \Gamma.f = \dim \mathfrak{g} - \dim \mathfrak{g}[f]$

$$= \dim \mathfrak{t} - \dim \mathfrak{g}\{f\}$$

3.7. - Soit V un sous-espace de $\mathfrak{g}^*$ tel que $f + V \subset \overline{\Gamma.f}$. Soit T_f l'espace tangent à $\Gamma.f$ en f ; c'est aussi l'espace tangent à $\overline{\Gamma.f}$ en f et l'on a $T_f = \{f \circ A ; A \in \mathfrak{t}\}$. Il en résulte $T_f \subset (\mathfrak{g}[f])^{\perp}$. Comme $\dim T_f = \dim \mathfrak{t} - \dim \mathfrak{g}\{f\} = \dim \mathfrak{g} - \dim \mathfrak{g}[f]$ (cf. 3.6), on a $T_f = (\mathfrak{g}[f])^{\perp}$. Il en résulte que $V \subset (\mathfrak{g}[f])^{\perp}$. On en déduit, compte-tenu de 3.3 le résultat suivant :

<u>COROLLAIRE</u>. - <u>Toute pseudo-polarisation de</u> $\mathfrak{g}$ <u>en</u> f <u>contient</u> $\mathfrak{g}[f]$.

3.8. - On va généraliser dans cette section une construction de pseudo-polarisations due à R. Penney dans le cas nilpotent (c.f. [6]).

Soit $\Lambda_f = \{\lambda \in \mathfrak{g}^* ; \overline{\Gamma.f} + t\lambda = \overline{\Gamma.f} ; t \in k\}$; c'est un sous-espace de $\mathfrak{g}^*$ invariant sous l'action de Γ ; son orthogonal $\mathfrak{h}(f)$ dans $\mathfrak{g}$ est donc un idéal de $\mathfrak{g}$.

On définit une suite $\mathfrak{h}_n(f)$ de sous-algèbres de $\mathfrak{g}$ par

$$\mathfrak{h}_1(f) = \mathfrak{h}(f) \;;\; \mathfrak{h}_n(f) = \mathfrak{h}(f|\mathfrak{h}_{n-1}(f)) .$$

Soient enfin $\mathfrak{h}_\infty(f) = \bigcap_n \mathfrak{h}_n(f)$ et $\mathfrak{h}$ une polarisation de $\mathfrak{h}_\infty(f)$ en $f|\mathfrak{h}_\infty(f)$. (Dans le cas où $\mathfrak{g}$ est nilpotente, on a $\mathfrak{h} = \mathfrak{h}_\infty(f)$ d'après [6]).

PROPOSITION. - La sous-algèbre $\mathfrak{h}$ définie précédemment est une speudo-polarisation de $\mathfrak{g}$ en f.

Démonstration. - Notons pour simplifier $\mathfrak{h}_i$ au lieu de $\mathfrak{h}_i(f)$. On raisonne par récurrence sur la dimension de $\mathfrak{g}$. Si $\mathfrak{h}_\infty = \mathfrak{g}$, il n'y a rien à démontrer. Supposons $\mathfrak{h}_\infty \neq \mathfrak{g}$; on a alors $\mathfrak{h}_1 \neq \mathfrak{g}$. Posons $f_1 = f|\mathfrak{h}_1$, $g = f|\mathfrak{h}$. Par construction de $\mathfrak{h}_\infty$, on a $\mathfrak{h}_\infty = \mathfrak{h}_\infty(f|\mathfrak{h}_1(f))$; on a donc d'après l'hypothèse de récurrence $I(f_1) = \widetilde{\mathrm{Ind}}_U(I(g)\;;\;\mathfrak{h}_1)$. D'autre part, d'après le théorème 2.3 : $\widetilde{\mathrm{Ind}}_U(I(f_1)\;;\mathfrak{g}) = \bigcap_{h\in f+\mathfrak{h}_1^\perp} I(h)$. Comme $f + \mathfrak{h}_1^\perp \subset \overline{\Gamma.f}$, on a donc (continuité de l'application de Dixmier).

$$\widetilde{\mathrm{Ind}}_U(I,f_1)\;;\;\mathfrak{g}) = I(f).$$

D'après les propriétés des représentations induites, il vient donc $I(f) = \widetilde{\mathrm{Ind}}_U(I(g)\;;\;\mathfrak{g})$, soit $\mathfrak{h} \in SP(f\;;\;\mathfrak{g})$.

Remarque. - Si $\mathfrak{h}_\infty \in S(f\;;\mathfrak{g})$, on a $\mathfrak{h} = \mathfrak{h}_\infty$ et, comme $\mathfrak{h}_i$ est un idéal de $\mathfrak{h}_{i-1}$, on en déduit que $I(f)$ est le plus grand idéal de $U(\mathfrak{g})$ contenu dans $U(\mathfrak{g}).I(g)$.

3.9. - On va maintenant donner une autre caractérisation des sous-algèbres $\mathfrak{h}_i(f)$.

PROPOSITION. - L'idéal $\mathfrak{h}_1$ est le plus petit idéal de $\mathfrak{g}$ contenant $\mathfrak{g}[f]$.

Démonstration. - D'après la proposition 3.2 et le corollaire 3.7, on a $\mathfrak{g}[f] \subset \mathfrak{h}_1$. Inversement, soient $\mathfrak{a}$ un idéal de $\mathfrak{g}$ contenant $\mathfrak{g}[f]$ et $g = f|\mathfrak{a}$. Utilisons les notations de 3.6 ; considérant la forme Φ_f, on a :

$$\dim(\mathfrak{g}/\mathfrak{g}\{f\})-\dim(\mathfrak{a}/\mathfrak{g}[f]) = \dim(\mathfrak{a}\{f\}/\mathfrak{g}\{f\}) ,$$

d'où, d'après 3.6 : $\dim(\mathfrak{a}\{f\}/\mathfrak{g}\{f\}) = \dim \mathfrak{a}^\perp$. Soit $\varphi : \mathfrak{a}\{f\} \longrightarrow \mathfrak{g}^*$ définie par $\varphi(A) = f \circ A$ pour $A \in \mathfrak{a}\{f\}$. On a $\varphi(\mathfrak{a}\{f\}) \subset \mathfrak{a}^\perp$ et, comme $\dim\varphi(\mathfrak{a}\{f\}) = \dim\mathfrak{a}\{f\} - \dim\mathfrak{g}\{f\} = \dim \mathfrak{a}^\perp$, il vient $\varphi(\mathfrak{a}\{f\}) = \mathfrak{a}^\perp$. Soit Γ_g le stabilisateur de g dans Γ ; on a Lie $(\Gamma_g) = \mathfrak{a}\{f\}$. Ce qui précède montre que la Γ_g-orbite de f est dense dans $f + \mathfrak{a}^\perp$. Il vient donc $\overline{\Gamma_g.f} = f + \mathfrak{a}^\perp$. On en déduit $f + \mathfrak{a}^\perp \subset \overline{\Gamma.f}$. Si $\gamma \in \Gamma$, on a $\mathfrak{g}[\gamma.f] = \gamma.\mathfrak{g}[f]$; on a donc $h + \mathfrak{a}^\perp \subset \overline{\Gamma.f}$ pour tout $h \in \overline{\Gamma.f}$, d'où $\mathfrak{h}_1 \subset \mathfrak{a}$.

3.10. <u>COROLLAIRE</u>. - <u>Soit</u> $\mathfrak{g}_1$ <u>un idéal de</u> $\mathfrak{g}$ <u>contenant</u> $\mathfrak{g}[f]$. <u>Alors</u>, I(f) <u>est engendré par son intersection avec</u> $U(\mathfrak{g}_1)$.

<u>Démonstration</u>. - Soit $f_1 = f|\mathfrak{g}_1$; d'après 3.2 et 3.9, on a $I(f) = \widetilde{\mathrm{Ind}}_U(I(f_1) ; \mathfrak{g}_1) = U(\mathfrak{g}) \bigcap_{\gamma\in\Gamma} \gamma . I(f_1)$. D'après, [2], lemme 6.5.1, on a a $U(\mathfrak{g}) \bigcap_{\gamma\in\Gamma} \gamma . I(f_1) = U(\mathfrak{g})(I(f) \cap U(\mathfrak{g}_1))$. D'où le résultat.

3.11. <u>LEMME</u>. - <u>Soient</u> $\mathfrak{n}$ <u>un idéal nilpotent de</u> $\mathfrak{g}$ <u>contenant</u> $[\mathfrak{g},\mathfrak{g}]$ <u>et</u> $f\in\mathfrak{g}^*$. <u>On suppose</u> $\mathfrak{g} = \mathfrak{n} + \mathfrak{g}^f$ <u>alors</u>, $\mathfrak{g}[f] = \mathfrak{g}^f$.

<u>Démonstration</u>. - Soient Γ le groupe adjoint algébrique de $\mathfrak{g}$ et $g = f|\mathfrak{n}$. D'après [2], lemme 6.5.4, on a

$$\mathrm{rang}(B_f) = \mathrm{rang}(B_g) \ ; \ U(\mathfrak{g})/I(f) = U(\mathfrak{n})/I(g)$$

Il vient donc ([10], III, corollaire 2.5)

$$\mathrm{Dim}\, U(\mathfrak{g})/I(f) = \dim \Gamma.f = \dim \mathfrak{g} - \dim \mathfrak{g}[f]$$

et : $\mathrm{Dim}\, U(\mathfrak{g})/I(f) = \mathrm{Dim}\, U(\mathfrak{n})/I(g) = \mathrm{rang}(B_g) = \mathrm{rang}(B_f)$

$$= \dim \mathfrak{g} - \dim \mathfrak{g}^f.$$

Comme $\mathfrak{g}[f] \subset \mathfrak{g}^f$, on a donc $\mathfrak{g}[f] = \mathfrak{g}^f$.

3.12. <u>PROPOSITION</u>. - <u>Soient</u> $\mathfrak{g}$ <u>une</u> k-<u>algèbre de Lie nilpotente et</u> $f\in\mathfrak{g}^*$. <u>On suppose</u> $\mathfrak{g} = [\mathfrak{g},\mathfrak{g}] + \mathfrak{g}^f$. <u>Alors</u>, $SP(f ; \mathfrak{g}) = P(f ; \mathfrak{g})$.

<u>Démonstration</u>. - On raisonne par récurrence sur $n = \dim \mathfrak{g}$, le cas n=1 étant trivial.

Supposons qu'il existe un idéal $\mathfrak{a}$ non nul de $\mathfrak{g}$ tel que $f(\mathfrak{a}) = 0$. Si $\mathfrak{h} \in SP(f ; \mathfrak{g})$, on a $\mathfrak{a} \subset \mathfrak{h}$ (proposition 3.5 (i)). On se ramène alors à étudier $\mathfrak{g}/\mathfrak{a}$ à laquelle on peut appliquer l'hypothèse de récurrence et on en déduit facilement le résultat.

Supposons le cas précédent exclu. Il existe z central dans $\mathfrak{g}$ tel que $f(z) \neq 0$, $y\in\mathfrak{g}$ et $\lambda\in\mathfrak{g}^*-\{0\}$ tels que $[x,y] = \lambda(x)z$ pour tout $x\in\mathfrak{g}$. On a alors $[\mathfrak{g},\mathfrak{g}] \subset \ker\lambda$, $\mathfrak{g}^f \subset \ker\lambda$, en contradiction avec l'hypothèse.

4. EXEMPLES ET CONTRE-EXEMPLES.

On donne dans ce paragraphe des exemples et des contre-exemples à des problèmes qui se posent naturellement dans l'étude de la section 3. Le détail des calculs est laissé au soin du lecteur.

4.1. - Si $\mathfrak{g}$ est nilpotente, les Γ-orbites dans $\mathfrak{g}^*$ sont fermées ; on a donc $\mathfrak{h} \in SP(f ; \mathfrak{g}) \Longleftrightarrow f + \mathfrak{h}^\perp \subset \Gamma.f$. Si $\mathfrak{g}$ est résoluble non nilpotente, ce résultat n'est plus vrai en général.

Soient $\mathfrak{g}$ de base $\{x,y\}$ avec $[x,y] = y$ et $f\in\mathfrak{g}^*$ tels que

$f(y) \neq 0$. On a $\mathfrak{h} = kx \in SP(f\ ;\ \mathfrak{g})$, mais $f + \mathfrak{h}^{\perp} \not\subset \Gamma.f$.

4.2. - Soit $\mathfrak{g}_1$ un idéal de codimension 1 dans $\mathfrak{g}$. Si $\mathfrak{g}^f \subset \mathfrak{g}$, on peut avoir, contrairement au cas des polarisations, $\mathfrak{h} \in SP(f\ ;\mathfrak{g})$, $\mathfrak{h} \subset \mathfrak{g}_1$, mais $\mathfrak{h} \notin SP(f \mid \mathfrak{g}_1\ ;\ \mathfrak{g}_1)$.

Soit $\mathfrak{g}$ de base $\{x,y,z\}$ avec $[x,y] = z$, $[\mathfrak{g},z] = 0$, $f \in \mathfrak{g}^*$ tel que $f(z) \neq 0$, $\mathfrak{g}_1 = ky + kz$. On a $\mathfrak{h} = kz \in SP(f\ ;\mathfrak{g})$, mais $\mathfrak{h} \notin SP(f \mid \mathfrak{g}_1\ ;\ \mathfrak{g}_1)$.

4.3. - Si $\mathfrak{h} \in SP(f\ ;\ \mathfrak{g})$, on n'a pas nécessairement $\mathfrak{g}^f \subset \mathfrak{h}$. Soient $\alpha \in k$- $\mathfrak{g}$ de base $\{x,y,z\}$ avec $[x,y] = y$, $[x,z] = \alpha.z$, $[y,z] = 0$, $f \in \mathfrak{g}^*$ tel que $f(y) = f(z) = 1$. On a $I(f) = 0$, donc toute sous-algèbre $\mathfrak{h}$ de $\mathfrak{g}$ de dimension $\leqslant 1$ appartient à $SP(f\ ;\ \mathfrak{g})$. Si $\mathfrak{h} \neq k(z-\alpha.y)$, on a $\mathfrak{g}^f \not\subset \mathfrak{h}$.

4.4. - Soient $\mathfrak{g}$ de base $\{x,y,z,t\}$ avec $[x,y] = y$, $[x,t] = -t$, $[t,y] = z$, $[\mathfrak{g},z] = 0$, $f \in \mathfrak{g}^*$ tel que $f(x) = f(y) = f(t) = 0$, $f(z) = 1$. On a $\mathfrak{g}^f = \mathfrak{g}[f] = kx + kz$, $\mathfrak{h}_{\infty}(f) = \mathfrak{g}$, $I(f) = U(\mathfrak{g})(z-1) + U(\mathfrak{g})(x - ty + \frac{1}{2})$. On en déduit facilement d'après 3.7 que $P(f\ ;\mathfrak{g}) = SP(f\ ;\ \mathfrak{g})$.

4.5. - Soit $\mathfrak{g}_1$ un idéal de codimension 1 de $\mathfrak{g}$ tel que $\mathfrak{g}^f \subset \mathfrak{g}_1$ et $f_1 = f \mid \mathfrak{g}_1$. Contrairement au cas des polarisations, on peut avoir $SP(f\ ;\mathfrak{g}) \cap SP(f_1\ ;\ \mathfrak{g}_1) \neq \emptyset$.

Soient $\mathfrak{g}$ de base $\{x,y,z,t\}$ avec $[x,y] = z$, $[x,t] = t$, $[y,t] = 0$, $[\mathfrak{g},z] = 0$, $\mathfrak{g}_1 = kx + kz + kt$ et $f \in \mathfrak{g}^*$ tel que $f(x) = f(y) = 0$, $f(z) = f(t) = 1$. On a $\mathfrak{g}^f = kz + k(y-t)$, $\mathfrak{g}[f] = kz$. On a donc $\mathfrak{h}_1(f) = \mathfrak{h}_{\infty}(f) = kz \in SP(f_1\ ;\ \mathfrak{g}_1) \cap SP(f\ ;\ \mathfrak{g})$.

On déduit de ces calculs que $I(f) = U(\mathfrak{g})(z-1)$, $I(f_1) = U(\mathfrak{g}_1)(z-1)$. On remarquera que cet exemple montre que l'hypothèse de nilpotence (pour $\mathfrak{g}_1$) dans le lemme 6.5.4 de [2] est essentielle. On a en effet $\mathfrak{g} = \mathfrak{g}^f + \mathfrak{g}_1$, mais on n'a pas $(\Gamma.f + h) \cap (\Gamma.f) = \emptyset$ pour tout $h \in \mathfrak{g}_1^{\perp} - \{0\}$. De même, $I(f) \cap U(\mathfrak{g}_1) = I(f_1)$, mais les algèbres $U(\mathfrak{g})/I(f)$ et $U(\mathfrak{g}_1)/I(f_1)$ ne sont pas isomorphes.

4.6. - De nombreux exemples semblaient montrer que, dans le cas nilpotent, $\mathfrak{h}_{\infty}$ était un élément de $SP(f\ ;\ \mathfrak{g})$ de dimension minimale. L'exemple suivant montre qu'il n'en est rien.

Soit $\mathfrak{g}$ de base $\{e_1,\dots,e_6\}$ avec $[e_1,e_2] = e_3$, $[e_1,e_3] = e_4$, $[e_1,e_4] = [e_2,e_3] = e_5$, $[e_1,e_5] = [e_2,e_4] = e_6$. Soit $f \in \mathfrak{g}^*$ tel que $f(e_6) = 1$, $f(e_i) = 0$ pour $1 \leqslant i \leqslant 5$. On a $\mathfrak{h}_{\infty}(f) = \sum_{i=3}^{6} ke_i$,

$I(f) = U(\mathfrak{g})(e_6-1) + U(\mathfrak{g})(e_3-e_4e_5 - (e_5^3/3))$. Il en résulte que $\mathfrak{h} = ke_3 + ke_5 + ke_6$ est un élément de $SP(f ; \mathfrak{g})$ strictement contenu dans $\mathfrak{h}_\infty(f)$.

4.7. - (i) La réciproque de la proposition 4.11 est inexacte.

Soient $\mathfrak{g}$ de base $\{e_i\}_{1 \leq i \leq 4}$ avec $[e_1,e_2] = e_3$, $[e_1,e_3] = e_4$, $[e_2,e_3] = 0$, $[\mathfrak{g},e_4] = 0$, $\{e_i^*\}_{1 \leq i \leq 4}$ la base duale et $f = e_4^*$. On a $\mathfrak{g}^f + [\mathfrak{g},\mathfrak{g}] = ke_2 + ke_3 + ke_4 \neq \mathfrak{g}$, pourtant on a $SP(f ; \mathfrak{g}) = P(f ; \mathfrak{g})$. Cet ensemble est réduit à un seul élément $\mathfrak{h} = ke_2 + ke_3 + ke_4$.

(ii). Si dans l'énoncé de la proposition 4.11, on remplace $[\mathfrak{g},\mathfrak{g}]$ par un idéal $\mathfrak{n}$ de $\mathfrak{g}$ tel que $[\mathfrak{g},\mathfrak{g}] \subsetneq \mathfrak{n} \subsetneq \mathfrak{g}$, le résultat ne subsiste pas en général.

Soient $\mathfrak{g}$ de base $\{e_i\}_{1 \leq i \leq 6}$, $\{e_i^*\}_{1 \leq i \leq 6}$ la base duale avec $[e_1,e_2] = e_4$, $[e_1,e_3] = e_5$, $[e_1,e_4] = e_6$, $[e_3,e_5] = e_6$. Soient $f = e_6^*$ et $\mathfrak{n} = \sum_{i \neq 2} ke_i$. On a $\mathfrak{n} + \mathfrak{g}^f = \mathfrak{g}$. On vérifie facilement que $\mathfrak{h} = ke_2 + ke_4 + ke_6 \in SP(f ; \mathfrak{g})$, mais $\mathfrak{h} \notin P(f ; \mathfrak{g})$.

4.8. - Si $\mathfrak{h}_\infty(f) = \mathfrak{g}$, de nombreux exemples semblaient montrer $SP(f ; \mathfrak{g}) = P(f ; \mathfrak{g})$ (voir par exemple 4.4). Cette propriété est cependant fausse en général.

Soient $\mathfrak{g}$ de base $\{e_i\}_{1 \leq i \leq 9}$, $\{e_i^*\}_{1 \leq i \leq 9}$ la base duale avec $[e_1,e_2] = -e_2$, $[e_1,e_3] = -e_3$, $[e_1,e_4] = e_4$, $[e_1,e_7] = e_7$, $[e_1,e_8] = e_8$ $[e_2,e_4] = -e_6$, $[e_2,e_8] = e_9$, $[e_3,e_4] = -e_5$, $[e_3,e_7] = e_9$, $[e_4,e_5] = -e_8$, $[e_4,e_6] = e_7$, $[e_5,e_6] = -e_9$, les autres crochets étant nuls ou s'en déduisant par antisymétrie.

Soient $f = e_9^*$; on a $\mathfrak{g}^f = ke_1 + ke_4 + ke_6$. Il vient $[\mathfrak{g},\mathfrak{g}] + \mathfrak{g}^f = \mathfrak{g}$, donc $\mathfrak{g}^f = \mathfrak{g}[f]$ (lemme 3.11). On trouve alors $\mathfrak{h}_\infty(f) = \mathfrak{g}$.

Toute polarisation de $\mathfrak{g}$ en f est de dimension 6 et on a $I(f) = U(\mathfrak{g})(e_9-1) + U(\mathfrak{g})(e_4+e_5e_7+e_6e_8) + U(\mathfrak{g})(e_1+1-e_2e_8-e_3e_7)$.

On en déduit que $\mathfrak{h} = ke_1 + ke_4 + ke_7 + ke_8 + ke_9$ est un élément de $SP(f ; \mathfrak{g})$.

4.9. - Les exemples amènent à poser le problème suivant :

Soient n la dimension minimale des sous-espaces V de $\mathfrak{g}$ tels que $f + V^\perp \subset \overline{\Gamma.f}$ et m la dimension minimale des pseudo-polarisations de $\mathfrak{g}$ en f ; a-t-on $m = n$?

BIBLIOGRAPHIE

[1] BORHO (W.), GABRIEL (P.), RENTSCHLER (R.). - Primideale in Einhüllenden auflösbarer Lie Algebran. Berlin, Springer-Verlag, 1973, (Lectures notes in Math., n°357).

[2] DIXMIER (J.). - Algèbres enveloppantes. Paris, Gauthier-Villars, 1974 (Cahiers Scientifiques, 37).

[3] DIXMIER (J.). - Idéaux primitifs dans les algèbres enveloppantes, J. of Algebra, 48, n°1, 1977, p.96-112.

[4] OOMS (A.). - On Lie algebras having a primitive universal enveloping algebra, J. of Algebra, 32, 1974, p.488-500.

[5] OOMS (A.). - On Lie algebras with primitive envelopes, supplements, Proc. Amer. Math. Soc., 58, 1976, p.67-72.

[6] PENNEY (R.). - Canonical objects in Kirillov theory on nilpotent Lie groups, Proc. Amer. Math. Soc., 66, n° 1, 1977, p.175-178.

[7] RENTSCHLER (R.). - L'injectivité de l'application de Dixmier pour les algèbres de Lie résolubles, Inv. Math., t.23, 1974, p.49-71.

[8] RENTSCHLER (R.). - Propriétés fonctorielles de l'application de Dixmier pour les algèbres de Lie résolubles, Preprint, Paris, 1976.

[9] TAUVEL (P.). - Polarisations et représentations induites des algèbres de Lie résolubles, Bull. Sc. Math., 100, 1976, p.33-44.

[10] TAUVEL (P.). - Sur les quotients premiers de l'algèbre enveloppantes d'une algèbre de Lie résoluble, Bull. Soc. Math. France, 106, 1978, p.177-205.

Université Pierre et Marie Curie
Mathématiques, U.E.R. 47,
tour 45-46, 5ème étage
4, Place Jussieu
75230 Paris Cedex 05

The size of infinite dimensional representations

David A. Vogan, Jr.

I will be discussing a circle of ideals in the strictest sense; the theorems state the equivalence of many things, but do not perhaps indicate why any of the things is interesting. I have no serious answer to this question, so I regard the results more as entertainment than as mathematics ; they should be judged on those grounds. I have made no attempt to credit results properly, except by providing a partial list of references at the end.

Let G be a connected real semisimple Lie group, and $G = KAN$ an Iwasawa decomposition ; in particular $K \subseteq G$ is a maximal compact subgroup. Let $(\pi, \mathcal{H})$ be an irreducible admissible representation of G on a Hilbert space $\mathcal{H}$. Let $\mathfrak{g}_0$ be the real Lie algebra of G, and $\mathfrak{g}$ its complexification. Let :

$$\mathcal{H}_K = \{ v \in \mathcal{H} \mid \dim \langle \pi(K)\, v \rangle < \infty \} \quad ;$$

then $\mathcal{H}_K \subseteq \mathcal{H}^\infty$ is a $\mathfrak{g}$-stable subspace, and (by a theorem of Harish-Chandra) $\mathfrak{g}$ acts irreductibly on $\mathcal{H}_K$. Perhaps the most primitive definition of the size of π goes as follows. Choose $0 \neq v_o \in \mathcal{H}_K$. Let :

$$\mathfrak{U}_n(\mathfrak{g}) = \text{span of } \{ X_1 \ldots X_k \mid k \leq n, \ \ X_i \in \mathfrak{g} \} \ .$$

be the natural filtration of $\mathfrak{U}(\mathfrak{g})$, the enveloping algebra of $\mathfrak{g}$. Put :

$$\mathcal{H}_K^n = \mathfrak{U}_n(\mathfrak{g}).v_o \ .$$

Then $\mathcal{U}_n(\mathfrak{g}).\mathcal{H}_K^m \subseteq \mathcal{H}_K^{n+m}$, and $\bigcup_n \mathcal{H}_K^n = \mathcal{H}_K$. Let $M = gr(\mathcal{H}_K) = \bigoplus_{i=o}^{\infty} M_i$, with $M_i = \mathcal{H}_K^i / \mathcal{H}_K^{i-1}$; this is the associated graded module for $\mathcal{H}_K$. If we regard the symmetric algebra $S(\mathfrak{g})$ as the associated graded algebra fo $\mathcal{U}(\mathfrak{g})$, then M is a graded $S(\mathfrak{g})$ module : if $\bar{x} = x + U_{n-1}(\mathfrak{g}) \in S_n(\mathfrak{g})$, and $\bar{v} = v + \mathcal{H}_K^{m-1} \in M_m$, then :

$$\bar{x}.\bar{v} = xv + \mathcal{H}_K^{m+n-1} \in M_{n+n} .$$

Since $U(\mathfrak{g}).\mathcal{H}_K^o = \mathcal{H}_K$, we have $S(\mathfrak{g}).M_o = M$; so in particular M is finitely generated. So we can define :

<u>Gelfand-Kirillov dimension of</u> $\pi = d(\pi)$ = Krull dimension of M

<u>multiplicity of</u> $\pi = m(\pi)$ = multiplicity of M.

These are both non-negative integers, and $m(\pi)$ is positive. To be more precise : by the Hilbert-Samuel theorem, there is a polynomial :

$$p_M(n) = \frac{m(\pi)}{d(\pi)!} n^{d(\pi)} + \text{(lower order terms in } n)$$

such that

$$\sum_{i=o}^{n} \dim M_i = p_M(n) \quad \text{for } n \text{ large.}$$

The polynomial p_M may depend on our choice of $v_o \in \mathcal{H}_K$, but $d(\pi)$ and $m(\pi)$ do not. We can also define :

$$\mathcal{V}_K(\pi) = \bigcup_{v_o \in \mathcal{H}_K - 0} \text{Supp } M(v_o) \subseteq \text{Spec } S(\mathfrak{g}) \cong \mathfrak{g}^* .$$

Here $M(v_o)$ denotes the module defined using v_o, and Supp means the support of the module. Suppose we identify $\mathfrak{g}$ with $\mathfrak{g}^*$ using the Killing form, so that $\mathcal{V}_K(\pi) \subseteq \mathfrak{g}$. Let $\mathfrak{N} \subseteq \mathfrak{g}$ be the cone of nilpotent elements, and $\mathfrak{g} = \underline{k} + \mathfrak{p}$ the Cartan decomposition.

<u>Proposition</u> - $\mathcal{V}_K(\pi) \subseteq \mathfrak{N} \cap \mathfrak{p}$; <u>and is an algebraic variety of dimension</u> $d(\pi)$.

Next, let $I_\pi \subseteq \mathcal{U}(\mathfrak{g})$ be the annihilator of $\mathcal{H}_K$, which is a primitive ideal in $\mathcal{U}(\mathfrak{g})$. We can define $\mathrm{gr}(I_\pi) \subseteq S(\mathfrak{g})$, a homogeneous ideal.

Proposition : The Gelfand-Kirillov dimension of $\mathcal{U}(\mathfrak{g})/I_\pi$, $d(I_\pi)$, (which by definition is the Krull dimension of $S(\mathfrak{g})/\mathrm{gr}(I_\pi)$) is $2\,d(\pi)$.

We can also define the Goldie rank $\mathrm{rk}(I_\pi)$, which is the maximum order of a nilpotent element in $\mathcal{U}(\mathfrak{g})/I_\pi$; and by regarding $\mathcal{U}(\mathfrak{g})/I_\pi$ as a $\mathfrak{g}\times\mathfrak{g}$ module (by left and right multiplication) we can define the multiplicity $m(I_\pi)$. Furthermore we write $\mathcal{V}(I_\pi) \subseteq \mathfrak{g}^*$ for the variety associated to $\mathrm{gr}(I_\pi)$.

Proposition : $\mathcal{V}(I_\pi) \subseteq \mathcal{N}$. Let $G_\mathbb{C}$ be the adjoint group of $\mathfrak{g}$; then

$$\mathcal{V}(I_\pi) \supseteq \mathrm{Ad}(G_\mathbb{C}).\mathcal{V}_K(\pi),$$

and both sides are algebraic varieties of dimension $2d(\pi)$.

Let $\Omega_K \in \mathcal{U}(\underline{k})$ be the Casimir operator of $\underline{k}$ with respect to the Killing form. For $t \geqslant 0$, set :

$$\mathcal{H}_K(t) = \sum_{x \leq t} \left\{ v \in \mathcal{H}_K \,|\, \pi(\Omega_K)v = x^2.v \right\}$$

Proposition : There is a positive constant $b(\pi)$ such that

$$\lim_{t\to\infty} t^{-d(\pi)} \dim \mathcal{H}_K(t) = b(\pi).$$

This proposition is of course very similar to what one finds for the eigenvalues of the Laplacian on a compact Riemannian manifold (and in fact follows from such results for example when π is a principal series representation). It can also be refined, like the results on the Laplacian ; here one can get a very precise description of the asymptotic distribution of joint eigenspaces for the operators in the center of $\mathcal{U}(\underline{k})$.

Let Θ_π be the distribution character of π ; it is a distribution on $C_c^\infty(G)$. As a distribution, it has a well-defined "wavefront set", which is a cone in the cotangent bundle of G ; at each point, the size of this cone measures the singularity of Θ_π at that point. In particular :

$$S(\pi) = WF(\Theta_\pi)(1) \subseteq \mathfrak{g}_o^* .$$

The formula $\dim \pi = \Theta_\pi(1)$ when $\dim \pi < \infty$ suggests that $S(\pi)$ might measure the size of π ; and in fact :

Proposition : $S(\pi)$ is a finite union of real nilpotent orbits (i.e. orbits of G in $\mathcal{N} \cap \mathfrak{g}_o^*$) of dimension less than or equal to $2d(\pi)$; and equality occurs. Furthermore

$$S(\pi) \subseteq \mathfrak{g}_o^* \cap \mathcal{V}(I_\pi) ,$$

and here the right side also has real dimension $2d(\pi)$.

Harish-Chandra has shown that Θ_π is analytic on the regular set in G, so it makes sense to speak of its values there. Let $\mathfrak{m}_o$ be the centralizer of $\mathfrak{a}_o$ in k_o, and choose $X \in \mathfrak{m}_o + \mathfrak{a}_o$ regular (as is possible). If t is small and non-zero, $\exp(t.X)$ is then regular in G.

Proposition : There is a positive constant $c(\pi)$ (depending on the choice of X) so that

$$\lim_{t \to 0^+} t^{d(\pi)} \Theta_\pi(\exp(t.X)) = c(\pi)$$

Recall the theory of "Whittaker models" : let ξ be a generic one dimensional character of $\mathfrak{n}_o$, the Lie algebra of N ; this means that ξ should be non-zero on each simple restricted root space. Define :

$$Wh(\pi) = \{ f \in \mathcal{H}_K^* \mid f(Y.v) = \xi(Y) f(v) \quad \text{for} \quad Y \in n,\ v \in \mathcal{H}_K \}$$

Put $w(\pi) = \dim Wh(\pi)$.

Proposition : $w(\pi) \neq 0$ if and only if $d(\pi) = \dim N$; and in this case $w(\pi) < \infty$.

It should be pointed out that $d(\pi)$ is always less than or equal to dim N ; equality occurs, for example, for the principal series and for some discrete series.

What is missing here is some relation among $m(\pi)$, $m(I_\pi)$, $rK(I_\pi)$, $b(\pi)$, $c(\pi)$, and $w(\pi)$. One can say a little, if these invariants are regarded as functions of a parameter in a family of representations. To describe such families, fix $\underline{h} \subseteq \mathfrak{g}$ a Cartan subalgebra. Let $z(\mathfrak{g})$ be the center of $\mathcal{U}(\mathfrak{g})$; recall the Harish-Chandra isomorphism $z(\mathfrak{g}) \longrightarrow S(\underline{h})^W$, with W the Weyl group. $z(\mathfrak{g})$ acts by scalars in any irreducible representation, and such actions of $z(\mathfrak{g})$ are therefore parametrized by W orbits in h^*. Suppose then that $z(\mathfrak{g})$ acts in π according to $\nu \in h^*$. Let :

$$R_\nu = \left\{ \alpha \in \Delta(\mathfrak{g}, \underline{h}) \mid \frac{2\langle \alpha, \nu \rangle}{\langle \alpha, \alpha \rangle} \in \mathbb{Z} \right\},$$

and choose R^+_ν, a positive system in R_ν, so that ν is dominant. Put $\bar{C} = \{ \lambda \in \underline{h}^* \mid \lambda$ is dominant for $R^+_\nu \}$. Let $\Lambda \subseteq \underline{h}^*$ be the lattice of weights of finite dimensional representations of G.

Proposition : There is a unique family $\{(\pi(\lambda), \mathcal{H}(\lambda)) \mid \lambda \in (\nu + \Lambda) \cap \bar{C}\}$ of irreducible admissible representations of G (we allow $\mathcal{H}(\lambda) = \{0\}$) such that

a) $\pi(\nu) = \pi$

b) $\pi(\lambda)$ has infinitesimal character λ

c) the characters $\Theta(\pi(\lambda))$ depend coherently on λ in the sense of Schmid.

We remark that $\pi(\lambda) \neq 0$ when λ is regular. We can now consider all of the invariants defined previously as functions of λ ; we define all of them but $d(\pi)$ to be zero when $\pi(\lambda) = 0$.

Théorem : All of the non-zero representations $\pi(\lambda)$ have the same Gelfand-Kirillov dimension $d(\pi)$. As functions of λ, the invariants $m(\pi(\lambda))$, $m(I_{\pi(\lambda)})$, $rk(I_{\pi(\lambda)})$, $b(\pi(\lambda))$, $c(\pi(\lambda))$, and $w(\pi(\lambda))$ are all polynomials. Furthermore $m(\pi(\lambda))$, rk, b, and c have degree equal to the number of positive roots of $\mathfrak{g}$ minus $d(\pi)$; $m(I_{\pi(\lambda)})$ has twice this degree ; and $w(\pi(\lambda))$ has this degree when it is non-zero. Finally rk, b, c, and w are all multiples of (say) rk

<u>Conjecture</u> $m(\pi(\lambda))$ is also a multiple of rk.

If true for complex groups, this conjecture would imply that $m(I_{\pi(\lambda)})$ is a multiple of $(rk)^2$. Joseph has shown that knowledge of rk up to a scalar determines I_π. On the other hand, c can be computed explicitly whenever the characters $\Theta(\pi(\lambda))$ are known. This gives a way to compute Goldie ranks up to a constant for discrete series ; and the Goldie ranks of those primitive ideals are not computable by any other known technique (even in type A_n).

Finally, a strange fact about Gelfand-Kirillov dimension ; for convenience we state it for Verma modules. Let $\mathfrak{g}_{\mathbb{Z}}$ be a $\mathbb{Z}$-form of $\mathfrak{g}$, and $\underline{b}_{\mathbb{Z}} = \underline{h}_{\mathbb{Z}} + \mathfrak{n}_{\mathbb{Z}}$ a Borel subalgebra. Put $k_o = \mathbb{Q}$, and for p a prime let k_p be any field of characteristic p. Set $\mathfrak{g}_p = \mathfrak{g}_{\mathbb{Z}} \otimes_{\mathbb{Z}} k_p$, etc. Identify $\underline{h}_p^*$ with $(\underline{k}_p)^r$ ($r = \dim \underline{h}$) using the simple roots : if $\lambda \longleftrightarrow (\lambda_1,\ldots,\lambda_r)$, and $\{\alpha_i\}_{i=1}^r$ are the simple roots, then

$$\frac{2\langle\alpha_i,\lambda\rangle}{\langle\alpha_i,\alpha_i\rangle} = \lambda_i \quad ;$$

this makes sense at least for large p. If $\lambda \in (\underline{k}_p)^r$, let $L_p(\lambda)$ denote the irreducible $\mathfrak{g}_p$ module of highest weight $\lambda-(1,\ldots,1)$. Suppose now that $\lambda \in (\mathbb{Z})^r$; let λ_p be its image in $(k_p)^r$.

<u>Proposition</u> : <u>Let</u> d <u>be the Gelfand-Kirillov dimension of</u> $L_o(\lambda_o)$. <u>Then there is a constant</u> $A_\lambda > 0$ <u>so that for all primes</u> p,

$$A_\lambda^{-1}\, p^d \leq \dim L_p(\lambda_p) \leq A_\lambda p^d \ .$$

Modulo some reasonable (but possibly non-trivial) conjectures about how the character of $L_p(\lambda_p)$ depends on p, one can show that (for large p) $\dim L_p(\lambda_p)$ is a polynomial in p, whose leading coefficient is a multiple of rk as a function of λ in each Weyl chamber.

References

1. D. Barbasch and D. Vogan, "The local structure of characters", to appear in J. Func. Anal.

2. M. Duflo, "Polynômes de Vogan pour $SL(n,\mathbb{C})$", preprint

3. R. Howe, "Wavefront sets of representations", preprint.

4. J.C. Jantzen, "Moduln mit einem höchsten Gewicht", Habilitationsschrift, Universität Bonn, 1977

5. D. King, M.I.T. thesis, 1979

6. T. Lynch, M.I.T. thesis, 1979

7. A. Joseph, "Goldie rank for enveloping algebras of semisimple Lie algebras I. and II", preprint.

8. D. Vogan, "Gelfand-Kirillov dimension for Harish -Chandra modules", Inv. Math. 48 (1978), 75-98

COEUR DE $K[X,\sigma,\delta]$ ET QUESTIONS D'ALGEBRICITE DANS $K(X,\sigma,\delta)$

par Gérard CAUCHON

INTRODUCTION

On dit qu'un corps gauche K, de centre Z(K) = k, est Localement de Dimension Finie -en abrégé L.D.F.-, si

$\forall \omega_1,\ldots,\omega_\ell \in K,\ [k(\omega_1,\ldots,\omega_\ell) : k]^{(*)} < +\infty$.

Ceci équivaut encore à dire que :

$\forall \omega_1,\ldots,\omega_\ell \in K,\ [k[\omega_1,\ldots,\omega_\ell] : k]^{(*)} < +\infty$

et, dans ces conditions, on a

$\forall \omega_1,\ldots,\omega_\ell \in K,\ k[\omega_1,\ldots,\omega_\ell] = k(\omega_1,\ldots,\omega_\ell)$.

On dit que le corps gauche K est algébrique si tout élément de K est algébrique sur k = Z(K).

Il est immédiat que : L.D.F. $\Longrightarrow$ Algébrique.

La réciproque de cette propriété constitue un problème ouvert, appelé le problème de KUROSH pour les corps :

Tout corps algébrique est-il L.D.F. ?

L'opinion généralement répandue dans les milieux spécialisés (cf. par exemples [4]) est qu'il existe probablement des contre-exemples à ce problème.

(*) $k(\omega_1,\ldots,\omega_\ell)$ (resp $[k\,\omega_1,\ldots,\omega_\ell]$) désigne le sous-corps (resp. sous anneau) de K engendré par k et les ω_i.

En effet, les corps gauches ne manquent pas dans la nature (c.f. [4]) et on peut penser que, sur la quantité, il y en aura bien un pour être algébrique et non L.D.F. L'ennui est qu'il est souvent difficile de déterminer le centre d'un corps gauche donné et de tester si un corps gauche est algébrique ou L.D.F.

Un lecteur (ne connaissant pas la réponse) pourra mesurer la difficulté de ces questions en cherchant, par exemple, le centre de $K = D(X_1,\dots,X_n)$, corps de fractions de l'anneau de polynômes $D[X_1,\dots,X_n]$, D désignant un corps gauche.

Nous allons ici centrer notre intérêt sur les corps de fractions des anneaux de polynômes de Ore. Rappelons de quoi il s'agit.

Soit K un corps gauche, σ un endomorphisme de K (nécessairement injectif, mais peut être pas surjectif) et δ une σ-dérivation de K, c'est-à-dire une application de K dans K, telle que

$\forall a, b \in K, \quad \delta(a+b) = \delta(a) + \delta(b) \quad$ et $\quad \delta(ab) = \delta(a)b + \sigma(a)\,\delta(b)$.

Soit l'anneau $A = K[X,\sigma,\delta]$ (Ceci est l'anneau des polynômes $a_o + a_1X + \dots + a_nX^n$ à coefficients $a_i \in K$, dans lequel on perturbe la multiplication de l'indéterminée X par les coefficients en posant, pour tout $a \in K$,

$$Xa = \sigma(a)\,X + \delta(a)).$$

A est un anneau intègre, principal à gauche. Il possède donc un corps de fractions à gauche $Q(A)$ qu'on note

$$Q(A) = K(X,\sigma,\delta).$$

Les problèmes évoqués ci-dessus nous conduisent à poser les questions suivantes :

<u>Question</u> 1 : Quel est le centre de $K(X,\sigma,\delta)$ (encore appelé le coeur de $K[X,\sigma,\delta]$) ?

<u>Question</u> 2 : A quelles conditions sur K, σ et δ, le corps $K(X,\sigma,\delta)$ est-il L.D.F. (resp. algébrique) ?

<u>Question</u> 3 : (Posée par RENAULT au cours d'une conversation) : Peut-on choisir K, σ et δ pour que $K(X,\sigma,\delta)$ soit un contre-exemple au problème de KUROSH ?

Nous verrons que, compte tenu des éléments de réponse apportés à la question 2, nous pouvons donner à la question 3 la réponse suivante :

Il est impossible que $K(X,\sigma,\delta)$ soit un contre-exemple au problème de KUROSH à moins que K lui même en soit un. En d'autre termes, on peut dire que la classe $\mathcal{E}$ de tous les corps gauches qui ne sont pas des contre-exemples au problème de KUROSH est stable par toutes les extensions de corps du type $K \longrightarrow K(X,\sigma,\delta)$. Ceci fait l'objet des deux premiers paragraphes.

Dans le troisième paragraphe, nous montrons que les résultats obtenus sur le centre de $K(X,\sigma,\delta)$ se prolongent sans difficulté en des théorèmes de structure du centre du localisé de $K[X,\sigma,\delta]$ par rapport à n'importe quel système multiplicatif d'éléments non nuls pour lequel la condition de Ore à gauche est satisfaite.

I. LE CENTRE DE $K(X,\sigma,\delta)$

1°) Rappel sur les idéaux bilatères et le centre de $K[X,\sigma,\delta]$ (C.F. [2]).

Le résultat suivant est valable si on fait l'une ou l'autre des deux hypothèses suivantes :

(H_1) K est un anneau quasi-simple et $\sigma \in \mathrm{Aut}(K)$

(H_2) K est artinien simple (et on ne suppose rien pour σ).

Théorème I.1 : L'une des deux hypothèses (H_1) ou (H_2) étant supposée satisfaite, on a les résultats suivants :

1°) Les idéaux bilatères non nuls de $A = K[X,\sigma,\delta]$ sont de la forme $\mathfrak{B} = AQ$ où Q est un polynôme unitaire.

2°) Supposons A non quasi-simple et soit P un polynôme unitaire non constant, de degré minimal tel que $\mathfrak{P} = AP$ soit un idéal bilatère de A.

Alors, les idéaux bilatères de A sont exactement les idéaux de la forme $\mathfrak{B} = A\omega P^n$ ($n \in \mathbb{N}$, $\omega \in Z(A)$).

3°) Soit $k = Z(K)$ et

$$C = \{a \in k \mid \sigma(a) = a \text{ et } \delta(a) = 0\}$$

α) On a $C = Z(A) \cap K$ et ceci est un sous-corps de k.

β) Si $Z(A) \supsetneq C$ (donc si $Z(A) \not\subseteq K$) et si T désigne un polynôme de $Z(A) \setminus K$ de degré minimal, on a

$$Z(A) = C[T] .$$

Définition : On dit que $Z(A)$ est trivial s'il est réduit à C.

4°) A est un anneau premier.

2°) Le centre de $K(X,\sigma,\delta)$

Théorème I.2 : Supposons l'une des deux hypothèses (H_1) ou (H_2) satisfaite et supposons que l'anneau $A = K[X,\sigma,\delta]$ possède un anneau total de fractions à gauche, soit $Q(A)$.

Alors : $Z(Q(A)) = Q(Z(A)) = \begin{cases} C & \text{si } Z(A) \text{ est trivial} \\ C(T) & \text{si } Z(A) \text{ est non trivial} \end{cases}$

Remarques. L'anneau A étant premier (sous l'une des hypothèses (H_1) ou (H_2)), les éléments de $Z(A)^* = Z(A)\setminus\{0\}$ sont réguliers dans A, donc $Q(A) \supseteq Q(Z(A))$.

A admet toujours un anneau total de fractions à gauche dans le cas de l'hypothèse (H_2), car il est alors principal à gauche (C.F. [2]). Il admet aussi un anneau total de fractions à gauche si on fait l'hypothèse (H_1) et si on suppose de plus que K est noethérien à gauche.

Démonstration du théorème I.2 :

Soit $\alpha = S^{-1}Q$ un élément non nul de $Z(Q(A))$ $(S, Q \in A)$.

Le résultat suivant est classique

quelque soit $H \in A$ on a $SHQ = QHS$. (1)

En effet, en écrivant $\alpha S = S\alpha$, il vient $SQ = QS$, puis, de $\alpha H = H\alpha$, on tire $S^{-1}QH = HS^{-1}Q = HQS^{-1}$, d'où $SHQ = QHS$.

Distinguons deux cas :

1er cas : A est quasi-simple

Alors, $ASA = A \Longrightarrow QASA = QA \subseteq SA$ d'après (1). Donc $Q = SQ_1$ et $\alpha = Q_1 \in Z(A)$.

C.Q.F.D.

2ème cas : A n'est pas quasi-simple

Soit $\mathcal{B} = \{B \in A \mid B\alpha \in A\}$.

α étant central dans $Q(A)$, $\mathcal{B}$ est un idéal bilatère de A et $\mathcal{B} \neq \{0\}$ puisque $S \in \mathcal{B}$.

En reprenant les notations du théorème I.1, $\mathcal{B}$ contient un élément de la forme ωP^n $(n \geq 0,\ \omega \in Z(A),\ \omega \neq 0)$. Un tel élément est régulier dans A (P est régulier car unitaire et ω est régulier car central), donc inversible dans $Q(A)$.

Finalement, on voit qu'on peut écrire

$\alpha = S^{-1}Q$ avec $Q \neq 0 \in A$ et $S = \omega P^n$ $(\omega \in Z(A), \omega \neq 0, n \geqslant 0)$.

Puisque AS est un idéal bilatère de A, pour tout $H \in A$, il existe $H' \in A$ tel que $SH = H'S$.

L'égalité (1) donne alors

$$SHQ = H'SQ = H'QS = QHS \Longrightarrow QH = H'Q.$$

Donc AQ est un idéal bilatère non nul A.
Par suite, on peut écrire

$$AQ = AS' \text{ avec } S' = \omega' P^{n'} \quad (\omega' \in Z(A), \omega' \neq 0, n' \geqslant 0).$$

On démontre ([2]. Lemmes 5.1.1. et 6.2.5) que, pour tout polynôme $U \neq 0$ de A, si AU est un idéal bilatère de A, le coefficient dominant de U est inversible dans K. En particulier les coefficients dominants de Q et S' sont inversibles dans A.

On en déduit facilement que Q et S' sont liés par

$$Q = \lambda S' \quad (\lambda \in K, \text{ inversible}).$$

Je dis que λ commute avec S.
En effet, il est clair que $SS' = S'S$.
D'autre part, $\alpha = S^{-1}Q$ étant central, on a $SQ = QS$, d'où
$S\lambda S' = \lambda S'S = \lambda SS' \Longrightarrow S\lambda = \lambda S$.

Par suite, on peut écrire

$$\alpha = \lambda S^{-1}S' = \omega^{-1}\lambda\omega' P^m \quad (m = n'-n).$$

Si $m \geqslant 0$, $\omega'' = \lambda\omega' P^m \in A$ et, comme $\omega'' = \omega\alpha$, $\omega'' \in Z(A)$.
Donc $\alpha = \omega^{-1}\omega'' \in Q(Z(A))$.

Si $m < 0$, on a $\alpha^{-1} = \omega'^{-1}\omega'''$ avec $\omega''' = P^{|m|}\lambda^{-1}\omega \in A$. De l'égalité $\omega''' = \omega'\alpha^{-1}$, on déduit $\omega''' \in Z(A)$ et $\alpha = \omega'''^{-1}\omega' \in Q(Z(A))$.

Nous avons donc démontré que $Z(Q(A)) \subseteq Q(Z(A))$.

C.Q.F.D.

II. QUESTIONS D'ALGEBRICITE DANS $K(X, \sigma, \delta)$

Dans ce qui suit, K désigne un corps gauche de centre k. σ n'est pas supposé surjectif.
K, σ et δ relèvent donc des théorèmes I.1 et I.2 (car l'hypothèse (H_2) est satisfaite), dont nous reprenons les notations.

1°) Conditions pour que $K(X, \sigma, \delta)$ soit algébrique :

Théorème II.1 :

La condition

i) $K(X,\sigma,\delta)$ est algébrique,

implique les deux conditions suivantes qui sont équivalentes :

ii) K est algébrique et $Z(K[X,\sigma,\delta])$ est non trivial.

iii) . K est algébrique

. $\sigma \in Aut(K)$ et il existe un entier $n>0$ tel que $\sigma^n \in Int(A)$

. δ est algébrique sur K (cad : Il existe une relation du type $a_1\delta+\ldots+a_m\delta^m = 0$ avec $a_i \in K$ et $a_m \neq 0$).

Démonstration :

L'équivalence des propriétés ii) et iii) résulte de ([2] th. 6.2.17).

Démontrons que i) $\Longrightarrow$ ii)

Si $Z(K[X,\sigma,\delta]) = C$, alors d'après le théorème I.2, $Z(K(X,\sigma,\delta)) = C$ et $K(X,\sigma,\delta)$ n'est pas algébrique (car X n'est pas algébrique sur C).

Donc, si nous supposons i), $Z(K[X,\sigma,\delta])$ est non trivial.

Posons alors $Z(K[X,\sigma,\delta]) = C[T]$ (notations du th. I.1).

Soit $a \in K$

D'après i), a est algébrique sur $C(T) = Z(K(X,\sigma,\delta))$, donc a est algébrique sur $C[T]$, donc a est algébrique sur C.

Donc K est algébrique sur C. Comme $C \subset k = Z(K)$, K est bien un corps algébrique.

C.Q.F.D.

2°) Conditions pour que $K(X,\sigma,\delta)$ soit L.D.F.

Théorème II. 2 :

Les propriétés suivantes sont équivalentes :

i) $K(X,\sigma,\delta)$ est L.D.F.

ii) K est L.D.F. et $Z(K[X,\sigma,\delta])$ est non trivial

iii) . K est L.D.F.

. $\sigma \in Aut(K)$ et il existe un entier $n>0$ tel que $\sigma^n \in Int(K)$

. δ est algébrique sur K.

Démonstration :

L'équivalence des propriétés ii) et iii) résulte toujours de ([2'] th.6.2.17

Démontrons que i) $\Longleftrightarrow$ ii)

i) entraîne que $Z(K[X,\sigma,\delta])$ est non trivial d'après le théorème II.1. Posons comme ci-dessus $Z(K[X,\sigma,\delta]) = C[T]$.

La remarque suivante est triviale :

Remarque : Soit $\mathcal{F}$ une famille (non vide) d'éléments de K. Alors $\mathcal{F}$ est libre sur C si et seulement si $\mathcal{F}$ est libre sur C(T).

Ceci dit, soient $\omega_1,\dots,\omega_n$ n éléments de K.
D'après i), $[C(T)[\omega_1,\dots,\omega_n] : C(T)] = r < +\infty$. Donc la famille $\mathcal{F}$ de tous les monomes $\omega_{i_1}^{\alpha_1}\dots\omega_{i_s}^{\alpha_s}$ $(i_j \in \{1,\dots,n\}, \alpha_j \geq 1)$ est de rang r sur C(T). Elle a donc même rang r sur C d'après la remarque ci-dessus. Donc le rang de $\mathcal{F}$ sur $k = Z(K)$ est inférieur ou égal à r. Donc $[k[\omega_1,\dots,\omega_n] : k] < +\infty$. Donc K est L.D.F., ce qui démontre que i) $\Longrightarrow$ ii).

Démontrons que ii) $\Longrightarrow$ i).

Nous avons besoin de 2 lemmes.

Lemme II. 3 : La condition ii) entraîne $[k : C] < +\infty$

Distinguons 3 cas pour la démonstration :

1er cas : σ est intérieur

On peut alors supposer $\sigma = Id_K$ et δ est une véritable dérivation de K.
Si δ est elle même intérieure, on a $C = k$ et le lemme est démontré.

Supposons δ non intérieure.

$Z(K[X,\delta])$ étant supposé non trivial, on sait d'après [1] que K est de caractéristique $p > 0$ et que le polynôme T est de la forme

$$T = \mu + \varepsilon_1 X^p + \varepsilon_2 X^{p^2} + \dots + \varepsilon_\ell X^{p^\ell}$$

$(\mu \in K, \varepsilon_i \in C, \varepsilon_\ell \neq 0, \ell > 0)$.

On a immédiatement, pour tout entier $n > 0$ et tout $a \in K$,

$$X^{p^n} a = aX^{p^n} + \delta^{p^n}(a) .$$

Donc, en écrivant $Ta = aT$ et en identifiant les termes constants, il vient :

quelque soit $a \in K$, $\varepsilon_1 \delta^p(a) + \dots + \varepsilon_\ell \delta^{p^\ell}(a) = a\mu - \mu a$.

Et, en particulier, pour tout $a \in k$, on a

$$\varepsilon_1 \delta^p(a) + \dots + \varepsilon_\ell \delta^{p^\ell}(a) = 0 \qquad (1)$$

Par ailleurs, je dis que $\delta(k) \subseteq k$ (2).

En effet, soit $a \in k$.

Pour tout $b \in K$, on a $\delta(ab) = \delta(ba)$, d'où

$$\delta(a)b + \cancel{a\delta(b)} = \cancel{\delta(b)a} + b\delta(a).$$

Donc $\delta(a) \in k$.

Donc la restriction de δ à k est une dérivation de k, algébrique sur k.
Par suite, d'après ([2] th. 6.4.1), $[k : C] < +\infty$.

2ème cas δ est intérieure

Alors $C = \{a \in k \mid \sigma(a) = a\}$

Puisque $\sigma \in Aut(K), \sigma(k) = k$.

Puisqu'il existe un entier $n > 0$ tel que $\sigma^n \in Int(K)$, la restriction de σ à k est un automorphisme d'ordre fini de k. Donc $[k : C] < +\infty$.

3ème cas σ et δ ne sont pas intérieurs ni l'un ni l'autre

Je dis que $\sigma(a) = a$ pour tout $a \in k$ (3).

Supposons qu'il n'en soit pas ainsi et soit $\alpha \in k$ tel que $\beta = \sigma(\alpha) \neq \alpha$ ($\beta \in k$ puisque $\sigma \in \mathrm{Aut}(K)$). On a pour tout $x \in K$, $\delta(\alpha x) = \delta(x\alpha)$, d'où

$$\delta(\alpha)\,x + \beta\,\delta(x) = \delta(x)\,\alpha + \sigma(x)\,\delta(\alpha)$$

$$\Longrightarrow (\alpha - \beta)\,\delta(x) = \delta(\alpha)\,x - \sigma(x)\,\delta(\alpha) \quad \text{et}$$

$$\delta(x) = \mu x - \sigma(x)\,\mu \quad \text{avec} \quad \mu = (\alpha - \beta)^{-1}\,\delta(\alpha).$$

Donc δ est intérieure, ce qui est exclu.

Je dis que $\delta(a) = 0$ pour tout $a \in k$ (4).

Supposons qu'il n'en soit pas ainsi et soit $\alpha \in k$ tel que $\beta = \delta(\alpha) \neq 0$.

Alors, pour tout $x \in K$, on a $\delta(\alpha x) = \delta(x\alpha)$, d'où

$\beta x + \alpha\,\delta(x) = \delta(x)\,\alpha + \sigma(x)\,\beta$ ($\sigma(\alpha) = \alpha$ d'après (3)). Donc $\sigma(x) = \beta x \beta^{-1}$, donc $\sigma \in \mathrm{Int}(K)$, ce qui est exclu.

Il résulte alors de (3) et (4) que $C = k$, ce qui achève la démonstration du lemme II.3.

<u>Lemme</u> II.4 : <u>La condition</u> ii) <u>entraîne que</u> $K(T)$ <u>est localement de dimension finie sur</u> $C(T)$.

<u>Démonstration</u> : Soient $f_1,\dots,f_n$ n éléments de $K(T)$. Ecrivons $f_1 = S^{-1}P_1,\dots,f_n = S^{-1}P_n$ ($S \in K[T]$, $P_i \in K[T]$). Soit $\mathcal{E}$ l'ensemble des coefficients des polynômes S et P_i. $\mathcal{E}$ est donc un sous ensemble fini de K. Il résulte de la condition ii) et du lemme II.3, que K est localement de dimension finie sur C, de sorte que le corps $L = C(\mathcal{E})$ est de dimension finie sur C.

Par ailleurs, il est clair que

$$C(T)\,(f_1,\dots,f_n) \subseteq L(T).$$

Soit $\{u_1,\dots,u_m\}$ une base de L sur C. Ceci est encore une base de $L[T]$ sur $C[T]$.

D'autre part, si on pose $\Sigma = C[T] \setminus \{0\}$, ceci est un système multiplicatif d'éléments réguliers centraux de $L[T]$ et $\{u_1,\dots,u_m\}$ est encore une base de $\Sigma^{-1}L[T]$ sur $\Sigma^{-1}C[T] = C(T)$.

Donc $\Sigma^{-1}L[T]$ est artinien, donc $\Sigma^{-1}L[T] = L(T)$.

Donc $[L(T) : C(T)] < +\infty$.

Donc $[C(T)(f_1,\dots,f_n) : C(T)] < +\infty$.

<u>C.Q.F.D.</u>

Nous allons maintenant terminer la démonstration de ii) $\Longrightarrow$ i).

Rappelons tout d'abord les résultats suivants ([2] chap. V) :

Soit n le degré du polynôme T.

Alors, $K(X,\sigma,\delta) = K(T) \oplus K(T)X \oplus \dots \oplus K(T)X^{n-1}$ (5)

D'autre part, si on identifie σ et δ à leurs prolongements naturels à $K(T)$ ([2] prop. 7.1.2), on a encore, pour tout $\omega \in K(T)$, $X\omega = \sigma(\omega)X + \delta(\omega)$.

Considérons maintenant l éléments de $K(X,\sigma,\delta)$ soient $\omega_1,\ldots,\omega_\ell$.

Ecrivons, conformément à la relation (5) :

$$\begin{cases} \omega_1 = \alpha_o + \alpha_1 X + \ldots + \alpha_{n-1} X^{n-1} \\ \omega_2 = \beta_o + \beta_1 X + \ldots + \beta_{n-1} X^{n-1} \\ \vdots \\ \omega_\ell = \mu_o + \mu_1 X + \ldots + \mu_{n-1} X^{n-1} \end{cases} \qquad (\alpha_i, \beta_i, \ldots, \mu_i \in K(T))$$

Nous allons montrer que $[C(T)[\omega_1,\ldots,\omega_\ell] : C(T)] < +\infty$.

Posons $T = t_o + t_1 X + \ldots + t_n X^n$ $(t_i \in K,\ t_n \neq 0)$.

Alors, $X^n = t_n^{-1}(T-t_o) - t_n^{-1} t_1 X - \ldots t_n^{-1} t_{n-1} X^{n-1}$.

On démontre alors facilement, par récurrence, que

$$\forall m \geqslant 0, \quad \underset{\sim\sim\sim}{X^m = \lambda_o + \lambda_1 X + \ldots + \lambda_n X^{n-1}} \quad \text{avec} \qquad (6)$$
$$\underset{\sim\sim\sim}{\lambda_i \in C(T)(t_o, t_1, \ldots, t_n)}.$$

Soit $\mathcal{K}$ l'ensemble (fini) de tous les endomorphismes du $C(T)$ espace vectoriel $K(T)$, qui sont du type

$$\tau_1 \circ \tau_2 \circ \ldots \circ \tau_{n-1} \quad \text{où les } \tau_i \text{ sont choisis arbitrairement}$$

dans l'ensemble à 3 éléments $\{Id_K, \sigma, \delta\}$.

Soit $\mathcal{U}$ l'ensemble (fini) de tous les transformés des éléments $\alpha_i, \beta_i, \ldots, \mu_i$ par tous les éléments de $\mathcal{K}$.

Posons enfin

$$\mathcal{V} = \mathcal{U} \cup \{t_o, t_1, \ldots, t_n\}.$$

Ceci est un sous-ensemble fini de K.

Je dis que :

Tout élément de la forme $\omega_{i_1} \times \cdots \times \omega_{i_m}$ $(i_j \in \{1,\ldots,\ell\})$ se décompose en

$$(7)\begin{cases} \omega_{i_1} \times \cdots \times \omega_{i_m} = a_o + a_1 X + \ldots + a_{n-1} X^{n-1} \quad \text{avec, pour tout } i, \\ a_i \in C(T)(\mathcal{V}). \end{cases}$$

Ceci est clair si $m=1$ puisque $\mathcal{V}$ contient tous les α_i, les $\beta_i,\ldots$ et les μ_i.

Supposons le résultat vrai au rang m-1 et démontrons le au rang n.

On a donc, par hypothèse,

$$\omega_{i_1} \times \cdots \times \omega_{i_{m-1}} = a_o + a_1 X + \ldots + a_{n-1} X^{n-1} \quad (a_i \in C(T)(\mathcal{V})).$$

Afin de simplifier les notations, supposons $i_m = 1$, de sorte que

$$\omega_{i_1} \times \cdots \times \omega_{i_m} = a_o \omega_1 + a_1 X \omega_1 + \ldots + a_{n-1} X^{n-1} \omega_1.$$

Il nous suffit alors de montrer que $X^i\omega_1$ a une décomposition du type (7) pour tout $i \in \{0,1,\ldots,n-1\}$.

Il suffit encore, pour ceci, de montrer que $X^i \alpha_j X^j$ a une décomposition du type (7) quels que soient $i, j \in \{0,1,\ldots,n-1\}$.

Or, $X^i \alpha_j = b_o + b_1 X + \ldots + b_i X^i$ où les b_i sont des sommes de transformés de α_j par des éléments de $\mathcal{H}$.

Donc $X^i \alpha_j X^j = b_o X^j + b_1 X^{j+1} + \ldots + b_i X^{j+i}$ avec $b_o, b_1, \ldots, b_i \in C(T)(U)$

Il résulte alors de (6) que

$$X^i \alpha_j X^j = c_o + c_1 X + \ldots + C_{n-1} X^{n-1} \quad \text{avec}$$

$c_o, c_1, \ldots, c_{n-1} \in C(T)(\vartheta)$.

Ceci achève la démonstration de la formule (7).

Il en résulte que

$C(T)[\omega_1, \ldots, \omega_\ell] \subseteq C(T)(\vartheta) \oplus C(T)(\vartheta) X \oplus \ldots \oplus C(T)(\vartheta) X^{n-1}$ et, d'après le lemme II.4, ceci est de dimension finie sur $C(T)$, ce qui achève la démonstration.

3°) Extensions de Ore et problème de Kurosh.

Théorème II.5 : Soit K un corps gauche, σ un endomorphisme de K et δ une σ-dérivation de K.

Pour que $K(X,\sigma,\delta)$ soit un contre-exemple au problème de Kurosh, il est nécessaire que K en soit un.

Démonstration :

Supposons que $K(X,\sigma,\delta)$ soit un contre-exemple au problème de Kurosh. Ce corps est donc algébrique. Par suite K est algébrique et $Z(K[X,\sigma,\delta])$ est non trivial d'après le théorème II.1. D'autre part, K ne peut pas être L.D.F. sinon $K(X,\sigma,\delta)$ serait L.D.F. d'après le théorème II.2. Donc K est un contre-exemple au problème de Kurosh.

C.Q.F.D.

III. CENTRES DES LOCALISES DE $K[X,\sigma,\delta]$.

Comme dans le paragraphe précédent, K désigne un corps gauche, σ un endomorphisme de K et δ une σ-dérivation de K. On pose $A = K[X,\sigma,\delta]$.

Théorème III.1 : Soit S un système multiplicatif d'éléments non nuls (donc réguliers) de A pour lequel A vérifie la condition de Ore à gauche.

Alors $Z(S^{-1}A) = S'^{-1}Z(A)$.

où S' est l'ensemble des éléments de $Z(A)$ qui sont inversibles dans $S^{-1}A$.

Démonstration :

Posons $Q = K(X,\sigma,\delta)$

On a $A \subseteq S^{-1}A \subseteq Q$ et

$$Z(A) \subseteq Z(S^{-1}A) \subseteq Z(Q).$$

Si $Z(A)$ est trivial, on a $Z(A) = Z(S^{-1}A) = Z(Q) = C$. (notations du th. I.1) et le théorème est évident.

Supposons donc $Z(A)$ non trivial et posons

$$Z(A) = C[T] \quad \text{(notations du th. I.1)}$$

Alors, $Z(S^{-1}A) \subseteq Z(Q) = C(T)$ (Th. I.2).

Donc, si ω est un élément non nul de $Z(S^{-1}A)$, on peut écrire $\omega = \frac{P}{Q}$ où P et Q sont deux polynômes non nuls de $C[T]$ premiers entre eux.

Il existe alors U et $V \in C[T]$ tels que

$$UP + VQ = 1$$

D'où $\frac{1}{Q} = U\omega + V \in S^{-1}A$.

Donc $Q \in S'$ et $\omega \in S'^{-1}Z(A)$.

Donc $Z(S^{-1}A) \subseteq S'^{-1}Z(A)$.

C.Q.F.D.

Théorème III.2 : Soit $\mathfrak{P}$ un idéal premier de A et soit $\mathfrak{p} = \mathfrak{P} \cap Z(A)$ (c'est un idéal premier de $Z(A)$). Par [3], on sait définir le localisé à gauche, soit $A_{\mathfrak{P}}$ de A par rapport à $\mathfrak{P}$.

Alors $Z(A_{\mathfrak{P}}) = Z(A)_{\mathfrak{p}}$.

Démonstration :

Soit S le système multiplicatif des éléments de A qui sont réguliers modulo $\mathfrak{P}$.

On a $A_{\mathfrak{P}} = S^{-1}A$ et, d'après le théorème III.1,

$Z(A_{\mathfrak{P}}) = S'^{-1}Z(A)$ où S' est l'ensemble des éléments de $Z(A)$ qui sont inversibles dans $S^{-1}A$.

Il nous suffit donc d'établir que $S' = Z(A) \setminus \mathfrak{p}$.

Or il est immédiat (par définition d'un idéal premier), que $Z(A) \setminus \mathfrak{p} \subseteq S$, donc que $Z(A) \setminus \mathfrak{p} \subseteq S'$.

Par ailleurs, soit $x \in \mathfrak{p}$.

Si $x \in S'$, on peut écrire, dans $S^{-1}A$,

$$s^{-1}yx = 1 \qquad (s \in S,\ y \in A).$$

Donc $s = yx \in \mathfrak{P} \cap S$. D'où une contradiction, et $S' \subseteq Z(A) \setminus \mathfrak{p}$.

Par suite, $S' = Z(A) \setminus \mathfrak{p}$.

C.Q.F.D.

BIBLIOGRAPHIE

[1] S.A. AMITSUR : Dérivation in simple rings. Proc. Lond. Math. Soc. 7 (1957) p.87-112.

[2] G. CAUCHON : Les T-anneaux et les anneaux à Identités Polynomiales Noethériens. Thèse. Université Paris XI (1977).

[3] G. CAUCHON et L. LESIEUR : Localisation classique en un idéal premier d'un anneau noethérien à gauche Comm. in algebra 6 (1978) p.1091-1108.

[4] P.M. COHN : The Universal field of fractions of a Semi fir. A paraître.

Manuscrit remis le 19 Mars 1979

SUR LES ANNEAUX PREMIERS PRINCIPAUX A GAUCHE

par

Léonce LESIEUR

<u>Introduction</u>. Les résultats qui suivent ont été suggérés par un théorème de Cauchon sur le centre de l'anneau de fractions d'un anneau de Ore $R = A[X, \sigma, \delta]$, A artinien simple [2]. Comme R est principal à gauche premier, on peut essayer de placer la question dans ce cadre général. Cela nécessite une étude des idéaux bilatères de R (§.I) et du centre de R (§.II) qui est un anneau de Krull (th. II.3) ; on en déduit la structure du centre d'un anneau principal à gauche semi-premier (corollaire II.5) et même du centre d'un anneau principal à gauche à peu près quelconque (corollaire II.6). Au paragraphe III, nous étudions le centre K de l'anneau de fractions $Q(R)$, R principal à gauche premier ; K est un corps qui est une extension du corps k : le corps des fractions du centre $Z(R)$. Nous donnons une forme canonique pour la fraction $v^{-1}u \in K$ (propriété III.4) ; nous retrouvons l'égalité $K = k$ pour l'exemple de Cauchon (th. III.7). Nous démontrons que R est intégralement clos dans le corps K (th. III.8), ce qui permet, grâce à une remarque de Hudry, de donner une nouvelle démonstration du théorème II.3. Nous prouvons également que k est algébriquement clos dans K (th. III.9). Enfin, au paragraphe IV, nous utilisons un procédé de localisation classique de R par rapport à certains idéaux premiers qui est justifié dans un travail de Cauchon et Lesieur [4]; il

permet de retrouver de la façon la plus lumineuse le théorème du centre.

I. Les idéaux bilatères d'un anneau R principal à gauche premier.

Dans toute la suite R désigne, sauf mention contraire, un anneau unitaire premier principal à gauche. Ce cas s'applique donc en particulier à un anneau unitaire intègre principal à gauche.

Propriété 1. Soit $\mathfrak{B} = Rq$ un idéal bilatère non nul ; alors q est un élément régulier de R.

Pour tout $u \in R$, il existe $u' \in R$ tel que $qu = u'q$, et q est donc un élément invariant à gauche au sens de Cohn ([5],p.216). Il en résulte que q est régulier à gauche : $qx = 0 \Longrightarrow qux = u'qx = 0 \Longrightarrow x = 0$. Mais cela n'entraîne pas toujours la régularité à droite dans un anneau noethérien à gauche premier. Ici c'est vrai cependant pour q comme le prouve le raisonnement suivant. L'anneau étant premier, l'idéal bilatère non nul $\mathfrak{B}$ est essentiel dans R et il contient donc un élément régulier s. On a $s = aq$ et il en résulte que q est régulier.

L'application $\sigma : u \longmapsto u'$, définie par $qu = u'q$ est alors un endomorphisme injectif de l'anneau R qui laisse q invariant, ainsi que tous les éléments du centralisateur de q dans R. Si $q' = \varepsilon q$, ε unité $\in U(R)$, est un autre générateur de $\mathfrak{B}$, l'endomorphisme σ' défini par q' est $\sigma' = \varepsilon\sigma\varepsilon^{-1}$.

Le cas où σ est surjectif correspond à $\mathfrak{B} = Rq = qR$; q est alors un élément invariant au sens de Cohn. Nous dirons que l'idéal $\mathfrak{B}$ est un bon idéal.

Définition 2. $\mathfrak{B}$ est un bon idéal (bilatère) s'il possède un générateur invariant : $\mathfrak{B} = Rq = qR$. L'endomorphisme σ_q est un automorphisme qui décrit, lorsque q varie dans l'ensemble des générateurs invariants de $\mathfrak{B}$, une classe de Aut R/Int R.

Exemples : $\mathcal{B} = 0$, $\mathcal{B} = R$, $\mathcal{B} = R\omega$, $\omega \in Z(R)$, sont des bons idéaux. Si R est principal des deux côtés, tout idéal est bon. (Même démonstration que dans le cas intègre, compte tenu de la propriété 1).

Si R ne possède pas d'autres bons idéaux que 0 et R, alors $Z(R) = k$ est un corps. Notons le :

Définition 3. R est bonnement quasi-simple si R n'a pas d'autres bons idéaux que 0 et R. C'est le cas de $R = K[X,\sigma]$, σ non surjectif, qui est bonnement quasi-simple sans être quasi-simple.

Propriété 4. Si R est bonnement quasi-simple, $Z(R) = k$ est un corps.

On peut donc, dans l'étude du centre $Z(R)$, et aussi dans celle de $Z(Q(R))$ comme nous le verrons à la partie III, supposer que R possède des bons idéaux propres non nuls.

Dans un anneau R principal à gauche premier, on n'a pas nécessairement $\bigcap_{n=1}^{\infty} \mathcal{B}^n = 0$, $\mathcal{B}$ idéal propre, comme le montre un contre-exemple de Jategaonkar concernant le radical de Jacobson $\mathcal{B} = J$. Cet accident n'a pas lieu pour les bons idéaux :

Propriété 5 : Si $\mathcal{B}$ est un bon idéal propre, on a : $\bigcap_{n=1}^{\infty} \mathcal{B}^n = 0$.

On peut supposer $\mathcal{B} = Rp = pR \neq 0$. Nous avons $Q = \bigcap_{n=1}^{\infty} \mathcal{B}^n = Rq$, avec $qR \subset Rq$, mais on ne sait pas si Q est un bon idéal. Supposons $Q \neq Q$ et donc q régulier d'après la propriété 1. On a :

$$q = pq_1 = p^2q_1 = \ldots = p^nq_n = p^{n+1}q_{n+1} = \ldots$$

avec : $Q : \mathcal{B} = Q : p = \{x \in R \mid px \in Q\}$, $Q = \mathcal{B}^n = Q : p^n$. Considérons la suite croissante d'idéaux bilatères :

$$Q \subset Q : p \subset \ldots \subset Q : p^n \subset Q : p^{n+1} \subset \ldots$$

qui est stationnaire à partir du rang n : $Q : p^n = Q : p^{n+1}$. Comme on a : $q_{n+1} \in Q : p^{n+1}$, il en résulte $q_{n+1} \in Q : p^n$, donc $p^n q_{n+1} = \ell q$ et par suite $q = p\ell q$, c'est-à-dire $1 = p\ell$ puisque q est régulier. L'idéal $\mathcal{B} = pR$ ne serait pas propre.

Remarquons que la propriété $\bigcap_{n=1}^{\infty} \mathcal{B}^n = 0$ peut avoir lieu pour des idéaux propres mauvais ; c'est le cas de $R = A[X,\sigma,\delta]$, A artinien simple, pour tout idéal $\mathcal{B}$ bon ou non.

La propriété suivante va être à la base de la décomposition d'un bon idéal en un produit d'idéaux premiers.

<u>Propriété</u> 6 : <u>Tout idéal</u> $\mathcal{P}$ <u>qui contient un bon idéal</u> $\mathcal{B}$ <u>non nul est bon et l'on a</u> : $\mathcal{B} = \mathcal{B}'\mathcal{P}$, <u>où</u> $\mathcal{B}'$ <u>est un bon idéal</u>.

Soit $\mathcal{B} = Rq = qR$ un bon idéal propre non nul, et $\mathcal{P} = Rp$ un idéal (bilatère, i.e. $pR \subset Rp$) contenant $\mathcal{B}$, ce qui s'exprime par : $q = q_1 p$. L'élément q étant régulier d'après la propriété 1, il en est de même de q_1 et p (car R est noethérien à gauche premier). Cela étant, on a : $Rq_1 \subset q_1 R$; en effet :

$$xq = qx' \Longrightarrow xq_1 p = q_1 px' = q_1 x'' p \Longrightarrow xq_1 = q_1 x'' .$$

Mais, $q_1 R$ étant bilatère, on a $q_1 R = Rq_1'$, d'où :

$$q_1 = tq_1' \text{ , } q_1' = q_1 s \text{ et par suite } q_1 = tq_1 s = q_1 t's, \text{ ce qui entraîne}$$

$1 = t's$ et s est inversible. (Noter que $1 = t's \Longrightarrow 1 = st'$ dans un anneau noethérien à gauche premier comme on le voir par exemple en plongeant R dans son anneau de fractions $Q(R)$). On en déduit $q_1 = q_1' s^{-1}$, d'où $q_1' R = q_1 R = Rq_1'$ et $Rq_1 = Rq_1' s^{-1} = q_1' R = q_1 R$. L'idéal $\mathcal{B}' = Rq_1 = q_1 R$ est donc un bon idéal. Alors de l'égalité $q = q_1 p$ on déduit facilement que $Rp = pR = \mathcal{P}$ est un bon idéal et que l'on a : $\mathcal{B} = \mathcal{B}'\mathcal{P}$.

Propriété 7 : Les bons idéaux non nuls forment un sous treillis multiplicatif du treillis multiplicatif des idéaux bilatères.

Si $\mathcal{B}$ et $\mathcal{B}'$ sont deux bons idéaux non nuls de générateurs invariants q et q' , le produit $\mathcal{B}\mathcal{B}'$ est un bon idéal non nul de générateur invariant qq'. D'après la propriété 6, $\mathcal{B}\cap\mathcal{B}'$, qui contient $\mathcal{B}\mathcal{B}'$, est aussi un bon idéal non nul ; de même, $\mathcal{B}+\mathcal{B}'$, qui contient $\mathcal{B}$, est également un bon idéal non nul.

Propriété 8 : a) Tout bon idéal premier propre non nul $\mathcal{P}$ est maximal.

b) Deux bons idéaux premiers $\mathcal{P}$ et $\mathcal{P}'$ commutent et s'ils sont distincts, on a : $\mathcal{P}\mathcal{P}' = \mathcal{P}'\mathcal{P} = \mathcal{P}\cap\mathcal{P}'$.

a) Supposons $\mathcal{P}\subset M$, M bilatère. On a donc d'après la propriété 6 : $\mathcal{P} = \mathcal{B}M$, $\mathcal{B}$ et M étant de bons idéaux. Il en résulte, $\mathcal{P}$ étant premier : $\mathcal{B}\subset\mathcal{P}$ ou $M\subset\mathcal{P}$, c'est-à-dire $\mathcal{B}=\mathcal{P}$ ou $M = \mathcal{P}$, soit encore $M = R$ ou $M = \mathcal{P}$.

b) Supposons $\mathcal{P}\neq\mathcal{P}'$. Considérons $\mathcal{P}\cap\mathcal{P}'\subset\mathcal{P}$. On a donc : $\mathcal{P}\cap\mathcal{P}' = \mathcal{B}\mathcal{P}\subset\mathcal{P}'$. Il en résulte $\mathcal{B}\subset\mathcal{P}'$ et $\mathcal{P}\cap\mathcal{P}'\subset\mathcal{P}'\mathcal{P}$, d'où l'égalité $\mathcal{P}\cap\mathcal{P}' = \mathcal{P}'\mathcal{P}$. On démontre de même $\mathcal{P}\cap\mathcal{P}' = \mathcal{P}\mathcal{P}'$.

Ces propriétés conduisent aisément au théorème suivant qui généralise aux bons idéaux d'un anneau premier principal à gauche, un théorème établi par Jategaonkar pour les idéaux d'un anneau premier principal des 2 côtés ([9], chapitre III, §.4, th.4.3).

Théorème 9 : Tout bon idéal premier propre non nul est maximal. Tout bon idéal propre non nul $\mathcal{B}$ est, d'une façon unique à l'ordre près des facteurs, le produit d'un nombre fini de bons idéaux premiers. Deux bons idéaux quelconques commutent.

Il en résulte que l'ensemble $\mathcal{E}$ des bons idéaux non nuls est un semi-groupe commutatif, réticulé et distributif ([6], page 223). Signalons également la propriété suivante :

<u>Propriété</u> 10 : <u>Si</u> $\mathcal{P}$ <u>est un bon idéal propre premier, les éléments réguliers</u> mod. $\mathcal{P}$ <u>sont réguliers dans l'anneau</u> : $\mathcal{C}(\mathcal{P}) \subset \mathcal{C}(0)$.

<u>Démonstration</u>. Supposons $\mathcal{P} = Rp = pR \neq 0$ et s régulier mod. $\mathcal{P}$. Soit $xs = 0$, $x \neq 0$; on a donc d'après la propriété 5 : $x = p^n u$, $u \notin \mathcal{P}$, d'où $p^n us = 0$ et $us = 0$ puisque p est régulier (propriété 1). On en déduit $us \in \mathcal{P}$ et $u \in \mathcal{P}$ puisque s est régulier modulo $\mathcal{P}$. Contradiction.

La propriété 10 nous sera utile à la partie IV pour la localisation par rapport à $\mathcal{P}$.

Le fait que tout bon idéal premier soit maximal évite les bons idéaux premiers immergés ; par contre certains idéaux premiers (mauvais) peuvent être immergés dans un idéal premier si l'on suppose que l'anneau R est premier et principal à gauche. Cette anomalie ne se produit pas si l'anneau est principal à droite et à gauche ; elle ne se produit pas non plus dans l'anneau $A[X,\sigma,\delta]$, A artinien simple.

<u>Remarque</u> 11 : Tous les résultats établis dans ce paragraphe restent valables en supposant l'anneau R noethérien à gauche premier * et principal à gauche pour les idéaux bilatères.

II. <u>Le centre d'un anneau</u> R <u>principal à gauche premier</u>.

La factorisation des bons idéaux bilatères donnée par le théorème I.9 pourra s'effectuer techniquement de la façon suivante :

---

*) ou plus généralement de Goldie à gauche.

<u>Propriété 1. Soit</u> $\mathcal{P}_i$ <u>un bon idéal premier propre non nul et</u> p_i <u>un représentant, c'est-à-dire un générateur (invariant) tel que</u> $\mathcal{P}_i = Rp_i = p_iR$. <u>Soit</u> $\mathcal{B}$ <u>un bon idéal propre non nul quelconque,</u> q <u>un générateur de</u> $\mathcal{B}$. <u>Alors on a</u> : $u = \varepsilon \prod p_i^{\alpha_i}$, <u>où les</u> p_i <u>et leurs exposants sont bien déterminés, et où</u> ε <u>est une unité de</u> R <u>qui dépend de l'ordre (quelconque) dans lequel on prend les</u> p_i.

Soit ω un élément non nul du centre, $\omega \in (Z(R))^*$. L'idéal $R\omega$ est un bon idéal non nul. S'il est impropre pour tout $\omega \neq 0$, c'est que Z(R) est un corps commutatif ; c'est le cas en particulier si R est quasi-simple, ou bonnement quasi-simple. Sinon, il existe $\omega \neq 0$ tel que $R\omega = \mathcal{P}_1^{\alpha_1} \ldots \mathcal{P}_n^{\alpha_n}$, et les bons idéaux premiers propres non nuls $\mathcal{P}_i$ qui figurent dans cette décomposition forment, lorsque ω varie dans l'ensemble des éléments non inversibles de $(Z(R))^*$, un sous-ensemble non vide Ω de $(\mathrm{Spec}\ R)^*$. Les idéaux premiers $\mathcal{P}_i \in \Omega$ sont les bons idéaux premiers propres qui vérifient la condition de Formanek : $\mathcal{P}_i \cap Z(R) \neq 0$.

Soit $\mathcal{P} \in \Omega$, avec $\mathcal{P} = Rp = pR$. Nous allons définir une valuation discrète $v_{\mathcal{P}}$ dans Z(R). Si $\omega \in (Z(R))^*$, on peut écrire d'après la propriété 1 : $\omega = \varepsilon \prod p_i^{\alpha_i}$, $\varepsilon \in U(R)$. Nous définissons alors $v_{\mathcal{P}}(\omega)$ comme l'exposant de p dans cette décomposition, c'est-à-dire $v_{\mathcal{P}}(\omega) = \alpha$, entier ≥ 0. Vérifions les axiomes d'une valuation (Bourbaki [1], chap. 6, §.3) :

1°. $v_{\mathcal{P}}(1) = 0$ et $v_{\mathcal{P}}(0) = +\infty$.

2°. $v_{\mathcal{P}}(\omega + \omega') \geq \inf(v_{\mathcal{P}}(\omega), v_{\mathcal{P}}(\omega'))$.

3°. $v_{\mathcal{P}}(\omega\,\omega') = \alpha + \alpha'$. Ces axiomes résultent immédiatement de la propriété 1. D'où :

<u>Propriété 2. Soit</u> $\mathcal{P} = Rp = pR \in \Omega$. <u>La fonction définie par l'exposant de</u> p <u>dans la représentation</u> $\omega = \varepsilon \prod p_i^{\alpha_i}$, $\varepsilon \in U(R)$ <u>est une valuation discrète</u> v <u>de</u> Z(R).

La valuation $v_{\mathcal{P}}$ de $Z(R)$ peut alors s'étendre, de façon unique, à une valuation du corps des fractions $k = Q(Z(R))$ en posant :
$v_{\mathcal{P}}(\frac{\omega'}{\omega}) = v_{\mathcal{P}}(\omega) - v_{\mathcal{P}}(\omega')$.

Nous préciserons au §.IV l'anneau $R'_{\mathcal{P}}$ de cette valuation, mais nous pouvons dès maintenant donner la démonstration du théorème suivant.

<u>Théorème</u> 3. <u>Le centre d'un anneau unitaire premier principal à gauche est un corps ou un anneau de Krull.</u>

Ayant exclu le cas d'un corps, nous avons le sous-ensemble non vide $\mathcal{N} \subset (\text{Spec } R)^*$ et les valuations $v_{\mathcal{P}}$ du corps $k = Z(R)$. $Z(R)$ étant un anneau unitaire commutatif intègre, pour démontrer que $Z(R)$ est un anneau de Krull, il suffit de vérifier les conditions suivantes (Bourbaki [1], chap. 7, §.1.3) :

(AK_I) Les valuations $v_{\mathcal{P}}$, $\mathcal{P} \in \mathcal{N}$, sont discrètes. (C'est clair puisqu'elles se font dans $\mathbb{Z}$).

(AK_{II}) L'intersection des anneaux des $v_{\mathcal{P}}$ est $Z(R)$.

(AK_{III}) Pour tout $x \in k^*$, l'ensemble des $\mathcal{P} \in \mathcal{N}$ tels que $v_{\mathcal{P}}(x) \neq 0$ est fini.

<u>Démonstration de</u> (AK_{II}). Soit $\xi = \frac{\omega}{\omega'} = \frac{\varepsilon \prod p_i^{\alpha_i}}{\varepsilon' \prod p_i^{\alpha'_i}} \in \bigcap_{\mathcal{P} \in \mathcal{N}} R'_{\mathcal{P}}$. On a donc

$v_{\mathcal{P}_i}(\xi) = \alpha_i - \alpha'_i \geq 0$. Il en résulte, en appliquant la propriété 1, l'existence d'une unité $\varepsilon'' \in U(R)$ telle que $\omega' . \varepsilon'' \prod p_i^{\alpha_i - \alpha'_i} = \omega$, avec $\omega' \neq 0$. En posant $\omega_1 = \varepsilon'' \prod p_i^{\alpha_i - \alpha'_i}$, on a $\omega_1 \in Z(R)$ et $\xi = \frac{\omega}{\omega'} = \omega_1 \in Z(R)$.

<u>Démonstration de</u> (AK_{III}). En supposant $\xi \neq 0$, et en reprenant les notations précédentes, les seuls idéaux premiers $\mathcal{P} \in \mathcal{N}$ pour lesquels $v_{\mathcal{P}}(\xi) \neq 0$ sont à prendre parmi les $\mathcal{P}_i$, et par conséquent leur ensemble est fini.

<u>Remarque</u> 4 : Compte tenu de la remarque I.11, on a de même : <u>le centre d'un anneau unitaire premier noethérien à gauche tel que tous les idéaux bilatères soient principaux à gauche et un corps ou un anneau de Krull.</u>

La propriété pour le centre d'être un anneau de Krull entraîne donc les propriétés connues équivalentes ([1], chap. 7, §.1.3), en particulier : Z(R) est complètement intégralement clos et vérifie la condition de chaîne ascendante pour les idéaux entiers divisoriels. On caractérise aussi Z(R) au moyen des idéaux premiers de hauteur 1, et tout idéal premier $\mathfrak{p}$ de hauteur 1 est de la forme $\mathfrak{p} = \mathcal{P} \cap Z(R)$, où $\mathcal{P} \in \Omega$.

Une application du théorème 3 concerne les anneaux A intègres vérifiant la condition suivante :

(C) Il existe un entier n tel que tous les sous-A-modules de A^n possèdent un système de n générateurs au plus.

Un tel anneau est noethérien à gauche, et même de largeur n, conformément à la terminologie de Mme M.P. Malliavin-Brameret ([10]). Si n = 1, A est intègre et principal à gauche et la condition (C) est vérifiée pour tout n.

<u>Corollaire</u> 4 : <u>Le centre d'un anneau unitaire intègre vérifiant la condition</u> (C) <u>est un corps ou un anneau de Krull</u>.

En effet un théorème de Goldie ([7], th. B) complété par Jatekaongar ([9], p.45) caractérise un anneau unitaire premier principal à gauche comme un anneau de matrices $M_n(A) = R$ sur un anneau intègre A vérifiant la condition (C) pour l'entier n. Le centre de R est donc isomorphe à celui de A, ce qui démontre le corollaire.

De plus, comme il existe des anneaux intègres vérifiant la condition (C) pour $n > 1$, sans être principaux à gauche (exemple de Swan cité par Jatekaongar [9] ,p.45), on voit que le théorème 3 ne se réduit pas au cas intègre principal à gauche. Dans ce dernier cas la conclusion est un cas particulier d'un théorème de P.M. Cohn sur les 2-firs, du moins dans le cas principal des deux côtés ([5], p.218). Cohn donne également une construction d'un anneau intègre principal des 2 côtés qui admet comme centre un anneau de

Krull quelconque donné ([5], p.223). Cela prouve que la conclusion du théorème 3 est la meilleure possible.

Corollaire 5 : Le centre d'un anneau semi-premier principal à gauche est une somme directe d'un nombre fini d'anneaux de Krull.
Cela résulte du théorème 3 et du théorème A de Goldie [7] qui donne la structure d'un anneau semi-premier principal à gauche comme somme directe finie d'anneaux premiers principaux à gauche.

On démontre également la propriété suivante qui fait intervenir une hypothèse supplémentaire à droite mais qui s'applique au cas général premier ou non.

Corollaire 6 : Le centre d'un anneau principal à gauche noethérien à droite est somme directe finie d'anneaux de Krull et d'anneaux artiniens primaires.
On applique le théorème 3, le théorème C de Goldie [7], et le fait que le centre d'un anneau artinien primaire non commutatif est un anneau artinien primaire (commutatif).

III. Le centre Z(Q(R)) de l'anneau de fractions Q(R).

R désigne toujours un anneau premier principal à gauche ; Z(R) est son centre ;
Q(R) est l'anneau de fractions à gauche (qui est artinien simple) ;
k = Q(Z(R)) est le corps des quotients de Z(R) ;
K = Z(Q(R)) est le centre de Q(R) ; c'est un corps (commutatif).

Les trois propriétés suivantes sont valables dans un anneau R noethérien à gauche premier, ou même dans un anneau de Goldie à gauche.

<u>Propriété</u> 1. : <u>On a</u> : $k \subset K$. (K <u>est une extension de</u> k).

<u>Propriété</u> 2. : <u>Le centre</u> Z(R) <u>est l'ensemble des éléments</u> $v^{-1}u \in Q(R)$, $v \in \mathcal{G}(0)$, <u>tels que</u> : $\forall x \in R$, $uxv = vxu$. <u>En particulier</u>, u <u>et</u> v <u>commutent</u> (faire x = 1).

<u>Propriété</u> 3. : <u>Soit</u> $\xi = v^{-1}u \in K$, $\xi \neq 0$. <u>Alors</u> $u \in \mathcal{G}(0)$ <u>et on a</u> :
$su = \omega \in Z(R)$, $s \in \mathcal{G}(0) \Longleftrightarrow sv = \omega' \in Z(R) \Longrightarrow \xi = \omega'^{-1}\omega \in k$.
Les démonstrations sont faciles et laissées aux soins du lecteur.

Nous allons supposer maintenant que les idéaux bilatères de R sont principaux à gauche.

<u>Propriété</u> 4. : <u>Soit</u> $\xi \in K$.

1°) <u>Il existe</u> $u \in R$, $v \in \mathcal{G}(0)$, $a \in R$, $b \in R$ <u>tels que</u> :

$$\xi = v^{-1}u \text{ avec } au + bv = 1.$$

2°) <u>On a alors</u> $ua + vb = 1$; <u>les idéaux</u> Ru <u>et</u> Rv <u>sont des bons idéaux bilatères</u> (définition I.2) <u>et les automorphismes associés</u> σ_u <u>et</u> σ_v <u>sont égaux</u>.

3°) <u>Toute fraction</u> $v'^{-1}u'$ <u>égale à</u> ξ <u>est donnée par</u> :

$$u' = tu = ut' \quad , \quad v' = tv = vt' \quad , \quad t \in \mathcal{G}(0) \quad , \quad t' = \sigma^{-1}(t) \in \mathcal{G}(0)$$

<u>Démonstration</u> 1°) Considérons l'idéal bilatère $\mathcal{B} = \{q \in R \mid q\xi \in R\}$; on a donc $\mathcal{B} = Rv_o$ et $v_o\xi = u_o \in R$, d'où, puisque v_o est régulier d'après la propriété I.1, $\xi = v_o^{-1}u_o$. L'idéal Ru_o est également bilatère : $v_ox = x'v_o \Longrightarrow u_ox = v_o\xi x = v_ox\xi = x'v_o\xi = x'u_o$. L'idéal $Ru_o + Rv_o$ est donc bilatère et on a $Ru_o + Rv_o = Rd$, soit

$$u_o = ud \quad , \quad v_o = vd \quad , \quad d = au_o + bv_o = (au + bv)\, d\, .$$

Comme v_o est régulier il en est de même de v et d, ce qui entraîne : $au + bv = 1$. Il vient en outre : $\xi = v_o^{-1}u_o = u_ov_o^{-1} = uv^{-1}$; l'égalité

$\xi v = v\xi$ entraîne $uv = vu$ et par suite $\xi = v^{-1}u$.

2°) De $1 = au + bv$ on déduit : $v = vau + vbv = uav + vbv$, d'où $ua + vb = 1$ puisque v est régulier.

Soit x quelconque dans R ; en appliquant la propriété 2, on a :

$$ux = ux(au + bv) = uxau + uxbv = uxau + vxbu = (uxa + vxb)\, u.$$

$$vx = vx(au + bv) = uxav + vxbv = (uxa + vxb)\, v\ .$$

De même, on a pour tout $x' \in R$:

$$x'u = (ua + vb)\, x'u = uax'u + ubx'v = u(ax'u + bx'v)\ ,$$

$$x'v = (ua + vb)x'v = v(ax'u + bx'v).$$

La propriété 2°) en résulte avec les automorphismes :

$$\sigma : x \longmapsto uxa + vxb\ ,\quad \sigma^{-1} : x' \longmapsto ax'u + bx'v.$$

3°) Soit $v'^{-1}u' = \xi$, $v' \in \mathcal{E}(0)$. On a donc par définition :

$$su = s'u',\ sv = s'v',\ s \in \mathcal{E}(0)\ ,\ s' \in \mathcal{E}(0).$$

On en déduit :

$$s = s(ua + vb) = s'(u'a + v'b) = s't \quad \text{avec} \quad t \in \mathcal{E}(0),$$

et donc :

$$s'tu = s'u'\ ,\quad s'tv = s'v'$$

d'où :

$$u' = tu = ut'\ ,\quad v' = tv = vt'\ ,\quad t \in \mathcal{E}(0)\ ,\quad t' = \sigma^{-1}(t) \in \mathcal{E}(0).$$

Réciproquement, si $t \in \mathcal{E}(0)$, on a évidemment $\xi = v'^{-1}u'$.

<u>Définition</u> 5. : La fraction $v^{-1}u$ définie par $\xi \in K$ au moyen de la Propriété 4, 1°) s'appelle un <u>représentant irréductible</u> égal à ξ .

D'après la propriété 4, 3°) , deux fractions irréductibles $v^{-1}u$ et $v'^{-1}u'$ égales à ξ sont associées par :

$$u' = \varepsilon u = u\varepsilon'\ ,\quad v' = \varepsilon v = v\varepsilon'\ ,\quad \varepsilon \text{ et } \varepsilon' \in U(R).$$

Voici deux premières applications.

<u>Théorème</u> 6. : <u>Si</u> R <u>est bonnement quasi-simple, en particulier si</u> R <u>est quasi-simple, on a</u> :

$$Z(R) = k = K.$$

En effet soit $\xi = v^{-1}u \in K$, la fraction $v^{-1}u$ étant irréductible. R étant bonnement quasi-simple (définition I.3), $Rv = R$ et v est inversible. Il en résulte $\xi = v^{-1}u \in R \cap K = Z(R)$, d'où les inclusions $Z(R) \subset k \subset K \subset Z(R)$.

<u>Théorème</u> 7. : (Cauchon [2]). <u>Si</u> $R = A[X,\sigma,\delta]$, A <u>artinien simple</u>, σ <u>un endomorphisme de l'anneau unitaire</u> A, <u>on a</u> :

$$Z(Q(R)) = Q(Z(R)).$$

Notons d'abord que R est principal à gauche premier, de sorte que la théorie précédente s'applique. D'après le théorème 6 on peut exclure le cas où R est quasi-simple. Prenons encore $\xi = v^{-1}u \in K$, irréductible. Nous voulons démontrer : $\xi \in k$. On peut supposer $\xi \neq 0$. D'après Cauchon ([3], th. 6.2.13), on a :

$$u = \varepsilon \omega P^m \quad , \quad v = \varepsilon' \omega' P^n \quad , \omega, \omega' \in Z(R) \quad , \varepsilon, \varepsilon' \in U(R),$$

l'idéal bilatère RP étant propre, donc P non inversible. L'égalité $au + bv = 1$ entraîne $a\varepsilon\omega P^m + b\varepsilon'\omega' P^n = 1$. On en déduit $\inf(n,m) = 0$. Si $n = 0$, on a $\varepsilon'^{-1}v = \omega' \in Z(R)$ et $\xi \in k$ d'après la propriété 3. Si $m = 0$ on a $\varepsilon^{-1}u = \omega \in Z(R)$ et $\xi \in k$, toujours d'après la propriété 3.

<u>Théorème</u> 8. : <u>Si</u> $\xi \in Z(Q(R))$ <u>est entier algébrique sur</u> R, <u>on a</u> : $\xi \in Z(R)$.

Supposons : $\xi^n + a_1\xi^{n-1} + \ldots + a_n = 0$, $a_i \in R$. Prenons $\xi = v^{-1}u$ sous forme irréductible (Définition 5). Comme u et v commutent on a : $\xi^i = u^i v^{-i}$, d'où : $u^n v^{-n} + a_1 u^{n-1} v^{-(n-1)} + \ldots + a_n = 0$ et $u^n + a_1 u^{n-1} v + \ldots + a_n v^n = 0$, soit :

$$u^n = sv \quad , \quad s \in R.$$

Nous allons en déduire que v est inversible. En effet, de $au + bv = 1$ on déduit $(au + bv)^2 = 1 = \alpha_1 u^2 + \beta_1 v$ car $uR \subset Ru$, $vR \subset Rv$ et $uv = vu$. De même : $\alpha_n u^n + \beta_n v = 1$, de sorte que, si $u^n = sv$, il vient $(\alpha_n s + \beta_n)v = 1$ et v est inversible. Mais alors $\xi \in R$ et donc $\xi \in Z(R)$.

Le théorème 8 exprime que R est centralement intégralement clos (dans son anneau de fractions centrales) et cette propriété, jointe au fait que R est premier et vérifie la condition de chaîne ascendante sur les idéaux centralement engendrés, entraîne que le centre de R est un anneau de Krull. (A. Hudry [8] et W. Schelter [11]). On obtient ainsi une nouvelle démonstration * du théorème 3, qui s'applique aussi au cas d'un anneau noethérien à gauche premier, ou même de Goldie à gauche, dont les idéaux bilatères sont principaux à gauche.

<u>Remarque</u>. Sans faire appel à la propriété de Hudry-Schelter, on peut voir immédiatement que le centre de R est complètement intégralement clos de la façon suivante : supposons $d \in Z(R)^*$, $\xi \in k$, $d\xi^n \in Z(R)$, $\forall n \in N$. Prenons $\xi = v^{-1}u$ sous forme irréductible ; alors $\xi^n = v^{-n}u^n$ est également sous forme irréductible, et d'après la propriété 4, 3°) $d \in \bigcap_{n=1}^{\infty} Rv^n$. Mais, d'après la propriété I.5, cette intersection est nulle si l'idéal Rv est propre. On a donc v inversible et $\xi \in Z(R)$.

<u>Théorème</u> 9. <u>Le corps</u> $k = Q(Z(R))$ <u>est algébriquement clos dans</u> $K = Z(Q(R))$.

On a $k \subset K$ (propriété 1) et il s'agit de corps commutatifs. Si $K = k$, il n'y a rien à démontrer. Sinon, soit $\xi \in K \setminus k$ et supposons ξ algébrique sur k : $\xi^n + k_1 \xi^{n-1} + \ldots + k_n = 0$, $k_i \in k$. En réduisant les k_i au même dénominateur on aurait :

$$\omega_0 \xi^n + \omega_1 \xi^{n-1} + \ldots + \omega_n = 0 \quad , \quad \omega_i \in Z(R) \quad , \quad \omega_0 \neq 0.$$

* Cette démonstration m'a été communiquée par Hudry.

Posons $\omega_o \xi = t$. Il vient $\xi = \omega_o^{-1} t$, $t \in K$, et :

$$t^n + \omega_1 t^{n-1} + \omega_1 \omega_o t^{n-2} + \ldots + \omega_n \omega_o^{n-1} = 0.$$

Or Z(R) est intégralement clos dans K d'après le théorème 8. On a donc $t \in Z(R)$, $t = \omega$, et par suite $\xi = \frac{\omega}{\omega_o} \in k$, ce qui est contraire à l'hypothèse. Le théorème est démontré. Il exprime que K est une extension transcendante pure de k (dans le cas d'une extension propre).

IV. L'anneau localisé $R_{\mathcal{P}}$.

Soit $\mathcal{P}$ un bon idéal premier : Rp = pR (définition I.2). On sait que, dans un anneau principal à gauche, la condition de Ore est vérifiée par rapport à l'ensemble $\mathcal{E}(\mathcal{P})$ des éléments réguliers mod. $\mathcal{P}$ ([4] , th. de Cauchon, IV.1, page 1105). D'après la propriété I.10, on a $\mathcal{E}(\mathcal{P}) \subset \mathcal{E}(0)$, ce qui permet de considérer les injections canoniques :

$$R \hookrightarrow R_{\mathcal{P}} \hookrightarrow Q(R)$$

où $R_{\mathcal{P}}$ désigne l'anneau de fractions classique à gauche par rapport à $S = \mathcal{E}(\mathcal{P})$: $R_{\mathcal{P}} = \{v^{-1}u \in Q(R) \mid v \in \mathcal{E}(\mathcal{P})\}$. Il est facile de vérifier que $R_{\mathcal{P}}$ possède les propriétés suivantes :

Propriété 1. $R_{\mathcal{P}}$ est principal à gauche premier local.
(i.e. $S^{-1}\mathcal{P} = \mathcal{P}'$ est son unique idéal bilatère maximal et c'est un bon idéal, de sorte que $\bigcap_{n=1}^{\infty} (S^{-1}\mathcal{P})^n = 0$). Les bons idéaux non nuls de $R_{\mathcal{P}}$ sont les idéaux $\mathcal{B} = \mathcal{P}'^n$, $n \in \mathbb{N}$. L'anneau total de fractions de $R_{\mathcal{P}}$ est $Q(R_{\mathcal{P}}) = Q(R)$.

Les éléments du centre $Z(R_{\mathcal{P}})$ sont donc de la forme $\omega' = \varepsilon p^n$ et, en posant $v(\omega') = n$, on définit une valuation v de $Z(R_{\mathcal{P}})$, donc une valuation du corps des quotients $Q(Z(R_{\mathcal{P}}))$, qui est ici égal à $ZQ(R_{\mathcal{P}}) = ZQ(R) = K$. (Même raisonnement que dans le th. III.7). L'anneau de cette valuation est $Z(R_{\mathcal{P}})$, d'où :

Propriété 2. On a $ZQ(R_{\mathcal{P}}) = Q(Z(R_{\mathcal{P}})) = K$, et $Z(R_{\mathcal{P}})$ est l'anneau d'une valuation discrète $v_{\mathcal{P}}$ de K.

La propriété suivante va nous servir pour démontrer à nouveau que $Z(R)$ est un anneau de Krull.

Propriété 3. On a : $Z(R) = \bigcap_{\mathcal{P}\in\Lambda_1} Z(R_{\mathcal{P}})$, où Λ_1 désigne l'ensemble des bons idéaux premiers de R.

Il suffit évidemment de démontrer l'inclusion :

$$\bigcap_{\mathcal{P}\in\Lambda_1} Z(R_{\mathcal{P}}) \subset Z(R)$$

Prenons ξ dans l'intersection du premier membre, donc $\xi \in K$, et soit $\xi = v^{-1}u$ la forme irréductible. Nous allons démontrer que v est inversible ; sinon, l'idéal $Rv = vR$ serait contenu dans un bon idéal premier $\mathcal{P}\in\Lambda_1$; d'après la définition de $R_{\mathcal{P}}$ on aurait donc $\xi = v^{-1}u = v'^{-1}u'$, $u' \in \mathcal{C}(\mathcal{P})$, d'où, en appliquant la propriété III.4, 3°) : $v' = tv$, $t\in R$. On en déduirait $v \in \mathcal{C}(\mathcal{P})$, ce qui est en contradiction avec $v\in\mathcal{P}$.

Ainsi $Z(R_{\mathcal{P}}) = R_{\mathcal{P}} \cap K$ est un anneau de valuation discrète dans K. Si cette valuation est impropre on a $Z(R_{\mathcal{P}}) = K$ et on peut supprimer $\mathcal{P}$ dans l'intersection qui donne $Z(R)$. Sinon, il existe $\xi \in K$, $\xi \notin R_{\mathcal{P}}$ et en prenant $\xi = v^{-1}u$ sous forme irréductible, on a $v \in \mathcal{P}$. (car si $v \notin \mathcal{P}$, $Rv + \mathcal{P} = R$ et v est inversible mod. $\mathcal{P}$ et $v \in \mathcal{C}(\mathcal{P})$). Réciproquement, soit $\xi = v^{-1}u \in K$, forme irréductible, avec $v\in\mathcal{P}$; on ne peut avoir $\xi = v'^{-1}u' \in R_{\mathcal{P}}$ en raison de l'égalité $v' = tv$, $v' \in \mathcal{C}(\mathcal{P})$, d'où :

Propriété 4. L'ensemble des bons idéaux premiers $\mathcal{P}$ pour lesquels la valuation discrète $v_{\mathcal{P}}$ est propre dans K est l'ensemble Λ' des facteurs premiers du dénominateur* v des formes irréductibles $\xi = v^{-1}u \in K$, et on a :

$$Z(R) = \bigcap_{\mathcal{P}\in\Lambda'} Z(R_{\mathcal{P}}).$$

* En considérant $\frac{1}{\xi} = u^{-1}v$, $\xi \neq 0$, on voit qu'il est équivalent de prendre les numérateurs.

L'ensemble $\mathcal{A}$ du §.II est un sous-ensemble de $\mathcal{A}'$.

Pour avoir une valuation dans le corps des quotients k de Z(R), il suffit de considérer l'anneau

$$R'_{\mathcal{P}} = Z(R_{\mathcal{P}}) \cap k = R_{\mathcal{P}} \cap k .$$

Il est facile de voir que la valuation obtenue dans k est propre si et seulement si $\mathcal{P} \in \mathcal{A}$, d'où :

<u>Propriété</u> 5. <u>On a</u> $Z(R) = \bigcap_{\mathcal{P} \in \mathcal{A}} R'_{\mathcal{P}}$, <u>où</u> $R'_{\mathcal{P}} = R_{\mathcal{P}} \cap k$ <u>est l'anneau d'une valuation</u> $v_{\mathcal{P}}$ <u>dans</u> k.

Cette propriété assure l'axiome AK_{II} d'un anneau de Krull (th. II.3) et elle donne de plus une interprétation de l'anneau de la valuation $v_{\mathcal{P}}$ considérée dans la démonstration du théorème II.3 : $R'_{\mathcal{P}} = R_{\mathcal{P}} \cap k$, au moyen de l'anneau localisé $R_{\mathcal{P}}$.

L'axiome AK_{III} se vérifie comme précédemment (th. II.3), et nous avons donc une démonstration du théorème II.3 par localisation.

La question : "a-t-on k = K ?" reste ouverte dans le cas général. On peut remarquer, avec les notations précédentes qu'elle équivaut à l'égalité $\mathcal{A} = \mathcal{A}'$.

REFERENCES

[1] N. BOURBAKI. Algèbre commutative. Hermann, Paris

[2] G. CAUCHON. Coeur de $A[X,\sigma,\delta]$ et propriétés d'algébricité. Exposé du Séminaire d'Algèbre, Paris, 1979.

[3] G. CAUCHON. Les T-anneaux et les anneaux à identités polynomiales. Thèse de l'Université de Paris XI, Orsay, 1977.

[4] G. CAUCHON et L. LESIEUR. Localisation classique en un idéal premier d'un anneau noethérien à gauche. Comm. in Algebra, 6, n°11, 1978, p.1091-1108.

[5] P.M. COHN. Free Rings and Their Relations. London, 1971

[6] M.L. DUBREIL-JACOTIN, L. LESIEUR, R. CROISOT, Théorie des treillis. Gauthier-

Villars, Paris 1953.

[7] A.W. GOLDIE. Non Commutative Principal Ideal Rings. Arch. Math., 13 (1962), p.214-221.

[8] A. HUDRY. Exposé du Séminaire d'Algèbre de l'Université de Lyon I, dirigé par G. MAURY, 1978.

[9] A.V. JATEGAONKAR. Left Principal Ideal Rings. Lecture Notes in Mathematics n°123, Springer-Verlag.

[10] M.P. MALLIAVIN-BRAMERET. Largeur d'anneaux et de modules, Mémoire n°8 de la Société Mathématique de France.

[11] W. SCHELTER. Integral Extensions of Rings Satisfying a Polynomial Identity. Journal of Algebra, 40 (1976), p.245-257.

DERIVATIONS D'UN CORPS LOCAL A CORPS RESIDUEL DE CARACTERISTIQUE NULLE ET ALGEBRIQUEMENT CLOS

par

Robert VIDAL

On désigne par K un corps local à corps résiduel k de caractéristique nulle et algébriquement clos. Le but de ce travail est de donner une classification des k-dérivations continues δ de K et d'appliquer ultérieurement le résultat obtenu à l'étude des anneaux à identité polynomiale et plus précisément à l'étude des anneaux de Cohen non commutatifs. Ce travail est annoncé dans (10) .

§1 - Dérivations continues et Différentielles topologiques d'un corps local

Dans ce paragraphe, nous rappelons des résultats plus ou moins bien connus que l'on trouve dans J.P. SERRE (5) , (6) , (7) A. GROTHENDIECK, E.G.A. IV (3) , J.P. LAFON (4) .

Soit K un corps local ; désignons par ν sa valuation discrète, par k son corps résiduel, supposé de caractéristique nulle et algébriquement clos, par $\mathcal{O}$ l'anneau des entiers de K et par $\mathfrak{P}$ son idéal maximal de sorte que : $\mathcal{O}/\mathfrak{P} \simeq k$. La topologie définie par la valuation discrète ν sur K et qui fait de K un espace ultramétrique complet est la topologie $\mathfrak{P}$-adique. C'est cette topologie qui sera exclusivement utilisée dans ce qui suit.

Puisqu'on est en égale caractéristique zéro, le théorème classique de Cohen nous permet pour chaque choix d'une uniformisante t de la valuation ν d'identifier K au corps des séries de Laurent : k((t)) à coefficients dans le corps résiduel k .

Puisque k est algébriquement clos, le théorème de Puiseux nous permet pour chaque choix d'une uniformisante t de la valuation ν de représenter la clôture algébrique $\bar{K}$ du corps K sous la forme : $\bar{K} = \bigcup_{i>0} k((t^{1/i}))$. On introduit ainsi, pour chaque entier i positif le corps local $K_i = k((t^{1/i}))$, défini à un isomorphisme près (et qui donc ne dépend pas de t), extension galoisienne de degré i de K ; et on a : $\bar{K} = \bigcup_{i>0} K_i$. On considère $\bar{K}$ comme un corps de valuation dense, muni de la valuation, encore notée ν, qui prolonge celle des différents K_i.

Définition 1 - On appelle K-espace vectoriel des k-dérivations continues de K, noté $Der_k(K)$, l'ensemble des applications k-linéaires, continues $\delta : K \longrightarrow K$ vérifiant :

$$\forall \alpha, \beta \in K, \quad \delta(\alpha\beta) = \delta(\alpha)\beta + \alpha\delta(\beta).$$

Introduisons une notion duale.

Définition 2 - On appelle K-espace vectoriel des k-différentielles topologiques de K le couple universel : $\Omega_k(K)$, d : $K \longrightarrow \Omega_k(K)$ constitué d'un K-espace vectoriel $\Omega_k(K)$ topologique, séparé, pour la topologie $\mathfrak{P}$-adique : $(\mathfrak{P}^i\, d(\mathcal{O}))_{i>0}$ et d'une application k-linéaire continue d, vérifiant :

$$\forall \alpha, \beta \in K \qquad d\alpha\beta = d\alpha . \beta + \alpha . d\beta$$

Le lemme suivant se trouve dans (5) (Groupes algébriques et corps de classes).

Lemme 1 - $\Omega_k(K)$ est un K-espace vectoriel de dimension un. Soit t une uniformisante de la valuation et pour tout $\alpha \in K$, notons $D_t\alpha$ la dérivée par rapport à t ; on a alors :

$$d\alpha = D_t\alpha . dt \text{ et } dt \text{ forme une base de } \Omega_k(K) \text{ sur } K.$$

Le lemme suivant se trouve dans E.G.A. IV.

Lemme 2 - $Der_k(K)$ est isomorphe au dual de $\Omega_k(K)$:

$$Hom_K(\Omega_k(K), K) \simeq Der_k(K)$$

Il s'ensuit que $Der_k(K)$ est un K-espace vectoriel de dimension un, et si t est est une uniformisante de la valuation, D_t forme une base de $Der_k(K)$ sur K.

Définition 3 - On appelle différentielle de K, tout élément $\omega \in \Omega_k(K)$; si t est une uniformisante, il existe $\alpha \in K$ tel que : $\omega = \alpha\, dt$.
Le coefficient de t^{-1} dans le développement de α en série de Laurent par rapport à t s'appelle le résidu de ω et est noté : rés ω. Cette notation est justifiée car le résidu de ω est indépendant du choix de t, voir (5).
La valuation $\nu(\omega)$ de la différentielle ω est définie en accord avec la topologie $\mathfrak{P}$-adique de $\Omega_k(K)$ et on a :

$$\nu(\omega) = \nu(\alpha) \quad , \text{ si } \omega = \alpha\, dt \quad .$$

Il est facile de vérifier que cette définition ne dépend pas du choix de t.

§2 - Le Théorème principal

Dans ce paragraphe, δ désignera une k-dérivation continu de K, non identiquement nulle.

Proposition 1 - Il existe une correspondance bijective entre $\mathrm{Der}_k(K) - \{0\}$ et $\Omega_k(K) - \{0\}$ définie par :

Quel que soit $\delta \in \mathrm{Der}_k(K) - \{0\}$ posons $\omega_\delta = \frac{dt}{\delta(t)} \in \Omega_k(K) - \{0\}$

Quel que soit $\omega \in \Omega_k(K) - \{0\}$, $\omega = \alpha\, dt$, posons $\delta_\omega(t) = \frac{1}{\alpha} \in \mathrm{Der}_k(K) - \{0\}$.

La démonstration, simple, est laissée aux soins du lecteur, vérifions uniquement que la définition de ω_δ est bien indépendante du choix de t.
Si $\beta \in K$, on a, d'après le lemme 1 :

$$d\beta = D_t\,\beta \,.\, dt$$

et en utilisant le lemme 2 :

$$\delta(\beta) = \delta(t) \,.\, D_t\,\beta$$

d'où :

$$\omega_\delta = \frac{dt}{\delta(t)} = \frac{d\beta}{\delta(\beta)} \quad .$$

Définition 4 - La différentielle ω_δ définie par la proposition 1 sera appelée la différentielle topologique associée à la k-dérivation continue δ de K.

Donnons maintenant le Théorème principal :

Théorème - Soient K un corps local de valuation ν , à corps résiduel k de caractéristique nulle et algébriquement clos, et δ une k-dérivation continue de K de différentielle associée ω_δ .

On obtient la classification suivante :

1) $\nu(\omega_\delta) > -1$ (et donc en particulier rés $\omega_\delta = 0$) est équivalent à :

Il existe une uniformisante Y de la valuation ν telle que K soit isomorphe au corps local : $k((Y^{\frac{1}{\nu(\omega_\delta)+1}}))$ et que la transformée de δ par cet isomorphisme soit D_Y , la dérivée par rapport à Y .

2) $\nu(\omega_\delta) < -1$ et rés $\omega_\delta = 0$ est équivalent à :

Il existe une uniformisante Y de la valuation ν telle que K soit isomorphe au corps local : $k((Y^{\frac{-1}{\nu(\omega_\delta)+1}}))$ et que la transformée de δ par cet isomorphisme soit $D_{Y^{-1}}$, la dérivée par rapport à Y^{-1} .

3) $\nu(\omega_\delta) = -1$ est équivalent à :

Il existe une uniformisante Y de la valuation ν telle que K soit isomorphe au corps local ; $k((Y))$ et que la transformée de δ par cet isomorphisme soit : $\frac{1}{\text{rés}\, \omega_\delta} D_{\operatorname{Log} Y}$, k-homothétique de la dérivée par rapport au logarithme formel de Y .

4) $\nu(\omega_\delta) < -1$ et rés $\omega_\delta \neq 0$ est équivalent à :

Il existe un corps local L extension continue transcendante de K dont le corps résiduel l est extension transcendante pure monogène de k , et il existe une uniformisante Y de la valuation de L , qui n'est pas dans K , telle que l s'identifie à $k(\operatorname{Log} Y)$ (où $\operatorname{Log} Y$ désigne le logarithme formel de Y). Si on prolonge δ en une k-dérivation continue de L en posant :

$\delta(\operatorname{Log} Y) = \frac{\delta(Y)}{Y}$; le corps L est isomorphe au corps local : $l((Y^{\frac{1}{\nu(\omega_\delta)+1}}))$ et la transformée du prolongement de δ par cet isomorphisme est $D_{Y^{-1}}$.

§3 - Démonstration du Théorème principal

La démonstration, assez longue, se subdivise en plusieurs parties. Montrons d'abord les assertions 1) et 2) qui correspondent à une forme différentielle sans résidu.

Le corps k étant de caractéristique nulle, il en est de même de K et l'hypothèse $\text{rés}\ \omega_\delta = 0$ implique que la différentielle topologique ω_δ admet une primitive unique $\alpha \in K - \{0\}$ de valuation non nulle (car $\nu(\omega_\delta) \neq -1$).

Donc : $$d\alpha = \omega_\delta \quad \text{et} \quad \nu(\alpha) = \nu(\omega_\delta) + 1 \quad .$$

Le corps k étant algébriquement clos, il existe au moins une (et exactement $|\nu(\omega_\delta) + 1|$) uniformisante Y de la valuation de K telle que :

$$Y^{\nu(\omega_\delta)+1} = \alpha \quad \text{et} \quad \nu(Y) = 1 \quad .$$

On a alors :

$$\omega_\delta = d\alpha = d\,Y^{\nu(\omega_\delta)+1} = (\nu(\omega_\delta) + 1)\,Y^{\nu(\omega_\delta)}\,dY \quad ,$$

et donc :

$$\delta(Y) = \frac{1}{(\nu(\omega_\delta)+1)\,Y^{\nu(\omega_\delta)}} \quad .$$

Dans le cas 1), soit $k((Y^{\frac{1}{\nu(\omega_\delta)+1}}))$ le corps des séries de Laurent en l'indéterminée $Y^{\frac{1}{\nu(\omega_\delta)+1}}$ puisque $\nu(\omega_\delta) > -1$; il s'agit de l'extension algébrique (galoisienne) de degré $\nu(\omega_\delta) + 1$ de $k((Y))$. La substitution de Y en $Y^{\frac{1}{\nu(\omega_\delta)+1}}$ définit un isomorphisme de <u>corps valués</u> entre $K = k((Y))$ et $k((Y^{\frac{1}{\nu(\omega_\delta)+1}}))$, et la dérivation δ devient l'unique application fermant le diagramme :

$$\begin{array}{ccc} k((Y)) & \xrightarrow{\ \ \delta\ \ } & k((Y)) \\ \updownarrow & & \updownarrow \\ k((Y^{\frac{1}{\nu(\omega_\delta)+1}})) & \dashrightarrow & k((Y^{\frac{1}{\nu(\omega_\delta)+1}})) \end{array}$$

Il s'agit de la dérivation qui, à $Y^{\frac{1}{\nu(\omega_\delta)+1}}$, associe $\dfrac{1}{\dfrac{\nu(\omega_\delta)}{\nu(\omega_\delta)+1}}$
$(\nu(\omega_\delta)+1)\ Y$

donc de la dérivation qui à Y associe 1, et on reconnaît ainsi D_Y .

Dans le cas 2), puisque $\nu(\omega_\delta) < -1$, le corps des séries de Laurent $k((Y^{\frac{-1}{\nu(\omega_\delta)+1}}))$ est encore une extension galoisienne de degré $-(\nu(\omega_\delta)+1)$ de $k((Y))$. La substitution de Y en $Y^{\frac{-1}{\nu(\omega_\delta)+1}}$ définit un isomorphisme de corps valués entre $K = k((Y))$ et $k((Y^{\frac{-1}{\nu(\omega_\delta)+1}}))$, et la dérivation δ devient l'unique application qui à : $Y^{\frac{1}{\nu(\omega_\delta)+1}}$ associe : $\dfrac{1}{\dfrac{-\nu(\omega_\delta)}{\nu(\omega_\delta)+1}}$
$(\nu(\omega_\delta)+1)\ Y$

c'est-à-dire $D_{Y^{-1}}$.

Les réciproques de 1) et de 2) s'établissent en remarquant que si n est un entier positif, la dérivation D_Y (respectivement $D_{Y^{-1}}$) sur le corps local $k((Y^{1/n}))$ admet pour différentielle associée $\omega_{D_Y} = dY$, (respectivement $\omega_{D_{Y^{-1}}} = dY^{-1}$).

Il s'agit d'une différentielle de valuation n (respectivement de valuation $-(n+1)$) qui admet une primitive donc qui est sans résidu.

Montrons maintenant l'assertion 3).

Si t est une uniformisante quelconque de la valuation de K , on peut écrire :

$$\frac{\omega_\delta}{\text{rés}\ \omega_\delta} = \frac{dt}{t} + \omega \quad \text{avec} \quad \nu(\omega) \geq 0 \quad .$$

Le corps k étant de caractéristique nulle, on a comme dans la démonstration de 1) : $\omega = d\alpha$ avec $\alpha \in K$ et $\nu(\alpha) \geq 1$. Si e^α désigne la série formelle en t obtenue en substituant α à la variable formelle, $Y = t\, e^\alpha$ est une uniformisante de la valuation de K qui vérifie :

$$dY = e^\alpha\, dt + t\, e^\alpha\, d\alpha$$

et donc : $\frac{dY}{Y} = \frac{\omega_\delta}{\text{rés}\, \omega_\delta}$.

Par définition de ω_δ , il s'ensuit que :

$$\delta(Y) = \frac{Y}{\text{rés}\, \omega_\delta} .$$

Si on définit formellement Log Y (par $e^{\text{Log } Y} = Y$) on peut convenir de noter : $D_{\text{Log } Y}\, Y = Y$ et δ s'écrit alors : $\delta = \frac{1}{\text{rés}\, \omega_\delta} D_{\text{Log } Y}$.

Réciproquement, pour tout $x \in k - \{0\}$, $x\, D_{\text{Log } Y}$ est une dérivation sur $k((Y))$ dont la différentielle associée $\frac{dY}{xY}$ est de valuation -1 .

Démonstration de l'assertion 4).

Soit l une extension transcendante pure monogène de k et notons par L le corps des séries de Laurent à une indéterminée et à coefficients dans l . C'est un corps local qui peut être considéré naturellement comme une extension continue transcendante de K . Le corps L peut aussi être obtenu en complétant une extension transcendante pure monogène de K pour la valuation qui prolonge trivialement celle de K (c'est-à-dire qui s'annule sur une base pure de l'extension ; voir (2), § 10,1, prop. 2).
La valuation de L sera encore notée ν .

Définissons une fonction logarithme sur le corps local L . Si t est une uniformisante de la valuation de K , c'est aussi une uniformisante de la valuation de L , et tout élément $\sigma \in L - \{0\}$ admet la représentation :

$$\sigma = y\, t^{\nu(\sigma)} (1+\varepsilon) \quad \text{où} \quad y \in l - \{0\}, \quad \varepsilon \in L \quad \text{et} \quad \nu(\varepsilon) \geq 1 .$$

Notons $\text{Log}(1+\varepsilon)$ la série formelle classique obtenue par substitution de ε à la variable formelle, c'est-à-dire $\sum_{i \geq 1} \frac{(-1)^{i-1}}{i} \varepsilon^i$ et soit v une base pure de L sur K ; on a alors :

<u>Lemme</u> 3 - <u>La fonction</u> $\text{Log} : L - \{0\} \longrightarrow L$ <u>qui à</u> $\sigma \in L - \{0\}$ <u>associe</u> : $\nu(\sigma)\, v + \text{Log}\,(1+\varepsilon) \in L$ <u>est une fonction continue pour la topologie de la valuation</u>. <u>Cette fonction vérifie les propriétés suivantes</u> :

$$\forall \sigma, \tau \in L - \{0\} \quad , \quad \mathrm{Log}(\sigma\tau) = \mathrm{Log}\,\sigma + \mathrm{Log}\,\tau$$

$$\mathrm{Log}\, t = v$$

$$\forall y \in l - \{0\} \qquad \mathrm{Log}\, y = 0$$

Cette fonction sera appelée : <u>fonction logarithme sur le corps local</u> L .

<u>Preuve</u> - Les propriétés de la fonction Log sont immédiatement vérifiées ; montrons la continuité au point $\sigma \in L - \{0\}$.

$$\forall \tau \in L \text{ tel que } \nu(\tau) \geqslant \nu(\sigma) + 1 \quad , \text{ on a :}$$

$$\mathrm{Log}(\sigma + \tau) - \mathrm{Log}\,\sigma = \mathrm{Log}(1 + \frac{\tau}{\sigma}) = \frac{\tau}{\sigma} \sum_{i \geqslant 1} \frac{(-1)^{i-1}}{i} \frac{\tau^{i-1}}{\sigma^{i-1}}$$

et en passant aux valuations :

$$\nu(\mathrm{Log}\,(\sigma + \tau) - \mathrm{Log}\,\sigma) = \nu(\tau) - \nu(\sigma)$$

ce qui achève la démonstration.

Il s'ensuit que si t est une uniformisante de la valuation de K , le corps résiduel l admet une représentation sous la forme k(Log t) et le corps local L une représentation sous la forme : k(Log t) ((t)).

D'après un résultat général, sur le prolongement des dérivations aux extensions transcendantes, voir par exemple (1), on sait que toute k-dérivation continue δ de K se prolonge de façon unique en une k-dérivation continue L en posant : $\delta(\mathrm{Log}\, t) = \frac{\delta(t)}{t}$; en particulier D_t se prolonge à L en posant $D_t(\mathrm{Log}\, t) = \frac{1}{t}$. De façon précise, si $\sigma = \sum_{i > -\infty} y_i t^i \in L$ où $y_i \in l$, alors :

$$\delta(\sigma) = \sum_{i > -\infty} (\delta(y_i)\, t^i + y_i\, \delta(t^i)) = \Big[\sum_{i > -\infty} (D_{\mathrm{Log}\, t}(y_i) + i y_i)\, t^{i-1} \Big] \delta(t)$$

Il s'ensuit, par dualité, une extension du K-espace vectoriel des k-différentielles topologiques de K selon le L-espace vectoriel des k-différentielles topologiques de L : $\Omega_k(K) \otimes_K L$; l'application différentielle, encore notée $d : L \longrightarrow \Omega_k(K) \otimes_K L$, étant définie par :

$$\text{si } \sigma = \sum_{i > -\infty} y_i t^i \in L \text{ où } y_i \in l \text{ , alors :}$$

$$d\sigma = \Big[\sum_{i > -\infty} (D_{\mathrm{Log}\, t}(y_i) + i y_i)\, t^{i-1} \Big] dt \quad .$$

Si δ est une k-dérivation continue de K et ω_δ sa différentielle topologique associée dans $\Omega_k(K)$, il est bien clair que dans $\Omega_k(K) \underset{K}{\otimes} L$, on a encore : $\forall \sigma \in L\ ,\ \omega_\delta = \frac{d\sigma}{\delta(\sigma)}$.

Etablissons maintenant un résultat sur certains changements d'uniformisantes de L .

Proposition 2 - Soit u une uniformisante de la valuation de L du type : $u = xt\ (1+\varepsilon)$ où $x \in k - \{0\}$ et $\varepsilon \in L$ avec $\nu(\varepsilon) \geq 1$. Alors Log u est transcendant sur k((u)). Le corps résiduel $\bar{l}$ est isomorphe à k(Log u) et le corps local L est isomorphe au corps local : k(Log u) ((u)).

Preuve - De $u = xt\ (1+\varepsilon)$, on déduit :

$$\text{Log } u = \text{Log } t + \text{Log }(1+\varepsilon)$$

d'où : $D_t(\text{Log } u) = \frac{1}{t} + \frac{D_t(1+\varepsilon)}{1+\varepsilon} = \frac{1+\varepsilon + t\, D_t(1+\varepsilon)}{t(1+\varepsilon)}$.

Or : $D_t\, u = x(1+\varepsilon + t\, D_t(1+\varepsilon))$

donc : $D_t(\text{Log } u) = \frac{D_t u}{xt(1+\varepsilon)} = \frac{D_t u}{u}$.

Mais on sait que : $D_t(\text{Log } u) = D_u(\text{Log } u)\ D_t\, u$

d'où : $D_u(\text{Log } u) = \frac{1}{u}$.

Si Log u était algébrique sur k((u)), d'après le théorème de Puiseux, il existerait un entier $n > 0$ tel que $\text{Log } u \in k((u^{\frac{1}{n}}))$; ce qui s'écrirait :

$$\text{Log } u = \sum_{i > -\infty} x_i\ u^{i/n} \quad \text{où} \quad x_i \in k$$

$$\text{d'où : } D_u(\text{Log } u) = \sum_{i > -\infty} \frac{i}{n}\, x_i\ u^{i/n - 1} = \frac{1}{u} .$$

ce qui est contradictoire.

Il s'ensuit que le plus petit sous corps de L engendré par k((u)) et Log u est l'extension transcendante pure monogène : k((u)) (Log u). Son complété pour la topologie de la valuation de L est le corps local : k(Log u) ((u)), (voir (2)) qui est un sous corps fermé de L . Montrons que $k(\mathrm{Log}\, u)((u))$ est dense dans L ce qui achèvera de prouver qu'il coïncide avec L .

Puisque u est une uniformisante de la valuation de L , on peut représenter le corps local L sous la forme : $k(\mathrm{Log}\, t)((u))$; et il suffit de montrer que $\mathrm{Log}\, t$ est limite d'une suite d'éléments de $k(\mathrm{Log}\, u)((u))$ pour la topologie de la valuation de L . Ecrivons t en fonction de u :

$$t = x^{-1} u(1+\eta) \quad \text{où} \quad x^{-1} \in k - \{0\} \text{ et } \quad \eta \in k(\mathrm{Log}\, t)((u)) \quad \text{avec} \quad \nu(\eta) \geq 1$$

d'où : $\mathrm{Log}\, t = \mathrm{Log}\, u + \mathrm{Log}(1+\eta)$.

$\mathrm{Log}(1+\eta)$ est une série formelle en u que l'on peut écrire :

$$\mathrm{Log}(1+\eta) = \sum_{i \geq 1} y_i u^i \quad \text{où} \quad y_i \in k(\mathrm{Log}\, t)$$

et donc : $\mathrm{Log}\, t = \mathrm{Log}\, u + \sum_{i \geq 1} y_i u^i$

Etablissons un lemme préliminaire.

<u>Lemme</u> 4 - <u>Pour tout entier</u> $i > 0$, <u>on a l'équivalence</u> :

i) <u>il existe</u> $\sigma_i \in k(\mathrm{Log}\, u)((u))$ <u>tel que</u> : $\nu(\mathrm{Log}\, t - \sigma_i) \geq i$

ii) <u>quel que soit</u> $y \in k(\mathrm{Log}\, t)$, $\exists \tau_i \in k(\mathrm{Log}\, u)((u))$ <u>tel que</u> :

$$\nu(y - \tau_i) \geq i \quad .$$

<u>Preuve</u> - Il est bien clair qu'il suffit d'établir que i) $\Longrightarrow$ ii).
L'hypothèse $\nu(\mathrm{Log}\, t - \sigma_i) \geq i$ implique : $\nu(\sigma_i) = 0$, c'est-à-dire $\sigma_i \in k(\mathrm{Log}\, u)[[u]]$.

Si y est un élément de $k(\mathrm{Log}\, t)$, convenons de noter $y(\sigma_i)$ sa valeur dans $k(\mathrm{Log}\, u)((u))$ obtenue en substituant σ_i à $\mathrm{Log}\, t$.

Si a est un polynôme de $k[\mathrm{Log}\, t]$, alors il est facile de voir que :

$$a - a(\sigma_i) = (\mathrm{Log}\, t - \sigma_i)\theta \quad \text{avec} \quad \theta \in k(\mathrm{Log}\, t)[[u]]$$

et donc : $\nu(a - a(\sigma_i)) \geq \nu(\mathrm{Log}\, t - \sigma_i) \geq i$.

Comme précédemment : $\nu(a) = 0$ implique $\nu(a(\sigma_i)) = 0$ et en particulier $a(\sigma_i)$ est différent de zéro.

Si $y = \frac{a}{b}$ est un élément de $k(\text{Log } t)$, alors en posant $\tau_i = y(\sigma_i)$ on a :

$$y - \tau_i = y - y(\sigma_i) = \frac{a}{b} - \frac{a(\sigma_i)}{b(\sigma_i)} = \frac{(a - a(\sigma_i))\, b(\sigma_i) - a(\sigma_i)\,(b - b(\sigma_i))}{b\, b(\sigma_i)}$$

Passons aux valuations et utilisons l'inégalité ultramétrique :

$$\nu(y - \tau_i) \geq \text{Min}\left\{\nu\left(\frac{1}{b}(a - a(\sigma_i))\right),\ \nu\left(\frac{a(\sigma_i)}{b\, b(\sigma_i)}(b - b(\sigma_i))\right)\right\}$$

or : $\nu(\frac{1}{b}) = \nu(\frac{a(\sigma_i)}{b\, b(\sigma_i)}) = 0$

d'où : $\nu(y - \tau_i) \geq i$, ce qui achève la preuve du lemme. Afin de terminer la démonstration de la proposition, nous montrons, par récurrence sur l'entier j , que l'on peut approximer Log t par une suite $(\sigma_j)_{j \geq 1}$ vérifiant : $\nu(\text{Log } t - \sigma_j) \geq j$ où $\sigma_j \in k(\text{Log } u)\,((u))$.

Si $j = 1$, la formule : $\text{Log } t = \text{Log } u + \sum_{i \geq 1} y_i\, u^i$ montre que l'on peut prendre : $\sigma_1 = \text{Log } u$.

Supposons que pour tout $i < j$, il existe $\sigma_i \in k(\text{Log } u)\,((u))$ vérifiant : $\nu(\text{Log } t - \sigma_i) \geq i$.

Alors de : $\nu(\text{Log } t - (\text{Log } u + \sum_{i=1}^{j-1} y_i\, u^i)) \geq j$ et en utilisant le lemme précédent sous la forme :

quels que soient $i < j$, il existe $\tau_i \in k(\text{Log } u)\,((u))$ tel que $\nu(y_{j-i} - \tau_i) \geq i$, on peut construire $\sigma_j \in k(\text{Log } u)\,((u))$ en posant :

$$\sigma_j = \text{Log } u + \sum_{i=1}^{j-1} \tau_{j-i}\, u^i$$

et on a bien : $\nu(\text{Log } t - \sigma_j) \geq j$.

Construisons une bonne uniformisante Y de la valuation de L , qui n'appartient pas à K et à laquelle nous appliquerons les résultats obtenus sur les changements d'uniformisantes.

L'hypothèse de l'assertion 4) : $\nu(\omega_\delta) < -1$ et $\text{rés } \omega_\delta \neq 0$, nous permet d'écrire la différentielle topologique ω_δ sous la forme :

$$\omega_\delta = (\text{rés } \omega_\delta)\ \frac{dt}{t} + \omega$$

où t est une uniformisante de la valuation de K , et ω une différentielle topologique vérifiant : $\nu(\omega) = \nu(\omega_\delta) < -1$ et $\text{rés } \omega = 0$. Le corps k étant de caractéristique nulle, il existe $\alpha \in K - \{0\}$ tel que $d\alpha = \omega$ et $\nu(\alpha) = \nu(\omega_\delta) + 1 < 0$.

La différentielle ω_δ qui ne s'intègre pas dans K , admet une primitive σ dans L , représenté sous la forme k(Log t) ((t)), en posant : $\sigma = (\text{rés } \omega_\delta) \text{ Log } t + \alpha$. On a :

$$d\sigma = \omega_\delta \text{ et } \nu(\sigma) = \nu(\alpha) = \nu(\omega_\delta) + 1 < 0 .$$

Le corps k étant algébriquement clos, il est facile de voir qu'il existe une uniformisante Y de la valuation de L , telle que :

$$Y^{\nu(\omega_\delta)+1} = \sigma$$

Y est du type : $Y = x\, t\, (1 + \varepsilon)$ où $x \in k - \{0\}$ et $\varepsilon \in L$ avec $\nu(\varepsilon) \geq 1$.

Y n'appartient pas à K , car σ n'appartient pas à K (on peut aussi voir directement que ε n'appartient pas à K).

De façon analogue aux démonstrations des précédentes assertions, on a :

$$\omega_\delta = d\sigma = dY^{\nu(\omega_\delta)+1} = (\nu(\omega_\delta) + 1)\, Y^{\nu(\omega_\delta)} dY$$

avec : $dY \in \Omega_k(K) \otimes_K L$

et en utilisant notre remarque sur le prolongement des dérivations et des différentielles topologiques :

$$\delta(Y) = \frac{1}{(\nu(\omega_\delta)+1)\, Y^{\nu(\omega_\delta)}} .$$

La proposition 2 que nous venons d'établir nous permet d'identifier L à k(Log Y) ((Y)) notée : l((Y)). Le corps des séries de Laurent $l((Y^{\frac{-1}{\nu(\omega_\delta)+1}}))$ est une extension galoisienne de degré : $-(\nu(\omega_\delta)+1)$ de l((Y)) et la substitution de Y en $Y^{\frac{-1}{\nu(\omega_\delta)+1}}$ définit un isomorphisme de corps valués entre l((Y)) et $l((Y^{\frac{-1}{\nu(\omega_\delta)+1}}))$. La dérivation δ devient par cet isomorphisme l'application $D_{Y^{-1}}$.

Remarquons que la substitution de Y en $Y^{\frac{-1}{\nu(\omega_\delta)+1}}$ ne change pas l car :

$$k(\text{Log } Y) = k(\text{Log}(y^{\frac{-1}{\nu(\omega_\delta)+1}})) .$$

La réciproque est immédiate ; si n est un entier positif, la dérivation $D_{Y^{-1}}$ sur le corps local $k(\text{Log } Y)((Y^{\frac{1}{n}}))$, qui est supposée être le prolongement d'une k-dérivation continue de K avec $Y \notin K$, admet pour différentielle associée $\omega_{D_{Y^{-1}}} = dY^{-1}$ (on suppose donc que : $\omega_{D_{Y^{-1}}} \in \Omega_k(K)$). Il s'agit d'une différentielle de valuation $-(n+1)$ dont la primitive Y^{-1} n'appartient pas à K ; il s'ensuit que cette différentielle possède un résidu différent de zéro.

§4 - Application aux anneaux de Cohen non commutatifs

Un anneau de valuation discrète complet, non nécessairement commutatif, est un anneau local Λ, d'idéal maximal $\mathfrak{m}$, séparé, complet et non discret pour la topologie de Krull et tel que $\mathfrak{m}/\mathfrak{m}^2$ soit un Λ-bimodule simple au sens de M. ARTIN (8). Nous avons montré dans (9) qu'en égale caractéristique, contrairement aux bonnes situations de l'algèbre commutative, certains de ces anneaux n'admettent pas de corps de représentants. Ceux qui possèdent un corps de représentants K sont appelés "anneaux de Cohen" et sont caractérisés par un théorème de structure les identifiant à un anneau de séries formelles en une indéterminée X, dans lequel le produit est tordu par un automorphisme s de toute la structure ; voir (8) théorème 3. Dans l'anneau $(K[[X]],s)$ ainsi obtenu, le produit est défini par :

Quel que soit $\alpha \in K$ $\quad X\alpha = s(\alpha)\, X$ où $s(\alpha) \in K[[X]]$.

Si on pose : $s = \sum_{i=0}^{+\infty} \delta_i X^i$, il est clair que la donnée de s est équivalente à celle d'une suite $(\delta_i)_{i \geq 0}$ d'endomorphismes additifs de K liés entre eux par des équations traduisant que s est un morphisme multiplicatif. Notons que $\delta_0 = 1_K$ et que :

$$\text{quels que soient } \alpha, \beta \in K \quad , \quad \delta_1(\alpha\beta) = \delta_1(\alpha).\beta + \alpha.\delta_1(\beta) .$$

Une telle suite $(\delta_i)_{i \geq 0}$ est appelée une suite de "hautes dérivations" et δ_i est la dérivation d'ordre i .

En particulier, si δ est une dérivation de K , c'est-à-dire :

$$\forall \alpha, \beta \in K , \quad \delta(\alpha+\beta) = \delta(\alpha) + \delta(\beta)$$
$$\delta(\alpha\beta) = \delta(\alpha).\beta + \alpha.\delta(\beta)$$

alors : $s = \sum_{i=0}^{+\infty} \delta^i X^i$ où $\delta^i = \delta \circ \ldots \circ \delta$, i fois, définit sur $K[[X]]$ une structure d'anneau de Cohen dans lequel le produit s'écrit :

$$\forall \alpha \in K \qquad X\alpha - \alpha X = X\delta(\alpha)X.$$

En effet, il suffit de remarquer que $s = \sum_{i=0}^{+\infty} \delta^i X^i$ s'écrit :

$s = 1_K + s(\delta) X$ et comme $X\delta = s(\delta) X$ on a : $s = 1_K + X\delta$. Réciproquement, si $s = 1_K + X\delta$, alors $s = 1_K + s(\delta) X$; mais $s(\delta) = \delta + s(\delta^2) X$ et donc

$$s = 1 + \delta X + s(\delta^2) X^2 \text{ , etc } \ldots$$

On vérifie alors aisément que s est un morphisme multiplicatif :

Quels que soient $\alpha, \beta \in K$, $s(\alpha) s(\beta) = (\alpha + X\delta(\alpha)) \quad (\beta + X\delta(\beta))$

$$s(\alpha) s(\beta) = \alpha\beta + \alpha X \delta(\beta) + X \delta(\alpha)\beta + X \delta(\alpha) X \delta(\beta) .$$

Or :

$$\alpha X = X\alpha - X\delta(\alpha) X$$

d'où : $s(\alpha) s(\beta) = \alpha\beta + X [\delta(\alpha)\beta + \alpha\delta(\beta)] = \alpha\beta + X\delta(\alpha\beta) = s(\alpha\beta)$.

L'anneau $(K[[X]]$, s) ainsi obtenu sera noté : $K[[X,\delta]]$ et appelé "<u>anneau de Cohen à dérivation</u>".

Si nous supposons le corps K commutatif et δ non identiquement nulle, cet anneau est non commutatif et d'après (8) théorème 3, sans uniformisante centrale.

Si maintenant K désigne un corps local à corps résiduel k de caractéristique nulle et algébriquement clos et δ une k-dérivation continue de K , la classification du Théorème principal donne l'échantillonnage des anneaux de Cohen à dérivation que l'on peut construire sur l'espace ultramétrique complet des séries formelles $K[[X]]$. Toutefois ces différentes structures peuvent se déduire les unes des autres par des isomorphismes d'anneaux.

<u>Proposition 3</u> - <u>Soient</u> K <u>un corps local à corps résiduel</u> k <u>de caractéristique nulle et algébriquement clos et</u> δ <u>une k-dérivation continue de</u> K . <u>Pour chaque uniformisante</u> t <u>de la valuation de</u> K , <u>l'anneau de Cohen à</u>

<u>dérivation</u> : $K[[X,\delta]]$ <u>est isomorphe à l'anneau</u> : $K[[Z, D_t]]$ <u>où</u> Z <u>est une indéterminée et</u> D_t <u>désigne la dérivée par rapport à</u> t .

<u>Preuve</u> - Identifions K au corps $k((t))$, des séries de Laurent ; le lemme 2 du §1 nous permet d'écrire :

$$\forall \alpha \in K \qquad \delta(\alpha) = \delta(t) D_t \alpha \quad .$$

On construit un homomorphisme d'anneau de $K[[X,\delta]]$ vers $K[[Z, D_t]]$ en substituant dans toute série formelle du premier anneau $\frac{1}{\delta(t)} Z$ à la variable formelle X . On obtient ainsi une série formelle en Z que l'on calcule avec la règle du produit du deuxième anneau :

$$\forall \alpha \in K \qquad X\alpha - \alpha X = X \ \delta(\alpha) \ X = X \, \delta(t) \, D_t \, \alpha X$$

substituons, il vient : $\frac{1}{\delta(t)} Z\alpha - \frac{1}{\delta(t)} \alpha Z = \frac{1}{\delta(t)} Z \ D_t \alpha Z$

$$\text{d'où : } Z\alpha - \alpha Z = Z \ D_t \alpha Z \quad .$$

Il est clair que cet homomorphisme est un isomorphisme d'anneau , son inverse est obtenu à partir de la substitution $Z = \delta(t) X$.

BIBLIOGRAPHIE

(1) N. BOURBAKI : Algèbre, Chap. V, Hermann, Paris 1950.

(2) N. BOURBAKI : Algèbre Commutative, Chap. VI, Hermann, Paris 1964.

(3) A. GROTHENDIECK : Eléments de géométrie algébrique IV. Publication IHES n° 20, 1964.

(4) J.P. LAFON : Algèbre commutative. Hermann, Paris 1977.

(5) J.P. SERRE : Groupes algébriques et corps de classes. Hermann, Paris 1959.

(6) J.P. SERRE : Sur les corps locaux à corps résiduel algébriquement clos. Bull. Soc. Math. France, 89. 1961.

(7) J.P. SERRE : Corps locaux. Hermann, Paris 1962.

(8) R. VIDAL : Anneaux de valuation discrète complets non commutatifs. Thèse, Paris 1978.

(9) R. VIDAL : Un exemple d'anneau de valuation discrète complet, non commutatif qui n'est pas un anneau de Cohen. C.R. Acad. Sc. Paris t. 284. 1977.

(10) R. VIDAL : Anneaux de Cohen, non commutatifs, sur un corps local. C.R. Acad. Sc. Paris t. 288. 1979.

Robert VIDAL
Université de Clermont II
Mathématiques Pures
B.P. 45
63170 AUBIERE

SUR LA DIMENSION PROJECTIVE DES MODULES FILTRES SUR DES ANNEAUX FILTRES COMPLETS

par

Elena Wexler-Kreindler

1. Préliminaires.

Considérons un anneau unitaire A, muni d'une filtration $(A_n)_{n\in\mathbb{N}}$ décroissante, exhaustive et séparée.

La catégorie f(A-mod) des A-modules filtrés (munis de filtrations décroissantes exhaustives et compatibles avec celle de A) et des f-morphismes (i.e. des morphismes de A-modules filtrés) est préabélienne, i.e. elle est additive et tout f-morphisme $g : M \longrightarrow N$ possède un noyau Kerg et un conoyau Cokerg, les f-morphismes naturels Kerg $\longrightarrow$ M et N $\longrightarrow$ Coker g étant des f-morphismes stricts. En plus, le f-morphisme canonique θ_g : Coimg $\longrightarrow$ Img est une bijection, qui est un f-isomorphisme si et seulement si g est strict. La sous-catégorie pleine fs(A-mod) des modules filtrés séparés est aussi préabélienne et ces deux catégories sont des catégories préabéliennes spéciales dans le sens de [1].

Dans la catégorie (préabélienne spéciale) des groupes topologiques abéliens séparés et des homomorphismes continus de groupes [8], sont définis des "projectifs par rapport à une classe d'homomorphismes surjectifs continus", notamment celle, pour laquelle les groupes topologiques abéliens libres au sens de Graev [6] sont projectifs. Il s'avère qu'un tel projectif est un groupe abélien libre et que, sauf pour les groupes discrets, aucun projectif n'est ni localement compact, ni complet, ce qui restreint l'existence des résolutions projectives. Toutefois, la dimension projective d'un groupe topologique abélien compact est définie dans le sens de Hall et égale à 1 [12].

Récemment, L. Grünenfelder [7] a défini dans la catégorie f (A-mod), les <u>projectifs réguliers</u>, qu'il utilise pour l'étude de certaines suites spectrales. Un projectif régulier d'après [7] est un A-module filtré P, tel que le foncteur $Hom_f(P,-)$ conserve les f-morphismes surjectifs stricts, ce qui revient entre autre à dire, dans la terminologie de [8], que P est projectif par rapport à la classe des f-morphismes surjectifs stricts.

On pourrait encore dégager la notion de "projectif par rapport à la classe des f-morphismes surjectifs stricts", à partir de la définition donnée dans [13] de "Ext sans projectifs", suivant la méthode de Yoneda [10], pour une catégorie préabélienne quelconque, qui se trouve beaucoup simplifiée lorsqu'il s'agit d'une catégorie préabélienne spéciale.

Dans [18] nous avons défini dans la catégorie fs(A-mod), lorsque l'anneau A est complet, la notion de A-module f-<u>projectif</u> qui est un projectif, dans le sens de [8], par rapport à la classe des f-morphismes surjectifs stricts de source complète. Ainsi, les f-projectifs sont exactement les A-modules filtrés, dont les G(A)-modules gradués associés sont G(A)-projectifs.

Le but de cet exposé est d'utiliser la notion de f-projectif pour définir dans la catégorie fs(A-mod) des résolutions f-projectives et trouver pour certains modules, sur des anneaux qu'on rencontre en algèbre non commutative, la dimension f-projective.

Dans le §.2, nous présentons une étude des modules filtrés f-libres et f-projectifs. Une partie de ces résultats ont paru dans [18]. Notons que lorsque les filtrations sont croissantes, un A-module est libre, respectivement projectif, si son gradué associé est un G(A)-module gradué libre (i.e. il possède une

G(A)-base formée d'éléments homogènes), respectivement projectif dans la catégorie des G(A)-modules gradués [15]. Sous l'hypothèse des filtrations décroissantes ce résultat n'est plus exact et c'est cette circonstance qui fait que les résultats d §.2 sur les modules filtrés f-libres sont différents de ceux de [16].

Dans le §.3, nous définissons la dimension f-projective d'un module filtré et obtenons une condition suffisante pour qu'un module filtré sur un anneau complet f-héréditaire soit de dimension f-projective ≤ 1. Dans la dernière partie (§.4) nous examinons le cas de l'anneau filtré complet des séries formelles tordues [17] sur un anneau unitaire et plus particulièrement le cas où l'anneau des coefficients est semi-simple. Nous obtenons ainsi un exemple d'anneau héréditaire à gauche, f-héréditaire à droite, pour lequel on caractérise les modules de dimension f-projective (à droite) ≤ 1.

Dans tout ce qui suit, sauf dans la dernière partie, A désigne un anneau unitaire, muni d'une filtration $(A_n)_{n\in\mathbb{N}}$ décroissante, exhaustive et séparée, pour laquelle A est un espace métrique complet. Nous désignons par $G(A) = \bigoplus_{n=o}^{\infty} A_n/A_{n+1}$ l'anneau gradué associé. Tout A-module (à gauche) filtré M est muni d'une filtration $(M_n)_{n\in\mathbb{N}}$, décroissante, exhaustive et séparée et nous désignons par

$$G(M) = \bigoplus_{n=o}^{\infty} M_n/M_{n+1}$$

le G(A)-module (à gauche) gradué associé.

Si M et N sont deux A-modules filtrés, une application linéaire $g : M \longrightarrow N$ est un f-morphisme (f-morphisme <u>strict</u>) si $\forall n \in \mathbb{N}$, $g(M_n) \subseteq N_n$ (resp. $g(M_n) = N_n \cap g(M)$). Si g est une application surjective (injective), nous dirons que le f-morphisme g est surjectif (injectif).

La fonction d'ordre sur A et sur les A-modules filtrés sera désignée indifferemment par ω et la fonction degré sur G(A) et sur les G(A)-modules gradués par ∂ , si aucune confusion n'est à craindre. Tout f-sous-module sera muni de la filtration induite si rien d'autre n'est précisé.

Pour les questions générales concernant les anneaux et les modules filtrés et gradués, nous renvoyons à [2] et à [5] et pour les injectifs dans la catégorie $\tilde{f}$(A-mod) avec filtrations croissantes, ainsi que pour la dimension faible des modules filtrés, à [16].

2. Modules filtrés f-libres et f-projectifs.

Soit M un A-module filtré. Pour toute famille $\Sigma = (x_\lambda)_{\lambda\in\Lambda}$ d'éléments non nuls de M, considérons les conditions suivantes :

(L 1) pour tout $\lambda\in\Lambda$ et tout $a\in A$,

$$\omega(ax_\lambda) = \omega(a) + \omega(x_\lambda) ;$$

(L 2) pour toute partie finie $\Lambda'\subseteq\Lambda$ et toute famille $(a_\lambda)_{\lambda\in\Lambda'}$, d'éléments de A,

$$\omega\Big(\sum_{\lambda\in\Lambda'} a_\lambda x_\lambda\Big) = \inf\{\omega(a_\lambda x_\lambda) \mid \lambda\in\Lambda'\} .$$

Il est évident que si Σ vérifie les conditions (L 1) et (L 2), alors Σ est libre sur A.

Soit $\bar{\Sigma} = (\bar{x}_\lambda)_{\lambda\in\Lambda}$ une famille d'éléments homogènes non nuls du gradué associé G(M) et supposons que $\Sigma = (x_\lambda)_{\lambda\in\Lambda}$ est le relèvement de cette famille dans M. Avec ces conventions, on a le résultat suivant.

Lemme 2.1 : Il y a équivalence entre les propositions suivantes :

(a) $\bar{\Sigma}$ est une famille G(A)-libre ;

(b) Σ vérifie les conditions (L 1) et (L 2).

Preuve : (a) $\Longrightarrow$ (L1) : évident.

(a) $\Longrightarrow$ (L2) : On peut supposer que pour tout $\lambda\in\Lambda'$, $a_\lambda\neq 0$. Soit

$$s = \inf\{\omega(a_\lambda x_\lambda) \mid \lambda\in\Lambda'\} .$$

Considérons $\Lambda'_n = \{\lambda\in\Lambda' \mid \omega(a_\lambda x_\lambda) = n\}$ pour $n\geq s$ et posons $x_n = \sum_{\lambda\in\Lambda'_n} a_\lambda x_\lambda$.

Pour les classes modulo M_{n+1}, respectivement modulo $A_{\omega(a_\lambda)+1}$ et $M_{\omega(x_\lambda)+1}$, on a l'égalité :

$$\bar{x}_n = \sum_{\lambda\in\Lambda'_n} \overline{a_\lambda x_\lambda} = \sum_{\lambda\in\Lambda'_n} \bar{a}_\lambda \bar{x}_\lambda \ , \ \bar{a}_\lambda \neq \bar{0} \ ;$$

on a $\bar{x}_n \neq \bar{0}$, car $\bar{\Sigma}$ est G(A)-libre, d'où $\omega(x_n) = n$ et $\omega(x) = s$.

(b)$\Longrightarrow$(a) : Notons que si $\bar{a}\in G(A)$ est homogène, alors pour tout $\lambda\in\Lambda$, $\partial(\bar{a}\,\bar{x}_\lambda) = \partial(\bar{a}) + \partial(\bar{x}_\lambda)$, car si $a\in M_{\partial(\bar{a})}$ est tel que $\bar{a}$ soit la classe de a modulo $M_{\partial(\bar{a})+1}$, alors $a \neq 0$, par (L I) :

$$\omega(a) = \partial(a), \ \omega(a\,x_\lambda) = \omega(a) + \omega(x_\lambda)$$

et $\bar{0} \neq \bar{a}\,\bar{x}_\lambda$ est la classe de ax_λ modulo $M_{\omega(ax_\lambda)+1}$.

Soit Λ' une partie finie de Λ et $\bar{a}_\lambda \in G(A)$ des éléments non nuls, $\lambda\in\Lambda'$, tels que $\sum_{\lambda\in\Lambda'} \bar{a}_\lambda \bar{x}_\lambda = \bar{0}$. On procède par l'absurde et on suppose que $\bar{a}_\lambda \neq 0$, $\forall\lambda\in\Lambda'$. Soit

$$\bar{a}_\lambda = \sum_{i=1}^{n_\lambda} \bar{a}_{\lambda_i}$$

la décomposition de $\bar{a}_\lambda$ en somme d'éléments homogènes. On déduit

$$\sum_{\lambda\in\Lambda'} \Big(\sum_{i=1}^{n_\lambda} \bar{a}_{\lambda_i}\Big) \bar{x}_\lambda = \bar{0}$$

avec $\bar{a}_{\lambda_i} \neq \bar{0}$ et $\partial(\bar{a}_{\lambda_i} \bar{x}_\lambda) = \partial(\bar{a}_{\lambda_i}) + \partial(\bar{x}_\lambda)$. Puisque pour chaque $\lambda\in\Lambda'$ les $\partial(\bar{a}_{\lambda_i})$ sont tous différents, pour chaque entier n et chaque $\lambda\in\Lambda'$ il existe au plus un entier $i\in[1,n_\lambda]$, tel que $\partial(\bar{a}_{\lambda_i} \bar{x}_\lambda) = n$. On peut alors supposer tous les $\bar{a}_\lambda$ homogènes dès le début. Soit $\Lambda'_n = \{\lambda\in\Lambda' \mid \partial(\bar{a}_\lambda x_\lambda) = n\}$ et $\bar{x}_n = \sum_{\lambda\in\Lambda'_n} \bar{a}_\lambda \bar{x}_\lambda$. On a

$$\sum_{\lambda\in\Lambda'} \bar{a}_\lambda \bar{x}_\lambda = \sum_{n\in\mathbb{N}} \bar{x}_n \ , \ \bar{x}_n \in M_n/M_{n+1} \ .$$

Si $\bar{x}_n = \bar{0}$, alors $\sum_{\lambda \in \Lambda'_n} a_\lambda x_\lambda \in M_{n+1}$, avec $a_\lambda \in A$ tel que $\omega(a_\lambda) = \partial(\bar{a}_\lambda)$ et tel que sa classe modulo $M_{\omega(a_\lambda)+1}$ soit $\bar{a}_\lambda$, or par (L2)

$$\omega\Big(\sum_{\lambda \in \Lambda'_n} a_\lambda x_\lambda\Big) = n.$$

On conclut à une contradiction, qui prouve le résultat.

<u>Théorème</u> 2.2 : <u>Pour un</u> A-<u>module filtré</u> L <u>et pour le</u> G(A)-<u>module gradué associé</u> G(L), <u>les assertions suivantes sont équivalentes</u> :

(a) G(L) <u>est un</u> G(A)-<u>module gradué libre</u> ;

(b) L <u>possède une famille d'éléments</u> $\Sigma = (x_\lambda)_{\lambda \in \Lambda}$ <u>qui vérifie la condition</u> (L1) <u>et telle que pour tout élément</u> $x \neq 0$ <u>de</u> L, <u>il existe une partie unique</u> $\Lambda_x \neq \emptyset$ <u>au plus dénombrable de</u> Λ <u>et une famille unique</u> $(a_\lambda)_{\lambda \in \Lambda_x}$ <u>d'éléments non nuls de</u> A, <u>telles que</u> $(a_\lambda x_\lambda)_{\lambda \in \Lambda_x}$ <u>soit sommable et</u>

$$x = \sum_{\lambda \in \Lambda_x} a_\lambda x_\lambda \,, \quad \omega(x) = \inf\{\omega(a_\lambda x_\lambda) \mid \lambda \in \Lambda_x\}.$$

<u>Preuve</u> (a)$\Longrightarrow$(b). Soit $\bar{\Sigma} = (\bar{x}_\lambda)_{\lambda \in \Lambda}$ une base homogène de G(L) et $\Sigma = (x_\lambda)_{\lambda \in \Lambda}$ le relèvement de $\bar{\Sigma}$ dans L. Par le lemme 2.1 Σ vérifie les conditions (L1) et (L2). Pour $0 \neq x \in L$, il existe une suite strictement croissante d'entiers $(n_k)_{k \in \mathbb{N}}$, avec $n_o = \omega(x)$, une suite de parties finies $(\Lambda_k)_{k \in \mathbb{N}}$ de Λ avec Λ_o tel, que si $\bar{x}$ est la classe de x modulo $L_{\omega(x)+1}$, alors

$$\bar{x} = \sum_{\lambda \in \Lambda_o} \bar{b}_{\lambda,o}\, \bar{x}_\lambda \,, \quad \bar{b}_{\lambda,o} \in G(A)$$

et pour tout $k \in \mathbb{N}$ et tout $\lambda \in \Lambda_k$, un élément $b_{\lambda,k} \in A$, avec

$$\omega(b_{\lambda,k}) = n_k - \omega(x_\lambda),$$

tels que

$$\omega(x - \sum_{k=o}^{s} y_k) = n_{s+1} > n_s \ , \ y_k = \sum_{\lambda \in \Lambda_k} b_{\lambda,k} \, x_\lambda \, .$$

Alors

$$x = \sum_{k=o}^{\infty} y_k = \sum_{k=o}^{\infty} z_k \ ,$$

où

$$z_k = \sum_{\lambda \in \bigcup_{s=o}^{k} \Lambda_s} \left[\sum_{s=o}^{k} b_{\lambda,s} \right] x_\lambda \ .$$

Posons $\Lambda_x = \bigcup_{s=o}^{\infty} \Lambda_s$. Pour tout $\lambda \in \Lambda_x$, on a la série convergente dans A (1) :

$$\sum_{s=o}^{\infty} b_{\lambda,s} = a_\lambda \, .$$

Soit $N > 0$ un entier et $\mathcal{C}'$ une partie finie de Λ_x contenant $\mathcal{B} \cup \mathcal{C}$, où

$$\mathcal{B} = \bigcup_{n=o}^{N} \{ \lambda \in \Lambda_x \,|\, \omega(a_\lambda \, x_\lambda) = n \} \ , \ \mathcal{C} = \bigcup_{m=o}^{k'} \Lambda_m \ ,$$

k' étant tel, que si $k \geq k'$ alors $\omega(x - z_k) > N$ et $n_{k+1} > N$. Alors

$$(x - \sum_{x \in \mathcal{C}'} a_\lambda \, x_\lambda) > N \ ,$$

ce qui prouve

$$x = \sum_{\lambda \in \Lambda_x} a_\lambda \, x_\lambda \, .$$

Pour le calcul de $\omega(x)$, on note que $\omega(y_k) = n_k$ et $\omega(x) = \omega(y_o)$. Par (L2)

$$\omega(y_o) = \inf \{ \omega(b_{\lambda,o}) + \omega(x_\lambda) \,|\, \lambda \in \Lambda_o \} \ .$$

Puisque la suite $(\omega(b_{\lambda,s}))_{s \in \mathbb{N}}$ est strictement croissante pour tout λ , $\omega(b_{\lambda,o}) = \omega(a_\lambda)$ et

$$\omega(x) = \inf \{ \omega(a_\lambda) + \omega(x_\lambda) \,|\, \lambda \in \Lambda_o \} \ .$$

---

(1) Pour la sommabilité dans les groupes abéliens topologiques, voir [3,§.5].

Si $\lambda \in \Lambda_x \setminus \Lambda_o$, alors $\lambda \in \Lambda_s \setminus \Lambda_{s-1}$ et

$$\omega(b_{\lambda,s}) + \omega(x_\lambda) = \omega(a_\lambda) + \omega(x_\lambda) =$$
$$= \inf\{\omega(b_{\lambda,s}\, x_\lambda) \mid \lambda \in \Lambda_s\} = n_s > n_o ,$$

d'où $\omega(x) = \inf\{\omega(a_\lambda x_\lambda) \mid \lambda \in \Lambda_x\}$.

(b)$\longrightarrow$(a). Soit $\bar{\Sigma} = (\bar{x}_\lambda)_{\lambda \in \Lambda}$ la famille d'éléments $\bar{x}_\lambda \in G(L)$, où $\bar{x}_\lambda$ est la classe de x_λ modulo $L_{\omega(x_\lambda)+1}$. La famille Σ est un relèvement dans L de $\bar{\Sigma}$ et par le lemme 2.1 , $\bar{\Sigma}$ est G(A)-libre. Soit $\bar{y} \in L_n/L_{n+1}$ un élément de G(L) de degré n et soit $y \in L_n$ l'élément dont la classe modulo L_{n+1} est $\bar{y}$. Alors

$$y = \sum_{\lambda \in \Lambda_y} a_\lambda x_\lambda \ , \ a_\lambda \in A_{\omega(x_\lambda)-n} \setminus A_{\omega(x_\lambda)-n+1} .$$

Si Λ_n est la partie (finie) de Λ_y , telle que pour tout $\lambda \in \Lambda_n$ on ait

$$\omega(a\ , x_\lambda) = n ,$$

alors

$$\bar{y} = \sum_{\lambda \in \Lambda_n} \bar{a}_\lambda \bar{x}_\lambda$$

et, par suite, $\bar{\Sigma}$ engendre G(L).

<u>Définition</u> 2.3 : Un A-module filtré L qui vérifie les conditions équivalentes du théorème 2.2 sera appelé A-module filtré f-<u>libre</u>, ou bien A-module f-libre. Le relèvement dans L d'une G(A)-base de G(L), sera appelé f-base du A-module f-libre L.

Pour les A-modules libres de rang fini, qui sont des A-modules filtrés, on obtient sans difficulté le résultat suivant.

<u>Corollaire</u> : <u>Sous les hypothèses du théorème 2.2, les assertions suivantes sont équivalentes</u> :

(a) <u>le</u> G(A)-<u>module gradué</u> G(L) <u>est</u> G(A)-<u>libre de type fini</u> ;

(b) <u>le</u> A-<u>module</u> L <u>possède un système générateur fini, qui vérifie les conditions</u> (L1) <u>et</u> (L2).

Rappelons que deux filtrations $(M_n)_{n\in\mathbb{N}}$ et $(M'_n)_{n\in\mathbb{N}}$ sur le même A-module M sont <u>cofinales</u> si pour tout $n\in\mathbb{N}$, il existe $k_n\in\mathbb{N}$ et $k'_n\in\mathbb{N}$, tels que

$$M'_{k'_n}\subseteq M_n \quad , \quad M_{k_n}\subseteq M'_n \ ,$$

les suites $(k_n)_{n\in\mathbb{N}}$ et $(k'_n)_{n\in\mathbb{N}}$ pouvant être prises croissantes. Deux filtrations cofinales sur M définissent la même topologie.

<u>Proposition</u> 2.4 : <u>Soit</u> L <u>un</u> A-<u>module</u> f-<u>libre</u>, $(L_n)_{n\in\mathbb{N}}$ <u>sa filtration</u>, ω <u>sa fonction d'ordre et</u> $\Sigma = (x_\lambda)_{\lambda\in\Lambda}$ <u>une</u> f-<u>base. Si</u> L' <u>désigne le</u> A-<u>module</u> L <u>muni d'une filtration</u> $(L'_n)_{n\in\mathbb{N}}$ <u>cofinale avec la filtration initiale, dont</u> ω' <u>est la fonction d'ordre et si pour tout</u> $0\neq x\in L$,

$$x = \sum_{\lambda\in\Lambda_x} a_\lambda x_\lambda \ ,$$

<u>on pose</u>

$$\omega''(x) = \inf\{\omega(a_\lambda) + \omega'(x_\lambda) \mid \lambda\in\Lambda_x\},\ \omega''(0) = \infty \ ,$$

<u>alors</u> ω'' <u>est une fonction d'ordre sur</u> L, <u>définissant une filtration</u> $(L''_n)_{n\in\mathbb{N}}$, <u>cofinale avec celle de</u> L', $\forall n\in\mathbb{N}$, $L''_n\subseteq L'_n$ <u>et telle que le</u> A-<u>module</u> L" = L <u>muni de cette filtration est</u> f-<u>libre, ayant</u> Σ <u>pour</u> f-<u>base</u>.

<u>Preuve</u> : On peut définir deux suites croissante d'entiers $(k_n)_{n\in\mathbb{N}}$ et $(k'_n)_{n\in\mathbb{N}}$, telles que $k'_n\geq n$, $k_n\geq n$

$$L'_{k'_n}\subseteq L_n \quad , \quad L_{k_n}\subseteq L'_n$$

et pour chaque n, k_n et k'_n sont les plus petits entiers ayant ces propriétés. Pour $x\in L$ on a :

$$k_{\omega(x)}\geq\omega(x) \ , \quad k'_{\omega(x)}\geq\omega(x) \ ,$$

$$k'_{\omega'(x)} \geq \omega'(x) \quad , \quad k'_{\omega(x)} \geq \omega(x) .$$

Puisque $x \in L_{\omega(x)} \setminus L_{\omega(x)+1}$ et $L_{\omega(x)+1} \supseteq L'_{k'_{\omega(x)+1}}$, alors

$$\omega'(x) < k'_{\omega(x)+1} \quad , \omega(x) < k_{\omega'(x)+1} .$$

D'autre part si $x \in L$, avec $x = \sum_{\lambda \in \Lambda_x} a_\lambda x_\lambda$, alors la famille $(a_\lambda x_\lambda)_{\lambda \in \Lambda_x}$ est sommable dans L' de somme x. Il est immédiat que ω'' est une fonction d'ordre et

$$\forall \lambda \in \Lambda \ , \ \omega''(x_\lambda) = \omega'(x_\lambda), \ \forall x \in L, \ \omega''(x) \leq \omega'(x) .$$

Alors $L''_n \subseteq L'_n$, $\forall n \in \mathbb{N}$ et par suite l'application identité $L'' \longrightarrow L'$ est continue. Pour $\lambda \in \Lambda$ et $a \in A$, $a \neq 0$, on a

$$\omega(a\, x_\lambda) = \omega(a) + \omega(x_\lambda) < \omega(a) + k_{\omega'(x_\lambda)+1} .$$

Soit $x = \sum_{\lambda \in \Lambda_x} a_\lambda x_\lambda \in L$, $n \in \mathbb{N}$ et soit $\Lambda_n = \{\lambda \in \Lambda_x \mid \omega''(a_\lambda x_\lambda) = n\}$.

Pour $\lambda \in \Lambda_n$, on a $\omega(a_\lambda) \leq n$, $\omega'(x_\lambda) \leq n$, d'où

$$\omega(a_\lambda x_\lambda) < \omega(a_\lambda) + k_{\omega'(x_\lambda)+1} \leq n + k_{n+1}$$

et $\Lambda_n \subseteq \{\lambda \in \Lambda_x \mid \omega(a_\lambda x_\lambda) \leq n + k_{n+1}\}$. Par la sommabilité de $(a_\lambda x_\lambda)_{\lambda \in \Lambda_x}$ dans L, on déduit que Λ_n est finie pour chaque $n \in \mathbb{N}$ et par suite $(a_\lambda x_\lambda)_{\lambda \in \Lambda_x}$ est sommable dans L''. Soit $N \in \mathbb{N}$ et Λ' la partie (finie) de Λ_x, définie par :

$$\Lambda' = \{\lambda \in \Lambda_x \mid \omega''(a_\lambda x_\lambda) \leq N\} .$$

Alors

$$\omega''(x - \sum_{\lambda \in \Lambda'} a_\lambda x_\lambda) = \inf\{\omega(a_\lambda) + \omega'(x_\lambda) \mid \lambda \in \Lambda_x - \Lambda'\} > N$$

et par suite $x = \sum_{\lambda \in \Lambda_x} a_\lambda x_\lambda$ dans L''. Soit $\lambda \in \Lambda_x$, tel que $\omega''(a_\lambda x_\lambda) = \omega''(x)$. Alors

$$\omega(x) \leq \omega(a_\lambda x_\lambda) < \omega''(x) + k_{\omega''(x)+1} < 2k_{\omega''(x)+1} ,$$

ce qui prouve que les topologies sur L'' et sur L coïncident. Ceci achève la démonstration.

Lemme 2.5 : Toute application φ d'une f-base $(x_\lambda)_{\lambda\in\Lambda}$ d'un A-module f-libre L dans un A-module filtré complet M , telle que, pour tout $\lambda\in\Lambda$,

$$\omega(\varphi(x_\lambda)) \geqslant \omega(x_\lambda),$$

se prolonge de manière unique jusqu'à un f-morphisme $L \longrightarrow M$.

Preuve : On prolonge φ de manière unique, jusqu'à une application A-linéaire $\bar{\varphi}$ du sous-module L_1 de L, engendré par $(x_\lambda)_{\lambda\in\Lambda}$, dans M. Soit $x = \sum_{\lambda\in\Lambda_n} a_\lambda x_\lambda \in L$. La famille $(\varphi(a_\lambda x_\lambda))_{\lambda\in\Lambda_x}$ est sommable dans M , car par (L!), on a :

$$\forall \lambda\in\Lambda_x, \omega(\bar{\varphi}(a_\lambda x_\lambda)) = \omega(a_\lambda\bar{\varphi}(x_\lambda)) \geqslant \omega(a_\lambda) + \omega(\varphi(x_\lambda)) \geqslant$$

$$\geqslant \omega(a_\lambda) + \omega(x_\lambda) = \omega(a_\lambda x_\lambda)$$

et M est complet. On pose

$$\bar{\varphi}(x) = \sum_{\lambda\in\Lambda_x} \bar{\varphi}(a_\lambda x_\lambda)$$

et $\bar{\varphi}$ est un f-morphisme $L \longrightarrow M$. L'unicité résulte du fait que $\bar{\varphi}$ est continue et L_1 est dense dans L.

Proposition 2.6 : Soit $\tilde{L}$ un G(A)-module gradué libre.

(a) Il existe un A-module filtré L, qui est A-libre, f-libre, dont la base sur A est une f-base et dont le gradué associé est canoniquement isomorphe à L.

(b) Tout f-sous-module L_1 du complété $\hat{L}$ de L, tel que $L \subseteq L_1 \subseteq \hat{L}$ est f-libre et possède même base que L.

(c) Si L' est un A-module f-libre, tel que $G(L') \simeq \tilde{L}$, alors L' est f-isomorphe à un A-module filtré L_1, tel que $L \subseteq L_1 \subseteq \hat{L}$.

Preuve : (a) Soit $(\tilde{e}_i)_{i\in I}$ une base homogène de $\tilde{L}$ et pour tout $i \in I$, soit $n_i = \partial(\tilde{e}_i)$. Soit

$$L = \bigoplus_{i \in I} Ae_i$$

le A-module libre, ayant $(e_i)_{i \in I}$ pour base, qu'on munit de la filtration $(L_k)_{k \in \mathbb{N}}$, $L_o = L$ et pour $k > 0$,

$$L_k = (\bigoplus_{i \in I, n_i < k} A_{k-n_i} e_i) \oplus (\bigoplus_{i \in I, n_i \geq k} Ae_i) .$$

C'est un A-module filtré séparé, $(e_i)_{i \in I}$ en est une f-base et $\omega(e_i) = n_i$, $\forall i \in I$. Par le théorème 2.2, $G(L) \simeq \tilde{L}$.

(b) On suppose L plongé dans $\hat{L}$. Il existe un G(A)-isomorphisme α de $G(\hat{L})$ sur $\hat{L}$ [2, proposition 15, page 50]. Par le théorème 2.2, $\hat{L}$ est f-libre et $(e_i)_{i \in I}$ en est une f-base, car c'est le relèvement dans $\hat{L}$ de la G(A)-base $(\alpha(\bar{e}_i))_{i \in I}$ de $G(\hat{L})$. On identifie le complété $\hat{L}_1$ de L_1 à $\hat{L}$ et $G(L_1)$ à $G(\hat{L})$, ce qui achève la démonstration.

(c) La famille $(\alpha(\bar{e}_i))_{i \in I}$ est une base homogène du G(A)-module gradué G(L'), où α est l'isomorphisme du G(A)-module gradué $\tilde{L}$ sur G(L'). Le relèvement $(x_i)_{i \in I}$ de cette base dans L' est une f-base. Le prolongement $\beta : L' \longrightarrow \hat{L}$ de l'application $x_i \longmapsto e_i$, $\forall i \in I$ (lemme 2.5) est un f-isomorphisme et $L \subseteq L_1 = \beta(L') \subseteq \hat{L}$.

<u>Proposition</u> 2.7. : <u>Pour tout</u> A-<u>module filtré</u> M, <u>il existe un</u> A-<u>module</u> f-<u>libre</u> L <u>et un</u> f-<u>morphisme surjectif strict</u> $L \twoheadrightarrow M$. <u>Si</u> M <u>est complet</u>, L <u>peut être choisi complet et si</u> G(M) <u>est de type fini</u>, L <u>peut être choisi libre et de rang fini sur</u> A.

<u>Preuve</u> : Soit $(\bar{y}_\lambda)_{\lambda \in \Lambda}$ un système générateur d'éléments homogènes du G(A)-module gradué G(M). Soit $\tilde{L}$ le G(A)-module gradué libre, ayant une base homogène $(\bar{e}_\lambda)_{\lambda \in \Lambda}$, telle que $\partial(\bar{e}_\lambda) = \partial(\bar{y}_\lambda)$, $\forall \lambda \in \Lambda$ et L' le A-module libre et f-libre, tel que $G(L') \simeq \tilde{L}$ (proposition 2.6 (a)), $(e_\lambda)_{\lambda \in \Lambda}$ une f-base de L', avec $\omega(e_\lambda) = \partial(\bar{e}_\lambda)$ et soit $\Sigma = (y_\lambda)_{\lambda \in \Lambda}$ un relèvement dans M de $(\bar{y}_\lambda)_{\lambda \in \Lambda}$. Par le lemme 2.5, on prolonge l'application $e_\lambda \longmapsto y_\lambda$, jusqu'à un f-morphisme $\bar{\varphi}$ de $\hat{L}'$ dans $\hat{M}$. Alors l'application

$G(\bar{\varphi}) : G(\hat{L}') \longrightarrow G(\hat{M})$ est surjective et par [2, théorème 1, page 35] $\bar{\varphi}$ est surjectif et strict. Le sous-module $L = \bar{\varphi}^{-1}(M)$ de $\hat{L}'$ est f-libre, contient $(e_\lambda)_{\lambda \in \Lambda}$ et la restriction φ de $\bar{\varphi}$ à L est un f-morphisme $L \twoheadrightarrow M$ surjectif et strict, $\bar{\varphi}$ étant strict. Si M est complet $\bar{\varphi}^{-1}(M) = \hat{L}'$ et si $G(M)$ est de type fini, Λ est fini et $L = \hat{L}'$.

Définition 2.8 : Nous désignons par $\mathcal{CS}$ la classe des f-morphismes surjectifs stricts $M \twoheadrightarrow M'$, de source M complète. Un A-module filtré P sera appelé f-projectif par rapport à la classe $\mathcal{CS}$, ou plus simplement f-projectif, si pour tout f-morphisme surjectif strict $g : M \twoheadrightarrow M'$ de source complète M et tout f-morphisme $f : P \longrightarrow M'$, il existe un f-morphisme $h : P \longrightarrow M$, tel que $g \circ h = f$.

Proposition 2.9 : Tout A-module filtré f-libre est f-projectif.

Preuve : Soit L un A-module f-libre, $(x_\lambda)_{\lambda \in \Lambda}$ une f-base de L, $\lambda \longmapsto x_\lambda$ l'injection canonique $i : \Lambda \longrightarrow L$, $g : M \twoheadrightarrow M$ un f-morphisme de la classe $\mathcal{CS}$ et $f : L \longrightarrow M'$ un f-morphisme. Soit $\varphi : \Lambda \longrightarrow M$ l'application d'ensembles, telle que $g \circ \varphi = f \circ i$, où on peut supposer $\omega(\varphi(\lambda)) = \omega(f(x_\lambda))$, car g est strict. Le prolongement $h : L \longrightarrow M$ de φ (lemme 2.5) vérifie $g \circ h = f$.

Théorème 2.10 : Soit P un A-module filtré et $G(P)$ le $G(A)$-module gradué associé. Les propositions suivantes sont équivalentes.

(a) Le A-module filtré P est f-projectif.

(b) Le A-module filtré P est f-isomorphe à un facteur direct d'un A-module f-libre.

(c) Le $G(A)$-module gradué $G(P)$ est projectif.

Preuve : (a)$\Longleftrightarrow$(b). On suppose que P est f-projectif et on prolonge le f-morphisme surjectif strict $f_1 : L_1 \twoheadrightarrow P$, où L_1 est f-libre (proposition 2.7) jusqu'à un f-morphisme surjectif strict $f_1 : \hat{L}_1 \twoheadrightarrow \hat{P}$, $\hat{L}_1$ et $\hat{P}$ étant les complétés de L_1 et de P respectivement et le noyau de $\hat{f}_1$, l'adhérence de $\operatorname{Ker} f_1$ dans $\hat{L}_1$ [2, lemme 2, page 50] . Il existe un f-morphisme $h_1 : P \longrightarrow \hat{L}_1$, tel que $\hat{f}_1 \circ h_1 = i$, où i est l'injection canonique $P \hookrightarrow \hat{P}$. On a

$$L_1 \subseteq h_1(P) + \operatorname{Ker} \hat{f}_1 = \hat{f}_1^{-1}(P)$$

et, par la proposition 2.6, $L = \hat{f}_1^{-1}(P)$ est f-libre, admettant même f-base que L_1. Soit f' la restriction de $\hat{f}_1$ à L et $h : P \longrightarrow L$, $\forall x \in P$, $h(x) = h_1(x)$. Alors $f' \circ h = i \circ id_P$ et il existe un f-morphisme surjectif $f : L \twoheadrightarrow P$, tel que $f' = i \circ f$, qui est strict, puisque $\hat{f}_1$ l'est. D'autre part h est strict, car $\forall x \in P$, $\omega(x) = \omega(h(x))$ et le A-module f-libre L est somme directe de ses sous-modules filtrés $\operatorname{Ker} f \oplus h(P)$.

On suppose maintenant que P est facteur direct du A-module f-libre L, $p : L \twoheadrightarrow P$ étant le f-morphisme surjectif strict canonique. Dans le diagramme commutatif

$$\begin{array}{ccc} M & \overset{g}{\twoheadrightarrow} & M' \\ h_1 \uparrow & & \uparrow f \\ L & \underset{p}{\twoheadrightarrow} & P \end{array}$$

f_1 , g sont des f-morphismes, g est surjectif, strict et de source complète et h_1 résulte de la proposition 2.9. Si $i : P \longrightarrow L$ est l'injection canonique, alors $f = g \circ h$, où $h = h_1 \circ i$.

(b) $\Longrightarrow$ (c) : évident.

(c) $\Longrightarrow$ (b). On suppose que $G(P)$ est un $G(A)$-module gradué projectif. Soit $\hat{P}$ le complété de P et $f : L \twoheadrightarrow \hat{P}$ le f-morphisme surjectif strict, où L est f-libre et complet (proposition 2.7). On munit le noyau $\operatorname{Ker} f = N$ de la filtration induite et on obtient la suite exacte

$$0 \longrightarrow G(N) \xrightarrow{G(i)} G(L) \xrightarrow{G(f)} G(\hat{P}) \longrightarrow 0$$

d'homomorphismes de G(A)-modules gradués [2, proposition 2, page 25] . Puisque $G(P) \simeq G(\hat{P})$ est projectif dans le sens gradué, $G(L) = G(N) \oplus G(\hat{P})$ est une somme directe de modules gradués. Soit $(e_\lambda)_{\lambda \in \Lambda}$ le relèvement dans L d'une G(A)-base $(\bar{e}_\lambda)_{\lambda \in \Lambda}$ de G(L) et $(y_\lambda)_{\lambda \in \Lambda}$ le relèvement dans N de la famille $(\bar{j}(\bar{e}_\lambda))_{\lambda \in \Lambda}$ de G(N), où $\bar{j} : G(L) \twoheadrightarrow G(N)$ est la projection canonique. Puisque L et N sont complets, par le lemme 2.5 et [2, théorème 1, page 35] , l'application $e_\lambda \longmapsto y_\lambda$ se prolonge jusqu'à un f-morphisme surjectif strict $j : L \twoheadrightarrow N$, tel que $G(j) = \bar{j}$. On a $G(j \circ i) = id_{G(N)}$. Par suite $j \circ i$ est un f-automorphisme de N, $L = N \oplus P_1$ est une somme directe de A-modules filtrés et il existe un f-isomorphisme de P_1 sur $\hat{P}$. Alors $L_2 = N \oplus \alpha^{-1}(P)$ est dense dans L qui est complet. Par la proposition 2.6 L_2 est f-libre et on conclut à (b).

Corollaire 1 : Un A-module filtré complet est f-projectif si et seulement s'il est facteur direct d'un A-module f-libre complet.

La proposition 2.6 entraîne le

Corollaire 2 : Tout sous-module filtré dense d'un A-module f-projectif est f-projectif. Le complété d'un module f-projectif est f-projectif.

Ce corollaire et le corollaire du théorème 2.2 prouvent le

Corollaire 3 : Un A-module filtré f-projectif, dont le gradué associé est de tupe fini, est un A-module projectif (dans la catégorie A-mod) et un A-module filtré complet, facteur direct d'un A-module f-libre de rang fini sur A.

3. Anneaux f-héréditaires et dimension f-projective de modules filtrés.

Rappelons qu'une suite

$$M' \xrightarrow{g} M \xrightarrow{f} M''$$

de modules filtrés et f-morphismes est <u>exacte</u> si Ker f = Im g et qu'une suite exacte est <u>strictement</u> exacte si f et g sont des f-morphismes stricts [1].

<u>Définition</u> 3.1 : Une résolution <u>f-projective</u> d'un A-module filtré M est une suite de modules filtrés et de f-morphismes, exacte en chaque P_n,

$$\dots \longrightarrow P_{n+1} \longrightarrow P_n \longrightarrow P_{n-1} \dots \longrightarrow P_0 \xrightarrow{\varepsilon} M$$

où tous les P_n sont des A-modules f-projectifs et ε un f-morphisme surjectif strict. Une résolution f-projective est <u>strictement exacte</u> si tous les f-morphismes sont stricts.

<u>Proposition</u> 3.2 : <u>Tout A-module filtré possède une résolution f-projective strictement exacte.</u>

<u>Preuve</u> : Propositions 2.7 et 2.9

<u>Définition</u> 3.3 : Nous dirons qu'un A-module filtré M est de <u>dimension f-projective</u> $\leq$ n :

$$\text{f-pr.dim } M \leq n ,$$

s'il existe une résolution f-projective de M :

$$0 \longrightarrow P_n \longrightarrow P_{n-1} \longrightarrow \dots \longrightarrow P_0 \xrightarrow{\varepsilon} M$$

et nous dirons que

$$\text{f-pr.dim } M = n$$

si f-pr.dim $M \leq n$ et f-pr.dim $M \nleq n-1$.

<u>Définition</u> 3.4 : Un anneau filtré complet A sera appelé <u>f-héréditaire</u> d'un côté si tout idéal du même côté de A est un A-module f-projectif.

<u>Théorème</u> 3.5 : <u>Soit A un anneau filtré complet, f-héréditaire à gauche et L un A-module à gauche f-libre. Pour tout sous-module M de L, tel que</u> M/M_n

<u>est un A-module à gauche artinien pour tout</u> $n \geq 1$, <u>il existe une filtration</u> $(M'_n)_{n\in\mathbb{N}}$, <u>vérifiant</u>

$$\forall n\in\mathbb{N}\ ,\ M'_n \subsetneq M\cap L_n$$

<u>et cofinale avec celle induite de</u> L, <u>pour laquelle</u> M <u>est f-projectif.</u>

<u>Remarque</u> : Notons que si L/L_n est artinien pour tout $n\in\mathbb{N}$, tout sous-module de L vérifie la même propriété, puisqu'il y a un homomorphisme injectif de A-modules :

$$M/M\cap L_n \hookrightarrow L/L_n .$$

<u>Preuve du théorème</u> 3.5 : On peut supposer L complet et M fermé dans L, sinon le complété $\hat{M}$ de M est un sous-module du complété $\hat{L}$ de L. Si $\hat{M}$ est f-projectif pour une filtration cofinale avec celle induite de $\hat{L}$ alors M est f-projectif pour une filtration induite de $\hat{M}$ cofinale avec celle induite de L (corollaire 2 du théorème 2.10).

Si $(e_\lambda)_{\lambda\in\Lambda}$ est une f-base de L, L est le complété de $L' = \bigoplus_{\lambda\in\Lambda} A e_\lambda$ (proposition 2.6). On suppose Λ bien ordonné et on pose pour $\mu\in\Lambda$:

$$\tilde{L}_\mu = \widehat{\bigoplus_{\lambda\leq\mu} Ae_\mu}\quad ,\quad L_\mu = \widehat{\bigoplus_{\lambda<\mu} Ae_\lambda}\ .$$

On a la somme directe de A-modules filtrés complets :

$$\tilde{L}_\mu = L_\mu \oplus Ae_\mu\ .$$

Soit $\gamma_\mu : \tilde{L}_\mu \longrightarrow Ae_\mu$ la surjection canonique et ξ_μ la restriction de celle-ci à $M\cap\tilde{L}_\mu$. Soit $C_\mu = \xi_\mu(M\cap\tilde{L}_\mu)$ muni de la filtration induite de A, pour laquelle C_μ est un A-module f-projectif et soit C'_μ l'idéal C_μ de A muni de la filtration définie à partir de la filtration quotient de

$$(M\cap\tilde{L}_\mu)/\mathrm{Ker}\,\xi_\mu .$$

On a

$$\forall n\in\mathbb{N}\ ,\ C'_{\mu,n} \leq C_{\mu,n}$$

et, par suite, l'application identité $C'_\mu \xrightarrow{i_\mu} C_\mu$ est continue. De l'isomorphisme

$$C'_\mu/C'_{\mu,n} \simeq (M/M_n)/[(M_n+\mathrm{Ker}\,\xi_\mu)/M_n]$$

et du fait que C'_μ est complet, on déduit par [2, proposition 8, page 35] que les filtrations de C_μ et C'_μ sont cofinales. Alors, par la proposition 2.4, il existe une filtration $(C''_{\mu,n})_{n\in\mathbb{N}}$ sur $C_\mu = C''_\mu$, cofinale avec les deux autres, vérifiant

$$\forall n\in\mathbb{N}\ ,\ C''_{\mu,n} \leq C'_{\mu,n}$$

et pour laquelle C_μ est f-projectif. On a $\xi_\mu = i_\mu \circ \xi'_\mu$, où ξ'_μ est strict et $i''_\mu : C''_\mu \longrightarrow C'_\mu$ l'application identité qui est un f-morphisme bijectif et bicontinu. Il existe alors un f-morphisme injectif

$$h_\mu : C''_\mu \longrightarrow M\cap\tilde{L}_\mu \quad ,\ \xi_\mu \circ h_\mu = i''_\mu\ .$$

Par suite, on a la décomposition en somme directe de A-modules :

$$(*) \qquad M\cap\tilde{L}_\mu = (M\cap L_\mu) \oplus P_\mu \quad ,\quad P_\mu = h_\mu(C''_\mu)\ .$$

La filtration de $M\cap L_\mu$ est celle induite de L et $P_\mu \neq 0$ est projectif pour la filtration

$$P_{\mu,n} = h_\mu(C''_{\mu,n}) \subseteq P_\mu \cap M_n$$

qui est cofinale avec celle induite de L.

Pour montrer que la somme des P_μ, $\mu\in\Lambda$, qui ne sont pas nuls, est directe, on procède comme dans le cas des sous-modules des modules libres sur des anneaux héréditaires [14, théorème 4.4, page 73] .

Il reste à montrer que $M = \widehat{\oplus_\mu P_\mu}$. Soit $x\in M$. Il existe $\mu\in\Lambda$, tel que $x\in\tilde{L}_\mu$. Soit $\mu(x)$ le plus petit $\lambda\in\Lambda$, tel que $x\in\tilde{L}_\lambda$. Puisque M est fermé, $M \supseteq \widehat{\oplus_\mu P_\mu}$. Si $M \neq \overline{\oplus_\mu P_\mu}$, soit

$$K = \{\mu(x) \mid x\in M \text{ et } x\notin \oplus_\mu P_\mu\} \neq \emptyset$$

et soit ν le premier élément de K. Il existe $y\in M$, avec $\mu(y) = \nu$, $y\notin \overline{\oplus_\mu P_\mu}$. On a :

$$y \in \widetilde{L}_{\nu} \cap M = (L_{\nu} \cap M) \oplus P_{\nu} \ , \ y = z + u \ ,$$

$$z \in L_{\nu} \cap M \quad , \quad \nu \in P_{\nu} \quad .$$

Alors $\mu(z) < \nu$ et $z \notin \overline{\underset{\mu}{\oplus} P_{\mu}}$, sinon $x \in \overline{\underset{\mu}{\oplus} P_{\mu}}$, ce qui contredit le choix de ν .

On conclut par le corollaire 2 du théorème 2.10 que $M = \overline{\underset{\mu}{\oplus} P_{\mu}}$ est f-projectif pour une filtration

$$M'_n \subseteq M \cap L_n$$

cofinale avec celle induite de L.

Le théorème est complètement démontré.

On obtient sans difficulté le résultat suivant.

<u>Lemme</u> 3.6 : <u>Soit</u> L <u>un</u> A-<u>module filtré libre. Alors</u> L/L_n <u>est un</u> A-<u>module artinien à gauche pour tout entier</u> $n \geq 1$ <u>si et seulement si les conditions suivantes sont vérifiées pour tout entier</u> $n \geq 1$:

(a) A/A_n <u>est un</u> A-<u>module artinien à gauche</u> ;

(b) <u>la composante homogène</u> $G_n(L)$ <u>est un</u> A/A_1-<u>module libre de rang fini</u>.

<u>Proposition</u> 3.7 : <u>Soit</u> A <u>un anneau filtré complet</u> f-<u>héréditaire à gauche, tel que pour tout entier</u> $n \geq 1$, A/A_n <u>soit un</u> A-<u>module à gauche artinien. Si</u> M <u>est un</u> A-<u>module à gauche filtré, tel que pour tout entier</u> $n \geq 1$ <u>la composante homogène de degré</u> n <u>est un</u> A/A_1-<u>module de type fini, alors</u>

$$\text{f-pr.dim } M \leq 1 .$$

<u>Preuve</u> : On applique le théorème 3.5, la remarque qui le suit et le lemme 3.6

Un cas particulier est celui d'un anneau filtré complet A, dont le gradué associé G(A) est un anneau héréditaire et noethérien (à gauche). Alors G(A) est un anneau gradué héréditaire et noethérien dans le sens gradué (à gauche) [2, corollaire de la proposition 12, page 41] et [11, théorème 1.6] . Par le corollaire 3 du théorème 2.10, A est un anneau héréditaire, noethérien et f-héréditaire à gauche.

Le résultat suivant permet de caractériser les sous-modules des modules libres sur de tels anneaux.

Proposition 3.8 : Soit A un anneau filtré complet et P un A-module à gauche muni de la filtration $(P_n)_{n\in\mathbb{N}}$, pour laquelle P est f-projectif et le gradué associé $G(P)$ est un $G(A)$-module de type fini. Pour toute filtration $(P'_n)_{n\in\mathbb{N}}$ de P, telle que $\forall n\in\mathbb{N}$, $P'_n\subseteq P_n$, il existe une filtration $(P''_n)_{n\in\mathbb{N}}$, cofinale avec la filtration initiale, pour laquelle P est f-projectif et vérifiant $\forall n\in\mathbb{N}$, $P''_n\subseteq P'_n$. En particulier $(P'_n)_{n\in\mathbb{N}}$ est cofinale avec la filtration initiale.

Preuve : On considère d'abord un A-module L libre de rang fini k, qui possède une f-base $\{e_1,\dots,e_k\}$. Pour tout n,

$$L_n = \Big[\bigoplus_{\substack{1\leq i\leq k\\ \omega(e_i)<n}} A_{n-\omega(i)}\, e_i\Big] \oplus \Big[\bigoplus_{\substack{1\leq i\leq k\\ \omega(e_i)\geq n}} Ae_i\Big] .$$

Si $n\geq \sup\{\omega(e_i)\mid 1\leq i\leq k\}$, alors

$$L_n = \bigoplus_{i=1}^{k} A_{n-\omega(e_i)}\, e_i .$$

Soit ω' la fonction d'ordre sur L définie par la filtration $(L'_n)_{n\in\mathbb{N}}$, où $L'_n\subseteq L_n$. Alors ω'', définie sur L par :

$$x=\sum_{i=1}^{k} a_i e_i \ , \quad \omega''(x) = \inf_{1\leq i\leq k}\{\omega(a_i)+\omega'(e_i)\}$$

est une fonction d'ordre sur L, définissant une filtration $(L''_n)_{n\in\mathbb{N}}$, avec $L''_n\subseteq L'_n$, $\forall n\in\mathbb{N}$, pour laquelle L est f-libre, $\{e_i\}_{1\leq i\leq k}$ en étant une f-base. (corollaire du théorème 2.2). Alors ,

$$\forall n\geq \sup\{\omega'(e_i)\mid 1\leq i\leq k\} ,\ L''_n = \bigoplus_{i=1}^{k} A_{n-\omega'(e_i)}\, e_i .$$

Pour $n' > \sup\{n+\omega(e_i)-\omega'(e_i)\mid 1\leq i\leq k\}$, on a pour tout i, $1\leq i\leq k$, $n'-\omega(e_i) > n-\omega'(e_i)$, d'où

$$L_{n'}\subseteq L''_n$$

et on déduit que les filtrations $(L_n)_{n\in\mathbb{N}}$, $(L'_n)_{n\in\mathbb{N}}$ et $(L''_n)_{n\in\mathbb{N}}$ sont cofinales.

Soit P comme dans l'hypothèse. Par le corollaire 3 du théorème 2.10, il existe un A-module f-libre L, possédant une f-base finie, dont P est facteur direct : $L = P \oplus N$. On a $P_n = P \cap L_n$ et on pose $N_n = N \cap L_n$, d'où $L_n = P_n \oplus N_n$. Puisque $L'_n = P'_n \oplus N_n \subseteq P_n \oplus N_n = L_n$, il existe une filtration $(L''_n)_{n\in\mathbb{N}}$, cofinale avec les filtrations précédentes, pour laquelle L est f-libre ayant même f-base que L. Alors $P''_n = L''_n \cap P$ définit une filtration sur P, cofinale avec les précédentes, avec $P''_n \subseteq P'_n$, pour laquelle P est f-projectif.

<u>Théorème</u> 3.9 : <u>Soit</u> A <u>un anneau filtré complet, dont le gradué associé</u> $G(A)$ <u>est un anneau héréditaire et noethérien à gauche</u>.

a) <u>Tout sous-module</u> M <u>d'un</u> A-<u>module filtré</u> L <u>qui est</u> A-<u>libre et dont une des bases sur</u> A <u>est une</u> f-<u>base, est un</u> A-<u>module projectif et il existe une filtration</u> $(M'_n)_{n\in\mathbb{N}}$ <u>sur</u> M, <u>cofinale avec celle induite de</u> L <u>et vérifiant</u> $\forall n\in\mathbb{N}$, $M'_n \subseteq M\cap L_n$, <u>pour laquelle</u> M <u>est</u> f-<u>projectif</u>.

b) <u>Pour tout sous-module</u> M <u>d'un</u> A-<u>module</u> f-<u>libre</u> L, <u>il existe une filtration</u> $(M'_n)_{n\in\mathbb{N}}$ <u>cofinale avec celle induite de</u> L <u>et vérifiant</u>, $\forall n\in\mathbb{N}$, $M'_n \subseteq M\cap L_n$, <u>pour laquelle</u> M <u>est</u> f-<u>projectif</u>.

c) <u>Pour tout</u> A-<u>module filtré</u> M.

$$\text{f-pr.dim. } M \leq 1 .$$

<u>Preuve</u> : a) On procède comme dans le cas classique (sans filtrations !) et on utilise la proposition 3.8, de la même manière dont on a utilisé la proposition 2.4 dans la preuve du théorème 3.4

b) Par la proposition 2.6, L contient un A-module filtré A-libre L', vérifiant les hypothèse de a), qui est dense dans L. Alors $M' = L'\cap M$ est un A-module projectif qui est f-projectif, pour une filtration cofinale avec celle induite de L. On conclut par le corollaire 2 du théorème 2.10.

c) Corollaire évident de b).

4. Exemple.

Soit A un anneau unitaire et τ un endomorphisme injectif de cet anneau. Soit $R = A[t\ ;\ \tau]$ l'extension de Ore de l'anneau A, associée à l'endomorphisme τ, i.e. l'anneau des polynômes

$$\sum_{i=1}^{n} a_i t^i \ , \ a_i \in A \ , \ a_n \neq 0 \ ,$$

en l'indéterminée t et à coefficients dans A, vérifiant, $\forall a \in A$, $ta = \tau(a)t$ et soit $S = A[[t\ ;\ \tau]]$ l'anneau des séries formelles tordues à coefficients dans A, qui est le complété de R, pour la filtration $(Rt^n)_{n\in\mathbb{N}}$, la filtration sur S étant $(St^n)_{n\in\mathbb{N}}$.

L'anneau gradué associé à S, ainsi que celui associé à R sont canoniquement isomorphes à R, muni de la graduation usuelle [17, proposition 2].

Proposition 4.1 : L'anneau $S = A[[t\ ;\ \tau]]$ des séries formelles tordues à coefficients dans l'anneau semi-simple A, associé à l'endomorphisme injectif τ de A, est un anneau f-héréditaire à gauche et pour tout S-module à gauche M, on a

$$\text{f-pr.dim. } {}_S M \leq 1.$$

Preuve : Si A est un anneau semi-simple, alors les anneaux R et S sont noethériens et héréditaires à gauche [9, théorème 3.3] et [17, théorèmes 4 et 10]. On conclut au résultat par le théorème 3.9.

Lorsque $\tau(A) = A$, la propriété énoncée dans la proposition 4.1 reste vraie aussi du côté droit. Pourtant, même lorsque A est un corps, si τ n'est pas surjectif, les anneaux R et S ne sont pas noethériens à droite et le théorème 3.9 ne s'applique plus dans ce cas.

Proposition 4.2 : Si A est un anneau semi-simple, alors les anneaux $R = A[t\ ;\ \tau]$ et $S = A[[t\ ;\ \tau]]$ sont f-héréditaires à droite.

Preuve : L'anneau R est héréditaire à droite [18, théorème 2.1], donc héréditaire à droite au sens gradué [15, corollaire du théorème 1] . Le reste suit du théorème 2.10.

Lemme 4.3 : Pour l'anneau des séries formelles tordues $S = A[[t ; \tau]]$, les conditions suivantes sont équivalentes :

(a) pour tout entier $n \geqslant 1$, le S-module à droite S/St^n est artinien ;

(b) pour tout entier $n \geqslant 1$, A est un module à droite artinien sur son sous-anneau $\tau^n(A)$.

Preuve : Il est évident que (a) équivaut à la condition

(a') pour tout entier $n \geqslant 1$, le S-module à droite St^n/St^{n+1} est artinien.

D'autre part il y a un isomorphisme entre le treillis des idéaux à droite de S d'ordre minimal n contenant St^{n+1} et le treillis des $\tau^n(A)$-sous-modules à droite de A. En effet, soit I un idéal de S, d'ordre minimal n, avec $St^{n+1} \subseteq I$ et soit

$$f = \sum_{k \geqslant n} a_k t^k \in I \quad , \quad a_n \neq 0 .$$

Alors $a_n t^n \in I$ et, par suite, $I = C_n(I) t^n + St^{n+1}$, où $C_n(I)$ désigne le $\tau^n(A)$-sous-module de A des coefficients de rang n des éléments de I. L'application

$$I \longmapsto C_n(I)$$

est isotome, injective et en plus, si C est un $\tau^n(A)$-sous-module à droite de A, $I = Ct^n + St^{n+1}$ est un idéal à droite de S contenant St^{n+1}, pour lequel $C_n(I) = C$. En notant encore que l'image réciproque d'un S-module à droite de St^n/St^{n+1} par l'application canonique $St^n \longrightarrow St^n/St^{n+1}$ est un idéal à droite de S d'ordre minimal $\geqslant n$ et contenant St^{n+1}, on termine la démonstration.

Proposition 4.4 : Si pour tout entier $n \geqslant 1$, l'anneau A est un $\tau^n(A)$-module à droite artinien et si l'anneau $R = A[t ; \tau]$ est héréditaire à droite, alors

$$\text{f-pr.dim } M_S \leq 1,$$

pour tout S-module à droite M_S, dont les composantes homogènes du gradué associé sont des S/St-modules à droite de type fini.

Preuve : Par [15, corollaire du théorème 1], par le théorème 2.10 et le lemme 4.3, S vérifie les hypothèses de la proposition 3.7, d'où le résultat.

Soit maintenant A un anneau semi-simple, $A = \bigoplus_{i=1}^{m} B_i$ sa décomposition en composantes simples qui sont des corps. On suppose que la permutation $\pi \in \mathcal{S}_m$, pour laquelle $\tau(B_i)$ est un sous-corps de $B_{\pi(i)}$, $\forall i \in [1,m]$ est circulaire et on désigne par $[B_i : \tau^m(B_i)]_{dr}$, $i \in [1,m]$ la dimension de l'espace vectoriel à droite B_i sur son sous-corps $\tau^m(B_i)$. Avec ces conventions on a le résultat suivant.

Théorème 4.6 : Soit $S = A[[t\,;\,\tau]]$ l'anneau des séries formelles tordues sur l'anneau semi-simple $A = \bigoplus_{i=1}^{m} B_i$, pour lequel $[B_i : \tau^m(B_i)]_{dr} < +\infty$, $\forall i \in [1,m]$. Alors

$$\text{f-pr.dim } M_S \leq 1$$

pour tout S-module à droite M_S, dont les composantes homogènes du gradué associé sont des S/St-modules à droite de type fini.

Pour la preuve on utilise [18, théorème 2.1], la proposition 4.4 et le lemme suivant.

Lemme 4.7 : Sous les hypothèses posées plus haut pour l'anneau semi-simple A, les conditions suivantes sont équivalentes :

(a) pour tout entier $n \geq 1$, A est un $\tau^n(A)$-module à droite artinien ;

(b) pour tout entier $i \in [1,m]$, $[B_i : \tau^m(B_i)] < +\infty$.

Preuve : Puisque $\tau^n(A) = \bigoplus_{i=1}^{m} \tau^n(B_i)$, un $\tau^m(A)$-sous-module à droite C de A est $C = \sum_{i=1}^{m} C_i$, où C_i est un $\tau^n(B_{\pi^{-n}(i)})$-sous-espace vectoriel de B_i, regardé comme espace vectoriel à droite sur son sous-corps $\tau^n(B_{\pi^{-n}(i)})$, la somme étant directe, pour ceux de C_i qui ne sont pas nuls. Pour que A soit un $\tau^n(A)$-module à droite artinien, il est nécessaire et suffisant que pour tout $i \in [1,m]$, B_i soit de dimension finie à droite sur $\tau^n(B_{\pi^{-n}(i)})$, pour tout $n \geq 1$

Soit $k \in \mathbb{N}$, tel que $km \leq n < (k+1)m$. Alors

$$\tau^{(k+1)m}(B_i) \subseteq \tau^n(B_{\pi^{-n}(i)}) ,$$

d'où

$$[B_i : \tau^n(B_{\pi^{-n}(i)})]_{dr} < +\infty, \ \forall n \geq 1, \ \forall i \in [1,m] \Longleftrightarrow$$

$$\forall i \in [1,m] \ , \ [B_i : \tau^m(B_i)]_{dr} < +\infty \ .$$

Bibliographie

[1] C. Banica, N. Popescu, "Sur les catégories préabéliennes", Rev. Roum. de Math. P. et appl., 1965, t.10, n°5, pp.621-633.

[2] N. Bourbaki, "Algèbre commutative", ch. 3, Hermann, Paris 1961.

[3] N. Bourbaki, "Topologie générale", ch.3, Hermann, Paris 1971.

[4] P.M. Cohn, "Free rings and their relations", Ac. Press, 1971.

[5] R. Fossum, H.B. Foxby, "The category of graded modules", Math. Scand., 35, 1974, pp.288-300.

[6] M. Graev, "Svobodnye topologiceskie gruppy", Izv. Akad. Nauk, SSSR, Sér. Mat. 12 (1948), pp.279-324, engl. transl. Translations n°35, Amer. Math. Soc. Providence, R.I., 1951, pp.1-61 ; reprint, Amer. Math. Soc. Transl. (1) 8, 1962, pp.305-364.

[7] L. Grünenfelder, "On the homology of filtered and graded rings", J. of pure and appl. Alg., 14, 1979, pp.21-37.

[8] C.E. Hall, "Projective topological groups", Proc. Amer. Math. Soc., 18, 1967, pp.425-431.

[9] A.V. Jategaonkar, "Skew Polynomial Rings over semi-simple Rings ", J. of algebra, 19, 1971, pp.315-328.

[10] S. Mac-Lane, "Homology", Springer Verlag 1967.

[11] C. Nastasescu, "Anneaux et modules gradués", Rev. Roum. Math. pures et appl., 21, 1976, n°7, pp.911-931.

[12] E. Numella, "The projective dimension of a compact abelian group", Proc. of the Amer. Math. Soc., 38, 1973, pp.452-456.

[13] F. Richman, E. Walker, "Ext in pre-abelian categories", Pacif. J. of Math., 71, 1977, pp.521-535.

[14] J. Rotman, "Notes on homological algebra", Van Nostrand 1970.

[15] A. Roy, "A note on filtered rings", Archiv. der Math., 16, 1965, pp.421-427.

[16] G. Sjödin, "On filtered modules and their associated graded modules", Math. Scand., 33, 1973, pp.229-249.

[17] E. Wexler-Kreinder, "Sur l'anneau des séries formelles tordues", C.R. Ac. Sc. Paris, 286 (série A), 1978, pp.367-370.

[18] E. Wexler-Kreinder, "Polynômes de Ore, séries formelles tordues et anneaux filtrés complets héréditaires", Com. in Alg. (à paraître).

LOCALISATION DES IDEAUX SEMI-PREMIERS

ET EXTENSION DES SCALAIRES

DANS LES ALGEBRES NOETHERIENNES SUR UN CORPS

Sleiman Yammine

Introduction.

On démontre dans cet article, quitte à imposer certaines conditions sur une extension séparable k' d'un corps commutatif k, que la localisabilité à droite d'un idéal semi-premier $\mathfrak{a}$ d'une k-algèbre noethérienne A entraîne celle de l'idéal semi-premier $\mathfrak{a}' = k' \otimes_k \mathfrak{a}$ de $B = k' \otimes_k A$, et que, inversement, la localisabilité à droite de $\mathfrak{a}'$ ou de certains idéaux semi-premiers $\mathfrak{a}''$ de B entraîne celle de $\mathfrak{a}$. Ceci nous permet, avec une étude de l'effet d'une extension des scalaires sur les idéaux primitifs d'établir les trois résultats suivants (qui généralisent ceux de B.J. Mueller de Melle Möglin et de J. Dixmier traités dans le cas où le corps k est algébriquement clos) :

1) L'algèbre enveloppante d'une algèbre de Lie résoluble non nilpotente de dimension finie sur un corps de caractéristique 0 n'est pas un anneau classique

2) Le spectre premier (resp. primitif) de l'algèbre enveloppante A d'une algèbre de Lie algébrique de dimension finie sur un corps de caractéristique 0 dont le centre est égal au semi-centre, contient une partie maigre T (pour la topologie de Jacobson) telle que tout $\mathfrak{p} \in (\mathrm{Spec}(A)) - T$ (resp. $\mathfrak{p} \in (\mathrm{Prim}(A)) - T$) soit complètement premier (resp. maximal) et localisable à droite et à gauche.

3) Pour qu'un idéal premier $\mathfrak{p}$ de l'algèbre enveloppante A d'une algèbre de Lie de dimension finie sur un corps non dénombrable de caractéristique 0 soit primitif, il faut et il suffit qu'il existe une famille dénombrable $\mathfrak{J}$ d'idéaux bilatères de A contenant strictement $\mathfrak{p}$, telle que tout idéal bilatère de A contenant strictement $\mathfrak{p}$ contienne au moins un élément de $\mathfrak{J}$.

On adopte dans ce qui suit la terminologie, les notations et les conventions de [17].

§.1. Théorie de S-torsion et extension des scalaires.

Soit A un anneau, S une partie multiplicative de A. On note (cf. [7],p.91) $\mathcal{F}(S)$ l'ensemble des idéaux à droite I de A tels que $(I.\cdot a)\cap S \neq \phi$ pour tout $a\in A$. Si $S = \mathcal{C}(\mathfrak{a})$ où $\mathfrak{a}$ est un idéal bilatère propre de A, on note (cf. [4], p.708) $\Phi_{\mathfrak{a}} = \mathcal{F}(S)$.

Soit $f : A \longrightarrow B$ un homomorphisme d'anneaux. Il est clair que, pour tout idéal propre $\mathfrak{a}''$ de B, on a $f^{-1}(\mathcal{C}(\mathfrak{a}''))\subseteq\mathcal{C}(f^{-1}(\mathfrak{a}''))$.

Proposition 1.1 - Soient $k\subseteq k'$ une extension de corps, A une k-algèbre. On note $B = k'\otimes_k A$ et $f : A \longrightarrow B$ le monomorphisme canonique de k-algèbres.

1) Pour tout idéal propre $\mathfrak{a}$ de A on a $\mathcal{C}(\mathfrak{a}) = f^{-1}(\mathcal{C}(k'\otimes_k\mathfrak{a}))$.

2) On suppose que k' est une extension séparable de k et que B est un anneau noethérien à droite. Soit $\mathfrak{p}\in\mathrm{Spec}(A)$ et $\mathfrak{p}''$ un idéal premier de B minimal contenant $k'\otimes_k\mathfrak{p}$. Alors $\mathcal{C}(\mathfrak{p}) = f^{-1}(\mathcal{C}(\mathfrak{p}''))$.

3) On suppose que k' est une extension algébrique séparable de k et que B est un anneau noethérien à droite. Soit $\mathfrak{a}''$ un idéal semi-premier de B tel que les images inverses par f de ses idéaux premiers associés soient sans relation d'inclusion stricte. Alors $\mathcal{C}(f^{-1}(\mathfrak{a}'')) = f^{-1}(\mathcal{C}(\mathfrak{a}''))$.

Preuve :1) Nous avons $f^{-1}(\mathcal{C}(k'\otimes_k\mathfrak{a}))\subseteq\mathcal{C}(f^{-1}(k'\otimes_k\mathfrak{a})) = \mathcal{C}(\mathfrak{a})$. Inversement, soit $a\in\mathcal{C}(\mathfrak{a})$ et $z\in B$ tels que $(1\otimes a)z\in k'\otimes_k\mathfrak{a}$ [ou $z(1\otimes a)\in k'\otimes_k\mathfrak{a}$]. Or $z = \sum_{j\in J} e_j\otimes x_j$ où $(e_j)_{j\in J}$ est une base du k-espace vectoriel k' et $x_j\in A (j\in J)$. Alors $ax_j\in\mathfrak{a}$ [ou $x_ja\in\mathfrak{a}$] pour tout $j\in J$, et par suite $x_j\in\mathfrak{a}$ pour tout $j\in J$, c'est-à-dire $z\in k'\otimes_k\mathfrak{a}$. D'où $1\otimes a\in\mathcal{C}(k'\otimes_k\mathfrak{a})$ et $a\in f^{-1}(\mathcal{C}(k'\otimes_k\mathfrak{a}))$.

2) D'après 1) et ([15], Théorème 1.5), nous avons $\mathcal{C}(\mathfrak{p}) = f^{-1}(\mathcal{C}(k'\otimes_k\mathfrak{p}))\subseteq f^{-1}(\mathcal{C}(\mathfrak{p}''))$. D'autre part, d'après ([17], corollaire 1.17 (1)) nous avons $\mathfrak{p} = f^{-1}(\mathfrak{p}'')$ et par conséquent $f^{-1}(\mathcal{C}(\mathfrak{p}''))\subseteq\mathcal{C}(\mathfrak{p})$. D'où $f^{-1}(\mathcal{C}(\mathfrak{p}'')) = \mathcal{C}(\mathfrak{p})$.

3) Notons $\mathfrak{M}''$ (resp. $\mathfrak{M}$) l'ensemble des idéaux premiers de B (resp. A) minimaux contenant $\mathfrak{a}''$ (resp. $\mathfrak{a} = f^{-1}(\mathfrak{a}'')$). Il est aisé de voir que, d'après l'hypothèse faite sur les images inverses par f des associés de $\mathfrak{a}''$ et ([17], Proposition 1.2(1)) $\mathfrak{M} = \{f^{-1}(\mathfrak{p}'')$ où $\mathfrak{p}''\in\mathfrak{M}''\}$. D'après ([15], Théorème 1.4 ou [12], p.3) $\mathcal{C}(\mathfrak{a}'') = \bigcap_{\mathfrak{p}''\in\mathfrak{M}''}\mathcal{C}(\mathfrak{p}'')$ et $\mathcal{C}(\mathfrak{a}) = \bigcap_{\mathfrak{p}\in\mathfrak{M}}\mathcal{C}(\mathfrak{p}) = \bigcap_{\mathfrak{p}''\in\mathfrak{M}''}\mathcal{C}(f^{-1}(\mathfrak{p}''))$, et, d'après 2) et ([17], Corollaire 3.7), $\mathcal{C}(f^{-1}(\mathfrak{p}'')) = f^{-1}(\mathcal{C}(\mathfrak{p}''))$. D'où $\mathcal{C}(f^{-1}(\mathfrak{a}'')) = \mathcal{C}(\mathfrak{a}) = f^{-1}(\mathcal{C}(\mathfrak{a}''))$.||

Lemme 1.2 - Soient A un anneau noethérien à droite, $\mathfrak{a}$ un idéal semi-premier de A. Pour un idéal à droite I de A les conditions suivantes sont équivalentes :

a) $I \cap \mathcal{E}(\mathfrak{a}) \neq \emptyset$

b) $(I + \mathfrak{a}) \cap \mathcal{E}(\mathfrak{a}) \neq \emptyset$

c) $(I+\mathfrak{a})/\mathfrak{a}$ est un idéal à droite essentiel de $A/\mathfrak{a}$

d) $I + \mathfrak{a} \in \Phi_{\mathfrak{a}}$.

Preuve : a) $\Longrightarrow$ b) et d) $\Longrightarrow$ b) sont évidentes.
b) $\Longleftrightarrow$ c) (cf. [9], lemme 2.1 (2)). a) $\Longrightarrow$ d) découble de ([9], Lemme 2.1. (5)), b) $\Longrightarrow$ a). Soit $s \in (I + \mathfrak{a}) \cap \mathcal{E}(\mathfrak{a})$. Nous avons $s = i+a$ où $i \in I$ et $a \in \mathfrak{a}$. Donc $i = s-a \in I \cap \mathcal{E}(\mathfrak{a})$.||

Lemme 1.3 - Soient $k \subseteq k'$ une extension de corps, A une k-algèbre. On note $B = k' \otimes_k A$ et $f : A \longrightarrow B$ le monomorphisme canonique de k-algèbres.

1) Pour toute partie multiplicative S de A on a :
$\mathcal{F}(S) = \{f^{-1}(I'')$ où $I'' \in \mathcal{F}(f(S))\}$ et $\mathcal{F}(f(S)) = \{I''$ idéal à droite de B tel que $f^{-1}(I'') \in \mathcal{F}(S)\}$.

2) Pour tout idéal propre $\mathfrak{a}$ de A on a :
$\Phi_{\mathfrak{a}} \subseteq \{f^{-1}(I'')$ où $I'' \in \Phi_{(k' \otimes_k \mathfrak{a})}\}$ et $\Phi_{(k' \otimes_k \mathfrak{a})} \supseteq \{I''$ idéal à droite de B tel que $f^{-1}(I'') \in \Phi_{\mathfrak{a}}\}$.

Preuve : 1) Soit $I \in \mathcal{F}(S)$. Nous savons qu'un élément $b \in B$ se met sous la forme $b = \sum_{j \in L} e_j \otimes a_j$ où $(e_j)_{j \in J}$ désigne une base du k-espace vectoriel k', L un sous-ensemble fini de J, et a_j $(j \in L)$ des éléments de A. Il est aisé de voir que $\bigcap_{j \in L} (k' \otimes_k (I.\cdot a_j)) = k' \otimes_k (\bigcap_{j \in L} (I.\cdot a_j)) \subseteq (k' \otimes_k I).\cdot b$.
Si nous avions $((k' \otimes_k I).\cdot b) \cap f(S) = \emptyset$, nous aurions $(k' \otimes_k (\bigcap_{j \in L} (I.\cdot a_j))) \cap f(S) = \emptyset$, et par conséquent $(\bigcap_{j \in L} (I.\cdot a_j)) \cap S = f^{-1}((k' \otimes_k (\bigcap_{j \in L} (I.\cdot a_j))) \cap f(S)) = f^{-1}(\emptyset) = \emptyset$ ce qui est impossible car $I.\cdot a_j \in \mathcal{F}(S)$ pour tout $j \in L$ et par suite $\bigcap_{j \in L} (I.\cdot a_j) \in \mathcal{F}(S)$.
Donc $k' \otimes_k I \in \mathcal{F}(f(S))$ et, puisque tout idéal à droite I" de B au-dessus de I contient $k' \otimes_k I$, nous avons les deux inclusions $\mathcal{F}(S) \subseteq \{f^{-1}(I'')$ où $I'' \in \mathcal{F}(f(S))\}$ et $\{I''$ idéal à droite de B tel que $I = f^{-1}(I'') \in \mathcal{F}(S)\} \subseteq \mathcal{F}(f(S))$. Soit $I'' \in \mathcal{F}(f(S))$. Pour tout $a \in A$ nous avons $(I''.\cdot (1 \otimes a)) \cap f(S) \neq \emptyset$, d'où nous tirons facilement $((f^{-1}(I'')).\cdot a) \cap S \neq \emptyset$. Nous obtenons alors l'inclusion $\{f^{-1}(I'')$ où $I'' \in \mathcal{F}(f(S))\} \subseteq \mathcal{F}(S)$ qui, elle, entraîne l'inclusion $\mathcal{F}(f(S)) \subseteq \{I''$ idéal à droite de B tel que $I = f^{-1}(I'') \in \mathcal{F}(S)\}$.

2) D'après Prop. 1.1 (1), nous avons $f(\mathcal{E}(\mathfrak{a})) \subseteq \mathcal{E}(k' \otimes_k \mathfrak{a})$. Donc $\mathcal{F}(f(\mathcal{E}(\mathfrak{a}))) \subseteq \Phi_{(k' \otimes_k \mathfrak{a})}$ et les inclusions découlent de 1).||

Remarque 1.4 - Soient $k \subsetneq k'$ une extension de corps, A une k-algèbre $B = k' \otimes_k A$. On a de façon évidente :

1°) Si I est un idéal à droite de A tel que $k' \otimes_k I$ soit un idéal à droite essentiel de B, alors I est un idéal à droite essentiel de A.

2°) Si k' est une extension séparable de k, et si $\mathfrak{a}$ est un idéal semi-premier de A, alors ([17], Prop. 1.12) $k' \otimes_k \mathfrak{a}$ est un idéal semi-premier de B.

Proposition 1.5 - Soient k un corps, k' une extension séparable de k, A une k-algèbre. On note $B = k' \otimes_k A$ que l'on suppose un anneau noethérien à droite, et $f : A \longrightarrow B$ le monomorphisme canonique de k-algèbres. Soit $\mathfrak{a}$ un idéal semi-premier de A.

1) Pour un idéal à droite I de A les conditions suivantes sont équivalentes

a) $I \in \Phi_{\mathfrak{a}}$

b) $k' \otimes_k I \in \Phi_{(k' \otimes_k \mathfrak{a})}$.

2) On suppose que k' est une extension de degré fini de k. Alors $\Phi_{\mathfrak{a}} = \{f^{-1}(I'')$ où $I'' \in \Phi_{(k' \otimes_k \mathfrak{a})}\}$ et $\Phi_{(k' \otimes_k \mathfrak{a})} = \mathcal{F}(f(\mathcal{C}(\mathfrak{a}))) = \{I''$ idéal à droite de B tel que $f^{-1}(I'') \in \Phi_{\mathfrak{a}}\}$.

Preuve : 1) a) $\Longrightarrow$ b). Résulte de Lemme 1.3 (2).

b) $\Longrightarrow$ a). Supposons que $k' \otimes_k I \in \Phi_{(k' \otimes_k \mathfrak{a})}$. Considérons alors le diagramme commutatif suivant :

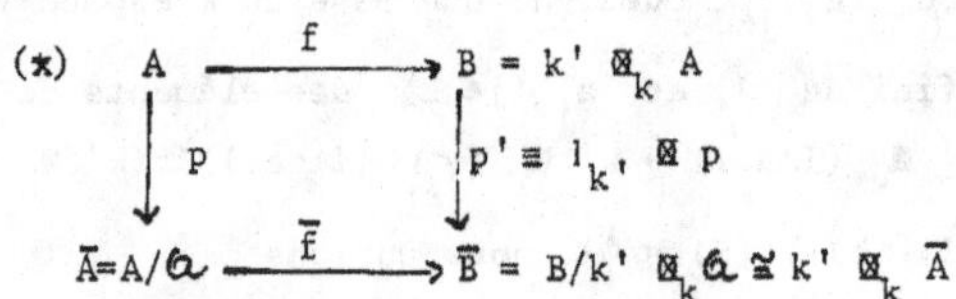

où $\bar{f}$ désigne le monomorphisme d'anneaux déduit de f par passage au quotient, p et p' les épimorphismes canoniques d'anneaux. Pour $a \in A$, nous avons $((k' \otimes_k I)\cdot(1 \otimes a)) \cap \mathcal{C}(k' \otimes_k \mathfrak{a}) \neq \emptyset$, et par suite, d'après Lemme 1.2 appliqué à l'anneau noethérien à droite B et à l'idéal semi-premier $k' \otimes_k \mathfrak{a}$ de B (cf. Remarque 1.4 (2)) $((k' \otimes_k (I\cdot a)) + (k' \otimes_k \mathfrak{a}))/(k' \otimes_k \mathfrak{a})$ est un idéal à droite essentiel de $\bar{B} = B/k' \otimes_k \mathfrak{a}$. Mais cet idéal s'identifie à l'idéal $k' \otimes_k (((I\cdot a) + \mathfrak{a})/\mathfrak{a})$ de $k' \otimes_k \bar{A}$. Donc (Remarque 1.4 (1)) $((I\cdot a) + \mathfrak{a})/\mathfrak{a}$ est un idéal à droite essentiel de $\bar{A} = A/\mathfrak{a}$ et par conséquent (Lemme 1.2) $(I\cdot a) \cap \mathcal{C}(\mathfrak{a}) \neq \emptyset$. D'où $I \in \Phi_{\mathfrak{a}}$.

2) Pour la première égalité il suffit, d'après Lemme 1.3 (2), d'établir l'inclusion $\{f^{-1}(I'')$ où $I'' \in \Phi_{(k' \otimes_k \mathfrak{a})}\} \subseteq \Phi_{\mathfrak{a}}$. Supposons tout d'abord que k' est une extension galoisienne de degré fini de k. Donc le groupe de Galois Γ

de k' sur k est fini. Soit $I'' \in \Phi_{(k' \otimes_k \mathfrak{a})}$. Alors il est aisé de voir que $(\gamma \otimes 1_A)(I'') \in \Phi_{(\gamma \otimes 1_A)(k' \otimes_k \mathfrak{a})} = \Phi_{(k' \otimes_k \mathfrak{a})}$ pour tout $\gamma \in \Gamma$. Donc $I' = \bigcap_{\gamma \in \Gamma} (\gamma \otimes 1_A)(I'') \in \Phi_{(k' \otimes_k \mathfrak{a})}$ et c'est un idéal à droite de B invariant par le groupe de Galois Γ. Par suite $I' = k' \otimes_k I$ où I est un idéal à droite de A, et, d'après 1), $I \in \Phi_{\mathfrak{a}}$. D'autre part, pour tout $\gamma \in \Gamma$ nous avons le diagramme commutatif suivant :

$$\begin{array}{ccc} A & \xrightarrow{f} & B \\ & \searrow^{f} & \downarrow{\gamma \otimes 1_A} \\ & & B \end{array}$$

Donc $f^{-1}((\gamma \otimes 1_A)(I'')) = ((\gamma \otimes 1_A) \circ f)^{-1}((\gamma \otimes 1_A)(I'')) = f^{-1}(I'')$.

D'où $f^{-1}(I'') = \bigcap_{\gamma \in \Gamma} f^{-1}((\gamma \otimes 1_A)(I'')) = f^{-1} (\bigcap_{\gamma \in \Gamma} (\gamma \otimes 1_A)(I'')) = f^{-1}(I') = I \in \Phi_{\mathfrak{a}}$.

Supposons maintenant que l'extension séparable k' de k est de degré fini sur k. Alors il existe une cloture galoisienne k" de k' sur k de degré fini sur k. Posons $C = k'' \otimes_{k'} B \cong k'' \otimes_k A$, $g : B \longrightarrow C$ et $h : A \longrightarrow C$ les applications canoniques. L'anneau C est (du fait que k" est de degré fini sur k')-comme B- noethérien à droite. Soit $I'' \in \Phi_{(k' \otimes_k \mathfrak{a})}$. Alors, d'après Lemme 1.3 appliqué à l'extension $k' \subseteq k''$ et à la k'-algèbre B, $I''' = k'' \otimes_{k'} I'' \in \Phi_{(k'' \otimes_{k'} (k' \otimes_k \mathfrak{a}))}$, c'est-à-dire $I''' \in \Phi_{(k'' \otimes_k \mathfrak{a})}$, et, d'après ce qui précède appliqué à l'extension galoisienne de degré fini k" de k et à la k"-algèbre noethérienne C, nous avons $h^{-1}(I''') = f^{-1}(g^{-1}(I''')) = f^{-1}(I'') \in \Phi_{\mathfrak{a}}$.

Nous avons déjà vu l'inclusion $\mathcal{F}(f(\mathcal{E}(\mathfrak{a}))) \subseteq \Phi_{(k' \otimes_k \mathfrak{a})}$. Inversement soit I" un idéal à droite de B tel que $I'' \notin \mathcal{F}(f(\mathcal{E}(\mathfrak{a})))$. Si nous avions $I'' \in \Phi_{(k' \otimes_k \mathfrak{a})}$, nous aurions, d'après la première égalité établie ci-dessus, $I = f^{-1}(I'') \in \Phi_{\mathfrak{a}} = \mathcal{F}(\mathcal{E}(\mathfrak{a}))$, et par suite (Lemme 1.3 (1)) $I'' \in \mathcal{F}(f(\mathcal{E}(\mathfrak{a})))$ ce qui est impossible.||

<u>Corollaire</u> 1.6 - <u>Soient</u> k <u>un corps,</u> k' <u>une extension algébrique séparable de</u> k, A <u>une</u> k-<u>algèbre. On note</u> $B = k' \otimes_k A$ <u>et</u> $f : A \longrightarrow B$ <u>le monomorphisme canonique de</u> k-<u>algèbres. Soit</u> $\mathfrak{a}''$ <u>un idéal semi-premier de</u> B <u>tel que les images inverses par</u> f <u>de ses idéaux premiers associés soient sans relation d'inclusion stricte.</u>

1) <u>On suppose que l'anneau</u> B <u>est noethérien à droite. Alors pour un idéal à droite</u> I" <u>de</u> B, <u>la relation</u> $f^{-1}(I'') \in \Phi_{f^{-1}(\mathfrak{a}'')}$ <u>entraîne</u> $I'' \in \Phi_{\mathfrak{a}''}$.

2) <u>On suppose qu'une clôture galoisienne</u> k" <u>de</u> k' <u>sur</u> k <u>est telle que l'anneau</u> $C = k'' \otimes_k A$ <u>soit noethérien à droite. Soit</u> I <u>un idéal à</u>

droite de A. Alors $I \in \Phi_{f^{-1}(\mathfrak{a}'')}$ si et seulement si $k' \otimes_k I \in \Phi_{\mathfrak{a}''}$.

Preuve : Notons $\mathfrak{a} = f^{-1}(\mathfrak{a}'')$, $\mathfrak{a}' = k' \otimes_k \mathfrak{a}$, $\mathfrak{M}$ (resp. $\mathfrak{M}'$; $\mathfrak{M}''$) l'ensemble des idéaux premiers de A (resp. B) minimaux contenant $\mathfrak{a}$ (resp. $\mathfrak{a}'$; $\mathfrak{a}''$) et $\mathfrak{M}'(\mathfrak{p})$ l'ensemble des idéaux premiers de B minimaux contenant $\mathfrak{p}' = k' \otimes_k \mathfrak{p}$ pour tout $\mathfrak{p} \in \mathrm{Spec}(A)$. Nous savons ([17], Prop. 1.2 (1)) que $\mathfrak{a}$ est un idéal semi-premier de A et il est évident, d'après l'hypothèse, que $\mathfrak{M} = \{f^{-1}(\mathfrak{p}'')$ où $\mathfrak{p}'' \in \mathfrak{M}''\}$. D'autre part (Remarque 1.4 (2)) $\mathfrak{p}' = k' \otimes_k \mathfrak{p}$ $(\mathfrak{p} \in \mathrm{Spec}(A))$ et $\mathfrak{a}' = k' \otimes_k \mathfrak{a}$ sont des idéaux semi-premiers de B. Si de plus B est un anneau noethérien à droite alors, d'après ([17], Corollaires 3.7, 3.8 et 3.9) et ([4], p.709, (ii)), nous avons les propriétés suivantes :

(P_1) : la famille $(\mathfrak{M}'(\mathfrak{p}))_{\mathfrak{p} \in \mathfrak{M}}$ forme une partition de l'ensemble $\mathfrak{M}'$.

(P_2) : $\mathfrak{M}'' \subseteq \mathfrak{M}'$

(P_3) : $\mathfrak{M}'' \cap \mathfrak{M}'(\mathfrak{p}) \neq \emptyset$ pour tout $\mathfrak{p} \in \mathfrak{M}$.

(P_4) : $\Phi_{\mathfrak{a}} = \bigcap_{\mathfrak{p} \in \mathfrak{M}} \Phi_{\mathfrak{p}}$, $\Phi_{\mathfrak{a}''} = \bigcap_{\mathfrak{p}'' \in \mathfrak{M}''} \Phi_{\mathfrak{p}''}$, $\Phi_{\mathfrak{p}'} = \bigcap_{\mathfrak{p}'' \in \mathfrak{M}'(\mathfrak{p})} \Phi_{\mathfrak{p}''}$ pour tout $\mathfrak{p} \in \mathfrak{M}$, et $\Phi_{\mathfrak{a}'} = \bigcap_{\mathfrak{p}'' \in \mathfrak{M}'} \Phi_{\mathfrak{p}''}$.

1) D'après (P_2) et (P_4), nous avons $\Phi_{\mathfrak{a}'} \subseteq \Phi_{\mathfrak{a}''}$. Si I'' est un idéal à droite de B tel que $I = f^{-1}(I'') \in \Phi_{\mathfrak{a}}$, alors d'après Lemme 1.3 (2), $I'' \in \Phi_{\mathfrak{a}'}$ et par suite $I'' \in \Phi_{\mathfrak{a}''}$.

2) Si $I \in \Phi_{\mathfrak{a}}$ alors, d'après 1), $k' \otimes_k I \in \Phi_{\mathfrak{a}''}$. Inversement, supposons d'abord que k' est une extension galoisienne de k de groupe Galois Γ sur k, et que $k' \otimes_k I \in \Phi_{\mathfrak{a}''}$. Alors, d'après (P_4), nous obtenons aisément $k' \otimes_k I = (\gamma \otimes 1_A)(k' \otimes_k I) \in \Phi_{(\gamma \otimes 1_A)(\mathfrak{p}'')}$ pour tout $\mathfrak{p}'' \in \mathfrak{M}''$ et tout $\gamma \in \Gamma$. Or pour tout $\mathfrak{p} \in \mathfrak{M}$ il existe, d'après (P_3), $\mathfrak{p}''_{(\mathfrak{p})} \in \mathfrak{M}'(\mathfrak{p})$ tel que $\mathfrak{p}''_{(\mathfrak{p})} \in \mathfrak{M}''$. D'où $k' \otimes_k I \in \Phi_{(\gamma \otimes 1_A)(\mathfrak{p}''_{(\mathfrak{p})})}$ pour tout $\mathfrak{p} \in \mathfrak{M}$ et tout $\gamma \in \Gamma$, et par conséquent, compte tenu du fait que ([17], Lemme 3.11) le groupe de Galois Γ opère transitivement sur $\mathfrak{M}'(\mathfrak{p})$ où $\mathfrak{p} \in \mathrm{Spec}(A)$, $k' \otimes_k I \in \Phi_{\mathfrak{p}''}$ pour tout $\mathfrak{p}'' \in \mathfrak{M}'(\mathfrak{p})$ où $\mathfrak{p} \in \mathfrak{M}$, c'est-à-dire, d'après (P_1), $k' \otimes_k I \in \Phi_{\mathfrak{p}''}$ pour tout $\mathfrak{p}'' \in \mathfrak{M}'$, et, d'après (P_4), $k' \otimes_k I \in \Phi_{\mathfrak{a}'}$. Par suite (Prop. 1.5 (1)) $I \in \Phi_{\mathfrak{a}}$.

Supposons maintenant qu'une clôture galoisienne k'' de k' sur k est telle que l'anneau $C = k'' \otimes_k A$ soit noethérien à droite et que $k' \otimes_k I \in \Phi_{\mathfrak{a}''}$. D'après ([1], ch. V, §.8, n°3, Prop. 5), k'' est une extension algébrique séparable de k'. Notons $g : B \longrightarrow C \cong k'' \otimes_{k'} B$ et $h : A \longrightarrow C$ les applications canoniques, $\mathfrak{a}''' = k'' \otimes_{k'} \mathfrak{a}''$ et $\mathfrak{M}'''$ l'ensemble des idéaux premiers de C minimaux contenant $\mathfrak{a}'''$. D'après

([17], Coroll. 3.9) appliqué à l'extension $k' \subseteq k''$ à la k'-algèbre B et à l'idéal $\mathfrak{a}''$ de B, nous avons $\mathfrak{M}'' = \{g^{-1}(\mathfrak{p}''') \text{ où } \mathfrak{p}''' \in \mathfrak{M}'''\}$ et par suite $\mathfrak{M} = \{h^{-1}(\mathfrak{p}''') \text{ où } \mathfrak{p}''' \in \mathfrak{M}'''\}$. L'idéal $\mathfrak{a}''' = k'' \otimes_k \mathfrak{a}''$ est (Remarque 1.4 (2) appliquée à l'extension $k' \subseteq k''$) semi-premier et les images inverses par h de ses idéaux premiers associés sont sans relation d'inclusion stricte, et (Prop. 1.5(1) appliquée à l'extension $k' \subseteq k''$) $k'' \otimes_{k'} (k' \otimes_k I) \cong k'' \otimes_k I \in \Phi_{k'' \otimes_{k'} \mathfrak{a}''} = \Phi_{\mathfrak{a}'''}$. Par conséquent, d'après ce qui précède appliqué à l'extension galoisienne k'' de k et compte tenu du fait que $h^{-1}(\mathfrak{a}''') = f^{-1}(g^{-1}(\mathfrak{a}''')) = f^{-1}(\mathfrak{a}'') = \mathfrak{a}$, on a $I \in \Phi_{\mathfrak{a}}$.‖

§.2. Localisation et extension des scalaires.

Définition 2.1 - Soit A un anneau et S une partie multiplicative de A ne contenant pas 0. On dit qu'un idéal à droite K de A est *$\mathcal{F}$(S)-critique* s'il est un élément maximal dans l'ensemble des idéaux à droite de A n'appartenant pas à $\mathcal{F}$(S) ordonné par l'inclusion.

Cette définition est proposée dans ([3], p.7) dans un cas particulier, et elle généralise celle de ([10],p.367, et [16], p.212, Exercice 21).

On peut généraliser aisément Lemme I.1 et Lemme III.1 de [3] (valables pour les idéaux premiers) aux idéaux semi-premiers :

Lemme 2.2. - *Soient A un anneau, S une partie multiplicative de A. Alors les conditions suivantes sont équivalentes* :

a) *A vérifie la condition de Ore à droite par rapport à S*

b) $\mathcal{F}(S) = \{I$ *idéal à droite de A tel que* $I \cap S \neq \emptyset\}$.

De plus dans ces conditions les idéaux à droite $\mathcal{F}$(S)-critique de A sont les idéaux à droite de A maximaux ne coupant pas S.‖

Lemme 2.3 - *Soient A un anneau noethérien à droite, $\mathfrak{a}$ un idéal semi-premier de A. Alors les conditions suivantes sont équivalentes* :

a) *A vérifie la condition de Ore à droite par rapport à* $\mathcal{C}(\mathfrak{a})$.

b) *tout idéal à droite $\Phi_{\mathfrak{a}}$-critique de A contient* $\mathfrak{a}$. ‖

Définition 2.4 - Soient A un anneau, S une partie de A. On dit que S *définit un anneau des fractions à droite pour* A, si S est une partie multiplicative de A qui vérifie les deux conditions suivantes :

1) Pour tout $(a,s) \in A \times S$ il existe $(b,t) \in A \times S$ tel que $at = sb$ (condition de Ore à droite ou permutabilité à droite).

2) Pour $(a,s)\in A\times S$ tel que $sa = 0$ il existe $t\in S$ tel que $at = 0$ (reversibilité à droite).

Remarquons que cette définition généralise la définition 3.0 de [17], on la trouve par exemple dans ([16], p.51, Prop. 1.4). Par ailleurs on peut généraliser Lemme 2.5 de [17] en ce qui suit :

Lemme 2.5 - Soient $k\subseteq k'$ une extension de corps, A une k-algèbre. On note $B = k'\otimes_k A$ et $f : A \longrightarrow B$ le monomorphisme canonique de k-algèbres.

1) Si S est une partie de A définissant un anneau des fractions à droite pour A, alors $f(S)$ définit un anneau des fractions à droite pour B.

2) Pour S (resp. S') une partie de A (resp. B) définissant un anneau des fractions à droite pour A (resp. B) telles que $f(S)\subseteq S'$, il existe un homomorphisme de k'-algèbres et un seul $\varphi_{S,S'} : k'\otimes_k (AS^{-1}) \longrightarrow BS'^{-1} = (k'\otimes_k A)S'^{-1}$ tel que $\varphi_{S,S'}(1\otimes (i(a)(i(s))^{-1})) = j(1\otimes a)(j(1\otimes s))^{-1}$ pour tout $(a,s)\in A\times S$, où $i : A \longrightarrow AS^{-1}$ et $j : B \longrightarrow BS'^{-1}$ désignent les homomorphismes canoniques d'anneaux, et si de plus $f(S) = S'$ alors $\varphi_{S,S'}$ est bijective. En outre $\varphi_{S,S'}$ est plat à gauche, et on a le diagramme commutatif suivant :

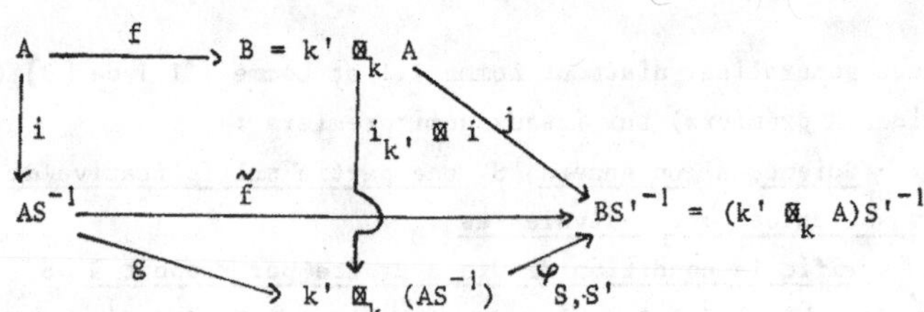

où g est le monomorphisme canonique de k'-algèbres, et $\tilde{f}$ l'unique homomorphisme d'anneaux vérifiant $\tilde{f}\circ i = j\circ f$.

Preuve : 1) se démontre aisément.

2) En ce qui concerne l'existence de φ on raisonne comme dans Lemme 3.5 de [17]. Supposons de plus que $f(S) = S'$; alors $\varphi_{S,S'}$ est évidemment surjective ; d'autre part soit $1\in k'\otimes_k (AS^{-1})$ tel que $\varphi_{S,S'}(1) = 0$, nous avons $1 = \sum_{t\in T} c_t \otimes i(a_t)(i(s))^{-1}$ (cf. [16], p. 61, Exercice 2) où $(c_t,a_t)\in k'\times A$ $(t\in T)$ et $s\in S$, donc $\varphi_{S,S'}(1) = j(\sum_{t\in T} c_t\otimes a_t)(j(1\otimes s))^{-1}=0$ et par conséquent il existe $u' = 1\otimes u$, où $u\in S$, tel que $(\sum_{t\in T} c_t\otimes a_t)(1\otimes u)=0$ dans B, c'est-à-dire $\sum_{t\in T} c_t\otimes a_t u = 0$ dans B et, compte tenu du fait qu'on peut toujours supposer que la famille $(c_t)_{t\in T}$ de k' est libre sur k, on obtient $a_t u = 0$ pour tout $t\in T$, c'est-à-dire $i(a_t) = 0$ pour tout

$t\in T$ et $1 = 0$ par suite $\varphi_{S,S'}$ est injective. D'autre part il est facile d'établir la commutativité du diagramme figurant dans l'énoncé. Nous avons enfin le diagramme commutatif suivant :

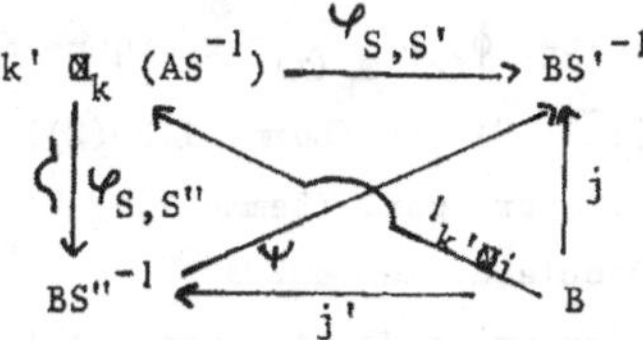

où $S" = f(S)$, j' l'homomorphisme canonique d'anneaux, et ψ l'unique homomorphisme d'anneaux tel que $\psi \circ j' = j$. Nous démontrons, en utilisant ([8], p.132, Prop. 1) et le fait que (16 , p.57, Prop. 3.5) j et j' sont plats à gauche, que ψ est plat à gauche c'est-à-dire que $\varphi_{S,S'}$ est plat à gauche.||

<u>Définition</u> 2.6 - On dit qu'un idéal semi-premier d'un anneau A est <u>localisable</u> (resp. <u>fortement localisable) à droite</u>, si $S = \mathcal{C}(\mathfrak{a})$ définit un anneau des fractions à droite pour A (resp. si $\mathfrak{a}$ est localisable à droite et $S = \mathcal{C}(\mathfrak{a}) \subseteq \mathcal{C}(0)$, i.e. $S = \mathcal{C}(\mathfrak{a})$ permet un calcul des fractions à droite dans A). On dit que A est <u>classique</u> si tout $\mathfrak{p} \in \mathrm{Spec}(A)$ est localisable à droite.

Remarquons que ([15], Lemme 4.1) dans un anneau premier noethérien à droite A les notions localisable à droite et fortement localisable à droite coïncident pour un $\mathfrak{p} \in \mathrm{Spec}(A)$.

Notons $R_J(A)$ le radical de Jacobson d'un anneau A.

<u>Théorème</u> 2.7 - <u>Soient</u> $k \subseteq k'$ <u>une extension de corps</u>, A <u>une</u> k-<u>algèbre. On note</u> $B = k' \otimes_k A$ <u>et</u> $f : A \longrightarrow B$ <u>le monomorphisme canonique de</u> k-<u>algèbres</u>.

1) <u>On suppose que</u> k' <u>est une extension séparable de</u> k <u>et</u> B <u>un anneau nothérien à droite. Soit</u> $\mathfrak{a}$ <u>un idéal semi-premier de</u> A. <u>Si</u> $\mathfrak{a}' = k' \otimes_k \mathfrak{a}$ <u>est localisable à droite, alors</u> $\mathfrak{a}$ <u>est localisable à droite</u>.

2) <u>On suppose que</u> k' <u>est une extension algébrique séparable de</u> k <u>et</u> A <u>un anneau noethérien à droite. Si</u> $\mathfrak{a}$ <u>est un idéal semi-premier de</u> A <u>localisable à droite, alors</u> $\mathfrak{a}' = k' \otimes_k \mathfrak{a}$ <u>est localisable à droite.</u>

<u>Preuve</u> : 1) Supposons que $\mathfrak{a}'$ est localisable à droite.

<u>1ère méthode</u> : Soit I un idéal à droite de A tel que $I \cap \mathcal{C}(\mathfrak{a}) \neq \phi$. Alors (Prop. 1.1 (1)) $(k' \otimes_k I) \cap \mathcal{C}(k' \otimes_k \mathfrak{a}) \neq \phi$. Donc (Lemme 2.2) $k' \otimes_k I \in \Phi_{(k' \otimes_k \mathfrak{a})}$ et par suite (Prop. 1.5 (1)) $I \in \Phi_{\mathfrak{a}}$. D'où le résultat, d'après Lemme 2.2 et

([16], p. 52, Prop. 1.5).

<u>2ème méthode</u> : Soit K un idéal à droite $\Phi_{\mathfrak{a}}$-critique de A. Alors (Prop. 1.5 (1)) $k' \otimes_k K \notin \Phi_{(k' \otimes_k \mathfrak{a})}$ et, d'après la condition noethérienne à droite sur B, il existe un idéal à droite $\Phi_{(k' \otimes_k \mathfrak{a})}$-critique K'' de B tel que $k' \otimes_k K \subseteq K''$. Nous avons $K \subseteq f^{-1}(K'')$ et (Lemme 1.3 (2)) $f^{-1}(K'') \notin \Phi_{\mathfrak{a}}$, par suite $K = f^{-1}(K'')$. D'autre part (Lemme 2.3) $k' \otimes_k \mathfrak{a} \subseteq K''$ c'est-à-dire $\mathfrak{a} \subseteq K$, et le résultat découle de Lemme 2.3

2) Supposons que $\mathfrak{a}$ est un idéal semi-premier de A localisable à droite. Posons $S = \mathcal{C}(\mathfrak{a})$ et $S'' = f(S)$. Par définition S définit un anneau des fractions à droite pour A, donc (Lemme 2.5) S'' définit un anneau des fractions à droite pour B, et nous avons le diagramme commutatif suivant :

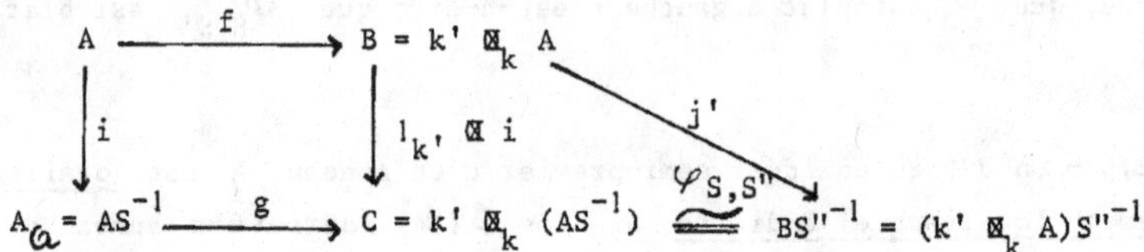

$$\begin{array}{ccccc} A & \xrightarrow{f} & B = k' \otimes_k A & & \\ \downarrow i & & \downarrow 1_{k'} \otimes i & \searrow j' & \\ A_{\mathfrak{a}} = AS^{-1} & \xrightarrow{g} & C = k' \otimes_k (AS^{-1}) & \underset{\varphi_{S,S''}}{\cong} & BS''^{-1} = (k' \otimes_k A)S''^{-1} \end{array}$$

1° cas) <u>Supposons que</u> k' <u>est une extension séparable de degré fini de</u> k. L'anneau B est alors comme A noethérien à droite. Soit K'' un idéal à droite $\Phi_{(k' \otimes_k \mathfrak{a})}$-critique de B. Alors (Prop. 1.5 (2)) K'' est $\mathcal{F}(S'')$-critique c'est-à-dire (Lemme 2.2) un idéal à droite de B maximal ne coupant pas S'' et il s'en suit que $K''S''^{-1}$ est un idéal à droite maximal de BS''^{-1} et $j'^{-1}(K''S''^{-1}) = K''$. D'autre part ([13], Prop. 3.1) $R_J(A_{\mathfrak{a}}) = \mathfrak{a}A_{\mathfrak{a}}$ et ([14], p. 58, coroll. 21)
$R_J(C) = R_J(k' \otimes_k A_{\mathfrak{a}}) = k' \otimes_k R_J(A_{\mathfrak{a}}) = k' \otimes_k (\mathfrak{a} A_{\mathfrak{a}})$. Or, du fait que $\varphi_{S,S''}$ est un isomorphisme d'anneaux, $\varphi^{-1}_{S,S}$ $(K''S''^{-1})$ est un idéal à droite maximal de C et par conséquent $R_J(C) \subseteq \varphi^{-1}_{S,S''}(K''S''^{-1})$. D'où
$\mathfrak{a}A_{\mathfrak{a}} = g^{-1}(R_J(C)) \subseteq (\varphi_{S,S''} \circ g)^{-1}$ $(K''S''^{-1})$ et
$\mathfrak{a} \subseteq (\varphi_{S,S''} \circ g \circ i)^{-1}$ $(K''S''^{-1}) = f^{-1}(j'^{-1}(K''S''^{-1})) = f^{-1}(K'')$. Par suite $k' \otimes_k \mathfrak{a} \subseteq K''$ et, d'après Lemme 2.3, $k' \otimes_k \mathfrak{a}$ est localisable à droite.

2ème cas) <u>Supposons que</u> k' <u>est une extension algébrique séparable de</u> k. Soit $(b,s) \in B \times \mathcal{C}(k' \otimes_k \mathfrak{a})$. Nous avons $b = \sum_{j \in L} e_j \otimes a_j$ et $s = \sum_{j' \in L'} e_{j'} \otimes a'_{j'}$, où $(e_j)_{j \in J}$ désigne une base du k-espace vectoriel k', L et L' deux parties finies de J, et $(a_j, a'_{j'}) \in A \times A$ pour tout $(j,j') \in L \times L'$. Posons $k'' = k(e_j, e_{j'})_{(j,j') \in L \times L'}$, $C = k'' \otimes_k A$, $g : A \longrightarrow C$ et $h : C \longrightarrow B \cong k' \otimes_{k''} C$ les applications canoniques. L'extension k'' est séparable de degré fini sur k. Donc, d'après le 1er cas), C vérifie la condition de Ore à droite par rapport à

$\mathcal{E}(k'' \otimes_k \mathfrak{a})$. D'autre part $b \in h(C)$ et (Prop. 1.1 (1)) $s \in h(C) \cap \mathcal{E}(k' \otimes_k \mathfrak{a}) = h(\mathcal{E}(k'' \otimes_k \mathfrak{a}))$. Soit $(c,t) \in C \times \mathcal{E}(k'' \otimes_k \mathfrak{a})$ tel que $b = h(c)$ et $s = h(t)$ il existe alors $(c',t') \in C \times \mathcal{E}(k'' \otimes_k \mathfrak{a})$ tel que $ct' = tc'$. Par conséquent $bs' = sb'$ où $s' = h(t') \in h(\mathcal{E}(k'' \otimes_k \mathfrak{a})) \subseteq \mathcal{E}(k' \otimes_k \mathfrak{a})$ et $b' = h(c')$.

Soit maintenant $(b,s) \in B \times \mathcal{E}(k' \otimes_k \mathfrak{a})$ tel que $sb = 0$. Alors, en conservant les mêmes notations que précédemment, $tc = 0$. Mais, d'après le 1er cas), C est reversible à droite par rapport à $\mathcal{E}(k'' \otimes_k \mathfrak{a})$. Par conséquent il existe $t' \in \mathcal{E}(k'' \otimes_k \mathfrak{a})$ tel que $ct' = 0$. D'où $bs' = 0$ où $s' = h(t') \in h(\mathcal{E}(k'' \otimes_k \mathfrak{a})) \subseteq \mathcal{E}(k' \otimes_k \mathfrak{a})$.

Nous venons d'établir que $k' \otimes_k \mathfrak{a}$ est localisable à droite, ce qui achève la démonstration. ||

<u>Corollaire</u> 2.8 - <u>Soient</u> k <u>un corps</u>, k' <u>une extension algébrique séparable de</u> k, A <u>une</u> k-<u>algèbre noethérienne à droite. On note</u> $B = k' \otimes_k A$ <u>et</u> $f : A \longrightarrow B$ <u>le monomorphisme canonique de</u> k-<u>algèbres. Soit</u> $\mathfrak{a}$ <u>un idéal semi-premier de</u> A <u>localisable à droite. Alors</u> :

1) <u>Pour un idéal à droite</u> I" <u>de</u> B, <u>les conditions suivantes sont équivalentes</u> : a) $I'' \cap \mathcal{E}(k' \otimes_k \mathfrak{a}) \neq \phi$; b) $I'' \cap f(\mathcal{E}(\mathfrak{a})) \neq \phi$; c) $f^{-1}(I'') \cap \mathcal{E}(\mathfrak{a}) \neq \phi$.

2) $\Phi_{\mathfrak{a}} = \{f^{-1}(I'')$ <u>où</u> $I'' \in \Phi_{(k' \otimes_k \mathfrak{a})}\}$ <u>et</u> $\Phi_{(k' \otimes_k \mathfrak{a})} = \mathcal{F}(f(\mathcal{E}(\mathfrak{a})))$ $\{I''$ <u>idéal à droite de</u> B <u>tel que</u> $f^{-1}(I'') \in \Phi_{\mathfrak{a}}\}$.

<u>Preuve</u> : 1) Les implications c) $\Longrightarrow$ b) et b) $\Longrightarrow$ a) sont évidentes a) $\Longrightarrow$ c). 1er cas) <u>Supposons que</u> k' <u>est une extension séparable</u> de degré fini de k. Si $I'' \cap \mathcal{E}(k' \otimes_k \mathfrak{a}) \neq \emptyset$ alors $I'' \in \Phi_{(k' \otimes_k \mathfrak{a})}$ car (Th. 2.7(2)) $k' \otimes_k \mathfrak{a}$ est localisable à droite, et, d'après Prop. 1.5 (2), $f^{-1}(I'') \in \Phi_{\mathfrak{a}}$. En particulier $f^{-1}(I'') \cap \mathcal{E}(\mathfrak{a}) \neq \phi$. 2ème cas) <u>Supposons que</u> k' <u>est une extension algébrique séparable de</u> k. Si $I'' \cap \mathcal{E}(k' \otimes_k \mathfrak{a}) \neq \phi$, prenons arbitrairement $s \in I'' \cap \mathcal{E}(k' \otimes_k \mathfrak{a})$ qui se met sous la forme $s = \sum_{j \in J} c_j \otimes a_j$ où J est un ensemble fini et $(c_j, a_j) \in k' \times A$ $(j \in J)$. Posons $k'' = k(c_j)_{j \in J}$, $C = k'' \otimes_k A$, $g : A \longrightarrow C$ et $h : C \longrightarrow B \cong k' \otimes_{k''} C$ les applications canoniques. Nous avons $s \in h(C)$. Soit $t \in C$ tel que $s = h(t)$, alors $t \in h^{-1}(I'') \cap h^{-1}(\mathcal{E}(k' \otimes_{k''} (k'' \otimes_k \mathfrak{a}))) = h^{-1}(I'') \cap \mathcal{E}(k'' \otimes_k \mathfrak{a})$ et $h^{-1}(I'') \cap \mathcal{E}(k'' \otimes_k \mathfrak{a}) \neq \phi$. Or k" est une extension séparable de degré fini de k, par suite, d'après le 1er cas), $g^{-1}(h^{-1}(I'')) \cap \mathcal{E}(\mathfrak{a}) = f^{-1}(I'') \cap \mathcal{E}(\mathfrak{a}) \neq \phi$.

2) Soit $I'' \in \Phi_{(k' \otimes_k \mathfrak{a})}$. Alors $I'' \cap \mathcal{E}(k' \otimes_k \mathfrak{a}) \neq \phi$ et, d'après 1) $I'' \cap f(\mathcal{E}(\mathfrak{a})) \neq \phi$. Mais (Lemme 2.5 (1)) B vérifie la condition de Ore à droite par rapport à $f(\mathcal{E}(\mathfrak{a}))$. Par conséquent $I'' \in \mathcal{F}(f(\mathcal{E}(\mathfrak{a})))$. ||

Corollaire 2.9 - Soient k un corps, k' une extension algébrique séparable de k, A une k-algèbre. On note $B = k' \otimes_k A$ et $f : A \longrightarrow B$ le monomorphisme canonique de k-algèbres. Soit $\mathfrak{a}$ un idéal semi-premier de A localisable à droite.

1) On suppose que B est un anneau noethérien à droite. Alors pour $\mathfrak{p}'' \in \mathrm{Spec}(B)$ les conditions suivantes sont équivalentes :

a) $\mathfrak{C}(\mathfrak{a}) \subseteq \mathfrak{C}(f^{-1}(\mathfrak{p}''))$; b) $\mathfrak{C}(k' \otimes_k \mathfrak{a}) \subseteq \mathfrak{C}(\mathfrak{p}'')$.

2) On suppose que A est un anneau noethérien à droite. Alors pour un idéal semi-premier $\mathfrak{b}$ de A les conditions suivantes sont équivalentes :

a) $\mathfrak{C}(\mathfrak{a}) \subseteq \mathfrak{C}(\mathfrak{b})$; b) $\mathfrak{C}(k' \otimes_k \mathfrak{a}) \subseteq \mathfrak{C}(k' \otimes_k \mathfrak{b})$.

Preuve : 1) b) $\Longrightarrow$ a) Si $\mathfrak{C}(k' \otimes_k \mathfrak{a}) \subseteq \mathfrak{C}(\mathfrak{p}'')$, alors $\mathfrak{C}(\mathfrak{a}) = f^{-1}(\mathfrak{C}(k' \otimes_k \mathfrak{a})) \subseteq f^{-1}(\mathfrak{C}(\mathfrak{p}'')) \subseteq \mathfrak{C}(f^{-1}(\mathfrak{p}''))$.

a) $\Longrightarrow$ b). D'après Th. 2.7 (2), $k' \otimes_k \mathfrak{a}$ est localisable à droite. Si nous avions $\mathfrak{C}(k' \otimes_k \mathfrak{a}) \not\subseteq \mathfrak{C}(\mathfrak{p}'')$ nous aurions, d'après ([15], Lemme 4.1, $\mathfrak{p}'' \cap \mathfrak{C}(k' \otimes_k \mathfrak{a}) \neq \emptyset$ c'est-à-dire (Corollaire 2.8 (1)) $f^{-1}(\mathfrak{p}'') \cap \mathfrak{C}(\mathfrak{a}) \neq \emptyset$ et $\mathfrak{C}(\mathfrak{a}) \not\subseteq \mathfrak{C}(f^{-1}(\mathfrak{p}''))$.

2) b) $\Longrightarrow$ a) découle de Prop. 1.1 (1).

a) $\Longrightarrow$ b). 1er cas). Supposons que k' est une extension séparable de degré fini de k. Alors B est un anneau noethérien à droite. Notons $\mathfrak{M}$ (resp. $\mathfrak{M}'$) l'ensemble des idéaux premiers de A (resp. B) minimaux contenant $\mathfrak{b}$ (resp. $\mathfrak{b}' = k' \otimes_k \mathfrak{b}$). Nous avons $\mathfrak{C}(\mathfrak{b}) = \bigcap_{\mathfrak{p} \in \mathfrak{M}} \mathfrak{C}(\mathfrak{p})$ et $\mathfrak{C}(\mathfrak{b}') = \bigcap_{\mathfrak{p}'' \in \mathfrak{M}'} \mathfrak{C}(\mathfrak{p}'')$. La condition a) est alors équivalente à $\mathfrak{C}(\mathfrak{a}) \subseteq \mathfrak{C}(\mathfrak{p})$ pour tout $\mathfrak{p} \in \mathfrak{M}$, c'est-à-dire, d'après ([17], Corollaire 3.9) et 1), à $\mathfrak{C}(k' \otimes_k \mathfrak{a}) \subseteq \mathfrak{C}(\mathfrak{p}'')$ pour tout $\mathfrak{p}'' \in \mathfrak{M}'$, c'est-à-dire aussi à b).

2ème cas) Supposons que k' est une extension algébrique séparable de k et que $\mathfrak{C}(\mathfrak{a}) \subseteq \mathfrak{C}(\mathfrak{b})$. Soit $s \in \mathfrak{C}(k' \otimes_k \mathfrak{a})$. Alors $s = \sum_{j \in J} c_j \otimes a_j$ où J est un ensemble fini et $(c_j, a_j) \in k' \times A$ $(j \in J)$. Posons $k'' = k(c_j)_{j \in J}$, $C = k'' \otimes_k A$, $g : A \longrightarrow C$ et $h : C \longrightarrow B \cong k' \otimes_{k''} C$ les applications canoniques. D'après le 1er cas) et compte tenu du fait que l'extension k'' est séparable de degré fini sur k, nous avons $\mathfrak{C}(k'' \otimes_k \mathfrak{a}) \subseteq \mathfrak{C}(k'' \otimes_k \mathfrak{b})$. Or $s \in h(C) \cap \mathfrak{C}(k' \otimes_k \mathfrak{a}) = h(\mathfrak{C}(k'' \otimes_k \mathfrak{a})) \subseteq h(\mathfrak{C}(k'' \otimes_k \mathfrak{b})) \subseteq \mathfrak{C}(k' \otimes_{k''} (k'' \otimes_k \mathfrak{b})) = \mathfrak{C}(k' \otimes_k \mathfrak{b})$. D'où $\mathfrak{C}(k' \otimes_k \mathfrak{a}) \subseteq \mathfrak{C}(k' \otimes_k \mathfrak{b})$. ||

Proposition 2.10 - Soient $k \subseteq k'$ une extension de corps, A une k-algèbre. On note $B = k' \otimes_k A$ et $f : A \longrightarrow B$ le monomorphisme canonique de k-algèbres.

1) On suppose que k' est une extension séparable de k et B un anneau noethérien à droite. Soit $\mathfrak{a}$ un idéal semi-premier de A. Si

$\mathfrak{a}' = k' \otimes_k \mathfrak{a}$ <u>est fortement localisable à droite, alors</u> $\mathfrak{a}$ <u>est fortement localisable à droite</u>.

2) <u>On suppose que</u> k' <u>est une extension algébrique séparable de</u> k <u>et</u> A <u>un anneau semi-premier noethérien à droite. Si</u> $\mathfrak{a}$ <u>est un idéal semi-premier de</u> A <u>fortement localisable à droite, alors</u> $\mathfrak{a}' = k' \otimes_k \mathfrak{a}$ <u>est fortement localisable à droite</u>.

<u>Preuve</u> : 1) Découle du Th. 2.7 (1) et Prop. 1.1 (1).

2) Si $\mathfrak{a}$ est un idéal semi-premier de A fortement localisable à droite, alors $\mathfrak{a}$ est localisable à droite et $\mathcal{E}(\mathfrak{a}) \subseteq \mathcal{E}(0)$. Mais l'idéal nul (0) de A est supposé semi-premier. Donc, d'après Th. 2.7 (2) et Coroll. 2.9. (2), $\mathfrak{a}'$ est localisable à droite et $\mathcal{E}(\mathfrak{a}') \subseteq \mathcal{E}(0')$ où 0' désigne l'élément nul de B.||

<u>Théorème</u> 2.11 - <u>Soient</u> $k \subseteq k'$ <u>une extension de corps</u>, A <u>une</u> k-<u>algèbre. On note</u> $B = k' \otimes_k A$ <u>et</u> $f : A \longrightarrow B$ <u>le monomorphisme canonique de</u> k-<u>algèbres</u>. <u>On suppose que</u> k' <u>est une extension algébrique séparable de</u> k <u>admettant une clôture galoisienne</u> k" <u>sur</u> k <u>telle que l'anneau</u> $C = k'' \otimes_k A$ <u>soit noethérien à droite. Soit</u> $\mathfrak{a}''$ <u>un idéal semi-premier de</u> B <u>tel que les images inverses par</u> f <u>de ses idéaux premiers associés soient sans relation d'inclusion stricte. Si</u> $\mathfrak{a}''$ <u>est localisable (resp. fortement localisable) à droite, alors l'idéal semi-premier</u> $\mathfrak{a} = f^{-1}(\mathfrak{a}'')$ <u>de</u> A <u>est localisable (resp. fortement localisable) à droite</u>.

<u>Preuve</u> : Supposons que $\mathfrak{a}''$ est localisable à droite. Soit K un idéal à droite $\Phi_{\mathfrak{a}}$-critique de A. Alors (Corollaire 1.6 (2)) $k' \otimes_k K \notin \Phi_{\mathfrak{a}''}$ et, d'après la condition noethérienne à droite sur B, il existe un idéal à droite $\Phi_{\mathfrak{a}''}$-critique K" de B tel que $k' \otimes_k K \subseteq K''$. Nous avons $K \subseteq f^{-1}(K'')$ et (Coroll. 1.6 (2)) $f^{-1}(K'') \notin \Phi_{\mathfrak{a}}$, d'où $K = f^{-1}(K'')$. D'autre part (Lemme 2.3) $\mathfrak{a}'' \subseteq K''$, par conséquent $\mathfrak{a} = f^{-1}(\mathfrak{a}'') \subseteq f^{-1}(K'') = K$ et (Lemme 2.3) $\mathfrak{a}$ est localisable à droite.

Supposons que $\mathfrak{a}''$ est fortement localisable à droite. Alors $\mathfrak{a}''$ est localisable à droite et $\mathcal{E}(\mathfrak{a}'') \subseteq \mathcal{E}(k' \otimes_k (0))$. Par suite, d'après ce qui précède, $\mathfrak{a} = f^{-1}(\mathfrak{a}'')$ est localisable à droite, et, d'après Prop. 1.1 (1) (3), $\mathcal{E}(\mathfrak{a}) \subseteq \mathcal{E}(0)$.||

<u>Proposition</u> 2.12 - <u>Soient</u> $k \subseteq k'$ <u>une extension de corps</u>, A <u>une</u> k-<u>algèbre</u>. <u>On note</u> $B = k' \otimes_k A$ <u>et</u> $f : A \longrightarrow B$ <u>le monomorphisme canonique de</u> k-<u>algèbres</u>.

1) Si $\mathfrak{p}''$ <u>est un idéal complètement premier de</u> B <u>localisable à droite</u>, <u>alors</u> $\mathfrak{p} = f^{-1}(\mathfrak{p}'')$ <u>est localisable à droite</u>.

2) <u>On suppose que</u> B <u>est un anneau noethérien à droite. Soit</u> $\mathfrak{a}''$ <u>une</u>

<u>intersection d'idéaux complètement premiers de</u> B <u>telle que les images inverses par</u> f <u>de ses idéaux premiers associés soient sans relation d'inclusion stricte. Si</u> $\mathfrak{a}''$ <u>est localisable à droite, alors</u> $\mathfrak{a} = f^{-1}(\mathfrak{a}'')$ <u>est localisable à droite</u>.

<u>Preuve</u> : Nous allons établir tout d'abord la propriété suivante :

(P) : Si $\mathfrak{b}''$ est un idéal de B tel que $\mathfrak{b} = f^{-1}(\mathfrak{b}'')$ soit complètement premier, alors pour une famille $(c_j, a_j)_{j\in J}$ d'éléments de $k'\times A$ la relation $a'' = \sum_{j\in J} c_j \otimes a_j \in \mathcal{C}(\mathfrak{b}'')$ entraîne l'existence d'au moins un indice $j_o \in J$ tel que $a_{j_o} \in \mathcal{C}(\mathfrak{b})$.

En effet si nous avions $a_j \in \mathfrak{b}$ pour tout $j\in J$, nous aurions $a'' \in \mathfrak{b}''$ et par conséquent, du fait que $\mathfrak{b}''$ est un idéal propre de B, $a'' \notin \mathcal{C}(\mathfrak{b}'')$.

1) Supposons que $\mathfrak{p}''$ est un idéal complètement premier de B localisable à droite. Soit $(a,s) \in A\times\mathcal{C}(\mathfrak{p})$. Alors $1\otimes s \in \mathcal{C}(\mathfrak{p}'')$ et par suite il existe $(b'',s'') \in B\times\mathcal{C}(\mathfrak{p}'')$ tel que $(1\otimes a)s'' = (1\otimes s)\,b''$. Désignons par $(e_j)_{j\in J}$ une base du k-espace vectoriel k'. Nous avons $b'' = \sum_{j\in J} e_j \otimes x_j$ et $s'' = \sum_{j\in J} e_j \otimes a_j$ où $(x_j, a_j) \in A\times A$ $(j\in J)$, et, d'après (P), il existe $j_o \in J$ tel que $a_{j_o} \in \mathcal{C}(\mathfrak{p})$. De l'égalité $\sum_{j\in J} e_j \otimes aa_j = \sum_{j\in J} e_j \otimes sx_j$ nous tirons en particulier $aa_{j_o} = sx_{j_o}$ ce qui veut dire que A vérifie la condition de Ore à droite par rapport à $\mathcal{C}(\mathfrak{p})$.

Prouvons maintenant la reversibilité à droite. Soit $(a,s) \in A\times\mathcal{C}(\mathfrak{p})$ tel que $sa = 0$. Alors $(1\otimes s)(1\otimes a) = 0$ et $1\otimes s \in \mathcal{C}(\mathfrak{p}'')$. Par suite il existe $s'' \in \mathcal{C}(\mathfrak{p}'')$ tel que $(1\otimes a)s'' = 0$. Mais $s'' = \sum_{j\in J} e_j \otimes a_j$ et il existe $j_o \in J$ tel que $a_{j_o} \in \mathcal{C}(\mathfrak{p})$. Par conséquent $aa_{j_o} = 0$.

2) Notons $\mathfrak{M}$ (resp. $\mathfrak{M}''$) l'ensemble des idéaux premiers de A (resp. B) minimaux contenant $\mathfrak{a}$ (resp. $\mathfrak{a}''$). Nous avons $\mathfrak{M} = \{f^{-1}(\mathfrak{p}'')$ où $\mathfrak{p}'' \in \mathfrak{M}''\}$ $\mathcal{C}(\mathfrak{a}) = \bigcap_{p\in\mathfrak{M}} \mathcal{C}(\mathfrak{p}) = \bigcap_{\mathfrak{p}''\in\mathfrak{M}''} \mathcal{C}(f^{-1}(\mathfrak{p}''))$ et $\mathcal{C}(\mathfrak{a}'') = \bigcap_{\mathfrak{p}''\in\mathfrak{M}''} \mathcal{C}(\mathfrak{p}'')$.

D'autre part il est aisé de voir que l'anneau $B/\mathfrak{a}''$ est réduit au sens de ([14], p.49), et, d'après ([14], p.49, Prop. 14), tous les éléments de $\mathfrak{M}''$ sont complètement premiers. Supposons que $\mathfrak{a}''$ est localisable à droite. Soit $(a,s) \in A\times\mathcal{C}(\mathfrak{a})$. Alors $1\otimes s \in \mathcal{C}(\mathfrak{a}'')$ et par suite il existe $(b'',s'') \in B\times\mathcal{C}(\mathfrak{a}'')$ tel que $(1\otimes a)s'' = (1\otimes s)\,b''$. Mais $b'' = \sum_{j\in J} e_j \otimes x_j$ et $s'' = \sum_{j\in J} e_j \otimes a_j$ où $(x_j, a_j) \in A\times A (j\in J)$, et, d'après (P), pour tout $\mathfrak{p} \in \mathfrak{M}$ il existe $j_{\mathfrak{p}} \in J$ tel que $a_{j_{\mathfrak{p}}} \in \mathcal{C}(\mathfrak{p})$. De l'égalité $\sum_{j\in J} e_j \otimes aa_j = \sum_{j\in J} e_j \otimes sx_j$ nous tirons en particulier $aa_{j_{\mathfrak{p}}} = sx_{j_{\mathfrak{p}}}$ pour tout $\mathfrak{p}\in\mathfrak{M}$. Or, d'après ([13], p.8, Lemme 2.1), il existe une famille $(x'_{\mathfrak{p}})_{\mathfrak{p}\in\mathfrak{M}}$ d'éléments de A telle que $s' = \sum_{\mathfrak{p}\in\mathfrak{M}} a_{j_{\mathfrak{p}}} . x'_{\mathfrak{p}} \in \mathcal{C}(\mathfrak{a}) = \bigcap_{\mathfrak{p}\in\mathfrak{M}} \mathcal{C}(\mathfrak{p})$.

Posons $a' = \sum_{p \in \mathfrak{M}} x_{j_p} \cdot x'_p$, nous obtenons $as' = sa'$. Par conséquent A vérifie la condition de Ore à droite par rapport à $\mathcal{C}(\mathfrak{a})$ et, compte tenu du fait que A est noethérien à droite, $\mathfrak{a}$ est localisable à droite.||

Soient $k \subseteq k'$ une extension de corps, A une k-algèbre $B = k' \otimes_k A$ et $f : A \longrightarrow B$ le monomorphisme canonique de k-algèbres. Soit $\mathfrak{a}$ (resp. $\mathfrak{a}''$) un idéal semi-premier de A (resp. B) localisable à droite tel que $f(\mathcal{C}(\mathfrak{a})) \subseteq \mathcal{C}(\mathfrak{a}'')$. Nous notons alors
$\varphi_{\mathfrak{a},\mathfrak{a}''} = \varphi_{\mathcal{C}(\mathfrak{a}),\mathcal{C}(\mathfrak{a}'')} : k' \otimes_k A_{\mathfrak{a}} \longrightarrow B_{\mathfrak{a}''}$ l'homomorphisme de k'-algèbres défini dans Lemme 2.5 (2).

<u>Définition</u> 2.13 - On dit qu'un idéal $\mathfrak{a}$ d'un anneau A <u>possède la propriété</u> AR <u>à droite</u>, si pour tout idéal à droite I de A il existe $n \in \mathbb{N}^*$ tel que $I \cap \mathfrak{a}^n \subseteq I\mathfrak{a}$.

<u>Proposition</u> 2.14 - <u>Soient</u> k <u>un corps</u>, k' <u>une extension algébrique séparable de</u> k, A <u>une</u> k-<u>algèbre. On note</u> $B = k' \otimes_k A$ <u>qu'on suppose un anneau noethérien à droite et</u> $f : A \longrightarrow B$ <u>le monomorphisme canonique de</u> k-<u>algèbres</u>. <u>Soit</u> $\mathfrak{a}$ <u>un idéal semi-premier de</u> A <u>localisable à droite</u>, $\mathfrak{a}' = k' \otimes_k \mathfrak{a}$, <u>et considérons, compte tenu de Prop</u>. 1.1 (1) <u>et</u> Th. 2.7 (2), <u>l'homomorphisme de</u> k'-<u>algèbres</u> $\varphi_{\mathfrak{a},\mathfrak{a}'} : k' \otimes_k A_{\mathfrak{a}} \longrightarrow B_{\mathfrak{a}'}$. <u>Alors</u> :

1) <u>Les correspondances</u> $U \longmapsto V = UB_{\mathfrak{a}'}$ <u>et</u> $V \longmapsto U = \varphi^{-1}_{\mathfrak{a},\mathfrak{a}'}(V)$ <u>définissent des bijections réciproques de l'ensemble des idéaux à droite (resp. des idéaux à droite maximaux ; des idéaux premiers ; des idéaux semi-premiers ; des idéaux maximaux) de</u> $k' \otimes_k A_{\mathfrak{a}}$ <u>sur l'ensemble des idéaux à droite (resp. des idéaux à droite maximaux ; des idéaux premiers ; des idéaux semi-premiers ; des idéaux maximaux) de</u> $B_{\mathfrak{a}'}$. <u>En outre</u> $\varphi_{\mathfrak{a},\mathfrak{a}'}$ <u>est fidèlement plat à gauche (en particulier injectif) et</u>
$R_J(B_{\mathfrak{a}'}) = (R_J(k' \otimes_k A_{\mathfrak{a}}))\, B_{\mathfrak{a}'}$.

2) <u>Les conditions suivantes sont équivalentes</u> :

a) $R_J(B_{\mathfrak{a}'})$ <u>vérifie la propriété</u> AR <u>à droite</u>

b) $R_J(k' \otimes_k A_{\mathfrak{a}})$ <u>vérifie la propriété</u> AR <u>à droite</u>.

<u>De plus dans ces conditions</u> $R_J(A_{\mathfrak{a}})$ <u>vérifie la propriété</u> AR <u>à droite</u>.

<u>Preuve</u> : Posons $S = \mathcal{C}(\mathfrak{a})$, $S'' = f(S)$ et $S' = \mathcal{C}(\mathfrak{a}')$. Nous avons alors le diagramme commutatif suivant :

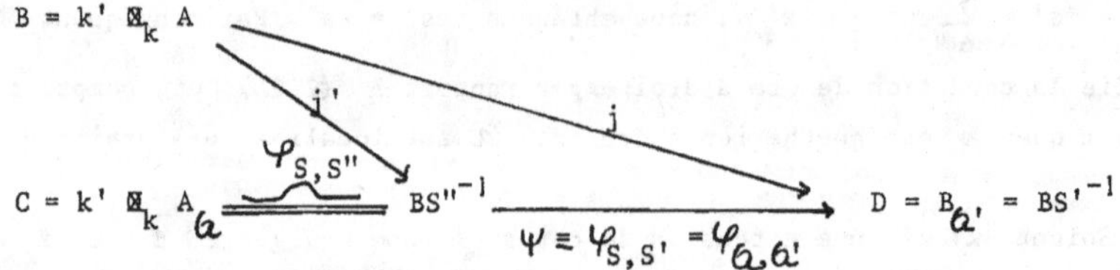

où j et j' désignent les homomorphismes canoniques d'anneaux et ψ l'unique homomorphisme d'anneaux tel que $\psi \circ j' = j$ et qui s'identifie à $\varphi_{\mathfrak{a},\mathfrak{a}'}$ lorsque nous identifions $k' \boxtimes_k A_{\mathfrak{a}}$ à BS''^{-1} à l'aide de $\varphi_{S,S''}$.

1) Soit M un idéal à droite maximal de C, alors $\mathfrak{m} = j'^{-1}(M)$ est un idéal à droite de B maximal ne coupant pas S" c'est-à-dire (Lemme 2.2 et Coroll. 2.8 (2)) un idéal à droite de B maximal ne coupant pas S' et $N = \mathfrak{m}S'^{-1} = \mathfrak{m}B_{\mathfrak{a}'} = (\mathfrak{m}S''^{-1})B_{\mathfrak{a}'} = MB_{\mathfrak{a}'}$ est un idéal à droite maximal de $D = B_{\mathfrak{a}'}$. Inversement, soit N un idéal à droite maximal de D, alors $\mathfrak{n} = j^{-1}(N)$ est un idéal à droite de B maximal ne coupant pas S' c'est-à-dire (Lemme 2.2 et Coroll. 2.8 (2)) un idéal à droite de B maximal ne coupant pas S" et $M = \mathfrak{n}S''^{-1} = (j^{-1}(N))S''^{-1} = (j'^{-1}(\varphi^{-1}_{\mathfrak{a},\mathfrak{a}'}(N))S''^{-1} = \varphi^{-1}_{\mathfrak{a},\mathfrak{a}'}(N)$ est un idéal à droite maximal de C.

D'après Lemme 2.5 (2), $\varphi_{\mathfrak{a},\mathfrak{a}'}$ est plat à gauche, Si M est un idéal à droite maximal de $C = k' \boxtimes_k A_{\mathfrak{a}}$, alors, d'après ce qui précède, $N = MB_{\mathfrak{a}'}$ est un idéal à droite maximal de $D = B_{\mathfrak{a}'}$ et nous avons $\varphi^{-1}_{\mathfrak{a},\mathfrak{a}'}(N) = M$. D'où ([2], ch.1, §.3, n°5, Prop. 9 (e)) $\varphi_{\mathfrak{a},\mathfrak{a}'}$ est fidèlement plat à gauche. Par conséquent ([2], ch.1, §.3, n°5, Prop. 9 (d)) nous avons $\varphi^{-1}_{\mathfrak{a},\mathfrak{a}'}(UB_{\mathfrak{a}'}) = U$ pour tout idéal à droite U de $k' \boxtimes_k A_{\mathfrak{a}}$. Inversement soit V un idéal à droite de $B_{\mathfrak{a}'}$. Alors $(\varphi^{-1}_{\mathfrak{a},\mathfrak{a}'}(V))B_{\mathfrak{a}'} = ((j^{-1}(V))S''^{-1})B_{\mathfrak{a}'} = (j^{-1}(V))S'^{-1} = V$.

Soit $U \in \mathrm{Spec}(k' \boxtimes_k A_{\mathfrak{a}})$. Alors ([13], p.7, Lemme 1.7) $U = \mathfrak{p}''S''^{-1}$ où $\mathfrak{p}'' \in \mathrm{Spec}(B)$ tel que $\mathfrak{p}'' \cap S'' = \emptyset$. D'après Lemme 2.2 et Coroll. 2.8, $\mathfrak{p}'' \notin \mathcal{F}(S'') = \Phi_{\mathfrak{a}'} = \mathcal{F}(S')$ et $\mathfrak{p}'' \cap S' = \emptyset$. D'où ([13], Lemme 1.7) $V = \mathfrak{p}''S'^{-1} = (\mathfrak{p}''S''^{-1})B_{\mathfrak{a}'} = UB_{\mathfrak{a}'} \in \mathrm{Spec}(B_{\mathfrak{a}'})$. Inversement, soit $V \in \mathrm{Spec}(B_{\mathfrak{a}'})$. Alors $V = \mathfrak{q}''S'^{-1}$ où $\mathfrak{q}'' \in \mathrm{Spec}(B)$ tel que $\mathfrak{q}'' \cap S' = \emptyset$. Donc $\mathfrak{q}'' \notin \mathcal{F}(S') = \mathcal{F}(S'')$ et $\mathfrak{q}'' \cap S'' = \emptyset$. D'où $U = \mathfrak{q}''S''^{-1} = (j^{-1}(V))S''^{-1} = \varphi^{-1}_{\mathfrak{a},\mathfrak{a}'}(V) \in \mathrm{Spec}(k' \boxtimes_k A_{\mathfrak{a}})$.

Soit U un idéal semi-premier de l'anneau noethérien à droite $C = k' \boxtimes_k A_{\mathfrak{a}} = BS''^{-1}$. Alors $U = \bigcap_{j \in J} U_j$ où $(U_j)_{j \in J}$ est une famille finie de Spec(C). Donc, d'après ce qui précède et compte tenu de la platitude de $\varphi_{\mathfrak{a},\mathfrak{a}'}$ et de ([2], ch. 1, §.2, n°6, Prop. 6), $V = UB_{\mathfrak{a}'} = \bigcap_{j \in J} (U_j B_{\mathfrak{a}'})$ est un idéal semi-premier de $B_{\mathfrak{a}'}$. Inversement, soit V un idéal semi-premier de $B_{\mathfrak{a}'}$. Alors $V = \bigcap_{l \in L} V_l$ où $(V_l)_{l \in L}$ est une famille de $\mathrm{Spec}(B_{\mathfrak{a}'})$, et, d'après ce qui précède $\varphi^{-1}_{\mathfrak{a},\mathfrak{a}'}(V) = \bigcap_{l\in L} \varphi^{-1}_{\mathfrak{a},\mathfrak{a}'}(V_l)$ est un idéal semi-premier de $k' \otimes_k A_{\mathfrak{a}}$.

Soit U un idéal maximal de $k' \otimes_k A_{\mathfrak{a}}$. En particulier $U \in \mathrm{Spec}(k' \otimes_k A_{\mathfrak{a}})$ et $V = UB_{\mathfrak{a}'} \in \mathrm{Spec}(B_{\mathfrak{a}'})$. Donc il existe un idéal maximal V' de $B_{\mathfrak{a}'}$ tel que $V \subseteq V'$. Nous avons $\varphi^{-1}_{\mathfrak{a},\mathfrak{a}'}(V) = U \subseteq \varphi^{-1}_{\mathfrak{a},\mathfrak{a}'}(V') \neq k' \otimes_k A_{\mathfrak{a}}$, par suite $\varphi^{-1}_{\mathfrak{a},\mathfrak{a}'}(V) = \varphi^{-1}_{\mathfrak{a},\mathfrak{a}'}(V')$ et $V = V' = UB_{\mathfrak{a}'}$ et c'est un idéal maximal de $B_{\mathfrak{a}'}$. Inversement, soit V un idéal maximal de $B_{\mathfrak{a}'}$. Donc $U = \varphi^{-1}_{\mathfrak{a},\mathfrak{a}'}(V) \neq k' \otimes_k A_{\mathfrak{a}}$ et $U \subseteq U'$ où U' est un idéal maximal de $k' \otimes_k A_{\mathfrak{a}}$. Alors $UB_{\mathfrak{a}'} = V \subseteq U' B_{\mathfrak{a}'} \in \mathrm{Spec}(B_{\mathfrak{a}'})$ et $UB_{\mathfrak{a}'} = U' B_{\mathfrak{a}'}$. D'où $U = U' = \varphi^{-1}_{\mathfrak{a},\mathfrak{a}'}(V)$, et c'est un idéal maximal de $k' \otimes_k A_{\mathfrak{a}}$.

Notons $\mathcal{M}_d(k' \otimes_k A_{\mathfrak{a}})$ et $\mathcal{M}_d(B_{\mathfrak{a}'})$ les ensembles des idéaux à droite maximaux de $k' \otimes_k A_{\mathfrak{a}}$ et $B_{\mathfrak{a}'}$ respectivement qui, d'après ce qui précède, se correspondent biunivoquement et $\mathcal{M}_d(B_{\mathfrak{a}'}) = \{V = UB_{\mathfrak{a}'}$ où $U \in \mathcal{M}_d(k' \otimes_k A_{\mathfrak{a}})\}$. L'anneau $B_{\mathfrak{a}'}$ est ([13], Prop. 31) semi-local, donc ([16], p.189) $\mathcal{M}_d(B_{\mathfrak{a}'})$ est un ensemble fini et par suite $\mathcal{M}_d(k' \otimes_k A_{\mathfrak{a}})$ est un ensemble fini. D'où $(R_J(k' \otimes_k A_{\mathfrak{a}}))\, B_{\mathfrak{a}'} = \left(\bigcap_{U \in \mathcal{M}_d(k' \otimes_k A_{\mathfrak{a}})} U\right) B_{\mathfrak{a}'} =$

$$\bigcap_{U \in \mathcal{M}_d(k' \otimes_k A_{\mathfrak{a}})} (UB_{\mathfrak{a}'}) = \bigcap_{V \in \mathcal{M}_d(B_{\mathfrak{a}'})} V = R_J(B_{\mathfrak{a}'}).$$

2) Nous avons tout d'abord la propriété suivante (démontrée à partir de 1)) : (Q) : Pour un idéal à droite U et un idéal semi-premier W de $k' \otimes_k A_{\mathfrak{a}}$ $(UW)B_{\mathfrak{a}'} = (UB_{\mathfrak{a}'})(WB_{\mathfrak{a}'})$, et pour un idéal à droite V et un idéal semi-premier X de $B_{\mathfrak{a}'}$ $\varphi^{-1}_{\mathfrak{a},\mathfrak{a}'}(VX) = (\varphi^{-1}_{\mathfrak{a},\mathfrak{a}'}(V))(\varphi^{-1}_{\mathfrak{a},\mathfrak{a}'}(X))$.

En effet : pour la première égalité nous avons évidemment $(UB_{\mathfrak{a}'})(WB_{\mathfrak{a}'}) \supseteq (UW)B_{\mathfrak{a}'}$ et $(UB_{\mathfrak{a}'})(WB_{\mathfrak{a}'}) \subseteq (UW)\, B_{\mathfrak{a}'}$ est due au fait que $WB_{\mathfrak{a}'}$ est un idéal semi-premier donc bilatère. Pour la deuxième égalité nous savons que $V = UD$ et $X = WD$ où U est un idéal à droite et W un idéal semi-premier de $k' \otimes_k A_{\mathfrak{a}}$. Alors

$$\varphi^{-1}_{\mathfrak{a},\mathfrak{a}'}(VX) = \varphi^{-1}_{\mathfrak{a},\mathfrak{a}'}((UD)(WD)) = \varphi^{-1}_{\mathfrak{a},\mathfrak{a}'}((UW)D) = UW = (\varphi^{-1}_{\mathfrak{a},\mathfrak{a}'}(V))(\varphi^{-1}_{\mathfrak{a},\mathfrak{a}'}(X))$$

b) $\Longrightarrow$ a). Supposons que $R_J(k' \otimes_k A_{\mathfrak{a}})$ vérifie la propriété AR à droite. Soit V un idéal à droite de $B_{\mathfrak{a}'}$, alors $V = UB_{\mathfrak{a}'}$ où U est un idéal à droite de $k' \otimes_k A_{\mathfrak{a}}$ et par suite il existe $n \in \mathbb{N}^*$ tel que $U \cap (R_J(k' \otimes_k A_{\mathfrak{a}}))^n \subseteq U(R_J(k' \otimes_k A_{\mathfrak{a}}))$. Donc, d'après 1) et (Q) et compte-tenu du fait que $R_J(k' \otimes_k A_{\mathfrak{a}})$ est semi-premier, nous obtenons $(U \cap (R_J(k' \otimes_k A_{\mathfrak{a}}))^n)B_{\mathfrak{a}'} = V \cap (R_J(B_{\mathfrak{a}'}))^n \subseteq (U(R_J(k' \otimes_k A_{\mathfrak{a}})))\, B_{\mathfrak{a}'} = V(R_J(B_{\mathfrak{a}'}))$.

a) $\Longrightarrow$ b). Supposons que $R_J(B_{\mathfrak{a}'})$ vérifie la propriété AR à droite. Soit U un idéal à droite de $k' \otimes_k A_{\mathfrak{a}}$. Pour $V = UB_{\mathfrak{a}'}$ il existe $n \in \mathbb{N}^*$ tel que $V \cap (R_J(B_{\mathfrak{a}'}))^n \subseteq V(R_J(B_{\mathfrak{a}'}))$. Donc, d'après 1) et (Q)

$\varphi^{-1}_{\mathfrak{a},\mathfrak{a}'}(V\cap(R_J(B_{\mathfrak{a}'}))^n) = U\cap(R_J(k' \otimes_k A_{\mathfrak{a}}))^n \subseteq \varphi^{-1}_{\mathfrak{a},\mathfrak{a}'}(V(R_J(B_{\mathfrak{a}'}))) =$
$U(R_J(k' \otimes_k A_{\mathfrak{a}}))$.

D'après ([14], p. 58, Coroll. 21) nous avons $R_J(k' \otimes_k A_{\mathfrak{a}}) =$ $= k' \otimes_k R_J(A_{\mathfrak{a}})$ et il est alors aisé de voir que si $R_J(k' \otimes_k A_{\mathfrak{a}})$ vérifie la propriété AR à droite il en est de même pour $R_J(A_{\mathfrak{a}})$. ||

Remarquons que dans les hypothèses de Prop. 2.14 nous avons le diagramme commutatif suivant :

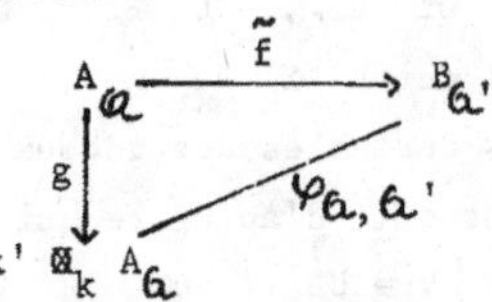

(cf. Lemme 2.5 (2)). Alors le 1) nous donne des renseignements sur $\tilde{f}$, à savoir par exemple, que $\tilde{f}$ est fidèlement plat à gauche et que la plupart des propriétés établies dans ([1], §.1 et 3) pour g se répercutent sur $\tilde{f}$, entre autres $\tilde{f}$ vérifie le going-down, le laying-over, le going-up et $A_{\mathfrak{a}}$ et $B_{\mathfrak{a}'}$ ont même dimension de Krull classique.

<u>Définition</u> 2.15 - On appelle <u>ensemble localisable</u> à droite d'idéaux premiers d'un anneau A, tout ensemble non vide $\mathfrak{S} \subseteq \mathrm{Spec}(A)$ tel que l'idéal semi-premier associé $\mathfrak{a} = \bigcap_{\mathfrak{p}\in\mathfrak{S}} \mathfrak{p}$ soit localisable à droite.

On appelle <u>précycle</u> de A, tout ensemble $\mathfrak{M}$ localisable à droite d'idéaux premiers de A en nombre fini non comparables deux à deux, qui ne contient aucun sous-ensemble propre localisable à droite.

On dit que A <u>a assez de précycles</u>, si tout $\mathfrak{p} \in \mathrm{Spec}(A)$ est contenu dans un précycle.

<u>Proposition</u> 2.16 - <u>Soient</u> k <u>un corps</u>, k' <u>une extension galoisienne de</u> k, A <u>une</u> k-<u>algèbre. On note</u> $B = k' \otimes_k A$ <u>qu'on suppose un anneau noethérien à droite et</u> $f : A \longrightarrow B$ <u>le monomorphisme canonique de k-algèbres. Soit</u> $\mathfrak{p}'' \in \mathrm{Spec}(B)$. <u>Si</u> $\mathfrak{p} = f^{-1}(\mathfrak{p}'')$ <u>est contenu dans un précycle, alors</u> $\mathfrak{p}''$ <u>est contenu dans un précycle</u>.

<u>Preuve</u> : Supposons que $\mathfrak{p} = f^{-1}(\mathfrak{p}'')$ appartient à un précycle $\mathfrak{M}$ de A d'idéal semi-premier associé $\mathfrak{a} = \bigcap_{\mathfrak{q}\in\mathfrak{M}} \mathfrak{q}$. Notons $\mathfrak{M}'$ (resp. $\mathfrak{M}'(\mathfrak{q})$) l'ensemble des idéaux premiers de B minimaux contenant $\mathfrak{a}' = k' \otimes_k \mathfrak{a}$ (resp. $k' \otimes_k \mathfrak{q}$). Par définition $\mathfrak{M}$ est l'ensemble des idéaux premiers de A minimaux contenant $\mathfrak{a}$ et ([17], Corollaire 3.7, 3.8 et 3.9) $(\mathfrak{M}'(\mathfrak{q}))_{\mathfrak{q}\in\mathfrak{M}}$ forme une partition

de $\mathfrak{M}'$. L'idéal semi-premier $\mathfrak{a}' = k' \otimes_k \mathfrak{a}$ est (Th. 2.7(2)) localisable à droite. Donc $\mathfrak{M}'$ est un ensemble fini localisable à droite et par suite il contient un sous-ensemble $\mathcal{M}'$ minimal pour cette propriété (i.e. $\mathcal{M}'$ est un sous-ensemble de $\mathfrak{M}'$ localisable à droite ne contenant aucun sous-ensemble propre localisable à droite). Il est évident que $\mathcal{M}'$ est un précycle de B. Nous avons alors la propriété suivante :

(R) : $\{\mathfrak{q} \in \mathfrak{M}$ tel que $\mathcal{M}' \cap \mathfrak{M}'(\mathfrak{q}) \neq \phi\} = \mathfrak{M}$.

En effet : posons $\mathcal{M} = \{\mathfrak{q} \in \mathfrak{M}$ tel que $\mathcal{M}' \cap (\mathfrak{M}'(\mathfrak{q})) \neq \phi\}$. Tout d'abord $\mathcal{M} \neq \phi$ car $\phi \neq \mathcal{M}' \subseteq \mathfrak{M}' = \bigcup_{\mathfrak{q} \in \mathfrak{M}} \mathfrak{M}'(\mathfrak{q})$. Ensuite $\mathcal{M} = \{\mathfrak{q} = f^{-1}(\mathfrak{q}'')$ où $\mathfrak{q}'' \in \mathcal{M}'\}$ car si $\mathfrak{q} \in \mathcal{M}$, alors $\mathfrak{q} \in \mathfrak{M}$ et $\mathcal{M}' \cap (\mathfrak{M}'(\mathfrak{q})) \neq \phi$, d'où, d'après ([17], Coroll. 3.7) et en prenant $\mathfrak{q}''$ dans $\mathcal{M}' \cap (\mathfrak{M}'(\mathfrak{q}))$, $\mathfrak{q} = f^{-1}(\mathfrak{q}'')$; d'autre part l'inclusion inverse est évidente. Il s'en suit que l'idéal semi-premier localisable à droite $\mathfrak{b}'' = \bigcap_{\mathfrak{q}'' \in \mathcal{M}'} \mathfrak{q}''$ a pour images inverses par f de ses idéaux premiers associés les éléments de $\mathcal{M} (\subseteq \mathfrak{M})$ non comparables deux à deux, et (Th. 2.11) $f^{-1}(\mathfrak{b}'') = \mathfrak{b} = \bigcap_{\mathfrak{q} \in \mathcal{M}} \mathfrak{q}$ est localisable à droite, c'est-à-dire l'ensemble $\mathcal{M}$ est localisable à droite et, du fait que $\mathfrak{M}$ est un précycle, $\mathcal{M} = \mathfrak{M}$.

D'après (R), nous avons en particulier $\mathcal{M}' \cap \mathfrak{M}'(\mathfrak{p}) \neq \phi$, et, d'après ([17], Coroll. 3.7), $\mathfrak{p}'' \in \mathfrak{M}'(\mathfrak{p})$. Soit $\mathfrak{q}''_o \in \mathcal{M}' \cap \mathfrak{M}'(\mathfrak{p})$. Alors, du fait que le groupe de Galois Γ de k' sur k opère transitivement sur $\mathfrak{M}'(\mathfrak{p})$, il existe $\gamma \in \Gamma$ tel que $(\gamma \otimes 1_A)(\mathfrak{q}''_o) = \mathfrak{p}''$. Posons $\mathcal{N}' = \{(\gamma \otimes 1_A)(\mathfrak{q}'')$ où $\mathfrak{q}'' \in \mathcal{M}'\}$. Comme $\gamma \otimes 1_A$ est un automorphisme de la k'-algèbre B et $\mathcal{M}'$ est un précycle de B, alors $\mathcal{N}'$ est un précycle de B contenant $\mathfrak{p}''$.||

§.3. <u>Applications</u>

On note Mod.A la catégorie des modules à droite sur un annneau A. Si A est classique, pour un A-module à droite M on pose $\mathrm{Supp}_A(M) = \{\mathfrak{p} \in \mathrm{Spec}(A)$ tel que $M_{\mathfrak{p}} = M \otimes_A A_{\mathfrak{p}} \neq 0\}$; une sous-catégorie $\mathfrak{C}$ de Mod.A est alors dite <u>bien supportée</u> (cf.[17], Déf. 6.7) si pour un objet M de $\mathfrak{C}$ la relation $M_{\mathfrak{p}} = 0$ pour tout $\mathfrak{p} \in \mathrm{Spec}(A)$ entraîne $M = 0$.

Soit $f : A \longrightarrow B$ un homomorphisme d'anneaux, on note $f^* : \mathrm{Mod.A} \longrightarrow \mathrm{Mod.B}$ et $f_* : \mathrm{Mod.B} \longrightarrow \mathrm{Mod.A}$ les foncteurs extension et restriction des scalaires respectivement induits par f.

Soient $k \subseteq k'$ une extension de corps, A une k-algèbre, $B = k' \otimes_k A$ et $f : A \longrightarrow B$ le monomorphisme canonique de k-algèbres. D'après ([17], Prop. 1.2), on a une application surjective $a_f : \mathrm{Spec}(B) \longrightarrow \mathrm{Spec}(A)$ définie par ${}^a f(\mathfrak{p}'') = f^{-1}(\mathfrak{p}'')$ pour tout $\mathfrak{p}'' \in \mathrm{Spec}(B)$.

Proposition 3.1 - Soient k un corps, k' une extension algébrique séparable de k, A une k-algèbre. On note $B = k' \otimes_k A$ et $f : A \longrightarrow B$ le monomorphisme canonique de k-algèbres. On suppose en outre qu'une clôture galoisienne k'' de k' sur k est telle que l'anneau $C = k'' \otimes_k A$ soit noethérien à droite, et que l'anneau B est classique (donc (Prop. 2.7 (1)) A l'est). Alors pour tout A-module à droite M on a :

$$^{a}f^{-1}(\mathrm{Supp}_A(M)) = \mathrm{Supp}_B(M \otimes_A B) \quad \text{et} \quad {}^{a}f(\mathrm{Supp}_B(M \otimes_A B)) = \mathrm{Supp}_A(M).$$

Preuve : Soit $\mathfrak{p}'' \in \mathrm{Spec}(B)$ et $\mathfrak{p} = f^{-1}(\mathfrak{p}'')$. Alors (Prop. 1.1(3)) $f(\mathscr{C}(\mathfrak{p})) \subseteq \mathscr{C}(\mathfrak{p}'')$ et il existe un homomorphisme d'anneaux et un seul $\tilde{f} : A_{\mathfrak{p}} \longrightarrow B_{\mathfrak{p}''}$ rendant commutatif le diagramme suivant :

$$\begin{array}{ccc} A & \xrightarrow{\ f\ } & B \\ {\scriptstyle i}\downarrow & & \downarrow{\scriptstyle j} \\ A_{\mathfrak{p}} & \xrightarrow{\ \tilde{f}\ } & B_{\mathfrak{p}''} \end{array}$$

où i et j désignent les homomorphismes canoniques d'anneaux. Il est aisé de voir, vu la platitude à gauche de i, j et f et en appliquant ([8], p.132, Prop. 1), que $\tilde{f}$ est plat à gauche. Soit $\mathfrak{m}'$ un idéal à droite maximal de $A_{\mathfrak{p}}$ alors $\mathfrak{m} = i^{-1}(\mathfrak{m}')$ est un idéal à droite de A ne coupant pas $\mathscr{C}(\mathfrak{p})$ et $\mathfrak{m} \notin \Phi_{\mathfrak{p}}$, donc $k' \otimes_k \mathfrak{m} \notin \Phi_{\mathfrak{p}''}$ (cf. Corollaire 1.6 (2)) c'est-à-dire (Lemme 2.2) $(k' \otimes_k \mathfrak{m}) \cap \mathscr{C}(\mathfrak{p}'') = \emptyset$ et $(k' \otimes_k \mathfrak{m})B_{\mathfrak{p}''} = \mathfrak{m}'B_{\mathfrak{p}''} \neq B_{\mathfrak{p}''}$. Par conséquent $\tilde{f}$ est fidèlement plat à gauche.

Soit M un A-module à droite. Alors $(M \otimes_A B)_{\mathfrak{p}''} \cong M \otimes_A B_{\mathfrak{p}''} \cong M_{\mathfrak{p}} \otimes_{A_{\mathfrak{p}}} B_{\mathfrak{p}''}$ et, tenant compte de la fidèle platitude de $\tilde{f}$, dire que $(M \otimes_A B)_{\mathfrak{p}''} \neq 0$ équivaut à dire ([2], ch.1, §.3, n°1, Prop. 1) que $M_{\mathfrak{p}} \neq 0$.‖

Proposition 3.2 - Soient k un corps, k' une extension algébrique séparable de k, A une k-algèbre. On note $B = k' \otimes_k A$ qu'on suppose un anneau noethérien à droite et $f : A \longrightarrow B$ le monomorphisme canonique de k-algèbres. On suppose en outre que B est un anneau classique (donc (Prop. 2.7 (1)) A l'est).

1) Soit $\mathscr{C}$ une sous-catégorie de Mod.A telle que la sous-catégorie $f^*(\mathscr{C})$ de Mod.B soit bien supportée. Alors $\mathscr{C}$ est bien supportée. En particulier si $f^*(\mathrm{Mod.}A)$ est bien supportée (c'est le cas lorsque Mod.B est bien supportée), alors Mod.A est bien supportée.

2) Soit $\mathscr{C}'$ une sous-catégorie de Mod.B telle que la sous-catégorie $f_*(\mathscr{C}')$ de Mod.A soit bien supportée. Alors $\mathscr{C}'$ est bien supportée. En particulier si Mod.A est bien supportée, alors Mod.B est bien supportée.

Preuve : 1) Soit $\mathfrak{p}'' \in \mathrm{Spec}(B)$ et $\mathfrak{p} = f^{-1}(\mathfrak{p}'')$. Alors, compte tenu (Prop. 1.1(3)) de l'existence de $\tilde{f} : A_{\mathfrak{p}} \longrightarrow B_{\mathfrak{p}''}$ (cf. Preuve de 3.1), nous pouvons écrire $(M \otimes_A B)_{\mathfrak{p}''} \cong M_{\mathfrak{p}} \otimes_{A_{\mathfrak{p}}} B_{\mathfrak{p}''}$. Nous voyons bien que si $f^*(\mathscr{C})$ est bien supportée, et si M est un objet de $\mathcal{C}$ tel que $M_{\mathfrak{p}} = 0$ pour tout $\mathfrak{p} \in \mathrm{Spec}(A)$, alors $(M \otimes_A B)_{\mathfrak{p}''} = 0$ pour tout $\mathfrak{p}'' \in \mathrm{Spec}(B)$ et $M \otimes_A B = 0$ c'est-à-dire, vu la fidèle platitude de f, $M = 0$.

2) Soit M un objet de $\mathcal{C}'$ tel que $M_{\mathfrak{p}''} = 0$ pour tout $\mathfrak{p}'' \in \mathrm{Spec}(B)$. Prouvons alors que $(f_*(M))_{\mathfrak{p}} = 0$ pour tout $\mathfrak{p} \in \mathrm{Spec}(A)$. En effet pour $\mathfrak{p} \in \mathrm{Spec}(A)$ posons $S'' = f(\mathcal{C}(\mathfrak{p}))$, $\mathfrak{p}' = k' \otimes_k \mathfrak{p}$ et désignons par $\mathfrak{M}'$ l'ensemble des idéaux premiers de B minimaux contenant $\mathfrak{p}'$ qui est en même temps l'ensemble des idéaux premiers de B au-dessus de $\mathfrak{p}$. Soit $m \in M$. Pour tout $\mathfrak{p}'' \in \mathrm{Spec}(B)$ il existe, du fait que $M_{\mathfrak{p}''} = 0$ et d'après ([16], p. 57), $s_{\mathfrak{p}''} \in \mathcal{C}(\mathfrak{p}'')$ tel que $ms_{\mathfrak{p}''} = 0$ et, d'après ([13], p.8 et 9, Lemme 2.1) il existe une famille $(b_{\mathfrak{p}''})_{\mathfrak{p}'' \in \mathfrak{M}'}$ d'éléments de B telle que $s' = \sum_{\mathfrak{p}'' \in \mathfrak{M}'} s_{\mathfrak{p}''} \cdot b_{\mathfrak{p}''} \in \mathcal{C}(\mathfrak{p}')$. Nous avons $ms' = 0$ et par suite $M_{\mathfrak{p}'} = 0$.

D'où nous pouvons écrire, en tenant compte (Prop. 2.14 (1)) de l'homomorphisme fidèlement plat à gauche $\varphi_{\mathfrak{p},\mathfrak{p}'} : k' \otimes_k A_{\mathfrak{p}} \cong BS''^{-1} \longrightarrow B_{\mathfrak{p}'}$,
$0 = M_{\mathfrak{p}'} = M \otimes_B B_{\mathfrak{p}'} = (M \otimes_B (BS''^{-1})) \otimes_{BS''^{-1}} (B_{\mathfrak{p}'}) = (MS''^{-1}) \otimes_{BS''^{-1}} (B_{\mathfrak{p}'})$ et $MS''^{-1} = 0$ c'est-à-dire pour tout $m \in M$ il existe $s \in \mathcal{C}(\mathfrak{p})$ tel que $mf(s) = 0$, ce qui exprime encore le fait que $(f_*(M))_{\mathfrak{p}} = 0$. Si la sous-catégorie $f_*(\mathcal{C}')$ de Mod.A était supposée bien supportée, on aurait $f_*(M) = 0$ et $M = 0$.||

Dans un espace topologique E on note $\overset{\circ}{X}$ l'intérieur d'un sous-ensemble X de E. On dit que X est rare dans E lorsque $\overset{\circ}{X} = \phi$, et qu'il est maigre dans E lorsqu'il est contenu dans la réunion d'une suite de sous-ensembles fermés et rares de E.

On note $V(M)$ l'ensemble des idéaux premiers d'un anneau A contenant une partie M de A. Lorsqu'on parle de propriétés topologiques sur $\mathrm{Spec}(A)$, il s'agit toujours de celles qui concernent la topologie de Jacobson sur $\mathrm{Spec}(A)$.

<u>Lemme</u> 3.3 - <u>Soit</u> A <u>un anneau semi-premier et un ensemble</u> $M \subsetneq A$ <u>qui n'est contenu dans aucun idéal premier minimal de</u> A. <u>Alors</u> $V(M)$ <u>est rare dans</u> $\mathrm{Spec}(A)$.

<u>Preuve</u> : Soit $\mathcal{O}$ un ouvert de $\mathrm{Spec}(A)$ contenu dans $V(M)$. Nous avons $\mathcal{O} = (\mathrm{Spec}\ (A)) - V(N)$ où $N \subsetneq A$. D'après l'hypothèse, tout idéal premier minimal de A n'appartient pas à $\mathcal{O}$ donc contient N et par suite $N = \{0\}$. D'où $\mathcal{O} = \phi$.||

<u>Proposition</u> 3.4 - <u>Soient</u> k <u>un corps de caractéristique</u> 0, $\mathfrak{g}$ <u>une</u> k-<u>algèbre de Lie algébrique de dimension finie sur</u> k, $A = \mathcal{U}(\mathfrak{g})$ <u>l'algèbre enveloppante</u>

de $\mathfrak{g}$. On suppose en outre que le centre de A est égal à son semi-centre (cf. [5],p.132). Alors il existe une partie maigre T de Spec(A) telle que tout $\mathfrak{p} \in (\mathrm{Spec}(A)) - T$ soit complètement premier et localisable à droite et à gauche.

Preuve : Soit k' une clôture algébrique de k. Notons $B = k' \otimes_k A$, $f : A \longrightarrow B$ le monomorphisme canonique de k-algèbres, Z (resp. Z') le centre de A (resp. B) et Z_1 (resp. Z_1') le semi-centre de A (resp. B). D'après le cas b) dans la démonstration du Théorème 1 de [6], nous avons $Z_1' = k' \otimes_k Z_1$ et, compte tenu du fait que $Z' = k' \otimes_k Z$, alors $Z_1' = Z'$. Donc, d'après un résultat de [3 bis],[11 bis] et [15], il existe une partie maigre T" de Spec(B) telle que tout $\mathfrak{p}'' \in (\mathrm{Spec}(B)) - T''$ soit complètement premier et localisable à droite et à gauche. Par définition $T'' \subseteq \bigcup_{j \in J} V(\mathfrak{a}_j'')$ où $(\mathfrak{a}_j'')_{j \in J}$ est une suite d'idéaux de B telle que $V(\mathfrak{a}_j'')$ soit rare dans Spec(B) pour tout $j \in J$ c'est-à-dire (Lemme 3.3) telle que $\mathfrak{a}_j'' \neq (0)$ $(j \in J)$. Il s'en suit que $T = {}^a f(T'') \subseteq \bigcup_{j \in J} V(f^{-1}(\mathfrak{a}_j''))$ où ([17], Théorème 3.6) $f^{-1}(\mathfrak{a}_j'') \neq (0)$ $(j \in J)$, et T est alors une partie maigre de Spec(A). Soit $\mathfrak{p} \in (\mathrm{Spec}(A)) - T$. Il existe ([17], Proposition 1.2(2)) $\mathfrak{p}'' \in \mathrm{Spec}(B)$ tel que $\mathfrak{p} = {}^a f(\mathfrak{p}'')$. Il est évident que $\mathfrak{p}'' \notin T''$, donc $\mathfrak{p}''$ est complètement premier et localisable à droite et à gauche et $\mathfrak{p}$ est alors complètement premier et, d'après 2.11 ou 2.12, localisable à droite et à gauche.‖

Proposition 3.5 - Soient k un corps de caractéristique 0, $\mathfrak{g}$ une k-algèbre de Lie résoluble de dimension finie sur k, $A = \mathcal{U}(\mathfrak{g})$ l'algèbre enveloppante de $\mathfrak{g}$. Alors les conditions suivantes sont équivalentes :

a) A est un anneau classique.

b) A a assez de précycles.

c) $\mathfrak{g}$ est nilpotente.

Preuve : Il est évident que a) $\Longrightarrow$ b).

b) $\Longrightarrow$ c). Soit k' une clôture algébrique de k, donc c'est une extension galoisienne de k. Si A a assez de précycles, alors (Proposition 2.16) $B = k' \otimes_k A = \mathcal{U}(k' \otimes_k \mathfrak{g})$ a assez de précycles et, d'après la Proposition 16 de [12] qui reste vraie lorsqu'on remplace le mot cycle par précycle, $\mathfrak{g}' = k' \otimes_k \mathfrak{g}$ est nilpotente c'est-à-dire $\mathfrak{g}$ est nilpotente.

c) $\Longrightarrow$ a). (cf. [15], p.51, Corollaire de la Proposition 3.4).‖

§.4 Idéaux primitifs et extension des scalaires.

Soit G un groupe qui opère sur un anneau A. On note A^G l'anneau des invariants de A par G (i.e. $A^G = \{a \in A \text{ tel que } a^g = a \text{ pour tout } g \in G\}$).

Lemme 4.1 - Soient k un corps, A et C deux k-algèbres et G un groupe qui opère sur la k-algèbre C. Alors $(C \otimes_k A)^G \cong C^G \otimes_k A$.

Preuve : Il est évident que $C^G \otimes_k A \subseteq (C \otimes_k A)^G$. Inversement soit $b \in (C \otimes_k A)^G$. Nous avons $b = \sum_{i \in I} c_i \otimes e_i$ où $(e_i)_{i \in I}$ désigne une base du k-espace vectoriel A et $c_i \in C$ pour tout $i \in I$. D'autre part $b^g = b$ pour tout $g \in G$ c'est-à-dire $\sum_{i \in I} c_i^g \otimes e_i = \sum_{i \in I} c_i \otimes e_i$ pour tout $g \in G$. D'où $c_i^g = c_i$ pour tout $i \in I$ et tout $g \in G$. Par conséquent $c_i \in C^G$ pour tout $i \in I$ et $b \in C^G \otimes_k A$.||

Si $f : A \longrightarrow B$ est un homomorphisme d'anneaux et M un B-module à gauche, on note ${}_AM$ le A-module à gauche obtenu à partir de M par restriction des scalaires de B à A à l'aide de f.

Lemme 4.2 - Soient $k \subseteq k'$ une extension de corps et A une k-algèbre. On note $B = k' \otimes_k A$ et $f : A \longrightarrow B$ le monomorphisme canonique de k-algèbres.

1) Si M est un A-module à gauche semi-simple, alors ${}_A(k' \otimes_k M)$ est semi-simple.

2) Si k' est de degré fini sur k et si M est un A-module à gauche de longueur finie, alors ${}_A(k' \otimes_k M)$ est de longueur finie.

Preuve : Remarquons que si $(e_i)_{i \in I}$ est une base du k-espace vectoriel k' et M un A-module à gauche, alors $k' \otimes_k M = (\bigoplus_{i \in I} ke_i) \otimes_k M \cong \bigoplus_{i \in I} ((ke_i) \otimes_k M)$ (en tant que k-espaces vectoriels) ; d'autre part $(ke_i) \otimes_k M = \{e_i \otimes x$ dans $k' \otimes_k M$ où $x \in M\}$ et c'est un sous-A-module de ${}_A(k' \otimes_k M)$ pour tout $i \in I$ que l'on note $e_i \otimes_k M$, d'où ${}_A(k' \otimes_k M) = \bigoplus_{i \in I} (e_i \otimes_k M)$.

1) 1er cas) Supposons que M est un A-module à gauche simple. En pariticulier $M \neq 0$ et par suite $e_i \otimes_k M \neq 0$ pour tout $i \in I$. Soit x' un élément non nul de $e_i \otimes_k M$ $(i \in I)$, alors $x' = e_i \otimes x$ où $x \in M - \{0\}$ et $Ax' = A(e_i \otimes x) = e_i \otimes_k (Ax) = e_i \otimes_k M$. Nous venons de prouver que $e_i \otimes_k M$ est un A-module simple pour tout $i \in I$ et par suite ${}_A(k' \otimes_k M) = \bigoplus_{i \in I} (e_i \otimes_k M)$ est semi-simple.

2ème cas) Supposons que M est un A-module à gauche semi-simple. Alors $M = \bigoplus_{j \in J} M_j$ où M_j est un A-module à gauche simple pour tout $j \in J$. Par conséquent ${}_A(k' \otimes_k M) \cong \bigoplus_{j \in J} {}_A(k' \otimes_k M_j)$ et, d'après le 1er cas), ${}_A(k' \otimes_k M)$ est semi-simple.

2) Supposons que k' est de degré fini sur k et M un A-module à gauche de longueur finie. Soit $M = M_0 \supsetneq \ldots \supsetneq M_i \supsetneq M_{i+1} \supsetneq \ldots \supsetneq M_n = 0$ une suite

de Jordan-Hölder du A-module M. Pour tout $i\in\{0,1,\ldots,n-1\}$ le A-module M_i/M_{i+1} est simple, donc, d'après le 1er cas) de 1), ${}_A(k'\otimes_k (M_i/M_{i+1})$ $\cong {}_A(k'\otimes_k M_i/k'\otimes_k M_{i+1}) = {}_A(k'\otimes_k M_i)/{}_A(k'\otimes_k M_{i+1})$ est un A-module semi-simple de longueur finie. Il s'en suit que la suite de composition :
$${}_A(k'\otimes_k M) = {}_A(k'\otimes_k M_o) \supsetneq \ldots \supsetneq {}_A(k'\otimes_k M_i) \supsetneq {}_A(k'\otimes_k M_{i+1}) \supsetneq \ldots \supsetneq {}_A(k'\otimes_k M_n) = 0$$
du A-module ${}_A(k'\otimes_k M)$ peut être raffiner en une suite de Jordan-Hölder et ${}_A(k'\otimes_k M)$ est de longueur finie. ||

<u>Lemme</u> 4.3 - <u>Soient</u> $k\subsetneq k'$ <u>une extension de corps et</u> A <u>une</u> k-<u>algèbre. On note</u> $B = k'\otimes_k A$ <u>et</u> $f : A \longrightarrow B$ <u>le monomorphisme canonique de</u> k-<u>algèbres</u>.

1) <u>On suppose que</u> k' <u>est une extension séparable de degré fini de</u> k. <u>Si</u> M <u>est un A-module à gauche semi-simple, alors le B-module à gauche</u> $k'\otimes_k M$ <u>est semi-simple</u>.

2) <u>On suppose que</u> k' <u>est une extension de degré fini de</u> k <u>de caractéristique</u> 0. <u>Si</u> M <u>est un</u> B-<u>module à gauche semi-simple (resp. de longueur finie), alors</u> ${}_AM$ <u>est semi-simple (resp. de longueur finie)</u>.

<u>Preuve</u> : 1) Supposons tout d'abord que M est un A-module à gauche simple. Soit E le commutant de M. Il est évident que $k'\otimes_k E$ est, du fait que E est un corps (gauche), un anneau noethérien des deux côtés et par suite, d'après ([17], Lemme 3.4 (2)), $k'\otimes_k E$ est un anneau semi-simple. D'où ([1], ch. 8, §.7, n°4, Théorème 2 (b)), le B-module à gauche $k'\otimes_k M$ est semi-simple.

Supposons maintenant que M est un A-module à gauche semi-simple. Alors $M = \bigoplus_{i\in I} M_i$ où M_i est un A-module à gauche simple, et $k'\otimes_k M = \bigoplus_{i\in I}(k'\otimes_k M_i)$ Il s'en suite, d'après ce qui précède, que le B-module à gauche $k'\otimes_k M$ est semi-simple.

2) 1er cas) Supposons que k' est une extension galoisienne de degré fini de k de caractéristique 0. Donc le groupe de Galois Γ de k' sur k est fini d'ordre $|\Gamma|$ inversible dans k et en particulier dans l'anneau $B = k'\otimes_k A$. D'après Lemme 4.1, $B^\Gamma \cong k\otimes_k A \cong f(A) \cong A$ et, d'après ([10 bis], Lemme 2.4), si M est un B-module à gauche semi-simple (resp. de longueur finie), alors ${}_AM$ est semi-simple (resp. de longueur finie).

2ème cas) Supposons que k' est une extension de degré fini de k de caractéristique 0. Alors il existe une clôture galoisienne k" de k' sur k de degré fini sur k. Posons $C = k''\otimes_{k'} B \cong k''\otimes_k A$ et soit M un B-module à gauche semi-simple (resp. de longueur finie). D'après 1) (resp. Lemme 4.2 (2)) appliqué à l'extension $k'\subseteq k''$, le C-module à gauche $k''\otimes_{k'} M$ est semi-simple (resp. de longueur finie). Par conséquent, d'après le 1er cas) appliqué à l'extension $k \subseteq k''$, ${}_A(k'' \otimes_k M)$ est semi-simple (resp. de longueur finie). Mais M s'identifie canoniquement à un sous-B-module de ${}_B(k'' \otimes_k M)$, donc ${}_AM$ s'identitie canoniquement à un sous-A-module de ${}_A(k'' \otimes_k M)$ et par suite ${}_AM$ est semi-simple (resp. de longueur finie).||

<u>Corollaire</u> 4.4 - <u>Soient</u> k <u>un corps de caractéristique</u> 0, k' <u>une extension algébrique de</u> k <u>et</u> A <u>une</u> k-<u>algèbre. On note</u> $B = k' \otimes_k A$ <u>que l'on suppose un anneau noethérien à gauche et</u> $f : A \to B$ <u>le monomorphisme canonique de</u> k-<u>algèbres. Si</u> M <u>est un</u> A-<u>module à gauche semi-simple, alors</u> ${}_AM$ <u>est semi-simple</u>.

<u>Preuve</u> : 1er cas) Soit M un B-module à gauche simple. Alors M est isomorphe au B-module à gauche $B/\mathfrak{M}''$ où $\mathfrak{M}''$ est un idéal à gauche maximal de l'anneau noethérien à gauche B et par suite engendré par une famille finie $(b_j)_{j \in J}$ d'éléments de B. Désignons par $(e_i)_{i \in I}$ une base du k-espace vectoriel k'. Alors pour tout $j \in J$ nous avons $b_j = \sum_{i \in I} e_i \otimes a_{i,j}$ où $(a_{i,j})_{i \in I}$ est une famille d'éléments de A de support fini I_j. Notons $L = \bigcup_{j \in J} I_j$, $k'' = k(e_i)_{i \in L}$, $C = k'' \otimes_k A$, $g : A \to C$ et $h : C \to B \cong k' \otimes_{k''} C$ les applications canoniques, et $\mathfrak{M}''' = h^{-1}(\mathfrak{M}'')$. Il est évident que $\mathfrak{M}'' = k' \otimes_{k''} \mathfrak{M}'''$ et par suite $\mathfrak{M}'''$ est un idéal à gauche maximal de l'anneau C. Donc le C-module à gauche $N = C/\mathfrak{M}'''$ est simple et, d'après Lemme 4.3 (2) appliqué à l'extension $k \subseteq k''$, ${}_AN$ est semi-simple. Il s'en suit , d'après Lemme 4.2 (1), que ${}_A(k' \otimes_k ({}_AN)) \cong {}_A(k' \otimes_{k''} (k'' \otimes_k ({}_AN)))$ est semi-simple. Or il existe un épimorphisme canonique du C-module à gauche $k'' \otimes_k ({}_AN)$ sur le C-module à gauche N. Donc il existe un épimorphisme canonique du B-module à gauche $k' \otimes_{k''} (k'' \otimes_k ({}_AN))$ sur le B-module à gauche $k' \otimes_{k''} N = k' \otimes_{k''} (C/\mathfrak{M}''') \cong k' \otimes_{k''} C/k' \otimes_{k''} \mathfrak{M}''' = B/\mathfrak{M}'' \cong M$ qui nous définit en particulier un épimorphisme canonique de ${}_A(k' \otimes_{k''} (k'' \otimes_k ({}_AN)))$ sur ${}_AM$. Par conséquent ${}_AM$ est semi-simple.

2ème cas) Supposons que M est un B-module à gauche semi-simple. Alors $M = \bigoplus_{s \in S} M_s$ où M_s est un B-module à gauche simple pour tout $s \in S$, et ${}_AM = \bigoplus_{s \in S} ({}_AM_s)$. D'où, d'après le 1er cas), ${}_AM$ est semi-simple.||

<u>Proposition</u> 4.5 - <u>Soient</u> $k \subseteq k'$ <u>une extension de corps et</u> A <u>une</u> k-<u>algèbre. On note</u> $B = k' \otimes_k A$ <u>et</u> $f : A \to B$ <u>le monomorphisme canonique de</u> k-<u>algèbres</u>.

1) <u>Pour tout idéal primitif</u> $\mathfrak{p}$ <u>de</u> A <u>il existe un idéal primitif</u> $\mathfrak{p}''$ <u>de</u> B <u>au-dessus de</u> $\mathfrak{p}$.

2) <u>On suppose que</u> k' <u>est de degré fini sur</u> k. <u>Si</u> $\mathfrak{a}$ <u>est une inter-</u>

section d'un nombre fini d'idéaux primitifs de A, alors il existe un nombre fini d'idéaux premiers de B minimaux contenant $k' \otimes_k \mathfrak{a}$ et ils sont tous primitifs.

3) On suppose que k' est une extension séparable de degré fini de k. Si $\mathfrak{a}$ est une intersection finie d'idéaux primitifs de A, alors $k' \otimes_k \mathfrak{a}$ est une intersection finie d'idéaux primitifs de B.

4) On suppose que k' est une extension galoisienne de k et l'anneau B est noethérien à gauche. Si $\mathfrak{a}$ est une intersection finie d'idéaux primitifs de A, alors $k' \otimes_k \mathfrak{a}$ est une intersection finie d'idéaux primitifs de B.

Preuve : 1) Soit $\mathfrak{p}$ un idéal primitif de A. Alors $\mathfrak{p}$ est de la forme $\mathfrak{p} = \mathfrak{m} \cdot\!\!. A$ où $\mathfrak{m}$ est un idéal à gauche maximal de A. Or, du fait que f est fidèlement plat à droite, il existe un idéal à gauche maximal $\mathfrak{m}''$ de B tel que $\mathfrak{m} = f^{-1}(\mathfrak{m}'')$. L'idéal $\mathfrak{p}'' = \mathfrak{m}'' \cdot\!\!. B$ de B est primitif et l'on a $f^{-1}(\mathfrak{p}'') = f^{-1}(\mathfrak{m}'' \cdot\!\!. B) = f^{-1}(\mathfrak{m}'') \cdot\!\!. A = \mathfrak{m} \cdot\!\!. A = \mathfrak{p}$.

2) Supposons que $\mathfrak{a} = \bigcap_{i \in I} \mathfrak{p}_i$ où I est un ensemble fini non vide et $\mathfrak{p}_i$ est un idéal primitif de A pour tout $i \in I$. Alors $\mathfrak{p}_i = \mathrm{Ann}_A(M_i)$ où M_i est un A-module à gauche simple. Posons $M = \bigoplus_{i \in I} M_i$, c'est un A-module à gauche semi-simple de longueur finie et par suite (Lemme 4.2 (2)) $k' \otimes_k M$ est un B-module à gauche de longueur finie. Soit $k' \otimes_k M = M''_o \supsetneqq \ldots \supsetneqq M''_j \supsetneqq M''_{j+1} \supsetneqq \ldots \supsetneqq M''_n = 0$ une suite de Jordan-Hölder du B-module $k' \otimes_k M$ et posons $\mathfrak{p}''_j = \mathrm{Ann}_B(M''_j/M''_{j+1})$, $j=0,\ldots,n-1$. Il est évident que pour tout $j \in \{0,\ldots,n-1\}$ nous avons $k' \otimes_k \mathfrak{a} = k' \otimes_k \mathrm{Ann}_A(M) = \mathrm{Ann}_B(k' \otimes_k M) \subseteq \mathrm{Ann}_B(M''_j) \subseteq \mathrm{Ann}_B(M''_j/M''_{j+1}) = \mathfrak{p}''_j$ et $\mathfrak{p}''_o \cdots \mathfrak{p}''_j \cdots \mathfrak{p}''_{n-1} \subseteq \mathrm{Ann}_B(k' \otimes_k M) = k' \otimes_k \mathfrak{a}$. Si $\underset{\sim}{\mathfrak{M}}'$ désigne l'ensemble des idéaux premiers de B minimaux contenant $k' \otimes_k \mathfrak{a}$, alors $\underset{\sim}{\mathfrak{M}}' \subseteq \{\mathfrak{p}''_j \ ; \ j=0,\ldots,n-1\}$.

3) Supposons que $\mathfrak{a}$ est intersection d'un nombre fini d'idéaux primitifs de A. En particulier $\mathfrak{a}$ est un idéal semi-premier de A. Donc, d'après ([17], Proposition 1.12), $k' \otimes_k \mathfrak{a}$ est un idéal semi-premier de B, et d'après 2), $k' \otimes_k \mathfrak{a}$ est intersection d'un nombre fini d'idéaux primitifs de B.

4) Soit $\mathfrak{p}$ un idéal primitif de A. D'après 1) il existe un idéal primitif de B au-dessus de $\mathfrak{p}$ et par suite, d'après ([17], Corollaire 3.7 et Lemme 3.11) tous les idéaux premiers de B minimaux contenant $k' \otimes_k \mathfrak{p}$ sont primitifs. Mais ([17], Proposition 1.12) $k' \otimes_k \mathfrak{p}$ est semi-premier, donc il est intersection d'un nombre fini d'idéaux primitifs.

Si $\mathfrak{a} = \bigcap_{i \in I} \mathfrak{p}_i$ où I est un ensemble fini et $\mathfrak{p}_i$ est un idéal primitif de A pour tout $i \in I$. D'après ce qui précède, $k' \otimes_k \mathfrak{a} = \bigcap_{i \in I} (k' \otimes_k \mathfrak{p}_i)$ est intersection finie d'idéaux primitifs de B.||

Remarquons que si k est un corps, k' une extension séparable de k et A une k-algèbre, alors ([14], p.56 et 57, Lemme 18(b) et Proposition 20 (a)) $R_J(k' \otimes_k A) \subseteq k' \otimes_k R_J(A)$. Par conséquent (par passage au quotient) si $\mathfrak{a}$ est un idéal semi-primitif de A, alors $k' \otimes_k \mathfrak{a}$ est un idéal semi-primitif de $B = k' \otimes_k A$.

<u>Proposition</u> 4.6 - <u>Soient</u> k <u>un corps de caractéristique</u> 0, k' <u>une extension algébrique de</u> k <u>et</u> A <u>une</u> k-<u>algèbre. On note</u> $B = k' \otimes_k A$ <u>que l'on suppose un anneau noethérien à gauche et</u> $f : A \longrightarrow B$ <u>le monomorphisme canonique de</u> k-<u>algèbres. Pour</u> $\mathfrak{p} \in \mathrm{Spec}(A)$ <u>les conditions suivantes sont équivalentes</u> :

a) $\mathfrak{p}$ <u>est un idéal primitif de</u> A.

b) <u>il existe un idéal primitif de</u> B <u>au-dessus de</u> $\mathfrak{p}$

b') <u>il existe un idéal premier de</u> B <u>minimal contenant</u> $k' \otimes_k \mathfrak{p}$ <u>qui est primitif</u>.

c) <u>tous les idéaux premiers de</u> B <u>au-dessus de</u> $\mathfrak{p}$ <u>sont primitifs</u>

c') <u>tous les idéaux premiers de</u> B <u>minimaux contenant</u> $k' \otimes_k \mathfrak{p}$ <u>sont primitifs</u>.

<u>Preuve</u> : Les équivalences : b) $\Longleftrightarrow$ b') et c) $\Longleftrightarrow$ c') proviennent de (17 , Corollaire 3.7) et il est évident que c') $\Longrightarrow$ b').

b) $\Longrightarrow$ a) 1er cas) Supposons que k' est une extension de degré fini de k et $\mathfrak{p}''$ un idéal primitif de B au-dessus de $\mathfrak{p}$. Alors $\mathfrak{p}'' = \mathrm{Ann}_B(M)$ où M est un B-module à gauche simple et, d'après Lemme 4.3 (2), ${}_AM$ est semi-simple de longueur finie. Par conséquent $\mathfrak{p} = f^{-1}(\mathfrak{p}'') = \mathrm{Ann}_A({}_AM)$ est intersection finie d'idéaux primitifs de A et par suite $\mathfrak{p}$ est primitif.
2ème cas) Supposons que k' est une extension algébrique quelconque de k et $\mathfrak{p}''$ un idéal primitif de B au-dessus de $\mathfrak{p}$. Alors $\mathfrak{p}'' = \mathfrak{M}'' \cdot\!\cdot B$ où $\mathfrak{M}''$ est un idéal à gauche maximal de B. D'après la preuve du Corollaire 4.4, il existe une extension de degré fini k" de k telle que, si l'on note $C = k'' \otimes_k A$, $g : A \longrightarrow C$ et $h : C \longrightarrow B \cong k' \otimes_{k''} C$ les applications canoniques, $\mathfrak{M}''' = h^{-1}(\mathfrak{M}'')$ soit un idéal à gauche maximal de l'anneau C. Il s'en suit que $\mathfrak{p}''' = h^{-1}(\mathfrak{p}'') = h^{-1}(\mathfrak{M}'' \cdot\!\cdot B) = h^{-1}(\mathfrak{M}'') \cdot\!\cdot C = \mathfrak{M}''' \cdot\!\cdot C$ est un idéal primitif de C et, d'après le 1er cas) appliqué à l'extension $k \subseteq k''$, $g^{-1}(\mathfrak{p}''') = f^{-1}(\mathfrak{p}'') = \mathfrak{p}$ est un idéal primitif de A.

a) $\Longrightarrow$ c) 1er cas) Supposons que k' est une extension de degré fini de k et

$\mathfrak{p}$ un idéal primitif de A. Alors, d'après la Proposition 4.5 (3), $k' \otimes_k \mathfrak{p}$ est intersection finie d'idéaux primitifs de B et par suite tous les idéaux premiers de B minimaux contenant $k' \otimes_k \mathfrak{p}$ sont primitifs c'est-à-dire tous les idéaux premiers de B au-dessus de $\mathfrak{p}$ sont primitifs.

2ème cas) Supposons que k' est une extension algébrique quelconque de k et $\mathfrak{p}$ un idéal primitif de A. Soit $\mathfrak{p}'' \in \mathrm{Spec}(B)$ tel que $\mathfrak{p} = f^{-1}(\mathfrak{p}'')$. Il existe, du fait que B est un anneau noethérien à gauche et en appliquant à $\mathfrak{p}''$ un raisonnement analogue à celui utilisé dans la preuve du Corollaire 4.4 pour $\mathfrak{m}$, une extension de degré fini k'' de k telle que, si l'on note $C = k'' \otimes_k A$, $g : A \longrightarrow C$ et $h : C \longrightarrow B \cong k' \otimes_{k''} C$ les applications canoniques, $\mathfrak{p}'' = k' \otimes_{k''} \mathfrak{p}'''$ où $\mathfrak{p}''' = h^{-1}(\mathfrak{p}'')$. D'après le 1er cas) appliqué à l'extension $k \subseteq k''$ et du fait que $\mathfrak{p}'''$ est un idéal premier de C au-dessus de $\mathfrak{p}$, l'idéal $\mathfrak{p}'''$ est primitif. Or, d'après la Proposition 4.5 (1), il existe un idéal primitif $\mathfrak{p}''_1$ de B tel que $\mathfrak{p}''' = h^{-1}(\mathfrak{p}''_1)$. Nous avons par la suite $\mathfrak{p}'' \subseteq \mathfrak{p}''_1$ et $h^{-1}(\mathfrak{p}'') = h^{-1}(\mathfrak{p}''_1)$. D'où (Théorème 3.6 de [17] appliqué à l'extension $k'' \subseteq k'$) $\mathfrak{p}'' = \mathfrak{p}''_1$ et $\mathfrak{p}''$ est un idéal primitif de B.//

Signalons une autre démonstration de l'implication b)$\Longrightarrow$a) lorsque A est l'algèbre enveloppante d'une k-algèbre de Lie résoluble de dimension finie sur k, qui se base sur une caractérisation des idéaux primitifs de A donnée dans ([5], Théorème 4.5.7). Dans ce cas $B = k' \otimes_k A$ est l'algèbre enveloppante de la k'-algèbre de Lie $k' \otimes_k \mathfrak{g}$ résoluble de dimension finie sur k'. Supposons que $\mathfrak{p}''$ est un idéal primitif de B au-dessus de $\mathfrak{p}$ et notons $\mathcal{P}$ (resp. $\mathcal{P}''$) l'ensemble des idéaux premiers de A (resp. B) contenant strictement $\mathfrak{p}$ (resp. $\mathfrak{p}''$). Pour tout $\mathfrak{q} \in \mathcal{P}$ il existe, d'après ([17], Corollaire 3.13), $\mathfrak{q}''_{(\mathfrak{q})} \in \mathrm{Spec}(B)$ tel que $\mathfrak{p}'' \subsetneqq \mathfrak{q}''_{(\mathfrak{q})}$ et $\mathfrak{q} = f^{-1}(\mathfrak{q}''_{(\mathfrak{q})})$.

Nous avons $\{\mathfrak{q}''_{(\mathfrak{q})} ; \mathfrak{q} \in \mathcal{P}\} \subseteq \mathcal{P}''$ et d'après ([5], Théorème 4.5.7), $\mathfrak{p}'' \subsetneqq \bigcap_{\mathfrak{q}'' \in \mathcal{P}''} \mathfrak{q}'' \subseteq \bigcap_{\mathfrak{q} \in \mathcal{P}} \mathfrak{q}''_{(\mathfrak{q})}$. D'où ([17], Théorème 3.6) $\mathfrak{p} \subsetneqq \bigcap_{\mathfrak{q} \in \mathcal{P}} \mathfrak{q}$ et ([5], Théorème 4.5.7) $\mathfrak{p}$ est un idéal primitif de A.

La proposition suivante généralise un résultat de ([6 bis], p.97) qui était établi dans le cas ou le corps de base était algébriquement clos.

Proposition 4.7 - Soient k un corps non dénombrable de caractéristique 0, $\mathfrak{g}$ une k-algèbre de Lie de dimension finie sur k et $A = \mathcal{U}(\mathfrak{g})$ l'algèbre enveloppante de $\mathfrak{g}$. Pour $\mathfrak{p} \in \mathrm{Spec}(A)$ les conditions suivantes sont équivalentes :

a) $\mathfrak{p}$ <u>est primitif</u>

b) <u>il existe une famille dénombrable</u> $\mathfrak{J}$ <u>d'idéaux bilatères de</u> A <u>contenant strictement</u> $\mathfrak{p}$ <u>, telle que tout idéal bilatère de</u> A <u>contenant strictement</u> $\mathfrak{p}$ <u>contienne au moins un</u> $I \in \mathfrak{J}$.

<u>Preuve</u> : Soit k' une clôture algébrique de k. Posons $B = k' \otimes_k A \cong \mathcal{U}(k' \otimes_k \mathfrak{G})$ et $f : A \longrightarrow B$ le monomorphisme canonique de k-algèbres. a) $\Longrightarrow$ b). D'après Proposition 4.5 (1), il existe au moins un idéal primitif $\mathfrak{p}''$ de B tel que $\mathfrak{p} = f^{-1}(\mathfrak{p}'')$ et, d'après ([6 bis], p.97, Théorème C) il existe une suite $(I''_n)_{n \in \mathbb{N}}$ d'idéaux bilatères de B contenant strictement $\mathfrak{p}''$, telle que tout idéal bilatère de B contenant strictement $\mathfrak{p}''$ contienne au moins l'un des I''_n. Considérons la famille $\mathfrak{J} = (I_{n,m})_{(n,m) \in \mathbb{N} \times \mathbb{N}^*}$ où $I_{n,m} = (f^{-1}(I''_n))^m + \mathfrak{p}$ pour tout $(n,m) \in \mathbb{N} \times \mathbb{N}^*$. Si l'on avait pour un $(n,m) \in \mathbb{N} \times \mathbb{N}^*$, $I_{n,m} = \mathfrak{p}$, on aurait $(f^{-1}(I''_n))^m \subseteq \mathfrak{p}$ et par suite $f^{-1}(I''_n) \subseteq \mathfrak{p}$ c'est-à-dire, compte tenu du fait que $\mathfrak{p}'' \subsetneq I''_n$, $f^{-1}(I''_n) = \mathfrak{p}$ ce qui est, d'après ([17], Théorème 3.6), impossible. Donc $\mathfrak{J}$ est une famille dénombrable d'idéaux bilatères de A contenant strictement $\mathfrak{p}$. Soit $\mathfrak{a}$ un idéal bilatère de A tel que $\mathfrak{p} \subsetneq \mathfrak{a}$ et notons $\underset{\sim}{\mathfrak{m}}$ l'ensemble des idéaux premiers de A minimaux contenant $\mathfrak{a}$. Pour tout $\mathfrak{q} \in \underset{\sim}{\mathfrak{m}}$ il existe, d'après ([17], Corollaire 3.13), $\mathfrak{q}''_{(\mathfrak{q})} \in \mathrm{Spec}(B)$ tel que $\mathfrak{p}'' \subseteq \mathfrak{q}''_{(\mathfrak{q})}$ et $\mathfrak{q} = f^{-1}(\mathfrak{q}''_{(\mathfrak{q})})$.
Posons $\mathfrak{b}'' = \bigcap_{\mathfrak{q} \in \underset{\sim}{\mathfrak{m}}} \mathfrak{q}''_{(\mathfrak{q})}$. Nous avons $f^{-1}(\mathfrak{b}'') = \bigcap_{\mathfrak{q} \in \underset{\sim}{\mathfrak{m}}} \mathfrak{q} = \mathcal{R}_1(\mathfrak{a}) \supseteq \mathfrak{a} \supsetneq \mathfrak{p}$ et par suite $\mathfrak{p}'' \subsetneq \mathfrak{b}$. Donc il existe $n \in \mathbb{N}$ tel que $I''_n \subseteq \mathfrak{b}''$ et alors $f^{-1}(I''_n) \subseteq \mathcal{R}_1(\mathfrak{a})$. Il s'en suit qu'il existe $m \in \mathbb{N}^*$ tel que $(f^{-1}(I''_n))^m \subseteq \mathfrak{a}$. D'où $I_{n,m} = (f^{-1}(I''_n))^m + \mathfrak{p} \subseteq \mathfrak{a}$.

b) $\Longrightarrow$ a). Soit ([17], Proposition 1.2 (2)) $\mathfrak{p}'' \in \mathrm{Spec}(B)$ tel que $\mathfrak{p} = f^{-1}(\mathfrak{p}'')$, et pour tout $I \in \mathfrak{J}$ posons $I''_I = (k' \otimes_k I) + \mathfrak{p}''$. Il est évident que $\mathfrak{J}'' = (I''_I)_{I \in \mathfrak{J}}$ est une famille dénombrable d'idéaux bilatères de B contenant strictement $\mathfrak{p}''$. Soit $\mathfrak{a}''$ un idéal bilatère de B tel que $\mathfrak{p}'' \subsetneq \mathfrak{a}''$. Alors, d'après ([17], Théorème 3.6) $\mathfrak{p} \subsetneq f^{-1}(\mathfrak{a}'')$ et, d'après l'hypothèse, il existe $I \in \mathfrak{J}$ tel que $I \subseteq f^{-1}(\mathfrak{a}'')$. Il s'en suit que $I''_I = (k' \otimes_k I) + \mathfrak{p}'' \subseteq \mathfrak{a}''$. D'où ([6 bis], p.97, Théorème C), $\mathfrak{p}''$ est primitif et, d'après Proposition 4.6, $\mathfrak{p}$ est primitif. ‖

On note Prim(A) l'ensemble des idéaux primitifs d'un anneau A, que l'on suppose muni de la topologie induite par la topologie de Jacobson sur Spec(A). On désigne par W(M) l'ensemble des idéaux primitifs d'un anneau A contenant une partie M de A. Si A est semi-premier, et si M n'est contenu dans aucun idéal premier minimal de A, alors (cf. Lemme 3.3) W(M) est rare dans Prim(A).

Proposition 4.8 - Soit k un corps de caractéristique 0, $\mathfrak{g}$ une k-algèbre de Lie algébrique de dimension finie sur k, $A = \mathcal{U}(\mathfrak{g})$ l'algèbre enveloppante de $\mathfrak{g}$. On suppose en outre que le centre de A est égal à son semi-centre (cf.[5], p.132). Alors il existe une partie maigre T de Prim(A) telle que tout $\mathfrak{p} \in (\mathrm{Prim}(A)) - T$ soit maximal et localisable à droite et à gauche.

Preuve : Nous avons à peu près la même démonstration que la Proposition 3.4.

Soit k' une clôture algébrique de k. Notons $B = k' \otimes_k A$ et $f : A \longrightarrow B$ le monomorphisme canonique de k-algèbres. Comme dans A, le centre de B est égal à son semi-centre. Donc, d'après un résultat de [3 bis], [11] et [15] il existe une partie maigre T" de Prim(B) telle que tout $\mathfrak{p}'' \in (\mathrm{Prim}(B)) - T''$ soit maximal et localisable à droite et à gauche. Notons $T = \{f^{-1}(\mathfrak{p}'') ; \mathfrak{p}'' \in T''\} = {}^a f(T'')$. Par définition $T'' \subseteq \bigcup_{j\in J} W(\mathfrak{a}''_j)$ où $(\mathfrak{a}''_j)_{j\in J}$ est une suite d'idéaux de B telle que $W(\mathfrak{a}''_j)$ soit rare dans Prim(B) pour tout $j \in J$ c'est-à-dire $\mathfrak{a}''_j \neq (0)$ $(j \in J)$. Il s'en suite (Proposition 4.6) que $T \subseteq \bigcup_{j\in J} W(f^{-1}(\mathfrak{a}''_j))$ où ([17], Théorème 3.6) $f^{-1}(\mathfrak{a}''_j) \neq (0)$ $(j \in J)$, et T est alors une partie maigre de Prim(A). Soit $\mathfrak{p} \in (\mathrm{Prim}(A)) - T$. Il existe, d'après Proposition 4.5 (1), $\mathfrak{p}'' \in \mathrm{Prim}(B)$ tel que $\mathfrak{p} = {}^a f(\mathfrak{p}'')$. Il est évident que $\mathfrak{p}'' \notin T''$, donc $\mathfrak{p}''$ est maximal et localisable à droite et à gauche et, d'après Théorème 2.11 et (17 , Corollaire 3.14), $\mathfrak{p}$ est maximal et localisable à droite et à gauche. ||

§.5 Extension des scalaires et poids des idéaux premiers.

Nous commencerons par généraliser légèrement le Going up ([17]). Dans un espace topologique E on note $\overline{X}^E$, ou simplement $\overline{X}$ si aucune confusion n'est à craindre, l'adhérence d'un sous-ensemble X de E.

Pour toute partie M d'un anneau A, on note U(M) l'ensemble des idéaux maximaux de A contenant M.

5.1 - Soient $k \subseteq k'$ une extension de corps, A une k-algèbre, $B = k' \otimes_k A$ et $f : A \longrightarrow B$ le monomorphisme canonique de k-algèbres. D'après ([17], Proposition 1.2), on a une application surjective ${}^a f = \mathrm{Spec}(B) \longrightarrow \mathrm{Spec}(A)$ définie par ${}^a f(\mathfrak{p}'') = f^{-1}(\mathfrak{p}'')$ pour tout $\mathfrak{p}'' \in \mathrm{Spec}(B)$. Pour un idéal $\mathfrak{a}$ de A et un idéal $\mathfrak{a}''$ de B on a ${}^a f(V(\mathfrak{a}'')) \subseteq V(f^{-1}(\mathfrak{a}''))$ et $({}^a f)^{-1}(V(\mathfrak{a})) = V(k' \otimes_k \mathfrak{a})$. Il s'en suit que l'application ${}^a f$ est continue. D'autre part, d'après ([17], Proposition 1.2(2)) et Proposition 4.5 du paragraphe précédent, on a $U(\mathfrak{a}) \subseteq {}^a f(U(k' \otimes_k \mathfrak{a}))$ et $W(\mathfrak{a}) \subseteq {}^a f(W(k' \otimes_k \mathfrak{a}))$.

Si k' est une extension algébrique séparable de k (resp. une extension algébrique de k de caractéristique 0) et B un anneau noethérien à gauche, alors ([17], Corollaires 3.10 et 3.14, et Proposition 4.6 du présent travail) ${}^a f(U(\mathfrak{a}'')) \subseteq U(f^{-1}(\mathfrak{a}''))$ et $({}^a f)^{-1}(U(\mathfrak{a})) = U(k' \otimes_k \mathfrak{a})$ (resp. ${}^a f(W(\mathfrak{a}'')) \subseteq W(f^{-1}(\mathfrak{a}''))$ et $({}^a f)^{-1}(W(\mathfrak{a})) = W(k' \otimes_k \mathfrak{a})$.

Le théorème suivant généralise le Corollaire 3.13 de [17].

5.2. Théorème - (Going-up). Soient $k \subseteq k'$ une extension de corps et A une k-algèbre. On note $B = k' \otimes_k A$ que l'on suppose un anneau noethérien à gauche et $f : A \longrightarrow B$ le monomorphisme canonique de k-algèbres. Soient $\mathfrak{a}''$ un idéal de B, $\mathfrak{a} = f^{-1}(\mathfrak{a}'')$, $\mathfrak{m}$ (resp. $\mathfrak{m}''$) l'ensemble des idéaux premiers de A (resp. B) minimaux contenant $\mathfrak{a}$ (resp. $\mathfrak{a}''$).

1) On suppose que k' est une extension algébrique séparable de k. Alors pour tout $\mathfrak{p} \in V(\mathfrak{a})$ (resp. $\mathfrak{p} \in \mathfrak{m}$; $\mathfrak{p} \in U(\mathfrak{a})$) il existe $\mathfrak{p}'' \in V(\mathfrak{a}'')$ (resp. $\mathfrak{p}'' \in \mathfrak{m}''$; $\mathfrak{p}'' \in U(\mathfrak{a}'')$) tel que $\mathfrak{p} = f^{-1}(\mathfrak{p}'')$.

2) On suppose que k' est une extension galoisienne de k (resp. une extension algébrique de k de caractéristique 0). Alors pour tout $\mathfrak{p} \in W(\mathfrak{a})$ il existe $\mathfrak{p}'' \in W(\mathfrak{a}'')$ au-dessus de $\mathfrak{p}$.

Preuve : 1) 1er cas) Supposons que k' est une extension galoisienne de degré fini de k de groupe de Galois Γ. L'idéal $\mathfrak{a}' = \bigcap_{\gamma \in \Gamma} (\gamma \otimes 1_A)(\mathfrak{a}'')$ est invariant par Γ et tous les $(\gamma \otimes 1_A(\mathfrak{a}'')$ $(\gamma \in \Gamma)$ sont des idéaux de B au-dessus de $\mathfrak{a}$; il s'en suit que $\mathfrak{a}' = k' \otimes_k \mathfrak{a}$. Soit $\mathfrak{p} \in V(\mathfrak{a})$. D'après ([17], Proposition 1.2 (2)) il existe $\mathfrak{p}''_1 \in V(\mathfrak{a}')$ au-dessus de $\mathfrak{p}$. Alors d'une part, du fait que Γ est fini, il existe $\gamma \in \Gamma$ tel que $(\gamma \otimes 1_A)(\mathfrak{a}'') \subseteq \mathfrak{p}''_1$ et par suite $\mathfrak{a}'' \subseteq \mathfrak{p}'' = (\gamma^{-1} \otimes 1_A)(\mathfrak{p}''_1)$ et d'autre part, du fait que ([17], Lemme 3.11 et Corollaire 3.7) Γ opère transitivement sur l'ensemble des idéaux premiers de B au-dessus de $\mathfrak{p}$, $\mathfrak{p}'' \in V(\mathfrak{a}'')$ et il est au-dessus de $\mathfrak{p}$.

2ème cas) Supposons que k' est une extension séparable de degré fini de k. Alors il existe une clôture galoisienne k'' de k' sur k de degré fini sur k. Notons $C = k'' \otimes_k A \cong k'' \otimes_{k'} B$, $g : B \longrightarrow C$ et $h : A \longrightarrow C$ les applications canoniques et $\mathfrak{a}''' = k'' \otimes_{k'} \mathfrak{a}''$. Soit $\mathfrak{p} \in V(\mathfrak{a})$. D'après le 1er cas) appliqué à l'extension $k \subseteq k''$, il existe $\mathfrak{p}''' \in V(\mathfrak{a}''')$ tel que $\mathfrak{p} = h^{-1}(\mathfrak{p}''')$. Posons $\mathfrak{p}'' = g^{-1}(\mathfrak{p}''')$. Alors $\mathfrak{p}'' \in V(\mathfrak{a}'')$ et $\mathfrak{p} = f^{-1}(\mathfrak{p}'')$.

3ème cas) Supposons que k' est une extension algébrique séparable quelconque de k. L'idéal à gauche $\mathfrak{a}''$ est, du fait que l'anneau B est noethérien à gauche, engendré par une famille finie $(b_j)_{j \in J}$ d'éléments de B. Désignons par $(e_i)_{i\in I}$ une base du k-espace vectoriel k'. Alors pour tout $j\in J$ nous avons $b_j = \sum_{i\in I} e_i \otimes a_{i,j}$ où $(a_{i,j})_{i\in I}$ est une famille d'éléments de A de support fini I_j. Notons $L = \bigcup_{j\in J} I_j$, $k'' = k(e_i)_{i\in L}$, $C = k'' \otimes_k A$, $g : A \longrightarrow C$ et $h : C \longrightarrow B \cong k' \otimes_{k''} C$ les applications canoniques et $\mathfrak{a}''' = h^{-1}(\mathfrak{a}'')$. Il est évident que $\mathfrak{a}'' = k' \otimes_{k''} \mathfrak{a}'''$ et $g^{-1}(\mathfrak{a}''') = \mathfrak{a}$. Soit $\mathfrak{p} \in V(\mathfrak{a})$. D'après le 1er cas) appliqué à l'extension $k\subseteq k''$, il existe $\mathfrak{p}'''\in V(\mathfrak{a}''')$ tel que $\mathfrak{p} = g^{-1}(\mathfrak{p}''')$ et, d'après ([17], Proposition 1.2 (2)), il existe $\mathfrak{p}''\in V(\mathfrak{a}'') = V(k' \otimes_{k''} \mathfrak{a}''')$ tel que $\mathfrak{p}''' = h^{-1}(\mathfrak{p}'')$. Nous avons alors $\mathfrak{p} = f^{-1}(\mathfrak{p}'')$.

Si $\mathfrak{p} \in \mathfrak{M} \subseteq V(\mathfrak{a})$ (resp. $\mathfrak{p}\in U(\mathfrak{a})\subseteq V(\mathfrak{a})$), alors, d'après ce qui précède, il existe $\mathfrak{q}''\in V(\mathfrak{a}'')$ au-dessus de $\mathfrak{p}$. Or il existe $\mathfrak{p}''\in \mathfrak{M}''$ (resp. $\mathfrak{p}''\in U(\mathfrak{a}'')$) tel que $\mathfrak{p}'' \subseteq \mathfrak{q}''$ (resp. $\mathfrak{q}'' \subseteq \mathfrak{p}''$) et il est facile de voir que $\mathfrak{p}''$ est au-dessus de $\mathfrak{p}$.

2) 1er cas) Supposons que k' est une extension galoisienne de degré fini de k de groupe de Galois Γ. Soit $\mathfrak{p} \in W(\mathfrak{a})\subseteq V(\mathfrak{a})$. En reprenant la preuve du 1er cas) de 1) et, d'après Proposition 4.5, on peut choisir le $\mathfrak{p}''_1$ dans $W(\mathfrak{a}')\subseteq V(\mathfrak{a}')$ et dans ce cas $\mathfrak{p}''\in W(\mathfrak{a}'')\subseteq V(\mathfrak{a}'')$.

2ème cas) Supposons que k' est une extension galoisienne quelconque de k et désignons par $(e_i)_{i\in I}$ une base de k-espace vectoriel k'. Il existe, du fait que B est un anneau noethérien à gauche, un ensemble fini J et, pour tout $j\in J$, une famille $(a_{i,j})_{i\in I}$ d'éléments de A de support fini I_j tels que la famille $(b_j = \sum_{i\in I} e_i \otimes a_{i,j})_{j\in J}$ engendre l'idéal à gauche $\mathfrak{a}''$ de B. Soit k'' une clôture galoisienne de $k(e_i)_{i\in L}$ sur k où $L = \bigcup_{j\in J} I_j$, telle que $k''\subseteq k'$. Notons $C = k'' \otimes_k A$, $g : A \longrightarrow C$ et $h : C \longrightarrow B \cong k' \otimes_{k''} C$ les applications canoniques et $\mathfrak{a}''' = h^{-1}(\mathfrak{a}'')$. Il est évident que $\mathfrak{a}'' = k' \otimes_{k''} \mathfrak{a}'''$ et $g^{-1}(\mathfrak{a}''') = \mathfrak{a}$. Soit $\mathfrak{p}\in W(\mathfrak{a})$. D'après le 1er cas) appliqué à l'extension $k\subseteq k''$, il existe $\mathfrak{p}'''\in W(\mathfrak{a}''')$ tel que $\mathfrak{p} = g^{-1}(\mathfrak{p}''')$ et, d'après Proposition 4.5, il existe $\mathfrak{p}''\in W(\mathfrak{a}'') = W(k' \otimes_{k''} \mathfrak{a}''')$ tel que $\mathfrak{p}''' = h^{-1}(\mathfrak{p}'')$. Nous avons alors $\mathfrak{p} = f^{-1}(\mathfrak{p}'')$.

3ème cas) Supposons que k' est une extension de degré fini de k de caractéristique 0. Soit k'' une clôture galoisienne de k' sur k. Notons $C = k'' \otimes_k A \cong k'' \otimes_{k'} B$, $g : B \longrightarrow C$ et $h : A \longrightarrow C$ les applications canoniques et $\mathfrak{a}''' = k'' \otimes_{k'} \mathfrak{a}''$. Soit $\mathfrak{p}\in W(\mathfrak{a})$. Alors, d'après le 1er cas) appliqué à l'extension $k\subseteq k''$ et du fait que l'anneau C est noethérien à gauche et que $h^{-1}(\mathfrak{a}''') = \mathfrak{a}$, il existe $\mathfrak{p}'''\in W(\mathfrak{a}''')$ tel que $\mathfrak{p} = h^{-1}(\mathfrak{p}''')$. D'après Proposition 4.6, $\mathfrak{p}'' = g^{-1}(\mathfrak{p}''')\in W(\mathfrak{a}'')$, et l'on a $\mathfrak{p} = f^{-1}(\mathfrak{p}'')$.

4ème cas) Supposons que k' est une extension algébrique de k de caractéristique 0. En raisonnant comme dans le 2ème cas) nous démontrons qu'il existe une sous-k-extension k'' de k' de degré fini sur k telle que $\mathfrak{a}'' = k' \otimes_{k''} \mathfrak{a}'''$ où $\mathfrak{a}'''$ est un idéal de l'anneau $C = k'' \otimes_k A$ et nous obtenons le résultat, en continuant toujours comme dans le 2ème cas.

5.3. Corollaire - Soient $k \subseteq k'$ une extension de corps et A une k-algèbre. On note $B = k' \otimes_k A$ que l'on suppose un anneau noethérien à gauche et $f : A \longrightarrow B$ le monomorphisme canonique de k-algèbres. Soient $\mathfrak{a}''$ un idéal de B et $\mathfrak{a} = f^{-1}(\mathfrak{a}'')$.

1) On suppose que k' est une extension algébrique séparable de k. Alors ${}^af(V(\mathfrak{a}'')) = V(\mathfrak{a})$ et ${}^af(U(\mathfrak{a}'')) = U(\mathfrak{a})$.

2) On suppose que k' est une extension algébrique de k de caractéristique 0. Alors ${}^af(W(\mathfrak{a}'')) = W(\mathfrak{a})$.

Preuve : Elle découle immédiatement de 5.1 et 5.2 ‖

5.4. Corollaire - Soient $k \subseteq k'$ une extension de corps et A une k-algèbre. On note $B = k' \otimes_k A$ que l'on suppose un anneau noethérien à gauche et $f : A \longrightarrow B$ le monomorphisme canonique de k-algèbres.

1) On suppose que k' est une extension algébrique séparable de k. Alors les applications ${}^af : \mathrm{Spec}(B) \longrightarrow \mathrm{Spec}(A)$ et $\alpha = ({}^af|_{\mathcal{R}(B)})^{\mathcal{R}(A)} : \mathcal{R}(B) \longrightarrow \mathcal{R}(A)$ sont fermées.

2) On suppose que k' est une extension algébrique de k de caractéristique 0. Alors l'application $\beta = ({}^af|_{\mathrm{Prim}(B)})^{\mathrm{Prim}(A)}$: $\mathrm{Prim}(B) \longrightarrow \mathrm{Prim}(A)$ est fermée.

Preuve : Elle découle immédiatement de 5.3 ‖

5.5. Lemme - Soit $f : E'' \longrightarrow E$ une application d'un espace topologie E'' dans un espace topologique E telle que $f^{-1}(\overline{X}) \subseteq \overline{f^{-1}(X)}$ pour tout sous-ensemble X de E. Alors f est ouverte.

Preuve : Soit O'' un ensemble ouvert de E''. Posons $O = f(O'')$, $F'' = E''-O''$ et $F = E-O$. Si nous avions $(f^{-1}(F)) \cap O'' \neq \emptyset$ nous aurions $F \cap O \neq \emptyset$ ce qui est impossible. Donc $f^{-1}(F) \subseteq F''$ et, d'après l'hypothèse et compte tenu du fait que F'' est un ensemble fermé dans E'', $f^{-1}(\overline{F}) \subseteq \overline{f^{-1}(F)} \subseteq F''$. D'où $(f^{-1}(\overline{F})) \cap O'' = \emptyset$. Si nous avions $\overline{F} \cap O \neq \emptyset$ nous aurions, du fait que $\overline{F} \cap O \subseteq f(E)$, $(f^{-1}(\overline{F})) \cap O'' \neq \emptyset$ ce qui est absurde. Donc $\overline{F} \cap O = \emptyset$ et par suite $\overline{F} \subseteq F$ c'est-à-dire $\overline{F} = F$ et O est un ensemble ouvert de E. ‖

5.6 Proposition - Soient $k \subseteq k'$ une extension de corps et A une k-algèbre. On note $B = k' \otimes_k A$ que l'on suppose un anneau noethérien à gauche et $f : A \longrightarrow B$ le monomorphisme canonique de k-algèbres.

1) On suppose que k' est une extension algébrique séparable de k. Alors pour tout idéal $\mathfrak{a}$ de A les applications $\gamma_{\mathfrak{a}} = ({}^a f|_{V(k' \otimes_k \mathfrak{a})})^{V(\mathfrak{a})}$: $V(k' \otimes_k \mathfrak{a}) \longrightarrow V(\mathfrak{a})$ et $\alpha_{\mathfrak{a}} = ({}^a f|_{U(k' \otimes_k \mathfrak{a})})^{U(\mathfrak{a})} : U(k' \otimes_k \mathfrak{a}) \longrightarrow U(\mathfrak{a})$ sont ouvertes. En particulier (cf. 5.4. (1)) les applications ${}^a f$ et α sont ouvertes.

2) On suppose que k' est une extension algébrique de k de caractéristique 0. Alors pour tout idéal $\mathfrak{a}$ de A l'application $\beta_{\mathfrak{a}} = ({}^a f|_{W(k' \otimes_k \mathfrak{a})})^{W(\mathfrak{a})} : W(k' \otimes_k \mathfrak{a}) \longrightarrow W(\mathfrak{a})$ est ouverte. En particulier (cf.5.4 (2)) l'application β est ouverte.

Preuve : 1) Soit X un sous-ensemble de $V(\mathfrak{a})$ (resp. $U(\mathfrak{a})$), et démontrons que $\gamma_{\mathfrak{a}}^{-1}(\overline{X}^{V(\mathfrak{a})}) = \overline{\gamma_{\mathfrak{a}}^{-1}(X)}^{V(k' \otimes_k \mathfrak{a})}$ (resp. $\alpha_{\mathfrak{a}}^{-1}(\overline{X}^{U(\mathfrak{a})}) = \overline{\alpha_{\mathfrak{a}}^{-1}(X)}^{U(k' \otimes_k \mathfrak{a})}$).

En effet, posons $X'' = ({}^a f)^{-1}(X) = \{\mathfrak{p}'' \in \mathrm{Spec}(B)$ tel que $\mathfrak{p} = {}^a f(\mathfrak{p}'') = f^{-1}(\mathfrak{p}'') \in X\}$, $\mathfrak{b} = \bigcap_{\mathfrak{p} \in X} \mathfrak{p}$, $\mathfrak{b}'' = \bigcap_{\mathfrak{p}'' \in X''} \mathfrak{p}''$ et notons, pour tout $\mathfrak{p} \in \mathrm{Spec}(A)$, $\mathfrak{M}'(\mathfrak{p})$ l'ensemble des idéaux premiers de B minimaux contenant $\mathfrak{p}' = k' \otimes_k \mathfrak{p}$. Il est évident que $X'' \subseteq V(k' \otimes_k \mathfrak{a})$ (resp. d'après ([17], Corollaire 3.10), $X'' \subseteq U(k' \otimes_k \mathfrak{a})$), que, d'après ([17], Corollaire 3.7 et 3.9), la famille $(\mathfrak{M}'(\mathfrak{p}))_{\mathfrak{p} \in X}$ forme une partition de l'ensemble X" et que, du fait que pour tout $\mathfrak{p} \in \mathrm{Spec}(A)$ l'idéal $\mathfrak{p}' = k' \otimes_k \mathfrak{p}$ de B est ([17], Proposition 1.12) semi-premier, $\mathfrak{p}' = \bigcap_{\mathfrak{p}'' \in \mathfrak{M}'(\mathfrak{p})} \mathfrak{p}''$. Donc $X'' = \gamma_{\mathfrak{a}}^{-1}(X)$ (resp. $X'' = \alpha_{\mathfrak{a}}^{-1}(X)$) et $\mathfrak{b}'' = \bigcap_{\mathfrak{p} \in X}(\bigcap_{\mathfrak{p}'' \in \mathfrak{M}'(\mathfrak{p})} \mathfrak{p}'') = \bigcap_{\mathfrak{p} \in X}(k' \otimes_k \mathfrak{p}) = k' \otimes_k (\bigcap_{\mathfrak{p} \in X} \mathfrak{p}) = k' \otimes_k \mathfrak{b}$. Il s'en suit, d'après 5.1 et puisque $\overline{X}^{V(\mathfrak{a})} = V(\mathfrak{b})$ et $\overline{X''}^{V(k' \otimes_k \mathfrak{a})} = V(\mathfrak{b}'')$ (resp. $\overline{X}^{U(\mathfrak{a})} = U(\mathfrak{b})$ et $\overline{X''}^{U(k' \otimes_k \mathfrak{a})} = U(\mathfrak{b}'')$), que $\overline{\gamma_{\mathfrak{a}}^{-1}(X)}^{V(k' \otimes_k \mathfrak{a})} = \overline{X''}^{V(k' \otimes_k \mathfrak{a})} = V(\mathfrak{b}'') = V(k' \otimes_k \mathfrak{b}) = ({}^a f)^{-1}(V(\mathfrak{b})) = ({}^a f)^{-1}(\overline{X}^{V(\mathfrak{a})}) = \gamma_{\mathfrak{a}}^{-1}(\overline{X}^{V(\mathfrak{a})})$ (resp. $\overline{\alpha_{\mathfrak{a}}^{-1}(X)}^{U(k' \otimes_k \mathfrak{a})} = \overline{X''}^{U(k' \otimes_k \mathfrak{a})} = U(\mathfrak{b}'') = U(k' \otimes_k \mathfrak{b}) = ({}^a f)^{-1}(U(\mathfrak{b})) = ({}^a f)^{-1}(\overline{X}^{U(\mathfrak{a})}) = \alpha_{\mathfrak{a}}^{-1}(\overline{X}^{U(\mathfrak{a})})$). Par conséquent, d'après 5.5, les applications $\gamma_{\mathfrak{a}}$ et $\alpha_{\mathfrak{a}}$ sont ouvertes.

2) En utilisant 4.6, nous obtenons les résultats en remplaçant dans la démonstration de 1) partout $\gamma_{\mathfrak{a}}$, $V(\mathfrak{a})$ et $V(k' \otimes_k \mathfrak{a})$ respectivement par $\beta_{\mathfrak{a}}$, $W(\mathfrak{a})$ et $W(k' \otimes_k \mathfrak{a})$.

5.7 - On note $Z(A)$ le centre d'un anneau A. On dit qu'un homomorphisme d'anneaux $f : A \longrightarrow B$ est <u>central</u> si $f(Z(A)) \subseteq Z(B)$ (<u>c'est le cas par exemple lorsque</u> f <u>est surjectif</u>).

5.8 - Soient $k \subseteq k'$ une extension de corps et A une k-algèbre. On note $B = k' \otimes_k A$ et $f : A \longrightarrow B$ le monomorphisme canonique de k-algèbres. Soient $\mathfrak{a}''$ un idéal de B, $\mathfrak{a} = f^{-1}(\mathfrak{a}'')$ et $\bar{\bar{f}} : \bar{A} = A/\mathfrak{a} \longrightarrow \bar{\bar{B}} = B/\mathfrak{a}''$ le monomorphisme d'anneaux déduit de f par passage au quotient. <u>Alors</u> $\bar{\bar{f}}$ <u>est central</u>. En effet nous avons le diagramme commutatif suivant :

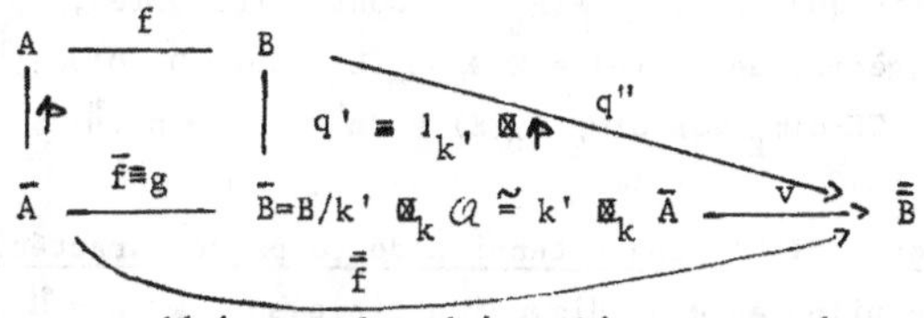

$$\begin{array}{ccccc} A & \xrightarrow{\ f\ } & B & & \\ \downarrow p & & \downarrow q' = 1_{k'} \otimes p & \searrow q'' & \\ \bar{A} & \xrightarrow{\ \bar{f} \equiv g\ } & \bar{B} = B/k' \otimes_k \mathfrak{a} \cong k' \otimes_k \bar{A} & \xrightarrow{\ v\ } & \bar{\bar{B}} \end{array} \qquad \bar{\bar{f}} : \bar{A} \longrightarrow \bar{\bar{B}}$$

où p, p', q'' et v désignent les épimorphismes canoniques d'anneaux $g : \bar{A} \longrightarrow k' \otimes_k \bar{A}$ le monomorphisme canonique d'anneaux et $\bar{f}$ le monomorphisme d'anneaux déduit de f par passage au quotient. Puisque g et v sont centraux, alors il en est de même de $\bar{\bar{f}} = v \circ \bar{f}$.

Supposons de plus que B est un anneau noethérien à droite et $\mathfrak{a}''$ complètement premier. Notons $S = Z(\bar{A}) - \{\bar{0}\}$, $S'' = Z(\bar{\bar{B}}) - \{\bar{0}\}$, $T = \bar{A} - \{\bar{0}\}$ et $T'' = \bar{\bar{B}} - \{\bar{0}\}$. Il est clair, du fait que $\bar{\bar{f}}(S) \subseteq S''$ et $\bar{\bar{f}}(T) \subseteq T''$, que l'on a un diagramme commutatif :

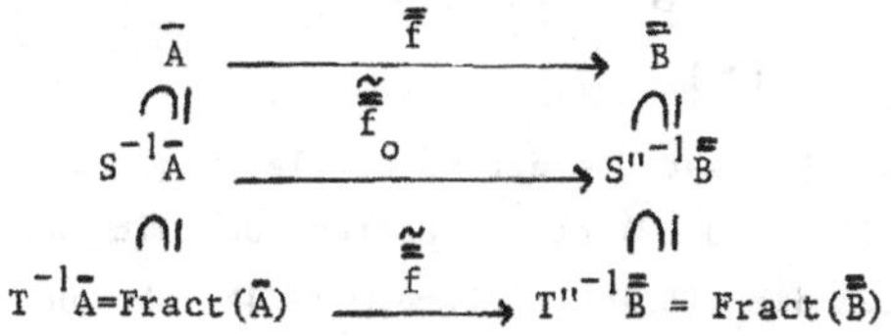

$$\begin{array}{ccc} \bar{A} & \xrightarrow{\ \bar{\bar{f}}\ } & \bar{\bar{B}} \\ \cap\vert & & \cap\vert \\ S^{-1}\bar{A} & \xrightarrow{\ \tilde{\bar{\bar{f}}}_o\ } & S''^{-1}\bar{\bar{B}} \\ \cap\vert & & \cap\vert \\ T^{-1}\bar{A} = \mathrm{Fract}(\bar{A}) & \xrightarrow{\ \tilde{\bar{\bar{f}}}\ } & T''^{-1}\bar{\bar{B}} = \mathrm{Fract}(\bar{\bar{B}}) \end{array}$$

où $\tilde{\bar{\bar{f}}}_o$ et $\tilde{\bar{\bar{f}}}$ désignent respectivement les seuls monomorphismes d'anneaux et de corps prolongeant $\bar{\bar{f}}$. D'autre part il est aisé de voir que $Z(S^{-1}\bar{A}) = S^{-1}(Z(\bar{A})) = \mathrm{Fract}(Z(\bar{A}))$ et $Z(S''^{-1}\bar{\bar{B}}) = S''^{-1}(Z(\bar{\bar{B}})) = \mathrm{Frac}(Z(\bar{\bar{B}}))$. Il s'en suit, vu que $\bar{\bar{f}}$ est central, que $\tilde{\bar{\bar{f}}}_o$ <u>est</u> lui-même <u>central</u>.

5.9 - Soient $k \subseteq k'''$ une extension de corps, k' et k'' deux sous-k-extensions de k''' telles que k' soit algébrique sur k, $\mathrm{tr\,deg}_{k'}\, k''' < +\infty$ et $\mathrm{tr\,deg}_k\, k'' < +\infty$. Alors $\mathrm{tr\,deg}_k k'' \leq \mathrm{tr\,deg}_{k'}\, k'''$. ([2], ch. 5, §.5, n°3, Théorème 4).

Le lemme suivant pourrait aussi bien résulter de [14 bis] et de [0] .

5.10 - Lemme - Soient $L \subseteq E$ une extension de corps, m et n deux entiers naturels. S'il existe un monomorphisme de L-algèbres de $A_m(L)$ dans $A_n(E)$, alors $m \leq n$.

Preuve : Supposons que $\varphi : A_m(L) \longrightarrow A_n(E)$ est un monomorphisme de L-algèbres Notons $\gamma : A_m(L) \longrightarrow A_m(E) = E \otimes_L A_m(L)$ le monomorphisme canonique de L-algèbres. Nous savons qu'il existe un homomorphisme de E-algèbres et un seul $\psi : E \otimes_L A_m(L) = A_m(E) \longrightarrow A_n(E)$ tel que $\psi \circ \gamma = \varphi$. Notons D la sous-L-algèbre de $A_n(E)$ engendrée par $E \cup (\varphi(A_m(L)))$ (D est aussi la sous-E-algèbre de $A_n(E)$ engendrée par $\varphi(A_m(L))$. D'après ([5], Lemme 4.6.7) et compte tenu du fait que E et $\varphi(A_m(L))$ sont permutables, ψ définit un isomorphisme de E-algèbres de $A_m(E) = E \otimes_L A_m(L)$ sur D. D'où $\text{GK-dim}_E A_m(E) = 2m = \text{GK-dim}_E D \leq \text{GK-dim}_E A_n(E) = 2n$ et $m \leq n$. ‖

5.11 Théorème - Soient $k \subseteq k'$ une extension de corps de caractéristique 0, $\mathfrak{g}$ une k-algèbre de Lie nilpotente de dimension finie sur k, $A = \mathcal{U}(\mathfrak{g})$ l'algèbre enveloppante de $\mathfrak{g}$. On note $\mathfrak{g}' = k' \otimes_k \mathfrak{g}$ l'extension de $\mathfrak{g}$ à k', $B = \mathcal{U}(\mathfrak{g}') \cong k' \otimes_k A$ l'algèbre enveloppante de $\mathfrak{g}'$ et $f : A \longrightarrow B$ le monomorphisme canonique de k-algèbres. Soit $\mathfrak{p} \in \text{Spec}(A)$ et $\mathfrak{M}'$ l'ensemble des idéaux premiers de B minimaux contenant $\mathfrak{p}' = k' \otimes_k \mathfrak{p}$ (qui est (cf. [17], Corollaires 1.17 (2) et 3.7) contenu dans l'ensemble des idéaux premiers de B au-dessus de $\mathfrak{p}$, et lui est égal lorsque k' est algébrique sur k). Pour tout $\mathfrak{p}'' \in \mathfrak{M}'$ on a les égalités suivantes : $ht_B(\mathfrak{p}'') = ht_A(\mathfrak{p})$, $\text{GK-dim}_{k'}(B/\mathfrak{p}'') = \text{GK dim}_k(A/\mathfrak{p})$, poids $\mathfrak{p}''$ = poids $\mathfrak{p}$ et $\text{tr deg}_{k'} Z(\mathfrak{g}' ; \mathfrak{p}'') = \text{tr deg}_k Z(\mathfrak{g} ; \mathfrak{p})$.

Preuve : 1er cas) Supposons que k' est une extension algébrique de k. Soit $\mathfrak{p}'' \in \mathfrak{M}'$. D'après ([17], 3.15 (1) et 3.19) et compte tenu du fait que $\dim_k \mathfrak{g} = \dim_{k'} \mathfrak{g}'$, nous avons $\text{GK-dim}_{k'}(B/\mathfrak{p}'') = \text{GK-dim}_k(A/\mathfrak{p})$. Notons $\bar{A} = A/\mathfrak{p}$, $\bar{\bar{B}} = B/\mathfrak{p}''$, $\bar{\bar{f}} : \bar{A} \longrightarrow \bar{\bar{B}}$ le monomorphisme d'anneaux déduit de f par passage au quotient, $S = Z(\mathfrak{g} ; \mathfrak{p}) - \{0\} = Z(\bar{A}) - \{0\}$ et $S'' = Z(\mathfrak{g}' ; \mathfrak{p}'') - \{0\} = Z(\bar{\bar{B}}) - \{0\}$. D'après ([5], 4.7.1 (ii)) et 5.8, $C(\mathfrak{g} ; \mathfrak{p}) = \text{Fract}(Z(\mathfrak{g} ; \mathfrak{p})) = Z(S^{-1}\bar{A})$ $C(\mathfrak{g}' ; \mathfrak{p}'') = \text{Fract}(Z(\mathfrak{g}' ; \mathfrak{p}'')) = Z(S''^{-1}\bar{\bar{B}})$ et nous avons un monomorphisme unique d'anneaux $\tilde{\bar{\bar{f}}}_o : S^{-1}\bar{A} \longrightarrow S''^{-1}\bar{\bar{B}}$ prolongeant $\bar{\bar{f}}$, qui est de plus central. Il s'en suit, quitte à identifier $S^{-1}\bar{A}$ avec $\tilde{\bar{\bar{f}}}_o(S^{-1}\bar{A})$, que $S^{-1}\bar{A}$ est une sous-$C(\mathfrak{g} ; \mathfrak{p})$-algèbre de $S''^{-1}\bar{\bar{B}}$. Or $S^{-1}\bar{A}$ (resp. $S''^{-1}\bar{\bar{B}}$) est isomorphe à la $C(\mathfrak{g} ; \mathfrak{p})$-algèbre $A_m(C(\mathfrak{g} ; \mathfrak{p}))$ (resp. $C(\mathfrak{g}' ; \mathfrak{p}'')$-algèbre $A_n(C(\mathfrak{g}' ; \mathfrak{p}'')))$ où m = poids $\mathfrak{p}$ et n = poids $\mathfrak{p}''$. Par conséquent il existe un monomorphisme de $C(\mathfrak{g} ; \mathfrak{p})$-algèbres de $A_m(C(\mathfrak{g} ; \mathfrak{p}))$ dans $A_n(C(\mathfrak{g}' ; \mathfrak{p}''))$ et, d'après 5.10, nous obtenons la relation (*) $m \leq n$. D'autre part, en maintenant l'identification précédente, nous avons l'extension de corps $k \subseteq C(\mathfrak{g}' ; \mathfrak{p}'')$ et k' et $C(\mathfrak{g};\mathfrak{p})$ sont deux sous-k-extensions de $C(\mathfrak{g}';\mathfrak{p}'')$. Alors, d'après 5.9, nous obtenons la relation (**) $\operatorname{tr\,deg}_k C(\mathfrak{g};\mathfrak{p}) \leq \operatorname{tr\,deg}_{k'} C(\mathfrak{g}';\mathfrak{p}'')$. Par ailleurs ([18], Proposition 6.2) et compte tenu du fait que $\dim_k \mathfrak{g} = \dim_{k'} \mathfrak{g}'$ et $ht_A(\mathfrak{p}) = ht_B(\mathfrak{p}'')$, nous avons la relation (***) $2(m-n) = \operatorname{tr\,deg}_{k'} C(\mathfrak{g}';\mathfrak{p}'') - \operatorname{tr\,deg}_k C(\mathfrak{g};\mathfrak{p})$. En combinant les relations (*), (**) et (***), nous obtenons poids $\mathfrak{p}'' = n = m =$ poids $\mathfrak{p}$ et $\operatorname{tr\,deg}_{k'} Z(\mathfrak{g}';\mathfrak{p}'') = \operatorname{tr\,deg}_{k'} C(\mathfrak{g}';\mathfrak{p}'') = \operatorname{tr\,deg}_k C(\mathfrak{g};\mathfrak{p}) = \operatorname{tr\,deg}_k Z(\mathfrak{g};\mathfrak{p})$.

2ème cas) Supposons que k' est une extension quelconque de k. Alors il existe une sous-k-extension k'' de k' telle que k'' soit une extension transcendante pure de k et k' une extension algébrique de k''. Notons $\mathfrak{g}'' = k'' \otimes_k \mathfrak{g}$ et $C = \mathcal{U}(\mathfrak{g}'') \cong k'' \otimes_k A$ l'algèbre enveloppante de $\mathfrak{g}''$. Nous avons $\mathfrak{g}' \cong k' \otimes_{k''} \mathfrak{g}''$ et $B \cong k' \otimes_{k''} C \cong \mathcal{U}(k' \otimes_{k''} \mathfrak{g}'')$. D'après ([17], Proposition 5.3) appliqué à l'extension $k \subseteq k''$, $\mathfrak{q} = k'' \otimes_k \mathfrak{p} \in \operatorname{Spec}(C)$, $ht_C(\mathfrak{q}) = ht_A(\mathfrak{p})$, $\text{GK-dim}_{k''}(C/\mathfrak{q}) = \text{GK-dim}_k(A/\mathfrak{p})$, poids $\mathfrak{q}$ = poids $\mathfrak{p}$ et $\operatorname{tr\,deg}_{k''} Z(\mathfrak{g}'';\mathfrak{q}) = \operatorname{tr\,deg}_k Z(\mathfrak{g};\mathfrak{p})$. Soit $\mathfrak{p}''$ un idéal premier de B minimal contenant $\mathfrak{p}' = k' \otimes_k \mathfrak{p} \cong k' \otimes_{k''} \mathfrak{q}$. D'après le 1er cas) appliqué à l'extension $k'' \subseteq k'$, nous avons $ht_B(\mathfrak{p}'') = ht_C(\mathfrak{q})$, $\text{GK-dim}_{k'}(B/\mathfrak{p}'') = \text{GK-dim}_{k''}(C/\mathfrak{q})$, poids $\mathfrak{p}''$ = poids $\mathfrak{q}$ et $\operatorname{tr\,deg}_{k'} Z(\mathfrak{g}';\mathfrak{p}'')$ $\operatorname{tr\,deg}_{k''} Z(\mathfrak{g}'';\mathfrak{q})$. D'où $ht_B(\mathfrak{p}'') = ht_A(\mathfrak{p})$, $\text{GK-dim}_{k'}(B/\mathfrak{p}'') = \text{GK-dim}_k(A/\mathfrak{p})$ poids $\mathfrak{p}''$ = poids $\mathfrak{p}$ et $\operatorname{tr\,deg}_{k'} Z(\mathfrak{g}';\mathfrak{p}'') = \operatorname{tr\,deg}_k Z(\mathfrak{g};\mathfrak{p})$. ∎

5.12 <u>Proposition</u> - <u>Soient</u> k <u>un corps de caractéristique</u> 0, $\mathfrak{g}$ <u>une</u> k-<u>algèbre de Lie nilpotente de dimension finie sur</u> k, $A = \mathcal{U}(\mathfrak{g})$ <u>l'algèbre enveloppante de</u> $\mathfrak{g}$. <u>Pour tout</u> $\mathfrak{p} \in \operatorname{Spec}(A)$, <u>les ensembles</u> $\mathcal{P}(\mathfrak{p}) = \{\mathfrak{q} \in \operatorname{Spec}(A)$ <u>tel que</u> $\mathfrak{p} \subseteq \mathfrak{q}$ <u>et</u> poids $\mathfrak{q}$ = poids $\mathfrak{p}\}$ <u>et</u> $\mathcal{M}(\mathfrak{p}) = \{\mathfrak{m} \in \Omega(A)$ <u>tel que</u> $\mathfrak{p} \subseteq \mathfrak{m}$ <u>et</u> poids $\mathfrak{m}$ = poids $\mathfrak{p}\}$ <u>sont deux ouverts de</u> $V(\mathfrak{p})$ <u>et</u> $U(\mathfrak{p})$ <u>respectivement</u>.

<u>Preuve</u> : Soit k' une clôture algébrique de k. Notons $\mathfrak{g}' = k' \otimes_k \mathfrak{g}$ l'extension de $\mathfrak{g}$ à k', $B = \mathcal{U}(\mathfrak{g}') \cong k' \otimes_k A$ l'algèbre enveloppante de $\mathfrak{g}'$ et $f : A \longrightarrow B$ le monomorphisme canonique de k-algèbres. Soit $\mathfrak{p} \in \operatorname{Spec}(A)$ et $\mathfrak{p}'' \in \operatorname{Spec}(B)$ tel que $\mathfrak{p} = f^{-1}(\mathfrak{p}'')$. D'après ([18], corollaire 7.4), $\mathcal{P}(\mathfrak{p}'')$ est un ouvert de $V(\mathfrak{p}'')$ c'est-à-dire $\mathcal{P}(\mathfrak{p}'') = V(\mathfrak{p}'') - V(\mathfrak{a}'')$ où $\mathfrak{a}''$ est un idéal de B contenant $\mathfrak{p}''$. Démontrons que $\mathcal{P}(\mathfrak{p}) = V(\mathfrak{p}) - V(\mathfrak{a})$ où $\mathfrak{a} = f^{-1}(\mathfrak{a}'')$. Soit $\mathfrak{q} \in \mathcal{P}(\mathfrak{p})$. Si nous avions $\mathfrak{q} \in V(\mathfrak{a})$, il existerait, d'après 5.2 (1), $\mathfrak{q}'' \in V''(\mathfrak{a}'')$ tel que $\mathfrak{q} = f^{-1}(\mathfrak{q}'')$ et nous aurions (5.11) poids $\mathfrak{q}''$ = poids $\mathfrak{q}$ = poids $\mathfrak{p}$ = poids $\mathfrak{p}''$ c'est-à-dire $\mathfrak{q}'' \in \mathcal{P}(\mathfrak{p}'')$ ce qui est impossible. Donc $\mathfrak{q} \in V(\mathfrak{p}) - V(\mathfrak{a})$. Inversement supposons que $\mathfrak{q} \in V(\mathfrak{p}) - V(\mathfrak{a})$. D'après 5.2 (1), il existe $\mathfrak{q}'' \in V(\mathfrak{p}'')$ tel que $\mathfrak{q} = f^{-1}(\mathfrak{q}'')$. Si nous avions $\mathfrak{q}'' \in V(\mathfrak{a}'')$, nous aurions $\mathfrak{q} \in V(\mathfrak{a})$ ce qui est impossible. Donc $\mathfrak{q}'' \in \mathcal{P}(\mathfrak{p}'')$ et, d'après 5.11,

poids $\mathfrak{q}$ = poids $\mathfrak{p}$ c'est-à-dire $\mathfrak{q} \in \mathcal{P}(\mathfrak{p})$. Il s'en suit que $\mathcal{P}(\mathfrak{p})$ est un ouvert de $V(\mathfrak{p})$. D'autre part $U(\mathfrak{p}) \subseteq V(\mathfrak{p})$ et $\mathcal{M}(\mathfrak{p}) = U(\mathfrak{p}) \cap \mathcal{P}(\mathfrak{p})$. Par conséquent $\mathcal{M}(\mathfrak{p})$ est un ouvert de $U(\mathfrak{p})$. ||

REFERENCES

[0] S.A. Amitsur et L.W. Small : Polynomials over division rings, Israel J. Math. (à paraître).

[1] N. Bourbaki : Algèbre, Hermann.

[2] N. Bourbaki : Algèbre commutative, Hermann.

[3] G. Cauchon et L. Lesieur : Localisation classique en un idéal premier d'un anneau noethérien à gauche, communication in Algebra VoL.6, N°11, 1978, p.1091-1108.

[3bis] C. Chevalley : Théorie des groupes de Lie, Hermann, 1968.

[4] J.H. Cozzens et F.L. Sandomierski : Localization at semi-prime ideal of a right noetherian ring, Communication in algebra, 5, 7, 707-726, 1977.

[5] J. Dixmier : Algèbres enveloppantes, Gauthier-Villars, 1974.

[6] J. Dixmier : Sur le centre de l'algèbre enveloppante d'une algèbre de Lie, C.R.A.S., 265, série A, 408-410, 1967.

[6bis] J. Dixmier : Idéaux primitifs dans les algèbres enveloppantes, J. of Algebra, 48, 96-112, 1977.

[7] A.W. Goldie : Localization in non-commutative noetherian rings, J. of Algebra 5, 89-105, 1967.

[8] J. Lambek : Lectures rings and modules, Chelsea Publishing Company, New-York N.Y.

[9] J. Lambek et G. Michler : Localization of right noetherian rings at semi-prime ideals, Can. J. Math., Vol XXVI, 5, 1069-1085, 1974.

[10] J. Lambek et G. Michler : The torsion theory at a prime ideal of a right noetherian ring, J. of Algebra, 25, 364-389, 1973.

[10bis] M. Lorenz, Primitive ideals in crossed products and rings with finite group actions, Math. Z, 158, 285-294, 1978.

[11] C. Möglin, Elements centraux dans les idéaux d'une algèbre enveloppante. Note aux C.R.A.S. t.286, Mars 1978, p.539-541 et article à paraître.

[11bis] C. Möglin : A paraître.

[12] B.J. Mueller, Localization in non-commutative noetherian rings, Department of Mathematics, Mac Master University, Hamilton, Ontario, Canada.

[13] B.J. Mueller, Localization of non-commutative noetherian rings at semi-prime ideals, Mc Master University, Department of Mathematics.

[14] G. Renault, Algèbre non commutative, Gauthier-Villars, 1975.

[14bis] R. Resko : Transcendantal division algebras and simple noetherian rings, Israel J. Math (à paraître).

[15] P.F. Smith :Localization and AR property, Proc. London Math. Soc. 3, 22, 39-68, 1971.

[16] B. Stenström :Rings of quotients, Springer-Verlag, 1975.

[17] S. Yammine : Les théorèmes de Cohen-Seidenberg en algèbre non commutative, Séminaire d'algèbre Paul Dubreil 1977-78, Lecture notes in mathematics, à paraître.

[18] T. Levasseur : Thèse de 3ème cycle, Université Pierre et Marie Curie, Paris 6, 1979.

<u>P.S.</u> G. Cauchon nous a fait remarquer que les conditions de la proposition 3.5 sont aussi équivalentes à la condition suivante :

d) <u>L'idéal d'augmentation</u> $I(\mathfrak{g})$ <u>est localisable à droite</u>.

d) $\Longrightarrow$ c). Supposons $\mathfrak{g}$ non nilpotente. Désignons par $\varphi : B = k' \otimes_k A \simeq \mathcal{U}(k' \otimes_k \check{\mathfrak{g}}) \longrightarrow \mathcal{U}(L_2')$ l'épimorphisme canonique de k'-algèbres où k' désigne une clôture algébrique de k et L_2' la k'-algèbre de Lie résoluble non nilpotente de dimension 2. Si $I(\mathfrak{g})$ était localisable à droite alors (Théorème 2.7 (2)) $k' \otimes_k I(\mathfrak{g}) = I(k' \otimes_k I(\mathfrak{g})) = \varphi^{-1}(I(L_2'))$ serait localisable à droite, ce qui est impossible d'après ([13],p.59).

ERRATA

Dans notre article au "Lecture notes in mathematics, n°740" le symbole [26] figurant à la page 121, ligne 13 du bas, renvoit à la référence suivante : "S. Yammine, C.R.A.S. Paris, 285, Série A, 1977, p.169-172" et le symbole [27] figurant à la page 150, ligne 3 du bas, et à la page 155, ligne 5 du haut, renvoit à la référence suivante : "O. Zariski et P. Samuel, Commutative Algebra".

TENSOR FUNCTORS OF COMPLEXES
(d'après NIELSEN)

by

ROBERT FOSSUM

A major reason for choosing to lecture on this subject was to force myself to learn some of the techniques involved. I thank Barbara Mason whose inspiration has made the learning possible and to whom this is dedicated. The three sections are a rather faithful reproduction of two lectures delivered in the Seminaire d'algèbre on 16. and 23. Octobre 1978. The Appendix is used to add some remarks and examples.

§.1. INTRODUCTION

A problem that has intrigued many algebraists since the introduction of classical invariant theory has been : Find generic syzygies for the ideal in a ring generated by $t \times t$ minors of an $r \times s$ matrix. The names of these who have worked on this problem are too numerous to mention here. Just a personal note : The problem was first told to me by Eagon in 1964 ; he introduced later the problem to Hochster and together they made a substantial contribution [EAGON-HOCHSTER] to the problem. Later I met Nielsen in Aarhus, and it was in the summer of 1978 that I became aware of his work [NIELSEN]. However I claim absolutely no credit for having the slightest bit of influence in the progress made.

In order to get an indication of the kind of problem that is involved consider first the Koszul complex : Let A be a commutative ring, let E be a free A-module with $\operatorname{rk} E = e < +\infty$. Suppose $h : E \longrightarrow A$ is an A-linear map. Then there is a complex :

$$K^{\cdot}(h) : 0 \longrightarrow K^{-e} \xrightarrow{d^{-e}} K^{-e+1} \longrightarrow \cdots \xrightarrow{d^{-3}} K^{-2} \longrightarrow E \longrightarrow A \longrightarrow 0$$

gotten by

$$K^{-r} := \Lambda^r E$$

with differential $d^{-r} : K^{-r} \longrightarrow K^{-r+1}$ defined using h by

$$d^{-r}(e_1 \wedge \ldots \wedge e_r) := \sum_{j=1}^{r} (-1)^{j-1} h(e_j) e_1 \wedge \ldots \wedge \hat{e}_j \wedge \ldots \wedge e_r$$

for $e_i \in E$.

Consider the ring $B = \mathbb{Z}[X_1,\ldots,X_e]$ of polynomials with integer coefficients in the indeterminates $X_1,\ldots,X_n$, and the map :

$$G : B^e \longrightarrow B$$

gotten by

$$H \begin{pmatrix} b_1 \\ \vdots \\ b_e \end{pmatrix} = X_1 b_1 + \ldots + X_e b_e .$$

Then there is the Koszul complex $K^{\cdot}(H)$.
There is always a $\mathbb{Z}$-algebra homomorphism

$$a : B \longrightarrow A$$

gotten by $a(X_i) := h(x_i)$; $i = 1,2,\ldots,e$ (where $x_1,\ldots, x_e$ is a basis for E). It follows that :

$$K^{\cdot}(h) = K^{\cdot}(H) \otimes_B A.$$

More generally, let $h : E \longrightarrow F$ be an A-linear map from the free module E with $\operatorname{rk} E = s$ to the free module F with $\operatorname{rk} F = r$. Then picking bases for E and F and writing a matrix for h in terms of these bases yields a matrix with r rows and s columns , say the matrix (h_{ij}) ; with $1 \leq i \leq r$ and $1 \leq j \leq s$.
Suppose t is an integer with $1 \leq t \leq \min(r,s)$. Pick two sequences $I = (i_1,i_2,\ldots,i_t)$, $J = (j_1,\ldots,j_t)$ with $1 \leq i_1 < i_2 < \ldots < i_z \leq r$ and $1 < j_1 < \ldots < j_t \leq s$ and define the (I,J)-<u>minor</u> of h to be :

$$\det(h_{i_p j_q})_{1 \leq p,q \leq t}$$

The ideal $I_t(h)$ in A is, by definition, the ideal generated by the (I,J) minors of h.
(The map h defines an A-linear map

$$\Lambda^t h : \Lambda^t E \longrightarrow \Lambda^t F ,$$

and consequently an A-linear map

$$\Lambda^t h^- : \Lambda^t E \otimes_A (\Lambda^t F)^{\vee} \longrightarrow A ,$$

where $M^{\vee} := \operatorname{Hom}_A(M,A)$, whose image in A is the ideal $I_t(h)$).

Once again let $\{X_{ij}\}$; with $1 \leq i \leq r$ and $1 \leq j \leq s$ be a set of rs indeterminates, let $B = \mathbb{Z}[\{X_{ij}\}]$. Let $X = (X_{ij})$, the matrix whose entries are the indeterminates. Then X defines a B-linear map

$$X : B^s \longrightarrow B^r$$

and an ideal $I_t(X)$.
These ideals $I_t(h)$, $I_t(X)$,... are called <u>determinantal ideals</u>. Just as in the case for the Koszul complexes, there is a homomorphism

$$a : B \longrightarrow A$$

with $a(X_{ij}) = h_{ij}$, and then

$$a(I_t(X)) = I_t(h).$$

A simplified version of the problem is this :
<u>Problem</u> : <u>For each triple</u> r,s,t <u>of integers find a minimal free resolution of</u> $\mathbb{Z}[\{X_{ij}\}]/I_t(X)$.

Hilbert's Syzygy theorem asserts that one exists. (It is clear that $I_t(X)$ is a graded ideal. A resolution will be minimal ((by definition, if one prefers)) if the differentials involve forms of positive degree). In case $t = 1$, the resolution is the Koszul complex (found by Hilbert).

A principal contribution by Eagon and Northcott [EAGON-NORTHCOTT] was to find the complex for the maximal minors ... $t = \min(r,s)$. Later Sharpe [SHARPE] described the resolving complex for the 2×2 minors and Gulliksen and Negaard [GULLIKSEN-NEGAARD] found the complex for the submaximal minors of a square matrix ; that is $r = s = t+1$.

The main result in [EAGON-HOCHSTER] is that $B \otimes \mathbb{Q}/I_t(X)$ is Cohen-Macaulay. This implies that the projective dimension and the grade of the ideals $I_t(X)$ agree. In fact

$$\mathrm{pd}(B \otimes \mathbb{Q}/I_t(X)) = (r-t+1)(s-t+1).$$

<u>The Eagon-Northcott Complex</u> : Let $\mathrm{rk}\, E = s$, $\mathrm{rk}\, F = r$ with $r \leq s$ and let $t = r$. The complex for $h : E \longrightarrow F$ is :

$$0 \longrightarrow \Lambda^s(E) \otimes S^{s-r}(F^\vee) \longrightarrow \Lambda^{s-1}(E) \otimes S^{s-r-1}(F^\vee) \longrightarrow \cdots$$

$$\cdots \longrightarrow \Lambda^{s-i}(E) \otimes S^{s-r-i}(F^\vee) \to \cdots \to \Lambda^{r+1}(E) \otimes F^\vee \longrightarrow \Lambda^r(E) \longrightarrow B \longrightarrow 0$$

with differentials :

$$d(x_1 \wedge \ldots \wedge x_{r+p} \otimes f_1 \ldots f_p)$$

$$= \sum_{j=1}^{p} \sum_{i=1}^{r+p} (-1)^{i-1} \langle h\, x_i \mid f_j \rangle\; x_1 \wedge \ldots \wedge \hat{x}_i \wedge \ldots \wedge x_{r+p} \otimes f_1 \ldots \hat{f}_j \ldots f_p \;.$$

The rank of the last term in the complex is $\binom{s-1}{r-1}$. This rank is the minimal number of generators for the dualizing module of $B/I_t(X)$. One consequence is that $B/I_t(X)$ is Gorestein if and only if either $r=1$ (Koszul complex) or $r = s$ (square matrix and $I_t(X) = \det(X_{ij})B$).

Recently the theory of representations of the symmetric groups has been put to use in order to describe the complexes for general t. One of the first mathematicians to do so is Lascoux [LASCOUX] , whose work has been a major inspiration for Nielsen. The remainder of these lectures is devoted to describing the techniques of Nielsen [NIELSEN] as they are applied to this problem. The rest of the introduction is used to recall some of the representation theory that is need.

In section 2 ; Tensor functors of Complexes, the representation theory is applied to get invariants of complexes. Then in Section 3 the applications to the problem are discussed.

Let $\mathbb{N}$ denote the natural numbers and $\mathbb{N}_0 = \mathbb{N} \cup \{0\}$. For $n \in \mathbb{N}$ let $[1,n] := \{1,2,\ldots,n\}$. Denote by <u>Part</u> the set of non-increasing functions $\lambda : \mathbb{N} \longrightarrow \mathbb{N}_0$ with finite support. So

$$\underline{\text{Part}} = \{ \lambda : \mathbb{N} \longrightarrow \mathbb{N}_0 : \lambda(i+1) \leq \lambda(i) \text{ for each } i \text{ and } \lambda(k) = 0 \text{ for some } k \} .$$

An element λ in <u>Part</u> is called a <u>partition</u> and it is a partition of the integer

$$\int \lambda := \sum_i \lambda(i).$$

More generally define $\int_k \lambda := \sum_{i=1}^{k} \lambda(k)$. Sometimes λ is identified with its sequence of values : $\lambda \longrightarrow (\lambda(1), \lambda(2), \ldots)$.

For a given n in $\mathbb{Z}$ let Σ_n denote the group of permutations on n-letters. One incarnation of Σ_n is :

$$\Sigma_n = \mathrm{Bjm}([1,n],[1,n]) = \mathrm{Aut}\,[1,n] ,$$

the bijective maps from $[1,n]$ to $[1,n]$.

In Ens $(\mathbb{N},\mathbb{Z})$ let δ_i denote the characteristic function for $\{i\} \ldots \delta_i(k) = 0$ unless $k = i$ and then $\delta_i(i) = 1$. There are two distinguisted partitions of n that play a crucial rôle in the theory. These two partitions of n are :

$$\omega_n := \sum_{i=1}^{n} \delta_i = (\underbrace{1,1,\ldots,1}_{n},0,\ldots)$$

and

$$n\,\delta_1 = (n,0,0,\ldots).$$

If $\lambda \in$ Part, let Σ_λ denote the subgroup of $\Sigma_{\int\lambda}$ consisting of those permutations that permute the first $\lambda(1)$ letters among themselves, the next $\lambda(2)$ letters among themselves, etc. It is called a Young subgroup of $\Sigma_{\int\lambda}$. Hence :

$$\Sigma_\lambda \cong \Sigma_{\lambda(1)} \times \Sigma_{\lambda(2)} \times \ldots$$

where $\Sigma_{\lambda(i)} \longrightarrow \Sigma_{\int\lambda}$ by :

$$\Sigma_{\lambda(i)} \cong \mathrm{Aut}\,[1 + \int_{-1}\lambda , \int_i \lambda] .$$

(If $[1,\int\lambda]$ is decomposed into $|\mathrm{Supp}\,\lambda|$ disjoint subsets, say $W_1,\ldots,W_t$, with $|W_j| = \lambda(j)$, then the subgroup

$$\mathrm{Aut}\,W_1 \times \ldots \times \mathrm{Aut}\,W_t \subset \Sigma_{\int\lambda}$$

is isomorphic to Σ_λ by conjugation by an element in $\Sigma_{\int\lambda}$. Any such subgroup is called a Young subgroup of $\Sigma_{\int\lambda}$) .

Let λ be a partition. The Ferrers-Sylvester graph of λ is by definition the set

$$\Gamma_\lambda = \{(i,j) \in \mathbb{N}\times\mathbb{N} : j \in [1,\lambda ii)]\} .$$

The graph is partically ordered by setting

$$(i,j) \leq (i',j') \text{ if and only if } i \leq i' \text{ and } j \leq j'.$$

A <u>numbering</u> of Γ_λ is, by definition, a non decreasing element of :

$$\mathrm{Bjm}(\Gamma_\lambda, [1, \int\lambda]).$$

One such numbering is $(ij) \longmapsto \int_{i-1} \lambda + j$, called the <u>standard numbering</u>

If $\lambda \in$ <u>Part</u>, then the function $\sum_i \omega_{\lambda(i)}$ is also in <u>Part</u> and it is called the conjugate partition, written $\lambda^\sim$. It follows that :

$$\lambda^{\sim\sim} = \lambda;$$

$$(i,j) \in \Gamma_{\lambda^\sim} \Longleftrightarrow (j,i) \in \Gamma_\lambda .$$

<u>Examples</u> :

$\int\lambda$	λ	Γ_λ	Numberings (the standard one is first)
1	$\delta_1(2,0)$	.	1
2	$2\delta_1(1,1)$	$\dot{\vee}$	2
	ω_2	.<.	1 2
3	$3\delta_1 = (3,0,0)$	$\dot{\vee}\dot{\vee}$	3 2 1
	$2\delta_1 + \delta_2 = (2,1,0)$	$\dot{\vee}$.<.	2 3 1 3 1 2
	$\omega_3 = (1,1)$	.<.<.	1 2 3

4	$4\delta_1 = (4,0,0,0)$	⋮ v v v	4 3 2 1
	$3\delta_1 + \delta_2 = (3,1,0,0)$	⋮ v v <	3 4 4 2 2 3 1 4, 1 3, 1 2
	$2\delta_1 + 2\delta_2 = (2,2,0,0)$	v < v <	2 4 3 4 1 3 1 2
	$2\delta_1 + \delta_2 + \delta_3 = (2,1,1,0)$	v < <	2 3 4 139 124 123
	ω_4	< < <	1 2 3 4

(Let P(n) be the number of partitions of n. Then we have P(1) = 1,..., P(4) = 5, P(5) = 7, P(50) = 204.226, P(61) = 1.121.505, P(77) = 10.619.863, P(150) = 40.853.235.313).

The group Σ_n is a Coxeter group generated by the n-1 reflextions $\sigma_i = (i,i+1)$ for $i = 1,2,\ldots,n-1$. Each element σ in Σ_n can be written as a reduced word in these reflections of length $l(\sigma)$. A partition λ defines its Ferrers-Sylvester graph and the standard numbering. Then Σ_λ can be identified as the subgroup of $\Sigma_{\int\lambda}$ that stabilizes the columns of this standard numbering.
And $\Sigma_{\lambda^\sim}$ can be viewed as an incarnation of the subgroup stabilizing the rows.

Given λ in <u>Part</u>, define the element ρ_λ in the group ring $\mathbb{Q}[\Sigma_{\int\lambda}]$ to be :

$$\rho_\lambda := \sum_{\substack{\tau\in\Sigma_{\lambda^\sim} = \text{ row stabilizer} \\ \sigma\in\Sigma_\lambda}} (-1)^{l(\tau)}\tau\sigma$$

(The above shows the disadvantage of using the notation Σ_n for the group of permutations).
It can be shown that there is an integer h_λ such that

$$\rho_\lambda^2 = h_\lambda \rho_\lambda$$

(so $h_\lambda^{-1}\rho_\lambda$ is an idempotent in $\mathbb{Q}[\Sigma_{\int\lambda}]$).

Definition : The Specht module for λ in Part is the module :

$$S_\lambda := \mathbb{Q}[\Sigma_{\int\lambda}]\rho_\lambda \quad .$$

As a $\mathbb{Q}$-vector space it is spanned by the elements :

$$\{\sigma\rho_\lambda\}$$

as σ runs over those partitions that are non decreasing on the standard numbering.

The Specht modules for the distinct λ with $\int\lambda = n$ form a complete set of non isomorphic irreducible $\mathbb{Q}[\Sigma_n]$-modules. (For a complete discussion of the representation theory, see [JAMES]).

Let u_ε the a basis element , with $\varepsilon \in \{-1,1\}$. Define $\pi u_\varepsilon := (\varepsilon)^{\ell(\pi)} u_\varepsilon$. Then $\mathbb{Q}u_\varepsilon$ is a $\mathbb{Q}[\Sigma_n]$-module. It follows that :

$$S_{n\delta_1} = \mathbb{Q}\, u_1 \text{ , the trivial module ,}$$

$$S_{\omega_n} = \mathbb{Q}\, u_{-1} \text{ , the alternating representation.}$$

Another example :

$$S_{(2,1)} \underset{\mathbb{Q}}{\cong} \mathbb{Q}^2$$

with action :

$$(12) \longmapsto \begin{pmatrix} 1 & 0 \\ -1 & -1 \end{pmatrix}$$

$$(23) \longmapsto \begin{pmatrix} 0 & 1 \\ 1 & 0 \end{pmatrix}$$

Let $A(\supseteq \mathbb{Q})$ be a commutative ring, and denote by T^n : A-module $\longrightarrow$ A-module the n-fold tensor product functor. If M is an A-module there is an action of Σ_n on T^nM givin by permutation of coordinates and hence a ring homomorphism

$$A[\Sigma_n] \longrightarrow \mathrm{Hom}_A\,(T^nM,\, T^nM)\,.$$

For each partition of n, the associated Specht module can be used to define other endo-functors on the category of A-modules. In fact let $\lambda, \mu, \nu \in \underline{\underline{\text{Part}}}$ with

$$\int \lambda = n \quad , \int \mu = m \quad \text{and} \quad \int \nu = n+m .$$

For each A-module M define the modules

$$T_\lambda M := \mathrm{Hom}_{\Sigma_n}(S_\lambda , T^n M)$$

$$T_{\nu/\lambda} M := \mathrm{Hom}_{\Sigma_n}(S_\nu , i_!(S_\lambda \otimes_A T^m M))$$

$$T_{\lambda \times \mu} M := \mathrm{Hom}_{\Sigma_{n+m}}(i_! S_\lambda \otimes_A S_\mu , T^{n+m} M),$$

where $i : \Sigma_n \times \Sigma_m \longrightarrow \Sigma_{n+m}$ is the inclusion of the Young subgroup and $i_!$ denotes the induction functor along i.
(By adjointness it follows that

$$T_{\lambda \times \mu} M \cong \mathrm{Hom}_{\Sigma_n \times \Sigma_m}(S_\lambda \otimes S_\mu , T^n M \otimes T^m M)).$$

For our examples :

$$T_{n\delta_1} M = \mathrm{Hom}_{\Sigma_n}(\mathbb{Q}u_1 , T^n M) = S^n(M)$$

$$T_{\omega_n} M = \mathrm{Hom}_{\Sigma_n}(\mathbb{Q}u_{-1} , T^n M) = \Lambda^n(M).$$

It follows from the theory that

$$T_{21}(M) = \mathrm{Ker}(S^2 M \otimes M \longrightarrow S^3(M)).$$

$$= \mathrm{Coker}\,(\Lambda^3(M) \longrightarrow \Lambda^2 M \otimes M).$$

(Note that there are definite problems if the characteristic is not zero).

The combinatorial relationships among these modules is interesting and a topic worthy of a complete lecture (see [LASCOUX]). One very interesting relationship is :

YOUNG DUALITY :

$$T_{\tilde{\lambda}} M \cong \mathrm{Hom}_{\Sigma_n} (S_\lambda \otimes S_{\omega_n} , T^n M)$$

(Nielsen [NIELSEN, p.c.] works with the isotypical component

$$T_\lambda M \otimes S_\lambda \subseteq T^n M$$

so that he always has subfunctors ; another appearance of characteristic 0). In the next section these functors are extended to complexes.

§.2. TENSOR FUNCTORS OF COMPLEXES

Let A be a commutative ring. Denote by $C(A)$ the category of complexes of A-modules with maps of complexes. There are interior hom and tensor functors defined as follows :

Let $(X^\cdot, d_X^\cdot)$, $(Y^\cdot, d_Y^\cdot)$ be two complexes. Then a complex $(\mathrm{Hom}^\cdot(X^\cdot,Y^\cdot), d_{\mathrm{Hom}}^\cdot)$ is defined by

$$\mathrm{Hom}^n (X^\cdot,Y^\cdot) := \prod_{p\in\mathbb{Z}} \mathrm{Hom}_A (X^{p-n}, Y^p)$$

as the module in the complex and for $f \in \mathrm{Hom}^n(X^\cdot,Y^\cdot)$, the $p^{\underline{th}}$ component of $d^n_{\mathrm{Hom}}(f)$ is given by

$$(d^n_{\mathrm{Hom}} f)^p := (-1)^{n+1} f^p \circ d_X^{p-(n+1)} + d_Y^{p-1} \circ f^{p-1} ,$$

where f^q denotes by $q^{\underline{th}}$ component of f.

For $X^\cdot$ in $C(A)$, define the translation to the left functor by

$$X^n(1) := X^{n+1} \qquad \text{and}$$
$$d^n(1) := (-1)d^{n+1} .$$

By induction one sets.

$$X^\cdot(m+1) := X^\cdot(m)(1). \text{ for each } m\in\mathbb{Z}.$$

It follows that there canonical isomorphisms

$$\mathrm{Hom}^{\cdot}(X^{\cdot}(m),Y^{\cdot}) \cong \mathrm{Hom}^{\cdot}(X^{\cdot},Y^{\cdot}(-m))$$

$$\cong \mathrm{Hom}^{\cdot}(X^{\cdot},Y^{\cdot})(-m)$$

for all m in $\mathbb{Z}$.
The tensor product $X^{\cdot} \otimes^{\cdot} Y^{\cdot}$ is the complex with n^{th} term given by

$$X^{\cdot} \otimes^{n} Y^{\cdot} := \coprod_{p \in \mathbb{Z}} X^{p} \otimes_{A} Y^{n-p}$$

and differential $d^{n}_{X^{\cdot} \otimes^{\cdot} Y^{\cdot}}$ defined on an element $X^{p} \otimes_{A} Y^{n-p}$ by :

$$d^{n}_{X^{\cdot} \otimes^{\cdot} Y^{\cdot}}(x \otimes y) := \begin{matrix} (-1)^{p}\, x \otimes d_{y}^{n+1-p}(y) \\ \\ d_{X}^{p}(x) \otimes y \end{matrix} \quad \begin{matrix} X^{p} \otimes Y^{n+1-p} \\ \in \quad \oplus \\ X^{p+1} \otimes Y^{n-p} \end{matrix}$$

Then $X^{\cdot} \otimes^{\cdot} -$ is left adjoint to $\mathrm{Hom}^{\cdot}(X^{\cdot},-)$ in $C(A)$. That is, there are natural isomorphism

$$\mathrm{Hom}_{C(A)}(X^{\cdot} \otimes U^{\cdot}, Y^{\cdot}) \cong \mathrm{Hom}_{C(A)}(U^{\cdot}, \mathrm{Hom}^{\cdot}(X^{\cdot},Y^{\cdot}))$$

for all complexes $X^{\cdot}$, $U^{\cdot}$, $Y^{\cdot}$, and even isomorphisms

$$\mathrm{Hom}^{\cdot}(X^{\cdot} \otimes U^{\cdot}, Y^{\cdot}) \cong \mathrm{Hom}^{\cdot}(X^{\cdot}, \mathrm{Hom}^{\cdot}(U^{\cdot},Y^{\cdot})).$$

Define $\tau_{X^{\cdot},Y^{\cdot}} : X^{\cdot} \otimes^{\cdot} Y^{\cdot} \longrightarrow Y^{\cdot} \otimes^{\cdot} X^{\cdot}$ by

$$\tau(x \otimes y) = (-1)^{(\deg X).\deg(y)}\, y \otimes x.$$

Then $\tau_{X^{\cdot},Y^{\cdot}}$ is an isomorphism of complexes.

Using τ one defines, in the usual manner an action of Σ_{n} on the n-fold tensor product of a complex.

Suppose $f^{\cdot} : X^{\cdot} \dashrightarrow Y^{\cdot}$ is a map of complexes, then the <u>mapping cone</u> of f is the complex $C^{\cdot}(f^{\cdot})$ defined by

$$C^{n}(f^{\cdot}) := \begin{matrix} X^{n+1} \\ \oplus \\ Y^{n} \end{matrix} \quad \text{and}$$

$$d^n_{C^\cdot} := \begin{pmatrix} -d_X^{n+1} & 0 \\ f^{n+1} & d_Y^n \end{pmatrix} .$$

There is an exact sequence in C(A)

$$0 \longrightarrow Y^\cdot \longrightarrow C^\cdot(f^\cdot) \longrightarrow X^\cdot(1) \longrightarrow 0 .$$

Using the mapping cone, the <u>total complex</u> of a complex of complexes is defined inductively for the complex :

$$\cdots \longrightarrow X^\cdot_{n-1} \xrightarrow{f_{n-1}} X^\cdot_n \xrightarrow{f_n} X^\cdot_{n+1}$$

satisfying :

i) Tot is functorial, exact, preserves right limits

ii) $\mathrm{Tot}\,(0 \longrightarrow X^\cdot_n \longrightarrow 0) = X^\cdot_n(-n)$

iii) $\mathrm{Tot}(\cdots \longrightarrow X^\cdot_{n-1} \longrightarrow X^\cdot_n \longrightarrow X_{n+1} \longrightarrow 0)$

$$= C^\cdot \left\{ \mathrm{Tot}(\longrightarrow X^\cdot_{n-1} \longrightarrow X^\cdot_n \longrightarrow 0)(-1) \longrightarrow X^\cdot_{n+1}(-(n+1)) \right\} .$$

As mentioned above, the n-fold tensor product of a complex becomes a Σ_n-complexe, that is there is a group homomorphism

$$\Sigma_n \longrightarrow \mathrm{Aut}_{C(A)}\,(T^{\cdot n}\, X^\cdot)$$

<u>Examples</u> : $0 \longrightarrow X^{-1} \longrightarrow X^o \longrightarrow 0.$

Then $T^2X^\cdot = (0 \longrightarrow X^{-1} \otimes X^{-1} \xrightarrow{d-2} \begin{matrix} X^{-1} \otimes X^o \\ \oplus \\ X^o \otimes X^{-1} \end{matrix} \xrightarrow{d-1} X^o \otimes X^o \longrightarrow 0)$

and $(12)\ (x^{-1} \otimes y^{-1}) = (-1)(y^{-1} \otimes x^{-1})$

$$(12) \begin{pmatrix} x^{-1} \otimes y^o \\ \\ x^o \otimes y^{-1} \end{pmatrix} = \begin{pmatrix} y^{-1} \otimes x^o \\ \\ y^o \otimes x^{-1} \end{pmatrix}$$

$$(12) \qquad (x^o \otimes y^o) = y^o \otimes x^o .$$

$$d^{-2}(x^{-1} \otimes y^{-1}) = \begin{pmatrix} -x^{-1} \otimes d^{-1}(y^{-1}) \\ \\ d^{-1}(x^{-1}) \otimes y^{-1} \end{pmatrix}$$

Hence

$$d^{-2}((12)(x^{-1} \otimes y^{-1})) = d^{-2}(-(y^{-1} \otimes x^{-1}))$$

$$= -d^{-2}(y^{-1} \otimes x^{-1}) = \begin{pmatrix} y^{-1} \otimes d^{-1} x^{-1} \\ \\ -d^{-1} y^{-1} \otimes x^{-1} \end{pmatrix} = (12)\ d^{-2}(x^{-1} \otimes y^{-1})$$

$$X^{\cdot} = 0 \longrightarrow X^{-2} \longrightarrow X^{-1} \longrightarrow X^{o} \longrightarrow X^{1} \longrightarrow 0$$

$$T^3X^{\cdot}=0 \quad \underset{-6}{T^3X^{-2}} \longrightarrow \underset{-5}{\begin{matrix} X^{-2} \otimes (X^{-2} \otimes X^{-1}) \\ \oplus \\ X^{-2} \otimes (X^{-1} \otimes X^{-2}) \\ \oplus \\ X^{-1} \otimes (X^{-2} \otimes X^{-2}) \end{matrix}} \longrightarrow \underset{-4}{\begin{matrix} X^{-2} \otimes X^{2} \otimes X^{o} \\ X^{-2} \otimes X^{-1} \otimes X^{-1} \\ X^{-2} \otimes X^{o} \otimes X^{-2} \\ X^{-1} \otimes X^{-2} \otimes X^{-1} \\ X^{-1} \otimes X^{-1} \otimes X^{-2} \\ X^{o} \otimes X^{-2} \otimes X^{-2} \end{matrix}} \longrightarrow \begin{matrix} X^{-2} \otimes X^{-1} \otimes X^{1} \\ X^{-2} \otimes X^{-1} \otimes X^{o} \\ X^{-2} \otimes X^{o} \otimes X^{1} \\ X^{-2} \otimes X^{1} \otimes X^{-2} \\ X^{-1} \otimes X^{-2} \otimes X^{o} \\ X^{-1} \otimes X^{-1} \otimes X^{-1} \\ X^{-1} \otimes X^{o} \otimes X^{-2} \\ X^{o} \otimes X^{-2} \otimes X^{-1} \\ X^{o} \otimes X^{-1} \otimes X^{-2} \\ X^{1} \otimes X^{-2} \otimes X^{-2} \end{matrix} \quad \text{etc...}$$

The automorphism (23) acts on the second and third coordinates, white (12) acts on the first two coordinates.

<u>Proposition</u>. For any complex $X^{\cdot}$, there is an isomorphism

$$T^{n}(X^{\cdot}(1)) \xrightarrow{\sim} (T^{n}X^{\cdot})(n) \underset{A}{\otimes} (Au_{-1}).$$

<u>of Σ_n-complexes</u>.

(Example : For the complex $0 \longrightarrow X^{-1} \xrightarrow{d} X^{o} \longrightarrow 0$, we have the shift to the left $Y^{-1} = X^{o}$

$$0 \longrightarrow Y^{-2} \xrightarrow{-d} Y^{-1} \longrightarrow 0 \quad \text{with } Y^{-2} = X^{-1}.$$

Now

$$T^2Y^{\cdot} = : 0 \longrightarrow Y^{-2} \otimes Y^{-2} \longrightarrow \begin{matrix} Y^{-2} \otimes Y^{-1} \\ \oplus \\ Y^{-1} \otimes Y^{-2} \end{matrix} \longrightarrow Y^{-1} \otimes Y^{-1} \longrightarrow 0.$$

It is clear that the complex $T^2Y^{\cdot}$ is just $Y^2X^{\cdot}$ shifted two places to the left. Because of the sign convention, the action of (12) is changed by -1 everywhere).

This section is concluded by one fundamental result concerning complxes, the definition of the tensor functors and the statement of lemme d'acyclicité [PESKINE-SZPIRO].

Theorem. There is a natural isomorphism of functors from Mor C(A) $\longrightarrow C(A-\Sigma_n)$, the category of maps of complexes, to the category of Σ_n-complexes :

$$T^n(C^{\cdot}(f)) \xrightarrow{\sim}$$

$$\mathrm{Tor}\Big\{ 0 \longrightarrow i_{(n,o)!}\, T^n X^{\cdot} \otimes Au_{-1} \longrightarrow i_{(n-1,1)!}\, (T^{n-1}X^{\cdot} \otimes Au_{-1}) \otimes T^1 Y^{\cdot} \longrightarrow \cdots$$

$$\longrightarrow i_{(n-p,p)}\, (T^{n-p}X^{\cdot} \otimes Au_{-1}) \otimes T^p Y^{\cdot} \longrightarrow \cdots \longrightarrow i_{(0,n)!}\, T^n Y^{\cdot} \longrightarrow 0 \Big\}$$

for $f : X^{\cdot} \longrightarrow Y^{\cdot}$, where

$$i_{(p,q)} : \Sigma_p \times \Sigma_q \longrightarrow \Sigma_{p+q}$$

and $i_!$ denotes the induction functor.

Now suppose λ is a partition. Define the complex $S^{\cdot}_{\lambda}$ by

$$S^p_{\lambda} = \begin{cases} 0 & p \neq 0 \\ S_{\lambda} & p = 0 . \end{cases}$$

Then for any complex $X^{\cdot}$, the tensor functor is defined to be the complex

$$T_{\lambda} X^{\cdot} := \mathrm{Hom}^{\cdot}_{\Sigma_n} (S^{\cdot}_{\lambda} , T^n X^{\cdot}).$$

In the next section these complexes are used to construct resolutions. In order to show that one has resolutions, the following result is needed.

Lemme d'acyclicité [PESKINE-SZPITO] : Let $L^{\cdot}$ be a bounded complex of locally free $\mathcal{O}_X$-modules.

Set $\quad \mathrm{Supp}\, L^{\cdot} := \mathrm{Supp}\, H^{\cdot}(L^{\cdot})$

$$\mathrm{amp}\ L^{\cdot} := \mathrm{Sup}\{i : H^i(L^{\cdot}) \neq 0\} - \inf\{i : H^i(L^{\cdot}) \neq 0\}$$

$$\mathrm{lg}\ L^{\cdot} := \mathrm{Sup}\{i : L^i \neq 0\} - \inf\{i : L^i \neq 0\} .$$

Then

$$\mathrm{depth}\, \mathcal{O}_{X,x} + \mathrm{amp}(L^{\cdot})_x \leqslant \mathrm{lg}\ L^{\cdot}$$

for all maximal $x \in \mathrm{Supp}\, L^{\cdot}$.

<u>Corollary. If depth</u> $\mathcal{O}_{X,x} = \lg L^\cdot$ <u>for all maximal</u> x , <u>then</u> $\operatorname{amp} L^\cdot = 0$ <u>and</u> $L^\cdot$ <u>is a resolution of its one nonvanishing cohomology</u>.

§.3. APPLICATIONS.

Let $(X, \mathcal{O}_X)$ be a noetherian scheme over Spec $\mathbb{Q}$. For any locally free $\mathcal{O}_X$-module F (always assumed to be of finite type), let $F^\vee$ denote the $\mathcal{O}_X$-dual.

Suppose E and F are locally free $\mathcal{O}_X$-modules, rk $E = s$, rk $F = r$ and that

$$h : E \longrightarrow F$$

is an $\mathcal{O}_X$-map. For any functor T_λ of the previous section, there is then associated a map :

$$T_\lambda E \otimes T_\lambda F^\vee \longrightarrow \mathcal{O}_X.$$

The problem is to construct complexes depending on E, F, h, λ, whose support is the cokernel of this map.

For example, if $\lambda = (1,0,\ldots)$, then the associated map is :

$$h^- : E \otimes F^\vee \longrightarrow \mathcal{O}_X$$

given (locally) by :

$$h^- (e \otimes g) = \langle he|g\rangle \text{ for}$$

$e \in E$, $g : F \longrightarrow \mathcal{O}_X$. Then the Koszul complex is exactly such a complex. It is just

$$0 \longrightarrow \Lambda^{rs}(E \otimes F^\vee) \longrightarrow \Lambda^{rs-1}(E \otimes F^\vee) \longrightarrow \cdots \longrightarrow E \otimes F^\vee \longrightarrow \mathcal{O}_X \longrightarrow 0$$

with $d^{-p}(\omega_1\wedge\ldots\wedge\omega_p) = \sum_{i=1}^{p} (-1)^{p+i} (h\omega_i)(\omega_1\wedge\ldots\wedge\hat{\omega}_i\wedge\ldots\wedge\omega_p)$. Given such an $h : E \longrightarrow F$, let $I_\lambda(h)$ denote the ideal in $\mathcal{O}_X$ generated by the image of

$$T_\lambda E \otimes_{\mathcal{O}_X} T_\lambda F^\vee \longrightarrow \mathcal{O}_X.$$

It is called a (generalized) determinantal ideal

Example : If $X = \operatorname{Spec} A$ and $\mathcal{O}_X = \tilde{A}$, of E, F are free A-modules, and $h = (a_{ij})$ is the matrix of h for some basis, then (denoting the ideal by $I_\lambda(h)$), we get the following

$I_1(h)$ is the ideal generated by the entries of the matrix h...

$$I_1(h) = \sum_{\substack{e\in E \\ g:F\to A}} \langle he|g\rangle A . = \sum_{i,j} a_{ij} A.$$

Suppose $\lambda = \omega_2$. Then $T_\lambda E = \Lambda^2 E$, etc. So we have :

$$\Lambda^2 E \otimes \Lambda^2 F^\vee \longrightarrow A.$$

Suppose $e_1,\dots,e_s$ is a basis for E ,
$f_1,\dots f_r$ is a basis for F.
for which (a_{ij}) is the matrix. Then

$$\langle \Lambda^2 h(e_{i_1}\wedge e_{i_2}) | f_1\wedge f_2\rangle$$

$$= \langle he_{i_1}\wedge he_{i_2} \mid f_1\wedge f_2\rangle$$

$$= \det\begin{pmatrix} \langle he_{i_1} \mid f_1\rangle & \langle he_{i_1} \mid f_2\rangle \\ \langle he_{i_2} \mid f_1\rangle & \langle he_{i_2} \mid f_2\rangle \end{pmatrix}$$

So the ideal is generated by all 2×2 minors of (a_{ij}). If $\lambda = (2,1,0,\dots)$, then :

$I_{21}(h)$ is the ideal generated by the elements :

$$2(a_{i_1j_1}\, a_{i_2j_2}\, a_{i_3j_3} + a_{i_2j_1}\, a_{i_1j_2}\, a_{i_3j_3}) \qquad \begin{matrix} 1\le i_1,i_2,i_3\le r \\ 1\le j_1,j_2,j_3\le s \end{matrix}$$

$$- (a_{i_1j_1}\, a_{i_2j_3}\, a_{i_3j_2} + a_{i_1j_3}\, a_{i_2j_1}\, a_{i_3j_2})$$

$$- (a_{i_1j_2}\, a_{i_2j_3}\, a_{i_3j_1} + a_{i_1j_3}\, a_{i_2j_2}\, a_{i_3j_1})$$

(See [De CONCINI-EISENBUD-PROCESI])

First approximation to the resolution.

Let λ be a partition and consider the λ-functor of the cone of h, where h is considered to be a map of complexes concentrated at 0. By the theorem (suitably modified) of the last section, it has the form :

$$T_\lambda (C^\cdot(h) = \mathrm{Tot}(0 \longrightarrow T_{\tilde\lambda} E \longrightarrow \bigoplus_{\int\mu=1} T_{\tilde\lambda/\tilde u} E \otimes T_\mu F \longrightarrow$$

(degree) $\qquad -\int\lambda \qquad 1-\int\lambda$

$$\cdots \longrightarrow \bigoplus_{\int\mu=\rho} T_{\tilde\lambda/\tilde\mu} E \otimes T_\mu F \longrightarrow \cdots \longrightarrow T_\lambda F \longrightarrow 0)$$

$\qquad \rho-\int\lambda \qquad\qquad 0$

Using this Nielsen obtains the next result :

Theorem : If $\lambda \geq (s-t+1)\omega_{r-t+1}$ (which is the partition $(s-t+1,\ldots,s-t+1)$),

then

$$\mathrm{Supp}\, T_\lambda C^\cdot(h) \subseteq \mathrm{Supp}\, \mathrm{Cok}(\Lambda^t E \otimes \Lambda^t F^\vee \longrightarrow \mathcal{O}_X)$$

Equality holds for $\lambda = (s-t+1)\omega_{r-t+1}$.

Corollary : For all maximal $x \in \mathrm{Supp}\, \mathrm{Cok}(\Lambda^t E \otimes \Lambda^t F^\vee \longrightarrow \mathcal{O}_X)$

$$\mathrm{depth}\ \mathcal{O}_{X,x} \leq (s-t+1)(r-t+1).$$

Proof. This follows from the theorem, lemme d'acylicité and the fact that the complex, with
$\lambda = (s-t+1)\omega_{r-t+1}$ has length $\int\lambda = (s-t+1)(r-t+1)$.
The generic case now follows.

Theorem = If the elements in the matrix for h form a regular $\mathcal{O}_X$-sequence, then the complexes

$$T_{(s-t+1)\omega_{r-t+1}} C^\cdot(h) \quad \text{and} \quad H^0(T_{(s-t+1)\omega_{r-t+1}} C^\cdot(h))$$

are quasi-isomorphic for all t.

Corollary : If

$$rs = \inf_x \{\text{depth } \mathcal{O}_{X,x} \; ; \; x \in \text{Supp Cok } (E \otimes F^{\vee} \longrightarrow \mathcal{O}_X)\}$$

then

$$(r-t+1)(s-t+1) = \inf_x \{\text{depth } \mathcal{O}_{X,x} \; : \; x \in \text{Supp Cok}(\Lambda^t E \otimes \Lambda^t F^{\vee} \longrightarrow \mathcal{O}_X)\}.$$

If the second equation holds, then the map

$$T_{(s-t+1)\omega_{r-t+1}}(C^{\cdot}(h)) \longrightarrow H^{o}(T_{(s-t+1)\omega_{r-t+1}} C^{\cdot}(h))$$

is a quasi-isomorphism.

These resolutions are not minimal and it is desired to have minimal resolutions. The complexes for a minimal resolution were first obtained by Lascoux [LASCOUX] . Nielsen uses a filtration on the tensor functors and a technical result on homology degeneracies to show that a minimal resolution can be obtained.

Let λ , μ be partitions with $\int \lambda = n$. Let $f^{\cdot} : X^{\cdot} \longrightarrow Y^{\cdot}$ be a morphism of complexes and define the complex :

$$F_{\mu} T_{\lambda} f^{\cdot} := \text{Tot } (0 \longrightarrow \underset{-n}{T_{\tilde{\lambda}} X^{\cdot}} \longrightarrow \underset{-n+1}{\bigoplus_{\substack{\int \nu = 1 \\ \nu \geq \mu}}} T_{\tilde{\lambda}/\tilde{\nu}} X^{\cdot} \otimes T_{\nu} Y^{\cdot}$$

$$\longrightarrow \cdots \longrightarrow \bigoplus_{\substack{\int \nu = i \\ \nu \geq \mu}} T_{\tilde{\lambda}/\tilde{\nu}} X^{\cdot} \otimes^{\cdot} T_{\nu} Y^{\cdot} \longrightarrow \cdots \longrightarrow \bigoplus_{\substack{\int \nu = n \\ \nu \geq \mu}} T_{\nu} Y^{\cdot} \longrightarrow 0)$$

This is a subcomplex of $T_{\lambda} C^{\cdot}(f^{\cdot})$. Specialize to the case of the complexes and the map of complexes :

$$k^{\cdot} \qquad \begin{array}{ccc} F & \longrightarrow & 0 \\ \uparrow h & & \uparrow \\ E & \xrightarrow{Id} & E \end{array} \quad .$$

Proposition : With the usual notation and hypothèses define

$$c\, F_{\omega_t} T_{(s-t+1)\omega_r}(k^{\cdot}) := \text{Cok } (F_{\omega_t} T_{(s-t+1)\omega_r}(k^{\cdot}) \longrightarrow T_{(s-t+1)\omega_r} C^{\cdot}(k) \; .$$

Then this complex has locally free terms and its support is

$$\mathrm{Supp}(\mathrm{Cok}(\Lambda^t E \otimes \Lambda^t F^\vee \longrightarrow \mathcal{O}_X)).$$

Consider this complex : Let $\tau = (s-t+1)\omega_r$.

$$\begin{array}{ccc} F_{\omega_t} T(k) & \longrightarrow & T_\tau (C^\cdot(k^\cdot)) \\ \vdots & & \vdots \\ \bigoplus_{\substack{|\nu| = p \\ \nu \geq \omega_t}} T_{\tau^\sim/\nu^\sim}(\overset{F}{\underset{E}{\uparrow}}) \otimes T_\nu E & \longrightarrow \bigoplus_\nu & T_{\tau^\sim/\nu^\sim}(\overset{F}{\underset{E}{\uparrow}}) \otimes T_\nu (E) \\ \vdots & & \vdots \end{array}$$

So the general term is

$$\bigoplus_{\substack{|\nu| = p \\ \nu \not\geq \omega_t \quad \nu^\sim \leq \tau^\sim}} T_{\tau^\sim/\nu^\sim}(\overset{F}{\underset{E}{\uparrow}}) \otimes T_\nu E.$$

The main result is the next theorem.

<u>Theorem</u>. <u>The complex</u> $c(F_{\omega_t} T_\tau(k)$ <u>is homotopically equivalent to a subcomplex of length</u> $(s-t+1)(r-t+1)$ <u>whose cohomology in degree zero is</u>

$$\mathrm{Cok}(\Lambda^t E \otimes \Lambda^{r-t} F \otimes T_{(s-t)\omega_1} F \longrightarrow T_\tau F),$$

<u>which becomes</u>

$$\mathrm{Cok}(\Lambda^t E \otimes \Lambda^t F^\vee \longrightarrow \mathcal{O}_X)$$

<u>upon tensoring</u> by $T_\tau F^\vee$.

Nielsen defines, inductively for 0 to $-n$, maps on the cohomology of the columns of $cF_{\omega_t} T_\tau(k)$, changing at each step if necessary the previous maps, so that the result is a complex. Then using <u>lemme d'acyclicité</u> he shows that the new complex is a resolution.

The lemma mentioned above and its generalization are as follows.

Lemma : Let $X_0^\cdot \xrightarrow{f_0} X_1^\cdot$ be maps of complexes and suppose given

$$\begin{array}{ccc} X_0^\cdot & & X_1^\cdot \\ i_0 \Big\uparrow \Big\downarrow p_0 & & i_1 \Big\uparrow \Big\downarrow p_1 \\ Y_0^\cdot & & Y_1^\cdot \end{array}$$

homotopies $S_i^\cdot : X_i^\cdot \longrightarrow X_i^{\cdot -1} \qquad i = 0,1$

$$t_i^\cdot : Y_i^\cdot \longrightarrow Y_i^{\cdot -1}$$

such that $i_i^\cdot \circ p_i^\cdot \sim \mathrm{Id}_{X_i}$ by S_i

$$p_i^\cdot \circ i_i^\cdot \sim \mathrm{Id}_{Y_i} \text{ by } t_i .$$

Then there are maps of cones

$$C^\cdot(f_0) \underset{i^\cdot}{\overset{p^\cdot}{\rightleftarrows}} C^\cdot(p_1 \circ f_0^\cdot \circ i_0^\cdot)$$

and homotopies $S : i^\cdot \circ p^\cdot \sim \mathrm{Id}_{C^\cdot(f_0)}$

$$t : p^\cdot \circ i^\cdot \sim \mathrm{Id}_{C^\cdot(p_1 \, f_0 \, i_0)}.$$

By induction given a bounded complex of bounded complexes.

$$\begin{array}{ccccccc} \cdots \longrightarrow X_{n-1}^\cdot & \xrightarrow{f_{n-1}} & X_n^\cdot & \xrightarrow{f_n} & X_{n+1}^\cdot & \longrightarrow \\ \Big\uparrow \Big\downarrow & & \Big\uparrow \Big\downarrow & & \Big\uparrow \Big\downarrow & \\ Y_{n-1}^\cdot & & Y_n^\cdot & & Y_{n+1}^\cdot & \end{array}$$

and maps (as above)

so that the compositions are homotopic to Id then one can inductively construct a diagram

$$\begin{array}{ccc} \mathrm{tot}(\longrightarrow X_{k-1}^\cdot \longrightarrow X_k \longrightarrow 0)[-1] & \xrightarrow{\text{"}f_k\text{"}} & X_{k+1}^\cdot[-k-1] \\ \Big\uparrow \Big\downarrow & & \Big\uparrow \Big\downarrow \\ C_k Y^\cdot [-1] & & Y_{k+1}^\cdot [-k-1] \end{array}$$

(a complex depending only on the below k truncation)

so that finally there is a homotopy equivalence

$$\mathrm{Tot}(X_\cdot^\cdot, f_\cdot) \xrightarrow{\sim} C_k Y^\cdot \qquad (k \text{ large}).$$

This is applied to the complex $C\,F_{\omega_t}\,T_{\tau}(k^{\cdot})$ which has the form (the other way around)

$$\begin{pmatrix} F & \longrightarrow & 0 \\ \uparrow & & \uparrow \\ E & \xrightarrow[\mathrm{Id}]{} & E \end{pmatrix}$$

$$\mathrm{Tot}(0 \longrightarrow \dots \longrightarrow \bigoplus_{\int\lambda=(s-t+1)r-i} cF_{t\delta_1}\, T_{\lambda}(\mathrm{id}_E[-1]) \otimes T_{(s-t+1)\omega_{r}/\lambda^{\sim}} F \longrightarrow \dots).$$

By applying the lemma above to this complex one obtains a functorial construction of a graded module

$$D^{\cdot}_{\omega_t} = \bigoplus_{\lambda\in P} T_{\omega_t * \lambda}\, E[\int\lambda] \otimes T_{(s-t+1)\omega_r/\lambda^{\sim}} F$$

and differentials $d^n_{\omega_t} : D^n_{\omega_t} \longrightarrow D^{n+1}_{\omega_t}$

and a natural homotopy equivalence

$$cF_{\omega_t}\, T_{(s-t+1)\omega_r}(k) \cong (D^{\cdot}_{\omega_t}, d^{\cdot}_{\omega_t})$$

such that $D^n_{\omega_t} = 0$ for $n \notin [-(r-t+1)(s-t+1), 0]$

$$(d^1 : D^1 \longrightarrow D^0) \otimes T_{(s-t+1)\omega_r}(F^{\vee}) \cong (\Lambda^t E \otimes \Lambda^t F^{\vee} \longrightarrow \mathcal{O}_X).$$

If the entries of h form a sequence, then

$D^{\cdot}_{\omega_t} \xrightarrow{\sim} H^0(D^{\cdot}_{\omega_t})$ is a quasi-isomorphism and $D^{\cdot}_{\omega_t}$ is a minimal resolution.

APPENDIX

As the draft of the lecture above was in preparation, I recevied, fortuitious by, a preprint from Nielsen [NIELSEN, 79] in which there is a major simplification of the results. A brief review of these simplications follows with examples.

Consider graded rings and graded modules over them. If M is a graded module with n^{th} component (M^n), then a shifted graded module is definied by $(M(m))^n := M^{n+m}$ for all n. If A is a ring and V an A-module, then

$S^{\cdot}(V)$ denotes the graded algebra with $(S^{\cdot}(V))^{m} := S^{m}(V)$, the mth symmetric power of V.

Let M be a graded $S^{\cdot}(V)$-module. Define a double complex $E_{o}^{\cdot\cdot}(M)$ with

$$E_{o}^{pq} = (M)^{q} \underset{A}{\otimes} \Lambda^{-(p+q)} V \underset{A}{\otimes} S^{\cdot}(V)(p)$$

and differentials $d_{o}^{\cdot\cdot}$, $d_{1}^{\cdot\cdot}$

$$\begin{array}{ccc} E_{o}^{p,q+1} & & \\ \uparrow d_{o}^{pq} & & \\ E_{o}^{p,q} & \xrightarrow{d_{1}^{pq}} & E_{o}^{p+1,q} \end{array}$$

by

$$d_{o}^{pq}(m^{q} \otimes (v_{1} \ \dots \ v_{p+q}) \otimes f) =$$

$$:= \sum_{j=1}^{p+q} (-1)^{j-1} m^{q} v_{j} \otimes (v_{1}\wedge \dots \wedge \hat{v}_{j} \wedge \dots \wedge v_{p+q}) \otimes f$$

and

$$d_{1}^{pq}(m^{q} \otimes (v_{1}\wedge \dots \wedge v_{p+q})) = \sum_{j=1}^{p+q} (-1)^{j-1} m^{q} \otimes (v_{1}\wedge \dots \wedge \hat{v}_{j} \wedge \dots \wedge) \otimes v_{j} f$$

for $m^{q} \in (M)^{q}$, $v_{j} \in V$, $f \in S^{\cdot}(V)(p)$.

$$\begin{array}{llllll}
q=3 & 0 & & 0 & & 0 \\
 & \uparrow & & & & \\
q=2 & (M)^{2} \otimes S(V)(-2) & \longrightarrow & 0 & & 0 \\
 & \uparrow & & \uparrow & & \\
q=1 & (M)^{1} \otimes V \otimes S(V)(-2) & \longrightarrow & (M)^{1} \otimes S^{\cdot}(V)(-1) & \longrightarrow & 0 \\
 & \uparrow & & \uparrow & & \uparrow \\
q=0 & (M)^{o} \otimes {}^{2} V \otimes S(V)(-2) & \longrightarrow & (M)^{o} \otimes V \otimes S(V)(-1) & \longrightarrow & (M)^{o} \otimes S^{\cdot}(V)(0\ 0) \\
 & \uparrow & & \uparrow & & \uparrow \\
q=-1 & (M)^{-1} \otimes {}^{3}(V) \otimes S(V)(-2) & \longrightarrow & (M)^{-1} \otimes {}^{2} V \otimes S^{\cdot}(V)(-1) & \longrightarrow & (M^{-1}) \otimes {}^{1}(V) \otimes S^{\cdot}(V) \\
 & \uparrow & & \uparrow & & (0,-1) \\
 & p=-2 & & p=-1 & & p=0
\end{array}$$

The pth column of this complex is the complex

$$(\dots \longrightarrow (M)^{q} \underset{A}{\otimes} \Lambda^{-p-q} V \longrightarrow (M)^{q+1} \underset{A}{\otimes} \Lambda^{-p-q-1} V \longrightarrow \dots) \otimes S^{\cdot}(V)(p)$$

and the qth row is the Koszul complex for V tensored with M^q :

$$M^q \underset{A}{\otimes} (\ldots \Lambda^{-p-q}(V) \otimes S^\cdot(V)(p) \longrightarrow \Lambda^{-p-1-q} \otimes S^\cdot(V)(p+1) \longrightarrow \ldots).$$

A straight froward calculation shows that

$$d_o^{p,q+1}\, d_o^{p,q} = 0 \qquad \text{and} \qquad d_o^{p+1,q}\, d_1^{pq} + d_1^{p,q+1}\, d_o^{pq} = 0$$

$$d_1^{p+1,q}\, d_1^{p,q} = 0$$

The associated total complex is $(E_o^\cdot, d_o^\cdot)$ with $E_o^r := \bigoplus_{p+q=r} E_o^{pq}$ and d^r defined on the E_o^{pq} component by the matrix

$$\begin{pmatrix} d_o^{pq} \\ \\ d_1^{pq} \end{pmatrix} : E_o^{pq} \longrightarrow \begin{matrix} E_o^{p,q+1} \\ \oplus \\ E_o^{p+1,q} \end{matrix}$$

<u>Theorem</u> [NIELSEN, 79]. <u>Let</u> V <u>be a projective</u> A<u>-module of finite type and suppose</u> M <u>is a graded</u> $S^\cdot(V)$<u>-module of finite type for which each component</u> $(M)^q$ <u>is a projective</u> A<u>-module</u>.

<u>Then</u> $(E_o^\cdot, d_o^\cdot)$ <u>is a bounded resolution of</u> M <u>by projective graded</u> $S^\cdot(V)$<u>-modules</u>.

<u>Proof</u>. Consider the nth graded component of the double complex :

$$(E_o^{pq})^n = (M)^q \underset{A}{\otimes} \Lambda^{-(p+q)}(V) \otimes S^{n+p}(V).$$

Consider first the rows of this complex. For the nth row one get the complex

$$(M)^n \otimes (\ldots \longrightarrow \underset{-n-1}{0} \longrightarrow \underset{-n}{A} \longrightarrow \underset{-n+1}{0} \longrightarrow \ldots) \otimes (M)^n$$

with cohomology $H^\cdot((E_o^{\cdot,n})^n, d_1^{\cdot,n}) = H^{-n}((E_o^{\cdot n}), d^{\cdot n}) = (M)^n$.

If $q \neq n$, the complex is

$$(M)^q \otimes (\ldots 0 \longrightarrow \underset{-n}{\Lambda^{n-q} V \otimes S^o(V)} \longrightarrow \Lambda^{n-1-q} V \otimes S^1(V) \longrightarrow \ldots)$$

which is exact.

The columns have cohomology

$$(\mathrm{Tor}_{-(p+q)}^{S^{\cdot}(V)} (M, S^{\cdot}(V)/V_{\cdot} S^{\cdot}(V))^{-p} \otimes_A S^{n+p}(V)$$

$$= H^q ((E^{p,\cdot})^n , d_o^{p\cdot}).$$

The result follows by standard techniques.

Then using methods similar to those in the last lemma of the previous section one finds the next result.

<u>Proposition</u>. <u>Given homotopy equivalences of complexes</u>.

$$(E_o^{p\cdot} , d_o^{p\cdot}) \sim H^{\cdot} (E_o^{p\cdot} , d_o^{p\cdot})$$

<u>for each column</u> p (i.e. <u>homotopy equivalences between the columns and the cohomology of the columns) one may construct differentials</u> d_1^r <u>on the cochains</u>.

$$E_1^r := \bigoplus_{q\in\mathbb{Z}} (\mathrm{Tor}_{-r}^{S^{\cdot}(V)}(M, S^{\cdot}(V)/VS^{\cdot}(V)))^q \otimes_A S^{\cdot}(V)(r-q)$$

<u>such that</u>

1) $d_1^r \bigoplus_{S^{\cdot}(V)} (S^{\cdot}(V)/V.S^{\cdot}(V)) = 0$

2) <u>There is a homotopy equivalence between the complex</u> (E_1^r , d_1^r) <u>and the resolution above</u>.

The principal examples are obtained by taking graded ideals in $S^{\cdot}(V)$.

<u>Example 1</u>. <u>Determinantal Ideals</u> : Let E be a free A-module of rank s and F a free A-module of rank r. Set $V = E \otimes_A F$. Let I_{t+1} be the ideal in $S^{\cdot}(V)$ generated by $\Lambda^{t+1} E \otimes_A \Lambda^{t+1} F$ in $S^{t+1}(V)$. Take M to be the graded module $S^{\cdot}(V)/I_{t+1}$. The graded components of this module can be calculated. See for example formulas (1.5.2) and (1.5.3) in [Lascoux]. It follows that

$$E_1^n = 0$$

for $n < -(r-t)(s-t)$.

<u>Example</u> 2. <u>Minors of symmetric matrices</u>. Let E be free of rank r, set $V = S^2(E)$. Let t be an integer and $2\omega_t$ the partition $(\underbrace{2,2,\ldots,2}_{t})$ with graph $\Gamma_{2\omega_t}$. For each $h : \Gamma_{2\omega_t} \longrightarrow E$ consider the matrix h over $S^{\cdot}(V)$ defined by

$$h_{ij} = h(i,1)\, h(j,2).$$

Then $\det(h) \in S^t(V) = S^t(S^2(E))$. Let $I_{2\omega_t}$ denote the ideal generated by all such h. Then the associated double complex gives a bounded resolution for $S^\cdot(V)/I_{2\omega_t}$.

Suppose $f : E \longrightarrow E^\vee$ is symmetric. This is the same as to say that the associated

$$\bar{f} : E \otimes E \longrightarrow A$$

given by $\bar{f}(e_1 \otimes e_2) = \langle f(e_1) | e_2 \rangle$ factors through $S^2(E)$ and gives a homomorphism

$$f : S^2(E) \longrightarrow A.$$

Thus A becomes an $S^\cdot(S^2(E))$-module through f. Denote it by ${}_fA$.

Let ${}_fE_1^r := E_1^r \underset{S^\cdot(V)}{\otimes} {}_fA$. The image of $I_{2\omega_t}$ in A is the ideal in A generated by the t t minors of the symmetric matrix f.

<u>Proposition</u>. <u>If for all minimal</u> x in $\mathrm{Supp}\,(A/I_{2\omega_t}(f))$ <u>it follows that</u>

$$\operatorname{depth} A_x \geqslant \binom{r-t+2}{2}$$

<u>then the complex</u>

$$({}_fE_1^\cdot\,,\,{}_fd_1^\cdot)$$

<u>is a free resolution of</u> $A/I_{2\omega_t}(f)$.

This resolution can be found in [LASCOUX] .

Similar results hold for Pfaffians of skew symmetric matrices, where one considers $V = \Lambda^2(E)$, also for the Plücker and Veronese embeddings, where $V = \Lambda^t(E)$ and $V = S^t(E)$, and embeddings of Schubert warieties.

When considering the variables for the Veronese embeddings, with $V = S^t(E)$ where E has basis $e_1,\dots,e_r$, then $S^\cdot(V)$ is the polynomial ring in variables $X_{i_1\dots i_t} = e_{i_1}\dots e_{i_t}$ $1 \leqslant i_1,\dots,i_t \leqslant r$.

The ideal is generated by

$$\mathrm{Ker}(S^2(S^t(E)) \longrightarrow S^{2t}(E)),$$

which is quadratic (in $S^t(E)$). After a certain amount of speculation one can consider the following prøblems .

Suppose $r_1,\dots,r_m$ are positive integers. Consider variables $X_{i_1\dots i_m}$ with $1 \leqslant i_q \leqslant r_q$ for $1 \leqslant q \leqslant m$. Also consider the array (or diagram) in $\mathbb{R}^m$ consisting of lattice points

$$(i_1,\dots,i_m)$$

with $1 \leq i_1 \leq r_1$, $1 \leq i_2 \leq r_2,\dots,1 \leq i_m \leq r_m$. Furthermore suppose t is another positive integer. Suppose P is a plane ($\cong \mathbb{R}^2$) in $\mathbb{R}^m$ that meets the lattice or array in a rectangular (i.e. a matrix) array. Then take the minors of this matrix, and then the ideal generated by all these minors.

Problem : Is this a perfect ideal, and if so what is its grade ?

Problem : Suppose $r = r_1 = \dots = r_m$ and that $X_{i_1 \dots i_m} = X_{\pi(i_1 \dots i_m)}$ for all $\pi \in \Sigma_m$, the symmetric group on m letters, i.e. the matrix is symmetric. Is the ideal perfect and is its grade

$$\binom{r-t+m}{m}$$

These problems are answered in the following cases.

Suppose we consider the cube in $\mathbb{R}^3$ whose vectices are $X_{111} = A$, $X_{121} = B$, $X_{211} = C$, $X_{221} = D$, $X_{112} = E$, $X_{122} = F$, $X_{212} = G$ and $X_{222} = H$ and the ideal generated by the 2 2-minors. Each pair of opposite faces determines 4 2 2-matrices, so there are 12 in all. It is seen that there are 3 relations among these, so there are 9 linearly independent minors. Hochster has calculated the Betti numbers for the syzgies, and they are :

$$1 , 9 , 16 , 9 , 1.$$

In this case the ring is Gorenstein and the grade of the ideal is 4. Let E be a free module of rank 2. Then $V = E \otimes E \otimes E$. The ideal in $S^2(V)$ is that generated by

$$(\Lambda^2(E) \otimes \Lambda^2(E) \otimes S^2(E)) \oplus (\Lambda^2(E) \otimes S^2(E) \otimes \Lambda^2(E)) \oplus (S^2(E) \otimes \Lambda^2(E) \otimes \Lambda^2(E)) .$$

In general, let E_i be a free module of rank r_i. Set $V = E_1 \otimes \dots \otimes E_m$. Then the ideal we consider is generated by a functorial subfunctor of $S^t(V)$. One such choice might be the ideal generated by the $\Lambda^t(E_i)$ for $i=1,\dots,m$. Using Nielsen's resolution techniques and the decomposition theory it seems likely that these ideals could be handled.

As for the other problem, one considers $V = S^m(E)$ where E is a free module of rank r, and submodules of $S^t(V)$, as for the Veronese embeddings. When $t=2$ the solution is known.

REFERENCES

Eagon, J and Northcott, D.G. : Ideals defined by matrices and a certain complex associated to them, Proc. Royal Soc. A.269, 188-204 (1962).

De Cocine, C., Eisenbud, D. and Procesi, C. : Determinantal Ideals (preprint).

Gulliksen, T. and Negaard, G.O. : Un complexe résolvant pour certains idéaux determinantiels. C.R. Acad. Sci. Paris, Série A, 274, 16-19 (1972).

Hochster, M. and Eagon, J. : Cohen-Macaulay rings, invariant theory and the generic perfection of determinantal loci., Amer. J. Math. 93, 1020-1058 (1971).

James, G.D. : The Representation theory of the Symmetric Groups. Lecture Notes in Mathematics, N° 682, Berlin Heidlberg New-York : Springer Verlag 1978.

Lascoux, A. : Syzygies des variétés déterminantales. Advances in Math. 30, 202-237 (1978).

Nielsen, H.A. : Tensor Functors of Complexes. Preprint Series 1977/78, n°15. Matematisk Inst. Aarhus Universitet 1978.

Nielsen, H.A. : Private communication.

Nielsen, H.A. : Free Resolutions of Tensor Forms. Preprint Series 1978/79, n°24. Mathematisk Inst.Aarhus Universitet 1979.

Peskine, C. et Szpiro, L. : Dimension projective finie et cohomogie locale. Inst. Hautes Etudes Sci. Publ. Math. 42, 232-295 (1973).

Sharpe, D.W. : On certain ideals defined by matrices. Quart. J. Oxford, serie(2)15, 155-175 (1964).

Institut Henri Poincaré
Paris, June 11 1979

PRODUIT DE KRONECKER DES REPRESENTATIONS DU GROUPE SYMETRIQUE

par A. Lascoux

Préambule - Le problème examiné ci-dessous est depuis le début du siècle considéré trouver sa solution dans la formule d'orthogonalité des caractères dûe à Frobenius : il est proposé de calculer un certain entier positif en multipliant terme à terme trois colonnes de la table des caractères du groupe symétrique et en sommant les entiers obtenus. Outre que cette méthode ne permet pas de comprendre pourquoi l'opération conduit à des entiers positifs, elle a le fort désavantage de nécessiter la connaissance de la table complète des caractères (tableau 600 x 600 pour $\mathfrak{S}_{20}$, le dernier que l'on connaisse actuellement ; 600 x 2 multiplications suivies de 600 additions pour obtenir un entier qui a de très fortes chances d'être inférieur à 10 !).

C'est une des raisons pour laquelle l'auteur et M.P. Schützenberger s'intéressent à la combinatoire des tableaux de Young, le présent travail faisant partie de cette étude. Malheureusement, la solution apportée n'est que partielle, contrairement au cas du produit "externe" (règle de Littlewood-Richardson-Schützenberger, voir l'annexe). Nous renvoyons au Colloque de Strasbourg pour les développements de la théorie des tableaux jusqu'en 1976 (2).

Le mot "produit" associé au concept de groupe symétrique, peut s'entendre de nombreuses manières : produit dans le groupe tout d'abord, mais aussi produit des représentations, produit de groupes symétriques qui induit un produit "externe" de représentations, etc..., sans compter que chacune de ces opérations a sa traduction en terme de caractères, de polynômes symétriques, de groupe linéaire, ou de monoïde libre et même plaxique.

Nous étudions ici le produit dit de Kronecker (produit des caractères, ou produit "interne" des représentations) en adoptant un point de vue qui présente l'avantage de relier différentes opérations élémentaires, comme l'indique le diagramme suivant :

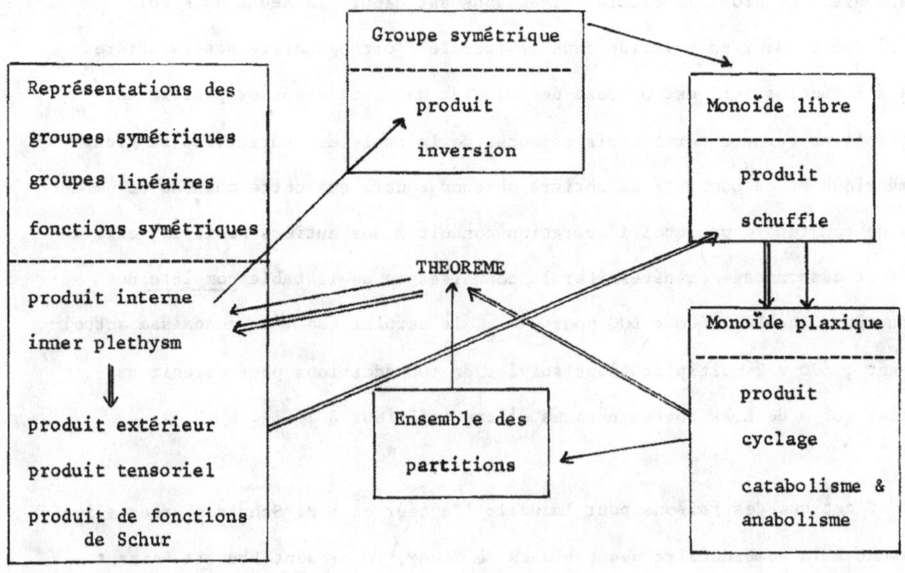

⟶ : énoncé du théorème
⟹ : démonstration du théorème

Nous énonçons sans plus attendre le théorème central, les explications nécessaires à la compréhension du discours étant apportées au fil de la démonstration, et nous renvoyons à l'annexe, pour les définitions relatives au monoïde plaxique, tableaux de Young et représentations, le lecteur non familier de cette théorie (renvoi figuré par le signe (A_i)).

THEOREME - Soient I,J,H des partitions de même poids n, I et J étant des équerres, et soit (I,J,H) le coefficient de Clebsch-Gordan indexé par ce triple du groupe symétrique $\mathfrak{S}_n$.
Alors, l'ensemble des mots :

$$\{w.w' : \overline{wR]} = I , \overline{w'R]} = J, w \text{ et } w' \text{ hyperstandards}\}$$

contient exactement (I,J,H) x dimH mots w'' tels que $\overline{w''R]} = H$.

(les mots standards, à fortiori hyperstandards, peuvent être considérés comme des éléments de $\mathfrak{S}_n$ et w.w' désigne le produit dans $\mathfrak{S}_n$, dimH étant la dimension de la représentation irréductible d'indice H de ce groupe).
Démonstration : L'induction sur les sous-groupes de Schur du groupe symétrique donne une relation entre produit intérieur et produit extérieur des représentations (A5,A6) (cf. Littlewood, (1)).

Dans le cas où I et J sont des équerres (A13), cette relation se traduit ainsi :

PROPOSITION - Soit $J = (\underbrace{1\ldots1}_{r}\, n-r)$, notée $(1_r n-r)$, $J' = (1_{r-1} n-r+1)$, $I = (1_{n-p-1} p+1)$, et H une partition de poids n, alors la somme des deux coefficients de Clebsch-Gordan (A5) :

$$(I,J,H) + (I,J',H)$$

est la multiplicité (A2) de H dans la représentation suivante :

$$(p+1-r) \times r \times 1_{n-p-1} \oplus (p+2-r) \times (1r-1) \times 1_{n-p-2}$$

$$\oplus\ (p+3-r) \times (11r-2) \times 1_{n-p-3} \oplus \ldots \oplus (p+r-r) \times 1_r \times 1_{n-p-r}$$

(K x K' x K" désigne le produit extérieur (A6) des représentations d'indices resp. les partitions K, K', K").

Remarque - La règle de Gamba-Radicatti (cf.1) donne le coefficient (I,J,H) lorsque l'une des partitions est l'équerre 1n-1.

Nous devons donc, pour démontrer le théorème, le supposant connu par induction sur les équerres pour le triple I,J',H, caractériser la multiplicité de H donnée par la proposition comme le cardinal d'un certain ensemble de mots standards (A12) w.w' . Or pour que w' soit hyperstandard avec w'R = J ou J', il faut et il suffit d'après (A12) que w' appartienne à l'ensemble des schuffles (A7)

$$\{(n\ldots n-r) \text{Ш} (1\ldots n-r-1)\} ,$$

l'hypothèse sur w étant équivalente à ce que w appartienne à l'ensemble des schuffles :

$$\{((n\ldots p+2) \text{Ш} (1\ldots p)) \; p+1\} .$$

On décompose ce dernier ensemble suivant le facteur droit de w de longueur r (supposant par exemple $r \leq p$) :

$$\{((n\ldots p+2) \text{Ш} (1\ldots p)) \; p+1\} = W_1 \cup \ldots \cup W_q$$

avec

$$W_1 = \{((n\ldots p+2) \text{Ш} (1\ldots p-r+1)) \; p-r+2\ldots p \; p+1\}$$

$$W_2 = \{((n\ldots p+3) \text{Ш} (1\ldots p-r+2) \; (p+2 \wedge (p-r+3\ldots p)) \; p+1\}$$

...

$$W_q = \{((n\ldots p+1+q) \text{Ш} (1\ldots p-r+q)) \; ((p+q\ldots p+2) \text{Ш} (p-r+q+1\ldots p)) \; p+1\}$$

...

Il est alors clair que l'ensemble $\{w.w' : w \in W_q\}$ n'est autre que :

$$\{(n\ldots p+1+q) \text{Ш} (1\ldots p-r+q) \text{Ш} (p+1((p\ldots p-r+q+1) \text{Ш} (p+2\ldots p+q)))$$

Or $\{p+1((p\ldots p-r+q+1) \text{Ш} (p+2\ldots p+q))\}$ est l'ensemble des mots dont le redressé (A11) est le tableau équerre p+1...p+1-r+q p+2...p+q et l'on conclut, à l'aide de la formule L.R.S. (A14) que

$$\#\{w.w' : w \in W_q , \overline{(w.w')R} = H\}$$

est la multiplicité de H dans le produit $(p-r+q) \times 1_{n-p-q} \times (1_{r-q}q)$

Q.E.D.

exemple : Prenons r=2 ; on impose donc à w' la condition d'être hyperstandard, son redressé étant de diagramme 1 1 n-2 ou 1 n-1 , c'est-à-dire

$$w' \in \{(1\ 2\ldots n-2) \text{ш} (n\ n-1)\}.$$

La démonstration précédente consiste à décomposer l'ensemble des mots w en deux sous-ensemble dans le cas de r=2 :

$$\{((n\ldots p+2) \text{ш} (1\ldots p))\ p+1\} = \{((n\ldots p+2) \text{ш} (1\ldots p-1))\ p\ p+1\}$$

$$\cup \{((n\ldots p+3) \text{ш} (1\ldots p))\ p+2\ p+3\}$$

ce qui induit la décomposition suivante de l'ensemble $\{w.w'\}$:

$$\{(n\ldots p+2) \text{ш} (1\ldots p-1) \text{ш} (p+1\ p)\} \cup \{(n\ldots p+3) \text{ш} (1\ldots p) \text{ш} (p+1\ p+2)\}$$

qu'il suffit d'interpréter alors à l'aide de la règle de Littlewood-Richardson-Schützenberger pour conclure.

Remarque - La démonstration précédente montre aussi que si un mot appartient à l'ensemble $\{w.w'\}$, alors tous les mots qui lui sont plaxiquement équivalents (A10) appartiennent à ce même ensemble. Comme de plus les mots w.w' sont distincts, l'ensemble w.w' est donc une union disjointe de classes d'équivalence, qu'il suffit de caractériser par leurs éléments distingués que sont les tableaux (A11). On a donc :

THEOREME bis - Sous les mêmes hypothèses que dans le théorème précédent, l'ensemble $\{w.w'\}$ contient exactement (I,J,H) tableaux de forme H.

Exemple d'utilisation des deux théorèmes :

On étudie le cas de I = J = 1 1 3.

Les mots w hyperstandards dont le redressé a pour diagramme 113 sont

54123 , 51423 , 51243 , 15243 , 15423 , 12543

Ces mots sont à considérer comme des permutations dont il faut calculer tous les produits deux à deux :

	54123	51423	51243	15243	15423	12543
54123	32541	35241	35421	53421	53241	54321
51423	32514	35214	35124	53124	53214	51324
52143	34512	35412	35142	53142	53412	51342
15243	34152	31452	31542	13542	13452	15342
15423	32154	31254	31524	13524	13254	15324
12543	34125	31425	31245	13245	13425	12345

Les tableaux sont soulignés, le décompte est :

H = 5, 1 tableau : 12345 , 1 mot (123,123,5) = 1

H = 14 , 1 tableau : 31245 , 4 mots (123,123,14) = 1

H = 23 , 2 tableaux : 34125 et 35124 , 10 mots (123,123,23) = 2

H = 113 , 1 tableau : 53124 , 6 mots (123,123,113) = 1

H = 122 , 2 tableaux : 32514 et 53412 , 10 mots (123,123,122) = 2

H = 1112 , 1 tableau : 53214 , 4 mots (123,123,1112) = 1

H = 11111 , 1 tableau : 54321 , 1 mot (123,123,11111) = 1

} coefficients de Clebsch-Gordan

CAS GENERAL -

Considérons le cas où l'on n'impose plus à I et J d'être des équerres ; l'ensemble de mots décrit dans l'énoncé du théorème se décompose en sous-ensembles dont les cardinaux ne sont plus des multiples des dim H respectifs. Par exemple, dans le cas où I = J = 123 , les coefficients calculés sont donnés par le tableau suivant, la deuxième ligne étant celle des coefficients de Clebsch-Gordan :

H =	6	15	24	33	114	123	222	1113	1122	11112	111111
obtenus	1	2	3,1	4,1	1,8	4,9	4	1,8	3,1	2	1
attendus	1	2	3	4	2	5	4	2	3	2	1

Nous n'avons pas encore réussi à déterminer le domaine de validité de la méthode, i.e. déterminer le domaine des partitions pour lesquelles l'entier le plus proche du coefficient obtenu est bien le coefficient de Clebsch-Gordan.

ANNEXES

Représentations du groupe symétrique en caractéristique zéro

Les représentations irréductibles de $\mathfrak{S}_n$ sont en correspondance
A1 biunivoque avec les partitions I de poids n (i.e. $I = (i_1,\ldots,i_n)$, $0 \leq i_1 \leq \ldots \leq i_n$, $\Sigma\, i = n$, noté $|I| = n$).

La trace de la matrice représentant un élément $\sigma \in \mathfrak{S}_n$ dans la
A2 représentation d'indice I est notée $\chi_I(\sigma)$; $\chi_I : \mathfrak{S}_n \rightarrow \mathbb{Z}$ est le caractère de la représentation.

Les partitions indexent aussi les représentations irréductibles positives du groupe linéaire Gl(m) (l'entier m est indépendant de n), et donc une partition I définit un foncteur

$$S_I : \text{Modules localement libres} \rightsquigarrow \text{Mod. loc. libres}$$

dit foncteur de Schur d'indice I ; ainsi, $S_{oo\ldots on}$ est la n-ième puissance symétrique, et $S_{oo1\ldots 1}$ la n-ième puissance extérieure.

La valeur de S_I en un module libre, somme de modules de rang 1 :
A3 A,B,... est symétrique en A,B,... ; c'est la fonction de Schur d'indice I en ces variables.

Toute représentation (du groupe linéaire ou du groupe symétrique) se décompose en une somme directe de représentations irréductibles, et le nombre de facteurs isomorphes à la représentation irréductible d'indice I est dit multiplicité de I dans la représentation.

On conçoit à ce point que la correspondance entre représentations du groupe symétrique, du groupe linéaire, partitions et fonctions symétriques, permette de traduire toute opération de l'une de ces théories dans les autres.

Prenons par exemple le produit des caractères : si V_I est l'espace de la représentation irréductible de $\mathfrak{S}_n$ (resp. V_J), alors $V_I \otimes V_J$ est
A4 l'espace d'une représentation (produit de Kronecker) qui se décompose en une
A5 somme directe : les multiplicités sont notées (I,J,H) et dites coefficients de Clebsch-Gordan. Le caractère de cette représentation est $\chi = \chi_I . \chi_J$, c'est-à-dire $\chi(\sigma) = \chi_I(\sigma) . \chi_J(\sigma)$: c'est le produit des caractères.

En ce qui concerne le groupe linéaire, ou les fonctions symétriques, cette opération est dite inner plethysm : c'est la décomposition des puissances symétriques d'un triple produit tensoriel de modules localement libres :

$$S_n (E \otimes F \otimes G) \simeq \oplus (I,J,H) \quad S_I E \otimes S_J F \otimes S_H G \quad .$$

Il est alors clair que le coefficient (I,J,H) est symétrique en les trois partitions.

Mais nous avons aussi besoin du produit extérieur des représentations des groupes symétriques. Le groupe $\mathfrak{S}_p \times \mathfrak{S}_{n-p}$ peut être considéré comme sous-groupe de $\mathfrak{S}_n$. La représentation irréductible d'indice (I,J), où I est une partition de poids p , J une partition de poids $n-p$, de
A6 $\mathfrak{S}_p \times \mathfrak{S}_{n-p}$ induit une représentation de $\mathfrak{S}_n$ qui est dite produit extérieur et l'on en note les multiplicités $(S_I . S_J \, , \, S_H)$.

Le produit extérieur n'est autre que le produit tensoriel des représentations pour $Gl(m)$, ainsi que le produit des fonctions symétriques:

$$S_I E \otimes S_J E \simeq \oplus (S_I . S_J \, , \, S_H) \, S_H E$$

pour tout module localement libre E.

Monoïdes libre & plaxique

Soit A un alphabet, A^* le monoïde libre qu'il engendre. Le produit de deux mots est noté par juxtaposition (concaténation) : $w , w' \rightsquigarrow ww'$. Plus généralement, étant donné deux mots w , w' de
A7 longueurs respectives n , n', l'ensemble $\{w \sqcup\!\sqcup w'\}$ des schuffles de w , w' est l'ensemble (avec répétition) des mots qui sont union de w et w' (en conservant l'ordre respectif des lettres de w et w'). Ainsi

$$\{12 \sqcup\!\sqcup 34\} = \{1234 \ , \ 1324 \ , \ 1342 \ , \ 3124 \ , \ 3142 \ , \ 1412\}$$

et

$$\{12 \sqcup\!\sqcup 2\} = \{122 \ , \ 122 \ , \ 212\} \ .$$

Dans ce qui suit, on suppose un ordre total sur l'alphabet : $1 \leq 2 \leq 3 \ldots$ Un mot $w = x_1 x_2 \ldots$ est une ligne si $x_1 \leq x_2 \ldots$
Une ligne est supérieure à une autre w' si longueur$(w) \leq$ lg(w') et $x_1 > x_1'$, $x_2 > x_2'$,...
Tout mot admet une factorisation unique en un nombre minimal de lignes $w = x_1x_2|x_3x_4x_5|x_6\ldots$ (on coupe le mot à chaque place où $x_i > x_{i+1}$).
A8 Un mot t est un tableau si pour sa factorisation canonique en lignes : $t = w_1w_2\ldots$, alors chaque ligne w_i est supérieure à la suivante w_{i+1}.
A9 La suite des longueurs des lignes d'un tableau est donc une partition qui est dite diagramme ou forme de t et notée $\overline{t}|$.

On considère sur A^* les relations suivantes, dûes à Schensted

$\forall x \in A$, $\forall w$ ligne , $wx \equiv yw'$, où y est la première lettre (si elle existe) de w telle que $y > x$, et w' est la ligne obtenue de w en changeant y en x.

A10 Définition - Le monoïde plaxique est le quotient de A^* par les relations de Schensted.
(Knuth a montré qu'il suffisait de considérer les relations pour les lignes de longueur 2).

Il est peu commun de pouvoir à la fois donner une présentation d'un monoïde et de décrire ses éléments ; c'est l'avantage du monoïde plaxique :

A11 Théorème - Dans chaque classe d'équivalence plaxique de A^*, il existe un tableau et un seul.

L'opération mot $\rightsquigarrow$ tableau équivalent est dit redressement et notée $w \rightsquigarrow wR$ (la meilleure description de cette opération est le "jeu de taquin" de Schützenberger, cf (2)).

A12 Parmi les tableaux de même forme, on distingue le tableau hyperstandard : c'est celui obtenu par numérotation régulière des lignes comme suit ...|6...7|4...5|12...3 ; un mot est dit hyperstandard si et seulement s'il est équivalent à un tableau hyperstandard.

Un mot est standard si aucune lettre n'est répétée.

A13 Exemple : les mots hyperstandards équivalents au tableau de diagramme équerre $I = 1_{n-p}p$ sont les schuffles $((n...p+1) \text{Ш} (1...p-1))p$.

L'importance du monoïde plaxique tient essentiellement à ce que l'on peut remonter à l'algèbre de ce monoïde des opérations de l'algèbre des polynômes symétriques (ou des représentations des groupes symétrique et linéaire, ainsi qu'il a été vu ci-dessus). Le premier résultat en ce sens est la règle de Littlewood-Richardson (cf. 2), généralisée depuis :

A14 Règle de Littlewood-Richardson-Schützenberger

Soit $A_1 \cup A_1 \cup \ldots$ une segmentation de l'alphabet totalement ordonné A. Soit t_1 un tableau dans A_1^* de forme I_1, t_2 dans A_2^* de forme $I_2, \ldots$ Soit H une partition de poids $|I_1| + |I_2| + \ldots$. Alors :

le cardinal des mots $w : wR = H$, $w \in \{w_1 \text{Ш} w_2 \text{Ш} \ldots\}_{w_1 \equiv t_1, \ldots}$

est égal à :

$$(S_{I_1}.S_{I_2} \ldots , S_H) \dim H$$

où le premier coefficient est celui de la décomposition du produit extérieur (A6) et dimH est la dimension de la représentation irréductible du groupe symétrique d'indice H.

REFERENCES

(1) D.E. LITTLEWOOD - The Kronecker product of symmetric group representations J. Lond. M.S., 31 (1956) 89-93.

(2) TABLE RONDE DE STRASBOURG 1976 - Combinatoire et représentation du groupe symétrique, D. FOATA éd., Springer Lect. Notes n°579, 1977.

Novembre 1978

FONCTEURS POLYNOMIAUX ET THEORIE DES INVARIANTS

Thierry VUST

Le but de ces notes est un exposé de [3].

On se sert ici de la théorie de J.L. Koszul des foncteurs polynomiaux et en particulier de la notion de hauteur d'un foncteur polynomial, ce qui clarifie et rend banale une partie de l'article en question. Par manque de références, on donne au §.1 quelques propriétés élémentaires des foncteurs polynomiaux ; un manuscrit non publié de J.L. Koszul a servi de base à la rédaction de ce paragraphe.

§.1. Propriétés élémentaires des foncteurs polynomiaux.

(1.1) Le corps de base est de caractéristique nulle. On désigne par $\mathcal{V}$ la catégorie des espaces vectoriels de dimension finie.

On dit qu'un foncteur covariant $F : \mathcal{V} \longrightarrow \mathcal{V}$ est polynomial si pour tout couple d'espaces vectoriels P et Q, l'application

$$\begin{aligned} \mathrm{Hom}(P,Q) &\longrightarrow \mathrm{Hom}(F(P), F(Q)) \\ u &\longmapsto F(u) \end{aligned}$$

est polynomiale.

Par exemple, les foncteurs puissance symétrique S^n, puissance extérieure Λ^n, puissance tensorielle $\otimes^n$ ou algèbre extérieure $\Lambda^* = \bigoplus_n \Lambda^n$ sont polynomiaux.

Dans toute la suite, on note F un foncteur polynomial.

Pour tout espace vectoriel P, F(P) est muni d'une structure de GL(P)-module. Si M est un sous-GL(P)-module de F(P), on désigne par $F_M(Q)$ le sous-GL(Q)-module de F(Q) engendré par les F(u)(M) pour $u \in \mathrm{Hom}(P,Q)$ (ou ce qui revient au même, pour $u \in \mathrm{Hom}(P,Q)$ de rang maximum) ; on vérifie facilement qu'on définit ainsi un sous-foncteur F_M de F. Dans le cas particulier où $M = F(P)$, on écrira F_P au lieu de $F_{F(P)}$.

(1.2) Soit V un $GL(P)$-module rationnel de dimension finie ; on dira que V est <u>entier</u> si la représentation correspondante $GL(P) \longrightarrow GL(V)$ s'étend en un homomorphisme (polynomial) de monoïdes $End(P) \longrightarrow End(V)$.

<u>Premier lemme de prolongement. - Soit V un $GL(P)$-module entier. Il existe alors un foncteur polynomial F tel que les $GL(P)$-modules $F(P)$ et V soient isomorphes.</u>

<u>Preuve</u>. Puisqu'on est en caractéristique zéro, on peut supposer V simple. Il existe alors un isomorphisme de V sur un sous-$GL(P)$-module M de $\otimes^n(P)$, pour un entier n convenable ; le foncteur $\otimes^n_M$ fait l'affaire.

(1.3) <u>Lemme. - Soit M un sous-$GL(P)$-module de $F(P)$.</u>

(i) <u>Pour tout Q, on a $F_{F_M(Q)}(P) \subset M$.</u>

(ii) <u>Si de plus $M \subset F_Q(P)$ et $F_M(Q) = 0$, alors $M = 0$.</u>

(iii) <u>Si $M = M_1 \oplus M_2$, alors $F_M = F_{M_1} \oplus F_{M_2}$.</u>

<u>Preuve</u>. La première affirmation est claire. Pour démontrer la seconde, on décompose $F(P)$ en somme directe $M \oplus L$ de $GL(P)$-modules ; on prend en outre une application linéaire $u : Q \longrightarrow P$ de rang maximum, puis une application linéaire $v : P \longrightarrow Q$ telle que $u = u \circ v \circ u$. Alors, pour tout $x \in F(Q)$, on a

$$F(u)(x) = F(u) \circ F(v) \circ (F(u)(x)) \in F(u) \circ F(v)(M) + F(u) \circ F(v)(L) ;$$

comme $F_M(Q) = 0$, $F(v)(M) = 0$, ce qui donne

$$F(u)(x) \in F(u \circ v)(L) \subset L ,$$

d'où $M \subset F_Q(P) \subset L$

ce qui montre bien que $M = 0$.

Pour la troisième assertion, on écrit $N = F_{M_1}(Q) \cap F_{M_2}(Q) \subset F_P(Q)$. D'après (i), on a $F_N(P) \subset M_1 \cap M_2 = 0$, d'où $N = 0$ par (ii). Enfin, il est clair que $F_M(Q) = F_{M_1}(Q) + F_{M_2}(Q)$, ce qui termine la démonstration.

(1.4) <u>Lemme. - Soit F_1 et F_2 deux foncteurs polynomiaux, P un espace vectoriel et $\gamma : F_1(P) \longrightarrow F_2(P)$ une application linéaire $GL(P)$-équivariante. Alors, si $F_1 = (F_1)_P$, il existe une transformation naturelle $\phi : F_1 \longrightarrow F_2$ et une seule telle que $\phi(P) = \gamma$.</u>

<u>Preuve</u>. On considère le foncteur $F = F_1 \times F_2$ et le graphe $M \subset F(P)$ de γ. Alors, pour tout Q,

$$pr_1(F_M(Q)) = (F_1)_P(Q) = F_1(Q)$$

et $F_M(Q) \cap (\{0\} \times F_2(Q)) = \{0\}$

d'après (1.3). Ainsi $F_M(Q)$ est le graphe d'un homomorphisme

$\phi(Q) : F_1(Q) \longrightarrow F_2(Q)$.

Maintenant, pour tout $u : Q \longrightarrow R$ et tout $x \in F_1(Q)$, on a $(F_1(u)(x), F_2(u)\,\phi(Q)(x)) = F(u)(x,\phi(Q)(x)) = (F_1(u)(x), \phi(R)\,F_1(u)(x))$ puisque $(x, \phi(Q)(x)) \in F_M(Q)$, ce qui montre que ϕ est une transformation naturelle $F_1 \longrightarrow F_2$.

Enfin, l'unicité de ϕ résulte immédiatement du fait que $F_1 = (F_1)_P$, i.e. que $F_1(Q)$ est engendré par les $\mathrm{Im}(F_1(v))$ pour $v \in \mathrm{Hom}(P,Q)$.

(1.5) On dira que le foncteur polynomial F est de hauteur finie si $F = F_P$ pour un espace vectoriel P. Dans ce cas, le plus petit entier $p = \dim(P)$ tel que $F = F_P$ est la hauteur de F notée $\mathrm{ht}(F)$.

Lemme. - Si F_1 et F_2 sont de hauteur finie, alors $F_1 \otimes F_2$ l'est aussi, et on a $\mathrm{ht}(F_1 \otimes F_2) \leq \mathrm{ht}(F_1) + \mathrm{ht}(F_2)$.

Preuve. On suppose que $F_i = (F_i)_{P_i}$, $i = 1,2$. Pour tout espace vectoriel Q et toute application linéaire $u : P_1 \oplus P_2 \longrightarrow Q$, on note u_i la composition

$$P_i \longrightarrow P_1 \oplus P_2 \longrightarrow Q.$$

Alors

$$\mathrm{Im}(F_1 \otimes F_2)(u) \supset \mathrm{Im}(F_1(u_1)) \otimes \mathrm{Im}(F_2(u_2)).$$

Comme $F_i(Q)$ est engendré par $\mathrm{Im}(F_i(u_i))$ pour $u_i \in \mathrm{Hom}(P_i,Q)$, $F_1 \otimes F_2(Q)$ est effectivement engendré par $\mathrm{Im}(F_1 \otimes F_2)(u)$ pour $u \in \mathrm{Hom}(P_1 \oplus P_2, Q)$.

Remarque. - Dans l'énoncé du lemme, on a en fait l'égalité.

(1.6) On dit que le foncteur polynomial F est simple si $F \neq 0$ et si pour tout P, $F(P) = 0$ ou est un $GL(P)$-module simple. Par exemple, les foncteurs S^n et Λ^n sont simples.

Lemme. - Soit F un foncteur simple ; alors F est de hauteur finie et $\mathrm{ht}(F)$ est le plus petit entier $p = \dim(P)$ tel que $F(P) \neq 0$.

Preuve. Il faut voir que si $F(P) \neq 0$, alors $F = F_P$. Il est clair que si $\dim(Q) \leq \dim(P)$, alors $F(Q) = F_P(Q)$; maintenant, si $\dim(Q) \geq \dim(P)$, alors $F_P(Q)$ est un sous-$GL(Q)$-module non nul de $F(Q)$, d'où, par simplicité de $F(Q)$, $F_P(Q) = F(Q)$.

Par exemple, on voit que $\mathrm{ht}(S^n) = 1$ et $\mathrm{ht}(\Lambda^n) = n$. De plus, puisque $\Lambda^n \hookrightarrow \otimes^n$, on a $\mathrm{ht}(\otimes^n) \geq n$, d'où $\mathrm{ht}(\otimes^n) = n$ d'après le lemme (1.5).

(1.7) Lemme. - Soit M un sous-$GL(P)$-module simple de $F(P)$. Alors F_M est simple.

Preuve . Soit N un sous-$GL(Q)$-module simple de $F_M(Q)$. On a $0 \neq F_N(P) \subset M$ d'après (1.3), d'où $M = F_N(P)$. Ainsi

$$F_M(Q) = F_{F_N(P)}(Q) \subset N$$

d'après (1.3) toujours, ce qui démontre que $F_M(Q) = N$ est un GL(Q)-module simple.

(1.8) Soit $\bar{\omega}$ une classe (d'isomorphismes fonctoriels) de foncteurs simples et V un GL(P)-module entier simple. On dira que V est <u>du type</u> $\bar{\omega}$ si, pour tout foncteur simple F de la classe $\bar{\omega}$, $F(P) \simeq V$. D'après (1.2) et (1.7), V possède un type et d'après (1.4) et (1.6), ce type est bien déterminé.

<u>Remarque</u>. - Soit V (resp. W) un GL(P)-module (resp. GL(Q)-module) simple entier. Il n'est pas difficile de voir que, pour que V et W soient du même type, il faut et il suffit que les poids dominants de V et W coïncident formellement. Cela permet de paramétrer les classes de foncteurs simples par une combinaison formelle des poids fondamentaux $\sum_{i=1}^{\infty} n_i \bar{\omega}_i$, $n_i \geq 0$ presque tous nuls, qu'on appellera le <u>poids dominant du foncteur simple</u>. Par exemple, le poids dominant de S^n est $n\bar{\omega}_1$, celui de Λ^n est $\bar{\omega}_n$. On peut aussi démontrer que si F est simple de poids dominant $\bar{\omega} = \sum_{i=1}^{\infty} n_i \bar{\omega}_i$ (on écrira $F = [\bar{\omega}]$), alors ht(F) est le plus grand entier p tel que $n_p \neq 0$.

(1.9) Soit F un foncteur polynomial et $\bar{\omega}$ une classe de foncteurs simples. On note $F_{\bar{\omega}}(P)$ la somme des sous-GL(P)-modules simples de F(P) du type $\bar{\omega}$. On définit ainsi un sous-foncteur $F_{\bar{\omega}}$ de F : la <u>composante isotypique</u> de F de type $\bar{\omega}$. Il faut vérifier que, pour $u : P \longrightarrow Q$

$$F(u)(F_{\bar{\omega}}(P)) \subset F_{\bar{\omega}}(Q) ;$$

or, si M est un sous-GL(P)-module simple de $F_{\bar{\omega}}(P)$, on a

$$F(u)(M) = F(u)(F_M(P)) \subset F_M(Q) \subset F_{\bar{\omega}}(Q)$$

puisque F_M est simple de classe $\bar{\omega}$ (1.7).

Enfin, il est clair que F est somme directe de ses différentes composantes isotypiques (on est en caractéristique nulle).

<u>Lemme</u>. - <u>Si</u> F <u>est isotypique de type</u> $\bar{\omega}$, <u>alors la hauteur de</u> F <u>est égale à la hauteur d'un foncteur simple</u> $[\bar{\omega}]$ <u>de la classe</u> $\bar{\omega}$.

<u>Preuve</u>. Soit P un espace vectoriel tel que $[\omega](P) \neq 0$ et M un sous-GL(Q)-module simple de F(Q). Alors F_M est simple de classe $\bar{\omega}$; par conséquent $F_M(P) \neq 0$ et $F_{F_M(P)} = F_M$ puisque $F_{F_M(P)}$ est un sous-foncteur non nul de F_M. On a donc

$$M = F_M(Q) = F_{F_M(P)}(Q) \subset F_P(Q)$$

ce qui montre que $F = F_P$. Comme on a bien sûr $ht(F) \geq ht([\bar{\omega}])$, le lemme est démontré.

(1.10) Lemme. - Soit F_1 un sous-foncteur de F ; il existe alors un sous-foncteur F_2 et F tel que $F = F_1 \oplus F_2$.

Preuve. On est tout de suite ramené au cas où F est isotypique (cf. (1.9)). Alors, si $\dim(P) \geq ht(F)$, on écrit $F(P) = F_1(P) \oplus M$ et on a $F = F_1 \oplus F_M$ d'après (1.3).

(1.11) Soit F_1 et F_2 deux foncteurs polynomiaux. Une transformation naturelle polynomiale $\phi : F_1 \longrightarrow F_2$ est la donnée pour tout P d'une application polynomiale $\phi(P) = F_1(P) \longrightarrow F_2(P)$ de sorte que

$$\phi(Q)F_1(u) = F_2(u)\,\phi(P)$$

pour tout P, Q et $u \in \mathrm{Hom}(P,Q)$.

Deuxième lemme de prolongement. - Soit F_1 et F_2 deux foncteurs polynomiaux, P un espace vectoriel et $\varphi : F_1(P) \longrightarrow F_2(P)$ une application polynomiale $GL(P)$-équivariante. Il existe alors une transformation naturelle polynomiale $\phi : F_1 \longrightarrow F_2$ telle que $\phi(P) = \varphi$.

Preuve. On peut supposer φ homogène de degré n ; alors φ se factorise en

$$F_1(P) \longrightarrow S^nF_1(P) \longrightarrow F_2(P)$$

où, à gauche on a l'élévation à la puissance n (qui se prolonge naturellement) et à droite, une application linéaire équivariante, qui se prolonge aussi d'après (1.4) et (1.10).

(1.12) Soit F un foncteur polynomial. On considère le foncteur $S^*F = \bigoplus_{n>0}^{\infty} S^nF$ de $\mathcal{V}$ dans la catégorie des algèbres de type fini. On note $(S^*F)_{ht>s}$ la somme des sous-foncteurs simples de S^*F de hauteur $> s$: c'est un "idéal" de S^*F. On dira que cet idéal est engendré par le sous-foncteur G, si, pour tout P, $G(P)$ engendre l'idéal $(S^*F)_{ht>s}(P)$ de $S^*F(P)$.

Lemme. - Si F est de hauteur finie, l'idéal $(S^*F)_{ht\geq s}$ de S^*F est engendré par un sous-foncteur polynomial de hauteur finie.

Puisque F est de hauteur finie, F s'identifie à un sous-foncteur d'un foncteur du genre

$$\otimes^{n_1} \oplus \dots \oplus \otimes^{n_p}$$

et il suffit de prouver le lemme dans ce cas (cf. [3] §.5).

(1.13) Pour terminer ce paragraphe, voici une petite utilisation de la notion de hauteur d'un foncteur polynomial.

On suppose ici que $\dim(P) = 2$ et on désigne par $\det^i$ le $GL(P)$-module de dimension 1 associé au caractère $s \longmapsto \det(s)^i$. On sait (formule de Clebsch-Gordan) que $S^n(P) \otimes S^m(P)$ est $GL(P)$-isomorphe à

$$\bigoplus_{i=0,\dots,\inf(n,m)} S^{m+n-2i}(P) \otimes \det^i .$$

Or, puisque le foncteur $S^n \otimes S^m$ est de hauteur 2 (1.5), on en déduit que, pour tout Q, $S^n(Q) \otimes S^m(Q)$ est $GL(Q)$-isomorphe à

$$\bigoplus_{i=0,\dots,\inf(m,n)} V_{(m+n-2i)\bar{\omega}_1 + i\bar{\omega}_2}$$

où $V_{\bar{\omega}}$ désigne un $GL(Q)$-module simple de poids dominant $\bar{\omega}$ (cf. [1] où sont aussi explicités les différents isomorphismes).

§.2 Théorie classique des invariants.

(2.0) Le corps de base k est de caractéristique nulle. Soit N un espace vectoriel de dimension finie et G un sous-groupe de $GL(N)$. On considère l'opération diagonale de G dans $\oplus^q N$ définie par

$$s.(x_1,\dots,x_q) = (s.x_1,\dots,s.x_q)$$

$s \in G$, $x_i \in N$. Le problème est "d'étudier en fonction de q" l'algèbre $k[\oplus^q N]^G$ des fonctions polynomiales sur $\oplus^q N$ invariantes par G. Les exemples classiques traités par H. Weyl ([4]) font soupçonner qu'on a un comportement "régulier" de $k[\oplus^q N]^G$ en fonction de q. Le but de ce paragraphe est de donner corps à cette idée.

(2.1) On prend les choses fonctoriellement. On identifie $\oplus^q N$ avec $\mathrm{Hom}(Q,N)$, $\dim(Q) = q$, le groupe G opérant au but ; sous cette forme on a de plus une opération à la source du groupe $GL(Q)$, opération qui commute à celle de G.

On considère la catégorie $\mathcal{V}$ des espaces vectoriels de dimension finie et la catégorie $\mathcal{A}ff$ des k-variétés algébriques affines (non nécessairement de type fini).

Soit F un foncteur polynomial ; on note F' le foncteur

$$Q \longmapsto \text{dual de } F(Q)$$

et on considèrera ce foncteur (contravariant) comme prenant ses valeurs dans $\mathcal{A}ff$.

Le problème est d'étudier le foncteur contravariant

$$\begin{aligned} \mathcal{V} &\longrightarrow \mathcal{A}ff \\ Q &\longmapsto \mathrm{Hom}(Q,N)/G \end{aligned}$$

où la variété $Hom(Q,N)/G$ est définie par $k[Hom(Q,N)/G] = k[Hom(Q,N)]^G$.

Voici le résultat :

<u>Théorème</u>. - <u>On suppose que</u> $k[Hom(P,N)]^G$ <u>est une k-algèbre de type fini pour un espace vectoriel</u> P, $\dim(P) \geq \dim(N)$. <u>Il existe alors une présentation (dans</u> $\mathcal{F}$ff)

$$Hom(.,N)/G \xrightarrow{\Gamma} F_1' \xrightarrow{R} F_2'$$

où F_1 et F_2 sont des foncteurs polynomiaux de hauteur finie.

Cela signifie que Γ et R sont des transformations naturelles et que, pour tout Q,

a) $\Gamma(Q)$ est une immersion fermée ;

b) $\Gamma(Q)$ induit un isomorphisme $Hom(Q,N)/G \longrightarrow R(Q)^{-1}(0)$.

Ce théorème résulte immédiatement des assertions (2.5) et (2.7) ci-dessous (voir aussi (2.8)).

(2.2) Par hypothèse, il existe une présentation

$$Hom(P,N)/G \xrightarrow{g} V_1 \xrightarrow{r} V_2$$

où V_1 et V_2 sont des espaces vectoriels de dimension finie et g et r des morphismes polynomiaux. Puisque le groupe $GL(P)$ opère dans $Hom(P,N)/G$, on peut aussi demander à V_1 et V_2 d'être des $GL(P)$-modules et à g et r d'être équivariants ; de plus, comme $k[Hom(P,N)/G] \subset k[Hom(P,N)] \simeq S^*(P \otimes N')$, on peut supposer que le dual V_1' de V_1 est entier, puis de même pour V_2.

D'après le premier lemme de prolongement (1.2), il existe un foncteur polynomial de hauteur finie F_1 tel que $F_1'(P) \simeq V_1$; on a la situation :

$$\begin{array}{ccc} Hom(P,N)/G & \xrightarrow{g} F_1'(P) & \xrightarrow{r} V_2 \\ \nwarrow \pi(P) & \nearrow g\circ\pi(P) & \\ & Hom(P,N) \simeq (P \otimes N')' & \end{array}$$

où $\pi(P)$ est le morphisme correspondant à l'inclusion $k[Hom(P,N)]^G \hookrightarrow k[Hom(P,N)]$.

D'après le second lemme de prolongement (1.11) (en fait ici seulement (1.4)), il existe une transformation naturelle (dans $\mathcal{F}$ff)

$$X : Hom(.,N) \longrightarrow F_1'$$

telle que $X(P) = g \circ \pi(P)$. On note $t = X(N)(1_N) \in F_1'(N)$.

<u>Lemme</u>. - (i) $X(Q)(u) = t \circ F_1(u)$ <u>pour</u> $u \in \mathrm{Hom}(Q,N)$;

(ii) $t \in F_1'(N)^G$;

(iii) X <u>se factorise en</u> $X = \Gamma \circ \pi$, <u>où</u> $\Gamma : \mathrm{Hom}(.,N)/G \longrightarrow F_1'$ <u>est une transformation naturelle qui prolonge</u> g.

<u>Preuve</u>. (i) résulte immédiatement des propriétés de fonctorialités. Pour démontrer (ii), on remarque que, par hypothèse

$$X(P)(s \circ u) = X(P)(u) \ , \ s \in G, \ u \in \mathrm{Hom}(P,N)$$

i.e. par (i)

$$t \circ F_1(s) \circ F_1(u) = t \circ F_1(u)$$

d'où

$$t \circ F_1(s) = t$$

puisque $\dim(P) \geqslant \dim(N)$.

Enfin, pour (iii), il suffit de voir que, pour tout Q , $X(Q)$ est constant en restriction aux orbites de G dans $\mathrm{Hom}(Q,N)$; cela est conséquence directe de (i) et (ii).

(2.3) <u>Assertion intermédiaire</u>. - <u>Pour tout</u> Q, $\Gamma(Q)$ <u>est une immersion fermée</u>.

<u>Preuve</u>. Il faut voir que le comorphisme $k[\Gamma(Q)]$ de $\Gamma(Q)$:

$$k[\Gamma(Q)] : S^*F_1(Q) \longrightarrow k[\mathrm{Hom}(Q,N)]^G$$

est surjectif. Or $k[\mathrm{Hom}(Q,N)]$ est isomorphe à la somme directe des sous-modules $S^{d(1)}(Q) \otimes \ldots \otimes S^{d(n)}(Q)$, $d(i) \geqslant 0$, $n = \dim(N)$. Par suite $k[\mathrm{Hom}(.,N)]$ (donc aussi $k[\mathrm{Hom}(.,N)]^G$ et coker $k[\Gamma(.)]$) est somme directe de foncteurs polynomiaux de hauteur $\leqslant n$. Comme par hypothèse, coker $(k[\Gamma(P)]) = 0$ et $\dim(P) \geqslant n$, on a bien coker $k[\Gamma(.)] = 0$.

(2.4) <u>Exemple</u>. - Soit $f \in \Lambda^2(N)'$ une forme bilinéaire antisymétrique non dégénérée sur N ; on note $Sp(N)$ le sous-groupe d'isotropie de f. Il est bien connu qu'on a le diagramme commutatif

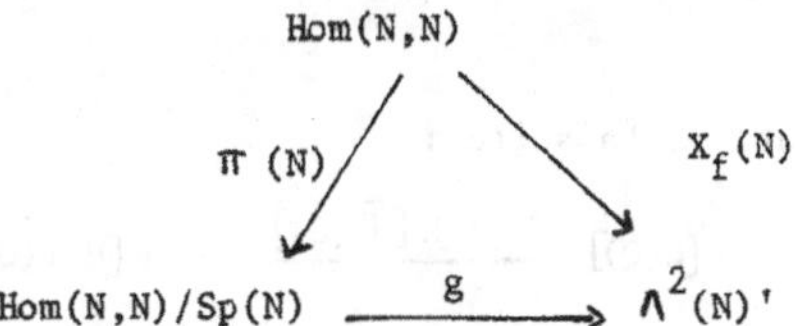

et que g est un isomorphisme. De ce qui précède, on déduit que X_f se factorise en une immersion fermée $\mathrm{Hom}(.,N)/Sp(N) \longrightarrow \Lambda^2(.)'$, autrement dit, que pour tout Q , les fonction

$$\mathrm{Hom}(Q,N) \longrightarrow k$$

$$u \longmapsto \langle f \circ \Lambda^2(u), x \rangle$$

$x \in \Lambda^2(Q)$, engendrent $k[\mathrm{Hom}(Q,N)]^{Sp(N)}$.

(2.5) De même qu'en (2.2), on voit qu'il existe un foncteur polynomial de hauteur finie $\tilde{F}_2$ tel que $\tilde{F}'_2(P) \simeq V_2$ et une transformation naturelle $\tilde{R} : F'_1 \longrightarrow \tilde{F}'_2$ qui prolonge r.

Dans l'exemple (2.4), $r = 0$ se prolonge en $R = 0$; cependant on sait bien que

$$\mathrm{Hom}(.,N)/Sp(N) \longrightarrow \Lambda^2(.)' \longrightarrow 0$$

n'est pas une présentation. Il faut donc regarder les choses de plus près. On introduit un sous-foncteur $C = C_P$ de F' par

$$C(Q) = \overline{\bigcup_{v \in \mathrm{Hom}(Q,P)} \mathrm{Im}(F'_1(v))} \ ;$$

l'idéal de C dans S^*F_1 (i.e. le foncteur qui à tout espace vectoriel Q associe l'idéal dans $S^*F_1(Q)$ de la sous-variété $C(Q)$ de $F'_1(Q)$) est l'idéal $(S^*F_1)_{ht > p}$ constitué de la somme des sous-foncteurs simples de S^*F_1 de hauteur $> \dim(P) = p$ (cf. 1.12)).

D'un autre côté, par des arguments de hauteur de foncteurs polynomaux, on a la factorisation

$$\begin{array}{ccccc} \mathrm{Hom}(.,N)/G & \xrightarrow{\Gamma} & F'_1 & \xrightarrow{\tilde{R}} & \tilde{F}'_2 \\ & \searrow^{\bar{\Gamma}} & \uparrow & \nearrow_{\bar{R}} & \\ & & C & & \end{array}$$

<u>Assertion intermédiaire</u>. - <u>La suite</u> $\mathrm{Hom}(.,N)/G \xrightarrow{\bar{\Gamma}} C \xrightarrow{\bar{R}} \tilde{F}'_2$ <u>est une présentation</u>.

<u>Preuve</u>. On sait déjà (.23) que $\bar{\Gamma}$ est une immersion fermée et que

$$\mathrm{Hom}(P,N)/G \xrightarrow{\bar{\Gamma}(P) = g} C(P) = F'_1(P) \xrightarrow{\bar{R}(P) = r} \tilde{F}'_2(P)$$

est une présentation.

Il reste à voir que, pour tout Q, la suite :

$$k[\bar{R}(Q)](\tilde{F}_2(Q)) \otimes k[C(Q)] \xrightarrow{M(Q)} k[C(Q)] \xrightarrow{k[\bar{\Gamma}(Q)]} k[\mathrm{Hom}(Q,N)]^G$$

est exacte (où $M(Q)$ est induite par la multiplication dans $k[C(Q)]$). Or, les deux foncteurs $\mathrm{Im}(M)$ et $\mathrm{Ker}(k[\bar{\Gamma}])$ prennent la même valeur en P et, en tant que sous-foncteurs de $k[C]$, sont somme de foncteurs simples de hauteur $\leq \dim(P)$: ils coïncident donc.

(2.6) Lorsque $F_1 = \Lambda^2(.)$, le foncteur $C = C_N$ associe à l'espace vectoriel Q le cône de $\Lambda^2(Q)'$ constitué des formes bilinéaires alternées de support de dimension $\leq \dim(N)$. L'assertion de (2.5) donne alors dans le cas de l'exemple (2.4) : la suite

$$\mathrm{Hom}(.,N)/Sp(N) \longrightarrow C_N \longrightarrow 0$$

est une présentation.

(2.7) <u>Assertion intermédiaire</u>. - <u>Pour tout foncteur polynomial</u> F_1 <u>de hauteur finie et pour tout</u> P , <u>il existe une présentation</u>

$$C = C_P \subset\!\!\longrightarrow F_1' \longrightarrow F_2'$$

<u>où</u> F_2' <u>est polynomial de hauteur finie</u>.

C'est exactement le lemme de (1.12).

(2.8) <u>Résumé</u>. - On suppose que $k[\mathrm{Hom}(P,N)]^G$ est de type fini, $\dim(P) \geq \dim(N)$, et on suppose donnée une présentation

$$\mathrm{Hom}(P,N)/G \longrightarrow V_1 \longrightarrow V_2 \qquad (*)$$

comme en (2.2). On a montré comment, théoriquement, on sait en déduire deux foncteurs polynomiaux F_1 et $\tilde{F}_2$ de hauteur finie ($\leq \dim(P)$ en fait) et deux transformations naturelles Γ et $\tilde{R}$ en sorte que la suite horizontale

$$\begin{array}{ccccc} \mathrm{Hom}(.,N)/G & \xrightarrow{\bar{\Gamma}} & C_P & \xrightarrow{\bar{R}} & \tilde{F}_2' \\ & \searrow^{\Gamma} & \downarrow & \nearrow_{\tilde{R}} & \\ & & F_1' & & \end{array}$$

soit une présentation. D'autre part, on sait aussi construire, théoriquement toujours, une présentation

$$C_P \subset\!\!\longrightarrow F_1' \xrightarrow{\check{R}} \check{F}_2'$$

où $\check{F}_2$ est polynomial de hauteur finie. Le tout mis ensemble donne la présentation

$$\mathrm{Hom}(.,N)/G \xrightarrow{\Gamma} F_1' \xrightarrow{\tilde{R} \oplus \check{R}} \tilde{F}_2' \oplus \check{F}_2' \qquad (**).$$

On a ainsi une machine pour construire $(**)$ à partir de $(*)$: cela fournit la régularité du comportement de $k[\oplus^q N]^G$ en fonction de q et exprime aussi le fait que si on connait $k[\oplus^n N]^G$, $n = \dim(N)$, alors on connait $k[\oplus^q N]^G$, pour tout q.

(2.9) Lorsque $F_1 = \Lambda^2(.)$, le foncteur $C = C_N$ admet la présentation

$$C_N \longleftrightarrow \Lambda^2(.)' \xrightarrow{\acute{R}} \Lambda^{2n+2}(.)'$$

où $2n = \dim(N)$ et $\check{R}(Q)(\omega) = \omega\wedge\ldots\wedge\omega$, si bien qu'on a la présentation

$$\mathrm{Hom}(.,N)/Sp(N) \longrightarrow \Lambda^2(.)' \longrightarrow \Lambda^{2n+2}(.)'$$

(cf. [2], où on explique le lien entre ce résultat et ceux donnés par H. Weyl dans [4]).

Références.

1. A. Capelli : Lezioni sulla teoria delle forme algebriche ; Napoli 1902.

2. Th. Vust : Sur la théorie des invariants des goupes classiques ; Ann. Inst. Fourier 26, 1 (1976), 1-31.

3. Th. Vust : Sur la théorie classique des invariants ; Comment. Math. Helvetici 52 (1977) 259-295.

4. H. Weyl : The classical groups ; Princeton University Press 1946.

Section de Mathématiques Genève

Th. VUST

Produits de Massey et (2p+1)èmes déviations

par Michel ANDRE

A un anneau commutatif local noethérien, on sait associer des déviations classiques ε_i liées à la série de Poincaré et des déviations simpliciales δ_i liées au complexe cotangent. Si p est la caractéristique, supposée positive, du corps résiduel de l'anneau, on sait que ε_i et δ_i sont égales pour i ne dépassant pas 2p . Il a été démontré (voir [2]) que ε_{2p+1} et δ_{2p+1} sont égales si et seulement si une certaine application naturelle est nulle. Cela me permettait de construire un exemple avec l'inégalité, dans le cas p=2 , de manière assez laborieuse. Le problème a été repris par C. Morgenegg (voir [6]), toujours pour le cas p=2 , et il démontre de manière simple et directe que le problème de l'égalité peut être résolu en utilisant le seul complexe de Koszul. Cela m'a incité à reprendre le problème dans le cas général. On peut démontrer que les déviations ε_{2p+1} et δ_{2p+1} sont égales si et seulement si tout 2-cycle de Koszul a une p-ème puissance divisée qui est un produit matriciel de Massey. En utilisant une graduation suffisamment riche au niveau des produits de Massey, on parvient alors à exhiber un exemple avec l'inégalité, pour tout corps résiduel (en particulier pour toute caractéristique).

Le texte ci-dessous ne contient aucune démonstration. Il en existe une version miméographiée avec des démonstrations complètes.

Algèbre homologique différentielle

Soit R un anneau de base, commutatif et unitaire. On va rencontrer des R-modules bigradués. La première graduation, à savoir la plus importante, donne le degré et la seconde graduation, que l'on peut toujours remplacer par une multi-graduation, donne le type. Toutes les graduations sont supposées positives. Considérons :

$$\Omega(\infty) = \{n \geq 0 \ , \ k \geq 0\} \subset Z + Z \quad .$$

Soit L un R-module bigradué. On peut parler de son support

$$\Omega(L) = \{n \geq 0 \ , \ k \geq 0 \mid L_{n,k} \neq 0\}$$

et de son support fermé

$$\bar{\Omega}(L) = \Omega(L) + \Omega(\infty) \ .$$

On peut garder la même définition pour les ensembles d'éléments homogènes des modules bigradués : (n,k) fait partie du support s'il existe un élément non nul de l'ensemble, de degré n et de type k . On a toujours une inclusion

$$\Omega(L \otimes_R L') \subseteq \Omega(L) + \Omega(L')$$

(et de même pour les supports fermés) si on munit le produit tensoriel de la bigraduation usuelle.

Soit U une algèbre différentielle graduée, puis soit M un U-module différentiel gradué à droite, enfin soit N un U-module différentiel gradué à gauche. C'est la situation que l'on rencontre dans tout le travail fondamental de Gugenheim-May à propos du Tor différentiel $\mathrm{Tor}^U(M,N)$. Il nous faut généraliser légèrement. On suppose ici que U,M et N sont munis d'une seconde graduation pour laquelle la différentielle est toujours de degré nul

$$d(U_{n,k}) \subseteq U_{n-1,k} \ , \text{ etc},$$

et qui respecte les règles usuelles

$$M_{n,k} \cdot U_{n',k'} \subseteq M_{n+n',k+k'} \ , \text{ etc.}$$

Bien entendu, on peut faire de l'algèbre homologique différentielle avec cette graduation supplémentaire. Les points essentiels sont donnés ci-dessous. Encore une fois, les graduations sont supposées positives et la seconde graduation peut être remplacée par une multigraduation.

Généralisons les définitions 1.2 et 1.4 de [4] .

Définition 1 - On se donne un R-module trigradué libre

$$\bar{X} = \sum_{p \geq 0, q \geq 0, \ l \geq 0} \bar{X}^p_{ql} \quad .$$

On forme ensuite un U-module bigradué (à droite) sans s'inquiéter d'une différentielle

$$X = \bar{X} \otimes_R U$$

avec la bigraduation suivante

$$X_{nk} = \sum_{p+q+r=n,\, l+m=k} \bar{X}^p_{ql} \otimes_R U_{rm} \quad .$$

Il est utile de considérer le R-module bigradué

$$\bar{X}^p = \sum_{q,\ell} \bar{X}^p_{ql}$$

et le U-module bigradué

$$X^p = \sum_{n,k} \Big(\sum_{p+q+r=n,\, l+m=k} \bar{X}^p_{ql} \otimes_R U_{rm} \Big) \ .$$

On a donc une égalité comme suit

$$X_{nk} = \sum_{p \geq o} X^p_{nk} \quad .$$

On remarque que dans le passage de $\bar{X}^p$ à $\bar{X}^p \otimes 1$, considéré dans X^p, le degré est augmenté de p unités et le type demeure inchangé. On utilisera aussi le module

$$F^p X = \sum_{0 \leq q \leq p} X^q \ .$$

Cela étant, on se donne une différentielle d (augmentant le degré de -1 et le type de 0) faisant de X un U-module différentiel et apparaissant sous la forme suivante

$$d = \sum_{s \geq o} d^s \qquad d^s : X^p \longrightarrow X^{p-s} \quad .$$

Il est équivalent de se donner les homomorphismes d^s sous la forme suivante

$$\bar{d}^s : \bar{X}^p \longrightarrow \bar{X}^{p-s} \otimes_R U$$

(augmentant le degré de $s-1$ et le type de 0). On suppose en outre que $\bar{d}^o$ est nul, autrement dit que l'on a

$$d^o = \mathrm{Id} \otimes d : \bar{X} \otimes U \longrightarrow \bar{X} \otimes U \quad .$$

On parle alors d'un objet distingué.

Généralisons les définitions 1.1 et 1.4 de [4].

Définition 2 - Considérons un objet distingué X et un homomorphisme de U-modules différentiels

$$\alpha : X \longrightarrow M \quad .$$

On a en particulier

$$d^o d^1 + d^1 d^o = 0 : X^p \longrightarrow X^{p-1}$$

$$\alpha d^o = d\alpha \quad : X^o \longrightarrow M \quad .$$

Par ailleurs l'homologie de X^p pour la différentielle d^o a la forme simple suivante

$$\bar{X}^p \otimes H[U]$$

(avec un décalage de p unités pour le degré).

Grâce à d^1 et à α , on a donc naturellement une suite de $H[U]$-modules, où les degrés et les types sont respectés

$$\dots \xrightarrow{\partial} \bar{X}^p \otimes H[U] \xrightarrow{\partial} \bar{X}^{p-1} \otimes H[U] \xrightarrow{\partial} \dots$$

$$\dots \xrightarrow{\partial} \bar{X}^o \otimes H[U] \xrightarrow{\partial} H[M] \xrightarrow{\partial} 0 \quad .$$

Grâce aux égalités suivantes

$$d^o d^2 + d^1 d^1 + d^2 d^o = 0 \quad : \quad X^p \longrightarrow X^{p-2}$$

$$\alpha d^o + \alpha d^1 = d\alpha \quad : \quad X^1 \longrightarrow M$$

on sait que $\partial\partial$ est nul. Si cette suite est exacte, on parle de la résolution distinguée X de M . L'homologie de cette suite en ∂ forme en fait le terme E^2 d'une suite spectrale, qui converge vers l'homologie du cylindre de l'homomorphisme α . Donc en particulier, en présence d'une résolution distinguée, on a un isomorphisme

$$H[X] \xrightarrow{\cong} H[M]$$

qui est dû à α .

Il est possible de comparer les résolutions distinguées. On a en particulier le théorème 1.7 de [4] . En voici le point essentiel.

<u>Proposition</u> 3 - Soient un objet distingué augmenté $\alpha : X \longrightarrow M$, puis une résolution distinguée $\alpha' : X' \longrightarrow M'$, enfin un homomorphisme $k : M \longrightarrow M'$. Alors il existe un homomorphisme $K : X \longrightarrow X'$ avec les deux propriétés suivantes :

1) les homomorphismes $\alpha' K$ et $k\alpha$ de X dans M' sont homotopes,
2) l'homomorphisme K envoie $F^p X$ dans $F^p X'$ ∎

Rappelons la définition fondamentale suivante. Soit X une résolution distinguée de M et soit Y une résolution distinguée de N . Alors les modules isomorphes suivants :

$$H[X \otimes_U N] \cong H[X \otimes_U Y] \cong H[M \otimes_U Y]$$

forment ce que l'on appelle le Tor différentiel

$$\mathrm{Tor}^U(M,N) \quad .$$

Bien entendu, le Tor différentiel considéré ici a non seulement un degré, mais encore un type.

Il existe des résolutions distinguées à la commande : voir le théorème 2.1 de [4].

Théorème 4 - Soit une résolution libre du $H[U]$-module $H[M]$

$$\ldots \bar{X}^p \otimes H[U] \xrightarrow{\partial} \ldots \xrightarrow{\partial} \bar{X}^o \otimes H[U] \xrightarrow{\varepsilon} H[M]$$

où chacun des R-modules $\bar{X}^p_{ql}$ est libre. Alors par un bon choix d'une différentielle, on peut faire de $X = \bar{X} \otimes U$ une résolution distinguée de M, résolution distinguée dont découle la résolution libre de l'hypothèse∎

Il est évident que l'on peut toujours construire une résolution du $H[U]$-module $H[M]$ pour laquelle chacun des modules $\bar{X}^p$ a une double graduation positive. Mais alors si (n,k) appartient à $\Omega(X^p)$, on a $n \geqslant p$. On peut améliorer cette remarque dans certains cas.

Lemme 5 - Si la R-algèbre $H_{o,o}[U]$ est un corps K , alors le $H[U]$-module $H[M]$ possède une résolution libre avec les deux propriétés suivantes :

1) $\partial(\bar{X}^p \otimes 1) \subseteq \bar{X}^{p-1} \otimes H^+[U]$

2) $\Omega(\bar{X}^p) \subseteq \Omega(H[M]) + p\,\Omega(H^+[U])$

si $H^+[U]$ désigne le quotient de $H[U]$ par $H_{o,o}[U]$∎

Proposition 6 - La R-algèbre $H_{o,o}[U]$ est supposée être un corps et le R-module $H[U]$ est dénoté par $H^+[U]$, une fois débarrassé de $H_{o,o}[U]$. Alors le U-module différentiel M possède une résolution distinguée avec les trois propriétés suivantes :

1) l'application d^1 de $\bar{X}^p \otimes 1$ dans $\bar{X}^{p-1} \otimes U$ peut être décrite en n'utilisant que des éléments homogènes non nuls de U dont les degrés/types appartiennent à $\Omega(H^+[U])$;

2) le support $\Omega(\bar{X}^p)$ est toujours contenu dans la somme algèbrique suivante

$$\Omega(H[M]) + p\,\Omega(H^+[U]) \quad ,$$

3) le support $\Omega(X^p)$, fermé ou non, est toujours contenu dans la somme suivante

$$\bar{\Omega}(H[M]) + p\,\bar{\Omega}(H^+[U]) + (p,0) \quad \blacksquare$$

Remarque 7 - Considérons une résolution distinguée X et un ensemble fini de ses éléments. Alors il existe un sous-objet distingué Y de X , contenant les éléments de cet ensemble, avec $Y^p \subset X^p$, toujours de rang fini et presque toujours nul (sous-objet de rang fini).

Définition 8 - Considérons un objet distingué augmenté $\alpha : X \longrightarrow M$. Soit V_{p+1} une base de X^p , constituée d'éléments de $\bar{X}^p$. On suppose que $\bar{X}^p$ est toujours de rang fini et alors V_k se présente sous la forme d'une matrice-ligne. La partie d^r de la différentielle (pour $r > 0$, puisque d^o est élémentaire) se décrit à l'aide de V_k , de V_{k-r} et de U . On voit donc apparaître une matrice B_{ij} formée d'éléments homogènes de U pour chaque paire $0 < i < j$.
Par ailleurs l'image de V_k par α est une matrice B_{ok} formée d'éléments homogènes de M pour chaque entier $0 < k$. Lorsque $\bar{X}^p$ est nul, on prend V_{p+1} réduit à un seul élément nul avec un degré/type suffisamment élevé pour que les résultats soient encore valables. Dénotons par $\bar{x}$ l'élément $\pm x$ avec le signe + si le degré de x est impair et le signe - si le degré de x est pair (voir [5], page 537). De manière précise, on a l'égalité matricielle suivante comme définition $(1 \leq i < j)$

$$d^{j-i}\, V_j = \bar{V}_i\, B_{ij} \quad .$$

On vérifie alors que l'on a l'égalité suivante

$$d\, B_{ij} = \sum_{i < k < j} \bar{B}_{ik}\, B_{kj}$$

pour toute paire $0 \leq i < j$. Il ne faut pas oublier que les matrices B_{ok} et les autres sont de nature différente. Il est facile d'éviter les degrés/types négatifs dans le premier cas, alors qu'il est naturel de voir apparaître des zéros de degrés/types négatifs dans le second cas. L'ensemble des matrices B_{ij} est appelé une pyramide.

Proposition 9 - La R-algèbre $H_{o,o}[U]$ est supposée être un corps et le R-module $H[U]$ est dénoté par $H^+[U]$, une fois débarrassé de $H_{o,o}[U]$. Alors le U-module différentiel M possède une résolution distinguée dont tous les sous-objets de rangs finis donnent lieu à des pyramides B avec les deux propriétés suivantes :

1) le degré/type des éléments de B_{ok} appartient toujours à l'ensemble

$$\Omega(H[M]) + (k-1)[\Omega(H^+[U]) + (1,0)] ,$$

2) le degré/type des éléments non nuls de $B_{k,k+1}$ appartient toujours à $\Omega(H^+[U])$.

Produits matriciels de Massey

Rappelons les points essentiels de la théorie. Pour les détails, on consultera le travail de J. May [5] . On utilise un U-module différentiel M à droite, un U-module différentiel N à gauche et un homomorphisme de R-modules différentiels

$$\lambda : M \otimes_U N \longrightarrow L .$$

Définition 10 - Pour n au moins égal à 2 , on considère des matrices

$$A_{ij} \qquad 0 \leq i < j \leq n \quad \text{et} \quad j-i \neq n$$

formées d'éléments homogènes pris dans

M si i = 0 , N si j = n , U sinon.

On n'exclut pas les éléments nuls de degrés ou de types négatifs. On suppose les matrices A_{ij} et A_{jk} composables dans le sens suivant. En fait on a n+1 indices α_m parcourant des ensembles finis I_m , réduits à un seul élément si m vaut 0 ou n . On a alors

$$A_{ij} = (A_{ij,\alpha_i\alpha_j}).$$

De plus on suppose que la somme suivante

$$\text{degré/type } A_{ij,\alpha_i\alpha_j} + \text{degré/type } A_{jk,\alpha_j\alpha_k}$$

est indépendante en premier lieu de α_j et en second lieu de j . On suppose l'égalité suivante toujours satisfaite :

$$d\, A_{ij} = \sum_{i<k<j} \bar{A}_{ik} A_{kj} .$$

En particulier les éléments $A_{k-1,k}$ sont des cycles qui donnent les éléments suivants

$$W_1 \in H[M] , \ W_k \in H[U] , \ W_n \in H[N] .$$

Par ailleurs l'élément suivant

$$\tilde{A}_{on} = \sum_{o<k<n} \lambda(\bar{A}_{ok} \otimes A_{kn})$$

est un cycle qui donne l'élément suivant

$$A \in H[L] \quad .$$

On parle d'un n-produit de Massey

$$A \in \langle W_1, \ldots, W_n \rangle \quad .$$

<u>Lemme</u> 11 - Un n-produit de Massey est un (n+1)-produit de Massey∎

Le lemme précédent et sa démonstration ont une réciproque.

<u>Lemme</u> 12 - Un n-produit de Massey décrit par des matrices A_{ij} avec $A_{n-1,n}$ consistant en un seul élément nul est en fait un (n-1)-produit de Massey∎

Le lemme précédent a un complément naturel.

<u>Lemme</u> 13 - Soit un n-produit de Massey décrit par des matrices A_{ij} avec $A_{n-1,n}$ consistant en k éléments. Si k est au moins égal à 2 et si un de ces éléments au moins est nul, alors le n-produit de Massey peut être décrit par des matrices A'_{ij} avec $A'_{n-1,n}$ consistant en (k-1) éléments∎

Gugenheim-May ont démontré l'utile théorème de réduction qui suit (voir [4] proposition 5.8).

<u>Théorème</u> 14 - Soit X une résolution distinguée de M et soit un n-produit de Massey décrit par des matrices A_{ij}. Alors il existe un sous-objet distingué de rang fini Y de X dont on considère la pyramide $\{B_{ij}\}$, et il existe une description du n-produit de Massey, dont on considère les matrices $\{A'_{ij}\}$ le tout avec les deux propriétés suivantes :

1) les matrices A'_{ij} et B_{ij} sont identiques pour les paires $0 \leq i < j \leq n-1$,

2) les éléments de N constituant la matrice A'_{kn} sont des combinaisons U-linéaires des éléments constituant les matrices A_{jn} pour $k \leq j \leq n-1$ ∎

<u>Proposition</u> 15 - La R-algèbre $H_{o,o}[U]$ est supposée être un corps et le R-module $H[U]$ est dénoté par $H^+[U]$, une fois débarrassé de $H_{o,o}[U]$. Alors tout n-produit de Massey peut être décrit par des matrices A_{ij} jouissant des propriétés suivantes :

1) pour $0 < k < n$, le degré/type des éléments de A_{ok} appartient à

$$\Omega(H[M]) + (k-1)[\Omega(H^+[U]) + (1,0)] \quad ,$$

2) pour $1 < k < n-1$, le degré/type des éléments non nuls de $A_{k,k+1}$ appartient à $\Omega(H^+[U])$,

3) le degré/type des éléments non nuls de $A_{n-1,n}$ appartient à $\Omega(H^+[N])$∎

Corollaire 16 - Lorsque $H_{o,o}[U]$ est un corps, un n-produit de Massey dont le degré/type n'appartient pas à l'ensemble

$$\Omega(H[M]) + \Omega(H[N]) + (n-2)[\Omega(H^+[U]) + (1,0)]$$

est en fait un (n-1)-produit de Massey∎

Rappelons à quoi servent les produits matriciels de Massey. Voir le corollaire 5.9 de [4].

Proposition 17 - L'image de l'homomorphisme canonique, respectant le degré/type,

$$Tor^U(M,N) \longrightarrow H[M \otimes_U N]$$

est formée de tous les produits de Massey dus à l'homomorphisme

$$\lambda = Id : M \otimes_U N \longrightarrow L = M \otimes_U N \quad ∎$$

C'est le corollaire suivant de cette proposition qui nous sera utile. Pour simplifier, utilisons la définition suivante.

Définition 18 - On parle de la situation classique en présence du cas particulier suivant. En premier lieu, la R-algèbre $H_{o,o}[U]$ est supposée être un corps K . On considère alors l'homomorphisme canonique de U sur K et son noyau $I\,U$. En deuxième lieu, M et N sont supposés être égaux à $I\,U$. Comme U-modules différentiels à droite et à gauche respectivement. En troisième lieu, λ est supposé être l'homomorphisme produit de $I\,U \otimes_U I\,U$ dans $I\,U$.

Bien entendu, on peut identifier $H[IU]$ défini ci-dessus et $H^+[U]$ utilisé plus haut.

Définition 19 - Dans la situation classique, il existe un homomorphisme naturel, dit de suspension

$$\sigma : H[IU] \longrightarrow Tor^U(K,K)$$

qui augmente le degré/type de (1,0). Pour la définition, on a à choisir une résolution distinguée T du U-module différentiel à droite K et un élément t de $T_{o,o}$ au-dessus de l'élément 1 de K . Soit maintenant un cycle x de I U . Le cycle tx de T , au-dessus de l'élément 0 de K , est un bord : tx = dy avec y appartenant à T . Mais alors $y \otimes 1$ est un cycle de $T \otimes_U K$, ce qui permet la définition suivante :

$$\sigma([x]) = [y \otimes 1] \in H[T \otimes_U K] = \mathrm{Tor}^U(K,K).$$

<u>Corollaire</u> 20 - Dans la situation classique, le noyau de l'homomorphisme de suspension est formé de tous les produits de Massey ∎

Voir le corollaire 5.13 de [4]. Par ailleurs, le corollaire 16 prend la forme suivante dans le cas particulier traité ici.

<u>Corollaire</u> 21 - Dans la situation classique, un n-produit de Massey dont le degré/type n'appartient pas à l'ensemble

$$n\,\Omega\,(H[IU]) + (n-2,0)$$

est en fait un (n-1)-produit de Massey ∎

<u>Remarque</u> 22 - Les résolutions distinguées sont utiles pour l'étude des produits de Massey comme nous l'avons vu et aussi, évidemment, pour la construction de la suite spectrale d'Eilenberg-Moore : voir la définition 1.1 de [4].

S'il s'agit simplement de calculer le Tor différentiel de manière explicite, il n'est pas nécessaire d'avoir une suite spectrale à la Eilenberg-Moore avec un terme E^2 pouvant s'expliciter facilement. En effet, considérons un objet distingué X de la forme $\bar{X} \otimes_R U$. Alors il existe une suite spectrale du premier quadrant qui s'écrit de la manière suivante, si on néglige le type,

$$H_p\Big[\sum_{i+j=q} \bar{X}_i^* \otimes_R H_j[N]\Big] \Longrightarrow H_n[X \otimes_U N]$$

la différentielle du produit tensoriel $\bar{X} \otimes_R H[N]$ découlant de manière immédiate de celle concernant $\bar{X} \otimes_R H[U]$ apparue dans la définition 2. Cette suite spectrale permet la démonstration du résultat ci-dessous. En présence d'un homomorphisme de U-modules différentiels $X \longrightarrow M$ donnant lieu à un isomorphisme en homologie et quittant un objet disingué, on parle de résolution simple.

<u>Lemme</u> 23 - Soit X une résolution simple de M . Alors $H[X \otimes_U N]$ et $\mathrm{Tor}^U(M,N)$ sont isomorphes ∎

Algèbre commutative

On considère un anneau local noethérien A et son corps résiduel K de caractéristique p . Classiquement on s'intéresse à l'algèbre

$$T = Tor^A (K,K)$$

sans oublier ses puissances divisées.

Remarque 24 - En fait T a une structure naturelle d'algèbre de Hopf à puissances divisées, en particulier la comultiplication Δ de T dans $T \otimes_K T$ est un homomorphisme d'algèbres à puissances divisées. Rappelons-en la définition selon Assmus. On considère une résolution libre X du A-module K et avec elle le quotient

$$\tilde{X} = X/J X \quad , \quad J \text{ idéal maximal.}$$

On peut alors faire les identifications suivantes

$$H[\tilde{X}] = T \quad \text{et} \quad H[\tilde{X} \otimes_K \tilde{X}] = T \otimes_K T .$$

On a à disposition deux isomorphismes naturels

$$\alpha : H[X \otimes_A X] \longrightarrow H[X \otimes_A K] \cong H[\tilde{X}]$$

$$\beta : H[X \otimes_A X] \longrightarrow H[K \otimes_A X] \cong H[\tilde{X}] \quad .$$

L'isomorphisme de $H[\tilde{X}] = T$

$$c = \alpha \circ \beta^{-1} = \beta \circ \alpha^{-1}$$

est la conjugaison de l'algèbre de Hopf. On a en outre l'homomorphisme naturel

$$\mu : H[X \otimes_A X] \longrightarrow H[\tilde{X} \otimes_K \tilde{X}] \cong H[\tilde{X}] \otimes_K H[\tilde{X}] \quad .$$

Alors le carré commutatif suivant

$$\begin{array}{ccc} H[X \otimes_A X] & \xrightarrow{\alpha} & H[\tilde{X}] \\ \downarrow \mu & & \downarrow \Delta \\ H[\tilde{X}] \otimes_K H[\tilde{X}] & \xrightarrow{Id \otimes c} & H[\tilde{X}] \otimes_K H[\tilde{X}] \end{array}$$

définit la comultiplication Δ . Pratiquement la construction de α^{-1} équivaut à la solution du problème suivant. Appelons d' et d'' les deux différentielles de $X \otimes_A X$. Alors étant donné un cycle

$$y \in X_m \otimes_A K$$

il s'agit de trouver par induction des éléments

$$y_k \in X_{m-k} \otimes_A X_k$$

satisfaisant à la condition suivante

$$d'' y_{k+1} = d' y_k$$

en commençant avec un élément y_o au-dessus de y et en s'arrêtant à l'élément y_m. On utilise simplement le fait que X_{m-k-1} est toujours libre.

Remarque 25 - Soit F une résolution minimale de la A-algèbre K. Elle contient le complexe de Koszul C associé à un certain système minimal de générateurs de l'idéal maximal J de A. On va s'intéresser à la situation suivante d'algèbre homologique différentielle

$$R = A \quad , \quad U = C \quad , M = K \quad , \quad N = K \quad , \quad X = F \qquad .$$

Pour le moment la notion de type n'intervient pas, autrement dit le type est toujours considéré nul. On sait en particulier que F est un A-module libre avec les éléments suivants comme base

$$x_{i_1} x_{i_2} \ldots x_{i_k} \gamma^{\alpha_1}(y_{j_1}) \gamma^{\alpha_2}(y_{j_2}) \ldots \gamma^{\alpha_l}(y_{j_l})$$

où les x_i sont des éléments de degrés positifs impairs, où les y_j sont des éléments de degrés strictement positifs pairs et où γ^α est l'application α-ème puissance divisée. On suppose que les x_i de degré 1 sont les premiers de la liste : $1 \leq i \leq e$. Il est alors clair que X est un objet distingué, donc une résolution simple du C-module différentiel K. En effet on fait apparaître $\overline{\overline{X}}^m$ concentré en degré 0 avec une base formée d'éléments indexés de la manière suivante :

$$\omega(i_1, i_2 , \ldots ; j_1, j_2 ,\ldots ; \alpha_1, \alpha_2 ,\ldots)$$

avec les propriétés suivantes :

$$e+1 \leq i_1 < i_2 < \ldots < i_k \qquad k \text{ quelconque}$$

$$1 \leq j_1 < j_2 < \ldots < j_l \qquad l \text{ quelconque}$$

$$\alpha_1 , \alpha_2 ,\ldots, \alpha_l \text{ quelconques}$$

$$\sum \deg x_{i_r} + \sum \alpha_{j_s} \deg y_{j_s} = m \quad .$$

On va se trouver dans la situation étudiée par L. Avramov [3] .

Lemme 26 - Avec le complexe de Koszul C , on a un isomorphisme naturel :

$$\mathrm{Tor}^{C}(K,K) \cong T/T_1.T \qquad \blacksquare$$

Remarque 27 - Avec une algèbre de Hopf à puissances divisées E , il est naturel de considérer l'espace vectoriel P des éléments primitifs :

$$P(E) = \{x \in E \mid \Delta(x) = x \otimes 1 + 1 \otimes x\}$$

et l'espace vectoriel Q des éléments indécomposables :

$$Q(E) = E/\sum_{ij\neq 0} E_i.E_j + \ldots \quad ,$$

le second terme ... étant l'espace vectoriel engendré par les puissances divisées, second terme nul en degrés impairs. On a alors un homomorphisme composé :

$$\pi(E) : P(E) \longrightarrow E \longrightarrow Q(E) .$$

Il s'agit d'un monomorphisme (voir la proposition 8 de [1] en tenant compte de la propriété 1 de la page 31 de [1]). Cette remarque s'applique à l'algèbre de Hopf T , mais aussi à l'algèbre de Hopf quotient T/T_1T .

D'après la définition 19 et le lemme 26, on a un homomorphisme de suspension pour $k > 0$

$$\sigma : H_k[C] \longrightarrow T_{k+1}/T_1\, T_k \quad .$$

On en connaît le noyau par le corollaire 20. Voici un résultat à propos de son image.

Lemme 28 - L'image de la suspension est formée d'éléments primitifs de $T/T_1.T$ ∎

Définition 29 - L'homomorphisme de suspension forte

$$\Sigma : H_k[C] \longrightarrow Q_{k+1}(T)$$

est obtenu en composant l'homomorphisme de suspension :

$$\sigma : H_k[C] \longrightarrow T_{k+1}/T_1.T_k$$

et l'homomorphisme naturel :

$$\rho : (T/T_1T)_{k+1} \longrightarrow Q_{k+1}(T/T_1T)$$

et en remarquant que T et T/T_1T ont les mêmes indécomposables en degrés au moins égaux à 2 .

Théorème 30 - Le noyau de la suspension forte Σ est formé des produits matriciels de Massey du complexe de Koszul ∎

Ce résultat a aussi été démontré par L. Avramov. Il se généralise à d'autres sous-algèbres différentielles de la résolution minimale.

Remarque 31 - Avec le lemme 11 et le corollaire 21, on a un peu plus. Le noyau de l'homomorphisme

$$\Sigma : H_k [C] \longrightarrow Q_{k+1} (T)$$

est formé des n-produits de Massey avec

$$n = [k/2] + 1 \quad .$$

En bas degrés, il est connu que l'on a même des isomorphismes :

$$H_1 [C] \cong T_2/T_1 . T_1$$

$$H_2 [C] / H_1 [C] . H_1 [C] \cong T_3 / T_1 . T_2 \quad .$$

Ce dernier isomorphisme sera utilisé un peu plus loin.

Venons-en maintenant à la théorie des déviations et rappelons-en les points essentiels.

Définition 32 - La n-ème déviation classique ε_n est la dimension de l'espace vectoriel $Q_n(T)$. On sait que la série formelle, quotient du produit des $(1+t^n)^{\varepsilon_n}$ pour n impair par le produit des $(1-t^n)^{\varepsilon_n}$ pour n pair, est égale à la série de Poincaré de l'anneau A .

Définition 33 - La n-ème déviation simpliciale δ_n est la dimension de l'espace vectoriel

$$H_n(A,K,K) = H_n [L_{A/K}]$$

où $L_{A/K}$ désigne le complexe cotangent de la A-algèbre K . Le nombre δ_n est aussi égal au nombre de variables qu'il faut introduire en degré n lorsque l'on résoud minimalement la A-algèbre K par une algèbre simpliciale libre en chaque degré.

Les deux espèces de déviations sont très proches l'une de l'autre.

Proposition 34 - Les nombres ε_n et δ_n sont égaux pour n quelconque si le corps résiduel a la caractéristique nulle et pour n au plus égal à $2p$ si le corps résiduel a la caractéristique p ∎

Ce résultat dû à D. Quillen est démontré à la page 241 de [2]. Dorénavant la caractéristique du corps résiduel K est toujours supposée positive égale à p . On a alors une inégalité double :

$$\delta_{2p+1} \leq \varepsilon_{2p+1} \leq \delta_{2p+1} + \delta_3 \quad .$$

Le problème de l'égalité des deux (2p+1)-èmes déviations se pose maintenant.

<u>Définition</u> 35 - L'application naturelle

$$\eta : Q_3(T) \longrightarrow Q_{2p+1}(T)$$

est définie de la manière suivante grâce à une résolution minimale F . Un élément

$$x \in \tilde{F}_3 \,/\, \tilde{F}_1 . \tilde{F}_2 = Q_3(T)$$

est représenté par un élément x^* de F_3 . Il existe alors un élément y^* de F_{2p+} donnant une égalité

$$dy^* = \gamma^p\,(dx^*) \quad .$$

Cet élément y^* représente un élément :

$$y \in \tilde{F}_{2p+1} / \sum_{i+j=2p+1,\, ij\neq 0} \tilde{F}_i . \tilde{F}_j$$

autrement dit un élément de $Q_{2p+1}(T)$.
Après les vérifications d'usage, on pose alors :

$$\eta(x) = y \quad .$$

<u>Proposition</u> 36 - Les nombres ε_{2p+1} et δ_{2p+1} sont égaux si et seulement si l'application η est nulle ∎

<u>Théorème</u> 37 - Les nombres ε_{2p+1} et δ_{2p+1} sont égaux si et seulement si le complexe de Koszul C jouit de la propriété suivante : pour chaque 2-cycle x de C , l'élément

$$[\gamma^p(x)] \in H_{2p}[C]$$

est un (p+1)-produit matriciel de Massey ∎

<u>Remarque</u> 38 - En particulier, les nombres ε_{2p+1} et δ_{2p+1} sont égaux lorsque l'homomorphisme

$$H_{2p}[J^p C] \longrightarrow H_{2p}[C]$$

est nul. Appelons e le nombre minimal de générateurs de l'idéal maximal J . Cela se produit par exemple dans les cas suivants :

1) $e < 2p$ et J quelconque sinon

2) $e = 2p$ et $J^p \cap \mathrm{Ann}\, J$ nul

3) $e > 2p$ et J^p **nul** .

Il est plus difficile de trouver des exemples où l'on a l'inégalité.

Exemple avec inégalité

A un entier m et à un corps K , associons l'anneau suivant $G = G(m,K)$

$$K[x_i \mid 1 \leq i \leq m ,\ y_{jk} \mid 1 \leq j < k \leq m] / (r_l \mid 1 \leq l \leq m)$$

où les relations r_l sont définies comme suit

$$r_l = \sum_{1 \leq i \leq m} x_i\, y_{il}$$

si on adopte les conventions suivantes :

$$y_{jj} = 0 \quad \text{et} \quad y_{jk} = -\, y_{kj} \quad \text{si } j > k .$$

Désignons par S l'ensemble multiplicativement clos, complémentaire de l'idéal maximal que les x_i et les y_{jk} engendrent. On peut alors considérer l'anneau local

$$A = A(m,K) = S^{-1}\, G(m,K)$$

dont le corps résiduel peut être identifié à K .

On va considérer trois complexes de Koszul :

C pour l'anneau A et les éléments x_i et y_{jk}

C' pour l'anneau A et les éléments x_i

C'' pour l'anneau G et les éléments x_i .

Bien entendu, on a des homomorphismes naturels :

$$H_k[C''] \longrightarrow H_k[C'] \longrightarrow H_k[C]$$

$$I_k[C''] \longrightarrow I_k[C'] \longrightarrow I_k[C] \quad .$$

Rappelons que I vaut H pris modulo ses produits matriciels de Massey. Pour être précis dans la définition de ces produits de Massey, il faut dire que dans chaque cas on utilise l'augmentation naturelle qui envoie le complexe de Koszul sur le corps résiduel. Puisque l'on a :

$$H_o[C''] = K[y_{ij} \mid 1 \leq i < j \leq m]$$

$$H_o[C'] = K(y_{ij} \mid 1 \leq i < j \leq m)$$

il ne s'agit pas tout-à-fait du cas dit classique. Cela est sans inconvénient pour le moment et va disparaître plus tard par l'introduction d'un type.

Lemme 39 - L'homomorphisme naturel de $I[C']$ dans $I[C]$ est un monomorphisme ∎

Lemme 40 - L'homomorphisme naturel de $I[C'']$ dans $I[C']$ est un monomorphisme ∎

Corollaire 41 - Les nombres ε_{2p+1} et δ_{2p+1} de l'anneau A sont distincts, s'il existe un 2-cycle ω de C" donnant un élément :

$$[\gamma^p(\omega)] \in H_{2p}[C'']$$

qui n'est pas un produit matriciel de Massey ∎

Introduisons en plus du degré un type double sur C" de la manière suivante :

x_i a le degré/type (0,1,0)

y_{jk} a le degré/type (0,0,1)

dx_i a le degré/type (1,1,0) .

Bien entendu $C''_{i,j,k}$ est nul si i est strictement supérieur à j . Comme on a de manière claire :

$$C''_{0,0,0} \cong K$$

il s'agit maintenant d'une situation classique (définition 18). L'ensemble des composantes homogènes, selon le type, des produits de Massey définis en utilisant le degré seul est identique à l'ensemble des produits de Massey définis en utilisant non seulement le degré mais encore le type double, tout cela dans C" augmenté ; en effet les deux fois, il s'agit des composantes homogènes du noyau de la même suspension. On écrira dorénavant :

$$H_{i,j,k} \cong H_{i,j,k}[C'']$$

$$H^+_{i,j,k} \cong H_{i,j,k}[IC'']$$

l'un et l'autre différant seulement en degré/type (0,0,0). L'élément ω

$$\omega = \sum_{1 \leq i < j \leq m} y_{ij}\, dx_i \wedge dx_j$$

est un cycle dont le degré/type vaut (2,2,1).

Sa k-ème puissance divisée $\gamma^k(\omega)$ est un cycle dont le degré/type vaut (2k,2k,k).

Pour un bord non nul, le degré et le premier type sont toujours différents. Par conséquent $\gamma^k(\omega)$ est un bord si et seulement s'il est nul. Il est élémentaire de constater que cela se produit si et seulement si $2k$ est strictement supérieur à m.

Il nous faut les trois lemmes suivants pour pouvoir conclure.

<u>Lemme</u> 42 - L'espace vectoriel $H_{i,j,k}$ est nul lorsque j est strictement supérieur à $2k$ ∎

<u>Lemme</u> 43 - L'espace vectoriel $H_{2k,2k,k}$ est engendré par l'élément $[\gamma^k(\omega)]$ ∎

<u>Lemme</u> 44 - L'espace vectoriel $H_{i,2k,k}$ est nul lorsque i est strictement inférieur à $2k$ ∎

<u>Théorème</u> 45 - Soit K un corps de caractéristique p et soit m un entier au moins égal à $2p$. Alors les déviations ε_{2p+1} et δ_{2p+1} de l'anneau local $A(m,K)$ sont différentes ∎

<u>Remarque</u> 46 - On vérifie facilement que dans le cas où p est égal à 2, il suffit d'avoir les trois lemmes pour k égal à 0 ou à 1. Pour $k = 0$, les lemmes découlent du fait que le B-module engendré par 1 dans G est isomorphe à B, si l'on utilise la définition

$$B = K[x_1, \ldots, x_m] .$$

Pour $k=1$, les lemmes découlent de la remarque suivante. Le B-module engendré par tous les éléments y_{ij} dans G possède une résolution B-libre particulièrement simple, à savoir

$$P_o = \sum_{1 \leq i < j \leq m} B\, U_{ij}$$

$$P_1 = \sum_{1 \leq i \leq m} B\, V_i$$

$$P_2 = B\, W \quad \text{et} \quad P_n = 0 \quad \text{si} \quad n \geq 3$$

la différentielle envoyant U_{ij}, V_i, W sur les éléments respectifs

$$y_{ij} \,, \quad \sum_{1 \leq j \leq m} x_j\, U_{ij} \,, \quad \sum_{1 \leq j \leq m} x_j\, V_j$$

(avec les règles d'antisymétrie usuelles pour les U_{ij}).

[1] M. André
Hopf algebras with divided powers.
Journal of Algebra 18 (1971) ; 19-50.

[2] M. André
La (2p+1)-ème déviation d'un anneau local.
Enseignement Mathématique 23 (1977) ; 239-248.

[3] L. Avramov
On the Hopf algebra of a local ring.
Math. U.S.S.R. Izvestija 8 (1974) ; 259-284.

[4] V. Gugenheim - J. May
On the theory and applications of differential tensor product
Memoirs A.M.S. 142 (1974).

[5] J. May
Matric Massey products.
Journal of Algebra 12 (1969) ; 533-568.

[6] C. Morgenegg
Thèse.
Miméographic - Lausanne (1979).

Michel André
Département de Mathématiques
Ecole Polytechnique Fédérale
61, Avenue de Cour
1.007 Lausanne - Suisse

HOMOLOGICAL DIMENSIONS OF COMPLEXES OF MODULES

by

Hans-Bjørn Foxby

This note presents the definitions of homological dimensions of bounded complexes of modules as proposed by the author in [3]. Somewhat different definitions have been proposed by Iversen in [7] and [8]. The homological dimensions we have in mind are the projective dimension (pd) , the injective dimension (id) , the flat dimension (fd) , and the depth, as well as the Krull dimension (dim) . When a module is considered as a complex concentrated in degree zero these dimensions agree with the usual ones.

For modules over a local ring there are many relations between the homological dimensions. These relations hold also between the various dimensions of bounded complexes, see [3]. A typical example is the following: If M is a bounded complex of f.g. (= finitely generated) modules over a local (commutative, Noetherian) ring A then

$$\text{depth } M + \text{pd } M = \text{depth } A \quad \text{if} \quad \text{pd } M < \infty . \tag{0.1}$$

In order to illustrate how one works with complexes, instead of merely with modules, a proof of (0.1) is indicated in Section 2. Actually we prove a little more which is used to prove that

$$\dim A \leqq \text{fd } M + \dim M \tag{0.2}$$

for a bounded complex M of modules over a local ring A with $\text{Tor}_\ell(M,k) \neq 0$ for some ℓ and for the residue field k , provided the ring A contains a field. This result was first proved, for a module M with $M \otimes k \neq 0$, in [2] by use of the modules constructed by Griffith for rings containing a field, see [4]. But when we use the simple properties of the depth and the dimension of complexes, we first of all can avoid the usage of Griffith's modules, and secondly we get a result for complexes as well, and, for example, the New Intersection Theorem of Peskine and Szpiro [12] and Roberts [13] is a special case of (0.2). (It should be noted that Hochster's maximal Cohen-Macaulay modules from [6] are important in the proof of (0.2).)

In Section 3 we give an explicit formula for the number $i(M \otimes N)$ where M is a bounded complex of f.g. free modules and N is a bounied complex of f.g. modules, and where, in general for a complex X, we write $i(X) = \inf\{\ell \mid H^{\ell}(X) \neq 0\}$ (and also $s(X) = \sup\{\ell \mid H^{\ell}(X) \neq 0\}$). The formula involves certain Fitting ideals of the complex M, and it is a natural extension of the Buchsbaum-Eisenbud criterion for exactness of a complex, see [1]. Our interest in the number $i(M\otimes N)$ comes from the following conjectures on complexes over the local ring A.

(0.3) $\dim N \leqq \operatorname{pd} M + \dim(M\otimes N)$
for all non-exact bounded complexes M and N of f.g. modules whereof M consists of free modules.

(0.4) $i(M\otimes N) \leqq i(N) + s(M)$
for all M and N as in (0.3)

(0.5) $\dim A - \operatorname{depth} A \leqq s(I) - i(I)$
for all non-exact bounded complexes I consisting of injective modules and with f.g. cohomology modules.

(0.3) is a generalization of the original Peskine-Szpiro conjecture from [11], while (0.5) covers the (socalled) Bass conjecture, cf. [11] again. These three conjectures are equivalent (in the sense that if one holds for all rings in a class of local rings closed under completions, localizations and homomorphic images, then the other two do also hold for all rings in the class), see [7].

These conjectures do hold for rings containing a field. Actually, if A contains a field, then the inequality in (0.3) holds for any bounded complexes M and N, where M consists of flat modules such that $\operatorname{Tor}_{\ell}(M,k) \neq 0$ for some ℓ, and where N consists of f.g. modules. This can be derived from (0.2), see [3].

In Section 3 we also indicate a direct proof of (0.4) for rings containing a field of positive characteristic.

1. Notation.

Throughout A denotes a commutative ring with a multiplicative identity. When A is supposed to be local (and that is, local and Noetherian), we use the symbol (A,m,k) to indicate that m is the maximal ideal and that $k = A/m$ is the residue field.

The category of (cochain) complexes of A-modules will be denoted by $\mathcal{C}$, while $\mathcal{I}$, $\mathcal{P}$, and $\mathcal{F}$ denote the full subcategories of $\mathcal{C}$

consisting of complexes of, respectively, injective modules, projective modules, and flat modules. The superscripts $^+$, $^-$, and ^{b} are used on C , I , P , and F to denote the full subcategories of these categories consisting of complexes which are, respectively, bounded below, bounded above, and bounded. The subscript $_{fg}$ indicates the full subcategory consisting of complexes with f.g. cohomology modules (so, e.g., P^b_{fg} denotes the category of bounded complexes of projective modules with f.g. cohomology modules).

For $X , Y \in C$ we write $X \approx Y$, and we say that X and Y are <u>equivalent</u>, if there exists quasi-isomorphisms $X \to Z \leftarrow Y$ for some $Z \in C$. This <u>is</u> an equivalence relation, cf. [9, Proposition I.7.4] or [5, Chapter I].

The <u>infimum</u> and the <u>supremum</u> of $X \in C$ are defined by

$$i(X) = \inf\{\ell \mid H^\ell(X) \neq 0\} \quad \text{and} \quad s(X) = \sup\{\ell \mid H^\ell(X) \neq 0\} .$$

Modules will be considered as complexes concentrated in degree zero, so a complex X is equivalent to a non-zero module if and only if $i(X) = 0 = s(X)$. We say that X is <u>trivial</u> if X is an exact complex, that is, X is equivalent to 0 , the zero module.

A complex I is said to be <u>essential</u>, if $\operatorname{Ker}(I^\ell \to I^{\ell+1})$ is an essential submodule of I^ℓ for all $\ell \in \mathbb{Z}$.

(1.1) <u>Lemma</u>. <u>To each</u> $N \in C^+$ <u>there exists</u> $I \in I^+$ <u>such that</u> $I \approx N$, I <u>is essential</u>, <u>and</u> $I^\ell = 0$ <u>for</u> $\ell < i(N)$.

<u>Proof</u> as the proof of [9, Theorem I.7.5] taking injective envelopes at the right places (instead of merely an injective module containing the module in question). ∎

If N is just a module then the I in (1.1) is a minimal injective resolution of this module.

If (A,m,k) is local then a complex P is said to be <u>minimal</u> if P^ℓ is f.g. and $\operatorname{Im}(P^{\ell-1} \to P^\ell) \subseteq m P^\ell$ for all $\ell \in \mathbb{Z}$.

(1.1') <u>Lemma</u>. <u>To each</u> $M \in C^-$ <u>there exists</u> $P \in P^-$ <u>such that</u> $P \approx M$ <u>and</u> $P^\ell = 0$ <u>for</u> $\ell > s(X)$. <u>If</u> $M \in C_{fg}$ <u>and if</u> A <u>is local</u>, <u>then</u> P <u>can be chosen minimal</u>. ∎

If M is just a f.g. module and A is local then this P is a minimal free resolution.

For $X \in C^b$ the <u>injective dimension</u>, id X ($\in \mathbb{Z} \cup \{-\infty,\infty\}$) of
is given by

$$\text{id } X \leqq n \Leftrightarrow \begin{array}{l} \text{there exists an } I \in I^b \text{ such that} \\ X \approx I \text{ and } I^\ell = 0 \text{ for } \ell > n \end{array}$$

r all $n \in \mathbb{Z}$.

The <u>projective dimension</u>, pd X , of X ($\in C^b$) [respectively,
e <u>flat dimension</u>, fd X , of X] is given by

$$\text{pd } X \leqq n \text{ [respectively, fd } X \leqq n \text{]} \Leftrightarrow$$

$$\begin{array}{l} \text{there exists a } P \in P^b \text{ [respectively } \in F^b \text{]} \\ \text{such that } P \approx X \text{ and } P^\ell = 0 \text{ for } \ell < -n \end{array}$$

r all $n \in \mathbb{Z}$.

.2) <u>Lemma</u>. If $X \approx P \in P^-$ and $Y \approx I \in I^+$ then

$$\text{Hom}(P,Y) \approx \text{Hom}(X,I)$$

<u>Proof</u>. See [9, Proposition I.6.4] or [5, Chapter I].

This allows us for each $\ell \in \mathbb{Z}$ to write

$$\text{Ext}^\ell(X,Y) = H^\ell(\text{Hom}(P,Y)) \cong H^\ell(\text{Hom}(X,I)) .$$

The isomorphism class of the module $\text{Ext}^\ell(X,Y)$ does not depend
on the choice of P and I , but only upon the equivalence clas-
s of X and Y (and upon ℓ , of course).

Similarily, if $X \approx F \in F^-$, $Y \approx G \in F^-$, and $\ell \in \mathbb{Z}$ we write

$$\text{Tor}_\ell(X,Y) = H^{-\ell}(F \otimes Y) \cong H^{-\ell}(H \otimes G) .$$

.3) <u>Lemma</u>. <u>If</u> $Y \approx I \in I^b$ <u>and</u> $X \approx P \in P^b$ [<u>or if</u> $X \approx F \in F^b$]
d <u>if</u> $n \in \mathbb{Z}$, <u>then</u>

$$\text{id } Y \leqq n \Leftrightarrow s(\text{Hom}(Z,I)) \leqq n - i(Z) \quad \text{for all } Z \in C^b$$

$$\text{pd } X \leqq n \Leftrightarrow s(\text{Hom}(P,Z)) \leqq n + s(Z) \quad \text{for all } Z \in C^b$$

$$[\text{fd } X \leqq n \Leftrightarrow i(F \otimes Z) \geqq -n + i(Z) \quad \text{for all } Z \in C^b]$$

In particular, if (A,m,k) is local and X , Y $\in C^b_{fg}$ then

$$\text{id } Y = s(\text{Hom}(k,I))$$

$$\text{pd } X = \text{fd } X = -i(k \otimes P) \ . \ \blacksquare$$

2. Depth and dimension.

(A,m,k) is local in this section.

For $X \approx I \in I^+$ we write depth X = i(Hom(k,I)) .

(2.1) Lemma. For $F \in F^b$, $N \in C^b$, and $\ell \in \mathbb{Z}$ we have

$$\text{Ext}^{\ell}(k, N\otimes F) = \coprod_{n\in\mathbb{Z}} \text{Tor}_n(\text{Ext}^{\ell+n}(k,N),F) \ .$$

Proof. Choose $I \approx N$ as in (1.1). Then the differentials of the complex Hom(k,I) are all zero. Furthermore $N \otimes F \approx I \otimes F \approx I^+$, so the desired result follows from the canonical isomorphisms of complexes

$$\text{Hom}(k, I\otimes F) \cong \text{Hom}(k,I) \otimes F$$

by passing to cohomology. ▮

Proof of (0.1). If N = A and $F \in P^b_{fg}$ then (2.1) gives

$$\begin{aligned} \text{depth } F &= \inf\{\ell \mid \text{Ext}^{\ell}(k,F) \neq 0\} \\ &= \inf\{\ell \mid \text{Tor}_n(\text{Ext}^{\ell+n}(k,A),F) \neq 0\} \\ &= \inf\{m \mid \text{Ext}^m(k,A) \neq 0\} - \sup\{n \mid \text{Tor}_n(k,F) \neq 0\} \\ &= \text{depth } A - \text{pd } F \ . \ \blacksquare \end{aligned}$$

Another direct consequence of (2.1) is the following innocent result: If $I \in I^b_{fg}$ and $P \in P^b_{fg}$ are equivalent and non-trivial then the ring A is a Gorenstein ring (see also [3, (2.10) Proposition]).

For $X \in C^b$ we define

$$\dim X = \sup_{p \in \operatorname{Spec} A} (\dim(A/p) + s(X_p))$$

$$= \sup_{\ell \in \mathbb{Z}} (\dim H^{\ell}(X) + \ell) \text{ , see [3].}$$

(2.2) <u>Lemma</u>. <u>If</u> $X \in C^b$ <u>is such that</u> $\operatorname{Tor}_{\ell}(X,k) \neq 0$ <u>for some</u> $\ell \in \mathbb{Z}$ (e.g. $X \in C^b_{fg}$ and $X \not\approx 0$) <u>then</u>

$$\operatorname{depth} X \leqq \dim X \text{ .}$$

<u>Proof</u>. See [3]. ∎

<u>Proof of</u> (0.2). Choose $F \in F^-$ such that $F \approx M$. Let C be a maximal Cohen-Macaulay module in the sense of Hochster [6]. Then depth $C = \dim A$ and depth $C \otimes F$ = depth $C + i(k \otimes F)$, the latter by (2.1). Now use (1.3) and (2.2). ∎

3. <u>Fitting ideals</u>.

In this section F is a bounded complex of f.g. free A-modules, and the ring A is supposed to be Noetherian. We give a revised version of the Buchsbaum-Eisenbud criterion for exactness of complexes by giving an explicit formula for $i(F \otimes X)$ when $X \in C^b_{fg}$.

For $\ell \in \mathbb{Z}$ we write

$$r^{\ell}(F) = \Sigma_{i \geqq 0} (-1)^i \operatorname{rk} F^{\ell - i}$$

$a^{\ell}(F)$ = the ideal generated by the $r^{\ell}(F) \times r^{\ell}(F)$ minors of (a matrix for) the differential $F^{\ell} \to F^{\ell+1}$

$$T^{\ell}_X(F) = i(\operatorname{Hom}(A/a^{\ell}(F), I) \quad \text{when} \quad X \approx I \in I^+_{fg} \text{ .}$$

Convension: $a^{\ell}(F) = A$ and $T^{\ell}_X(F) = \infty$ if $r^{\ell}(F) \leqq 0$, and $a^{\ell}(F) = 0$ if $r^{\ell}(F) > \min(\operatorname{rk} F^{\ell}, \operatorname{rk} F^{\ell+1})$.

It is easy to see that if G is a complex isomorphic to F ; then $a^{\ell}(F) = a^{\ell}(G)$ for all $\ell \in \mathbb{Z}$, see [10, page 7]. We have even

(3.1) <u>Lemma</u>. If $F \approx G$ then $a^{\ell}(F) = a^{\ell}(G)$ for all $\ell \in \mathbb{Z}$.

Proof. Assume (A,m,k) local. Then it is not too hard to see that each F^ℓ is the direct sum of submodules $F^\ell = \tilde{F}^\ell \oplus P^\ell \oplus Q^\ell$ such that the map $F^\ell \to F^{\ell+1}$ is of the form

$$\begin{array}{c} \tilde{F}^\ell \\ \oplus \\ P^\ell \\ \oplus \\ Q^\ell \end{array} \xrightarrow{\begin{bmatrix} \varphi^\ell & 0 & 0 \\ 0 & 0 & \psi^\ell \\ 0 & 0 & 0 \end{bmatrix}} \begin{array}{c} \tilde{F}^{\ell+1} \\ \oplus \\ P^{\ell+1} \\ \oplus \\ Q^{\ell+1} \end{array}$$

where ψ^ℓ is an isomorphism: $Q^\ell \to P^{\ell+1}$, and where $\varphi^\ell(\tilde{F}^\ell) \subseteq m\,\tilde{F}^{\ell+1}$. Write $\hat{F}^\ell = P^\ell \oplus Q^\ell$. Then $F = \tilde{F} \oplus \hat{F}$ (direct sum of complexes) where $\tilde{F}$ is a minimal complex and where $\hat{F}$ is a trivial complex. Furthermore, one gets $a^\ell(F) = a^\ell(\tilde{F})$.

Similarly, we have $G = \tilde{G} \oplus \hat{G}$ where $\tilde{G}$ is minimal and $\hat{G}$ is trivial, and where $a^\ell(G) = a^\ell(\tilde{G})$.

We have $\tilde{F} \approx F \approx G \approx \tilde{G}$, and hence $\tilde{F} \cong \tilde{G}$ (isomorphic as complexes) since $\tilde{F}$ and $\tilde{G}$ are minimal complexes of f.g. free modules. ▮

(3.2) Corollary. $\operatorname{pd} F = -\inf\{\ell \mid a^\ell(F) \neq A\}$. ▮

(3.3) Theorem. $i(F\otimes X) = \inf_\ell (T_X^\ell(F) + \ell)$ for $X \in C_{fg}^b$.

Proof. Write $i = i(F\otimes X)$, $j = \inf_\ell (T_X^\ell(F) + \ell)$, $p = \operatorname{pd} F$, and $H = H^{i(X)}(X)$. We are required to prove $i = j$, but first we note that

$$i(X) = i + p \quad \text{if} \quad \operatorname{depth} X = i(X) . \tag{3.4}$$

Here $\leq$ is obvious, while $\geq$ follows since $i \leq \operatorname{depth}(F\otimes X) = \operatorname{depth} X - p = i(X) - p$, cf. (1.3) and (2.2). The next step is to prove

(3.5) $\quad a^\ell(F) \nsubseteq z(H)$ = the set of zero divisors on H for $\ell < i - i(X)$.

This is done by induction on $d = \dim A$. If $\operatorname{depth} X = i(X)$ then $a^\ell(F) = A$ for $\ell < i - i(X)$ by (3.2) and (3.4). This takes also care of the case $d = 0$. Now assume $\operatorname{depth} X > i(X)$, that is, $p \neq m$ for all $p \in \operatorname{Ass} H$, cf. [3, (3.3)]. Whence $a^\ell(F)_p = a^\ell(F_p) \nsubseteq p_p$ for $\ell < i(F_p \otimes_{A_p} X_p) - i(X_p) = i((F\otimes X)_p) - i(X)$

and $p \in \operatorname{Ass} H$ by the inductive hypothesis. In particular, $\mathfrak{a}^{\ell}(F) \nsubseteq p$ for $\ell < i - i(X)$ and $p \in \operatorname{Ass} H$, and we are done with the proof of (3.5).

The proof of the inequality $i \geqq j$ is also by induction on $d = \dim A$. If $\dim H^i(F \otimes X) = 0$ then

$$i = \operatorname{depth}(F \otimes X) = \operatorname{depth} X - p$$

$$\geqq T_X^{-p}(F) - p \geqq j$$

where the first inequality follows from [3, (3.4) Proposition]. This takes also care of the case $d = 0$. Now assume $\dim H^i(F \otimes X) > 0$ and choose $p \in \operatorname{Supp} H^i(F \otimes X)$, $p \neq \mathfrak{m}$. The inductive hypothesis gives

$$i = i(F_p \otimes_{A_p} X_p) \geqq \inf_{\ell}(T^{\ell}_{X_p}(F_p) + \ell) \geqq j$$

since $T^{\ell}_{X_p}(F_p) \geqq T^{\ell}_X(F)$ (since $\mathfrak{a}^{\ell}(F_p) = \mathfrak{a}^{\ell}(F)_p$).

The proof of the inequality $i \leqq j$ is by induction on $\operatorname{depth} X - i(X)$. Choose $m \in \mathbb{Z}$ such that $j = T^m_X(F) + m$. If $m \geqq i - i(X)$ then $j \geqq i$ since $T^m_X(F) \geqq i(X)$. By (3.2) and (3.4) this takes also care of the case $\operatorname{depth} X = i(X)$. Now assume $m < i - i(X)$. Choose $a \in \mathfrak{m} \cap \mathfrak{a}^m(F) - z(H)$, cf. (3.5), write K for the complex $0 \to A \xrightarrow{a\cdot} A \to 0$ (concentrated in degrees -1 and 0) and $\overline{X} = X \otimes K$. Then $\operatorname{depth} \overline{X} - i(\overline{X}) = \operatorname{depth} X - i(X) - 1$, $i(F \otimes \overline{X}) \geqq i - 1$, and $T^m_{\overline{X}}(F) = T^m_X(F) - 1$, so the inductive hypothesis gives $i - 1 \leqq T^m_{\overline{X}}(F) + m = j - 1$. ∎

Proof of (0.4) when char A is a prime number p .

Assume that M is a minimal bounded complex of free modules. Let $k \in \mathbb{N}$. If all the entries in the matrices of the differentials in M are raised to the power p^k, then we have obtained a new complex which we denote by $M^{(k)}$.

Write $s = s(M)$ and $i = i(N)$ and assume that $N^{\ell} = 0$ for $\ell < i$ (so $H^i(N) \subseteqq N^i$). Pick $q \in \mathbb{N}$ such that $H^i(N) \nsubseteq \mathfrak{m}^q N^i$. Then it is easy to see that $H^{i+s}(M^{(q)} \otimes N) \neq 0$, and hence $i(M^{(q)} \otimes N) \leqq i + s$. For all $\ell \in \mathbb{Z}$ the ideals $\mathfrak{a}^{\ell}(M)$ and $\mathfrak{a}^{\ell}(M^{(q)})$ have the same radical, so $i(M \otimes N) = i(M^{(q)} \otimes N)$ ($\leqq i+s$) by (3.3). ∎

References.

1. D. Buchsbaum and D. Eisenbud, What makes a complex exact? J. Algebra 25 (1973), 259-268.

2. H.-B. Foxby, On the μ^i in a minimal injective resolution II, Math. Scand. 41 (1977), 19-44.

3. H.-B. Foxby, Bounded complexes of flat modules, to appear in J. Pure Appl. Algebra (1979).

4. P. Griffith, A representation theorem for complete local rings, J. Pure Appl. Algebra 7 (1976), 303-315.

5. R. Hartshorne, Residues and Duality (Lecture Notes Math. 20), Springer-Verlag, Berlin, Heidelberg, New York, 1966.

6. M. Hochster, Topics in the homological theory of modules over commutative rings (C.B.M.S. Regional Conf. Ser. Math. 24), Amer. Math. Soc., Providence, 1976.

7. B. Iversen, Amplitude Inequalities for Complexes, Ann. scient. Éc. Norm. Sup. (4) 10 (1977), 547-558.

8. B. Iversen, Depth Inequalities for Complexes, (Proceedings, Algebraic Geometry, Tromsø (1977), 91-111) (Lectures Notes Math. 687) Springer-Verlag, Berlin, Heidelberg, New York, 1978.

9. B. Iversen, Cohomology of Sheaves, manuscript, Aarhus Universitet.

10. D. G. Northcott, Finite Free Resolutions, Cambridge Tracts Math. 71, Cambridge Univ. Press, Cambridge, 1976.

11. C. Peskine and L. Szpiro, Dimension projective finite et cohomologie locale, Publ. Math. I.H.E.S. 42 (1973), 49-119.

12. C. Peskine and L. Szpiro, Syzygies et multiplicités, C. R. Acad. Sci. Paris Sér. A 278 (1978), 1421-1424.

13. R. Roberts, Two applications of dualizing complexes over local rings, Ann. scient. Éc. Norm. Sup. (4) 9 (1976), 103-106.

Hans-Bjørn Foxby
Københavns Universitets
Matematiske Institut
Universitetsparken 5
DK - 2100 København Ø
Danmark

Dualisation de la platitude

Systèmes projectifs de modules plats

Systèmes projectifs de modules injectifs

par Danielle SALLES

I. Coprésentation des modules.

Nous généralisons la notion de coprésentation finie utilisée par F. Couchot dans (3) et montrons, en particulier, que tout A-module M coprésentable est extension essentielle d'une limite inductive de sous-modules de M de type cofini, coprésentables.

II. Limites projectives de modules injectifs.

Nous étudions la dimension injective des limites de systèmes projectifs de modules injectifs et montrons, en particulier, que :

$\varprojlim^1 \mathrm{Hom}(M,P)$ est isomorphe à $\mathrm{Hom}(M, \varprojlim^1 P)$ pour tout module M si et seulement si $\varprojlim P$ est un module injectif.

Etude d'un cas particulier de systèmes projectifs de modules injectifs : Les modules coplats.

Daniel Lazard a montré (1) qu'un module est plat si et seulement si c'est une limite inductive de modules libres de type fini. Nous utilisons la notion de module cofini présentée par Vamos dans (2) pour donner la définition :
Un module est dit "coplat" si c'est une limite projective de modules injectifs cofinis.

Nous indiquons quelques propriétés des modules coplats : courtes suites exactes (prop. II.1), complétion pour la topologie cofinie, dualité entre les modules plats et les modules coplats, anneaux sur lesquels tout module coplat est injectif.

III. Systèmes projectifs de modules plats sur un anneau cohérent.

Jensen a obtenu dans (4) des résultats sur les limites projectives de systèmes projectifs de modules plats sur un anneau cohérent, commutatif et linéairement compact . Il utilise les suites spectrales

$$'E_2^{pq} = \underleftarrow{\lim}_{\alpha}^{p}\ \mathrm{Tor}_{-q}(M,A_\alpha) \quad \text{et} \quad ''E_2^{pq} = \mathrm{Tor}_{-p}(M,\underleftarrow{\lim}_{\alpha}^{q}\ A_\alpha)$$

Ces suites spectrales ne convergent généralement pas (cf. (4) errata p.102). Par contre, lorsque le système projectif étudié a une dimension injective inférieure ou égale à $k+1$ (où k est un nombre entier fini) il est possible d'obtenir des suites spectrales convergentes même si l'anneau n'est ni commutatif ni linéairement compact. Nous obtenons ainsi des conditions de commutativité de $\mathfrak{A}$ et de $\underleftarrow{\lim}^{k}$ et $\underleftarrow{\lim}^{k+1}$. (Théorème III.2) sur un anneau auto-FP-injectif. Les anneaux sont unitaires, la notation $\underleftarrow{\lim}^{k}$ représente le k-ième dérivé du foncteur limite projective(4) et (10).

I. Coprésentation des modules.

I.1 Définitions -

Un A-module M est dit codéfini si son enveloppe injective E(M) est somme directe d'enveloppes injectives de modules simples.

Un A-module M est dit coprésentable s'il est codéfini et si $\frac{E(M)}{M}$ est codéfini.

I.2 Propriétés élémentaires -

Proposition I.1 - Soit $0 \longrightarrow M' \longrightarrow M \longrightarrow M'' \longrightarrow 0$ une suite exacte de A-modules, alors :

a) Si M est codéfini alors M' est codéfini ;

b) Si M' et M" sont codéfinis alors M est codéfini ;

c) Si M' est coprésentable et si M est codéfini alors M" est codéfini ;

d) Si M est coprésentable et si M" est codéfini alors M' est coprésentable ;

e) Si M' et M" sont coprésentables alors M est coprésentable ;

f) Si l'anneau A est noethérien toute somme directe de modules codéfinis est un module codéfini ; toute somme directe de modules coprésentables est un module coprésentable.

Preuve : immédiate ; voir aussi (3).

Proposition I.2 - Soit A un anneau, alors tout A-module est coprésentable si et seulement si A est artinien.

Preuve : On utilise un théorème de Vamos : un anneau est artinien si et seulement si tout module injectif est une somme directe d'enveloppes injectives de modules simples.

Proposition I.3 - Soit A un V-anneau à gauche alors tout A-module codéfini est coprésentable.

Preuve : immédiate.

Proposition I.4 - Soient A un anneau noethérien, $(\mathfrak{m}_i)_{i\in I}$ la famille des idéaux maximaux de A, $E = \bigoplus_{i\in I} E(\frac{A}{\mathfrak{m}_i})$ un cogénérateur injectif de Mod A, M un A module de présentation finie alors Hom(M,E) est coprésentable.

Preuve : Soit $A^{J'} \longrightarrow A^J \longrightarrow M \longrightarrow 0$ une représentation de M, alors la suite :

$$0 \longrightarrow \mathrm{Hom}(M,E) \longrightarrow \mathrm{Hom}(A^J,E) \longrightarrow \mathrm{Hom}(A^{J'},E)$$

est exacte et

$$\mathrm{Hom}(A^J,E) \simeq \bigoplus_J \mathrm{Hom}(A,E) \simeq E^J$$

or E est un injectif codéfini et A étant noethérien E^J est codéfini ainsi que $E^{J'}$ donc Hom(M,E) est coprésentable.

Proposition I.5 - Soient A un anneau, M un A-module coprésentable alors : M est extension essentielle d'une limite inductive de sous modules de M de type cofini, coprésentables.

Remarque - M est évidemment extension essentielle d'une limite inductive de modules cofinis-car M est extension essentielle de son socle-mais les modules simples ne sont pas nécessairement coprésentables.

Preuve de la Proposition I.5 - Soit $0 \longrightarrow M \xrightarrow{u} \bigoplus_{i\in I} E(S_i) \xrightarrow{s} \bigoplus_{i\in I} \frac{E(S_i)}{M} \longrightarrow 0$ une coprésentation de M.

Pour toute partie finie J de I considérons le diagramme commutatif suivant : (où ℓ_J est l'injection canonique :

$$\bigoplus_{i\in J} E(S_i) \longrightarrow \bigoplus_{i\in I} E(S_i) \quad \text{et} \quad N_J = \mathrm{im}\ s \circ \ell_J)$$

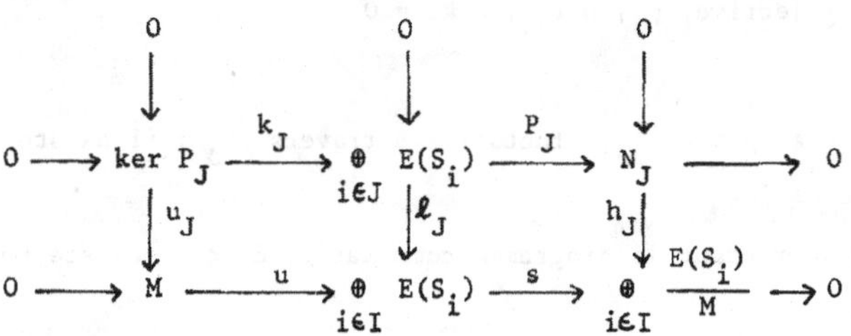

Montrons que, pour toute partie finie J' de I contenant J, il existe un morphisme injectif de N_J ver $N_{J'}$ et un morphisme injectif de $\ker P_J$ vers $\ker P_{J'}$ rendant le diagramme suivant commutatif :

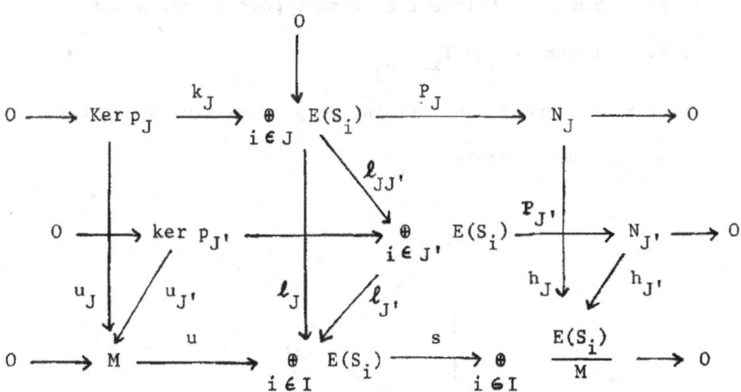

où $\ell_{JJ'}$ est l'injection canonique.

On a $s \circ u = 0$ donc $s \circ u \circ u_j = 0$

or $u \circ u_j = \ell_J \circ k_J$ donc $s \circ \ell_J \circ k_J = 0$

or $\ell_J = \ell_{J'} \circ \ell_{JJ'}$ donc $s \circ \ell_{J'} \circ \ell_{JJ'} \circ k_J = 0$

or $s \circ \ell_{J'} = h_{J'} \circ p_{J'}$ donc $h_{J'} \circ p_{J'} \circ \ell_{JJ'} \circ k_J = 0$

et puisque $h_{J'}$ est injective $p_{J'} \circ \ell_{JJ'} \circ k_J = 0$

Ce qui montre que $p_{J'} \circ \ell_{JJ'}$ factorise à travers N_J : il existe morphisme $N_J \longrightarrow N_{J'}$ rendant le diagramme commutatif, donc il existe un morphisme $k_{JJ'} : \ker P_J \longrightarrow \ker P_{J'}$ vérifiant :

$$k_{J'} \circ k_{JJ'} = \ell_{JJ'} \circ k_J$$

Montrons que $(\ker p_J, k_{JJ'})_{(J \text{ partie finie de } I)}$ est un système inductif (I est évidemment filtrant croissant pour l'inclusion).

Il est évident que $k_{JJ} = 1_{\ker p_J}$.

La commutativité -pour tout triplet de parties finies de I : J,J',J" vérifiant $J \subset J' \subset J''$- du triangle :

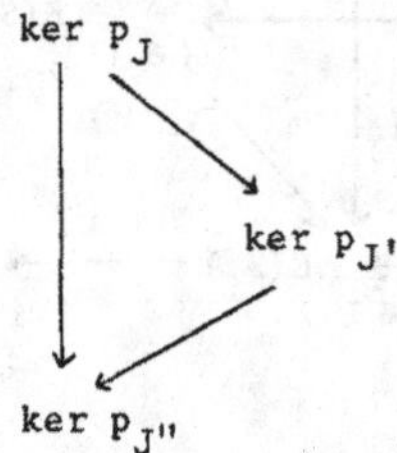

se déduit de celle du triangle

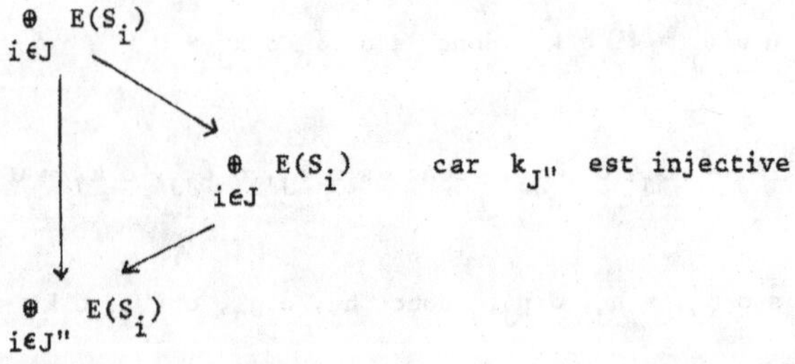

Le système est donc inductif, appelons $(E,\ell'_J)_{J\subset I}$ sa limite inductive.

Le système de morphismes $u_J : \ker p_J \longrightarrow M$ est compatible par construction avec le système inductif, il existe donc un morphisme injectif $k' : E \longrightarrow M$, montrons que ce morphisme est essentiel.

Le module M étant codéfini est extension essentielle de son socle, il suffit donc de montrer que E contient le socle de M.

Soit S_i un élément du socle de M, alors prenons $J = \{i\}$.

S_i étant essentiel dans $E(S_i)$ on a :

$$S_i \cap \ker p_{\{i\}} \neq \{0\} \quad \text{et} \quad S_i \subset \ker p_{\{i\}}$$

On en déduit immédiatement : $S_i \subset E$.

On termine la démonstration en remarquant que : pour toute partie finie J de I, N_J est un sous module du module codéfini :

$\dfrac{\bigoplus_{i\in I} E(S_i)}{M}$ donc N_J est codéfini et la suite exacte :

$$0 \longrightarrow \ker p_J \longrightarrow \bigoplus_{i\in J} E(S_i) \longrightarrow N_J \longrightarrow 0$$

montre que $\ker p_J$ est cofini et coprésentable.

II. Limites projective de modules injectifs.

Notations : Ce sont celles de C.U. Jensen (4)

$P = (P_\alpha)_{\alpha\in \mathfrak{I}}$ est un système projectif de modules indexé sur $\mathfrak{I}$. On dira aussi : (P_α) est un $\mathfrak{I}$-système projectif. Les morphismes intermédiaires seront indiqués seulement lorsque cela est nécessaire. P_α est le terme d'indice α de (P_α).

On notera $\varprojlim^p$ le p-ième foncteur dérivé à droite du foncteur limite projective. On a, en particulier : $\varprojlim_{\mathcal{J}}^{o} P = \varprojlim_{\mathcal{J}} P$. Lorsqu'il n'y a pas d'ambiguité sur le système d'indices de P nous notons seulement : $\varprojlim^p P$.

On dit qu'un ensemble $\mathcal{J}$ d'indices est de dimension flasque $k(k \geqslant 0)$ si tout système projectif indexé sur $\mathcal{J}$ admet une résolution flasque de longueur k. (Jensen (4) Déf. 4 p.29).

On dit qu'un ensemble ordonné $\mathcal{J}$ d'indices est de dimension cohomologique inférieure ou égale à k si tout système projectif indexé sur $\mathcal{J}$ annule les (k+i) ièmes dérivés du foncteur $\varprojlim$ pour tout $i \geqslant 1$ ((4) paragraphe 3).

On note id M la dimension injective du module M.

Théorème II.1 - Soient A un anneau unitaire, M un A module, $P = (P_\alpha)$ un $\mathcal{J}$-système projectif tel que pour tout $\alpha \in \mathcal{J}$, P_α soit un module injectif. On note E_2^{pq} le deuxième terme de la suite spectrale : $\mathrm{Ext}^p(M, \varprojlim^q P) \Longrightarrow \varprojlim^n \mathrm{Hom}(M, P_\alpha)$ alors :

a) La suite

$$0 \longrightarrow \mathrm{Ext}^1(M, \varprojlim P) \longrightarrow \varprojlim_{\mathcal{J}}^1 \mathrm{Hom}(M, P_\alpha) \longrightarrow \mathrm{Hom}(M, \varprojlim^1 P)$$

$$\mathrm{Ext}^2(M, \varprojlim P) \longrightarrow E_3^{0,2} \longrightarrow 0$$ est exacte et, par conséquent :

$\varprojlim_{\mathcal{J}}^1 \mathrm{Hom}(M, P_\alpha)$ et $\mathrm{Hom}(M, \varprojlim^1 P)$ sont isomorphes pour tout module M si et seulement si $\varprojlim P$ est un module injectif.

b) Si pour tout s positif ou nul $s < \ell$, la dimension injective de $\varprojlim^s P$ est inférieurement égale à $\ell - s - 1$ alors : $\varprojlim_{\mathcal{J}}^{\ell} \mathrm{Hom}(M, P_\alpha)$ et $\mathrm{Hom}(M, \varprojlim^{\ell} P)$ sont isomorphes.

c) Si on suppose, de plus, que la dimension cohomologique du système d'indices $\mathcal{J}$ est inférieure ou égale à k alors :

1. Si tous les modules $\varprojlim P, \varprojlim^1 P, \ldots, \varprojlim^{k-1} P$ sont injectifs, $\varprojlim^k P$ est injectif.

2. id $(\underleftarrow{\lim}^k P) \leq \sup_{0 \leq \ell \leq k-1} (\text{id } \underleftarrow{\lim}^{\ell} P) - 1$ <u>dans les autres cas</u>.

<u>Preuve du Théorème</u>.

J.E. Roos a montré (10) que pour tout $\mathcal{J}$-système projectif P et tout module M, il existe deux suites spectrales de deuxièmes termes :

$$'E_2^{pq} = \underleftarrow{\lim}^p \text{Ext}^q (M, P_\alpha) \quad \text{et} \quad ''E_2^{pq} = \text{Ext}^p (M, \underleftarrow{\lim}^q P) .$$

D'après nos hypothèses la première suite dégénère et on a :

$$\text{Ext}^p (M, \underleftarrow{\lim}^q P) \Longrightarrow \underleftarrow{\lim}_{\mathcal{J}}^n \text{Hom} (M, P_\alpha) .$$

Pour simplifier nous noterons E_2^{pq} le terme de gauche.

a) <u>Calcul de la longue suite exacte</u>.

Calculons E_2^{pq} lorsque $n=1$. On a

$$E_2^{0,1} = \text{Hom} (M, \underleftarrow{\lim}^1 P)$$

$$E_2^{-1,+2} = 0$$

$$E_2^{1,0} = \text{Ext}^1 (M, \underleftarrow{\lim} P)$$

$$E^{2,-1} = 0$$, les autres termes sont nuls.

D'après (8) prop. 5.5 la suite :

$$0 \longrightarrow E_\infty^{1,0} \longrightarrow H^1 \longrightarrow E_\infty^{0,1} \longrightarrow 0 \qquad (1)$$

est exacte.

Ecrivons la dérivation de la suite spectrale en $r \geq 2$, $p = 1$, $q = 0$

$$\begin{array}{ccccc} E_r^{1-r,r-1} & \longrightarrow & E_r^{1,0} & \longrightarrow & E_r^{r+1,-r+1} \\ \| & & & & \| \\ 0 & & & & 0 \end{array}$$

Ce qui montre que

$$E_2^{1,0} \simeq E_\infty^{1,0}$$

D'autre part écrivons la dérivation δ en : r = 2 , p = 0 , q = 1

$$\begin{array}{ccccccc} E_2^{-2,2} & \dashrightarrow & E_2^{0,1} & \xrightarrow{\delta} & E_2^{2,0} & \longrightarrow & E_2^{4,-1} \\ \| & & & & & & \| \\ 0 & & & & & & 0 \end{array}$$

Ce qui montre que :

$$\left.\begin{array}{l} \ker \delta = E_3^{0,1} \\ \\ \dfrac{E_2^{2,0}}{\operatorname{im} \delta} = E_3^{2,0} \end{array}\right\} \quad (2)$$

Ecrivons la dérivation δ en $r \geqslant 3$, p = 0 , q = 1

$$\begin{array}{ccccc} E_r^{-r,r} & \longrightarrow & E_r^{0,1} & \longrightarrow & E_r^{r,2-r} \\ \| & & & & \| \\ 0 & & & & 0 \end{array}$$

d'où $E_3^{0,1} \simeq E_\infty^{0,1}$

La suite (1) devient donc :

$$0 \longrightarrow E_2^{1,0} \longrightarrow H^1 \longrightarrow E_3^{0,1} \longrightarrow 0 \qquad (1)'$$

Les égalités (2) montrent d'autre part que la suite :

$$0 \longrightarrow E_3^{0,1} \longrightarrow E_2^{0,1} \xrightarrow{\delta} E_2^{2,0} \dashrightarrow E_3^{2,0} \dashrightarrow 0 \qquad (3)$$

est exacte. Réunissons les suites (1)' et (3) nous obtenons la longue suite exacte :

$$0 \dashrightarrow E_2^{1,0} \dashrightarrow H^1 \dashrightarrow E_2^{0,1} \xrightarrow{\delta} E_2^{2,0} \longrightarrow E_3^{2,0} \longrightarrow 0$$

Soit explicitement la longue suite recherchée :

$$0 \longrightarrow \operatorname{Ext}^1(M, \varprojlim P) \longrightarrow \varprojlim_{\mathfrak{J}}{}^1(\operatorname{Hom}(M, P_\alpha) \dashrightarrow \operatorname{Hom}(M, \varprojlim{}^1 P)$$
$$\longrightarrow \operatorname{Ext}^2(M, \varprojlim P) \longrightarrow E_3^{2,0} \longrightarrow 0$$

Cette longue suite exacte montre d'autre part que le morphisme :

$$\varprojlim_{\mathfrak{J}}{}^1(\operatorname{Hom}(M, P_\alpha) \longrightarrow \operatorname{Hom}(M, \varprojlim{}^1 P)$$

est un isomorphisme pour tout module M si et seulement si $\varprojlim P$ est un module injectif.

b) Supposons que, pour tout entier positif ou nul s inférieur à $\ell\,(\ell \geqslant 1)$ on ait : $\operatorname{id}(\varprojlim{}^s P) \leqslant \ell-s-1$ montrons qu'alors : le morphisme $\varprojlim_{\mathfrak{J}}{}^\ell \operatorname{Hom}(M, P_\alpha) \longrightarrow \operatorname{Hom}(M, \varprojlim{}^\ell P)$ est un <u>isomorphisme</u>. Calculons E_2^{pq} en $n = p+q = \ell$.

$$E_2^{\ell,0} = \operatorname{Ext}^\ell(M, \varprojlim P) = 0$$
$$E_2^{\ell-1,1} = \operatorname{Ext}^{\ell-1}(M, \varprojlim{}^1 P) = 0$$

et,plus généralement,

$$E_2^{\ell-i,i} = \operatorname{Ext}^{\ell-i}(M, \varprojlim{}^i P) = 0 \qquad \forall i \in [0,\dots,\ell-1]$$
$$E_2^{0,\ell} = \operatorname{Hom}(M, \varprojlim{}^\ell P)$$
$$E_2^{-1\,\ell+1} = 0 \text{ les autres termes sont nuls donc } E_\infty^{0,\ell} = H^\ell .$$

Montrons maintenant que $E_2^{0,\ell} \simeq E_\infty^{0,\ell}$ en écrivant la dérivation de la suite spectrale en $r \geqslant 2$, $p = 0$, $q = \ell$.

$$E_r^{-r,\ell+r-1} \longrightarrow E_r^{0,\ell} \longrightarrow E_r^{r,\ell-r+1} \qquad (4)$$
$$\shortparallel$$
$$0$$

Par hypothèse on a $\operatorname{id} \varprojlim{}^{\ell-r+1} P \leqslant r-2$ donc

$$E_r^{r,\ell-r+1} = \operatorname{Ext}^r(M, \varprojlim{}^{\ell-r+1} P) = 0$$

La suite (4) montre alors que $E_2^{0,\ell} \simeq E_\infty^{0,\ell} \simeq H^\ell$ d'où :

$$\mathrm{Hom}(M, \varprojlim^\ell P) \simeq \varprojlim_{\mathfrak{J}}^\ell \mathrm{Hom}(M, P_\alpha)$$

c) $\underline{1}$ Cas où la borne supérieure j des dimensions injectives est 0. Calculons E_2^{pq} en $n = k+1$

$$E_2^{1,k} = \mathrm{Ext}^1(M, \varprojlim^k P)$$

$$E_2^{0,k+1} = \mathrm{Hom}(M, \varprojlim^{k+1} P) = 0 \quad \text{par hypothèse sur } \mathfrak{J}$$

$$E^{-1,k+2} = 0$$

$$E^{2,k-1} = \mathrm{Ext}^2(M, \varprojlim^{k-1} P) = 0 \quad \text{par hypothèse sur } j.$$

Les autres termes sont nuls et on a :

$$E_\infty^{1,k} \simeq H^{k+1} = \varprojlim_{\mathfrak{J}}^{k+1} \mathrm{Hom}(M, P_\alpha) = 0$$

Vérifions que $E_\infty^{1,k} \simeq E_2^{1,k}$: en $r \geqslant 2$

$$\begin{array}{ccccc} E_r^{1-r,k+r-1} & \longrightarrow & E_r^{1,k} & \longrightarrow & E_r^{1+r,k-r+1} \\ \| & & & & \| \\ 0 & & & & 0 \end{array}$$

D'où l'isomorphisme : $\mathrm{Ext}^1(M, \varprojlim^k P) \simeq H^{k+1} = 0$ pour tout module M ; $\varprojlim^k P$ est donc un module injectif.

c) $\underline{2}$ Supposons que le système $\mathfrak{J}$ d'indices du système projectif P annule les $(k+i)$ ièmes dérivés du foncteur $\varprojlim$ lorsque $i \geqslant 1$ et soit j (j fini supérieur ou égal à 1) la borne supérieure des dimensions injectives des modules : $\{\varprojlim P, \varprojlim^1 P, \ldots, \varprojlim^{k-1} P\}$.

On a donc d'une part : $\varprojlim_{\mathfrak{J}}^{k+1} P = 0$ et d'autre part :

$$\mathrm{id} \varprojlim^i P \leqslant j \qquad \forall i \in [0, \ldots, k-1]$$

Calculons alors E_2^{pq} lorsque $n = p+q = k+j$

$$E_2^{j,k} = \mathrm{Ext}^j(M, \varprojlim^k P)$$

$$E_2^{j+1,k-1} = \mathrm{Ext}^{j+1}(M, \varprojlim^{k-1} P) = 0$$

$$E_2^{j+i,k-i} = \mathrm{Ext}^{j+i}(M, \varprojlim^{k-i} P) = 0 \qquad \forall i \geqslant 1$$

$$E_2^{j-i,k+i} = \mathrm{Ext}^{j-i}(M, \varprojlim^{k+i} P) = 0 \qquad \forall i \geqslant 1 .$$

Ceci montre que :

$$E_\infty^{j,k} \simeq H^{j+k} = \varprojlim_{\mathfrak{I}}{}^{j+k} \mathrm{Hom}(M, P_\alpha) \quad .$$

Remarquons que $\mathfrak{I}$ annule les $(k+i)$ ièmes dérivés de $\varprojlim$ dès que $i \geqslant 1$ donc : $H^{j+k} = 0$ (nous avons supposé $j \geqslant 1$).

Montrons que $E_2^{j,k} \simeq E_\infty^{j,k}$ en écrivant la dérivation de la suite spectrale en : $r \geqslant 2$, $p = j$, $q = k$

$$E_r^{j-r,k+r-1} \longrightarrow E_r^{j,k} \longrightarrow E_r^{j+r,k-r+1}$$

$E_r^{j+r,k-r+1} = \mathrm{Ext}^{j+r}(M, \varprojlim^{k-r+1}) = 0$ par hypothèse sur les dimensions injectives

$E_r^{j-r,k+r-1} = \mathrm{Ext}^{j-r}(M, \varprojlim^{k+r-1}) = 0$ par hypothèse sur $\mathfrak{I}$.

On a donc :

$$E_2^{j,k} = \mathrm{Ext}^j(M, \varprojlim^k P) \simeq E_\infty^{j,k} \simeq H^{j+k} = 0$$

pour tout module M.

Ce qui montre que :

$$\mathrm{id} \varprojlim^k P \leqslant \sup_{0 \leqslant \ell \leqslant k-1} (\mathrm{id} \varprojlim^\ell P) - 1$$

lorsque cette borne est supérieure ou égale à 1.

Un cas particulier de limite de systèmes projectifs de modules injectifs : Les modules coplats.

Définition - On dit qu'un A-module E est coplat si c'est la limite projective d'un système projectif $(E_I, \ell_{IJ})_{I,J\in\mathfrak{J}\times\mathfrak{J}}$ de modules injectifs cofinis.

Les propriétés les plus intéressantes des modules coplats sont obtenues lorsque le système projectif est flasque (4), par abus de langage nous dirons alors que E est flasque.

Proposition II.1 - Soit $0 \longrightarrow E \longrightarrow M \longrightarrow N \longrightarrow 0$ une suite exacte de A-modules où E est coplat flasque et N injectif cofini alors M' est coplat flasque.

Lemme - Soit

$$0 \longrightarrow E \longrightarrow M \longrightarrow N \longrightarrow 0 \qquad (1)$$

une suite exacte où E est limite projective d'un système projectif flasque alors il existe un système projectif de suites exactes :

$$0 \longrightarrow E_I \longrightarrow P_I \longrightarrow N \longrightarrow 0$$

dont la limite projective est la suite (1)

Preuve : Soit $E = \varprojlim_{\mathfrak{J}} (E_I, \ell_{IJ})$. Pour tout $I \in \mathfrak{J}$ et pour toute flèche canonique $\ell_I : E \longrightarrow E_I$ complétons le diagramme :

$$\begin{array}{ccccccccc} 0 & \longrightarrow & E & \xrightarrow{i} & M & \xrightarrow{t} & N & \longrightarrow & 0 \\ & & \downarrow{\scriptstyle \ell_I} & & \downarrow{\scriptstyle s_I} & & \|{\scriptstyle 1_N} & & \\ 0 & \longrightarrow & E_I & \xrightarrow{j_I} & P_I & \xrightarrow{p_I} & N & \longrightarrow & 0 \end{array} \qquad (2)$$

où P_I est le produit cofibré de M et de E_I au dessus de E. Ce diagramme est commutatif (Mitchell th. des catégories).

Soient I, J, des éléments de $\mathcal{J}$ tels que $I \geqslant J$ alors montrons qu'il existe une flèche $s_{IJ} : P_I \longrightarrow P_J$.

Considérons le diagramme :

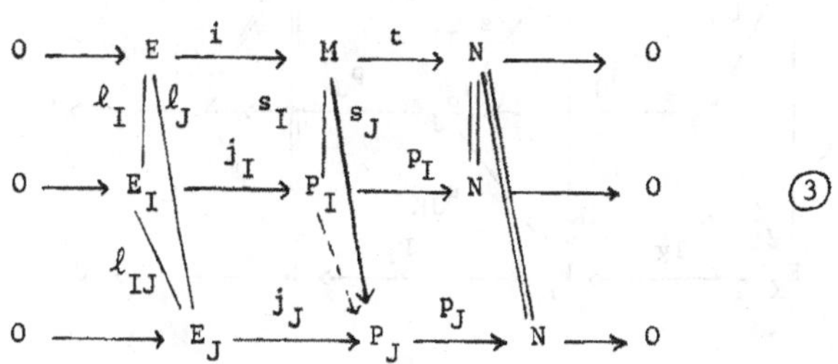

(3)

Par construction de s_J on a .

$$s_J \circ i = j_J \circ \ell_J = j_J \circ \ell_{IJ} \circ \ell_I \ .$$

D'après la propriété universelle des produits cofibrés il existe une flèche $s_{IJ} : P_I \longrightarrow P_J$ telle que $s_{IJ} \circ s_I = s_J$ et $j_J \circ \ell_{IJ} = s_{IJ} \circ j_I$.

L'existence de s_{IJ} permet de compléter le diagramme :

$$\begin{array}{ccccccccc} 0 & \longrightarrow & E_I & \xrightarrow{j_I} & P_I & \xrightarrow{p_I} & N & \longrightarrow & 0 \\ & & \downarrow{\scriptstyle \ell_{IJ}} & & \downarrow{\scriptstyle s_{IJ}} & & \downarrow{\scriptstyle \alpha} & & \\ 0 & \longrightarrow & E_J & \xrightarrow{j_J} & P_J & \xrightarrow{p_J} & N & \longrightarrow & 0 \end{array} \qquad (4)$$

avec $\alpha \circ p_I = p_J \circ s_{IJ}$.

D'après le diagramme (3) on a :

$$\alpha \circ t = \alpha \circ p_I \circ s_I = p_J \circ s_{IJ} \circ s_I = p_J \circ s_J = t$$

or t est surjective donc $\alpha = 1_N$.

Montrons que le système de suites exactes ainsi construit est projectif ; soit un triplet I, J, K d'éléments de $\mathcal{J}$ vérifiant $I \geqslant J \geqslant K$:

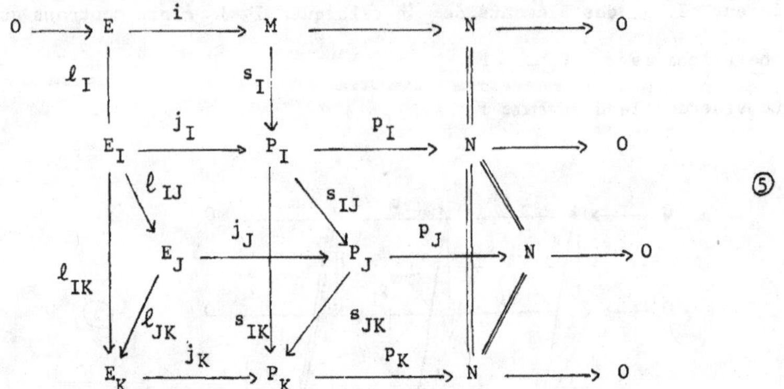

il faut montrer que $s_{JK} \circ s_{IJ} = s_{IK}$.

Utilisons de nouveau la propriété universelle du produit cofibré : il suffit de montrer que $s_{JK} \circ s_{IJ}$ et s_{IK} sont deux flèches qui rendent commutatifs les triangles $E_I\ P_I\ P_K$ et $P_K\ P_I\ M$ puisque l'on sait que les flèches $j_K \circ \ell_{IK} : E_I \longrightarrow P_K$ et $s_{IK} \circ s_I : M \longrightarrow P_K$ sont compatibles avec le produit cofibré.

Il suffit donc de montrer que

$$s_{IK} \circ j_I = j_K \circ \ell_{IK} \quad \text{et} \quad s_{IK} \circ s_I = s_K \quad \text{d'une part}$$

et

$$s_{JK} \circ s_{IJ} \circ j_I = j_K \circ \ell_{IK} \quad \text{et} \quad s_{JK} \circ s_{IJ} \circ s_I = s_K \quad \text{d'autre part}$$

la première ligne est vraie par construction de s_{IK}. Transformons la 2ème en remarquant que $s_{IJ} \circ j_I = j_J \circ \ell_{IJ}$. D'où

$$s_{JK} \circ s_{IJ} \circ j_I = s_{JK} \circ j_J \circ \ell_{IJ} = j_K \circ \ell_{JK} \circ \ell_{IJ} = j_K \circ \ell_{IK} .$$

Pour montrer la deuxième égalité, on remarque que

$$s_{IJ} \circ s_I = s_J \quad \text{par construction de } s_{IJ} ;$$

donc

$$s_{JK} \circ s_{IJ} \circ s_I = s_{JK} \circ s_J = s_K .$$

Il est immédiat de vérifier que $s_{II} = 1_{P_I}$ et que le système $(N, 1_N)$ est projectif.

Passons à la limite du système projectif de suites exactes, on obtient :

$$\begin{array}{ccccccccc} 0 & \longrightarrow & E_I & \longrightarrow & P_I & \longrightarrow & N & \longrightarrow & 0 \\ & & \uparrow \ell_I & & \uparrow s'_I & & \uparrow \text{iso} & & \\ 0 & \longrightarrow & \varprojlim E_i = E & \longrightarrow & \varprojlim P_I & \longrightarrow & N & & \end{array} \qquad (6)$$

Le système des flèches $s_I : M \longrightarrow P_I$ est compatible avec le système projectif (P_I, s_{IJ}), donc il existe une flèche r de M vers $\varprojlim P_i$ vérifiant pour tout I : $s'_I \circ r = s_I$ (s'_I morphisme canonique de $\lim P_I \longrightarrow P_I$).

Considérons le diagramme :

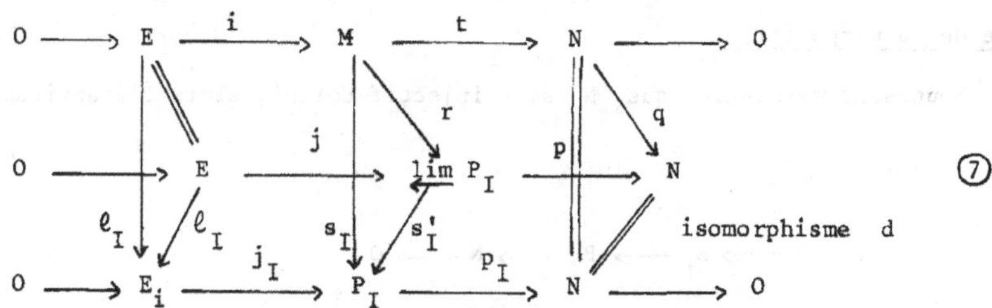

(7)

Montrons que $r \circ i = j$ en utilisant la propriété universelle des limites projectives.

Considérons le système de flèches : $s_I \circ i$ de E vers P_I, il est compatible avec le système projectif (P_I, s_{IJ}) car $s_{IJ} \circ s_I \circ i = s_J \circ i$.

Il existe donc une flèche δ unique de E vers $\varprojlim P_I$ qui factorise $s_I \circ i$ à travers $\varprojlim P_I$; or $s'_I \circ j = j_I \circ \ell_I \quad \forall_I \in \mathfrak{I}$

$$= s_I \circ i$$

donc $\delta = J$.

D'autre part $s'_I \circ r \circ i = s_I \circ i$ donc $\delta = r \circ i$ d'où $r \circ i = j$, il existe donc un morphisme $q : N \longrightarrow N$ qui rend le diagramme :

$$\begin{array}{ccccccccc} 0 & \longrightarrow & E & \xrightarrow{i} & M & \xrightarrow{t} & N & \longrightarrow & 0 \\ & & \| & & \downarrow r & & \downarrow q & & \\ 0 & \longrightarrow & E & \xrightarrow{j} & \varprojlim P_I & \xrightarrow{p} & N & & \end{array} \quad (8)$$

commutatif et $q \circ t = p \circ r$.

Considérons le diagramme commutatif (7), on a

$$p_I \circ s_I = t = p_I \circ s'_I \circ r = d \circ p \circ r = d \circ q \circ t$$

comme d est un isomorphisme et t est surjective q est un isomorphisme.

Le système projectif $(E_I, \ell_{IJ})_{I \times J \in \mathfrak{I} \times \mathfrak{I}}$ étant flasque, la suite

$$0 \longrightarrow E \longrightarrow \varprojlim P_I \longrightarrow N \longrightarrow 0 \quad \text{est exacte}$$

et d'après la commutativité du diagramme (8) r est un isomorphisme.

Preuve de la proposition.

Supposons maintenant que N soit injectif cofini, alors l'exactitude des suites :

$$0 \longrightarrow E_i \longrightarrow P_I \longrightarrow N \longrightarrow 0$$

montre que P_I est injectif cofini, $M = \varprojlim P_I$ est donc un A-module coplat. Montrons que le système projectif dont M est limite est flasque.

Soit J un sous ensemble ouvert de $\mathfrak{I}$ pour la topologie de l'ordre (4) page 4 alors, E étant coplat flasque le morphisme : $\varprojlim_{\mathfrak{I}} E_I \longrightarrow \varprojlim_{J} E_I$ est surjectif. Le système $(P_I, s_{IJ})_{I,J \in \mathfrak{I} \times \mathfrak{I}}$ étant projectif il existe un morphisme : $\varprojlim_{\mathfrak{I}} P_i \longrightarrow \varprojlim_{J} P_i$ on montre, comme précédemment, que ces morphismes rendent le diagramme suivant commutatif.

$$\begin{array}{ccccccccc} 0 & \longrightarrow & \varprojlim_{\mathfrak{I}} E_I & \longrightarrow & \varprojlim_{\mathfrak{I}} P_I & \longrightarrow & N & \longrightarrow & 0 \\ & & \downarrow & & \downarrow & & \| & & \\ 0 & \longrightarrow & \varprojlim_{J} E_I & \longrightarrow & \varprojlim_{J} P_I & \longrightarrow & N & \longrightarrow & 0 \\ & & \downarrow & & & & & & \\ & & 0 & & & & & & \end{array}$$

ce qui montre que la flèche $\varprojlim_{\mathfrak{I}} P_I \longrightarrow \varprojlim_{J} P_I$ est surjective et que M est coplat flasque.

Proposition II.2 - Toute limite projective d'un système projectif de modules coplats est un module coplat ; en particulier tout produit de modules coplats est un module coplat.

Preuve : En effet (7) $\varprojlim_{\mathfrak{I}} (\varprojlim_{\mathfrak{J}} (E_{I_J}, \ell_{I_J K_J})) \simeq \varprojlim_{\mathfrak{I}\times\mathfrak{J}} (E_{I_J}, \ell_{I_J K_J})$.

Nous munissons maintenant les modules M de la topologie cofinie (5) : les sous modules N de M tels que $\frac{M}{N}$ soit cofini forment un système fondamental de voisinages de 0.

La complétion $\tilde{M}$ de M pour cette topologie est la limite projective :

$$\tilde{M} \simeq \varprojlim \left(\frac{M}{N_i}, s_{ij}\right)_{i,j\in\mathcal{E}\times\mathcal{E}}$$

où N_i parcourt l'ensemble des voisinages de 0 de M et s_{ij} est la surjection canonique quand elle existe (6).

Les modules cofinis sont complets car munis de la topologie discrète (0 est alors voisinage de 0).

Proposition II.3 - Soit A un anneau,

a) tout A-module coplat est complet pour la topologie cofinie.

b) Si A est un V-anneau tout A-module complet $\tilde{M}$ est coplat; si de plus $\tilde{M}$ admet un système fondamental de voisinages dénombrable alors $\tilde{M}$ est flasque.

Preuves

a) Comme limite projective d'espaces complets (6)

b) A étant un V-anneau tout simple est injectif.

Soit N un A-module cofini, alors N est extension essentielle de son socle (2) celui-ci étant injectif N est injectif, donc tout cofini est injectif.

Soit $\tilde{M}$ un A-module complet, on peut écrire (5)

$$\tilde{M} \simeq \varprojlim_{\mathfrak{J}} \left(\frac{M}{N_i}, s_{ij}\right)_{i,j \in \mathfrak{J} \times \mathfrak{J}}$$

or $\frac{M}{N_i}$ -étant cofini pour tout i- est injectif, donc $\tilde{M}$ est coplat.

Si $\tilde{M}$ admet un système fondamental dénombrable de voisinages de zéro on peut supposer $\mathfrak{J}$ dénombrable on sait qu'alors le système projectif est flasque ((4) Proposition 2.1).

<u>Rappels</u> - Soit A un anneau commutatif, $\mathfrak{m}$ un idéal maximal de A : on sait qu'alors (5) :

$\frac{A}{\mathfrak{m}}$ et $E(\frac{A}{\mathfrak{m}})$ soit des $A_{\mathfrak{m}}$-modules.

$\frac{A}{\mathfrak{m}}$ est un $A_{\mathfrak{m}}$-module simple et $E_A(\frac{A}{\mathfrak{m}})$ est son $A_{\mathfrak{m}}$-enveloppe injective.

<u>Proposition</u> II.4 - <u>Soit</u> A <u>un anneau commutatif</u>, $\mathfrak{m}$ <u>un idéal maximal de</u> A, M <u>un</u> A-<u>module alors</u> : M <u>est un</u> $A_{\mathfrak{m}}$ <u>module coplat si et seulement si</u> :

$$M = \varprojlim_{\mathfrak{J}} (E_I, \ell_{IJ})_{I,J \in \mathfrak{J} \times \mathfrak{J}}$$

<u>où</u> $E_I = \bigoplus_{S_I} E_A(\frac{A}{\mathfrak{m}})$ <u>est un</u> A-<u>module cofini et</u> ℓ_{IJ} <u>est un morphisme de</u> A-<u>module</u>.

<u>Condition nécessaire</u> : $A_{\mathfrak{m}}$ étant local, il n'existe qu'un type de $A_{\mathfrak{m}}$-module simple d'enveloppe injective isomorphe à $E_A(\frac{A}{\mathfrak{m}})$. On a donc immédiatement l'écriture demandée ou S_I est un ensemble fini pour tout $I \in \mathfrak{J}$.

<u>Condition suffisante</u> : immédiate en remarquant que tout morphisme de A-module de $E_A(\frac{A}{\mathfrak{m}})$ vers $E_A(\frac{A}{\mathfrak{m}})$ est un morphisme de $A_{\mathfrak{m}}$- module et que la somme finie de deux $A_{\mathfrak{m}}$-morphismes est un $A_{\mathfrak{m}}$-morphisme.

<u>Proposition</u> II.5 - <u>Soient</u> A <u>un anneau commutatif, F</u> <u>un A-module injectif cofini</u>, P <u>un</u> A-<u>module plat, alors</u> Hom(P,F) <u>est un module coplat injectif</u>.

Preuve : P étant plat est limite inductive de modules libres de type fini

$$P = \varinjlim_{I\in\mathfrak{J}} L_I \qquad \text{où} \qquad L_I = A^{s_I}$$

alors $\mathrm{Hom}(P,F) = \mathrm{Hom}(\varinjlim_{\mathfrak{J}} L_I, F) \simeq \varprojlim_{\mathfrak{J}} \mathrm{Hom}(L_I,F) \simeq \varprojlim_{\mathfrak{J}} (\oplus_{s_I} \mathrm{Hom}(A,F))$

$$\simeq \varprojlim_{\mathfrak{J}} \oplus_{s_I} F \qquad \text{c.q.f.d.}$$

Soit maintenant M un module sur un anneau quelconque, il est limite inductive de ses sous-modules de type fini :

$$M = \varinjlim_{I\in\mathfrak{J}} M_I .$$

Pour tout A-module E on a donc :

$$\mathrm{Hom}_A(M,E) = \mathrm{Hom}_A(\varinjlim_{\mathfrak{J}} M_I, F) = \varprojlim_{\mathfrak{J}} \mathrm{Hom}_A(M_I,F)$$

$\mathrm{Hom}_A(M,F)$ est donc de façon naturelle une limite projective de A-modules.

Supposons que pour tout $I \in \mathfrak{J}$, $\mathrm{Hom}(M_I,F)$ soit injectif cofini lorsque F est un cogénérateur injectif de Mod_A ; $\mathrm{Hom}_A(M,F)$ est alors un A-module coplat et on obtient une réciproque partielle à la proposition 5 :

Proposition II.6 - Soient A un anneau commutatif unitaire, M un A-module, F un cogénérateur injectif de Mod_A on suppose que la décomposition naturelle de $\mathrm{Hom}_A(M,F)$ en limite projective fait de $\mathrm{Hom}_A(M,F)$ un mocule coplat, alors M est plat.

Preuve : Par hypothèse pour tout sous A-module de type fini M_I de M $\mathrm{Hom}_A(M_I,F)$ est un injectif cofini, alors montrons que M_I est un A module plat ; soit $0 \longrightarrow G \xrightarrow{i} H$ une suite exacte quelconque de A-modules.

Supposons M_I non plat, alors le morphisme $i \otimes 1_{M_I}$ n'est pas nécessairement injectif ; soit K son noyau ; la suite :

$$0 \longrightarrow K \longrightarrow G \otimes M_I \xrightarrow{i \otimes 1_{M_I}} H \otimes M_I$$

est exacte. F étant injectif, la suite :

$$\mathrm{Hom}(H \otimes M_I, F) \xrightarrow{r} \mathrm{Hom}(G \otimes M_I, F) \longrightarrow \mathrm{Hom}(K,F) \longrightarrow 0$$

est exacte. Or pour tous A-modules E, F, G on a :

$$\mathrm{Hom}(E, \mathrm{Hom}(F,G)) \simeq \mathrm{Hom}(E \otimes F, G)$$

La suite exacte précédente s'écrit donc :

$$\mathrm{Hom}(H, \mathrm{Hom}(M_I,F)) \longrightarrow \mathrm{Hom}(G, \mathrm{Hom}(M_I,F)) \longrightarrow \mathrm{Hom}(K,F) \longrightarrow 0$$

Considérons de nouveau la suite :

$$0 \longrightarrow G \xrightarrow{i} H$$

le module $\mathrm{Hom}_A(M_I,F)$ étant injectif, la suite :

$$\mathrm{Hom}(H, \mathrm{Hom}_A(M_I,F)) \xrightarrow{s} \mathrm{Hom}(G, \mathrm{Hom}(M_I,F)) \longrightarrow 0$$

est exacte. Par construction des suites exactes les morphismes r et s sont les mêmes à un isomorphisme près, donc $\mathrm{Hom}(K,F) = 0$ et F étant un cogénérateur injectif $K=0$, ce qui montre que M_I est plat. On termine en remarquant que M est plat comme limite inductive de modules plats.

<u>Remarque</u> - Si A est semi local F est un injectif cofini et l'hypothèse $\mathrm{Hom}(M_I,F)$ "cofini" est alors inutile car M_I est de type fini donc (3) $\mathrm{Hom}(M_I,F)$ est cofini.

<u>Proposition</u> II.7 - <u>Soit</u> A <u>un anneau classique</u> (5) <u>commutatif semi local complet pour la topologie cofinie alors, pour tout cogénérateur injectif</u> E' <u>de</u> Mod A <u>et tout</u> A-<u>module coplat</u> E, Hom(E',E) <u>est limite projective d'un système projectif de modules projectifs de type fini</u>.

Un anneau A est dit <u>classique à gauche</u> (5) si tout A-module à gauche de type cofini est linéairement compact pour la topologie cofinie. Exemples d'anneaux classiques : les anneaux noethériens, les anneaux réguliers au sens de Von Neumann, les anneaux de valuation presque maximaux, les anneaux conoethériens.

Preuve : Par hypothèse A est isomorphe à $\mathrm{Hom}_A(E',E')$ (5) et E' est somme finie d'enveloppes injectives de modules simples :

$$E' = \bigoplus_{j\in J} E(S_j) \qquad J \text{ fini.}$$

Donc $A = \bigoplus_{j\in J} \mathrm{Hom}(E',E(S_j))$; pour tout $j \in J$, $\mathrm{Hom}(E',E(S_j))$ est projectif de type fini comme facteur direct de A. Soit E un A-module coplat, alors $\mathrm{Hom}(E',E) = \mathrm{Hom}(E', \varprojlim_{I\in \mathcal{J}} E_I) \simeq \varprojlim_{I\in \mathcal{J}} \mathrm{Hom}(E',E_I)$ or E_I est une somme directe d'enveloppes injectives de modules simples $\mathrm{Hom}(E',E_I)$ est donc projectif de type fini.

Proposition II.11 - Soit A un anneau unitaire classique commutatif alors tout A-module coplat est injectif.

Preuve : Tout morphisme de A-module étant continu pour la topologie cofinie (2) il nous suffit d'utiliser le théorème 7.5 de (4).

La dimension injective du coplat $E = \varprojlim (E_I\ f_{IJ})$ est inférieure ou égale au sup des dimensions injectives des E_I qui sont nulles.

Corollaire II.12 - Soit A un anneau commutatif, régulier au sens de Von Neumann, tout A-module complet pour la topologie cofinie est injectif.

Preuve : L'anneau A est alors classique et tout module complet est coplat (Proposition II.3).

Proposition II.13 - Soit A un anneau unitaire, alors A est classique à gauche si et seulement si tout A-module à gauche coplat est linéairement compact.

Condition nécessaire : A étant classique, tout A-module cofini est linéairement compact. Tout produit P de modules linéairement compacts est linéairement compact, tout sous-module E fermé dans P linéairement compact est linéairement compact (6).

Soit E un A module coplat : il est sous module fermé (pour la topologie cofinie) d'un produit P de modules cofinis ; E est donc linéairement compact.

Condition suffisante : immédiate.

Proposition II.14 - Soient A un anneau unitaire, M un A module à gauche, $P = \varinjlim_{i\in I} A_i$ un A module plat alors le système projectif $[\mathrm{Hom}(A_i,M)]_{i\in I}$ annule les dérivés de $\varprojlim$ pour tout M si et seulement si P est projectif.

Preuve : Posons $P = \varinjlim_{i\in I} A_i$ où A_i est libre de type fini et considérons la suite spectrale :

$$\varprojlim^p \mathrm{Ext}^q (A_i,M) \underset{p}{\Longrightarrow} \mathrm{Ext}^n (\varinjlim A_i,M)$$

elle dégénère car A_i est projectif on a donc pour tout n :

$$\varprojlim^n \mathrm{Hom}(A_i,M) \simeq \mathrm{Ext}^n (P,M)$$

donc Hom(A,M) annule les dérivés du foncteur $\varprojlim$ si et seulement si P est projectif.

III. Systèmes projectifs de modules plats sur un anneau cohérent.

Proposition III.1 - Soient A un anneau cohérent, à droite, $P = (P_I, r_{IJ})_{I,J\in \mathfrak{J}\times\mathfrak{J}}$ un système projectif de A modules à gauche plats où $\mathfrak{J}$ est filtrant à droite et admet un système cofinal dénombrable ; alors,

a) $W\dim(\varprojlim^1 P) \leq (W\dim \varprojlim_{\mathfrak{J}} P) + 2$

b) $\varprojlim P$ est plat si et seulement si $W\dim \varprojlim^1 P \leq 2$.

Preuve : immédiate par décalage et (4) p.13 .

Dans (4) th. 7.9 Jensen cite un résultat relatif aux systèmes projectifs $\{A_\alpha\}$ de modules plats sur un anneau commutatif cohérent et linéairement compact. Il utilise les suites spectrales

$${}'E_2^{pq} = \varprojlim^p \mathrm{Tor}_{-q} (M,A_\alpha)$$

$${}''E_2^{pq} = \mathrm{Tor}_{-p} (M,\varprojlim^q A_\alpha)$$

es suites spectrales ne convergent généralement pas sauf si -par exemple- la imension projective de M est finie (cf. (4) errata page 102).

On sait que, lorsque M est un module à droite de présentation finie sur n anneau quelconque A et $(P_\alpha)_{\alpha\in J}$ une famille de A-modules à gauche le orphisme canonique :

$$M \underset{A}{\otimes} (\prod_{\alpha} P_\alpha) \longrightarrow \prod_{\alpha} (M \otimes P_\alpha)$$

st un isomorphisme (11).

$\prod P_\alpha$ étant la limite projective d'un système projectif particulier flasque) il est naturel de chercher dans quelle mesure cette propriété de ommutativité s'étend aux limites projectives quelconques.
ous verrons qu'il est nécessaire pour obtenir quelques résultats de supposer ue :

- L'anneau A est cohérent à droite et à gauche (mais NON nécessairement i commutatif ni linéairement compact) et Auto-FP-injectif à droite.
- Le système projectif $P = (P_\alpha)_{\alpha\in \mathfrak{J}}$ est de dimension injective finie notée $\leq k+1$ pour des raisons de commodité) :
- Les modules P_α sont tous injectifs.

Malgré toutes ces restrictions nous verrons que seuls $\varprojlim^{k+1}$ et $\otimes$ ommutent et que $\lim^k$ et $\otimes$ ne commutent généralement pas sauf si par exemple est de plus <u>absolument plat</u>.

<u>héorème</u> III.2 - <u>Soient</u> A <u>un anneau cohérent à droite, et à gauche, auto-FP-njectif à droite</u> ; $P = (P_\alpha)_{\alpha\in\mathfrak{J}}$ <u>un système projectif de modules vérifiant</u> :

i) <u>Pour tout</u> $\alpha\in\mathfrak{J}$, P_α <u>est un</u> A-<u>module à gauche injectif</u>.

ii) <u>Le système projectif</u> P <u>est de dimension injective finie</u> $\leq$ k+1 ; <u>et</u> <u>un</u> A-<u>module de présentation finie ; alors</u> :

a) La suite spectrale de deuxième terme $'E_2^{pq} = Tor_{-p}(M, \varprojlim^q P)$ converge suivant p vers $\varprojlim_{\alpha}^n (M \otimes P_\alpha)$.

b) La suite

$$0 \to 'E_\infty^{-2,k+1} \to Tor_2(M, \varprojlim^{k+1} P) \to M \otimes \varprojlim^k P \to \varprojlim_{\alpha}^k (M \otimes P_\alpha) \to Tor_1(M, \varprojlim^{k+1} P) \to 0$$

est exacte.

En particulier le morphisme $M \otimes \varprojlim^k P \to \varprojlim^k (M \otimes P_\alpha)$ est un isomorphisme pour tout A module M de présentation finie si et seulement si $\varprojlim^{k+1} P$ est un A module plat. Dans le cas où $k = 0$ la suite exacte précédente devient :

$$0 \to Tor_2(M, \varprojlim^1 P) \to M \otimes \varprojlim P \to \varprojlim_{\alpha}(M \otimes P_\alpha) \to Tor_1(M, \varprojlim^1 P) \to 0$$

c) Le morphisme $M \otimes \varprojlim^{k+1} \to \varprojlim^{k+1} (M \otimes P)$ est un isomorphisme.

Note. Les anneaux cohérents, auto-FP-injectifs ont été étudiés, en particulier par Bo Stenstrom (12)

Preuve : On sait que tout système projectif P peut être plongé dans un système projectif, objet injectif dans la catégorie des systèmes projectifs ((4) p.3). Soit donc

$0 \to P \to F^0 \to F^1 \to \dots \to F^r \to$ une résolution injective de P. Elle est formée de courtes suites exactes

$$0 \to P \to F^0 \to C^1 \to 0$$
$$0 \to C^1 \to F^1 \to C^2 \to 0$$
$$\dots\dots\dots\dots$$
$$0 \to C^r \to F^r \to C^{r+1} \to 0$$

On dit que (P) est de dimension injective inférieure ou égale à $k+1$ si (C^{k+1}) est un système injectif;on a alors une résolution injective de P :

$$0 \to P \to F^0 \to F^1 \to \dots \to F^k \to C^{k+1} \to 0 \quad .$$

Cette résolution est évidemment une résolution flasque de P, on aura donc $\varprojlim^{k+2} P = 0$ .Complétons-la en posant $F_\alpha^{k+1} = \prod_{\alpha_0 \leq \alpha} C_{\alpha_0}^{k+1}$. C^{k+1} étant un système de terme général C_α^{k+1} ,injectif, F^{k+1} est un système injectif ((4) p.2).La courte suite exacte :

$0 \to C^{k+1} \to F^{k+1} \to C^{k+2} \to 0$ montre que C^{k+2} est un système injectif on a donc une nouvelle résolution injective :

$$0 \to P \to F^0 \to F^1 \to \dots \to F^k \to F^{k+1} \to C^{k+2} \to 0 \qquad F^* .$$

Appliquons lui le foncteur $\varprojlim$; C^{k+1} étant injectif, donc flasque, on a le complexe :

$$0 \to \varprojlim P \to \varprojlim F^0 \to \dots \to \varprojlim F^k \to \varprojlim F^{k+1} \to \varprojlim C^{k+2} \to 0 .$$

Pour simplifier notons $\varprojlim C^{k+2} = \varprojlim F^{k+2}$. Soit

$\dots \to L_p \to L_{p-1} \to \dots \to L_o \to M \to 0$ une résolution projective de M par des modules libres de type fini (elle existe car A est cohérent et M de présentation finie).

Considérons le bicomplexe B de terme général :

$$B^{pq} = L_{-p} \underset{A}{\otimes} \varprojlim F^q$$

$B^{pq} = 0$ dès que $p > 0$ ou $q < 0$ ou $q > k+2$ les deux filtrations naturelles associées à ce bicomplexe sont bornées supérieurement, les deux suites spectrales qu'elles définissent sont donc convergentes. ((13 chapitre 0). Notons H_I l'homologie relative à la résolution projective et H_{II} l'homologie relative à la résolution injective (donc flasque) des systèmes projectifs.

<u>Calcul du 2ème terme de la suite spectrale associée à la filtration suivant</u> p :

$$'E_2^{pq} = H_I^p H_{II}^q (B)$$

Pour tout $p \leq 0$ L_{-p} est un module libre de type fini on a donc :

$$H_{II}^{pq} (L_* \otimes \varprojlim F^*) = L_{-p} \otimes H_{II}^q (\varprojlim F^*)$$

$$= L_{-p} \otimes \varprojlim{}^q P$$

d'où

$$'E^{pq} = \mathrm{Tor}_{-p}(M, \varprojlim{}^{q} P)$$

<u>Calcul du 2ème terme de la suite spectrale associée à la filtration suivant</u> q.

$$''E_2^{pq} = H^q_{II}\, H^p_I\,(B)$$

$$H_I^{pq}(B) = H_I(L_* \otimes \varprojlim F^q) = \mathrm{Tor}_{-p}(M, \varprojlim F^q).$$

Nous utiliserons le lemme suivant :

<u>Lemme</u> : <u>Soit</u> C <u>un objet injectif dans la catégorie des systèmes projectifs de A-modules dont le terme général</u>, C_α, <u>est injectif, pour tout</u> α <u>appartenant au système d'indices de</u> C ; <u>alors</u> $\varprojlim C$ <u>est un module injectif</u>.

<u>Preuve</u> : On plonge C dans un objet injectif canonique Q (vérifiant $Q_\alpha = \prod_{\alpha_0 \leq \alpha} C_{\alpha_0}$) et dont les morphismes intermédiaires sont les surjections canoniques. On a $\varprojlim Q = \prod_\alpha C_\alpha$; $\varprojlim Q$ est donc un module injectif et $\varprojlim C$ est injectif comme facteur direct de $\varprojlim Q$ (Rappelons que C est flasque).

c.q.f.d.

Les systèmes projectifs F^q sont, par construction, des objets injectifs et pour tout α, P_α étant injectif, il est facile de montrer par récurrence que le terme général F^q_α de F^q est un module injectif.
$\varprojlim F^q$ est donc d'après le lemme un module injectif pour tout indice $q \in [0, k+2]$, donc plat (l'anneau est cohérent FP-injectif) on a donc :

$$H_I^{pq}(B) = 0 \text{ dès que } p \neq 0 \text{ et}$$

$$H_I^{0,q}(B) = M \otimes \varprojlim F^q$$

Pour tout $q \in [0,\dots,k+1]$ F^q est un système projectif particulier dont la limite est un produit donc, M étant de présentation finie on a :

$$H_I^{0,q}(B) = M \otimes \varprojlim F^q = \varprojlim (M \otimes F^q)$$

et

$$''E_2^{pq} = H(\varprojlim (M \otimes F^q)) = \varprojlim{}^q(M \otimes P)$$

Dans la construction de la résolution injective F^* nous avons remarqué que C^{k+1} est flasque, donc la courte suite :

$0 \to \varprojlim C^{k+1} \to \varprojlim F^{k+1} \to \varprojlim F^{k+2} \to 0$ est exacte et le morphisme s du complexe $\varprojlim F^*$:

$\varprojlim F^{k+1} \xrightarrow{s} \varprojlim F^{k+2} \to 0$ est une surjection. La surjectivité est conservée par tensorisation par M, le morphisme r :

$$M \otimes \varprojlim F^{k+1} \xrightarrow{r} M \otimes \varprojlim F^{k+2} \to 0 \text{ est surjectif.}$$

Le groupe d'homologie en $M \otimes \varprojlim F^{k+2}$ du complexe :

$0 \to M \otimes \varprojlim P \to M \otimes \varprojlim F^o \to \dots \to M \otimes \varprojlim F^{k+1} \xrightarrow{r} M \otimes \varprojlim F^{k+2} \to 0$

est égal à $''E_2^{0,k+2}$ car la suite spectrale dégénère ; le morphisme r étant surjectif on a $''E_2^{0,k+2} = 0$. Nous avons donc montré que :

<u>La suite spectrale de deuxième terme</u>

$'E_2^{pq} = \mathrm{Tor}_{-p}\,(M, \varprojlim{}^q P)$ (avec $p+q = n$) <u>converge vers</u> :

$H^n = \varprojlim{}^n\,(M \otimes P)$ <u>et que, de plus,</u>

$H^n = 0$ <u>dès que</u> $n \geq k+2$.

Nous noterons à présent pour simplifier $'E_2^{pq} = E_2^{pq}$

<u>Fin de la preuve du théorème</u> III.2

Rappelons que d'après les hypothèses sur B :

$$E_2^{pq} = 0 \text{ dès que } q \geq k+2 \text{ ou } p > 0 .$$

b) <u>Construction de la longue suite exacte</u>

Ecrivons la dérivation de la suite spectrale en $n = k-2$:

$p = -4$

(notons δ le morphisme de dérivation)

$$\begin{array}{ccccccc} E_2^{-4,k+2} & \longrightarrow & E_2^{-2,k+1} & \xrightarrow{\delta} & E_2^{0,k} & \longrightarrow & E_2^{2,k-1} \\ \| & & & & & & \| \\ 0 & & & & & & 0 \end{array}$$

Il vient : $E_3^{0,k} = \dfrac{E_2^{0,k}}{\operatorname{Im}\delta}$ et $E_3^{-2,k+1} = \ker\delta$

Or $E_3^{0,k} = E_\infty^{0,k}$ ((8) prop. 5.2 et 5.2 a)

Il existe donc une suite exacte :

$$E_2^{-2,k+1} \xrightarrow{\delta} E_2^{0,k} \longrightarrow E_\infty^{0,k} \longrightarrow 0 \qquad (1)$$

Or il existe un monomorphisme $0 \longrightarrow E_\infty^{0,k} \xrightarrow{i} H^k$ ((8) prop. 5.3 a)

la suite :

$$E_2^{-2,k+1} \xrightarrow{\delta} E_2^{0,k} \longrightarrow H^k \qquad (2)$$

est donc exacte.

Ecrivons la dérivation de la suite spectrale en $n = k-1$ et $p = -3$
$r \geq 2$

$$\begin{array}{ccccc} E_r^{-1-r,k+r} & \text{---} & E_r^{-1,k+1} & \text{---} & E_r^{-1+r,k-r+1} \\ \| & & & & \| \\ 0 & & & & 0 \end{array}$$

Il vient $E_2^{-1,k+1} = E_\infty^{-1,k+1}$.

Il existe, d'autre part, ((8) prop. 5.5) une suite exacte :

$$0 \longrightarrow E_\infty^{0,k} \xrightarrow{i} H^k \longrightarrow E_\infty^{-1,k+1} \longrightarrow 0 \qquad (3)$$

où le morphisme i est le même que plus haut.

Il est donc possible de réunir les suites exactes (2) et (3) on obtient :

$$E_2^{-2,k+1} \xrightarrow{\delta} E_2^{0,k} \longrightarrow H^k \longrightarrow E_2^{-1,k+1} \longrightarrow 0$$

soit encore, en remarquant que $\ker\delta = E_3^{-2,k+1}$, la longue suite exacte suivante :

$$0 \longrightarrow E_3^{-2,k+1} \longrightarrow E_2^{-2,k+1} \longrightarrow E_2^{0,k} \longrightarrow H^k \longrightarrow E_2^{-1,k+1} \longrightarrow 0 \qquad (4)$$

Et de façon explicite ; en remarquant ((8) p.5.2) que $E_\infty^{-2,k+1} = E_3^{-2,k+1}$

$$\begin{array}{l} 0 \longrightarrow E_\infty^{-2,k+1} \longrightarrow \operatorname{Tor}_2(M, \varprojlim^{k+1} P) \longrightarrow M \otimes_A \varprojlim^k P \longrightarrow \\ \longrightarrow \varprojlim_\alpha^k (M \otimes_A P_\alpha) \longrightarrow \operatorname{Tor}_1(M, \varprojlim^{k+1} P) \longrightarrow 0 \end{array} \qquad (5)$$

Il est immédiat de montrer que, l'anneau A étant cohérent à droite, $\varprojlim^{k+1} P$ est plat si et seulement si $\mathrm{Tor}_1(M, \varprojlim^{k+1} P)$ est nul pour tout A-module M de présentation finie. En conséquence $\varprojlim^{k}$ et $\otimes$ commutent sur P de dimension injective inférieure ou égale à k+1, pour tout A-module à droite M de présentation finie, si et seulement si $\varprojlim^{k+1} P$ est un module plat. Dans le cas particulier où k = 0 il est possible d'améliorer la suite (5) en remarquant qu'il existe un épimorphisme :

$$H^{-1} \longrightarrow E_{\infty}^{-2,+1} \longrightarrow 0 ,$$

or $H^{-1} = 0$ donc $E_{\infty}^{-2,+1} = E_3^{-2,1} = 0$.

La suite exacte (5) devient :

$$0 \longrightarrow \mathrm{Tor}_2(M, \varprojlim^1 P) \longrightarrow M \otimes \varprojlim P \longrightarrow \varprojlim_{\alpha}(M \otimes P_{\alpha}) \longrightarrow$$
$$\longrightarrow \mathrm{Tor}_1(M, \varprojlim^1 P) \longrightarrow 0$$

c) <u>Commutativité de $\varprojlim^{k+1}$ et $\otimes$</u>

Elle s'obtient immédiatement à partir de l'isomorphisme : $H^{k+1} \simeq E_2^{0,k+1}$ ((8) cor. 5.4) donc

$$\varprojlim_{\alpha}^{k+1}(M \otimes P_{\alpha}) \simeq M \otimes \varprojlim^{k+1} P$$

III.4 <u>Un cas particulier</u>

Nous avons vu précèdemment (page 21) que si :

- A est un anneau commutatif quelconque
- N un A-module
- G un A-module injectif, alors :

$\mathrm{Hom}_A(N,G)$ est, de façon naturelle, la limite du système projectif $(H_I)_{I \in \mathfrak{I}} = [\mathrm{Hom}_A(N_I,G)]_{I \in \mathfrak{I}}$ où $(N_I)_{I \in \mathfrak{I}}$ est l'ensemble des sous-modules de type fini de N.

Ce système projectif est intéressant car il vérifie <u>sans hypothèse</u>

supplémentaire <u>sur A ni sur N</u> l'isomorphisme :

$$\varprojlim_{I\in\mathfrak{J}} (H_I) \otimes_A M \simeq \varprojlim_{I\in\mathfrak{J}} (H_I \otimes_A M)$$

pour tout A-module de présentation finie M.

En effet :

On a par hypothèse : $\mathrm{Hom}(N,G) \simeq \varprojlim_{I\in\mathfrak{J}} \mathrm{Hom}(N_I,G)$

Calculons $\mathrm{Hom}(N,G) \otimes M$

On a : $\mathrm{Hom}(N,G) \otimes M \simeq \mathrm{Hom}[\mathrm{Hom}(M,N),G]$ (11)

$= \mathrm{Hom}[\mathrm{Hom}(M, \varinjlim_{\mathfrak{J}} N_I),G]$

$\simeq \mathrm{Hom}[\varinjlim_{\mathfrak{J}} \mathrm{Hom}(M,N_I),G]$ (11)

$\simeq \varprojlim_{\mathfrak{J}} \mathrm{Hom}[\mathrm{Hom}(M,N_I),G] \simeq \varprojlim_{\mathfrak{J}} [\mathrm{Hom}(N_I,G) \otimes M]$ c.q.f.d.

<u>Proposition</u> III.3 - <u>Soient</u> A <u>un anneau commutatif classique,</u> $\tilde{M}$ <u>un A-module complet pour la topologie cofinie alors tout A-module plat est projectif pour</u> $\tilde{M}$.

<u>Preuve</u> : Soit $P = \varinjlim_{J\in\mathfrak{J}} A_J$ un A-module plat, $\tilde{M} = \varprojlim_{I} \frac{M}{N_I}$ le séparé complété d'un module quelconque M. L'anneau étant classique le module $\frac{M}{N_I}$ est linéairement compact et $\tilde{M}$ est linéairement compact comme limite projective de modules linéairement compacts (6) ; on sait qu'alors ((4) lemme 7.4) les modules $\mathrm{Hom}(A_J,\tilde{M})$ sont linéairement compacts.

Considérons le module $\mathrm{Hom}(P,\tilde{M}) = \varprojlim_{J\in\mathfrak{J}} \mathrm{Hom}(A_J,\tilde{M})$ c'est la limite d'un système projectif de modules linéairement compacts et d'applications continues, ce système annule les dérivés de $\varprojlim$: ((4) th.7.1) $\varprojlim^n_{J\in\mathfrak{J}} \mathrm{Hom}(A_J,\tilde{M}) = 0 \quad \forall n > 0$ (*)

La suite spectrale :

$$\varprojlim^p_{J\in\mathfrak{J}} \mathrm{Ext}^q (A_J,\tilde{M}) \Longrightarrow \mathrm{Ext}^n (\varinjlim_{J\in\mathfrak{J}} A_J,\tilde{M})$$

dégénère (car A_J est libre) en :

$\varprojlim^n \mathrm{Hom}(A_J,\tilde{M}) \simeq \mathrm{Ext}^n(\varinjlim A_J,\tilde{M})$ nul dès que $n > 0$ (*) ce qui montre que

$\varinjlim_{J \in \mathcal{J}} A_J = P$ est projectif pour $\tilde{M}$.

Bibliographie

(1)	D. LAZARD	Sur la platitude (Thèse d'état)
(2)	VAMOS	J. London Math. Soc. 49 (1968) 643-646
(3)	COUCHOT	C.R. Acad. Sc. Paris t.281 1975 p.1005-1008
(4)	JENSEN	Foncteurs dérivés de $\varprojlim$ Lecture Notes n°254
(5)	VAMOS	Classical rings J. of Algebra 34 (1975) 114-129
(6)	BOURBAKI	Topologie
(7)	BOURBAKI	Th. des ensembles
(8)	CARTAN	Homological algebra
(9)	JENSEN	J. of Algebra 15 1970 p.151-166
(10)	ROOS	C.R. Acad. Sc. Paris 252 (1961) p.3702-3704
(11)	BOURBAKI	Alg. commut. chap. 1
(12)	Bo STENSTROM	J. London Math. Soc. 2 (1970 p.323-329)
(13)	GROTHENDIECK	E.G.A. III
(14)	R. GOBLOT	Bull. Sc. Math. de Fr. 94 (1970 p.251-255)
(15)	F. COUCHOT	Un exemple d'anneau auto FP injectif Séminaire d'algèbre de Caen (1978-1979).
(16)	MATSUMURA	Commutative algebra (Benjamin) Math. Lecture Notes séries

Manuscrit remis le 1er Juin 1979

Département de Mathématiques Pures
U.E.R. de Sciences
Université de Caen

FACTORIALITE ET SERIES FORMELLES IRREDUCTIBLES - I

par

Marc BAYART

La notion de factorialité a été introduite au début du siècle. Si elle se traduit de façon particulièrement claire et fructueuse dans le langage de l'arithmétique, comme dans ceux de l'algèbre et de la géométrie, elle pose, quant aux questions de "transmission" des problèmes parfois délicats.

On sait notamment que, si l'anneau A est factoriel, il n'en est pas nécessairement de même pour celui $A[[T]]$ des séries formelles à coefficients dans A. Vu cette réponse négative, une première direction de recherche consiste à renforcer ou modifier les hypothèses faites sur A ; qu'il soit local et complet ne suffit pas (cf. [7]) mais, si l'on suppose en outre que sa profondeur est supérieure ou égale à 3, $A[[T]]$ est alors nécessairment factoriel (cf. [10]). Toujours dans cette voie "géométrique", citons l'étude des anneaux à groupe de classes de diviseurs discret, c'est-à-dire ceux pour lesquels l'homomorphisme naturel $Cl(A) \longmapsto Cl(A[[T]])$ est bijectif ; pour un tel anneau, factorialité de A et $A[[T]]$ sont équivalentes. Elle est faite dans [4], essentiellement à l'aide du schéma de Picard et par résolution des singularités et, là encore, apparaît la nécessité que A soit "géométriquement factoriel", c'est-à-dire que son hensélisé strict ${}^{sh}A$ soit factoriel.

L'autre manière d'aborder le problème est plus algèbrique, voir combinatoire ;

liée à la conjecture suivante -que les travaux ci-dessus laissent ouverte- : "si A[[T]] est factoriel, en est-il de même de A[[X,Y]] ?", elle consiste à utiliser au mieux le fait que A[[T]] est un anneau de séries formelles, et non un anneau factoriel "général", et nous a donc amené à étudier ce que devenait une série irréductible par les deux opérations particulières à A[[T]] que sont la substitution d'indéterminées (§§1-3) et les congruences (partie II, à paraître ultérieurement).

On trouvera à la table des matières les contenus des divers paragraphes ; nous nous limitons ici aux résultats essentiels.

Ayant ramené l'implication : "si A[[T]] est factoriel, A[[X,Y]] l'est aussi", à montrer que toute série irréductible en deux indéterminées engendre un idéal premier, notre méthode consiste à introduire les opérateurs de substitution : $f(X,Y) \longmapsto f(T^n,T)$ et à "représenter" le problème dans A[[T]].

Nous montrons alors que, si f(X,Y) a son terme constant "quadratfrei"

f(X,Y) est irréductible dans A[[X,Y]] si, et seulement si, il existe un entier $n \geq 1$ tel que $f(T^n,T)$ soit irréductible dans A[[T]]; dans ce cas, l'idéal engendré par f est premier. (§.II).

Par contre, il existe des séries en deux variables f(X,Y) irréductibles dont néanmoins tous les substitués f(g(T),T) son réductibles ; cela semble dû à l'absence de topologie complète, qui empêche de substituer dans f des éléments g de terme constant non nul, aussi peut-on se demander, lorsque l'anneau A est local et complet, si l'implication : "pour tout f irréductible dans A[[X,Y]], il existe un g de A[[T]] tel que f(g(T),T) soit irréductible dans A[[T]]", n'est pas vraie alors.

Cette étude et ces contre-exemples nous amènent à étudier le cas d'une variable : lorsque f(T) est irréductible dans A[[T]], pour quelles valeurs de $n \geq 1$, $f(T^n)$ est-elle réductible ?

Ces valeurs sont "essentiellement" en nombre fini :

Si f est irréductible, il existe des entiers $n_1,\ldots,n_k$ tels que $f(T^n)$ est irréductible si, et seulement si, n est multiple de l'un des n_i. (§.III).

TABLE DES MATIERES

§.I - PRELIMINAIRES

I.1 - DEFINITIONS ET RAPPELS.

I.1.1 - Soit B un anneau (unitaire) commutatif et intègre -on dira simplement "anneau" par la suite-. Si a et b appartiennent à B, le fait que a divise b est noté $a|_B b$, où $a|b$ si aucune confusion n'est possible ; $a \sim_B b$ signifie que a et b sont associés, c'est-à-dire qu'il existe un élément u de l'ensemble U_B des inversibles de B tel que $b = ua$. Le quotient B/aB se note aussi B/a et $\pi_a(b)$ est l'image canonique de b dans B/a.

I.1.2 - Si B est factoriel, il existe une partie P de B, formée d'éléments irréductibles deux à deux non associés, telle que tout $x \in B-\{0\}$ s'écrive de manière unique sous la forme :

$$x = u \prod_{p \in P} p^{v_p(x)} \quad ; \ u \in U_B \text{ et les } v_p(x) \in \mathbb{N} \text{ étant presque tous nuls.}$$

P s'appelle un <u>système représentatif d'éléments irréductibles</u>.

On sait (cf. [3]) que B est factoriel si, et seulement si, il vérifie les deux propriétés suivantes :

i) Pour tout p irréductible dans B, l'idéal pB est premier ;
ii) toute famille non vide d'idéaux principaux de B a un élément maximal pour l'inclusion, c'est la condition notée (M).

I.1.3 - Si A est un anneau, on lui associe l'anneau A[[T]] des <u>séries formelles</u> en T à coefficients dans A. Pour la topologie T-adique, c'est-à-dire celle dont un système fondamental de voisinages de 0 est l'ensemble des idéaux $T^n A[[T]]$, $n \in \mathbb{N}$, A[[T]] est un anneau topologique séparé et complet ; l'élément $(a_n)_{n \in \mathbb{N}}$ de A[[T]] est somme de la série convergente $\sum_{n \in \mathbb{N}} a_n T^n$.

Si f et g sont deux séries formelles, la série substituée $f \circ g$ est définie dès que le "terme constant" de g est nul ; par ailleurs, la notation $f \equiv g[T^{n+1}]$ signifie que $T^{n+1} | f-g$, ou encore que les coefficients de $T^0, \dots, T^n$ sont les mêmes dans f et g. Enfin, f est inversible dans A[[T]] si et seulement si, f(0) l'est dans A, autrement dit :

$$U_{A[[T]]} = U_A + T.A[[T]].$$

I.2 - PROPRIETES ELEMENTAIRES.

I.2.1 - Transmission de la condition (M).

<u>Lemme</u> I.2.1 - <u>Soit</u> A <u>un anneau. La condition</u> (M) <u>est satisfaite par</u> A[[T]] <u>si, et seulement si, elle l'est par</u> A.

<u>Démonstration</u>. Si f et g appartenant à A[[T]] sont associés, il existe u inversible dans A[[T]] tel que g = uf. Donc g(0) = u(0)f(0) ; comme u(0) est inversible dans A (I.1, n°3), on a : g(0)A = f(0)A, autrement dit, l'idéal f(0)A ne dépend que de l'idéal f.A[[T]]. On voit de même que, si a appartient à A, a.A[[T]] ne dépend que de a.A. Cela étant, montrons que la condition est nécessaire. Si (M) est satisfaite par A[[T]], soit $(a_i.A)_{i \in I}$ une famille non vide d'idéaux principaux de A. (M), appliquée aux $a_i.A[[T]]$, montre que l'un d'eux, par exemple $a_\alpha.A[[T]]$, est maximal. Mais alors, si $a_\alpha.A \subset a_i.A$, on a aussi $a_\alpha.A[[T]] \subset a_i.A[[T]]$, donc $a_\alpha.A[[T]] = a_i.A[[T]]$ et, par suite, $a_\alpha.A = a_i.A$: $a_\alpha.A$ est maximal et A vérifie (M).

La condition est suffisante : soit $(f_i.A[[T]])_{i \in I}$ une famille non vide d'idéaux principaux de A[[T]]. Ce qui précède permet de leur associer les idéaux $f_i(0).A$, dont l'un, par exemple $f_\beta(0).A$, est maximal par hypothèse. Dans ce cas, si $f_\beta A.[[T]]$ est inclus dans $f_i.A[[T]]$, alors f_β est multiple de f_i, dont $f_\beta(0)$ est multiple de $f_i(0)$ et $f_\beta(0).A \subset f_i(0).A$; la définition de β montre que $f_\beta(0).A = f_i(0).A$, ainsi $f_\beta(0)$ et $f_i(0)$ sont associés dans A. Comme f_i divise f_β, on en conclut que f_i et f_β sont associés dans A[[T]], soit $f_i A.[[T]] = f_\beta.A[[T]]$ et A[[T]] vérifie (M).

<u>Remarque</u>. D'après le Lemme I.2.1 et le I.1.2, lorsque A est factoriel, A[[T]] l'est aussi à la seule condition que, pour tout f irréductible dans A[[T]], l'idéal f.A[[T]] soit premier, c'est-à-dire que, pour tous g et h appartenant à A[[T]], la relation "f divise gh" entraîne que f divise g ou divise h.

I.2.2 - Irréductibilité et terme constant.

<u>Lemme</u> I.2.2.1 - <u>Soit</u> f <u>appartenant à</u> A[[T]]. <u>Si</u> f(0) <u>est irréductible dans</u> A, f <u>l'est dans</u> A[[T]] <u>et, en supposant de plus que</u> A <u>est factoriel,</u>

l'idéal engendré par f est premier.

Démonstration. D'abord, si f est de la forme gh, avec g et h appartenant à $A[[T]]$, on a $f(0) = g(0)h(0)$. L'hypothèse entraîne par exemple que $g(0)$ est inversible dans A, donc g l'est dans $A[[T]]$.

Bien entendu, la réciproque est fausse : si p est irréductible dans l'anneau factoriel A, on voit aisément que la série p^2-T est irréductible dans $A[[T]]$ bien que son terme constant ne le soit pas dans A.

Quant à la seconde assertion du Lemme, notons $p = f(0)$ et soit A' le localisé de A par l'idéal -premier, puisque A est factoriel- $Ap.A'$ est un anneau de valuation discrète, d'uniformisante p, et f y est irréductible d'après ce qu'on vient de voir. Soient g et h appartenant à $A[[T]]$; si f divise gh dans $A[[T]]$, il le divise aussi dans $A'[[T]]$. Comme ce dernier anneau est factoriel (cf. [3]), on a par exemple : $f_{A'[[T]]}|\, g$, autrement dit, $\frac{g}{f}$ appartient à $A'[[T]]$. Or, les coefficients de $\frac{g}{f}$ sont de la forme $\lambda.p^{-k}$, $\lambda\in A$ et $k\in\mathbb{N}$; si ils appartiennent à A', c'est qu'ils appartiennent à A ; ainsi f divise g dans $A[[T]]$ et l'idéal engendré par f est premier.

Remarque. - Cas d'un anneau principal :

Lemme I.2.2.2. - Soit A un anneau principal. Si $f\in A[[T]]$ est irréductible, alors $f(0)$ est primaire, c'est-à-dire associé à une puissance d'un élément irréductible de A. (on exclut le cas où $f(0) = 0$).

Démonstration. Rappelons d'abord (cf. [8]) que, si A est principal, il est factoriel, ainsi que $A[[T]]$.

Raisonnons par l'absurde et supposons -avec $f = \sum_{n\in\mathbb{N}} a_n T^n$- que a_0 puisse s'écrire sous la forme b_0c_0, b_0 et c_0 non inversibles et premiers entre eux. Par récurrence sur m, supposons trouvés $b_0,\dots,b_m$ et $c_0,\dots,c_m$ appartenant à A, tels que :

$$(1)\qquad f \equiv (b_0+\dots+b_mT^m)(c_0+\dots+c_mT^m)[T^{m+1}].$$

(On vient de voir l'étape $m = 0$). La relation de Bezout montre qu'il existe b_{m+1} et c_{m+1} appartenant à A tels que

$$(2)\ b_0c_{m+1} + c_0b_{m+1} = a_{m+1} - \sum_{k=1}^{m} b_kc_{m+1-k}.$$

(1) et (2) montrent que f est congru à $(b_0+\dots+b_{m+1}T^{m+1})(c_0+\dots+c_{m+1}T^{m+1})$ modulo T^{m+2}, d'où la récurrence.

Les suites $(b_n)_{n\in\mathbb{N}}$ et $(c_n)_{n\in\mathbb{N}}$ étant ainsi définies, notons

$$g = \sum_{n=0}^{\infty} b_n T^n \quad ; \quad h = \sum_{n=0}^{\infty} c_n T^n .$$

g et h ne sont pas inversibles et (1) implique, pour tout entier m, que f est congru à gh modulo T^{m+1}. Comme la topologie T-adique est séparée, cela signifie que $f = gh$, contradiction.

I.2.3 - Transmission de la factorialité.

Soit A un anneau factoriel. On sait (cf. [3]) que A[[T]] ne l'est pas toujours. Si on fait l'hypothèse supplémentaire que A est local et complet, tout élément non inversible de A est substituable dans un élément de A[[T]], et ce dernier anneau est beaucoup plus "lié" à A qu'en l'absence de toute topologie. Cependant, même alors, il faut que A contienne suffisamment d'éléments "indépendants" -et, plus précisément que sa codimension homologique soit au moins trois- pour que A[[T]] soit factoriel. (cf. [10] pour ce dernier résultat et [7],[8],[9] pour des contre-exemples).

Quant à l'implication inverse, dont nous aurons besoin par la suite, elle se voit aisément :

<u>Lemme I.2.3</u> - <u>Si</u> A[[T]] <u>est factoriel</u>, A <u>l'est aussi</u>.

<u>Démonstration</u>. D'une part, A est intègre et vérifie la condition (M) d'après le Lemme 1. D'autre part, si l'élément p de A est irréductible dans A, il l'est aussi dans A[[T]] (Lemme 2) ; par suite, l'idéal p.A[[T]] est premier et le quotient A[[T]]/p est intègre ; comme il s'identifie canoniquement à (A/p)[[T]], ce dernier anneau l'est aussi, et également A/p : l'idéal p.A est premier §.1 n°2 montre alors que A est factoriel.

§.II - IRREDUCTIBILITE ET SUBSTITUTIONS

II.1 - RELATIONS ENTRE A[[T]] ET A[[X,Y]].

II.1.1 - On sait que A[[T]] est factoriel dès que A est un corps, un anneau de valuation discrète, plus généralement un anneau principal (cf. [3], [8]) ; ou encore un anneau local régulier (cf. [9]), sans compter le point de vue géométrique de I.2.3. On observe que les démonstrations citées établissent souvent à la fois, non seulement la factorialité de A[[T]], mais celle de tous les $A[[X_1,\ldots,X_n]]$. Cela conduit à la question suivante :

(Q) "Pour que tous les $A[[X_1,\dots,X_n]]$ soient factoriels, suffit-il que l'un d'entre eux le soit ?"

La réponse est affirmative lorsque A est un anneau noethérien local et complet. En effet, vu la transmission descendante du Lemme I.2.3 on est ramené à montrer que, si $A[[T]]$ est factoriel, $A[[X,Y]]$ l'est aussi. On sait, par ailleurs, que les hypothèses faites sur A se transmettent à $A[[T]]$; donc (cf. I.2.3) $A[[X,Y]]$ est factoriel dès que codh.$(A[[T]])$ est supérieure ou égale à 3, autrement dit si codh.$(A) \geqslant 2$. Mais, sinon, A est, soit un corps, soit un anneau de valuation discrète et on peut encore conclure.

II.1.2 - En l'absence de toute topologie sur A, l'étude de (Q) revient encore, pour la même raison que ci-dessus, à voir si la factorialité de $A[[T]]$ entraîne celle de $A[[X,Y]]$ soit, compte tenu de la remarque de I.2.1 , si pour tout f irréductible dans $A[[X,Y]]$, l'implication :

"pour tous g et h appartenant à $A[[X,Y]]$, si $f|gh$, alors $f|g$ ou $f|h$".

est vraie. Ce problème fait l'objet des paragraphes suivants.

II.2 - OPERATEURS DE SUBSTITUTION.

II.2.1. - Soit A un anneau, Pour tout $n \in \mathbb{N}^*$, on note :

$$S_n : A[[X,Y]] \longrightarrow A[[T]]$$
$$f \longrightarrow f(T^n,T).$$

S_n est un épimorphisme de A-algèbres, sa restriction à $A[[Y]]$ est la substitution de T à Y ; quant à son noyau, on remarque que, si l'on note $\phi(X,Y) = f(X+Y^n,Y)$, alors $S_n(f) = \phi(0,T)$ est nul si, et seulement si, X divise $\phi(X,Y)$, c'est-à-dire si $X - Y^n$ divise f ; en définitive $\mathrm{Ker}(S_n)$ est l'idéal engendré par $X - Y^n$.

En outre, $S_n(f)(0) = f(0,0)$, S_n conserve le terme constant et, par suite, $S_n(f)$ est inversible dans $A[[T]]$ si, et seulement si, f est inversible dans $A[[X,Y]]$.

Enfin, si $f = \sum_{i\in\mathbb{N}} F_i(Y).X^i$ est l'écriture de f "en X", on a $S_n(f) = \sum_{i\in\mathbb{N}} F_i(T).T^{ni}$, et donc $S_n(f)$ est congru à $F_0(T)$, c'est-à-dire $f(0,T)$ modulo T^{n+1}.

II.2.2 - Divisibilité.

<u>Lemme II.2.2</u> - <u>Soit</u> $f = \sum_{i,j\in\mathbb{N}} a_{i,j} X^iY^j$ <u>un élément de</u> $A[[X,Y]]$. <u>Soit</u> $(p,q)\in\mathbb{N}^2$. <u>Alors, pour tout entier</u> $n > q$, <u>le coefficient de</u> T^{np+q} <u>dans</u> $S_n(f)$ <u>est</u> :

$$a_{0,np+q} + a_{1,n(p-1)+q} + \ldots + a_{p-1,n+q} + a_{p,q}$$

<u>Démonstration</u>. $S_n(f) = \sum_{i,j\in\mathbb{N}} a_{i,j} T^{ni+j}$ donc le coefficient cherché est $\sum_{i,j\in\mathbb{N},ni+j=np+q} a_{i,j}$. Comme n est strictement supérieur à q, la relation $ni+j = np+q$ entraîne que i est inférieur ou égal à p. Donnant à i les valeurs $0,\ldots,p$ on obtient à chaque fois l'unique valeur de j annoncée.

<u>Proposition II.2.2</u> - <u>Soient</u> f <u>et</u> g <u>deux éléments de</u> $A[[X,Y]]$ <u>avec</u> $f(0,0) \neq 0$. <u>Les trois conditions suivantes sont équivalentes</u> :

α) f <u>divise</u> g <u>dans</u> $A[[X,Y]]$,

β) <u>pour tout</u> $n\in\mathbb{N}^*$, $S_n(f)$ <u>divise</u> $S_n(g)$ <u>dans</u> $A[[T]]$,

γ) <u>pour une infinité de</u> $n\in\mathbb{N}^*$, $S_n(f)$ <u>divise</u> $S_n(g)$.

<u>Démonstration</u>. α) entraîne β) car chaque S_n est un homomorphisme d'anneaux ; β) entraîne évidemment γ). Reste à voir la troisième implication $\gamma) \Longrightarrow \alpha)$.

Supposons que, pour tout n appartenant à I, partie infinie de $\mathbb{N}^*$, $S_n(f)$ divise $S_n(g)$. Si K désigne le corps des fractions de A, notons $\overline{S}_n$ le prolongement naturel de S_n à $K[[X,Y]]$ et observons que, puisque $S_n(f)(0) = f(0,0) \neq 0$, le quotient $\frac{g}{f}$ appartient à $K[[X,Y]]$ et on a : $\overline{S}_n(\frac{g}{f}) = \frac{S_n(g)}{S_n(f)}$. Si l'on note $\frac{g}{f} = \sum_{i,j\in\mathbb{N}} k_{i,j} X^iY^j$ l'hypothèse est donc que, pour tout n appartenant à I, $\frac{g}{f}(T^n,T)$ a ses coefficients dans A et il s'agit de voir qu'il en est de même pour les $k_{i,j}$.

Par l'absurde, soit $k_{p,q}$ le premier, pour l'ordre lexicographique de $\mathbb{N}^2$, n'appartenant pas à A et choisissons un $n\in I$ tel que $n>q$. Le Lemme 1, appliqué à K à la place de A, montre que le coefficient de T^{np+q} dans $\overline{S}_n(\frac{g}{f})$ est $\lambda = k_{0,np+q} + \ldots + k_{p-1,n+q} + k_{p,q}$.

Les p premiers termes du second membre appartiennent à A par définition de (p,q), λ également par hypothèse, donc $k_{p,q}\in A$, contradiction.

<u>Remarque</u>. L'implication "$\gamma) \Longrightarrow \alpha)$" n'est pas vraie sans hypothèse sur f : par exemple, pour tout $n\geq 1$, $S_n(Y) = T$ divise $S_n(X) = T^n$, mais Y ne divise pas X dans $A[[X,Y]]$.

II.2.3 - Irréductibilité.

Soit f appartenant à $A[[X,Y]]$ et supposons qu'il existe un $n \geq 1$ tel que $S_n(f)$ soit irréductible dans $A[[T]]$. Si f était de la forme gh, g et h non inversibles dans $A[[X,Y]]$, on aurait $S_n(f) = S_n(g)S_n(h)$, une contradiction vu II.2.1. Ainsi, l'irrédutibilité d'un seul des $S_n(f)$ entraîne celle de f. En ce qui concerne la réciproque, compte tenu de la Proposition 1 et de l'implication du II.1.2, nous allons, étant donné un f irréductible dans $A[[X,Y]]$, chercher si il existe une infinité de $n \in \mathbb{N}^*$ tels que $S_n(f)$ soit irréductible dans $A[[T]]$.

Rappelons que l'élément a de l'anneau B est dit <u>quadratfrei</u> si, et seulement si, il n'est pas inversible et n'est divisible par le carré d'aucun élément non inversible de B. Lorsque B est factoriel, cela revient à dire, avec les notations de I.1.2, que, pour tout p appartenant à P, $v_p(a)$ est inférieur ou égal à 1.

Enonçons maintenant le Théorème qui sera établi au II.3:

<u>Théorème II.2.3 - Soient</u> A <u>un anneau factoriel et</u> f <u>appartenant à</u> $A[[X,Y]]$, <u>de terme constant quadratfrei. Les trois propriétés suivantes sont équivalentes</u> :

α) f <u>est irréductible dans</u> $A[[X,Y]]$,

β) <u>il existe un</u> $N \in \mathbb{N}^*$ <u>tel que</u> $S_n(f)$ <u>soit irréductible dans</u> $A[[T]]$ <u>pour tout</u> $n \geq N$,

γ) <u>il existe un</u> $n \in \mathbb{N}^*$ <u>tel que</u> $S_n(f)$ <u>soit irréductible</u>.

II.3 - DEMONSTRATION DU THEOREME II.2.3

II.3.1 - Dans tout ce paragraphe, A désigne un anneau factoriel.

<u>Lemme II.3.1 - Soit</u> a <u>un élément non nul et non inversible de</u> A. <u>Pour tout</u> n <u>appartenant à</u> J, <u>partie infinie de</u> $\mathbb{N}$, <u>soient</u> b_n <u>et</u> c_n <u>deux éléments non inversibles de</u> A <u>tels que</u> $a = b_n . c_n$. <u>Alors il existe une partie infinie</u> J' <u>de</u> J <u>et des éléments</u> u_n <u>inversibles dans</u> A <u>tels que, pour</u> $n \in J'$, $u_n . b_n$ <u>et</u> $u_n^{-1} . c_n$ <u>soient indépendants de</u> n.

<u>Démonstration</u>. Avec les notations de I.1.2, soient $p_1, \ldots, p_s$ les éléments de P dont l'exposant dans la décomposition de a est $\neq 0$. Pour tout n appartenant à J, on a :

$$v_{p_1}(b_n) + v_{p_1}(c_n) = v_{p_1}(a), \ldots, v_{p_s}(b_n) + v_{p_s}(c_n) = v_{p_s}(a).$$

Ces équations, par rapport aux inconnues $v_{p_i}(b_n)$ et $v_{p_i}(c_n)$ -n étant fixé-, n'ont qu'un nombre fini de solutions entières ; donc l'une d'elles est répétée une infinité de fois, c'est-à-dire qu'il existe une partie infinie J' de J telle que les $v_{p_i}(b_n)$ et $v_{p_i}(c_n)$, pour $i=1,\dots,s$, soient indépendants de $n \in J'$.

Comme c_n (resp. b_n) est associé à

$$c = \prod_{i=1}^{s} p_i^{v_{p_i}(c_n)} \quad (\text{resp. } b = \prod_{i=1}^{s} p_i^{v_{p_i}(b_n)}),$$

il est de la forme $u_n.c$ (resp. $u_n^{-1}.b$, vu la relation $a = b_n.c_n$), avec u_n inversible dans A, d'où la concusion.

<u>Remarque</u> 1. Soient b et c deux éléments de A, non inversibles et premiers entre eux, et soit $d \in A$. Si (x_0, y_0) est solution de l'équation $by + cx = d$, alors (x,y) l'est aussi si, et seulement si, $b(y_0 - y) = c(x - x_0)$. Cette relation et le Lemme de Gauss montrent que b divise $x - x_0$; x est donc de la forme $x_0 + \lambda.b$, $\lambda \in A$, et par suite $y = y_0 - \lambda.c$.

<u>Remarque</u> 2. D'après II.2.3 il suffit, pour établir le Théorème II.2.3 de montrer que $\alpha) \Longrightarrow \beta)$ soit, en prenant les négations, que :

(E) si il existe une partie infinie J de $\mathbb{N}^*$ telle que, pour tout $n \in J$, $S_n(f)$ est réductible, alors f est réductible.

<u>Notations</u>. On posera :

$$f = \sum_{i,j \in \mathbb{N}} a_{i,j} X^i Y^j = \sum_{i \in \mathbb{N}} F_i(Y).X^i \; ; \; F_i(Y) = \sum_{j \in \mathbb{N}} a_{i,j} Y^j$$

et, pour tout $n \in J$, la relation notée (1) ;

$$(1) \qquad S_n(f) = B_n(T).C_n(T) \; ; \; B_n = \sum_{k \in \mathbb{N}} b_k^n.T^k, \; C_n = \sum_{k \in \mathbb{N}} c_k^n.T^k,$$

b_0^n et c_0^n ne sont pas inversibles par hypothèse.

II.3.2 - <u>Première étape de la démonstration de</u> (E).

(1) implique, en substituant 0 à T, que $a_{0,0} = b_0^n.c_0^n$. D'après le Lemme II.3.1, il existe donc une partie infinie I de J, deux éléments $b_{0,0}$ et $c_{0,0}$ non inversibles dans A et des u_n inversibles dans A, $n \in I$,

tels que :

$$u_n.b_0^n = b_{0,0} \; ; \; u_n^{-1}.c_0^n = c_{0,0} .$$

Quitte à remplacer B_n par $u_n.B_n$, C_n par $u_n^{-1}.C_n$ et à se restreindre à I, on peut supposer que les b_0^n et c_0^n sont indépendants de n, c'est-à-dire que :

(2) pour tout $n \in I$, $b_0^n = b_{0,0}$; $c_0^n = c_{0,0}$; $b_{0,0}.c_{0,0} = a_{0,0}$.

Remarquons que $b_{0,0}$ et $c_{0,0}$ sont premiers entre eux puisque $a_{0,0}$ est quadratfrei par hypothèse.

Pour tout $k \in \mathbb{N}$, on notera :

(3) $I_k = I \cap \{k+1, k+2, \ldots\}$; $n_k = \mathrm{Inf}(I_k)$.

D'après le Lemme II.2.2, appliqué à $p = 0$, $q = 1$, pour tout $n \in I_1$, $a_{0,1}$ est le coefficient de T dans $S_n(f)$; il vaut donc, d'après (1), $b_{0,0}.c_1^n + c_{0,0}.b_1^n$. La remarque 1 du II.3.1, appliquée à $x_0 = b_1^{n_1}$ et $y_0 = c_1^{n_1}$, montre que :

(4) pour tout $n \in I_1$, il existe un $\lambda_{0,1}^n \in A$ tel que

$$b_1^n = b_1^{n_1} + \lambda_{0,1}^n.b_{0,0} \quad \text{et} \quad c_1^n = c_1^{n_1} - \lambda_{0,1}^n.c_{0,0} .$$

Et comme, pour tout $\lambda \in A$, $(1 + \lambda.T)^{-1} \equiv 1 - \lambda.T \; [T^2]$,on déduit de (2) et (4) que :

(5) pour tout $n \in I_1$, $B_n \equiv (1 + \lambda_{0,1}^n.T)B_{n_1} \; [T^2]$ et

$$C_n \equiv (1 + \lambda_{0,1}^n.T)^{-1}.C_{n_1} \; [T^2] .$$

Pour tout $n \in I_1$, remplaçons B_n par $(1 + \lambda_{0,1}^n.T)^{-1}.B_n$, C_n par $(1 + \lambda_{0,1}^n.T)C_n$ et notons encore B_n et C_n les résultats de cette opération. La relation $S_n(f) = B_n.C_n$ demeure, mais, de plus, les coefficients de T^0 dans B_n et C_n sont indépendants de $n \in I$ et ceux de T indépendants de $n \in I_1$.

Soit q un entier supérieur ou égal à 2 et supposons trouvés des B_n et C_n, $n \in I$, tels que :

(6) $S_n(f) = B_n.C_n$ et, pour tout $k \leq q-1$, les coefficients de T^k dans B_n et C_n soient indépendants de $n \in I_k$ (on notera $b_{0,k}$ et $c_{0,k}$ leurs valeurs).

(On vient de voir les cas $q = 1$ et $q = 2$).

D'après le Lemme II.2.2, appliqué à $p = 0$ et q, pour tout $n \in I_q$, $a_{0,q}$ est le coefficient de T^q dans $S_n(f)$; donc (cf. (6) et le fait que la suite des I_k est décroissante pour l'inclusion).

$$a_{0,q} = b_{0,0}.c_q^n + \sum_{k=1}^{q-1} b_{0,k}.c_{0,q-k} + c_{0,0}.b_q^n .$$

La remarque 1 du II.3.1, appliquée à $x_0 = b_q^{n_q}$, $y_0 = c_q^{n_q}$ et

$\lambda = a_{0,q} - \sum_{k=1}^{q-1} b_{0,k}.c_{0,q-k}$, montre que :

(7) pour tout $n \in I_q$, il existe un $\lambda_{0,q}^n \in A$ tel que

$$b_q^n = b_q^{n_q} + \lambda_{0,q}^n.b_{0,0} \; ; \; c_q^n = c_q^{n_q} + \lambda_{0,q}^n.c_{0,0}.$$

Et comme, pour tout $\lambda \in A$, $(1 + \lambda.T^q)^{-1} = 1 - \lambda.T^q \,[T^{q+1}]$, on déduit de (6) et (7) que :

(8) pour tout $n \in I_q$, $B_n = (1 + \lambda_{0,q}^n.T^q)B_{n_q} \,[T^{q+1}]$ et

$$C_n \equiv (1 + \lambda_{0,q}^n.T^q)^{-1}.C_{n_q} \,[T^{q+1}] .$$

Pour tout $n \in I_q$, remplaçons B_n par $(1 + \lambda_{0,q}^n.T^q)^{-1}.B_n$ et C_n par $(1 + \lambda_{0,q}^n.T^q)C_n$, en notant encore B_n et C_n les résultats de cette opération. Elle n'a changé aucun des coefficients des T^k, $k \leq q-1$, donc (6) demeure, mais de plus (7) et (8) entraînent que les coefficients de T^q dans B_n et C_n, pour $n \in I_q$, ont des valeurs constantes (notées $b_{0,q}$ et $c_{0,q}$). Par suite, en regroupant avec (6) :

(9) pour tout $k \leq q$ et tout $n \in I_k$, le coefficient de T^k dans B_n (resp. C_n) est $b_{0,k}$ (resp. $c_{0,k}$).

ce qui établit la récurrence.

Les $b_{0,k}$ et $c_{0,k}$, $k \in \mathbb{N}$, étant ainsi définis, posons

$$G_0 = \sum_{j\in\mathbb{N}} b_{0,j}\, Y^j \; ; \; H_0 = \sum_{j\in\mathbb{N}} c_{0,j}\, Y^j .$$

D'après (9), on a :

(10) pour tout $q\in\mathbb{N}$, pour tout $n\in I_q$, $B_n \equiv G_0(T)[T^{q+1}]$ et $C_n \equiv H_0(T)\,[T^{q+1}]$.

Donc, d'après (1), $S_n(f) \equiv G_0(T).H_0(T)\,[T^{q+1}]$.
Or, on a vu(II.2.1)que $S_n(f)$ est congru à $F_0(T)$ modulo T^{n+1}, donc a fortiori modulo T^{q+1}, puisque $n\in I_q$; autrement dit, pour tout $q\in\mathbb{N}$, $F_0(T)$ est congru à $G_0(T).H_0(T)$ modulo T^{q+1}, c'est-à-dire que :

(11) $F_0 = G_0.H_0$

Remarque. On observera que chaque B_n ou C_n a, au total, été modifié au plus n fois.

II.3.3 - Deuxième étape de la preuve de (E).

Soit $n\in I$; alors $n\in I_{n-1}$ et (10), appliqué à $q = n-1$, devient : $B_n \equiv G_0(T)[T^n]$ et $C_n \equiv H_0(T)[T^n]$; on peut écrire ceci sous la forme :

(12) $B_n = G_0(T) + T^n.B'_n$; $C_n = H_0(T) + T^n.C'_n$; avec $B'_n = \sum_{k\in\mathbb{N}} b'^{n}_k.T^k$; $C'_n = \sum_{k\in\mathbb{N}} c'^{n}_k.T^k$.

D'après le Lemme II.2.2, appliqué à $p = 1$, $q = 0$, on a, compte tenu de (12) :

$$a_{0,n} + a_{1,0} = (\text{le coefficient de } T^n \text{ dans } G_0(T).H_0(T)) + b_{0,0}.c'^{n}_0 + c_{0,0}.b'^{n}_0$$

(égalité des coefficients de T^n dans (1)). D'où, à cause de (11) :

$$a_{1,0} = b_{0,0}.c'^{n}_0 + c_{0,0}.b'^{n}_0 .$$

De même qu'au II.3.2, on se ramène au cas où b'^{n}_0 et c'^{n}_0 ont des valeurs $b_{1,0}$ et $c_{1,0}$ indépendantes de n appartenant à $I = I_0$. Le point essentiel est que, si les B_n et C_n ainsi construits ne vérifient plus la relation (9), on a par contre :

(13) pour tout $n \in I_0$, $B_n \equiv S_n(G_0(Y) + X.b_{1,0})[T^{n+1}]$ et $C_n \equiv S_n(H_0(Y) + X.c_{1,0})[T^{n+1}]$.

Soit $q \geq 1$; supposons trouvés $b_{1,0},\ldots,b_{1,q-1}$; $c_{1,0},\ldots,c_{1,q-1}$ et des B_n, C_n $(n \in I)$ tels que l'on ait (1) et :

(14) pour tous $k \leq q-1$ et $n \in I_k$

$$B_n \equiv S_n(G_0(Y) + X(b_{1,0} + b_{1,1}Y + \ldots + b_{1,k}Y^k))[T^{n+k+1}]$$
$$C_n \equiv S_n(H_0(Y) + X(c_{1,0} + c_{1,1}Y + \ldots + c_{1,k}Y^k))[T^{n+k+1}]$$

(on vient de voir le cas où $q = 1$).

Utilisons à nouveau le Lemme II.2.2 avec $p = 1$ et q, pour obtenir cette fois -la suite des I_k étant décroissante- l'égalité des coefficients de T^{n+q} :

pour tout $n \in I_q$, $a_{0,n+q} + a_{1,q} = b_{0,0}.c'^{\,n}_q + c_{0,0}.b'^{\,n}_q$ + (le coefficient de T^{n+q} dans $G_0(T).H_0(T)) + \alpha_q$.

$_q$ désignant le coefficient de T^q dans $G_0(T).\sum_{j=0}^{q-1} c'_{1,j}T^j + H_0(T).\sum_{j=0}^{q-1} b_{1,j}T^j$.

D'où, à cause de (11) : $b_{0,0}.c'^{\,n}_q + c_{0,0}.b'^{\,n}_q = a_{1,q} - \alpha_q$; ceci permet, comme ci-dessus, de trouver des B_n et C_n tels que (1) et (14) demeurent et que, de plus, $b'^{\,n}_q$ et $c'^{\,n}_q$ soient constants pour $n \in I_q$, autrement dit tels que (14) soit vraie avec q à la place de $q-1$.

Les $b_{1,j}$ et $c_{1,j}$ ayant été définis par le procédé récurrent ci-dessus, posons :

$$G_1 = \sum_{j \in \mathbb{N}} b_{1,j}.Y^j \; ; \; H_1 = \sum_{j \in \mathbb{N}} c_{1,j}.Y^j.$$

Pour tous $q \in \mathbb{N}$ et $n \in I_q$, comme $G_0(Y) + X.\sum_{j=0}^{q} b_{1,j}Y^j$ et $H_0(Y) + X.\sum_{j=0}^{q} c_{1,j}Y^n$ sont congrus respectivement à $G_0 + XG_1$ et $H_0 + XH_1$ modulo XY^{q+1}, leurs "S_n" sont congrus modulo T^{n+q+1} et (14) avec q à la place de $q-1$ et $k = q$, implique :

(15) pour tout $n \in I_q$, $B_n \equiv S_n(G_0 + XG_1)[T^{n+q+1}]$; $C_n \equiv S_n(H_0 + XH_1)[T^{n+q+1}]$

et, en portant dans (1) : $S_n(f) \equiv S_n((G_0 + XG_1)(H_0 + XH_1))[T^{n+q+1}]$.

D'où, pour $n \in I$ et $q = n-1$, vu que $S_n(f)$ est congru à $S_n(F_0 + XF_1)$ modulo T^{2n}, la relation :

$$S_n(F_0 + XF_1 - (G_0 + XG_1)(H_0 + XH_1)) \equiv 0 \; [T^{2n}] \; .$$

C'est-à-dire, en raisonnant de même qu'à la fin du II.3.2 et compte tenu de (11) : pour tout $n \in I$, $F_1 \equiv G_0H_1 + H_0G_1 \; [T^n]$, soit finalement

(16) $F_1 = G_0H_1 + H_0G_1$.

II.3.4 - Troisième étape de la preuve de (E).

Soit $p \geq 2$. Supposons trouvés $G_0, \ldots, G_{p-1}$; $H_0, \ldots, H_{p-1}$ et des B_n, $C_n (n \in I)$ tels que l'on ait (1) et :

(17) pour tous $h \leq p-1$, $q \in \mathbb{N}$ et $n \in I_q$,

$$B_n \equiv S_n(\sum_{i=0}^{h} X^i G_i(Y)) \; [T^{nh+q+1}]$$

$$C_n \equiv S_n(\sum_{i=0}^{h} X^i H_i(Y)) \; [T^{nh+q+1}] \text{ et}$$

$$F_h \equiv G_0H_h + G_1H_{h-1} + \ldots + G_hH_0 \; .$$

(Les n°s II.3.2 et II.3.3 concernent les cas $p = 1$ et $p = 2$).

Soit $n \in I$; alors $n \in I_{n-1}$ et (17), pour $h = p-1$ et $q = n-1$, devient :

$$\text{pour tout } n \in I, \; B_n \equiv S_n(\sum_{i=0}^{p-1} X^i G_i(Y)) \; [T^{np}] \text{ et}$$

$$C_n \equiv S_n(\sum_{i=0}^{p-1} X^i H_i(Y)) \; [T^{np}] \; .$$

Autrement dit, on a des égalités du type :

$$B_n = \sum_{i=0}^{p-1} T^{ni} G_i(T) + T^{np} B''_n \; ; \text{ avec } B''_n = \sum_{k \in \mathbb{N}} b''^n_k . T^k$$

$$C_n = \sum_{i=0}^{p-1} T^{ni} H_i(T) + T^{np} C''_n \; ; \text{ avec } C''_n = \sum_{k \in \mathbb{N}} c''^n_k . T^k$$

Appliquons le Lemme II.2.2 à p et $q = 0$. Le coefficient de T^{np} dans $S_n(f)$, pour $n \in I = I_0$, est à $a_{0,np} + a_{1,n(p-1)} + \ldots + a_{p-1,n} + a_{p,0}$; mais aussi, d'après (1) et l'écriture des B_n et C_n, il vaut :

$$b_{0,0}.c_0''^n + c_{0,0}.b_0''^n + \text{(le coefficient de } T^{np} \text{ dans}$$

$$S_n((\sum_{i=0}^{p-1} X^i G_i(Y))(\sum_{i=0}^{p-1} X^i H_i(Y)))),$$

Ce dernier étant aussi le coefficient de T^{np} dans $S_n(\sum_{i=0}^{p-1} X^i F_i(Y))$ d'après (17), autrement dit $a_{0,np} + \ldots + a_{p-1,n}$, à quoi il faut ajouter une constante -indépendante de n- dont on verrait facilement qu'elle vaut $(G_1 H_{p-1} + G_{p-1} H_1)(0)$.

En tous cas, $b_{0,0}.c_0''^n + c_{0,0}.b_0''^n$ est indépendant de $n \in I$. Comme ci-dessus, on se ramène au cas où $b_0''^n$ et $c_0''^n$ sont constants ; soient $b_{p,0}$ et $c_{p,0}$ leurs valeurs.

Les relations (17) demeurent, puisque le module maximum de congruence y est T^{np} et que B_n et C_n ont été multipliés par des éléments de la forme $(1 + \lambda^n_{p,0} T^{np})^{-1}$ et $(1 + \lambda^n_{p,0} Y^{np})$ respectivement. On a, de plus :

$$\text{pour tout } n \in I,\ B_n \equiv S_n(\sum_{i=0}^{p-1} X^i G_i(Y) + X^p b_{p,0})\ [T^{np+1}]$$

$$C_n \equiv S_n(\sum_{i=0}^{p-1} X^i H_i(Y) + X^p c_{p,0})\ [T^{np+1}]\ .$$

Cela fait, soit $q \geq 1$, et supposons trouvés $b_{p,0}, \ldots, b_{p,q-1}$; $c_{p,0}, \ldots, c_{p,q-1}$ et des B_n et C_n tels que l'on ait (17) et :

$$\text{pour tous } k \leq q-1 \text{ et } n \in I_k\ ,$$

$$B_n \equiv S_n(\sum_{i=0}^{p-1} X^i G_i(Y) + X^p . \sum_{j=0}^{k} b_{p,j} .Y^j)\ [T^{np+k+1}] \text{ et}$$

$$C_n \equiv S_n(\sum_{i=0}^{p-1} X^i H_i(Y) + X^p . \sum_{j=0}^{k} c_{p,j} .Y^j)\ [T^{np+k+1}]\ .$$

En raisonnant comme ci-dessus avec le coefficient de T^{np+q} dans (1), on montre que, tout en conservant (1), (17) et la relation précédente, on peut supposer que celle-ci est vraie pour $k = q$.

Les $b_{p,j}$ et $c_{p,j}$ étant ainsi définis par récurrence, posons :

$$G_p = \sum_{j\in\mathbb{N}} b_{p,j}.Y^j \ ; \ H_p = \sum_{j\in\mathbb{N}} c_{p,j}.Y^j \ .$$

Ce qui précède signifie que :

pour tous $q\in\mathbb{N}$ et $n\in I_q$,

$$B_n \equiv S_n(\sum_{i=0}^{p} X^i G_i(Y)) \ [T^{np+q+1}]$$

$$C_n \equiv S_n(\sum_{i=0}^{p} X^i H_i(Y)) \ [T^{np+q+1}] \ .$$

(car, par exemple, $G_p \equiv \sum_{j=0}^{q} b_{p,j}.Y^j \ [Y^{q+1}]$) .

Ceci montre déjà que les deux premières relations de (17) sont vraies avec p à la place de $p-1$. Quant à la troisième, en reportant dans (1) les valeurs trouvées ci-dessus pour B_n et C_n, on obtient :

$$S_n(f - (\sum_{i=0}^{p} X^i G_i(Y))(\sum_{i=0}^{p} X^i H_i(Y))) \equiv 0 \ [T^{np+q+1}] \ .$$

Autrement dit, en supprimant les termes qui sont congrus à 0 modulo T^{np+q+1} parce qu'ils le sont modulo $T^{n(p+1)}$, pour $n\in I$ et $q = n-1$, et en faisant les simplifications que permet la troisième relation de (17) :

$$T^{np}(F_p - (G_0H_p + \ldots + G_pH_0))(T) \equiv 0 \ [T^{n(p+1)}] \ .$$

On simplifie par T^{np} et, comme cette égalité est vraie pour tout $n\in I$, on conclut que $F_p = G_0H_p+\ldots+G_pH_0$.

II.3.5 - Conclusion.

On vient d'achever la construction récurrente des G_i et H_i tels que, pour tout $p\in\mathbb{N}$, on ait $F_p = G_0H_p+\ldots+G_pH_0$. Si l'on pose :

$$g = \sum_{i\in\mathbb{N}} G_i(Y) \ X^i \ ; \ h = \sum_{i\in\mathbb{N}} H_i(Y) \ X^i$$

on a évidemment $f = gh$ et, comme $g(0,0) = b_{0,0}$, $h(0,0) = c_{0,0}$ ne sont pas inversibles, g et h ne le sont pas non plus, contradiction : le Théorème II.2.3 est démontré.

II.4 - CONSEQUENCES ET CONTRE-EXEMPLES.

II.4.1 - Idéaux premiers.

Théorème II.4.1 - Supposons que $A[[T]]$ est factoriel. Soit f un élément irréductible de $A[[X,Y]]$, dont le terme constante est quadratfrei. Alors, l'idéal engendré par f est premier.

Démonstration. D'après le Théorème II.2.3, il existe dans $\mathbb{N}^*$ une partie infinie I telle que, pour tout $n \in I$, $S_n(f)$ soit irréductible dans $A[[T]]$. Soient g et h appartenant à $A[[X,Y]]$ tels que f divise gh dans $A[[X,Y]]$. Alors, la Proposition II.2.2 montre qu'a fortiori $S_n(f)$ divise $S_n(g).S_n(h)$ pour tout $n \in I$.

Pour un tel n, comme $A[[T]]$ est factoriel, l'idéal engendré par $S_n(f)$ est premier et donc $S_n(f)$ divise, soit $S_n(g)$, soit $S_n(h)$. L'une de ces deux éventualités, par exemple que $S_n(f)$ divise $S_n(g)$, a lieu pour une infinité d'éléments de I. $f(0,0)$ étant non nul, la Proposition II.2.2 montre qu'alors f divise g dans $A[[X,Y]]$; en définitive, l'idéal engendré par f est premier.

Nous allons voir, par une autre méthode, que cet idéal est premier dès qu'un seul des substitués de f est irréductible. Plus précisément :

Proposition II.4.1 - Supposons $A[[T]]$ factoriel et soit f appartenant à $A[[X,Y]]$. On suppose qu'il existe un g dans $A[[T]]$, de terme constant nul, tel que $f(g(T),T)$ soit irréductible dans $A[[T]]$. Alors f est irréductible et l'idéal qu'il engendre dans $A[[X,Y]]$ est premier.

Démonstration. Soit $A' = A[[Y]]$. $A[[X,Y]]$ est naturellement isomorphe à $A'[[X]]$; notons :

$$\sigma_g : A'[[X]] \longrightarrow A'[[X]]$$
$$\phi \longrightarrow \phi(X+g(Y))$$

σ_g a bien un sens puisque $g(Y) \in A'$, est multiple de Y, et que A' est complet pour la topologie Y-adique. Il est évident que σ_g est un automorphisme de A'-algèbres et que $\sigma_g^{-1} = \sigma_{-g}$. Par conséquent, σ_g "échange" les éléments irréductibles et aussi les idéaux premiers ; ceci permet de raisonner sur $f_1 = \sigma_g(f)$.

L'hypothèse que $f(g(T),T)$ est irréductible dans $A[[T]]$ devient, vu la définition de σ_g, que $f_1(0)$ est irréductible dans A'. Comme A' est factoriel, la conclusion résulte du Lemme I.2.2.1 .

<u>Remarque</u>. On indiquera au §.III une autre classe, explicite comme celle du Théorème II.4.1 , d'éléments irréductibles dans $A[[X,Y]]$ y engendrant un idéal premier.

II.4.2 - L'hypothèse que $f(0,0)$ est quadratfrei intervient de manière essentielle dans la démonstration du Théorème II.2.3. Nous allons voir, non seulement qu'elle est indispensable mais, en liaison avec la Proposition II.4.1, qu'il existe des f irréductibles dans $A[[X,Y]]$ tels que tous les substitués $f(g(T),T)$ soient réductibles. En fait :

<u>Proposition</u> II.4.2 - <u>Soient</u> p <u>une indéterminée</u>, A <u>l'anneau</u> $\mathbb{R}[[p]]$ <u>des séries formelles en</u> p <u>à coefficients réels et</u> $f = p^2 - X^2 - Y^2$ <u>appartenant à</u> $A[[X,Y]]$.

<u>Alors</u> f <u>est irréductible dans</u> $A[[X,Y]]$ <u>mais, pour tout</u> $g \in A[[T]]$, <u>de terme constant nul</u>, $f(g(T),T)$ <u>est réductible dans</u> $A[[T]]$.

<u>Démonstration</u>. Remarquons que A est un anneau de valuation discrète, d'uniformisante p ; par suite, $A[[T]]$ et $A[[X,Y]]$ sont factoriels (cf. I.1).

Irréductibilité de f : notons $A' = A[[X]]$. C'est un anneau local, d'idéal maximal M, engendré par p et X ; il est complet pour la topologie M-adique (cf. [6]). Le coefficient directeur de $-f$ est 1 et ses autres coefficients appartiennent à M ; autrement dit, $-f$ est un polynôme distingué en Y. Par suite (cf. [3]), il est irréductible dans $A'[[Y]]$ si, et seulement si, il l'est dans $A'[Y]$. Etudions ce dernier point : si on pose $P = p+X$, P est irréductible dans l'anneau factoriel A' d'après le Lemme I.2.2.1, P ne divise pas le coefficient directeur -en Y- de f, mais il en divise tous les autres coefficients ; P^2 ne divise pas le terme constant de f car :

$$\frac{p-X}{p+X} = 1 - 2.\frac{X}{p} = \dots \text{ n'appartient pas à } A'.$$

Le Lemme d'Eisenstein (cf. [3]) montre que f est irréductible dans $A'[Y]$, donc aussi dans $A'[[Y]]$ comme on l'a vu. Observons à ce propos que le problème de l'idéal engendré par f ne se pose pas, puisque $A[[X,Y]]$ est factoriel. Restent maintenant à étudier les substitutés de f.

Réductibilité des $f(g(T),T)$: soit $g \in A[[T]]$, de terme constant nul ; il est de la forme $T.g_1$, $g_1 \in A[[T]]$. Montrons d'abord que $1 + g_1^2$ est un carré dans $A[[T]]$. g_1 s'écrit sous la forme :

$$g_1 = \sum_{i,j \in \mathbb{N}} r_{i,j}.p^i.T^j \text{ ; les } r_{i,j} \in \mathbb{R}.$$

Donc $1 + g_1^2$ est la somme de $1 + r_{0,0}^2$ et d'un élément de l'idéal maximal, noté encore M, de A[[T]] ; autrement dit, comme $1 + r_{0,0}^2$ est un carré inversible, $1 + g_1^2$ est de la forme $r^2(1 + m)$, avec $r \in \mathbb{R}$ et $m \in M$. Puisque A[[T]] est complet pour la topologie M-adique, la série :

$$\sum_{k=0}^{+\infty} a_k . m^k \text{ ; les } a_k \text{ étant les coefficients du développement en série entière de } (1 + x)^{1/2} ,$$

est convergente, vers une racine carrée, notée μ, de $1 + m$. Donc $1 + g_1^2 = (r.\mu)^2$ est un carré dans A[[T]]. Par suite, $f(g(T),T)$ qui vaut $p^2 - T^2.g_1^2 - T^2 = p^2 - T^2.r^2.\mu^2 = (p + Tr\mu)(p - Tr\mu)$ est réductible dans A[[T]], ce qui achève la démonstration.

<u>Remarque</u>. Compte tenu des Propositions II.4.1 et II.4.2, la question se pose de trouver tous les f irréductibles dans A[[X,Y]] dont néanmoins tous les substitués $f(g(T),T)$ sont réductibles. Dans le contre-exemple ci-dessus, on remarque que $f(XY,Y) = p^2 - Y^2(1+X^2)$ est réductible dans A[[X,Y]] puisque $1 + X^2$ est, vu la démonstration ci-dessus, un carré dans A[[X]]. On peut se demander si c'est un fait général. Observons par ailleurs que, lorsque A est local complet, toute série non inversible $g(T)$ peut être substituée à X dans $f(X,T)$ - et non pas seulement une série de terme constante nul. Si, par exemple, on substitue $2p$ à X dans le contre-exemple, on obtient la série irréductible $-3p^2 - T^2$: la question résolue par la négative pour un anneau factoriel quelconque demeure ouverte lorsqu'il est local et complet.

Revenant à notre étude, si tous les $f(g(T),T)$ sont réductibles, les $S_n(f)$ le sont aussi : avec les notations de II.3 : pour une infinité de $n \in \mathbb{N}^*$, $S_n(f)$ est de la forme $B_n(T).C_n(T)$ et, d'après la remarque faite au II.2.1, on a :

$$f(0,T) \equiv B_n(T)/C_n(T) \; [T^{n+1}] .$$

Autrement dit, pour une infinité de $n \in \mathbb{N}^*$, $f(0,T)$ est congru, modulo T^{n+1}, à un élément réductible de A[[T]] ; cela signifie que $f(0,T)$ est adhérent à l'ensemble de ces éléments.

Or, parmi les séries f trouvées comme contre-exemples, c'est-à-dire irréductibles mais dont une infinité de S_n sont réductibles, aucune n'a un $f(0,T)$ irréductible. Est-ce parce que l'ensemble des éléments réductibles de A[[T]] est fermé :

L'ensemble des irréductibles de $A[[T]]$ est-il ouvert pour la topologie T-adique ?

L'étude de ce problème fait l'objet de la seconde partie de cet article, à paraître ultérieurement.

§.III - SUBSTITUTIONS DANS $A[[T]]$.

III.1 - SUBSTITUES D'UN ELEMENT IRREDUCTIBLE.

III.1.1 - On se propose de démontrer le :

Théorème III.1.1. - *Soit* f *appartenant à l'anneau factoriel* $A[[T]]$, *avec* $f(0) \neq 0$. *Les conditions suivantes sont équivalentes* :

α) f *est irréductible,*

β) *il existe un entier* $q \geq 1$ *tel que, pour tout* $n \in \mathbb{N}^*$ *premier à* q, *la série* $f(T^n)$ *soit irréductible.*

Remarquons d'abord que l'implication $\beta) \Longrightarrow \alpha)$ est claire : quel que soit l'entier q, 1 est premier à q et donc $f = f(T)$ est irréductible. Reste à établir que $\alpha) \Longrightarrow \beta)$. Pour cela on utilise le

Lemme III.1.1 - *Soient* f *appartenant à* $A[[T]]$, n *un entier supérieur ou égal à* 1 *et* $\omega_1,\ldots,\omega_n$ *les racines n-ièmes de l'unité -non nécessairement distinctes- dans la clôture algébrique* Λ *du corps des fractions de* A. *Si on pose* $f = f(\omega_1 T)\ldots f(\omega_n T)$, *alors* f *appartient à* $A[[T^n]]$.

III.1.2 - Démonstration du Lemme III.1.1

Pour tous $N \in \mathbb{N}$ et $g \in \Lambda[[T]]$, soit $T_N(g)$ le tronqué de g à l'ordre N : $T_N(g)$ appartient à $\Lambda[T]$ et est congru à g modulo T^{N+1}. En appliquant ceci aux $f(\omega_i T)$, on obtient :

$$T_N(f(\omega_i T)) \equiv f(\omega_i T)\ [T^{N+1}] \ ; \text{ d'où } \ \widehat{T_N}(f) \equiv \hat{f}\,[T^{N+1}] \ .$$

Or il est évident que $A[[T^n]]$ est fermé dans $\Lambda[[T]]$ pour la topologie T-adique ; par suite, la relation ci-dessus remène au cas où f est un polynôme, ce qu'on supposera désormais.

Soit $f = a(T-z_1)\ldots(T-z_p)$ la décomposition de f dans $\mathcal{A}[T]$; a, coefficient directeur de f, appartient à A et les z_k à $\mathcal{A}$. Par définition, on a :

$$(1)\ \hat{f} = a^n.\prod_{k=1}^{p}\left(\prod_{i=1}^{n}(\omega_i T - z_k)\right).$$

Comme la définition des ω_i siginfie que $T^n - 1 = (T-\omega_1)\ldots(T-\omega_n)$, en substituant $\frac{z_k}{T}$ à T et en multipliant par T^n, on obtient :

$$(2)\ \prod_{i=1}^{n}(\omega_i T - z_k) = (-1)^n(z_k^n - T^n).$$

De (1) et (2), on déduit que :

$$\hat{f} = a^n.(-1)^{np}.\prod_{k=1}^{p}(z_k^n - T^n).$$

Cela montre déjà que $\hat{f}$ appartient à $\mathcal{A}[[T^n]]$; quant à ses coefficients, ceux du produit ci-dessus sont les "fonctions" symétriques élémentaires des z_k^n et par conséquent sont expressions polynomiales homogènes, de poids inférieur ou égal à n, de celles des z_k - c'est-à-dire des coefficients de $\frac{f}{a}$ - à coefficients entiers ; ce sont donc des éléments de la forme $\lambda.a^{-m}$, λ appartenant à A et m entier inférieur ou égal à n. Le coefficient correspondant de $\hat{f}$ s'obtient en multipliant par $a^n.(-1)^{np}$: il appartient à A et le Lemme est démontré.

III.1.3 - Démonstration du Théorème III.1.1

Observons que le cas où $f(0) = 0$ est évident : pour tout $n \geq 2$, T^2 divise $f(T^n)$ et ce dernier est réductible ; ceci justifie l'hypothèse faite au début.

Cela dit, soit :

$$f(0) = u.p_1^{r_1}\ldots p_s^{r_s}\ ;\ r_1 \geq 1,\ldots,r_s \geq 1$$

la décomposition de $f(0)$ en facteurs irréductibles dans l'anneau A, qui est factoriel d'après le Lemme I.2.3. Posons :

$$q = \mathrm{PPCM}(r_1,\ldots,r_s).$$

Soit $n \in \mathbb{N}^*$ premier à q et, par l'absurde, supposons que $f_1 = f(T^n)$ soit de la forme :

$$(3)\quad f(T^n) = g_1(T).h_1(T)\ ;\ g_1(0)\ \text{et}\ h_1(0)\ \text{non inversibles.}$$

Les notations étant celles du III.1.2, (3) entraîne que $\hat{f}_1 = \hat{g}_1.\hat{h}_1$; mais $\hat{f}_1$ vaut évidemment $(f(T^n))^n$, quant à $\hat{g}_1$ et $\hat{h}_1$ ils sont, d'après le Lemme III.1.1, de la forme $g(T^n)$ et $h(T^n)$ respectivement, pour g et h appartenant à $A[[T]]$. En définitive, on a :

$$(4)\quad f^n = g.h$$

Puisque f est irréductible et que $A[[T]]$ est supposé factoriel, (4) montre qu'il existe un u inversible dans $A[[T]]$ et deux entiers γ et η tels que :

$$(5)\quad g = u.f^{\gamma}\ ;\ h = u^{-1}.f^{\eta}.$$

Observons que $\hat{g}_1$ et g ont pour terme constant $g(0)^n$, de même pour $\hat{h}_1$ et h. Pour $i = 1,\dots,s$, soient r_i' et r_i'' les exposants de p_i dans $g_1(0)$ et $h_1(0)$ respectivement. Vu (3), (5) et l'inversibilité de $f(0)$, on a :

$$(6)\quad r_i' + r_i'' = r_i\ ;\ n.r_i' = \gamma.r_i\ ;\ n.r_i'' = \eta.r_i\ ;$$

γ et η sont supérieurs ou égaux à 1, sinon g ou h, donc aussi g_1 ou h_1 serait inversible ; de plus (4) et (5) montrent que $\gamma + \eta = n$.

Fixons un $i \in \{1,\dots,s\}$; n divise $\gamma.r_i$ d'après (6), est premier avec r_i puisque il l'est avec q ; donc n divise γ, ce qui est impossible puisque on vient de voir que $\gamma \in \{1,\dots,n-1\}$; avec cette contradiction, la Théorème III.1.1 est démontré.

Remarque. Nous allons voir au numéro suivant qu'on peut en fait obtenir un résultat beaucoup plus précis.

III.2 - ENSEMBLE DES SUBSTITUES REDUCTIBLES.

III.2.1 - Définitions.

Soit I une partie de $\mathbb{N}^*$, nous dirons qu'elle est homogène si, et seulement si, pour tous n appartenant à I et λ à $\mathbb{N}^*$, $\lambda.n$ appartient à I. Une réunion, une intersection de parties homogènes, sont homogènes. D'autre part, si q appartient à $\mathbb{N}^*$, l'ensemble des entiers non premiers à q est homogène ; toutefois un ensemble homogène n'est pas toujours de cette forme, comme le montre l'exemple de $I = 4.\mathbb{N}^* \cup 5.\mathbb{N}^*$: si il existait un $q \in \mathbb{N}^*$ associé, alors 4 n'étant pas premier à q, il en serait de même pour 2 et ce dernier appartiendrait à I, contradiction.

Soit I une partie homogène ; si $S \subset I$, on dit que S engendre I lorsque tout élément de I est multiple d'au moins un élément de S, autrement dit :

$$I = \bigcup_{s \in S} s.\mathbb{N}^* .$$

Bien entendu, I engendre I ; lorsqu'il a un système générateur fini, on dit que I est de type fini. C'est par exemple le cas de l'ensemble I des entiers non premiers à l'entier q ; en effet, si $p_1, \ldots, p_s$ sont les diviseurs premiers de q, on voit aussitôt que $I = p_1.\mathbb{N}^* \cup \ldots \cup p_s.\mathbb{N}^*$.

Toutefois, si I' est inclus dans I et si I est de type fini, I' ne l'est pas nécessairement : prenons par exemple $I = \mathbb{N}^*$, engendré par $\{1\}$ et soit I' l'ensemble des entiers supérieurs ou égaux à 2 ; I' est homogène et nous verrons au Lemme III.2.2 qu'il n'est pas de type fini.

La partie S de $\mathbb{N}^*$ est libre si, et seulement si, les $s.\mathbb{N}^*$, s appartenant à S, n'ont pas de relations d'inclusion ; autrement dit, pour tous s et t appartenant à S, si s divise t, alors s = t. Cela signifie donc que, dans l'ensemble $\mathbb{N}^*$ ordonné par la relation de divisibilité, S est une partie dont les éléments sont deux à deux incomparables, c'est-à-dire une partie libre au sens des ensembles ordonnés. Par exemple, si I est l'ensemble des entiers supérieurs ou égaux à 2, on voit aisément que l'ensemble des nombres premiers, qui est libre, engendre I ; on dira alors que c'est une base de I.

I.2.2 - Propriétés.

mme III.2.2 - Soient I une partie homogène de $\mathbb{N}^*$ et $S \subset I$. Les propriétés ivantes sont équivalentes :

α) S est une base de I,

β) S est l'ensemble des éléments minimaux de I - ordonné par la visibilité.

ns ce cas, une partie S' engendre I si, et seulement si, elle contient S.

monstration.

α) ⟹ β). Si S est une base de I, on a : $I = \bigcup_{s \in S} s.\mathbb{N}^*$, les $s.\mathbb{N}^*$ ant de plus sans relations d'inclusion. Par suite, chaque élément de S, qui t minimal dans le $s.\mathbb{N}^*$ qu'il engendre, l'est aussi dans I vu que, si il iste un t appartenant à l'un des $s'.\mathbb{N}^*$, $s' \neq s$ tel que t divise s, ors $s.\mathbb{N}^* \subset s'.\mathbb{N}^*$, ce qui est exclu par hypothèse. Inversement, soit σ un ément minimal de I ; il appartient à l'un des $s.\mathbb{N}^*$ et ne peut donc être e le s correspondant.

β) ⟹ α). On sait déjà que l'ensemble Σ des éléments minimaux d'un semble ordonné est une partie libre au sens de l'ordre, donc aussi à celui s parties homogènes d'après III.2.1. Notons : $I' = \bigcup_{\sigma \in \Sigma} \sigma.\mathbb{N}^*$, reste à voir e $I' = I$. On a évidemment $I' \subset I$ parce que I est homogène. D'autre part, mme toute chaîne descendante dans $\mathbb{N}^*$ ordonné par la divisibilité, est finie, ut élément de I est multiple d'un élément minimal, donc il appartient à I'. nsi $I = I'$ et Σ est bien une base de I.

Quant au dernier point, comme toute partie contenant une partie génératrice est aussi,il suffit d'étudier la réciproque. Soit S' une partie génératrice I ; tout élément de I est donc multiple d'un élément de S', en particulier s éléments minimaux. Vu leur définition, ces derniers doivent appartenir à , ce qui achève la démonstration du Lemme III.2.2

Conséquence. Toute partie homogène I a donc une unique base dont ses stèmes générateurs sont exactement les "sur-ensembles" inclus dans I. Par ite, I est de type fini si, et seulement si, elle n'a qu'un nombre fini éléments minimaux pour la divisibilité. En particulier, l'ensemble des entiers périeurs ou égaux à 2, dont les éléments minimaux sont évidemment les mbres premiers, n'est pas de type fini. Si $q = p_1^{r_1} \dots p_s^{r_s}$ est la décomposi- n en facteurs premiers de l'entier q, l'ensemble des entiers non premiers q a pour base $\{p_1, \dots, p_s\}$ mais, vu III.2.1, une partie homogène incluse ns cet ensemble peut n'être pas de type fini.

III.2.3 - Parties libres de $(\mathbb{N}^k, \leq)$.

Soit k un entier naturel non nul, on munit $\mathbb{N}^k$ de l'ordre-produit, noté $\leq$: si $x = (x_1,\ldots,x_k)$ et $y = (y_1,\ldots,y_k)$, on a $x \leq y$ si, et seulement si, $x_1 \leq y_1,\ldots,x_k \leq y_k$. On dit qu'une partie de $\mathbb{N}^k$ est <u>libre</u> lorsque ses éléments sont deux à deux incomparables pour l'ordre ainsi défini.

<u>Lemme</u> III.2.3 - <u>Toute partie libre de</u> $\mathbb{N}^k$ <u>est finie</u>.

<u>Démonstration</u>. Par récurrence sur k : si $k = 1$, cette partie a au plus un élément puisque $\leq$ est alors totale. Supposons la propriété vraie pour $k - 1$, avec $k \geq 2$, et soit L une partie libre, qu'on peut supposer non vide, de $\mathbb{N}^k$. Soit $a = (a_1,\ldots,a_k)$ appartenant à L : comme aucun élément de $L - \{a\}$ n'est comparable à a, il n'existe aucun $x = (x_1,\ldots,x_k)$ distinct de a, tel que l'on ait à la fois $x_1 \geq a_1,\ldots,x_k \geq a_k$. Posons,

$$\text{pour tous } i \in \{1,\ldots,k\} \text{ et } j \in \{0,\ldots,a_i - 1\} :$$
$$L_{i,j} = \{x = (x_1,\ldots,x_k) \in L - \{a\} \mid x_i = j\}.$$

Chaque $L_{i,j}$, inclus dans une partie libre, est libre ; de plus, en tant qu'ensemble ordonné, il est isomorphe à :

$$L'_{i,j} = \{(x_1,\ldots,x_{i-1},x_{i+1},\ldots,x_k) \mid x \in L_{i,j}\}$$

vu que la i-ème coordonnée est constante sur $L_{i,j}$. Par conséquent, $L'_{i,j}$ est libre ; il est donc fini d'après l'hypothèse de récurrence, ainsi que $L_{i,j}$ qui lui est équipotent. Or

$$L - a = \bigcup_{i=1}^{k} \left(\bigcup_{j=0}^{a_i - 1} L_{i,j} \right)$$

puisque chaque élément de $L - \{a\}$ a au moins une de ses coordonnées strictement inférieure à celle correspondante de a. Ainsi, L est fini et la récurrence est établie.

<u>Remarque</u>. Si k est supérieur ou égal à 2, on ne peut pas borner le cardinal d'une telle partie. Par exemple, pour tout N entier, l'ensemble formé de $(0,N,0,\ldots,0)$, $(1,N-1,0,\ldots,0),\ldots,(N,0,0,\ldots,0)$ est libre dans $\mathbb{N}^k$ et a $N + 1$ éléments.

III.2.4 - Nous démontrerons ici le résultat suivant :

<u>Théorème</u> III.2.4 - <u>Soit</u> f <u>appartenant à l'anneau factoriel</u> $A[[T]]$, <u>avec</u> $f(0) \neq 0$. <u>Il existe une partie finie de</u> $\mathbb{N}^*$, $\{n_1,\dots,n_k\}$, <u>telle que, pour tout</u> $n \geqslant 1$, $f(T^n)$ <u>est réductible si, et seulement si,</u> n <u>est multiple de l'un des</u> n_i.

<u>Démonstration</u>. Notons $R(f) = \{n \in \mathbb{N}^* | f(T^n)$ est réductible$\}$. $R(f)$ est une partie homogène de $\mathbb{N}^*$ puisque toute réduction non triviale de $f(T^n)$ donne, en substituant T^λ à T, une réduction non triviale de $f(T^{n\lambda})$. En outre, lorsque f est réductible, $R(f) = \mathbb{N}^*$ et la conclusion est vraie : on supposera désormais que f est irréductible. Si $f(0) = 0$, on voit aisément que $R(f)$ est l'ensemble des entiers supérieurs ou égaux à 2 : il n'est pas de type fini (cf. III.2.2 conséquence) c'est-à-dire que la condition "$f(0) \neq 0$" est indispensable, puisque la conclusion du Théorème III.2.4 exprime exactement que $R(f)$ est de type fini.

Cela dit, notons $\pi_1,\dots,\pi_t$ les diviseurs premiers de l'entier q défini au Théorème III.1.1. La conclusion de celui-ci exprime que, si n est premier à q, c'est-à-dire si aucun des π_i ne divise n, alors n n'appartient pas à $R(f)$. Autrement dit :

$$(1) \quad R(f) \subset \pi_1.\mathbb{N}^* \cup \dots \cup \pi_t.\mathbb{N}^*$$

mais (cf. III.2.1) cela ne montre pas qu'il est de type fini.

Soit Λ l'ensemble des entiers naturels non nuls qui sont de la forme $\pi_1^{\beta_1}\dots\pi_t^{\beta_t}$, $\beta_1,\dots,\beta_t$ appartenant à $\mathbb{N}$ et montrons que tout élément de $R(f)$, minimal pour la divisibilité, appartient à Λ : par l'absurde, si $n = m.\pi_1^{\alpha_1}\dots\pi_t^{\alpha_t}$, avec $m \neq 1$ premier aux π_i, est minimal dans $R(f)$, posons :

$$f_1 = f(T^{\pi_1^{\alpha_1}\dots\pi_t^{\alpha_t}}).$$

f_1 est irréductible, car sinon n ne serait pas minimal ; d'autre part, f_1 ayant même coefficient constant que f, la démonstration du Théorème III.1.1 montre que l'entier q_1 associé à f_1 est le même que pour f, par suite :

$$(2) \quad R(f_1) \subset \pi_1.\mathbb{N}^* \cup \dots \cup \pi_t.\mathbb{N}^*.$$

mais $m.\pi_1^{\alpha_1}\dots\pi_t^{\alpha_t}$ appartient à $R(f)$ si, et seulement si, m appartient à $R(f_1)$; donc, d'après (2) et l'hypothèse, m est multiple de l'un des π_i, contradiction : tout élément minimal de $R(f)$ appartient à Λ .

En particulier, vu le Lemme III.2.2, la base de $R(f)$ est une partie de Λ et on sait qu'elle est libre pour la relation de divisibilité. Or Λ est naturellement isomorphe à $\mathbb{N}^t$ muni de l'ordre-produit $\leq$; d'après le Lemme III.2.3, ses parties libres sont donc finies, en particulier la base de $R(f)$, ce qui établit le Théorème III.2.4

III.2.5 - Traductions et exemples.

f étant comme au III.2.4, soit $\{n_1,\ldots,n_k\}$ la base de $R(f)$. Alors le Théorème III.2.4 signifie que $n_1,\ldots,n_k$ sont "essentiellement" les seuls entiers n pour lesquels $f(T^n)$ est réductible, en ce sens que les autres peuvent s'obtenir par substitutions de T^λ à T. C'est là une sorte de finitude due à la factorialité dont on verra un autre aspect dans la seconde partie de cet article.

Par exemple, soient $A = \mathbb{R}[[p]]$ (cf. II.4.2) et $f = p^6-T$. On voit aisément que f est irréductible dans $A[[T]]$, étudions $R(f)$. D'une part, 2 et 3 appartiennent à $R(f)$ puisque

$$f(T^2) = (p^3 - T)(p^3 + T) \; ; \; f(T^3) = (p^2 - T)(p^4 + p^2T + T^2).$$

Ainsi, $2.\mathbb{N}^* \cup 3.\mathbb{N}^*$ est inclus dans $R(f)$; par ailleurs, l'entier q défini par le Théorème III.1.1 est ici 6 donc (cf. (1) du III.2.4) on a l'inclusion inverse ; en définitive, $R(f) = 2.\mathbb{N}^* \cup 3.\mathbb{N}^*$.

III.2.6 - La notion de partie homogène correspond, dans une certaine mesure, à celle d'idéal ; nous allons voir ci-dessous une autre analogie :

<u>Lemme</u> III.2.6 - <u>Soit</u> f <u>appartenant à l'anneau factoriel</u> $A[[T]]$, <u>avec</u> $f(0) \neq 0$. $R(f)$ <u>est alors "premier", en ce sens que, si il contient un produit de deux entiers premiers entre eux, l'un de ces entiers appartient nécessairement à</u> $R(f)$.

<u>Démonstration</u>. Supposons, par l'absurde, que $f(T^a)$ et $f(T^b)$ sont irréductibles mais que $f(T^{ab})$ s'écrit sous la forme $g(T)h(T)$, g et h non inversibles. Si $\omega_1,\ldots,\omega_a$ sont les racines a-ièmes de l'unité dans Ω (cf. III.2.1), la méthode qui permet, au III.2.3, de passer de (3) à (5), donne ici mutatis mutandis une relation de la forme :

$$(f(T^{ab}))^a = g'(T^a)h'(T^a), \text{ avec } g'(0) = g(0)^a, h'(0) = h(0)^a ;$$
$$g'(T) = u(T)(f(T^b))^{\gamma_a}, h'(T) = u^{-1}(T)(f(T^b))^{\eta_a} .$$

On procède de même -toujours avec $f(T^{ab})$- en prenant cette fois les racines b-ièmes de l'unité :

$$(f(T^{ab}))^b = g''(T^b)h''(T^b), \text{ avec } g''(0) = g(0)^b, h''(0) = h(0)^b ;$$
$$g''(T) = v(T)(f(T^a))^{\gamma_b}, h''(T) = v^{-1}(T)(f(T^a))^{\eta_b} .$$

Soit p_i l'un des éléments irréductibles qui figurent dans la décomposition de $f(0)$, et notons r_i, r'_i, r''_i ses exposants dans $f(0)$, $g(0)$ et $h(0)$ respectivement. Les relations ci-dessus montrent que :

$$(1) \quad ar'_i = \gamma_a r_i,\ ar''_i = \eta_a r_i \ ;\ br'_i = \gamma_b r_i,\ br''_i = \eta_b r_i .$$

a et b étant premiers entre eux, il existe deux entiers relatifs α et β tels que $\alpha a + \beta b = 1$; posons : $\gamma = \alpha\gamma_a + \beta\gamma_b$, $\eta = \alpha\eta_a + \beta\eta_b$, (1) entraîne que :

$$r'_i = \gamma r_i \ ;\ r''_i = \eta r_i .$$

Vu que r'_i et r''_i sont positifs ou nuls et ont pour somme r_i, on conclut par exemple que $\gamma = 1$ et $\eta = 0$. Comme γ et η ne dépendent pas de i, tous les r''_i sont nuls, $h(T)$ est inversible, contradiction.

Conséquence.

Un élément minimal de $R(f)$ n'a , par définition, aucun diviseur strict dans $R(f)$; le Lemme ci-dessus montre par conséquent qu'il est primaire, c'est-à-dire puissance d'un nombre premier. Avec les notations du Théorème III.2.4, chaque $R(f)$ est donc de la forme :

$$R(f) = \pi_1^{\beta_1}.\mathbb{N}^* \cup \ldots \cup \pi_t^{\beta_t}.\mathbb{N}^* ,$$

$\pi_1,\ldots,\pi_t$ étant des nombres premiers distincts et $\beta_1,\ldots,\beta_t$ des entiers naturels.

On a, de plus, une "localisation" assez précise des π_i : si $f(0) = p_1^{\alpha_1}\ldots p_s^{\alpha_s}$, un raisonnement analogue à celui fait au Lemme 4 montre que chaque π_i divise tous les exposants $\alpha_1,\ldots,\alpha_s$, lorsque f est irréductible. Si ces exposants sont premiers dans leur ensemble, R(f) est donc $\mathbb{N}^*$ si f est réductible, l'ensemble vide sinon.

Exemple.

Soient p et q deux irréductibles non associés de A, et $f = p^3q^2 - T$. On voit que f est réductible si, et seulement si, $p^3A + q^2A = A$; dans le cas contraire -par exemple si A est local- $f(T^n) = p^3q^2 - T^n$ n'est jamais réductible.

III.3 - APPLICATION AUX SERIES $f(X^\alpha Y^\beta)$.

Proposition III.3.1 - Supposons que A[[T]] est factoriel et soit f appartenant à A[[T]], de terme constant non nul ; soient enfin α et β premiers entre eux. Alors la série $f(X^\alpha Y^\beta)$ est irréductible dans A[[X,Y]] si, et seulement si, f est irréductible dans A[[T]].

Démonstration. Remarquons que, α et β étant premiers entre eux, l'un d'eux est non nul et $X^\alpha Y^\beta$ est substituable à T dans f. De plus, si, par exemple α est nul, alors $\beta = 1$ et le résultat est évident : on peut donc supposer $\alpha \geq 1$ et $\beta \geq 1$. Comme la condition nécessaire se voit aussitôt (une substitution conserve les termes constants), raisonnons par l'absurde et supposons qu'il existe g et h non inversibles dans A[[X,Y]] tels que $f(X^\alpha Y^\beta) = gh$. Substituons dans cette égalité T^n à $X (n \geq 1)$ et T à Y :

$$(1) \text{ pour tout } n \geq 1,\ f(T^{n\alpha+\beta}) = S_n(g).S_n(h)$$

est donc réductible dans A[[T]].

Comme PGCD(α,β) = 1, l'ensemble des $n\alpha+\beta$ contient, d'après le Théorème de la progression arithmétique de Dirichlet, une infinité de nombres premiers. L'un d'eux au moins est étranger à l'entier q défini par le Théorème III.1.1 ; mais alors, pour cet entier $p = n\alpha+\beta$, $f(T^p)$ est irréductible, contradiction avec (1), d'où le résultat.

Remarques. Notons d'abord que les hypothèses "$f(0) \neq 0$" et "PGCD(α,β) = 1" sont indispensables, comme le montrent les exemples suivants :

$$f = T, \alpha = \beta = 1 \ ;\ f = p^2 - T, \alpha = \beta = 2,\ p \text{ irréductible.}$$

Pour le second cas, l'irréductibilité de f a été vue au I.1.2.

D'autre part, la démonstration ci-dessus montre que, si une série du type $f(X^{\alpha}Y^{\beta})$ -avec PGCD(α,β) = 1- est réductible, l'une au moins de ses décompositions non triviales est de la forme $g(X^{\alpha}Y^{\beta}).h(X^{\alpha}Y^{\beta})$.

III.3.2 - Comme application de ce qui précède, définissons une autre classe d'irréductibles de $A[[X,Y]]$ qui y engendrent un idéal premier.

<u>Proposition</u> III.3.2 - <u>Supposons</u> $A[[T]]$ <u>factoriel et soit</u> f <u>un élément irréductible de</u> $A[[X,Y]]$ <u>qui soit de la forme</u> $f(X,Y) = \phi(X^{\alpha}Y^{\beta})$, <u>pour un</u> $\phi \in A[[T]]$ <u>de terme constant non nul et deux entiers quelconques</u> α <u>et</u> β. <u>Alors, l'idéal engendré par</u> f <u>est premier.</u>

<u>Démonstration</u>. Soient δ = PGCD(α,β), $\alpha_1 = \frac{\alpha}{\delta}$, $\beta_1 = \frac{\beta}{\delta}$ et $\phi_1 = \phi(T^{\delta})$. Alors $\phi_1(X^{\alpha_1},Y^{\beta_1}) = f$: on peut donc supposer que α et β sont premiers entre eux. D'après la Proposition III.3.1, ϕ_1 est irréductible dans $A[[T]]$ et, comme dans la démonstration de la condition suffisante au III.3.1, on voit qu'il existe un entier $n \geqslant 1$ tel que $f(T^n,T)$, c'est-à-dire $\phi_1(T^{n\alpha_1+\beta_1})$ soit également irréductible. Reste à appliquer à f et T^n la Proposition II.4.1 pour obtenir le résultat.

BIBLIOGRAPHIE

[1] BOREVITCH ET CHAFAREVITCH - Théorie des Nombres. Gauthier-Villars, Paris, 1967

[2] BOURBAKI - Algèbre Commutative, Chapitre 6 : Valuations, Hermann, Paris, 1964

[3] BOURBAKI - Algèbre Commutative, Chapitre 7 : Diviseurs, Hermann, Paris, 1965

[4] DANILOV - On rings with a discrete divisor class group. Math. U.S.S.R. Sbornik 17 (1972) p.228-235.

[5] KRASNER - Essai d'une théorie des fonctions analytiques dans les corps valués complets. C.R. Acad. Sc. Paris 222 (1946) p.37-40, 165-167, 363-365 et 581-583.

[6] NAGATA - Local Rings. Wiley Interscience, New-York, 1962

[7] SALMON - Sulla non factorialita... Rend. Lincei 40 (1966) p.801-803

[8] SAMUEL - On unique factorization domains. Ill. J. Math. 5 (1961) p.1-17

[9] SAMUEL - Sur les anneaux factoriels. Bull. Soc. Math. Fr. 89 (1961) p.155-173

[10] SCHEJA - Einige Beispiele faktorieller lokaler Ringe. Math. Ann. 172 (1967) p.124-134.

Marc BAYART
classes préparatoires, lycée Thiers
13232 MARSEILLE CEDEX 1